化学工业出版社"十四五"普通高等教育规划教材

河南省"十四五"普通高等教育规划教材

新工科新形态
教材

制药设备与车间设计

Pharmaceutical Equipment and Workshop Design

杨俊杰　毕晶晶　主编

化学工业出版社

·北京·

内容简介

《制药设备与车间设计》全书内容分为制药设备和车间设计两个部分。制药设备包括反应设备、提取设备、粉碎设备、筛分与混合设备、分离过程与设备、蒸发与结晶设备、沉降与分离设备、搅拌设备、干燥设备、换热设备、输送机械设备、生物制品处理设备、中药处理设备、制剂成型设备、制水与灭菌设备、药品包装及设备等。车间设计主要包括制药工艺设计、厂址选择与布局、工艺设备选型和设计、车间布置与设计、管道设计、辅助设施设计、洁净车间布置设计和非工艺设计。在每个章节后链接有专门的素材库，以利于知识的更新和扩展。

《制药设备与车间设计》可作为制药工程、药学、中药及相关专业的教材，也可供制药企业的工程技术人员参考。

图书在版编目（CIP）数据

制药设备与车间设计 / 杨俊杰，毕晶晶主编．
北京 ： 化学工业出版社，2025. 4. -- （河南省本科高校
新工科新形态教材）. --ISBN 978-7-122-47271-7

Ⅰ. TQ460.5
中国国家版本馆 CIP 数据核字第 20256QW478 号

责任编辑：褚红喜　　　　　文字编辑：燕学伟
责任校对：杜杏然　　　　　装帧设计：刘丽华

出版发行：化学工业出版社
　　　　　（北京市东城区青年湖南街 13 号　邮政编码 100011）
印　　装：北京云浩印刷有限责任公司
880mm×1230mm　1/16　印张 28¾　字数 883 千字
2025 年 8 月北京第 1 版第 1 次印刷

购书咨询：010-64518888　　　售后服务：010-64518899
网　　址：http://www.cip.com.cn
凡购买本书，如有缺损质量问题，本社销售中心负责调换。

定　　价：69.80 元　　　　　　　版权所有　违者必究

《制药设备与车间设计》编写人员

主　编：杨俊杰　毕晶晶

副主编：汪清美　于林涛

编　者（以姓氏笔画为序）：

于林涛（南阳师范学院）

石　鑫（河南师范大学）

李　灿（信阳农林学院）

卢　静（信阳农林学院）

毕晶晶（信阳农林学院）

汪清美（信阳农林学院）

马国扬（新乡学院）

郝玉伟（信阳农林学院）

徐桂清（河南师范大学）

杨俊杰（信阳农林学院）

主　审：姜家书（河南羚锐制药股份有限公司）

顾国锋（山东大学）

前言

为了响应教育部《"十四五"普通高等教育本科国家级规划教材建设实施方案》和河南省《关于开展新工科新形态教材项目建设工作的通知》等文件精神，全面贯彻习近平新时代中国特色社会主义思想和党的二十大精神，全面、准确、系统体现习近平新时代中国特色社会主义思想和党的二十大精神内涵，紧密结合学科专业人才培养，充分利用新一代信息技术，整合优质资源，创新教材呈现方式，提升教材新技术研发能力和服务水平，以数字教材为引领，建设一批理念先进、规范性强、集成度高、适用性好的示范性新形态教材，由信阳农林学院牵头，高校和制药企业积极参与，共同完成本书的编写工作。本书可供应用型本科制药工程、中药学、药学及其相关专业使用，也可为制药行业从事研究、设计和生产的工程技术人员提供参考。

本教材紧紧围绕培养具备制药类专业的基本理论、基本知识和基本技能，能够综合运用理论知识和现代技术工具分析并解决制药复杂工程问题，培养能够在制药及其相关领域从事产品研发、工程设计、技术改造、生产管理与技术服务等工作的高素质应用型人才，以动量、热量和质量传递为主线，以管道设计、节能降耗等制药工程中面临的主要问题为出发点，进行内容选取，着重介绍最新的生产工艺和设备，与实际生产一线接轨。

为了便于教和学，扩大知识容量，及时更新教学内容，本书设有二维码，链接到对应的素材库，实现了书本内外、课堂内外的有效衔接。

本教材共分为两篇。第一篇为制药设备，包括 16 章，分别为反应设备、提取设备、粉碎设备、筛分与混合设备、分离过程与设备、蒸发与结晶设备、沉降与分离设备、搅拌设备、干燥设备、换热设备、输送机械设备、生物制品处理设备、中药处理设备、制剂成型设备、制水与灭菌设备、药品包装及设备；第二篇为车间设计，包括 8 章，分别为制药工艺设计、厂址选择与布局、工艺设备选型和设计、车间布置与设计、管道设计、辅助设施设计、洁净车间布置设计和非工艺设计。其中前言由杨俊杰编写；第一、三、四、五章由石鑫编写；第二章由徐桂清编写；第六、七、八章和第二十四章由李灿编写；第九章第一至三节，第十、十一章由郝玉伟编写，其中第九章第四节由于林涛编写；第十二至十五章由汪清美编写；第十六和第二十二章由马国扬编写；第十七、十八、十九章由毕晶晶编写；第二十、二十一、二十三章由卢静编写。参加本书修订工作的还有赵润、陈思含、高俊丽、楚春礼等。全书由姜家书、顾国锋主审并统稿。

本教材在编写过程中参考并引用了大量以往教材、专著、文献，在此对原作者谨表感谢。

由于作者水平有限，本书不足之处在所难免，真诚希望读者批评指正。

编　者
2025 年 5 月

目录

第二篇　车间设计

绪 论

制药设备与车间设计是以药学、化工、机械工程以及相关学科的理论和工程技术为基础，研究和探讨制药设备的选型、参数设定、正确使用、维修保养以及制药车间总体布局、厂房设施设计的一门综合性应用学科。该课程作为制药工程类专业的主干课之一，对毕业生职业能力的培养具有重要作用。

国家为了保证药品质量，对制药企业实施《药品生产质量管理规范》（GMP）管理。制药设备及厂房车间设施是 GMP 管理的核心内容之一。

一、制药设备在制药工业中的地位

制药设备是制药工业生产中不可或缺的工具，其性能直接影响药品的生产质量。如果设备的性能过高，可能会导致生产成本增加；而如果性能过低，则可能无法满足生产工艺要求，从而影响产品质量。因此，制药设备的选择和配置需要与制药工艺紧密结合，确保生产过程的稳定性和产品质量的可靠性。

制药设备的清洁度和生产结构对药品质量有直接影响。设备中的粉尘和微生物可能导致药品污染，影响生产质量。设备的生产结构也会影响药品的生产质量，合理的设备设计和维护可以减少生产过程中的变异性和不确定性。

制药设备的管理和维护也是确保生产顺利进行的关键。通过有效的设备管理和维护，可以提高设备的可靠性和使用寿命，降低因设备问题导致的生产中断和成本增加。

二、制药车间设计原则

1. 工艺流程合理性

车间应按工艺流程合理布局，紧凑且有利于生产操作，保证生产过程的有效管理。

2. 防止交叉污染

车间布置要防止人流、物流之间的混杂和交叉污染，确保原材料、中间体、半成品的分离，做到人流、物流协调，工艺流程协调，洁净级别协调。

3. 空间利用和辅助设施

车间内应设有相应的中间贮存区域和辅助房间，厂房的面积和空间应与生产量相适应，建设结构和装饰要有利于清洗和维护。

4. 采光和通风

车间内应有良好的采光和通风，按工艺要求可增设局部通风。

5. 安全性

车间内必须设置独立的空气处理系统以防止交叉污染，人流和物流通道需要严格分开，设立专门的清洁区域和消毒设施。

6. 逻辑性和可追溯性

生产流程应合理安排，减少不必要的搬运和停留时间，所有操作必须有记录，以便于追踪每一批产品的历史、应用情况及位置。

7. 灵活性

设计应具备一定的灵活性，能够适应未来可能发生的改造升级，采用模块化设计思路，预留足够的空间和接口，便于引入新的设备和技术。

8. 经济性

在满足 GMP 要求的前提下尽可能地降低成本，通过优化空间利用效率来减少占地面积，选择性价比高的材料和技术方案。

9. 法规遵从性

设计应遵守相关法律法规，确保符合 GMP 标准。

三、制药设备的分类与命名

1. 制药设备的分类

制药机械设备的生产制造应属于机械工业的子行业之一。按《制药机械　术语》（GB/T 15692—2024）共分为以下 8 类。

(1) 原料药设备及机械　反应设备，塔设备，结晶设备，分离机械及设备，萃取设备，提取浓缩设备，蒸发设备，浓缩设备，蒸馏设备，换热器，干燥机械及设备，贮存设备，灭菌设备。

(2) 制剂机械及设备　颗粒剂机械，片剂机械，胶囊剂机械，粉针剂机械，小容量注射剂机械及设备，大容量注射剂机械及设备，丸剂机械，散剂机械，栓剂机械，软膏剂机械，口服液体制剂机械，气雾剂机械，眼用制剂机械，药膜剂机械。

(3) 药用粉碎机械　机械式粉碎机，气流粉碎机，研磨机械。

(4) 饮片机械　净制机械，切制机械，炮炙机械，药材烘干机械。

(5) 制药工艺用水、气（汽）设备。

(6) 药品包装机械。

(7) 药物检测设备。

(8) 其他制药机械及设备　输送机械及装备，辅助设备。

2. 制药设备的命名

(1) 制药机械产品代码　制药机械的代码按《全国主要产品分类与代码　第 1 部分：可运输产品》（GB/T 7635.1—2002）标准制定。代码共分为六个层次，各层次分别命名为大部类、部类、大类、中类、小类、细类。代码共有 8 位阿拉伯数字组成，第一层至第五层各用 1 位数字表示，第一层代码为 0～4，第二层、第五层代码为 1～9，第三层、第四层代码为 0～9，第六层代码为 010～999。第五层与第六层之间可用"·"隔开，数据处理时可以省略。制药机械中类以上代码为 4454。小类代码中，1 为原料机械，2 为制剂机械，3 为药用粉碎机械，4 为饮片机械，9 为其他制药机械。细类代码可在标准中查询，例如：101 为破碎振动筛分机，152 为制粒机，153 为压片机，201 为胶囊填充机等。

(2) 制药机械产品的型号　制药机械产品型号的编制来源于行业标准《制药机械产品型号编制方法》（JB/T 20188—2017），便于设备的销售、管理、选型与技术交流。

① 型号组成。型号由产品类别代号、功能代号、型式代号、特征代号和规格代号组成。

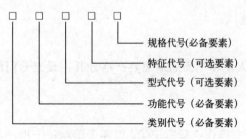

图 0-1　型号编制格式

类别代号—表示制药机械产品的类别。

功能代号—表示产品的功能。

型式代号—表示产品的结构、安装形式、运动方式等。

特征代号—表示产品的结构、工作原理等。

规格代号—表示产品的生产能力或主要性能参数。

如图 0-1 所示。

② 代号设置。代号中拼音字母的位数不宜超过 5 个，且字母代号中不应采用 I、O 两个字母。

规格代号用阿拉伯数字表示。当规格代号不需用数值表示时，可用罗马数字表示。

各种代号可在《行业标准》中查询，如果是未含的型式或特征时，应以其词的第一个汉字的大写拼音字母确定代号；当产品特征不能完整被表达时，可增加其他特征的字母表达；与其他产品型号雷同或易引发混淆时，允许用词的两个汉字的大写拼音字母区别。

规格代号原则上应表达产品的一个主要参数，如需要以两个参数表示产品规格时，应按下列方法编制：两个参数的计量单位相同或其中一个为无量纲参数时，应用符号"/"间隔；字母代号与规格代号之间或规格代号的两个参数之间，不应用符号"-"间隔；因计量单位原因出现阿拉伯数字位数较多时，应调整计量的单位表示。

③ 型号组合形式。型号可根据产品的特点，选择如下组合形式：

类别代号、功能代号、型式代号、特征代号及规格代号；

类别代号、功能代号、型式代号及规格代号；

类别代号、功能代号、特征代号及规格代号；

类别代号、功能代号及规格代号。

编制示例如表 0-1：

表 0-1　型号编制示例

序号	产品名称	类别代号	功能代号	型式代号	特征代号	规格代号	编号示例
1	药物过滤洗涤干燥一体机	Y	GXG			过滤面积 1 m²	YGXG1 型
2	双效蒸发浓缩器	Y	ZN		S	1000 kg/h，双效	YZNS1000 型
3	双锥回转式真空干燥机	Y	G	H	S	2000 L，双锥形	YGHS2000 型
4	机械搅拌式动物细胞培养罐	Y	P	J		罐体容积 650 L	YPJ650 型
5	回流式提取浓缩机组	Y	TN	H		罐体容积 2 m³	YTNH2 型
6	带式微波真空干燥机	Y	G	D	W	微波输入功率 15 kW	YGDW15 型
7	预灌液注射器灌封机	Z	YG	Z		1 mL，预灌液，注射器	ZYGZ1 型
8	卡式瓶灌装封口机	Z	KP			3 mL，卡式瓶	ZKP3 型
9	安瓿隧道式灭菌干燥机	Z	A	S	MG	网带宽度 mm/加热功率 kW	ZASMG600/40 型
10	旋转式高速压片机	Z	P	X	G	冲模数/出料口数	ZPXG81/2 型
11	流化床制粒包衣机	Z	L	L	B	120 kg/批	ZLLB120 型
12	玻璃输液瓶洗灌封联动线	Z	B		XGF	300 瓶/min，玻璃瓶	ZBXGF300 型
13	玻璃输液瓶轧盖机	Z	B		Z	300 瓶/min，玻璃瓶	ZBZ300 型
14	湿法混合制粒机	Z	HL		S	150 L，湿法	ZHLS150 型
15	滚筒式包衣机	Z	B	G		150 kg	ZBC150 型
16	塑料药瓶铝箔封口机	Z	F		S、L	60 瓶/min，塑料瓶，铝箔	ZFSL60 型

(3) 制药设备参数　设备参数是设备的技术参数或性能参数，一般包括生产能力、容积、设备规格、电源、工作温度、功率、包装尺寸、重量等。通常在设备铭牌和说明书中予以说明。设备参数所表明的意义为：①是设备正常运行的指标，也是药品生产设定要求的指标。②是保证药品质量和药品安全生产的参数。如设备在运行中偏离了正常参数，则会影响产品质量或产生安全隐患。③药品生产工艺中的一些参数进行监控的依据，如压力、流量、温度等。④对企业的水源、电力、蒸汽等能源进行计量监测。⑤可作为设备维护保养及检修的依据。⑥为安装设备提供参考，如设备尺寸、重量等。⑦根据参数选用和配置设备，以满足工艺要求和生产要求，达到预期的生产规格和生产规模。

四、制药设备的管理与验证

制药设备是完成制药生产的主要设施。GMP 对直接参与药品生产的制药设备作了指导性的规定：设备的设计、选型、安装、改造和维护必须符合预定用途，应当尽可能降低产生污染、交叉污染、混淆和差错的风险，便于操作、清洁、维护，以及必要时进行的消毒或灭菌。设备管理主要包括设备资产管理、前期管理、使用与维护管理、故障管理等。

（一）设备资产管理

设备资产管理是对设备维护工作相关的各项资源（设备档案、备件、配件、折旧、维修、保养、润滑、报废等）的设备资产全寿命周期、标准化管理。有效的设备资产管理可降低维护成本，合理安排维修周期，减少不必要的维修次数；提高设备管理部门有效工作时间；降低备件的库存，提高备件库存的准确率；减少设备宕机时间；提高设备使用效率，延长设备的生命周期。

（二）设备前期管理

设备前期管理是对设备从调研、规划、选型、筛选、合同订购、安装调试到投产的过程。

1. 用户需求说明制定

用户需求说明（user requirement specification，URS）是使用方对设备、厂房、硬件设施系统等提出的自己的期望使用需求说明，设计方依据这个需求等提出自己具体的方案，设备供应商依据客户提供的 URS 方案设计施工。URS 是设备供应商设计、制造设备的依据。良好的 URS 不仅考虑工艺要求，而且考虑与 GMP 的符合性及验证要求。

2. 设备验证和验收

设备验证和验收包括制药设备的工厂测试、现场测试、四确认［设计确认（DQ）、安装确认（IQ）、运行确认（OQ）、性能确认（PQ）］和验证状态维护，以确保制药生产设备能够满足药品生产的需求。验证是通过文件证明所需验证的系统达到预期的标准和操作一致性，包括所有影响质量的操作。

（1）设计确认 对待订购设备或设施技术指标适用性的审查及对供应厂商的选定（设计、选型论证的书面报告）。一般由工程设备部、质量保证（QA）、供应部和使用部门共同进行。一般应包括以下内容：①设备性能，生产能力，如速度、装量范围等；②符合 GMP 要求的材质等；③便于清洗的结构；④设备零件、计量仪表的通用性和标准化程度；⑤合格的供应商。

（2）安装确认 目的是证实所供应的设备规格符合要求，设备所应备有的技术资料齐全。开箱验收应合格，并确认安装条件（或场所）及整个安装过程符合设计要求。

（3）运行确认 根据使用标准操作规程（SOP）草案对设备的每一部分及整体进行足够的空载试验来确保该设备能在要求范围内准确运行并达到规定的技术指标。一般由车间设备动力人员、车间操作人员、QA 人员共同进行，确认包括以下内容：①确认设备运行的结果符合生产厂家提供的技术指标，如运行速度、安全、控制、报警等指标；②确认设备运行符合即将生产产品质量标准要求；③确认配套的设施能够满足设备运行要求；④确认将使用的材料能够满足设备生产要求；⑤确认 SOP 的适用性；⑥确认仪表的可靠性；⑦确认设备运行的稳定性。

（4）性能确认 设备的负载性能确认。当运行确认合格后，按照实际生产要求进行运行，通过实际运行的结果或生产产品的质量指标确认设备的适用性及稳定性。关键设备的性能确认可以与工艺验证同时进行。

（三）设备使用与维护管理

设备使用与维护管理包括设备使用准备、清洁、检查、维护，该环节保证正确操作运行设备、合理进行技术维护、充分发挥设备技术性能，延长设备使用寿命，确保设备经济效益最佳。

1. 设备使用管理

在设备日常管理中推行 SOP 管理，规范工作方法和工人操作、维修方法，以便于跟踪管理和提高操作、维修技能。

2. 设备维护管理

设备维护管理包括设备日常维护、定期维护、事先维护。

第一篇

制药设备

第一章

反应设备

在制药生产过程中，反应过程是整个药品生产的中心环节，决定了药品的结构特性。而制药反应过程是在反应器中进行的，因此，反应设备对药品的质量和产量有着极大的影响。

工业反应过程的本质是：具有一定反应特性的物料在具有一定传递特性的设备中进行化学反应的过程。同样的化学反应，反应在工业反应器中进行时，情况比在实验室中要复杂得多。在进行反应的同时，兼有动量、热量和质量的传递发生。例如：为了进行反应，必须高速搅拌，使物料在尽可能短的时间内混合均匀；为了控制反应温度，必须高效地加热或冷却；在非均相反应中，反应组分还必须从一相扩散到另一相中才能进行反应。除此之外，与实验室内的合成路线的验证反应不同，在工业反应器中，传递过程与化学反应同时进行。

由此可见，工业生产中进行的化学反应过程，不仅与反应本身的特性有关，而且与反应设备的特性密切相关。在这里，化学反应是主体，反应设备是发生这种变化的环境。设备的结构、类型、尺寸以及操作方式等在物料的流动、混合、传热和传质等方面为化学反应提供了一定的条件。反应器类型、操作方式的不同，物料的流动状况也不相同，传热与传质的情况也会出现差异。反应在不同的条件下进行，反应的结果也不相同。因此，需要结合反应与设备两方面的情况，才能使实验室级的反应有效地放大到工业规模，以获得良好的技术经济效果。

第一节　理想反应器

一、基本反应器类型

在实际工业生产中，存在多种多样的反应器。从结构与操作上来划分，主要有三种基本类型反应：间歇式搅拌反应器、连续式管式反应器、连续式搅拌反应器。

1. 间歇式搅拌反应器

制药生产中，由于种类繁多的药品，多样化的原料与工艺条件，以及相对于化工工业较小的生产规模，间歇式搅拌反应器因其装置简单、操作方便灵活、适应性强的特点，在制药工业中应用广泛。这种反应器的特点还有：物料一次性投入，反应完毕后一起放出，全部物料参加反应的时间是相同的；在良好的搅拌下，反应器内各点的温度、浓度可以达到均匀一致；釜内反应物浓度（C_A）随时间（T）而变化，所以反应速率也随时间而变化，如图 1-1 所示。

2. 连续式管式反应器

这种反应器的特点是：反应物（C_{A0}）自反应器的一端加入，产物从另一端放出；反应物沿流动方向前进，反应时间与管长成正比；反应物浓度（C_A）、反应速率沿流动方向逐渐降低，在出口处达到最低值，如图 1-2 所示。在操作达到稳定状态时，沿管上任一点的反应物浓度、温度、压力、反应速率等参数都不随时间变化而改变。

3. 连续式搅拌反应器

连续式搅拌反应器与间歇式搅拌反应器基本结构相同。区别在于：反应物料持续性加入，连续流动，出口物料中的反应物浓度与反应器内反应物浓度相同；在稳定流动时，反应器内反应物温度、浓度、反应速率都不随时间而变化，如图 1-3 所示。

连续式搅拌反应器的缺点是：反应器内反应物的浓度很低，反应速率很慢。想要达到同样的转化率，连续式搅拌反应器需要的反应时间较其他类型的反应器长，需要的反应器容积较大。

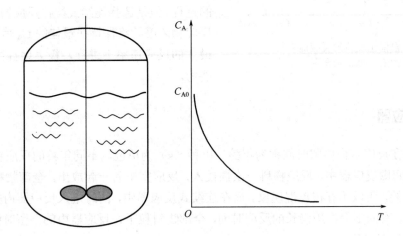

图 1-1　间歇式搅拌反应器及其浓度变化

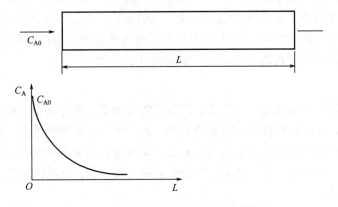

图 1-2　连续式管式反应器及其浓度变化

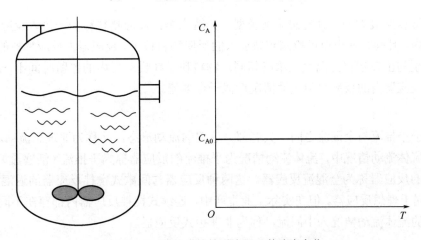

图 1-3（a）　连续式搅拌反应器及其浓度变化

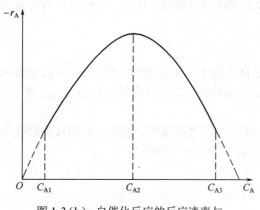

图 1-3（b） 自催化反应的反应速率与
反应物浓度关系示意图

连续式搅拌反应器内，由于反应物的温度、浓度、反应速率保持恒定不变，有利于利用反应产物作催化剂的自催化反应。自催化反应速率（$-r_A$）与反应物浓度的关系如图 1-3（b）所示。当反应物浓度达到 C_{A2} 值时，反应速率最大。

利用间歇式搅拌反应器或连续式管式反应器进行自催化反应时，由于反应物浓度会发生一个由大变小的过程，所以反应速率也会出现一个由小到大再到小的过程。但是选择连续式搅拌反应器，可以使反应器内反应物浓度始终保持在最佳的 C_A 值，可以一直保持在最大的反应速率下进行，极大地提高了反应器的生产能力。

二、理想反应器

反应物料粒子在反应器内停留时间称为年龄，以秒（s）为单位。不同年龄的反应物料粒子混在一起的现象称为返混。间歇反应器中，反应物料一次性投入，反应完毕后一起放出，全部物料粒子在反应器内的停留时间是一致的，所以不存在返混现象。而在连续式反应器中，同时进入反应器内的物料粒子，有的很快就从出口流出，有的则会经历漫长的反应时间，全部物料粒子在反应器内的停留时间有长有短，并不一致，从而出现了返混现象。

由于返混，物料粒子的停留时间长短不一，停留时间短的粒子还未反应完全就离开了反应器，而停留时间长的粒子可能进一步反应，导致副产物的生成。总的来说，返混会使产品的收率、质量降低。

流体流动情况对化学反应的影响，根本原因在于不同流体情况出现的返混程度不同。根据返混程度的大小，可以将流动情况分为平推流、全混流、中间流 3 种类型。

1. 平推流

平推流是不存在返混的一种理想流动类型，即返混程度为零。其特点是：流体通过细长管道时，在与流动方向垂直的截面上，各反应物料粒子的流速完全一致，就像活塞平推过去一样，也称为活塞流。反应物料所形成的流体粒子在流动方向上没有混合与扩散，同时进入反应器的粒子，会同时离开反应器，即反应物料粒子在反应器内的停留时间是一样的。细长型的管式反应器，当流体的雷诺数（Re）数值很大时，流体流动情况近似平推流。

2. 全混流

全混流是返混程度最大的一种理想流动类型。其特点是：反应物料粒子一进入反应器就立即均匀分散在整个反应器内，且同时在出口可检测到新加入的反应物料粒子。反应器内反应物料的温度、浓度完全均匀一致，且分别与出口物料的温度、浓度相同。物料粒子在反应器内的停留时间不一致，分布得最分散。连续式搅拌反应器内的反应物料流动情况近似于全混流。

3. 中间流

返混程度处于平推流与全混流之间，具有部分返混的流动形态，又称为非理想流动。

在以上三种流体流动情况中，流体流动情况为平推流的反应器称为平推流（活塞流）反应器；流体流动情况为全混流的反应器称为全混流反应器。这两种反应器与间歇式搅拌反应器的返混程度要么是零，要么是最大，均属于理想反应器。但在实际工业生产中，连续式搅拌反应器内都存在不同程度的返混，反应物料粒子形成的流体流动情况为中间流，称为非理想式反应器。

第二节 机械搅拌式反应器

机械搅拌式反应器

在现今化工、制药工业生产中，应用最早也最为经典的一种反应器是机械搅拌式反应器。除此之外，生物医药工业中，第一个大规模微生物发酵过程——青霉素的工业生产，也是使用机械搅拌式反应器完成的。目前，对新的生物发酵过程，首选的反应器也仍然是机械搅拌式反应器。它适用于大多数的生物过程，既可用于微生物的发酵，也广泛用于动、植物细胞培养，对不同的生物过程具有较大的灵活性，已形成标准化的通用产品。一般只有在机械搅拌式反应器的气-液传递性能或剪切力不能满足生物过程时，才会考虑用其他类型的反应器。

机械搅拌式反应器是利用机械搅拌器的作用，使反应器内各反应物料充分混合以促进反应，如图 1-4 所示。基本结构主要包括罐体、搅拌器、挡板、轴封、换热装置、传动装置、消泡器、人孔、视镜等。

一、罐体

罐体由圆筒体和椭圆形或碟形封头焊接而成，材料一般选用不锈钢。此外，罐体适当部位还可根据需求，安装溶氧、pH、温度、压力等检测装置接口，排气、取样、放料接口以及人孔或视镜等部件。

图 1-4 机械搅拌式反应器

二、搅拌器

搅拌的主要作用是混合与传质，使各反应物料充分混合，增大碰撞概率，同时也可强化传热过程。作为生物反应器使用时，可以使细胞悬浮并均匀分布于培养液中，维持适当的气-液-固（细胞）三相的混合与质量传递，同时使通入的空气分散成较小气泡与液体充分混合，增大气-液界面以获得所需的氧传递速率。所以搅拌器的选择和设计应使反应器内液体有充分的径向流动与适当的轴向流动，以实现搅拌的目的。

除了极少数的情况外，一般在化工、制药生产过程中，在了解有关工艺过程对于搅拌器的液体流型、循环量及压头大小等方面的要求，从而确定叶轮尺寸和转速大小后，选择搅拌器，具体见第八章"搅拌设备"。

三、挡板

反应器内设置的挡板具有形成次生流的作用，并且起到避免因搅拌而在液面中央形成大的旋涡流动，增强湍动和溶氧、传质过程。通常在反应器内设置挡板的数量为 4~6 块，以达到全挡板条件。全挡板条件是指达到消除液面旋涡的最低条件，即在反应器内再增加挡板数量或其他附件时，搅拌功率不再增加，基本不形成涡流。

挡板高度自罐底到设计的液面高度，且挡板和器壁需留有一定的间距，间距大小一般为反应器筒体直径的 1/8~1/5。一般情况下，反应器内安装的热交换器、通气管、排料管等附件也会起到一定的挡板作用。除此以外，当换热装置为数量足够多的列管或排管时，反应器内可以不另设挡板。

四、轴封

轴封的作用是防止反应器内部漏液和受外界污染。生产作业时，反应器处于固定静止状态，搅拌轴是转动的，两者之间存在相对运动，此时密封为动密封。目前最普遍使用的动密封有填料函密封和机械密封两种。

1. 填料函密封

填料函密封是通过填充的弹性填料受压后产生形变，堵塞填料和轴之间的间隙，从而起到密封作用。优点是结构简单、拆装方便。但因存在多个死角，难彻底灭菌，易渗漏，易染菌，轴磨损较严重等缺点，在生产生物制品的反应器中的适用范围较小。

2. 机械密封

机械密封由摩擦副（动环和静环）、弹簧加载装置、辅助密封圈（动环密封圈和静环密封圈）3部分组成。本身依靠弹性元件及密封介质在两个精密的动环与静环的平面间产生压紧力达到密封作用。

与填料函密封相比，机械密封具有泄漏量极少（仅为填料函密封的 1%）、轴与轴套不受磨损、安装长度较短、工作寿命长等优点。但机械密封的工件结构复杂，密封加工精度要求高，安装技术要求较高，拆卸不便，初次成本高。

五、换热装置

反应器的温度控制主要通过换热装置实现。对于小型机械搅拌式反应器，多采用外部夹套作为换热装置。其优点在于：结构简单，易加工，反应器内无冷却装置，死角少，易清洗和灭菌。缺点是：传热壁厚，夹套内液体流速低，换热效果差。对于大型反应器，则需要在内部另外安装盘管。其优点是：管内流体流速大，传热效率高。缺点为：占用反应器内部空间，且给反应器清洗和灭菌增加了难度。通常情况下，可以采用焊接半圆管结构或螺旋角钢结构代替夹套式结构，如图 1-5 所示。不但能提高传热介质的流速，取得较好的传热效果，又可简化内部结构，便于清洗。

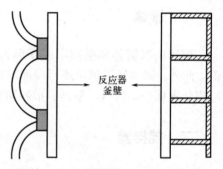

图 1-5 半圆管结构换热装置（左）和角钢结构换热装置（右）

六、消泡装置

消泡装置是生物反应器常见的附件。生物制品的生产或发酵过程中，在通气和搅拌下，反应液中含有的大量蛋白质、多肽等发泡物质会产生泡沫，过量的泡沫会堵塞空气出口过滤器，严重时会导致液体随排气而外溢，造成跑料，增加染菌的风险，所以要控制泡沫。生产中可使用消泡剂和机械消泡装置，通常上述两种方法联合使用。

消泡剂一般由植物油、聚醚类非离子型表面活性剂组成。使用时，直接加入培养基中，或在反应过程中加入，进行化学消泡。通常反应器安装有液位电极，一旦反应器内的泡沫达到设置高度，即可通过消泡控制装置自动向反应器中添加消泡剂。常见的消泡装置有：耙式消泡器、涡轮消泡器、旋风离心和叶轮离心式消泡器、碟片式消泡器和刮板式消泡器等。其中，耙式消泡器可以直接安装在搅拌轴上，最为简单实用，通过机械作用消除泡沫。在设计方面，反应器装液量时，一般不超过总体积的 70%~80%。一方面在于通气后反应器内的液位会有所升高，另一方面是为了消除泡沫预留部分空间。

机械搅拌式反应器的优点是：在操作上有较大的适应能力，生产工艺的放大相对容易，产品质量稳定，无论在化工、制药、生物制品的工业化生产方面，应用都非常广泛。

第三节 发酵罐（生物反应器）

生物制品作为生物产业的核心部分，目前最受关注同时也是最主要的生产手段就是体外细胞大规模培养技术。作为实现生物制品工业化生产的关键设备，生物反应器通过结合培养特点对传统生物反应设备直接利用和进行改进研究而逐步发展起来。随着微生物发酵工业和动植物细胞体外大规模培养技术的不断发展，除了应用传统的机械搅拌式反应器作为生物反应器，又研发并投入使用了许多其他类型生物反应器，如气升式生物反应器、膜生物反应器、固态发酵生物反应器、固定床生物反应器、流化床生物反应器等。除此之外，新型生物反应器也正不断出现。现阶段生物制品产业的生产理念，已经开始由原来传统的手工作坊式操作逐渐向自动化生产方向改变，生产规模由小向大转化，质量控制手段由传统经验型向现代目标型转化，生产设施和管理实现了由质量管理向质量保证转化。本节主要结合微生物、动植物细胞的培养特点介绍典型的生物反应器。

一、气升式生物反应器

气升式生物反应器是应用较广泛的一类无机械搅拌的生物反应器。工作原理是：利用空气的喷射功能和流体密度差，通过气-液混合物的湍动分割细碎化空气泡，接着由导流装置的引导，形成气-液混合物的总体有序循环流动，通过气流搅拌来完成气-液混合物的搅拌、混合和溶氧传质。

1. 基本结构和主要参数

（1）基本结构 气升式生物反应器是在单一的由底部进气的圆筒鼓泡塔的基础上，针对鼓泡塔内气体和流体混合分布随机性、传质与混合效果较差的缺点，进行结构改进发展而来的一种气流式搅拌反应器。反应器内分为升液管和降液管，向升液管通入气体，管内含气率升高，密度减小，气-液混合物向上运动，气泡随高度逐渐变大，待气泡上升至液面处破裂，气体由排气口排出。剩下的气-液混合物的密度较升液管内的大，由降液管下沉，在密度差的推动下形成循环流动，从而强化了传质与混合过程。

如图1-6所示，根据升液管和降液管的布设位置，气升式生物反应器可分为外循环式与内循环式。外循环式的降液管布设于反应器外部，有利于传热的加强；内循环式的升、降液管都安装于反应器内，循环在反应器内部进行，结构较紧凑，多数反应器内会安装同心轴导流筒、偏心导流筒、隔板等。

按照气-液混合物流动状况差别，气升式生物反应器内部可大致划分为4个区域：升液管区、降液管区、气-液分离区（升液管顶部与反应器物料液面之间的顶部区域）和底部澄清区（导流筒底边与反应器底部之间的区域）。

导流筒的主要作用：①将反应体系分隔为通气区和非通气区，流体产生上下流动，增强流体的轴向运动；②使流体沿固定方向运动，减少气泡的兼并，有利于溶氧传递速率的提高；③使反应器内剪切力分布更加均匀。

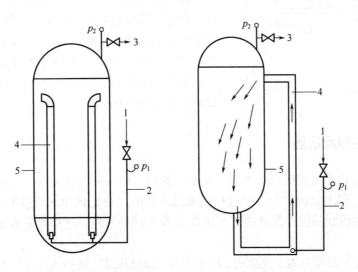

图1-6 气升式生物反应器：内循环式（左）和外循环式（右）
1—空气；2—进气管；3—排气管；4—导流筒；5—罐体；p_1, p_2—压力表

通气方式可分为鼓泡和喷射两种。鼓泡式常搭配单孔或环形气体分布器使用，或采用分布板代替气体分布器。喷射式通常是气-液混合进入反应器，其通气方式有气泵压入和依靠液体速度吸入两种。

(2) 主要参数 气升式生物反应器与流动和传递相关的参数主要包括：气含率、体积氧传递速率系数、流体流动速度、循环周期和通气功率等。其中气含率是一个重要参数，气含率太低，氧传递不够；气含率过高，则反应器的利用率降低。氧传递效率、流体混合、底物浓度的分布情况等重要性能参数可以通过对流体流动速度的分析来了解。一般内循环式反应器流体流动速度主要取决于反应器的几何结构。循环周期是指流体微元在反应器内循环一周所需的平均时间，通常循环周期在 2.5～4 min，适合的循环周期可保证液体进入上升管时，重新补充所需氧气。由于不同种类细胞的需氧量不同，所能耐受的循环周期也不同，需要根据培养的细胞需求来调整循环周期。

2. 气升式生物反应器的特点及应用

气升式生物反应器内无机械搅拌，有定向循环，这类反应器具有以下优点：①反应溶液分布均匀，能很好地满足反应器对气-液-固（细胞）三相均匀混合和溶液成分混合分散良好的要求；②具有较高气含率和比气液接触面积，以及较高的传质速率和溶氧速率。与机械搅拌式反应器相比，气升式反应器有较高的体积溶氧效率，且溶氧功耗相对低；③剪切力小，对细胞的剪切损伤可减至最低；④结构简单，便于放大，易于加工制造，操作、维修方便，设备投资低；⑤不易发生机械搅拌轴封容易出现的渗漏、污染等问题。

气升式生物反应器被广泛应用于生物工程领域，早期应用于微生物培养，如生产单细胞蛋白。反应器内流体剪切力小且分布较为均匀，是动物细胞悬浮培养反应器的主要类型，也比较适合植物细胞培养过程，已成功应用于悬浮培养乳仓鼠肾细胞（BHK-21）、中国仓鼠卵巢细胞（CHO）、杂交瘤细胞。

二、膜生物反应器

膜生物反应器是一种新型生物反应器，是将膜分离技术和生物技术有机地结合在一起，通过膜的选择透过作用，使反应过程和产物的分离过程同时进行，又称为膜生物反应和分离耦合反应器，即在反应器内既可控制微生物的培养，同时又能分离部分或全部培养液，用新的培养基来代替。主要优点在于：减少产物抑制；提高反应速率、反应的选择性和转化程度；通过将生物催化剂截留在反应器内的方式，实现生物催化剂的利用；可以进行高密度的细胞培养；简化下游工艺，节约能耗，降低成本。

膜生物反应器是近年来生物反应器开发的一个重要领域，应用领域由最初的生物法污水处理，扩展到有机酸、有机溶剂（如乙醇、丙酮、丁醇）、酶制剂、单克隆抗体、抗生素等的工业生产，在生物加工过程中已被广泛应用。图1-7 所示为中空纤维膜式生物反应器在杂交瘤细胞单克隆抗体生产中的应用。

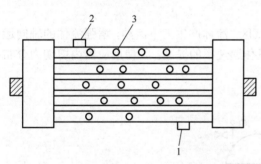

图 1-7 中空纤维膜式生物反应器结构示意图
1—培养基出口；2—培养基入口；3—细胞

三、固态发酵生物反应器

固态发酵是指微生物在湿的固体培养基上生长、繁殖、代谢的发酵过程。与液体深层发酵相比，固态发酵的基本特征是：固态底物作为发酵过程的碳源或能源，在无自由水或接近无自由水情况下进行。实践研究表明，现代生物制品固态发酵的产率远高于液体深层发酵，并具有成本低、能耗低、废水排放少等优点。

固态发酵的生物反应器可分为：浅盘式、填充床式、流化床式、转鼓式、搅拌式和压力脉动固态发酵式 6 种形式。

1. 浅盘式生物反应器

如图 1-8 所示，浅盘式生物反应器是一种较为常用、构造简单的固态发酵设备，由一个可密封的发酵室和若干个可移动的托盘组成。托盘材料选用木料、金属、塑料等，托盘底部有孔，以保证发酵过程中底部通风良好。培养基经灭菌、冷却接种后装入托盘，托盘置于室内的架子上层，两托盘间有适当空间，保证通风。培养温度由循环的冷、热空气来调节。

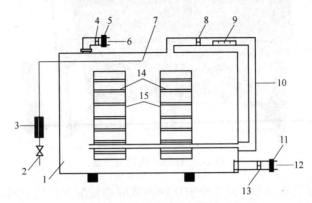

图 1-8 浅盘式生物反应器结构示意图

1—反应室；2—水压阀；3—紫外光管；4—空气吹风机；5—空气过滤器；6—空气出口；7—湿度调节器；8—空气吹风机；9—加热器；10—循环管；11—空气过滤器；12—空气入口；13—空气吹风机；14—托盘；15—托盘支架

浅盘式生物反应器操作简便，产率较高，产品均匀，通过增加托盘的数目即可规模化生产。缺点是：体积过大，劳动强度高，无法进行机械化操作。

2. 填充床式生物反应器

填充床式生物反应器属于静置型反应器，常见的通风室式、池式、箱式固态发酵设备即为填充床生物反应器的主要结构。培养过程中利用通风机供给空气及调节温度。其中，通风培养池或箱式应用最广泛。

与浅盘式生物反应器相比，填充式的优势在于：采用动力通风，通过调节温度及空气风速，更好地控制反应床中的环境条件，反应床边缘对流热量的去除效果更好。大型浅盘式生物反应器会出现的中心缺氧和温度过高问题，在填充床式生物反应器可通过通气部分解决，但在空气出口仍会出现温度过高的问题。该类反应设备的缺点是：进出料都主要靠手工操作，工作效率低，劳动条件差；湿热空气使生产车间长期处于暖湿环境，不利于生产卫生、发酵工艺的控制。

3. 流化床式生物反应器

流化床式生物反应器是一种通过流体的上升运动使固体颗粒维持在悬浮状态进行发酵的生物反应器。生产操作过程中，液体从设备底部的一个穿孔分布器流入，其流速足以使固体颗粒流态化。流出物从设备的顶部持续放出。洁净空气（好氧）、氮气（厌氧）可以直接从反应器的底部或者通风槽引入。流化床操作的难易主要在于固体颗粒的大小和粒径分布。一般来说，粒径分布越窄的细小固体颗粒越容易保持流化状态。反之，粒径大小不一、易聚合成团的固体颗粒由于撞击、碰撞，难以维持流化状态。

流化床中固体颗粒与流体充分接触，传热、传质性能好，避免了床层堵塞、高的压力降、混合不充分等问题，但是固体颗粒的磨损较大。流化床式生物反应器可用于絮凝微生物、固定化酶、固定化细胞反应过程以及固体基质的发酵。

4. 转鼓式生物反应器

如图 1-9 所示，转鼓式生物反应器的基本结构是一个支架在转动系统上的圆柱形或鼓形容器，转动系统主要起支撑和提供动力的作用。转鼓反应器是由基质床层、气相流动空间和转鼓壁等组成的多相反应系统，与传统形式的固态发酵生物反应器区别在于基质床层由处于滚动状态的固体培养基颗粒构成。菌体生长在固体颗粒表面，转鼓以较低的转速转动（一般转速设定在 2～3 r/min），使固体颗粒处于不断翻滚状态，同时加速了传质、传热过程。与填充床式相比，转鼓式的优点在于可以避免菌丝体与反应器粘连，筒内基质达到一定的混合程度，细胞所处的环境比较均一，有更好的传质和传热效果，非常适合固态发酵。

图 1-9 转鼓式生物反应器

20 世纪 90 年代，浙江工业大学开发了全密闭转鼓式固态发酵生物反应器，其主要由罐体、加料口、出料口、通风装置、加热装置、冷却装置、翻料装置和传动装置几部分组成。该反应器采用锥体旋转，并内置固定式搅拌器。罐体转动时，物料被锥体带上然后抛下，被搅拌器打碎。该反应器集灭菌、降温、接种、发酵多种功能于一体；罐体旋转，罐内搅拌，工作状态处于密封环境中，能严格避免杂菌污染；能根据发酵工艺的要求，调节罐内温度、湿度、氧气，具有良好的传质传热效果。

5. 搅拌式生物反应器

搅拌式生物反应器有立式和卧式两种。立式是在机械搅拌反应器的基础上添加相应的附件改进而来。卧式采用水平单轴，多个搅拌桨叶均匀分布于轴上，叶面与轴平行。荷兰瓦赫宁根大学研发了一种连续混合的卧式搅拌反应器，其结构如图 1-10 所示，该反应器可以用于不同的生产目的，可以同时控制温度和湿度。在这套反应器里，热传递到器壁的效率提高了，但因为热只能通过器壁移出，该反应器应用于大规模生产时效率较低。

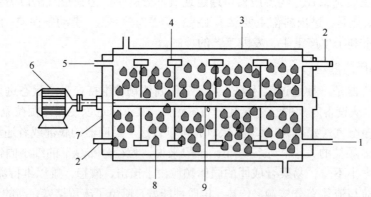

图 1-10 荷兰瓦赫宁根大学发明的卧式搅拌反应器
1—空气进口；2—温度探针；3—水夹套；4—桨；5—空气出口；6—搅拌电动机；
7—反应器；8—固体培养基；9—搅拌轴

6. 压力脉动固态发酵式生物反应器

如图 1-11 所示，压力脉动发酵系统由空气调节系统和发酵罐系统两部分组成。空气调节系统主要通过换热器及水雾化处理装置来调节压缩空气的温度和湿度，通过流量计和膜过滤器对压缩空气进行计量和除菌。发酵罐系统由夹套、隔板、压力表以及压力延时释放控制系统、温度控制等组成，同时设有蒸汽通道进行实罐灭菌，减少污染。

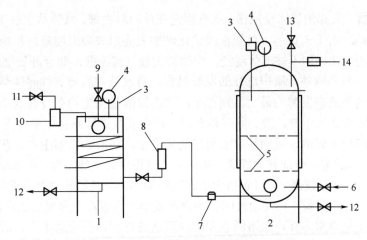

图 1-11　压力脉动固态发酵系统结构示意图

1—空气调节罐；2—发酵罐；3—温度传感器；4—压力表；5—隔板；6—蒸汽进口；7—膜过滤器；8—空气流量计；9—高压水；
10—油水分离器；11—空压机；12—废料出口；13—安全阀；14—压力控制装置

压力脉动固态发酵式生物反应器用无菌空气对密闭低压容器的气相压力施以周期性脉动。"压力脉动"对固体培养基是静态的，对气相则是动态的，其作用是：①利用气体分子"无孔不入"的渗透性，压力脉动能更好地完成在单颗粒水平上变分子扩散为对流扩散，以达到菌体周围小尺度上的温度、湿度的控制和均匀性。②在泄压操作中，气相因减压膨胀对固体颗粒起松动作用，为细胞的高密度培养扩充了空间。

压力脉动固态发酵反应器是现代生物发酵技术体系的核心，是固态发酵实现纯种培养与大规模产业化的突破口。已有的实验与生产实践结果表明，无论是细菌，还是霉菌、放线菌，均可采用此技术实现纯种大规模培养。

四、固定床和流化床反应器

固定床和流化床反应器主要用于固定化酶反应、固定化细胞反应和固态发酵。

细胞固定化培养是一种将细胞限制或定位于特定空间位置的培养技术。固定化酶的主要优点是：便于生物催化剂与反应产物分离，不仅可以重复利用酶，且产物不容易受到污染，容易精制。与游离细胞相比，固定化细胞的优点是：便于将细胞与发酵液分离，可防止细胞洗出，可达到较高的细胞密度。此外，利用细胞固定化可以解决剪切力对动、植物细胞培养影响较大的问题。适用于固定床和流化床的固定化方法有：载体结合法、包埋法、交联法和共价结合法。微胶囊法一般不适用于固定床或流化床反应器。

载体结合法又称吸附法，是通过物理吸附或离子键合作用，将载体和细胞结合在一起实现固定化的方法。该方法中，载体可反复使用，但结合不牢固，细胞容易脱落。包埋法通过物理方法将细胞包埋于各种载体中，操作简单，条件温和，对细胞影响小，是目前研究最广泛的方法。交联法利用双功能或多功能试剂，直接与细胞表面基团发生反应，形成共价键固定细胞。该方法无须载体，但化学反应强烈，对细胞影响大，常与其他方法联合使用。共价结合法通过载体表面的反应基团与细胞表面功能团间形成化学共价键来固定细胞。细胞与载体结合紧密，不易脱落，但反应强烈，条件较难控制，容易造成细胞死亡。

1. 固定床生物反应器

固定床生物反应器是一种装填有固体催化剂或固体反应物用以实现多相反应过程的生物反应器。固体物通常呈颗粒状，堆积成一定厚度的床层。床层静止不动，流体以一定方向通过床层进行反应。与流化床反应器和移动床反应器的区别在于固体颗粒堆积所形成的床层处于静止状态。固定床反应器可以由连续流动的液体底物或气体与静止不动的固定化酶、细胞、固体底物和微生物组成。

固定床生物反应器可分为：填充床反应器、滴流床反应器和固态发酵。

（1）填充床反应器 是细胞固定在支持物的表面或内部，流体按照一定的方向从反应器中流过进行反应的过程，方向可以是垂直也可以是水平的。

（2）滴流床反应器 又称涓流床反应器，细胞固定在反应器内部，气体从上往下流动，与气体流向相反，液体从下往上流动。由于流量小，只能在固定化细胞表面形成涓涓细流。与填充床反应器的区别在于：滴流床反应器中固定化细胞不被流体浸没，空隙被大量气流占据，适合好氧细胞生长。

（3）固态发酵 一种在固体基质中进行的发酵过程，将发酵物质与一种固体基质混合，在一定条件下进行发酵。与以上两种液态发酵的最大区别在于：固态发酵是微生物在没有或基本没有游离水的固态基质上的发酵方式，固态基质中气、液、固三相并存，即多孔性的固态基质中含有水和水不溶性物质。

固态发酵被广泛应用于酱酒、豆制品、面包等的生产中，白酒和陈醋生产工艺就属于典型的固态发酵，将粮食中的糖转化成酒精，继而转化成醋。味精生产过程中谷氨酸发酵，黄原胶生产发酵等为液态发酵。其中最具代表性的产物是酱酒，即酱香型白酒的发酵酿制。固态发酵白酒是采用传统的酿酒工艺，以粮食为原料，经粉碎后加入曲料，在泥池或陶缸中自然发酵，再经高温蒸馏后生产出来的白酒。

固态发酵的菌种更加丰富多样，采用固态发酵法酿造的白酒口感更加丰富，酒香气浓郁、复杂、持久，口感饱满。但固态发酵白酒酿造烦琐，生产周期长，成本高，所以市面上的大部分白酒都是液态工艺。

综上所述，固定床反应器的特点是：操作风险小，结构简单，装填的材料可以是一切对细胞无毒，有利于细胞附着的材料，如不锈钢、玻璃环（珠）、光面陶瓷、塑料等实心载体，还可以是有孔的陶瓷、玻璃、聚氨酯塑料等有孔材料。此外还具有返混小，流体同催化剂可进行有效接触；催化剂不易磨损；可以严格控制停留时间，适当调节温度分布，特别有利于达到高选择性和转化率等优点。缺点是：传热较差，反应放热量很大时，即使是列管式反应器也可能出现飞温（温度异常升高）；操作过程中催化剂不能更换，须停产进行更换，不适合催化剂需要频繁再生的反应。

2. 流化床生物反应器

流化床生物反应器是流态化技术在生物培养过程中的应用，其基本原理是：无菌培养液通过反应器垂直向上循环流动，在此循环过程中，不断提供给细胞必要的营养成分，利用流体的上升运动使细胞得以在呈流态化的微粒中生长。与此同时，可不断放出培养产物和代谢产物，并及时外加新鲜培养液。这里起到支持细胞作用的微粒，一般是由胶原制备的具有类似海绵一样多孔结构的物质，再添加无毒性物质增加微粒的相对密度到1.6以上，以便其在向上流动的培养液中呈流态化。图1-12为生产中应用的流化床生物反应器示意图。

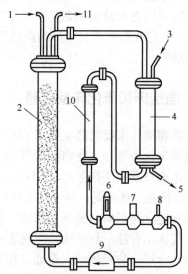

图 1-12　流化床生物反应器结构示意图
1—营养物入口；2—反应器；3—氧气入口；4—气体交换器；5—二氧化碳出口；6—pH 传感器；7—DO 传感器；8—温度传感器；9—泵；10—加热器；11—收获液出口

流化床反应器的主要操作参数是流体流速。流体流速需足以使颗粒悬浮流化，应介于临界流化速度和微粒带出速度之间，且不会损害细胞。

流化床反应器具有培养细胞密度高的优点，既可用于培养贴壁依赖性细胞，也可培养非贴壁依赖性细胞。反应器中的细胞团或固定化细胞以及气泡在培养液中悬浮翻动，因而混合均匀，传质传热效果好，有利于细胞生长和次级代谢物的产生。最大的短板在于：流体流动产生的剪切力以及细胞团或固定化细胞的碰撞会使颗粒受到破坏。此外，流体动力学变化较大，参数复杂，放大较为困难。

五、其他类型的生物反应器

生物产业的不断发展带动生物反应器产业的技术革新和产品的推陈出新，一些新颖的生物反应器被开发、研制甚至投入生产中，取得了较好经济效益和社会效益。与此同时，传统形式的生物反应器在某些产品的生产中仍发挥着重要的作用。

1. 细胞培养转瓶机

细胞培养转瓶机主要由电动机、支架、滚轴和细胞培养转瓶构成。培养过程中，细胞附着在瓶壁上生长。当转瓶旋转时，培养液面不断更新，有利于氧气和营养物质的传递。

培养贴壁依赖性细胞，最初采用的就是细胞转瓶系统。其结构简单、投资少、技术成熟、重现性好，是最早采用且容易操作的动物细胞培养方式，广泛存在于实验室和工业化生产中，只需要增加转瓶数量即可实现生产规模的放大。转瓶系统的缺点在于：劳动强度大，单位体积提高细胞生长的表面积小，占用空间大，按体积计算的细胞产率低。

转瓶系统主要用于生物制药、疫苗、食品、药物发酵等行业和研究机构中，用来对细胞的贴壁培养和悬浮培养进行研究分析、培养生产。

2. 管式生物反应器

根据反应器的结构特征，可分为槽式、管式、塔式和膜式等几种类型，这些不同类型之间的主要区别是长径比（高径比）和内部结构不同。管式反应器长径比较大，一般在 30 以上。在管式反应器中，当流体以较小的层流流动时，管内流体呈抛物线分布；当流体以较大的流速湍流流动时，速度分布较为均匀，但边界层中速度缓慢，径向和轴向存在一定程度的混合。流体速度不均或混合，将导致物料浓度分布不同。管式反应器可分为垂直管式、倾斜可调管式、水平管式等多种形式。水平管式采用泵循环、气升循环等方式混合。

与传统的搅拌槽式反应器相比，管式反应器具有较高的产率，较好的传热、传质性能，容易实现优化控制、程序控温、多点加料等。因此管式反应器可用于特殊的生化过程，例如：对剪切力敏感的组织培养过程、固定化酶和固定化细胞的反应过程，以及要求严格控制反应时间的生化过程。

管式反应器是封闭式光照生物反应器的主要应用类型，已经进入实用化阶段。图 1-13 所示为某企业培养小球藻的 1000L 管式生物反应器结构示意图。

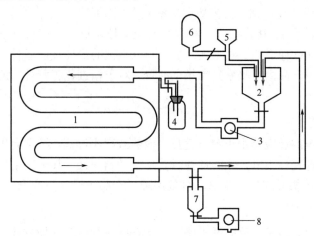

图 1-13　管式生物反应器结构示意图

1—管式反应器；2—气体分离器；3—离心泵；4—CO_2发生器；5—培养基接收槽；6—净水装置；7—收获贮槽；8—离心机

3. 空间生物反应器

由于可以模拟空间中的微重力环境，该反应器被誉为空间生物反应器，又称为回转生物反应器。其培养容器主要由内、外两个圆筒组成，外筒固定，内筒可以旋转以悬浮培养物。其模拟空间环境的原理是：重力向量在旋转过程中产生随机化，导致一定程度的重力降低，使细胞处于一种模拟自由落体状态，模拟微重力环境。

回转生物反应器由于没有搅拌剪切力影响，细胞可以在相对温和的环境中进行三维生长，同时随机的重力向量可能直接影响细胞基因的表达，间接促进细胞的自分泌、旁分泌，从而影响细胞的增殖分化和组织形成，因而这种反应器可用于组织工程研究，以及探索微重力环境对细胞生长、分化的影响。

第四节 新型微反应器简介

一、新型微反应器原理

微反应器一般是指通过微加工和精密加工技术制造的小型反应系统，内部流体的微通道尺寸在亚微米到亚毫米量级。通道尺寸小于该范围的反应器，称为纳反应器。而通道尺寸大于该范围的反应器，称为毫反应器或小型反应器。

20世纪90年代以来，随着纳米材料以及微电子机械系统的发展，微型化工器件也逐渐成为微型化设备的重要成员，如微混合器、微反应器、微化学分析、微型换热器、微型萃取器、微型泵和微型阀门等。与传统设备相比，微型化工设备在微尺度条件下反应的转化率、选择性均明显提高，传热系数和传质性能也更好。微型化工器件具有结构简单、无放大效应、操作条件易于控制和内在安全等优点，引起了众多化学工程及其相关领域人士的极大关注。

二、微反应器反应特点

微反应器的"微"并不仅仅指微反应设备的外形尺寸，或微反应设备的产量，而是指参与反应的流体的通道在微米级别，其特征尺寸在10~300 µm（一般低于1000 µm）。在微小尺度下，由于流体呈典型层流状态，两种液体之间不会发生传统的湍流混合，只能通过分子扩散进行传质。微反应器中包含成百万上千万的微型通道，能获得极大的比表面积，传热速度很快。由于反应过程发生在这些通道中，微反应器又称作微通道反应器，其具有以下特点。

1. 小试工艺直接放大

精细化工多数使用间歇式反应器，工艺从实验室放大到反应釜，由于传热、传质效率的不同，需要花费时间摸索，通常需要经过小试-中试-投产。利用微反应器技术进行生产时，工艺放大无须经过传统的放大途径，而是通过直接增加微通道的数量来实现的。所以小试的最佳反应条件，无须经过任何改变就可以直接进行投产，大幅度缩短产品由实验室到市场的时间，对于精细化工行业，尤其是时间成本高昂的制药行业，意义非凡。

2. 精确控制反应温度

对于强放热反应，传统的反应器由于混合速度、换热效率不够高，经常会出现局部过热现象，进而导致副产物生成以及收率、选择性下降，严重时甚至会导致冲料事故，甚至发生爆炸。微反应器所具有的极大的比表面积，使其具备了极高的传热效率，有效保障了产品质量、生产安全。

3. 精确控制反应时间

常规单个反应器的生产，为避免反应过于剧烈，反应物采取逐渐滴加方式。这样就造成反应粒子停留时间不一致，导致副产物的产生。微反应器技术采取的是微管道中的连续流动反应，可以精确控制物料在反应条件下的停留时间，一旦达到最佳反应时间就立即传递到下一步反应，或终止反应。由于停留时间分布窄，几乎无返混，近乎平推流，微反应器能有效地消除反应物停留时间长而导致副产物生成的现象。

4. 精确控制比例，瞬时混合物料

对反应物料配比要求很精确的快速反应，如果传质效率不高，在局部会出现配比过量而产生副产物。这一现象在传统的搅拌反应器中无法避免。微反应器系统的反应通道一般只有数十微米，可精确配比并在毫秒级的时间范围内实现径向完全混合，避免副产物的形成。

5. 结构保证安全性

微反应器换热效率极高，即使反应突然释放大量热量也可以被吸收，从而保证反应温度维持在设定范围内，最大限度减少了发生安全事故和质量事故的可能性。与常规反应器不同，微反应器通道特征尺度

小于火焰传播的临界尺度，并且采用连续流动反应，在反应器中停留的化学总量是很少的，使得微反应器天然具有内在安全性。

6. 良好的可操作性

微反应器是密闭的微管式反应器，在高效微换热器的帮助下可实现精确的温度控制。它的制作材料可以是各种高强度耐腐蚀材料，例如：用镍合金制作微反应器，可以轻松实现高温、低温、高压反应。另外，由于是连续流动反应，虽然反应器体积很小，产量却完全可以达到常规反应器的水平。

现阶段微反应器面临的问题是工业化实现复杂和微通道易堵塞、难清理。当微反应器的数量增加过多时，微反应器的监测和控制的复杂程度也直线上升，对于实际生产方面成本相对较高；内部通道尺寸小、结构复杂、微反应器通道堵塞清理问题已成为其制造、推广中的一大困扰。

三、微反应器结构

在结构上，微反应器常采用一种层次结构方式，即先以亚单元形成单元，再以单元来形成更大的单元，以此类推。与传统化工设备有所不同，这种特点便于微反应器以"数增放大"的方式，而非传统的尺寸放大方式，对生产规模进行便捷的扩大和灵活的调节。

微反应器材料的选择取决于介质的腐蚀性能、操作温度、操作压力、加工方法等。常用的材料有硅、不锈钢、特殊玻璃、聚醚醚酮（FEEK）、哈氏合金等。其常用加工技术可分为三类：一是由集成电路（IC）的平面制作工艺延伸而来的硅体微加工技术，包括湿法刻蚀（各向同性刻蚀和各向异性刻蚀）、干法刻蚀（溅射刻蚀、等离子刻蚀）等；二是超精密加工技术，如微细放电加工、激光束加工、电子束加工和离子束加工等；三是由德国卡尔斯鲁厄核物理研究中心发明的 LIGA 工艺，包括 X 射线光深度同步辐射光刻、电铸制模和注模复制三步的组合技术。

四、典型的微反应器单元类型

微反应器中流体呈典型的层流状态，通过分子扩散进行混合。增加微流体之间的混合方法主要有两种：一种是增强流体之间的扩散效应，通过流过微流控芯片中包含的各种孔，或在多个较小的通道之间分离；另一种是增加混合流体之间的接触面积以及接触时间。因而设计出了众多类型的微反应单元，如分离再结合型微混合器、内交叉指型微混合器、超聚焦微混合器、星形微混合器、撞击流微混合器、降膜微反应器、液相微反应器、玻璃微反应器、模块化微反应器等。上述各种微反应器的结构形式不同，本质上是采用或简单或复杂的微通道，实现微流体技术对流体操控的混合。总体来说，其形式主要有层流型、液滴型和混沌对流型三种。

五、微反应器的应用

药物合成中涉及的常见化学反应类型有：氧化反应（如硝化反应）、还原反应（如氢化反应）、Michael加成反应、活泼有机金属化合物参与的反应（如格氏反应）、偶联反应、光化学反应、酯化反应、重排反应以及羟醛缩合反应等。此外，不少功能材料的制备也涉及许多混合、乳化或其他物理过程。这些物理、化学工艺过程基本具有一个或几个适合用微反应器技术进行工艺改良的地方，例如：快速均匀混合的反应；快速强放热的反应；精确控制反应条件的反应，如温度、压力、反应物配比和停留时间等；涉及不稳定中间产物或有后续副反应的反应；涉及危险化学品或高温、高压的反应；要求工艺稳定性高、可重复性好的反应等。

微反应器的特点迥异于传统式反应器，这决定了微反应器在此类反应过程中具有独一无二的优势。但对于反应过程很慢的液-固反应、无放热或吸热的反应以及采用传统工艺和反应器收率已经很高的反应则不适合采用微反应器。

第二章
提取设备

第一节　提取原理、方法与工艺过程

提取原理、
方法与工艺
过程

　　提取操作在中药中间体、制剂的生产过程中是重要的单元操作，选择适合的提取设备和工艺，与中药产品质量、节能效果、生产效率、成本密切相关。

　　传统中药制剂多由中药材粉末制成，提取操作在生产过程中所占比例较低。随着中药新剂型的不断出现，提取操作在现代中药制剂的生产过程中，重要性显著提升。各中药生产企业纷纷建立了相应的提取车间，活性成分的提取已成为极其重要的组成部分，而为了适应现代化中药制剂的生产需求，相应的提取理论、技术和设备成为了中药提取过程研究和学习所必须探讨的问题。

一、溶剂提取的基本原理

　　由于中药材的活性成分各不相同，中成药的一般提取过程大多是处理几种、十几种乃至几十种药材组成的复方中药，即按处方把不同分量的药材混合在一起进行活性成分的提取。在这种情况下，可以把药材看成由可溶物（活性成分）和惰性载体（药渣）所组成的混合物，药物的提取过程就是将药材中的可溶物从固体组织、细胞中转移到提取溶剂中来，从而得到含有活性成分的提取液。综上所述，药物提取过程的本质就是溶质由固相到液相的传质过程。

　　有关中药提取过程的传质理论很多，如双膜理论、扩散边界层理论、溶质渗透理论、表面更新理论、相际湍动理论等。这些理论把相际表面（药材的固相与溶剂相接触的表面）假定为不同状态，来阐述物质通过相际表面的传递机制。被浸出的物质（溶质）传递机制与一般传递过程相似，但也有其自身的特点。

　　一般中药材的提取过程可以分为以下三个阶段：第一阶段是溶剂浸入药材的组织和细胞内；第二阶段是溶剂溶解药材组织和细胞中的可溶物；第三阶段是溶质通过药材组织和细胞向外扩散。药材组织和细胞中已被溶剂溶解的溶质，因浓度增加产生了渗透压，渗透压的存在导致了溶质的扩散。如图 2-1 所示，扩散作用的实质就是含有溶质的不同浓度的溶液，彼此接触时的相互渗透。

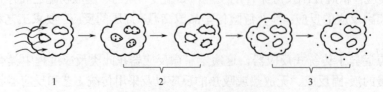

图 2-1　中药材溶剂浸提原理示意图

1—浸润渗透阶段；2—解吸与溶解阶段；3—扩散和置换阶段

1. 浸润渗透阶段

提取溶剂在药材表面的浸润渗透效果取决于固液接触界面吸附层的特性，与溶剂性质、药材的状态有关。如果药材与溶剂之间的附着力大于溶剂分子间的内聚力，药材易被浸润；反之，如果溶剂的内聚力大于药材与溶剂之间的附着力，则药材不易被浸润。

对中药材进行一些预处理，可以加快药材的浸润，如新鲜药材采收、干燥后，细胞组织内水分蒸发，液泡腔中的活性成分沉积于细胞内，细胞壁皱缩并形成裂隙，细胞内形成空腔；药材切片粉碎使部分细胞壁破裂，比表面积增加；药材中有很多带极性基团的物质，如蛋白质、果胶、多糖、纤维素等，选用水、醇等极性较强的提取溶剂易于向细胞内部渗透扩散；在溶剂中加入适量表面活性剂；在密闭容器内加入溶剂后通过加压或减压，以排出组织毛细管内的空气，使溶剂向细胞组织内更好地扩散。

药材被浸润后，由于液体静压力和毛细作用，溶剂渗透到细胞组织内，使干皱细胞膨胀，恢复通透性，其所含活性成分可被溶解、洗脱，进而扩散出来。如果溶剂选择不当，或药材中含有妨碍润湿的物质，溶剂就很难向细胞内渗透。例如，欲从含有脂肪油较多的药材中浸出水溶性成分，需要先对药材进行脱脂处理。

2. 解吸与溶解阶段

中药材内的各种成分并非独立存在，彼此之间存在一定的吸附作用，需先解除彼此的吸附作用，即解吸，才能使其溶解。选用具有解吸作用的溶剂，如水、乙醇等，必要时可向溶剂中加入适量的酸、碱、表面活性剂以助解吸，强化活性成分的溶解。

提取溶剂进入细胞组织后，部分细胞壁膨胀破裂，已经解吸的可溶物质逐渐溶解，胶性物质转入溶液中或膨胀产生凝胶，这就是溶解阶段。目标活性成分能否被溶解，取决于其结构和溶剂性质，遵循有机化学的"相似相溶"规律。浸出液浓度逐渐提高，溶质渗透压提高，产生了溶质向外扩散的动力。

3. 扩散和置换阶段

药材提取过程的扩散阶段通常包含两个过程：内扩散、外扩散。内扩散是溶质溶于进入细胞组织的溶剂中，并通过细胞壁扩散转移到固液接触面；外扩散是边界层内的溶质进入溶剂主体中。

细胞内外溶剂所含溶质的浓度有差异，从而产生了渗透压，一方面溶质将转移到周围含有溶质的低浓度的溶剂中，引起溶质浓度的上升；另一方面，溶剂本身转移进入高浓度的溶液中，从而导致溶质从高浓度向低浓度的扩散。所以，扩散作用就是溶质从高浓度向低浓度方向渗透的过程。

中药材的浸取过程一般包括上述三个阶段，这三个阶段是交错进行，而非截然分开的。其中，浸润和溶解与药材及溶剂有关；扩散和置换与提取设备有关。在扩散过程中，浸出溶剂在溶解活性成分后具有较高的浓度，从而形成扩散区域，不停地向周围扩散其溶解的成分，以平衡其浓度，称之为扩散动力，可用扩散公式（2-1）说明。

$$\mathrm{d}s = -DF \times \frac{\mathrm{d}c}{\mathrm{d}x} \times \mathrm{d}t \tag{2-1}$$

式中，$\mathrm{d}s$ 为 $\mathrm{d}t$ 时间内的扩散量；D 为扩散系数；F 为扩散面积，可用药材的粒度代表；$\frac{\mathrm{d}c}{\mathrm{d}x}$ 为浓度梯度；$\mathrm{d}t$ 为扩散时间。

扩散系数 D 可由试验按式（2-2）求得。

$$D = \frac{RT}{N} \times \frac{1}{6}\pi\gamma\eta \tag{2-2}$$

式中，R 为气体常数；T 为绝对温度；N 为阿伏伽德罗常数；γ 为扩散物质分子半径；η 为黏度。

从式（2-1）可以看出，在 $\mathrm{d}t$ 时间内的扩散量 $\mathrm{d}s$ 与药材的粒度、扩散过程中的浓度梯度、扩散系数成正比。在浸出过程中，这些数值还受一定的条件限制。F 值与药材的粒度有关，但不是越细越好，应取决于在提取过程中药材是否会糊化，过滤是否能正常进行。因此 $\frac{\mathrm{d}c}{\mathrm{d}x}$ 是关键，保持其最大值，提取将能很好地进行。

二、提取方法分类

药材中的活性成分大多为次生代谢产物，如生物碱、黄酮、皂苷、香豆素、木脂素、醌、多糖、萜类及挥发油等，含量很低，为了适应中药现代化要求，必须对其进行提取分离、富集和纯化，进而利用现代制剂技术，生产临床所需的各种剂型的药品。

将药材中所含某一活性成分或多种活性成分（成分群）分离的工业过程就是提取过程。从药材中提取活性成分的方法有溶剂提取法、水蒸气蒸馏法、升华法和压榨法等。

药材活性成分提取方法较多，其选择应根据药材特性、活性成分理化性质、剂型要求和生产实际等综合考虑。目前，水蒸气蒸馏法、升华法和压榨法的应用范围十分有限，大多数情况下采用的是溶剂提取法，其相应的技术特点如表 2-1 所示。

表 2-1　不同溶剂提取法及特点

方法	作用方式	常用溶剂	作用特点
煎煮法	加热	水	溶剂达到沸点，间歇操作，煎煮液成分复杂，需进一步精制
浸渍法	加热或不加热	乙醇或蒸馏酒	静态浸出，温浸或冷浸均未达到溶剂沸点，间歇操作，浸渍液可根据需要进一步精制
渗漉法	一般不加热	乙醇或酸碱水	溶剂达到沸点，连续操作，渗漉液可根据需要进一步精制
回流法	加热	乙醇	达乙醇沸点，间歇操作，回流液可根据需要进一步精制
超临界流体萃取法	萃取	超临界 CO_2	溶剂为超临界状态，连续操作，萃取液成分极性相近，可根据需要进一步精制
超声强化提取法	超声振荡	水或乙醇	溶剂未达到沸点，间歇操作，提取液成分复杂，可根据需要进一步精制
微波辅助提取法	微波	水或乙醇	水分子达到沸点，间歇操作，提取液成分复杂，可根据需要进一步精制

三、常用的提取工艺过程

工业生产中常用的提取过程大致可分为单级间歇、单级回流温浸、单级循环、多级连续逆流、提取浓缩一体化等典型的工艺过程。

1. 单级间歇

将药材分批投入提取设备中，加入提取溶剂，常温或恒温进行提取，等一批提取完成后，再进行下一批药材的提取。优点是：工艺和设备较简单，成本低，适用范围广。缺点是：提取时间长，提取效率较低。

2. 单级回流温浸

在单级间歇提取工艺的设备上加装了冷凝器，提取液的蒸气通过冷凝器回流至提取设备。可以使提取过程在温度比较高的过程中进行，也可以进行芳香油的提取。

3. 单级循环

在单级回流温浸提取工艺的基础上，增加一台提取液循环泵，提取过程中，通过料液的循环，增加提取设备中药材和提取液的浓度梯度，促进药材内部的物质向提取液转移。优点是：提高提取效率及设备的利用率。

4. 多级连续逆流

由多套单级循环提取系统组成，工作原理是：净化后水、溶剂加入最后一步需要提取的系统中，提取液由最先投料的系统出来，以此保证在提取过程中，提取液能在最大的浓度梯度中进行提取，并能连续进行提取。优点是：适合较大规模的生产，提取效率高。缺点是：设备成本较高，系统复杂。

5. 提取浓缩一体化

将提取系统与浓缩系统联合使用。优点是：占地少，能耗低，蒸发冷凝液可作为新的提取溶剂进入提取设备，使得提取可以很完全。缺点是：每一台提取设备需配备一台蒸发器，设备的相互利用率较低。

第二节 常用提取设备

随着机械制造、材料、化工仪表、自动化等相关领域的发展和进步，提取中药材所含的活性成分的关键设备，在设计、制造、安装、生产上，国产提取设备都取得了巨大的进步，完全能满足国内制药工业需求。目前制药生产中，应用较多的提取设备主要有：渗漉罐、提取罐、超临界流体萃取设备、微波辅助提取设备、超声强化提取设备。

一、渗漉罐

渗漉是一种静态的提取方式，一般用于要求提取比较完全的贵重或粒径较小的药材，或对提取液的澄明度要求较高时。渗漉法的具体操作过程为：将药材适度粉碎后装入渗漉罐中，从罐体上方加入净化后的溶剂，使其在渗透过罐内药材的同时发生固-液传质，从而浸出药材中所含的活性成分，浸出液自罐体下部出口排出。渗漉提取一般以有机溶剂、稀酸、碱水溶液作为提取溶剂，后两者较有机溶剂应用较少。为了加快溶剂向中药材细胞内的渗透速度，渗漉提取前需先将药材进行浸润处理。同时，预先浸润也可以防止渗漉过程中料液产生短路现象而影响收率，能缩短提取的时间。

如图 2-2 所示，渗漉提取所使用的渗漉罐，可分为圆柱形、圆锥形，制造材料主要有搪瓷、不锈钢等。应根据待提取药材的膨胀性质和所用的溶剂选择不同形状的渗漉罐。对膨胀性较强的药材粉末或以水作为溶剂渗漉时，往往易使得药材粉末膨胀，在渗漉过程中易造成堵塞。针对此种情况，应选择圆锥形渗漉罐，其罐壁具有的倾斜度能较好地适应其膨胀变化，从而使得渗漉正常进行。而用有机溶剂提取时，药材粉末的膨胀变化相对较小，此时可以选用圆柱形渗漉罐。

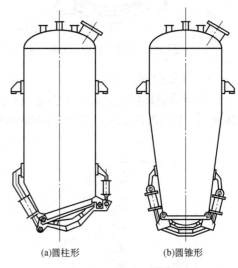

(a)圆柱形　　(b)圆锥形

图 2-2　圆柱形、圆锥形渗漉罐结构图

二、提取罐

提取罐是制药企业常用且重要的设备之一，该设备通常安装在较大的浸提罐中，采用蒸汽夹套加热。还可以在罐内直接安装蒸汽通气管，在需要获得药材所含有的挥发性活性成分时，用水蒸气蒸馏。

1. 直筒式提取罐

如图 2-3 所示，直筒式提取罐是比较新颖的提取罐，优点是出渣方便，缺点是对出渣门、气缸的制造加工精度要求较高。常见的直筒式提取罐的直径不超过 1300 mm。

2. 斜锥式提取罐

如图 2-4 所示，斜锥式提取罐是目前常用的提取罐之一，制造简单，罐体的直径、高度可以按要求定制。缺点是：在提取完毕后出渣时，有可能产生搭桥现象（大分子通过吸附聚集周围的分子成团沉降）。需在罐内加装出料装置，通过上下振动以帮助出料。

3. 搅拌式提取罐

如图 2-5 所示，搅拌式提取是指通过在提取罐内部加装搅拌器，使溶剂和药材颗粒表面充分接触，提高传质速率，缩短提取时间。搅拌式提取罐对容易被搅拌粉碎、糊化的药材不适用。该设备排渣形式有两种：一是用气缸的快开式排渣口。当提取完毕药液放空后，开启排渣口，将药渣排出。这种排渣形式对药材颗粒的大小适应性比较广泛。二是在提取完成后，药液和药渣一同排出，通过螺杆泵送入离心机进行固-液分离。该种出渣方式对药材的粒径大小有一定的要求，不能太大或太长，否则易造成出料口的堵塞。

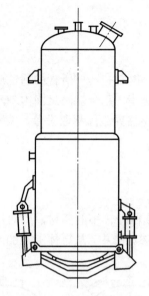
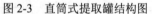
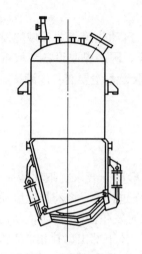
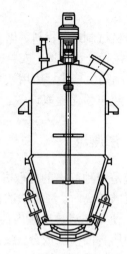

| 图 2-3 直筒式提取罐结构图 | 图 2-4 斜锥式提取罐结构图 | 图 2-5 搅拌式提取罐结构图 |

4. 强制外循环式提取罐

强制外循环提取是指溶剂在罐内对待提取药材进行提取作业时，通过泵使提取液在罐内、外强制循环流动。图 2-6 所示是一款典型的强制外循环式多功能提取罐组。

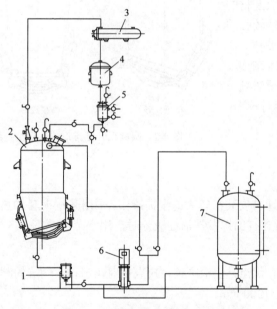

图 2-6 强制外循环式多功能提取罐
1—管道过滤器；2—多能提取罐；3—冷凝器；4—冷却器；
5—油水分离器；6—提取液输送泵；7—提取液储罐

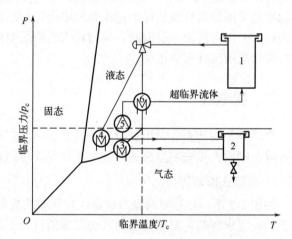

图 2-7 常规超临界流体萃取过程图
1—萃取釜；2—分离釜；3—冷凝器；4—换热器；
5—高压泵；6—加热器

强制外循环式提取罐的产品型号由产品名称代号、类型代号、规格代号等组成。国家标准中的强制外循环式提取罐按罐底外形分为三种类型：X 代表斜锥式；W 代表无锥式；J 代表罐体有内加热器。例如：QTX-3 型表示容积为 3 m³ 的强制外循环斜锥式提取罐；QTWJ-3 型表示容积为 3 m³ 的强制外循环无锥内加热器式提取罐。

在中药提取生产过程中，可将提取罐与循环式蒸发器组合成一个整体，由蒸发器蒸馏出的高温冷凝液可以作为溶剂加入提取罐中，从而节约工业用水，降低能耗。

三、超临界流体萃取设备

超临界流体萃取是利用流体在临界点所具有的特殊溶解性能而进行萃取分离的一种技术。一般用于中药浸膏的精制，贵重药材、芳香油的提取。

1. 超临界流体萃取的工作原理

对于某一特定的物质而言，存在一个临界温度（T_c）和临界压力（p_c）。在临界点以上的范围内，物质状态处于气体和液体之间，这个范围之内的流体即为超临界流体。

流体在临界状态时，具有以下物理性质：①扩散系数与气体相近，密度与液体相近；②密度随压力的变化而连续变化，压力升高，密度增加；③介电常数随压力的增大而增加。

超临界流体所具备的独特物理性质，使其在作为一种特殊的溶剂用于药材的提取分离时，具有比气体更大的溶解度、比液体更快的传质速率。

除此以外，处于临界点的流体可以实现液态到气态的连续过渡，两相界面消失，物质的汽化热为零。超过临界点的流体在压力变化时，只引发流体密度、溶解度的变化，不会使其液化。因此，可以利用压力、温度的变化来实现超临界流体的萃取和分离过程。图 2-7 在纯物质的相图的基础上简要体现了常规的超临界流体萃取过程。

2. 超临界 CO_2 流体萃取工艺流程

在众多超临界萃取所用的介质中，超临界 CO_2 流体目前在中药材提取过程中最常用。25℃时，其蒸发潜热为 25.25 kJ/mol，沸点为-78.5℃，临界温度（T）为 31.3℃、临界压力（p）为 7.15 MPa、临界密度（d）为 0.448 g/cm³。在超临界流体萃取过程中，还可以根据物质的特性，通过加入不同的夹带剂，来提高萃取效率。

使用超临界 CO_2 流体进行萃取时，一般采用等温法和等压法的混合流程，并通过改变压力作为主要的分离手段。操作过程为：先将待萃取的中药材装入萃取釜，纯净的 CO_2 气体经热交换器冷凝成液体，用加压泵把压力提升到工艺过程所需的压力（高于 CO_2 的临界压力），同时调节温度，使其达到超临界状态。作为溶剂的超临界 CO_2 流体从萃取釜底部进入，与待萃取的中药材充分接触，选择性溶解出所需活性成分。含活性成分的超临界 CO_2 流体经节流阀降压，使其压力低于其临界压力后，进入分离釜。由于 CO_2 溶解度急剧下降，自动分离成溶质和 CO_2 气体两部分，前者为目标产品，定期从分离釜底部放出，后者为循环 CO_2 气体，再次经过热交换器冷凝成 CO_2 液体循环使用。

整个分离过程是利用超临界状态下的 CO_2 流体特异性增加有机物的溶解度，而低于临界状态下时 CO_2 对有机物基本无溶解性的特性，将 CO_2 流体不断在萃取釜和分离釜间循环，从而有效地从中药材中将目标组分萃取出来。通常工业生产中的萃取过程，萃取釜压力一般小于 32 MPa，萃取温度受溶质溶解度大小和热稳定性的限制，一般在其临界温度附近变化。

四、微波辅助提取设备

微波是电磁波的一种，其波长处于 1～1000 mm 范围内，频率介于 $3×10^6$～$3×10^9$ Hz。微波在传输过程中，根据所遇介质的性质不同，会产生反射、吸收、穿透等现象。微波辅助提取就是利用微波这种特性，选择合适的溶剂从各种药材中提取活性成分的技术和方法。

1. 微波辅助提取的基本原理

微波辅助提取的基本原理，大致体现在以下三个方面：

① 微波辐射过程中，高频电磁波穿透萃取介质到达药材内部的微管束和腺细胞系统并被吸收。由于吸收了微波能，细胞内温度迅速上升，细胞内的压力超过细胞壁的承受力，细胞壁胀裂并产生大量孔洞、裂纹，胞外溶剂更易进入细胞，加速了溶剂对活性成分的溶解和提取。

② 微波所产生的电磁场可加速待萃取活性成分的分子由固体内部向固-液界面扩散的速度。例如，水作溶剂时，在微波的作用下，水分子由高速转动状态转变为一种高能量的不稳定状态——激发态。处于高

能激发态的水分子或者汽化以加强萃取组分的驱动力，或者释放出自身多余的能量回到基态，所释放出的部分能量将传递给活性分子，以加速其热运动，从而极大地提高了活性成分由药材内部扩散至固-液界面的传质速率，缩短了提取时间。

③ 微波的频率与分子转动的频率相关，因此微波能是一种由离子迁移和偶极子转动而引起分子运动的非离子化辐射能。在微波辅助提取中，利用不同分子吸收微波能力的差异可选择性加热药材的某些区域或萃取体系中的特定组分，从而使待萃取的活性分子从基体或体系中分离，进入具有较小介电常数、微波吸收能力相对较差的萃取溶剂中。

相较于传统中药材的加热提取是以热传导、热辐射等方式自外向内传递热量，微波萃取具备以下优点：内外同时加热，加热均匀，热效率较高；微波萃取时无高温热源，因此不存在温度梯度；加热速度快，待萃取药材受热时间短，有利于热敏性活性成分的萃取；微波萃取不存在热惯性，因而过程易于控制；微波萃取不受药材含水量的影响，无须提前干燥等预处理，极大地简化了提取工艺。

2. 微波辅助提取设备的基本结构

微波提取设备大体上分为两大类：一类是间歇釜罐式，另一类是连续式。连续式又分为管道流动式、连续渗滤微波提取式。

微波辅助提取设备主要由微波源、微波加热腔、提取罐体、功率调节器、温度控制装置、压力控制装置等组成，工业化的微波辅助提取设备要求微波发生功率足够大，工作状态稳定，安全屏蔽可靠，微波泄漏量符合安全生产要求。图2-8所示为微波辅助提取罐的基本原理。

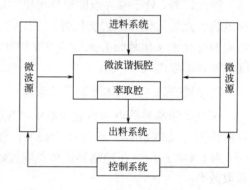

图2-8　微波辅助提取罐原理示意图

五、超声强化提取设备

超声提取法是利用超声波辐射压力产生的强烈空化效应、热效应和机械效应等，通过增大介质分子的运动频率和速度，提高介质的穿透力，从而促进目标活性成分进入溶剂，以提取目标活性成分的方法。超声波提取具有提取效率高、时间短、温度低、应用范围广的优点。

1. 超声提取的基本原理

超声提取是利用压电换能器所产生的快速机械振动波（即超声波）的特殊物理性质，减少活性成分与药材之间的作用力从而实现提取分离主要包括下列三种效应。

（1）空化效应　大多数情况下，介质内部会存在微气泡，这些气泡在超声波的作用下产生振动，当声压达到一定阈值时，气泡由于定向扩散而增大，形成共振腔，然后突然闭合，这就是超声波的"空化效应"。由空化效应不断产生的无数个内压达到几千个大气压的微气泡不断"爆破"，产生微观上的强大冲击力作用在中药材粉末上，使药材的细胞壁破裂，不断被剥蚀。整个过程非常迅速，有利于活性成分的浸出。

（2）机械效应　超声波在连续介质中传播时，可以使介质质点在其传播的空间内产生振动而获得巨大的加速度和动能，强化了介质的扩散、传质，这就是超声波的机械效应。超声波释放的能量给予介质和悬浮体的加速度不同，且介质分子的运动速度远大于悬浮体分子的运动速度，从而在两者之间产生摩擦，这种摩擦力可使生物分子解聚，加速活性成分溶出。

（3）热效应　超声波和其他物理波一样，在介质中的传播过程也是一个能量的传播和扩散过程，即介质将所吸收的能量全部或大部分转变成热能，从而引起介质本身和药材组织温度升高，增大了活性成分的溶解度。这种吸收声能引起的药物组织内部温度的升高是瞬间的，对目标活性成分的结构和生物活性几乎没有影响。

除以上三大主要效应外，超声波还会产生许多次级效应，如乳化、扩散、击碎、化学效应等，这些效应的共同作用奠定了超声提取的原理基础。

2. 超声提取设备的基本结构

目前，在制剂质量检测中已经广泛使用超声提取设备，在药物提取生产中也逐步从实验室向中试、工业化发展。超声提取设备主要由超声波发生器、换能器振子、提取罐体、溶剂预热器、冷凝器、冷却器、气液分离器等组成。典型的超声提取设备如图 2-9 所示。

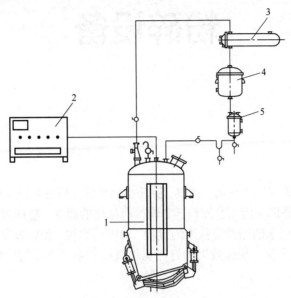

图 2-9　超声提取设备结构示意图

1—超声波振荡器；2—超声波发生器；3—冷凝器；4—冷却器；5—油水分离器

第三章

粉碎设备

在药物制剂的生产中，需要将原料药、辅料、医药中间体等，经过粉碎得到一定颗粒度大小的粉末，以此来满足药物制剂生产、临床应用以及原料药、辅料商品化的要求。粉碎则是通过利用外加机械力，将大块的固体物料破碎到符合要求的颗粒或粉末的过程。对中药来讲，粉碎效果尤为重要，它是中药材前处理中一个频繁且重要的操作步骤。粉碎效果的好坏也将直接关系到产品的质量，而粉碎设备的选择则是保证粉碎效果的重要前提。

第一节　粉碎概述

粉碎在固体制剂生产中，是对药物原材料处理的重要步骤。粉碎效果，即经粉碎后得到的物料颗粒度大小是否满足制剂的生产要求，直接影响药品的质量和临床效果。产品颗粒大小的变化，将会对药品的时效性和有效性产生影响。

一、粉碎的目的

粉碎的目的主要有以下四个方面：①有利于药物中有效成分的浸出或溶出，以此来缩短后续提取操作所需的时间；②制备多种剂型的必要步骤，如散剂、丸剂、片剂等剂型的生产，均须事先对固体物料进行粉碎；③便于各种原料药、辅料的混合、调剂、服用，以适应多种给药途径；④通过粉碎，可以增大药物的比表面积，有利于药物溶解与吸收，从而提高生物利用度。

二、粉碎的基本原理

固体物料的粉碎过程，本质上是机械能转变为表面能的过程，通常是利用外加机械力，尽可能地破坏分子间的内聚力或黏聚力，使固体物料的块径减小，表面积增大。

这种转变是否完全，会直接影响到粉碎的效率及效果。为使机械能尽可能有效地转变为表面能，在粉碎过程中，应及时地将已满足粉碎要求的物料细粒分离出去，使未达到粉碎程度的物料粗粒有充分机会接受机械能。反之，若物料细粒始终存在于粉碎系统中，不但会在粗粒中间起到缓冲作用，而且会消耗大量机械能，同时也会产生大量不需要的过细颗粒。故在粉碎操作中必须及时分离已满足粉碎要求的物料细粒。如图 3-1 所示，粉碎作用力主要包括截切、挤压、研磨、撞击（锤击、捣碎）和劈裂以及锉削等。根据被粉碎物料的性质、粉碎程度需求的不同，所需施加的外力也不同。在实际制剂生产中所使用的粉碎设备，往往是在粉碎过程中，同时发挥几种作用力。

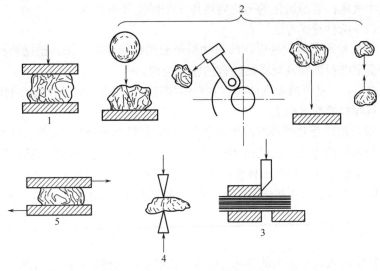

图 3-1　粉碎作用力示意图
1—挤压；2—撞击；3—截切；4—劈裂；5—研磨

固体药材物料粉碎的难易程度，与其本身的结构和性质有关，又因分子排列结构不同，可分为晶体与非晶体的粉碎。其中晶体药材物料又分为方形晶体与非方形晶体。这二者在粉碎操作的区别在于，方形晶体药材物料具有一定的晶格，例如：芒硝、硼砂、雄黄、生石膏、赤石脂等都极易粉碎。粉碎时，一般沿着晶体的结合面碎裂成更小的晶体。非方形晶体药材物料，如樟脑、冰片、萘等则缺乏相应的脆性。当对其施加机械力时，易产生形变而阻碍粉碎。所以，在粉碎非方形晶体药材物料时，通过加入少量挥发性液体来降低其分子内聚力，有助于粉碎。

非晶体药材物料因其分子呈不规则的排列，如松香、乳香、没药等具有一定的韧性，受外加机械力时，即发生形变而较难碎裂。若在较高的温度下粉碎，或在粉碎过程中，部分机械能会转变为热能，此时温度及热能均会使药物软化，故而使粉碎效率进一步降低。非晶体药材物料的粉碎，一般在低温（0℃）下进行，以增加药物的脆性，便于粉碎。

因表面能趋向于缩小，固体药材物料经粉碎后表面积增加，引发了表面能的增加，会变得不稳定，即已粉碎的粉末有重新集聚的倾向。但是当不同药物混合粉碎时，将一种药物适度地混合到另一种药物中，可以有效减小分子间的内聚力，使粉末表面能降低，以降低药粉的再聚结。黏性药粉与粉末状药物混合粉碎，也能缓解其黏性，有利于粉碎。中药材粉碎中，经常先将部分药料混合后再粉碎。但是当共同粉碎的药物中含有共熔成分时，可能会产生潮湿甚至液化现象。

对于不溶于水的药物，可以利用颗粒的重量不同，细粒悬浮于液体中，而粗粒易下沉和分离的性质，在大量非挥发性的液体中进行粉碎。

三、粉碎方法

粉碎操作的原则是在保持固体药材物料的组成及药理作用不变的基础之上，把固体药材物料粉碎到需要的颗粒大小，尽可能不过度粉碎。在粉碎具有毒性、刺激性、腐蚀性、易燃易爆炸的固体药材物料时，应严格注意安全防护。

在实际制剂生产中，主要有以下三种粉碎方法：干法粉碎、湿法粉碎和低温粉碎。应根据被粉碎固体药材物料的性质、颗粒度大小的要求、固体药材物料多少等而选择相应的粉碎方法。

1. 干法粉碎

干法粉碎是把固体药材物料经过适当干燥处理（一般温度不超过 80℃），使其中水分含量降低至一定限度后（一般应少于 5%），再进行粉碎的方法。这是由于含有一定量水分（一般为 9%～16%）的固体药材物料具有韧性，难以粉碎。因此在粉碎前，应根据固体药材物料本身的特性加以干燥，例如：容易吸潮的药物应避免在空气中吸潮；容易风化的药物应避免在干燥空气中失水。

干法粉碎又分为以下两种粉碎方法。

（1）单独粉碎 单独粉碎是对一种固体药材物料单独进行粉碎的方法。根据药料性质或后续使用要求，单独粉碎多用于贵重细料药物及刺激性药物的粉碎处理。

单独粉碎的优点在于：一是可减少固体药材物料的损耗，并且便于对操作人员的劳动保护；二是可防止具有毒性的固体药材物料的交叉污染。

（2）混合粉碎 混合粉碎是对两种或两种以上的固体药材物料经过一定的前处理后，将全部或部分固体药材物料一起进行粉碎的方法。此法适用于中药处方中药材性质相似的群药粉碎，也可加入一定比例的黏性、油性药料，以避免这些药材单独粉碎困难，如熟地、当归、天冬、麦冬或杏仁、桃仁、柏子仁等。混合粉碎将粉碎和混合两步操作相结合，可节省大量的时间。当前中药制剂需粉碎的药料，多采用混合粉碎。

2. 湿法粉碎

湿法粉碎是在药料中加入较易除去的液体（如水、乙醇）共同研磨粉碎的方法，又称加液研磨法。液体的选用"以药料润湿不膨胀，两者不发生化学变化，不影响药效"为原则。液体用量以润湿药物成糊状为宜。湿法粉碎的粉碎度高，可以避免粉尘飞扬，适合毒性、贵重药品的粉碎。

对于有些难溶于水且粉末要求细度高的物料，如朱砂、珍珠、炉甘石、滑石等，常采用"水飞法"进行粉碎。该方法具体过程如下：先将物料粉碎成块，除去药材中的杂质，放入乳钵、球磨机中加入适量清水研磨，使细粉混悬于水中。然后将混悬液倾出，余下的物料再加水重复以上过程，直至全部研细。然后将所得的混悬液合并，经沉降后，去除不含物料粉末的上清液。再将所得湿粉干燥、打散，以获得极细的物料粉末。水飞法适用于矿物药、易燃易爆物料。

3. 低温粉碎

将物料或粉碎机降温冷却后，再进行粉碎的方法称为低温粉碎。

由于非晶体类药物，如树脂、树胶等，具有一定的弹性。外加机械力时，会引起弹性变形，最后转化为热能，因而降低粉碎效率。而物料在低温时脆性增加，韧性与延展性降低，易于粉碎。所以，一般可用降低温度的办法，来增加非晶体类药物的脆性，以便对其粉碎。

低温粉碎法的应用及特点主要有以下四方面：①在常温下粉碎困难的物料，可以较好地粉碎，如熔点低、软化点低及热可塑性的物料，即树脂、树胶、干浸膏等；②含水、含油较少的物料；③能够获得更细的粉末；④能更多地保留物料中的香气、挥发性有效成分。

低温粉碎一般有下列四种方法：①待物料先行冷却后，短时间内迅速通过高速撞击式粉碎机粉碎；②对粉碎设备进行降温冷却，粉碎机壳通入低温冷却水，在循环冷却下进行粉碎；③将干冰或液氮与物料混合后直接粉碎；④对上述3种冷却方法综合应用进行粉碎。

四、粉碎的主要参数、细度标准

1. 粉碎的主要参数

（1）粉碎比 粉碎比又称粉碎度，是定量描述固体物料经某一粉碎机械粉碎后颗粒度大小变化的参数，用以衡量粉碎操作的效果。粉碎比用 i 表示，其公式定义为：

$$i=D/d \tag{3-1}$$

式中，D、d 分别为物料在粉碎前、后的平均粒径。

粉碎比可反映单机操作的结果，也可反映物料经过整个粉碎系统后的粒径变化。

（2）能量消耗 所需的能量与粒径的平方根成反比，其表达式为：

$$A = C\left(\frac{1}{\sqrt{d}} - \frac{1}{\sqrt{D}}\right) \tag{3-2}$$

式中，A 为粉碎单位质量物料所需的能量；C 为物料性质系数。

2. 粉碎的细度标准

粉碎操作的种类按细度划分可分为以下 4 种：

① 粗粉碎：原料粒度在 40～1500 mm 范围内，产品颗粒度在 5～50 mm。

② 中粉碎：原料粒度在 10～100 mm 范围内，产品颗粒度在 5～10 mm。

③ 微粉碎：原料粒度在 5～10 mm 范围内，产品颗粒度≤100 μm 以下。

④ 超微粉碎：原料粒度 0.5～5 mm 范围内，产品颗粒度在 10～25 μm 及以下。

中药材粉碎根据粉碎产品的粒度可分为：

① 破碎，颗粒度＞3 mm；

② 磨碎，颗粒度在 60 μm～3 mm；

③ 超细磨碎，颗粒度≤60 μm。

日常生活中，常见的中药散剂、丸剂，所使用的药材粉末的颗粒度都属于磨碎范围。而浸提用药材的粉碎粒度则属于破碎范围。

在粉碎过程中，经常会产生小于规定粒度下限的产品，这种现象被称为过粉碎。固体药材物料过粉碎并不一定能提高浸出速度，相反，会容易出现药材所含淀粉糊化、渣液分离困难的情况。同时，粉碎时能量损耗也大。因此应尽可能避免过粉碎。各种破碎或磨碎设备的粉碎比不同，对于固体药材物料的破碎效果也不一样。一般来说，破碎机的粉碎比为 3～10，而磨碎机的粉碎比可达 40～400，甚至更高。

五、影响粉碎的因素

1. 粉碎方法

在相同条件下，采用湿法粉碎较干法粉碎得到的产品颗粒度更细。若最终产品以湿态使用时，即无须再进行干燥处理，则采用湿法粉碎较好。若最终产品以干态使用时，湿法粉碎后须经干燥处理，在干燥过程中，细粒往往容易再聚结，导致产品粒度增大。

2. 粉碎的最佳时间

理论上粉碎时间越长，产品越细。但是，物质的表面能是趋向于缩小的。固体药材物料经粉碎后表面积增加，引发了表面能的增加，会变得不稳定，即粉碎到一定颗粒度的粉末有重新集聚的倾向。经过一段时间的粉碎后，产品颗粒度几乎不再发生改变。所以，对于特定的产品在特定条件下的粉碎，存在一个最佳的粉碎时间。而在最佳粉碎时间后，一味地延长粉碎时间，产品颗粒度也几乎不再发生改变。

3. 物料性质、进料速度及进料颗粒度

(1) 物料性质　脆性物料较韧性物料更易被粉碎。

(2) 进料速度　进料速度过快，粉碎室内颗粒间的碰撞机会增多，会使得颗粒与冲击元件之间的有效撞击减弱。同时物料在粉碎室内的滞留时间缩短，导致产品粒径增大。

(3) 进料颗粒度　进料颗粒度太大，不易粉碎，导致粉碎效率下降；颗粒度过小，粉碎比减小，粉碎效率降低。

第二节　粉碎机械

工业上使用的粉碎机种类很多，按不同的分类标准有不同的分类结果。按构造进行划分，有颚式、辊式、滚筒式、锤式、流能式等粉碎设备；按粉碎过程中外加机械力种类进行划分，有以研磨、撞击、锉削、截切、挤压等为主的粉碎机械；按产品颗粒度进行划分，则可分为粗粉碎设备、中粉碎设备、微粉碎设备、超微粉碎设备。下面介绍几种常用的粉碎设备。

一、乳钵

乳钵又称研钵。一般在粉碎少量脆性固体物料时，常选择使用乳钵进行粉碎。常见的乳钵有瓷制、玻璃制、玛瑙制等，以瓷制、玻璃制最为常用。乳钵内壁有一定的粗糙面，以加强研磨的效果。但容易残留固体物料粉末而不易清洗。对于具有毒性或贵重的固体物料的研磨与混合，选择玻璃制乳钵较为适宜。用乳钵进行粉碎时，每次所加固体物料的量一般不超过乳钵容量的四分之一。研磨时，杵棒以乳钵的中心为起点，按螺旋方式逐渐向外围旋转移动扩至四壁。然后再逐渐返回中心，如此往复循环。

二、冲钵

冲钵为最简单的撞击粉碎工具。日常生活中，家用的小型冲钵又称为蒜怼窑、蒜臼子。冲钵为石制或金属制（一般选用食品级不锈钢），如图 3-2 所示的铜制冲钵及电动石制冲钵。冲钵为间歇性操作的粉碎工具，这种工具撞击频率低而不易生热，适用于粉碎含挥发油或芳香性固体物料。

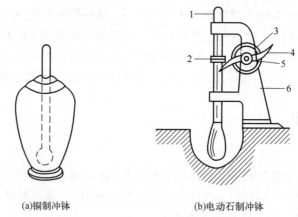

(a)铜制冲钵　　　　　　(b)电动石制冲钵

图 3-2　冲钵

1—杵棒；2—凸轮接触板；3—传动轮；4—板凸轮；5—轴系；6—座子

三、球磨机

1. 球磨机的结构

如图 3-3 所示，球磨机具有一个圆筒形的罐体，罐体内装有一定数量和大小的研磨介质，即研磨用球体，质地为钢球或瓷球。罐体的转轴固定在两侧的轴承上，由电机带动旋转。

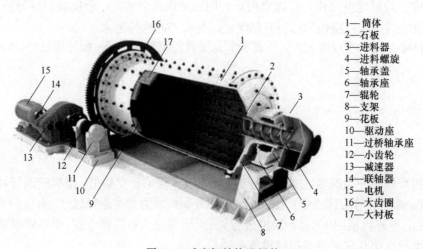

1—筒体
2—石板
3—进料器
4—进料螺旋
5—轴承盖
6—轴承座
7—辊轮
8—支架
9—花板
10—驱动座
11—过桥轴承座
12—小齿轮
13—减速器
14—联轴器
15—电机
16—大齿圈
17—大衬板

图 3-3　球磨机结构及组件

2. 球磨机种类

按筒体长径比（*L/D*）可分为短球磨机（*L/D*<2）、中长球磨机（*L/D*=3）和长球磨机（又称为管磨机，*L/D*>4）；按磨仓内装入的研磨介质种类不同，可分为球磨机（研磨介质为钢球）、棒磨机（具有2到4个仓，除第1仓研磨介质为圆柱形钢棒外，其余各仓填装钢球或钢段）、石磨机（研磨介质为砾石、卵石、磁球等）；按卸料方式可分为尾端卸料式球磨机、中央式球磨机；按转动方式可分为中央转动式球磨机、筒体大齿转动球磨机等。

3. 工作原理

球磨机在电机的带动下旋转，圆筒内的钢球和固体物料受离心力的作用与筒体一起旋转，上升到一定高度后，在重力的作用下掉落。下落过程中，物料会受到研磨介质的研磨和撞击双重作用力，得以粉碎。

球磨机筒体的转速对粉碎效果有重要的影响。如图3-4所示，球磨机在不同的转速下，内部研磨介质的运动状态也不同，主要有三种：

滑落状态　　　　　　抛落状态　　　　　　离心状态

图3-4　球磨机不同转速转动示意图

（1）滑落状态　由于筒体转速过慢，产生的离心力太小，研磨介质与固体物料因摩擦力被筒体带到一定高度后，在重力作用下滑落。对物料的粉碎主要靠研磨作用，冲击作用小，粉碎效果不佳。

（2）抛落状态　筒体转速适宜时，研磨介质与固体物料被提升到一定高度后抛落，研磨介质与固体物料之间不仅存在较大的研磨作用，固体物料还会受到研磨介质很强的撞击，粉碎效果最好。

（3）离心状态　由于筒体转速过快，在离心力作用下，研磨介质与固体物料附着在筒体内壁上一起旋转，研磨介质与固体物料之间没有相对运动，研磨介质对固体物料起不到冲击和研磨作用，从而失去粉碎和混合作用。

由以上三种情况可知，球磨机的转速不能过慢或过快，转速能够维持研磨介质的运动在抛落状态时，对固体物料的粉碎会有最好的效果。

4. 球磨机的特点

球磨机的结构简单、适应性强、生产能力大，可以粉磨各种硬度的固体物料，颗粒度可调。缺点是体积大，笨重，粉碎时会产生较大的噪声，粉碎效率较低，粉碎时间较长，需要配备较昂贵的减速装置。但由于球磨机密闭操作，适合贵重物料的粉碎、无菌粉碎、干法粉碎、湿法粉碎等。

四、振动磨

1. 结构和工作原理

振动磨是一种利用振动原理来进行固体物料粉碎的设备。能有效地进行细磨和超细磨。其结构如图3-5所示。振动磨由槽形或圆筒形磨体，装在磨体上的激振器（或偏心重体）、支撑弹簧和驱动电机等部件组成。工作时，驱动电机通过挠性联轴器，带动激振器中的偏心重块旋转，从而产生周期性的激振力，使磨机筒体在支撑弹簧上产生高频振动，从而使机体获得椭圆形运动轨迹。磨机筒体振动时，研磨介质会发生强烈的撞击和旋转。进入筒体的固体物料在研磨介质的撞击和研磨作用下被破碎、磨细，并随着料面的平衡逐渐向出料口运动，最后作为粉碎后的产品，排出磨机筒体。

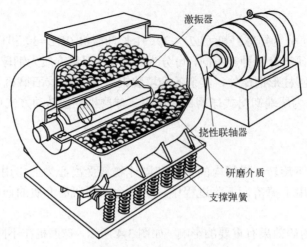

图 3-5　振动磨结构示意图

惯性式振动磨在主轴上装有不平衡物，如图 3-6（a）所示。当轴旋转时，由于不平衡产生惯性离心力，筒体发生振动。偏旋式振动磨是将筒体安装在偏心轴上，因偏心轴旋转而产生振动，如图 3-6（b）所示。按振动磨的筒体数目，可分为单筒式、多筒式振动磨。若按操作方式，可分为间歇式和连续式振动磨。

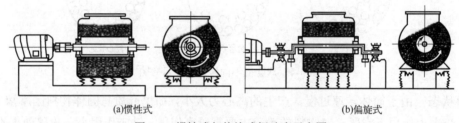

(a)惯性式　　　　　　　　　　　　　(b)偏旋式

图 3-6　惯性式与偏旋式振动磨示意图

随着磨机筒体的振动，筒体内的研磨介质会发生三种运动：①强烈的抛射运动，通过撞击固体物料，可将大块的物料迅速破碎；②同向的高速自转运动，对较小的固体物料起研磨作用；③慢速的公转运动，对固体物料起到匀化作用。

振动磨的研磨介质材质有钢球、氧化铝球、不锈钢球、钢棒等。能根据所需粉碎的固体物料性质及产品要求的颗粒度大小，选择合适的研磨介质材料和形状。为提高研磨效率，一般会尽量选用大直径的研磨介质，粗磨采用球形研磨介质。研磨介质的直径愈小，所得到的粉碎产品颗粒度愈细。

2. 振动磨的特点

振动磨工作状态下的振动频率高，且采用直径小的研磨介质，介质填充率高，研磨效率高。单位时间内的作用次数高（固体物料在振动磨筒内受到的撞击次数为球磨机的 4～5 倍），因而其效率比普通球磨机高 10～20 倍，且能耗仅为球磨机的几分之一。粉碎后所得产品的平均粒径可达 2～3 μm，对于脆性较大的固体物料可以较容易得到亚微米级产品，是对中药材进行超微粉碎最理想、最有前途的设备。能够实现研磨工序连续化，并且可采用完全封闭式操作，通过改善操作环境或充入惰性气体，可用于易燃、易爆、易氧化固体物料的粉碎。其具有操作方便、易于维修、体积尺寸比球磨机小、占地面积小等优点。但振动磨运转时会产生很大的噪声，需要采取隔音降噪等措施减少噪声污染。

五、流能磨

流能磨又称气流粉碎机、气流磨，本质是利用高速喷射的气体（压缩空气或过热蒸气）作为颗粒的载体，带动干燥的粗物料颗粒做高速运动。高速运动中的物料颗粒互相之间会发生剧烈的碰撞和摩擦，从而实现粉碎的目的。由于粉碎由高速喷射的气体来完成，整个机器无活动部件。

流能磨粉碎效率高，可以做到粒径在 5 μm 以下颗粒的粉碎，并具有产品颗粒度分布窄、颗粒表面光滑、形状规整、纯度高、活性大、分散性好等特点。适合热敏性强、受热易变质、熔点低和易爆的固体物料的粉碎。

根据粉碎室形状可分为卧式、立式两大类，其中卧式在实际生产中较立式应用更为广泛。根据气流的运动状态分为顺流式和逆流式。

目前常用的主要有：扁平式气流磨、循环管式气流磨、对喷式气流磨、流化床对射磨。

(1) 扁平式气流磨 扁平式气流磨又称圆盘式气流磨。1934 年，美国 Fluid Energy 公司首先研发出气流粉碎机，并成功将其广泛应用于工业。扁平式气流磨工作原理为：将洁净的高压气体经入口进入高压气体分配室中，气体在自身高压作用下通过喷嘴时会产生高达每秒几百米甚至上千米的气流速度，这种通过喷嘴产生的高速强劲气流称为喷气流，使物料颗粒受到强大的撞击、摩擦、剪切作用，又能在离心力的作用下达到较好的分级。高压气体分配室与粉碎分级室之间，由若干个气流喷嘴相连通，物料经加料口由喷射式加料器的喷嘴，加速导入粉碎室，在旋转的气流带动下发生碰撞、摩擦、剪切而粉碎。细粒会被气流推到粉碎室中心的出口管，经由出口管进入旋风分离器，粗粒则在离心作用下被甩到粉碎室周壁作循环粉碎。细粒在旋风分离器中，呈螺旋状运动缓慢下降到储料仓中，废气由废气排出管排出（如图 3-7）。

(2) 循环管式气流磨 循环管式气流磨又称跑道式气流粉碎机（见图 3-8）。该粉碎设备由进料管、加料喷射器、混合室、文丘里管、粉碎喷嘴、粉碎腔、一次及二次分级腔、上升管、回料通道及出料口组成。工作原理为：物料颗粒被洁净的高压气体吹入粉碎区后，高压空气带动颗粒沿管道运动。由于管道呈O 形，内、外圈半径不同。内、外层物料颗粒运动半径及速度也不同。各层物料颗粒之间产生相对运动，发生摩擦、剪切、碰撞作用。细粒会被气流推到粉碎室中心的出口管排出，粗粒则在离心作用下被甩到粉碎室周壁作循环粉碎。

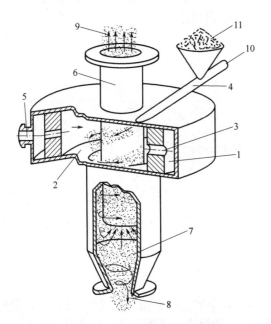

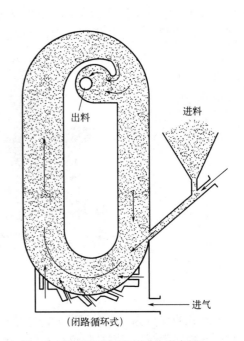

图 3-7 扁平式气流磨结构示意图   图 3-8 循环管式气流磨结构示意图

1—高压气体分配室；2—粉碎分级室；3—气流喷嘴；4—喷射式加料器；
5—高压气体入口；6—废气流排出管；7—成品收集器；8—粗粒出口；
9—细粒出口；10—压缩空气；11—物料

(3) 对喷式气流磨 如图 3-9 所示，对喷式气流磨工作原理为物料由料斗进入，被加料喷嘴喷出的高速气流带入粉碎室，同时粉碎喷嘴将分级室落下的粗粒一并带入粉碎室。物料颗粒发生对撞并被粉碎后，随气流上升至分级室，在分级室内气流形成旋流，使颗粒发生分级。由于粗粒位于分级室外围，在气流带动下，粗粒随气流向下运动，再次进入粉碎室进一步粉碎。细粒经中间出口排到机外进行气固分离和产品回收。

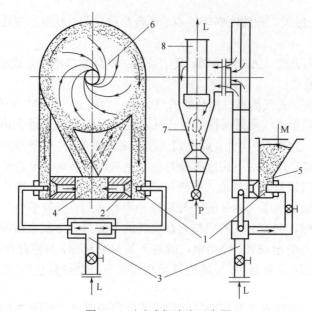

图 3-9　对喷式气流磨示意图

1—喷嘴；2—喷射泵；3—压缩空气；4—粉碎室；5—料仓；6—旋流分级区；7—旋风分离器；8—滤尘器；
L—气流；M—物料；P—产品

(4) 流化床对射磨　流化床对射磨是将对喷原理与流化床中膨胀气体喷射流相结合，如图 3-10 所示。工作原理为：料仓内的固体物料颗粒经由加料器进入磨腔，空气通过逆喷嘴喷入研磨室，使物料呈流态化，形成三股或多股高速的两相流体由喷嘴进入磨腔。流态化的物料颗粒，在磨腔中心点附近交汇，产生强烈的撞击、摩擦而粉碎［图 3-10(b)］。粉碎的物料颗粒由上升气流输送至涡轮式分级器分离，达标的细粒产品经出口排出，粗粒沿机壁返回磨碎室，尾气进入除尘器排出。

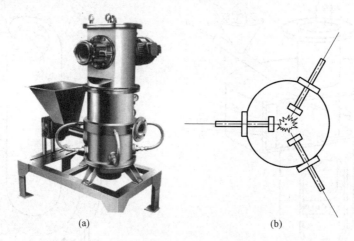

(a)　　　　　　　　(b)

图 3-10　流化床对射磨（a）及对射磨腔（b）示意图

流能磨的优点为：粉碎强度大，产品颗粒度细（可达数微米甚至亚微米），颗粒规整，表面光滑，颗粒在高速旋转中分级，产品粒度分布窄，单一颗粒成分多，能够进行无菌作业。缺点是：一次性投资大，辅助设备多，粉碎成本较高，影响运行的因素多，操作不稳定，作业时噪声较大，易发生堵塞。

六、胶体磨

胶体磨的主要构造为：带斜槽的锥形转子和定子组成的磨碎室，转子和定子表面加工成沟槽形，转子与定子间的间隙在物料进口处较大，而在出口处较小。如图 3-11（a）所示，工作原理为：利用高速旋转的定子与转子间的可调节间隙，使物料受到强大的剪切、摩擦及高频振动等作用力，能有效地粉碎、乳化、均质。转子和定子的狭小缝隙可根据标尺调节，从而控制粉碎细度。

胶体磨具有操作方便、密封良好、性能稳定、安装维修简单、环保节能、整洁卫生、体积小、效率高等优点，适用于乳状液的均质、乳化、粉碎，以及混悬液、乳浊液的制备。

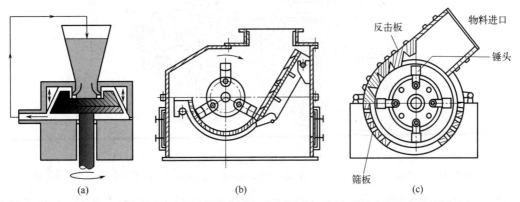

图 3-11　胶体磨（a）、不可逆式锤击式破碎机（b）及可逆式锤击式破碎机（c）

七、锤击式破碎机

锤击式破碎机又称锤式破碎机，主要由加料器、转子、筛板、反击板组成。其中，转子由主轴、圆盘、销轴和锤子组成，结构如图 3-11（c）所示。工作状态下，电动机带动转子在破碎腔内高速旋转，大块固体物料自上部给料口进入，受高速运动的锤头的撞击、剪切、研磨而达到粉碎的目的。在转子下部，设有筛板。粉碎物料中小于筛孔尺寸的细粒通过筛板排出。大于筛板尺寸的粗粒阻留在筛板上，继续受到锤头的撞击、研磨。

锤击式破碎机有很多类型，按结构特征可分为以下种类：

① 按转子数目：分为单转子锤击式破碎机和双转子锤击式破碎机。

② 按转子回转方向：分为不可逆式和可逆式（转子可朝两个方向旋转）［图 3-11（b）、（c）］。

③ 按锤头排数：分为单排式（锤子安装在同一 回转平面上）和多排式（锤子分布在几个回转平面上）。

④ 按锤头在转子上的连接方式：分为固定锤子和活动锤子。其中，固定锤子主要用于软质物料的细碎和粉碎。

锤击式破碎机的特点是单位产品的能量消耗低、体积紧凑、构造简单并有很高的生产能力等。因此，锤击式破碎机广泛用于破碎各种中硬度以下且磨蚀性弱的物料。除此之外，锤击式破碎机具有一定的混匀和自行清理作用，能够破坏含有水分及油质的有机物。这种类型的破碎机适用于药剂、染料、化妆品、糖、炭块等多种物料的粉碎。

锤头在生产中会受到磨损，使间隙增大。必须经常对筛条或研磨板进行调节，使破碎比控制在 10～50，以保证破碎后，产品的颗粒度符合要求。

八、柴田式粉碎机

柴田式粉碎机由机壳、加料斗、甩盘、打板、挡板、风扇、电动机等组成。如图 3-12 所示，甩盘装在动力轴上，甩盘上有 6 块打板，主要起粉碎作用。挡板处于甩盘和风扇之间，呈轮状附于主轴上，挡板盘可以左右移动，以此来调节挡板与甩盘、风扇之间的距离，从而控制颗粒度的大小。例如：向风扇方向移动，产品颗粒度变小；反之，向打板方向移动，产品颗粒度变大。同时，挡板盘可控制粉碎速度，也能起到部分粉碎的作用。风扇安装在出粉口一端，由 3～6 块风扇板制成，安装于主轴上，借助转动产生的风力，使细粒自出料口经输粉管吹入药粉沉降器内，由下口放出。

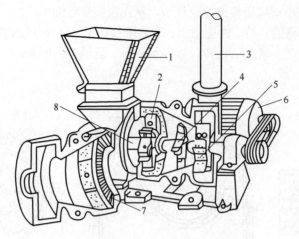

图 3-12　柴田式粉碎机结构示意图

1—加料斗；2—打板；3—出粉风管；4—挡板；5—风扇；6—电动机；7—机壳内壁钢齿；8—动力轴

　　柴田式粉碎机是以产生撞击力为主的粉碎设备，在各类粉碎机中粉碎能力最大，在中药材制备中有着广泛的应用。适用于粉碎植物性、动物性、纤维性以及有适当硬度的矿物类药材，不宜粉碎比较坚硬的矿物药和含油多的药材。

九、万能粉碎机

　　万能粉碎机的结构如图 3-13 所示，其主要结构由加料斗、挡板、带有钢齿的转子、环状筛网和水平轴等组成。工作原理为：粉碎机盖板上的钢齿固定不动，与转子上的钢齿以不同的半径，呈同心圆交错排列。开机后，水平轴上的转子带动钢齿做高速旋转，物料由加料斗经过入料口均匀地进入机内粉碎室。由于离心力的作用，物料被甩向钢齿间，并通过钢齿的撞击、剪切和研磨作用而粉碎。细料通过底部的环形筛网，经出粉口落入粉末收集袋中，粗料则留下来继续粉碎，粉碎产品的粗细度可通过更换不同孔径的筛网进行调节。

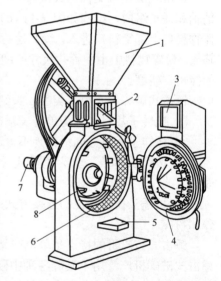

图 3-13　万能粉碎机结构示意图

1—加料斗；2—抖动装置；3—入料口；
4—垫圈；5—出粉口；6—环状筛网；
7—水平轴；8—钢齿

　　万能粉碎机的优点是：结构简单、坚固耐用、运转平稳、粉碎效果好；拆卸、维修方便；适合多种干燥物料，如结晶性药物、非组织性块状脆性药物、干浸膏颗粒、中药的根茎叶等的粉碎，广泛应用于医药、制药、化工、食品等行业。但是，万能粉碎机不适合粉碎腐蚀性大、毒性较大、较为贵重的物料。此外，由于其粉碎过程中会发热，也不宜用于粉碎含有大量挥发性成分、软化点低、具有黏性的物料。

第四章
筛分与混合设备

制药过程中，物料一般会进行粉碎过程，粉碎后得到的物料颗粒通常是粗细不均的，为了满足后续的单元操作要求，就必须对粉碎后得到的物料颗粒进行分档，这种分档操作即称为筛分。而混合则是筛分的逆向操作，是按照处方（中药）或配料表（西药）的要求，将其中各种筛分后的物料颗粒进行混合，以尽可能达到均质化。

第一节 筛 分

筛分

筛分是将颗粒大小不同的混合物料，通过单层或多层筛网而分级成若干个不同颗粒度级别的过程。碎散物料在筛网上按颗粒度大小进行分级，物料中小于筛孔尺寸的颗粒穿过筛网，落入筛下，称为筛下物；大于筛孔尺寸的颗粒留在筛网上的，称为筛上物。筛分不仅能使粉碎的物料颗粒分级，获得粒径较均匀的药物，而且可提高粉碎效率并能起到混合作用。

一、筛分的使用情况及目的

制药生产过程中，使用筛分设备的情况通常有以下三种。

(1) 清理操作的筛分 其目的是使药材和杂质分开。

(2) 粉碎操作的筛分 其目的是将粉碎好的颗粒或粉末按粒度大小加以分级，以供制备各种剂型的需要；药材中各部分硬度不一，粉碎的难易不同，出粉有先有后，通过筛网后可使粗细不均匀的药粉得以混匀，粗渣得到分离，以利于再次粉碎。需要注意的是，较硬部分一般粉碎较慢，往往是最后出筛，而较易粉碎部分则会先被粉碎完成而较早出筛。所以过筛后的粉末应再经过搅拌，才能保证药粉的均匀度，以保证用药的效果。

(3) 制剂筛选 其目的是将半成品或成品（如颗粒剂）按外形尺寸的大小进行分类，以便于进一步加工或得到均一大小尺寸的产品。

二、分离效率

对物料进行分离时，可通过筛分机械（筛网工具）对物料进行分离、分级，例如：通过一定孔径大小的筛网将物料分成颗粒度大于孔径及小于孔径的两部分。理想分离情况下，两部分物料中的颗粒度各不相混。但由于固体粒子形态并不规则，表面状态、密度等各不相同，实际上颗粒度较大的物料中残留有小粒子，颗粒度较小的物料中也会混入大粒子，如图4-1所示。

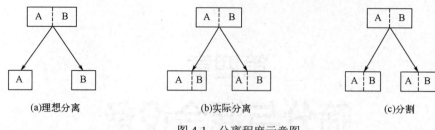

(a)理想分离　　　　　　　　(b)实际分离　　　　　　　　(c)分割

图4-1　分离程度示意图

通常以牛顿分离效率（η）表达分离效率。理想分离时，分离效率$\eta=1$，如图4-1（a）；筛网堵塞、筛网破裂漏料、物料分割时，$\eta=0$，如图4-1（c）；实际分离时，η处于0～1之间，如图4-1（b）。η越高，则表示筛选设备效率越高。

三、筛网的种类、规格与粉末等级划分

药筛是指按药典规定，全国统一用于药剂生产的筛网，或称标准药筛。实际生产中，常用工业筛，这类筛的选用应与标准药筛相近。药筛按制作方法可分为两种。一种是冲制筛（冲眼或模压），即通过在金属板上冲出一定形状的筛孔制作而成。冲制筛的筛孔坚固，孔径不易变动，多用于高速运转粉碎机的筛板及药丸的筛选。另外一种是编织筛，采用有一定机械强度的金属丝（如不锈钢丝、铜丝、铁丝等），或其他非金属丝（如尼龙丝、绢丝、马尾丝等）编织而成。由于编织筛的筛线易发生移位致使筛孔变形，所以会对金属筛线交叉处进行压扁固定处理。

我国制药工业用标准筛常用"目"表示筛号，即以每英寸（2.54 cm）长度上所具有的筛孔数目表示。例如：每英寸有100个孔的筛称为100目筛。筛号数越大，表示所含有的筛孔数目越多，药筛的筛孔内径就越小，则通过该筛网所得的粉末也就越细。《中华人民共和国药典》（以下简称《中国药典》）规定了一～九号筛9种标准药筛，分别相当于工业筛10目、24目、50目、65目、80目、100目、120目、150目、200目。其中一号筛孔内径最大，九号筛孔内径最小。

由于各种药物制剂对药物粉末具有不同的粉碎度要求，所以要控制粉末的标准。《中国药典》中规定了6种粉末的规格，如表4-1所示。

表4-1　药物粉末的等级划分标准

粉末等级	粉末等级划分标准
最粗粉	能全部通过一号筛，但混有能通过三号筛不超过20%的粉末
粗粉	能全部通过二号筛，但混有能通过四号筛不超过40%的粉末
中粉	能全部通过四号筛，但混有能通过五号筛不超过60%的粉末
细粉	能全部通过五号筛，但混有能通过六号筛不超过95%的粉末
最细粉	能全部通过六号筛，但混有能通过七号筛不超过95%的粉末
极细粉	能全部通过八号筛，但混有能通过九号筛不超过95%的粉末

四、影响筛分的因素

影响筛分过程的因素主要分为以下三大类：

（1）入筛物料的物理性质　包括粒径组成、湿度、物料形状等。

（2）筛面种类及其工作参数　包括筛面种类、筛面的长度和宽度、有效筛面积、筛孔形状及筛面运动的特性等。

（3）操作条件　包括生产率的大小和给料的均匀性等。

在上述三类因素中，第一类因素——入筛物料的物理性质，除湿度外是不能随意改变的。第二类因素——筛面种类及其工作参数，是在筛网设计时需要考虑的。只有第三类因素在实际生产过程中是可以调

节的。

1. 入筛物料的物理性质

（1）入筛物料的粒径组成 被筛物料的粒径组成，对于筛分过程有决定性的影响，通过筛分实践发现，比筛孔愈小的颗粒愈容易透过筛孔，这些颗粒称为易筛粒。当入筛物料颗粒粒径达到筛孔 3/4 时，虽然仍比筛孔尺寸小，但是却难于透过筛网。而直径比筛孔略大的颗粒，常常会遮住筛孔，妨碍细粒透过，这些颗粒称为难筛粒。直径在 1～1.5 倍筛孔尺寸的颗粒所形成的料层，不易让难筛粒透过，这种颗粒称为阻碍粒。但直径在 1.5 倍筛孔尺寸以上的颗粒所形成的料层，对筛分的影响并不大。

（2）入筛物料表面的含水量 物料的湿度反映了其含水量的多少。一般物料的水分有三种：①结合水分，它与物料紧密化合在一起，难以除去；②吸附水分，存在于物料的孔隙裂缝中；③表面水分，即物料表面上所带的水分，其含量和物料表面积基本成正比。因此，细粒级物料表面水分含量高。上述三种水分中，结合水分与吸附水分对筛分过程没有影响，主要是表面水分影响筛分的进行。物料中所含的表面水分会在一定程度内增加，黏滞性也就增大。物料的表面水分能使细粒互相黏结成团，并附着在大颗粒上，黏性物料也会把筛孔堵住。这些原因会导致筛分过程较难进行下去，筛分效率将大大降低。因此，当物料含水量较高，严重影响筛分效率时，可以考虑适当加大筛孔来提高筛分效率。

2. 筛面种类及其工作参数

（1）筛面种类 有效面积是指筛网上由筛孔所占面积与筛面几何面积之比，又称有效筛面。筛网的有效面积越大，意味着单位筛网上的筛孔数目越多，入筛物料透过筛孔的概率也越大。因此，其生产能力和筛分效率就越高，但筛网寿命较短。编织筛和冲制筛的筛孔所占总面积比例，前者远大于后者，但选用什么样的筛网，需要结合实际情况考虑。例如：当磨损严重成为主要矛盾时，就应用耐磨的棒条筛或钢板冲制筛，当需要精细筛分时，一般会使用编织筛。

（2）筛孔形状 筛孔形状直接影响筛的有效面积。筛孔形状的选择，取决于对筛分产物粒度和对筛分设备生产能力的要求。常见的筛孔形状有圆形、正方形和长方形。冲制筛的筛孔多为圆形，编织筛面则是长方孔和正方孔。筛分实践中发现，筛孔形状不同的筛网，其有效筛面面积和颗粒透过筛孔的概率也不同。例如：长方形筛孔的筛网，具备有效面积较大，生产能力较高，处理含水较多的物料时能减少筛孔堵塞现象的优点。其缺点是容易使条状及片状粒通过筛孔，使得过筛后产物不均匀。圆形筛孔有效面积最小，因此单位筛网面积生产效率最低，圆形筛孔与其他形状的筛孔相比，在名义尺寸相同的情况下，透过圆形筛孔的过筛产物的粒度较小。

（3）筛网的运动状况 筛分效率又与筛体的运动方式有关。相较于筛分效率较低的固定筛网，可动筛网的筛分效率要提高很多。筛体处于振动状态时，物料颗粒在筛网上以近似于垂直筛孔的方向被抖动，且振动频率较高，所以筛分效率最好。在摇动着的筛网上，颗粒主要是沿筛面滑动，而且摇动的频率较振动的频率小，所以效果较振动筛的差。转动的圆筒形筛网的筛孔容易堵塞，筛分效率也不高。例如：大型圆振动筛增加了振动力和振幅，使筛板对物料的撞击力和剪切力增大，以克服颗粒之间的黏着力。从而减少了筛网的堵塞，使被筛物料快速完成松散、分层和透筛。

（4）筛网的长宽比 物料在筛网上停留时间长，透筛概率就高，进而提高了筛分效率。一般筛网的宽长比以（1∶2）～（1∶3）为宜。在筛网负荷相等时，筛网宽度小而长度很大，筛网上物料层厚，细粒难以接近筛面和透过筛孔；相反，当筛网宽度大而长度小时，物料层厚度虽然减小，使得细粒更易于接近筛面，但是颗粒在筛网上停留时间短，反而导致物料颗粒通过筛孔的概率减少，从而导致筛分效率的降低。

（5）筛网的倾斜度 通常情况下，筛网处于倾斜状态，便于排出筛网上的物料。倾斜角度太小，不利于排出筛网上物料；角度太大，物料排出速度过快，物料颗粒被筛分的时间就会缩短，筛分效率会降低。并且，当筛面倾斜放置时，能使颗粒通过的筛孔面积只相当于筛孔的水平投影。

筛分过程中要控制物料在筛网上物料颗粒的流动速度。筛网倾角大，筛网上物料运动速度快、生产能力大、效率低。为获得较高的筛分效率，物料颗粒在筛网上运动速度一般控制在 0.6 m/s 以下。综合考虑以上各种情况，通过筛分实践得出，筛网一般保持 15° 左右的倾角。

3. 操作条件

（1）给料要均匀和连续 筛分要求均匀、连续地将物料给入筛网上，让物料沿整个筛子的宽度布满成一薄层。如此一来，既充分利用了筛面，又便于细粒透过筛孔，以保证获得较高的生产率和筛分效率。反之，如果给料不均匀，料层太薄，则处理量低；料层太厚，细颗粒来不及透筛，留在筛网上影响筛分效率。

（2）给料量 给料量增加，生产能力随之增大，但筛分效率就会逐渐降低，其原因是筛网产生过负荷。筛网产生过负荷时，就成为一个溜槽，实际只起到运输物料的作用。

第二节　筛分设备

一、手摇筛

手摇筛是将筛网（由不锈钢丝、铜丝、尼龙丝等编织而成）固定在圆形或长方形的竹圈、金属圈上，如图 4-2 所示。按筛号大小依次叠放成套，又称套筛。最粗号的筛网在最顶上，上面加盖，最细号在最底下，套在物料收集器上。使用时，选择所需号数的筛网，套在物料收集器上，上面盖上盖子，用手摇动过筛。手摇筛多用于小量生产或粒度检验，也适用于筛分剧毒性、刺激性或质地较轻的药粉。

图 4-2　手摇筛

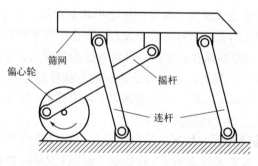

图 4-3　摇动筛

二、摇动筛

摇动筛主要部件是筛网、摇杆、连杆、偏心轮，结构如图 4-3 所示。摇动筛的边框呈簸箕状的长方形，筛网呈水平状或出口稍低放置，筛框由摇杆支撑或用绳索悬吊于框架上。操作时，利用偏心轮和连杆做往复运动。加入物料后，细料通过筛网落下，粗料由出口排出。摇动筛所需功率小，生产力较低，但维护成本较高。仅适合小规模筛分使用。

三、滚筒筛

滚筒筛的筛网覆在圆筒形、圆锥形、六角形的滚筒筛框上，滚筒与水平面呈 2°～9° 的倾角放置，由电机经减速装置带动其转动，如图 4-4 所示。物料由上端加入筒内，筛过的细料在底部收集，粗料自下端排出。滚筒筛有效筛网面积小，一般只用于粗粒物料的筛分，不适用于黏性物料。

图 4-4 滚筒筛

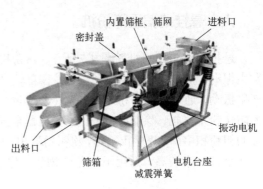

图 4-5 振动筛

四、振动筛

如图 4-5 所示，振动筛和摇动筛一样，具有带平面筛面的矩形筛箱，但振动筛的筛箱采用弹性元件支撑、吊挂，在机械框架上安装激振器进行激振。振动筛的振动频率高、振幅小，物料在筛面上做跳跃运动。因此，振动筛的生产能力和筛分效率都较高。振动筛根据所产生振动的方法不同，可划分为偏心振动筛、惯性振动筛和电磁振动筛。其中惯性振动筛按筛面的运动轨迹不同，又可以分为圆运动惯性振动筛、椭圆运动惯性振动筛、直线运动惯性振动筛。振动筛往复振动的幅度较大，物料颗粒在筛面上滑动，非常适合筛分无黏性的物料。振动筛的筛箱可以进行密闭筛分操作，可以筛分具有毒性、刺激性及易风化或潮解的物料。

五、圆形振动筛粉机

如图 4-6 所示，圆形振动筛粉机的工作原理是利用在旋转轴上配置不平衡重锤或有棱角形状的凸轮使筛网产生振动。电机的上轴及下轴各装有不平衡重锤（棱角状凸轮），上轴穿过筛网并与其相连，筛框采用弹簧支撑，上部重锤使筛网发生水平圆周运动，下部重锤使筛网发生垂直方向运动，故筛网的振动方向具有三维性质。物料由筛网中心部位进入，筛网上的粗料由排出口排出，筛分出的细料由下部出口排出。

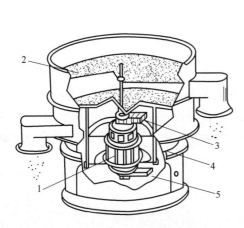

图 4-6 圆形振动筛粉机结构示意图
1—电机；2—筛网；3—上部重锤；4—弹簧；5—下部重锤

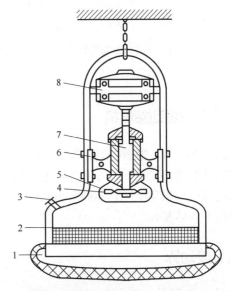

图 4-7 悬挂式偏重筛粉机结构示意图
1—物料收集器；2—筛网；3—加料口；4—偏重轮；5—保护罩；
6—轴座；7—主轴；8—电动机

六、悬挂式偏重筛粉机

悬挂式偏重筛粉机如图 4-7 所示。筛粉机悬挂于弓形铁架上，利用偏重轮转动时产生的不平衡惯性而发生振动。操作时，电机带动主轴，偏重轮产生高速旋转，由于偏重轮一侧有偏重铁，两侧重量不平衡而产生振动，通过筛网的粉末很快落入物料收集器中。为了防止筛孔堵塞，筛内装有毛刷，随时刷过筛网。为防止粉末飞扬，除加料口外，可将机器全部用布罩盖。悬挂式偏重筛粉机是间歇性的操作，即当不能通过的粗粉积多时，需停止工作，将粗粉取出，再开动机器添加药粉。悬挂式偏重筛粉机结构简单，造价低，占地小，效率较高。适用于筛分矿物药、化学药品和无明显黏性的物料。

七、电磁簸动筛粉机

电磁簸动筛粉机由电磁铁、筛网架、弹簧接触器组成，利用较高的频率（200 次/秒以上）与较小的幅度（振动幅度在 3 mm 以内）造成簸动。由于振幅小，频率高，物料颗粒在筛网上跳动，能使粉粒散离，易于通过筛网，加强物料颗粒的过筛效率。如图 4-8 所示，电磁簸动筛粉机的原理是：在筛网的一边装有电磁铁，另一边装有弹簧，当弹簧将筛拉紧时，接触器相互接触而通电，使电磁铁产生磁性而吸引衔铁，筛网向磁铁方向移动；同时，接触器被拉脱而切断电流，电磁铁失去磁性，筛网重新被弹簧拉回，接触器重新接通电路，从而再次发生电磁吸引，如此连续不停地产生簸动作用。电磁簸动筛具有较强的振荡性能，过筛效率比振动筛高，且能够筛分黏性较强的药粉，如含油或树脂的物料。

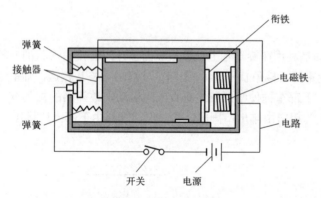

图 4-8　电磁簸动筛粉机结构原理示意图

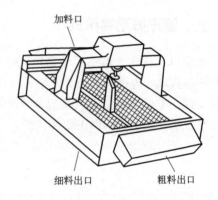

图 4-9　电磁振动筛粉机结构示意图

八、电磁振动筛粉机

如图 4-9 所示，电磁振动筛粉机的工作原理与电磁簸动筛粉机基本相同，其结构是筛的边框上支撑着的电磁振动装置，磁芯下端与筛网相连。工作时，磁芯的运动，使筛网发生垂直方向运动。一般情况下，电磁振动筛振动频率能达到 3000~3600 次/分，振幅在 0.5~1.0 mm。由于筛网能够发生垂直方向运动，所以筛网不易堵塞。

九、旋动筛

如图 4-10 所示，旋动筛的筛框一般为长方形或正方形，由偏心轴带动在水平面内绕轴心沿圆形轨迹旋动。由于筛网具有一定的倾斜度，当筛旋转时，筛网本身可产生高频振动。为避免筛网出现堵塞，在筛网底部的网格内，放置多颗小球，利用小球对筛网底部产生的撞击引起筛网的振动。

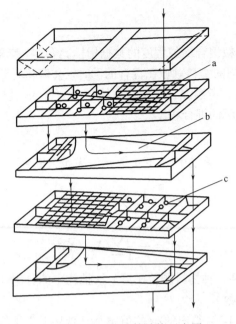

图 4-10 旋动筛结构示意图
a—筛内格栅；b—筛内圆形轨迹旋面；c—筛网内小球

第三节 混 合

混合是指在保证参与该过程的物料相互间不发生化学反应，且能够保持各自原有的化学性质的前提下，通过外加机械力，使两种或两种以上的物料相互分散，最终达到均匀分布的操作，是筛分的逆向操作。在制药生产中，混合是制备各种剂型的重要单元操作，如丸剂、片剂、胶囊剂、散剂等。

一、混合过程中物料颗粒的运动形式

物料颗粒在混合设备内进行混合时，会发生三种不同运动形式——对流、剪切与扩散，从而形成三种不同的混合。

1. 对流混合

物料颗粒在混合设备内，受外加机械力作用，发生翻转，使粒子从一处转移到另一处，物料颗粒所属的粒子群发生较大的位置移动。经过多次转移后，物料颗粒因发生对流运动而达到混合。对流混合的效果取决于所用混合设备的种类。

2. 剪切混合

物料颗粒在运动中会产生类似于滑动平面的断层，被混物料颗粒在不同成分的界面间会发生剪切作用，剪切力作用于物料颗粒的断层交界面，使参与混合的物料颗粒得以混合。同时，该剪切力也会伴随着粉碎的作用。

3. 扩散混合

在紊乱运动中，会导致相邻物料颗粒间发生相互交换位置的运动，产生了局部混合作用。当粒子的形状、充填状态、流动速度不同时，即会发生扩散混合。

在实际制药生产中，上述三种混合在混合操作中往往是同时发生的，但所表现的程度随混合设备的类型而不同，例如：回转类型的混合设备以对流混合为主，而搅拌类型的混合设备则以强制对流混合和剪切混合为主。

二、混合程度

混合程度是用以衡量物料颗粒混合均匀程度的数据指标。经过粉碎和筛分后的物料颗粒，因其形状、粒径、密度等不均一的影响，不同的物料颗粒在混合的同时，会伴随着分离现象。因此无法做到完全的混合均匀，只能是总体上较为均匀。考察混合程度常用统计学的方法，以统计得出的混合限度作为混合状态，并以此作为基准，来表示实际的混合程度。

1. 标准偏差和方差

混合的程度可用标准偏差（σ）和方差（σ^2）表示。表示公式为：

$$\sigma = \left[\frac{1}{n-1} \sum_{i=1}^{n} (X_i - \bar{X})^2 \right]^{\frac{1}{2}} \tag{4-1}$$

$$\sigma^2 = \frac{1}{n-1} \sum_{i=1}^{n} (X_i - \bar{X})^2 \tag{4-2}$$

式中，n 为抽样次数；X_i 为某一种物料颗粒在第 i 次抽样中的分率（重量或个数）；$\bar{X}$ 为样品中某一物料颗粒的平均分率（重量或个数）。

由式（4-1）得出的 σ 或式（4-2）得出的 σ^2 的值越小，越接近于平均值，混合越均匀；当 σ 或 σ^2 为 0 时，则可视为完全混合均匀。

2. 混合程度

σ 和 σ^2 受取样次数及不同的物料颗粒占比的影响，用来表示最终混合状态具有一定的不足。因此，定义混合程度在两种不同的物料颗粒完全分离状态时 $M=0$；在两种不同的物料颗粒完全均匀混合时 $M=1$。据此，卡迈斯提出混合程度（M），定义如下：

$$M_t = \frac{\sigma_0^2 - \sigma_t^2}{\sigma_0^2 - \sigma_\infty^2} \tag{4-3}$$

式中，M_t 为混合时间 t 时的混合程度；σ_0^2 为两组分完全分离状态下的方差，即 $\sigma_0^2 = \bar{X}(1-\bar{X})$；$\sigma_t^2$ 为混合时间为 t 时的方差，即 $\sigma_t^2 = \sum_{i=1}^{n} \frac{X_i - \bar{X}}{N}$，$N$ 为样本数；σ_∞^2 为两组分完全均匀混合状态下的方差，即 $\sigma_\infty^2 = \frac{\bar{X}(1-\bar{X})}{n_g}$；$n_g$ 为每一份样品中固体粒子的总数。

完全分离时：$M_0 = \lim\limits_{t \to 0} \dfrac{\sigma_0^2 - \sigma_t^2}{\sigma_0^2 - \sigma_\infty^2} = \dfrac{\sigma_0^2 - \sigma_0^2}{\sigma_0^2 - \sigma_\infty^2} = 0$。

完全混合时：$M_\infty = \lim\limits_{t \to \infty} \dfrac{\sigma_0^2 - \sigma_t^2}{\sigma_0^2 - \sigma_\infty^2} = \dfrac{\sigma_0^2 - \sigma_\infty^2}{\sigma_0^2 - \sigma_\infty^2} = 1$。

一般情况下，混合度 M 介于 0～1 之间。

三、影响混合效果的主要因素

混合效果受到很多因素的影响，如混合设备的转速、填料方式、充填量的多少、被混合物料颗粒的粒径大小、物料的黏度、物料占比等。

1. 混合设备转速对混合效果的影响

以圆筒形混合器为例，当圆筒形混合器回转速度较低时，物料颗粒只会在粒子层的表面向下滑动，因物料颗粒的物理性质不同，物料颗粒滑动速度会出现差异，造成明显的分离现象；而当提高回转速度到最适宜的转速时，物料颗粒随转筒升得更高，然后循抛物线轨迹下落，相互碰撞、粉碎、混合，此种情况下混合效果最好；继续提高混合设备的转速，会造成转速过大，物料颗粒受离心力作用，紧贴在筒内壁上，随转筒一起旋转，无混合作用。以上情况如图 4-11 所示。

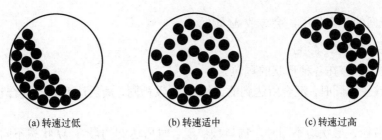

(a)转速过低　　　　　(b)转速适中　　　　　(c)转速过高

图 4-11　圆筒形混合器内粒子运动示意图

2. 装料方式对混合效果的影响

混合设备的装料方式通常有三种：

① Ⅰ型：分层加料，两种物料颗粒主要发生上下对流混合。

② Ⅱ型：左右加料，两种物料颗粒主要发生横向扩散混合。

③ Ⅲ型：会使物料颗粒开始以对流混合为主，然后转变成以扩散混合为主。

如图 4-12 所示。图中曲线是表示在容量为 7.5 L 的 V 形混合机中，三种不同装料方式的方差（σ^2）与混合机转数的关系。由图中曲线所示，分层加料方式（Ⅰ型）优于其他两种加料方式。

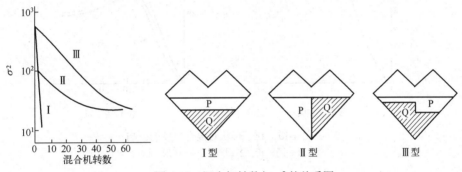

图 4-12　混合机转数与 σ^2 的关系图

3. 充填量对混合效果的影响

图 4-13 表示充填量与标准偏差（σ）的关系。充填量是用单位体积中的质量表示的。充填量在 10% 左右时，σ 最小。同时也表示体积较大的混合设备的 σ 较小。

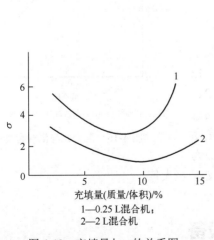

图 4-13　充填量与 σ 的关系图

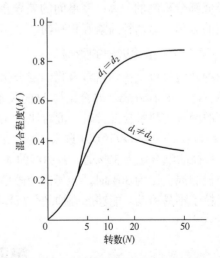

图 4-14　粒径对混合程度的影响

4. 粒径对混合效果的影响

图 4-14 表示粒径相同与粒径不同的粒子混合时，混合程度（M）与转数（N）的关系。由图可知，粒径（d）相同的两种粒子混合时，M 随混合设备的转数增大到一定程度后，趋于一定值。相反，粒径不同

的物料颗粒，因粒子间的分离作用，会导致 M 较低。

5. 粒子形状对混合效果的影响

待混合物料颗粒中，存在各种形状的颗粒。

① 物料颗粒的粒径相同时，混合所达到的最终 M 大致相同，最后达到同一混合状态，如图 4-15（a）所示。

② 物料颗粒的粒径、形状均不同时，物料颗粒混合时所达到的最终 M 状态不同。如图 4-15（b）所示，当物料颗粒形状不同时，圆柱形粒子能达到最大混合程度，而球形粒子最低。由于粒径小的球形粒子容易从粒径大的球形粒子的间隙通过，正如球形粒子在筛分过程中最容易通过筛网一样。所以在混合时，不同粒径的球形粒子分离程度最高，最终表现出的 M 最低。

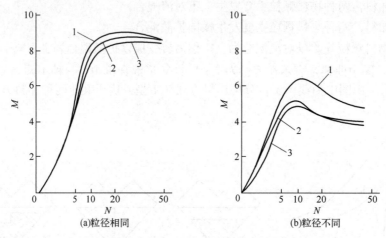

图 4-15　粒子形状对混合程度的影响
1—圆柱形；2—粒状；3—球形

6. 粒子密度对混合效果的影响

粒径相同，但物料颗粒的密度却不一定相同。流动速度的差异造成混合时的分离作用，使混合效果下降。若粒径不同，密度也不同的物料颗粒混合时，情况会变得更复杂。粒径间的差异会造成类似筛分机制的分离；密度间的差异会造成粒子间以流动速度为主的分离。这两种因素互相制约。

7. 混合比对混合效果的影响

两种及两种以上的物料混合物的混合比的改变，会影响粒子的充填状态。图 4-16 表示混合比与 M 的关系。由曲线 1 可知，粒径相同的两种物料颗粒混合时，混合比与 M 几乎无关。曲线 2、3 说明颗粒粒径相差（粒径比）愈大，混合比对混合程度的影响愈大。大粒径的混合比为 30% 时，各曲线的 M 处于极大值。这是因为大粒径的混合比为 30% 时，粒子间空隙率最小，充填状态最为密实，粒子不易移动，能够起到抑制分离作用，最终使得 M 处于极大值。

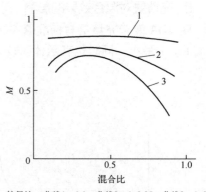

粒径比：曲线1—1:1；曲线2—1:0.85；曲线3—1:0.67

图 4-16　混合比与混合程度的关系

第四节　混合设备

混合机械通常按混合容器能否转动，可分成固定型混合机和回转型混合机两大类。

一、固定型混合机

制药生产中，常见的固定型混合机主要有三种：槽形混合机、螺旋锥形混合机、圆盘形混合机。

1. 槽形混合机

如图 4-17 所示，槽形混合机主要由搅拌轴、混合槽、驱动装置及机架等组成。工作时，采用机械传动使搅拌轴旋转，待混物料在搅拌桨的带动下不停地上下、左右、内外各个方向运动，以机械方法对混合物料产生剪切力而达到混合目的。槽形混合机具有结构简单，价格便宜，操作简便及易于维修等优点。其缺点是搅拌时间长，混合效率较低，搅拌轴两端的密封件容易漏粉，搅拌过程中会出现粉尘外溢、污染环境情况以及影响操作人员健康。槽形混合机特别适用于均匀度要求较高、物料密度相差比较大的物料的混合，所以其广泛应用于制药、食品和化工行业。

图 4-17 槽形混合机

2. 螺旋锥形混合机

螺旋锥形混合机有单螺旋锥形混合机和双螺旋锥形混合机两种，主要由传动部件、螺旋杆、筒体、筒盖、出料阀及喷液装置等部件组成。实际生产中，双螺旋锥形应用更为广泛。如图 4-18 所示，以双螺旋锥形混合机工作原理为例：两只螺旋杆快速自转将物料向上提升，形成两股沿筒壁自下向上的螺柱形物料流，转臂带动的螺旋公转运动，使螺旋外的物料不同程度进入螺柱包络线内，一部分物料被错位提升，另一部分物料被抛出螺柱，从而使全容器内产生循环运动，短时间内即可将物料混合均匀。

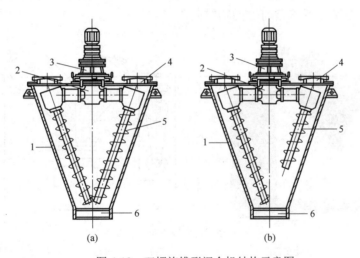

图 4-18 双螺旋锥形混合机结构示意图

1—锥形筒体；2—传动部件；3—减速器；4—加料口；5—螺旋杆；6—出料口

螺旋锥形混合机具有动力消耗小，混合均匀度高，可密闭操作，不产生粉尘，清理方便，混合效率高（比卧式搅拌机效率提高 3～5 倍），容积比高（可达 60%～70%）等优点，并且可混合密度相差悬殊、混配比较大的物料，也适合湿润、黏性物料的混合。

3. 圆盘形混合机

如图 4-19 所示，被混合的物料由加料口分别加到高速旋转的环形圆盘和下部圆盘上，由于惯性离心作用，物料颗粒会散开。在散开的过程中，物料颗粒间相互混合。混合后的物料受出料挡板阻挡，由出料口排出。圆盘形混合机处理量较大，可以通过圆盘的大小控制处理量。可连续操作，混合时间短，混合程度与加料是否均匀有关。物料的混合比可通过加料器进行调节。

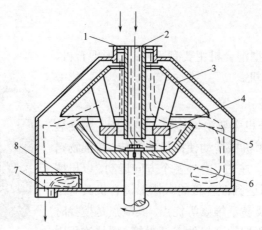

图 4-19　圆盘形混合机

1，2—加料口；3—上锥形板；4—环形圆盘；5—混合区；6—下部圆盘；7—出料口；8—出料挡板

二、回转型混合机

1. V 形混合机

如图 4-20 所示，V 形混合机主要由 V 形混合筒、机座、电机等组成。混合容器由两个圆筒呈 V 形焊合而成，夹角范围在 60°～90°之间，一般为 80°。其工作原理是：电机带动减速器转动，继而带动 V 形混合筒旋转，混合筒内的物料颗粒随之转动。V 形结构使物料反复分离、混合，用较短时间即可混合均匀。该设备的特点是：混合筒由两个不对称筒体组成，筒内待混物料可向纵、横两方向流动，装料量为两个圆筒体积的 20%～30%；混合均匀度较高，结构合理、简单，密闭操作，进出料方便，便于清洗。适用于化工、食品、医药、饲料、冶金等行业的物料混合。

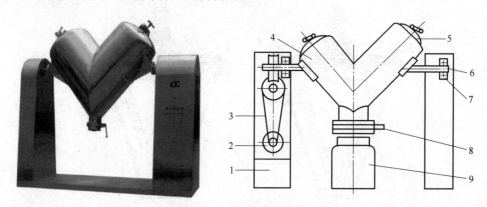

图 4-20　V 形混合机结构示意图

1—机座；2—电动机；3—传动皮带；4—V 形混合筒；5—筒盖；6—旋转轴；7—轴承；8—出料口；9—盛料器

2. 二维运动混合机

如图 4-21 所示，二维运动混合机主要由转筒、摆动架、机架三大部分组成，转筒装在摆动架上，由四个滚轮支撑，并由两个挡轮对其进行轴向定位。在四个支撑滚轮中，其中两个转动轮由转动动力系统拖动，使转筒转动。其工作原理为两个电机同时运转，使转筒可同时进行两个方向运动（一是转筒的转动，二是转筒随摆动架摆动）。待混物料在转筒内随转筒转动、翻转混合的同时，又随转筒的摆动而发生左右来回的掺混。在以上两种运动的共同作用下，能使待混物料在短时间内实现二维混合。物料通过真空上料机或人工加料，混合完成后，筒体出料口摆动至低点的同时，筒体反转将物料排出。与 V 形混合机相比，二维运动混合机具有混合速度快、出料便捷、混合量大等特点，尤其适用于大批量物料的混合，每批可混合 250～2500 kg 的固体物料。

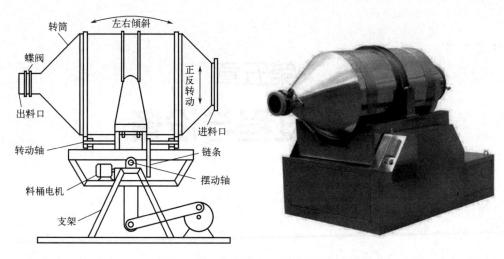

图 4-21　二维运动混合机及其结构示意图

3. 三维运动混合机

如图 4-22 所示，三维运动混合机是一种新型的旋转式混合设备，主要由机座、混合筒、传动系统、多向运动系统及电器控制系统等组成。混合筒为两端呈锥形的圆筒，筒身两端被两个带有万向节的转轴连接，其中，一个轴为主动轴，另一个轴为从动轴。三维运动混合机的工作原理为：装料的混合筒在主动轴的带动下，做周而复始的平移、转动和翻滚等复合运动，促使筒内待混物料沿着筒体做环向、径向和轴向的三向复合运动，从而实现多种物料颗粒的相互流动、扩散、积聚、掺杂，以达到均匀混合的目的。

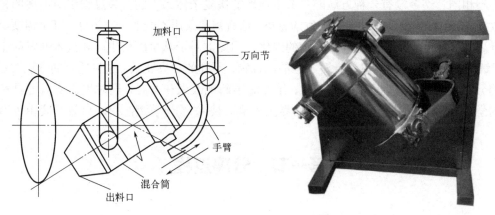

图 4-22　三维运动混合机及其结构示意图

三维运动混合机工作时，可以使待混物料在混合过程中加速流动和扩散，同时避免了一般混合机因离心力作用所产生的物料偏析和积聚现象，所以其混合均匀度高，可达 99.9%。三维运动混合机的最佳填充率在 60%左右，最大填充率可达 80%，高于一般混合机。混合时间短，混合时无升温现象。该混合机因其优良的混合性能、极高的混合程度，广泛应用于制药、化工、食品、轻工、电子、机械等领域。

第五章

分离过程与设备

天然活性成分、药物等的分离、提取、精制是制药工业的重要组成部分，从原料到产品的生产过程中都必须有分离纯化技术作保证。药物种类繁多，其生产方法也各不相同。并且，从自然界所获取的原材料几乎都是混合物，所以任一种药物的生产，其原材料在参与化学反应前，需要对原材料进行预处理，将原材料中与反应无关或对反应有害的成分去除，以保证反应能够顺利进行。同样，反应过程中的中间体和反应完成后的粗产物也需要进行分离、纯化，以保证产品的纯度。

制药工业会用到多种多样的原材料，生产过程中产生的五花八门的混合物，其性质千差万别，所需的分离要求各不相同。迄今没有一种方法能一劳永逸地解决复杂体系下的分离过程中所出现的各种问题，并对各种数据表征、结构信息进行全面细致的分析。这就需要采用不同的分离方法，甚至需要综合利用两种以上的分离方法才能完成原材料或粗产物的纯化。因此，对于从事医药生产和技术开发的工程人员来说，需要了解更多的分离方法，以便针对不同的混合物、不同的分离要求，选择适合的分离方法。除了对一些常规的分离技术，如蒸馏、吸收、萃取、结晶等不断地改进和发展，同时也需要对各具特色的新型分离技术的学习及引入，如膜分离技术、超临界流体萃取技术、分子蒸馏技术、高效气液相色谱技术等。

第一节　分离过程

分离是利用原材料中各种化合物具备的物理性质、化学性质、生物学性质的差异，通过选择具有针对性的分离方法、设备，使各种化合物分配至不同的空间区域或在不同的时间依次分配至同一空间区域，从而将原本处于混合物状态的原材料进行分离、纯化，得到两个或两个以上的化合物的过程。

一、分离过程的概念

一般来说，物质的混合是一个自发的、熵增大的过程，而分离过程是熵减小的过程（又称为逆熵），需要外界对体系做功。从自然界所获得的原材料基本都是混合物，这些混合物有的可以直接利用，但大部分的混合物都要经过分离、纯化后，才能进一步使用。而要将混合物分离成符合下一步需求的化合物，需要选择合适的分离技术并消耗一定的能量，在此过程中涉及添加物质和引进能量。

原料（混合物）、产物、分离剂、分离设备组成了分离纯化系统。分离纯化过程的基本原理如图 5-1 所示。分离纯化的原理，就是利用不同物质所具有的物理、化学性质和生物学性质的差异性，将其进行分离纯化，见表 5-1。

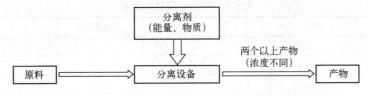

图 5-1 分离纯化过程示意图

表 5-1 原料可用于分离的性质

性质		参数
物理性质	力学性质	表面张力、密度、摩擦力、尺寸、质量
	热力学性质	熔点、沸点、临界点、分配系数、吸附平衡、转变点、溶解度、蒸气压
	电磁性质	电荷、介电常数、电导率、迁移率、磁化率
	输送性质	扩散系数、分子飞行速度
化学性质	热力学性质	反应平衡常数、化学吸附平衡常数、解离常数、电力电位
	反应速率性质	反应速率常数
生物学性质		生物学亲和力、生物学吸附平衡、生物学反应速率常数

二、分离方法的分类

分离方法主要根据混合物的性质、分离过程原理、分离过程所使用的装置、分离过程中传质等的不同进行分类。在实际生产中，往往是多种分离方法的综合应用。

1. 按照分离过程原理分类

按照分离过程的原理分类，分离方法可以划分为机械分离和传质分离两大类。

（1）机械分离 分离过程中，利用外加机械力，通过分离装置简单地将混合物分离的过程，称为机械分离。分离对象为两相混合物，分离时相与相之间不出现物质传递，如过滤、沉降、离心、旋风分离、中药材的风选、除尘等。表 5-2 展示了几种常见的机械分离过程及相应的应用实例。

表 5-2 机械分离示例

分离方法	原料	分离剂	产物	分离原理	实例
过滤	液+固	压力	液+固	粒径＞过滤介质孔径	浆状颗粒回收，如中药材提取后，过滤除渣
筛分	固+固	重力	固	粒径＞过滤介质孔径	中药材的筛分
沉降	液+固	重力	液+固	密度差	浑浊液澄清；不溶性产品回收
离心分离	液+固	离心力	液+固	密度差	结晶物分离；发酵液中，大肠埃希菌的分离
旋风分离	气+固/液	惯性力	气+固/液	密度差	喷雾干燥产品气固分离
电除尘	气+固	电场力	气+固	微粒的带电性	合成氨原料气除尘

（2）传质分离 传质分离进一步，又可分为平衡分离过程和速率分离过程。

通常情况下，进行传质分离的混合物为均相体系，非均相体系也能够使用传质分离，第二相是由于分离剂的加入而产生的。传质分离的特点是在相与相之间发生质量传递现象，如萃取过程中，第二相即加入的萃取剂。

① 平衡分离过程。是一种通过外加能量（如热能）或分离剂（如溶剂、吸附剂），使处于均相的混合物转变成两相，形成新的界面，利用互不相溶的两相界面上的平衡关系，使原本处于均相的混合物得以分离的方法，如蒸馏、精馏、萃取、结晶、浸取、吸附、离子交换等。表 5-3 介绍了几种常见的平衡分离过程及相应的应用实例。

表5-3 平衡分离过程示例

分离方法	原料	分离剂	产物	分离原理	实例
蒸发	液	热能	液+气	蒸气压	稀溶液浓缩：中药提取液浓缩成浸膏
闪蒸	液	热能或减压	液+气	挥发性	物料干燥：海水脱盐
蒸馏	液	热能	液+气	蒸气压	液体药物成分分离
吸收	气	非挥发性液体	液+气	溶解度	天然气中除去 CO_2 和 H_2S
萃取	液	不互溶液体	液+液	溶解度	芳烃抽提；发酵液中萃取抗生素
结晶	液	冷或热	液+固	溶解度	结晶盐的析出
吸附	气/液	固体吸附剂	固+液或气	吸附平衡	中药提取液中吸附分离有效成分
离子交换	液	固体树脂	液+固体树脂	吸附平衡	发酵液中分离氨基酸、纯净水的制备
干燥/冻干	含湿固体	热能	固+蒸汽	蒸气压	冻干粉针剂的制备
浸取	固	液	固+液	溶解度	从植物中提取有效成分
凝胶	液	固体凝胶	液+固体凝胶	分子大小	不同分子量多糖分子的分离；蛋白质分离

② 速率分离过程。在某种推动力，如浓度差、压力差、温度差、电位差等的作用下，利用不同化合物扩散速率的差异性，实现化合物的分离，如微滤、超滤、反渗透、渗析和电渗析等。表5-4介绍了几种常见的速率分离过程及相应的应用实例。

表5-4 速率分离过程示例

分离方法	原料	分离剂	产物	分离原理	实例
电渗析	液	电场/离子交换膜	气	电位差，膜孔径差异	纯净水制备
电泳	液	电场	液	电位差	蛋白质分离
反渗析	液	压力和膜	液	渗透压	海水脱盐
色谱分离	气/液	固相载体	气或液	吸附浓度差	难分体系分离
超滤	液	压力和膜	液	压力差、分子大小	药液除菌、除热原

2. 按照分离方法的性质分类

按分离方法的性质，可以分为物理分离法、化学分离法和其他分离方法三类。

（1）物理分离法 利用待分离混合物中，各种化合物所具有的物理性质的差异，采用相对应的物理方法将目标化合物分离。常见的物理分离法有离心分离法、气体扩散法、电磁分离法等。

（2）化学分离法 利用待分离混合物中，各种化合物所具有的化学性质的差异，选择针对性较强的化学过程，将目标化合物分离。常用的化学分离法包括沉淀法、溶剂萃取法、色谱法、离子交换法、泡沫浮选法、电化学分离法、溶解法等。

（3）其他分离方法 基于被分离组分的物理、化学性质，如熔点、沸点、电荷、迁移率等，将不好划分进物理、化学分离法的统一放在此类，包括蒸馏与挥发、电泳和膜分离法等。

3. 按照分离过程相的类型分类

基本上任何一种分离方法都以化合物在两相之间的分布为前提，因此状态（相）的变化常用来表达分离的目的，例如：沉淀分离就是利用目标化合物从液相进入固相，从而进行分离的方法；溶剂萃取是利用目标化合物在两个不相溶的液相之间的分配平衡，来达到分离的目的。绝大多数分离方法都涉及第二相，而第二相可以在分离过程中形成，也可以外加。如沉淀、结晶、蒸发、包合物等，是在分离过程中目标化合物自身形成第二相；而另外一些分离方法，如溶剂萃取、电泳、色谱法、电渗析等的第二相，则是在分离过程中人工添加的。因此，可按分离过程中，初始相与第二相的状态进行分类。

三、分离过程的特性

制药工业中，分离设备和能量消耗占主要地位，分离技术及分离过程直接影响着产品的质量、成本，制约着制药工业化的进程。分离纯化这一过程，占据药品生产成本的很大一部分。

1. 多样性

混合物中所包含的化合物的种类很多，性质各异，因此，分离方法也多种多样。各种分离方法各有其优、缺点及相应的适用范围。

2. 普遍性

分离过程存在于绝大部分的生产、处理过程中，例如：药品制剂过程中原材料的预处理、提取、纯化、浓缩、干燥，以及生物制品的提取、"三废"处理等。

3. 重要性

在药品的整个生产、处理过程中，分离过程对药品的质量、成本都有着举足轻重的影响。化学药品生产中，分离过程的花费一般占总投资金额的 50%～90%；而在生物制品的生产、处理中，分离纯化所占据的消耗份额会更高，一般会占整个生产成本的 80%～90%。分离过程的消耗直接影响了药品的成本，是制约药品工业化进程的主要因素。

四、分离的功能

分离过程的功能主要体现在以下 8 个方面：

(1) 提取 原料药经过提取后成为液体混合物。

(2) 澄清 对连续相为液体的混合物进行分离。

(3) 增浓 针对分散相而言，分散相可以是固体也可以是液体。

(4) 脱水或脱液 可以是固液混合物，也可以是液液混合物的分离。

(5) 洗涤 是针对固体分散相而言的。

(6) 净化或精制 将气体、液体或固体中杂质的含量降到允许的程度。

(7) 分级 对固体物料颗粒按粒径大小进行分离。

(8) 干燥 固、液混合物或液、液混合物的进一步分离、纯化。

根据物料中残留液量的多少，可以划分成增浓、脱水和干燥。这 3 个过程中，产物中的残留液量依次减少。

五、分离的应用

分离过程的应用主要包括以下几个方面：①产品的提取、浓缩，如中药中提取其活性成分，生物下游产品的精制，淀粉、蔗糖等的生产，从植物中提取营养成分、芳香性物质、色素等，医药，发酵，选矿，冶炼，海水淡化等；②提高产品纯度，如从药物、食物中除去有毒、有害成分，蔗糖精制，淀粉洗涤精制，牛奶净化（除去固体杂质等）等；③有用物质回收，如从反应终产物中回收未转化的反应物、催化剂等以便循环使用，降低生产成本，从淀粉废水或淀粉气溶胶中回收淀粉等；④延长产品保藏寿命，如食品的脱水、干燥；⑤减少产品重量或体积，便于贮运，如增浓、脱水和干燥等；⑥提高机器或设备的性能，如压缩机进气脱水、气流磨进气脱油等；⑦"三废"（废水、废气、废渣）处理。

过滤设备

第二节 过滤设备

在传统的化工单元操作中，过滤是分离非均相混合物的常用方法。其在实际当中的应用也非常广泛，如日常生活，资源、能源的开发，环境保护，防止公害等方面都需要使用过滤分离技术。

一、过滤的基本原理

在推动力作用下，待分离的非均相混合物通过多孔过滤介质时，流体通过过滤介质，而固体颗粒则被截留在介质上，实现液、固分离。为了防止过滤介质的堵塞，加快过滤，可加入助滤剂，同时，处理量、过滤面积、推动力等都是影响过滤的因素。

1. 过滤过程

过滤过程的本质现象是非均相流体通过多孔介质和颗粒床层的流动过程。具有微细孔道的过滤介质是过滤过程所必需的基本条件。

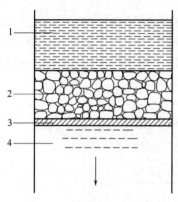

图 5-2　过滤操作示意图
1—滤浆；2—滤饼；3—过滤介质；4—滤液

工业中，过滤的应用领域非常广泛，例如：无论连续相是液体，还是气体的非均相混合物，都能进行分离；可用于除去流体中的颗粒，也可对流体中不同大小的固体颗粒进行分级分离；不仅可以对细菌、病毒和高分子进行分离，甚至可以对不同分子量的高分子化合物进行分离。

以下是过滤中常见的一些专业术语，如图 5-2 所示。

① 过滤介质、滤材：过滤用的多孔性材料。

② 滤浆、料浆：被过滤的混悬液。

③ 滤液：通过滤材后得到的清液。

④ 滤饼、滤渣：被过滤介质截留在另一侧的固体颗粒所形成的物料层。

⑤ 洗涤液：洗涤滤饼后得到的液体。

2. 过滤介质

过滤介质作为滤饼的支撑物，首先要求对流体产生的阻力尽可能小，这样投入较少的能量就可以完成流体与固体颗粒的分离；其次，过滤介质的孔道不易被分离颗粒堵塞，即使堵塞也能简单、快速地清除；最后，过滤介质上的滤饼要求能够易剥落、更换。

(1) 过滤介质 用于过滤的过滤介质一般应具备下列条件：

① 多孔性：提供合适大小的孔道，既能截留住要分离的固体颗粒，又对流体的阻力小，能使流体顺利通过。

② 化学稳定性：如耐热性、耐腐蚀性等。

③ 足够的机械强度，使用寿命长：过滤过程中，过滤介质会承受一定的压力，且在操作中拆装、移动频繁。

(2) 常用的过滤介质 工业上常见的过滤介质有以下几类：

① 织物类（滤布）：包括由棉、毛、丝、麻等织成的天然纤维滤布、合成纤维制作的滤布，以及使用玻璃丝、金属丝等编织的网。在工业上应用最为广泛的过滤介质就是织物类介质，这类过滤介质能截留的固体颗粒粒径范围一般在 $5\sim65\ \mu m$。

② 粒状类：常见的由硅藻土、珍珠岩石、细砂、活性炭、白土等细小坚硬的颗粒状物质或非编织纤维等堆积而成，介质层较厚，多用于深层过滤。

③ 多孔固体类：该类介质是具有很多微细孔道的固体材料，如多孔玻璃、多孔陶瓷、多孔塑料或多孔金属制成的管或板，该类介质较厚，孔道细，耐腐蚀，过滤过程中对流体产生的阻力较大，只适用于处理含有少量细小颗粒的腐蚀性悬浮液及其他特殊场合，一般截留的粒径范围在 $1\sim3\ \mu m$。

④ 多孔膜：由高分子材料制成，孔径很小，膜厚度很薄，可以对粒径在 $0.005\ \mu m$ 的颗粒进行分离，常应用于微滤和超滤。

过滤介质是所有过滤装置的基石，过滤设备是否能够满足条件，很大程度上取决于过滤过程中过滤介质在不出现介质堵塞与损坏情况时，分离颗粒和流体的能力，因此应根据悬浮液中固体颗粒的含量、粒径分布和分离要求的不同，选择最合适的过滤介质。表 5-5 列出了各类介质能截留的最小颗粒。

表 5-5　各类介质截留的最小颗粒

介质的类型	举例	截留的最小颗粒/μm
滤布	天然、合成纤维编织滤布	10
滤网	金属丝编织滤网	5
非织造纤维介质	以纤维为材料的纸	5
	以玻璃纤维为材料的纸	2
	毛毡	10
多孔塑料	薄膜	0.005
刚性多孔介质	陶瓷	1
	金属陶瓷	3
松散固体介质	硅藻土	1
	珍珠岩	1

良好的过滤介质应满足以下要求：①过滤阻力小，滤饼容易剥离，不易发生堵塞；②耐腐蚀，耐高温，强度高，容易加工，易于再生，廉价易得；③过滤速度稳定，符合过滤机制，适应过滤机的型式和操作条件。

3. 过滤分类

由于待分离混合物的多样化，过滤方法和设备是多种多样的。过滤可以按照过程机制、推动力、操作方式的不同进行分类。

(1) 按过程机制分类　根据过滤过程的机制的不同，过滤可分为滤饼过滤与深层过滤。

① 滤饼过滤：基本原理是在外力（如重力、压力、离心力等）作用下，使悬浮液中的液体通过过滤介质，而固体颗粒被截留，从而实现固、液两相的分离。

在实际过滤过程中，滤饼过滤所用过滤介质，所选择的多孔织物、多孔固体或多孔膜等的孔径不一定都小于颗粒的直径。过滤的开始阶段，会有部分颗粒进入过滤介质孔径、孔道中，也有少量颗粒可能会随液体穿过介质混入滤液中。随着过滤过程的进行，许多颗粒一齐涌向孔径口、孔道口，在孔径口、孔道口中或其上形成架桥现象，如图 5-3（a）所示。尤其是滤浆中固体颗粒含量较高时，更容易出现架桥现象。架桥现象的出现，会导致过滤介质的实际孔径、孔道减小，粒径小于孔径、孔道的细小颗粒也无法通过而被截留，形成滤饼。由于滤饼的空隙小，很细小的颗粒亦被截留，不断增厚的滤饼在随后的过滤过程中起到有效过滤介质的作用，使通过滤饼的液体变为澄清的滤液，过滤才能真正有效地进行，如图 5-3（b）所示。

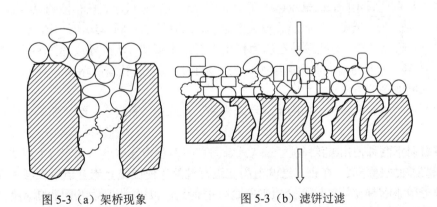

图 5-3（a）架桥现象　　　　　图 5-3（b）滤饼过滤

滤饼过滤是在过滤介质的表面进行的，所以又称表面过滤。滤浆或悬浮液中的固体颗粒含量较低时，过滤介质的过滤过程中会发生阻塞，所以滤饼过滤通常用于处理固体颗粒体积浓度高于 1% 的滤浆或悬浮液。通常情况下，选择使用滤饼过滤低浓度、一般难以过滤的滤浆或悬浮液有两种方法：一是人为提高进料浓度；二是选择加入助滤剂。这是由于助滤剂具有很多小孔，可以增强滤饼的渗透性。

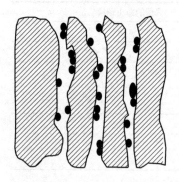

图 5-4 深层过滤

② 深层过滤：深层过滤的介质层比滤饼过滤的介质层厚度大，常选择砂子等堆积介质作为过滤介质。介质层内部会形成长而曲折的孔道，孔道的尺寸大于固体颗粒粒径。如图 5-4 所示，过滤过程中，固体颗粒随流体进入介质的孔道后，在重力、惯性、扩散等作用下，颗粒趋于孔道壁面，会因表面静电作用附着在壁面上，与流体分开，从而达到分离的目的。深层过滤的特点是：过滤介质表面无固体颗粒层形成，即无滤饼形成；过滤过程在过滤介质内部进行，由于过滤介质孔道长且孔径较小，过滤时，会对流体产生较大的阻力；而颗粒粒径比介质孔道小，易被截留在孔道中。同时，由于流体流过时所引起的挤压和冲撞作用，颗粒会紧附在孔道的壁面上。

常用的滤材有砂滤棒、垂熔玻璃滤器、板框压滤器等。深层过滤一般只出现在生产能力大而流体中所含的固体颗粒小且颗粒体积浓度小于 0.1% 以下的场合，例如：水的净化、烟气除尘等。

在实际工业生产中，滤饼过滤、深层过滤是会同时或前后发生的。在这两种过滤形式中滤饼过滤的应用更为广泛。

(2) 按推动力分类 根据施加给流体的推动力不同，可分为重力过滤、压差过滤和离心过滤。

① 重力过滤：依靠滤浆的位差使液体克服介质层的阻力，穿过过滤介质，如不加压的砂滤净水装置。位差所建立的推动力较小，因此重力过滤速度较慢、效率较低，实际应用中较为少见。

② 压差过滤：流体为液体、气体的非均相混合物都可以用，且可以通过外加压力使滤浆获得较大的推动力，以提高过滤效率，所以实际生产中应用较为普遍。

③ 离心过滤：滤浆受外加机械力后旋转所产生的惯性离心力，使滤液透过过滤介质，从而达到与固体颗粒的分离。离心过滤能对滤浆施加很大的推动力，所以能得到较高的过滤速率，所得的滤饼中含液量较少，因此离心过滤的应用也很广泛。

(3) 按操作方式分类 按过滤设备的操作方式不同，可分为间歇式过滤和连续式过滤。

间歇式过滤时，固定位置上的操作情况随时间而变化；而连续过滤时，在固定位置上的操作情况不随时间而变动。间歇式过滤与连续式过滤的这一差别，决定了它们的设计计算方法的不同。

4. 助滤剂

助滤剂是质地坚硬、呈纤维状或粉状的固体颗粒，加入滤浆后可形成结构疏松且几乎不可压缩的滤饼。助滤剂加入待分离的滤浆中，能吸附凝聚微细的固体颗粒，可以加快过滤速度，更易得到澄清的滤液。

根据悬浮液中颗粒性质不同，如果流体中所含的固体颗粒粒径较小，悬浮液的黏度较大，这些细小颗粒可能会将过滤介质的孔道堵塞，从而形成较大的阻力，同时较细的固体颗粒形成的滤饼阻力大，使过滤过程难以继续进行。除此之外，有些颗粒在压力作用下会发生形变，从而导致滤饼的孔隙率减小，继而导致滤饼的阻力随着操作压力的增大而急剧增大。为了防止过滤介质孔道的堵塞、降低可压缩滤饼的过滤阻力，常采用加入助滤剂的方法。

常用作助滤剂的物质有硅藻土、白陶土、珍珠岩粉、石棉粉、石炭粉、纸浆粉等，助滤剂的用量一般在 1%～1.5%。

助滤剂主要有以下两种使用方法：

① 将助滤剂配制成悬浮液，在正式过滤前用它进行过滤，使过滤介质上形成一层由助滤剂组成的滤饼，能够避免粒径较小的颗粒堵塞过滤介质的孔道，并能在一开始就能得到澄清的滤液。如果滤饼有黏性，该方法还有助于滤饼的脱落。

② 将助滤剂混在待分离的滤浆中一起过滤。这种方法得到的滤饼可压缩性小，孔隙率大，能有效地降低过滤过程中滤饼产生的阻力。

使用助滤剂是为了获得澄清的滤液，因此助滤剂中不能含有可溶于液体的物质。此外，如果过滤是为了回收固体颗粒，又不允许有其他物质混入，则不能使用助滤剂。

5. 过滤过程的主要参数

(1) 处理量 以待过滤的滤浆流量或预分离得到纯净的滤液量 V（m³/s）表示。

(2) 过滤的推动力 指促进过滤所需的重力、压差或离心力等。

(3) 过滤面积 A（m²） 表示过滤机大小的主要参数，是设计过滤设备时的主要项目。

(4) 过滤速度与过滤速率 过滤速度是指单位时间通过单位过滤面积的滤液量，单位为 m³/s，可用下式表示，即

$$\mu = \frac{\mathrm{d}V}{A\mathrm{d}t} \tag{5-1}$$

式中，μ 为过滤速度；$\mathrm{d}t$ 为微分过滤时间，s；$\mathrm{d}V$ 为单位过滤时间内通过过滤面积的滤液体积，m³；A 为过滤面积，m²。

过滤速率是单位时间内得到的滤液量，即 $\mathrm{d}V/\mathrm{d}t$，是过滤过程的关键参数。

过滤效果主要取决于过滤速度，把待过滤、含有固体颗粒的滤浆，倒进滤器的滤材上进行过滤，不久后在滤材上形成固态滤渣层。液体过滤速度的阻力随着滤渣层的加厚而缓慢增加。

影响过滤速度的主要因素有：①滤器面积；②滤渣层和滤材的阻力；③滤液的黏度；④滤器两侧的压力差等。

二、过滤设备

在实际的工业生产中，需要进行分离的滤浆的性质千变万化，过滤的目的也不尽相同。为了满足不同的过滤需求，过滤设备从传统的板框式过滤机到旋转式真空过滤设备，种类繁多，过滤设备的形式也多种多样。下面主要介绍常见的两种过滤设备：板框压滤机、真空过滤机。

1. 板框压滤机

板框压滤机是应用最为广泛的一种间歇式过滤设备，主要用于固-液分离。其操作过程主要分为过滤与洗涤两个阶段，如图 5-5 所示。

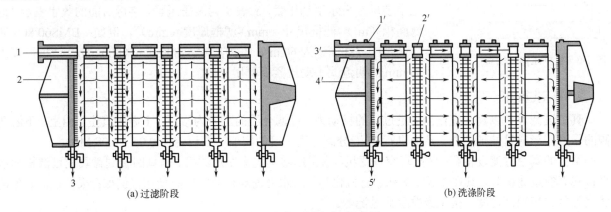

(a) 过滤阶段　　　　　　　　　　　(b) 洗涤阶段

图 5-5　板框压滤机操作过程

1—滤浆入口；2—机头；3—滤液；1′—非洗涤板；2′—洗涤板；
3′—洗水入口；4′—机头；5′—洗水

过滤：待过滤的滤浆在一定的压力下通过输料泵进入各个滤室，通过滤布（滤膜）；滤室中，固体物被截留、堆积形成滤饼，不含固体的清液则通过板框上的出水孔排出。此时洗涤板起过滤板作用。

洗涤：洗涤板下端出口关闭，洗涤液穿过滤布和滤框，全部向过滤板流动，从过滤板下部排出。结束后除去滤饼，进行清理，重新组装。

(1) 板框压滤机过滤单元的组装 过滤单元以滤板→滤框→洗涤板三个为一组交替排列，用滤布隔开，且板和框均通过支耳架在一对横梁上，然后通过手动螺旋、电动螺旋、液压等方式压紧。空框与滤布围成容纳滤浆及滤饼的滤室。

（2）板框压滤机的工作原理 板框压滤机是间歇式过滤机械，待过滤的滤浆通过输料泵在一定的压力下，从后顶板的进料孔进入各个滤室，通过滤布（滤膜）过滤。在此期间，固体颗粒被过滤介质截留于滤室中，并逐步堆积形成滤饼；滤液通过板框上的出水孔排出。

随着过滤过程的进行，滤饼过滤开始，滤饼厚度逐渐增加，过滤阻力加大。过滤时间越长，分离效率越高。特殊设计的滤布可截留粒径小于 1 μm 的粒子。压滤机除了优良的分离效果和滤饼含固率高外，还可提供进一步的分离过程：在过滤的过程中可同时结合对过滤滤饼的洗涤。可以回收有价值的物质，并且可获得高纯度的滤饼。每个过滤循环由组装、过滤、洗涤、卸渣、整理五个阶段组成。

（3）滤液流出 板框压滤机的滤液流出方式有两种：明流式和暗流式（即明流过滤和暗流过滤）。

① 明流过滤：滤液从每块滤板的出液孔直接排出。该方式的优点是：可以观测每一块滤板的情况，通过排出滤液的透明度直接发现问题。如果发现某滤板排出的滤液较为浑浊，即可关闭该块滤板的出液口。

② 暗流过滤：在每块滤板的下方设置出液孔，多块或所有的滤板的出液孔连成一个出液通道，由止推板下方的出液孔相连接的管道排出。暗流过滤适用于不宜暴露于空气中的滤液、易挥发滤液、对人体有害的滤浆的过滤。

板框压滤机的优点：因为是滤饼过滤，所以可得到澄清度较高的滤液，固相回收率高；对滤浆的适应范围广，对于滤渣压缩性大或近于不可压缩的滤浆均能适用；体积小，过滤面积大，单位过滤面积占地少；过滤面积的选择范围宽；滤饼的含湿量较低；动力消耗小；结构简单，操作容易，故障少，保养方便，机器寿命长；滤布的检查、洗涤、更换较方便；造价低、投资小；过滤操作稳定。缺点：滤布容易磨损，间歇操作，装、卸板框劳动强度大。

与其他固-液分离设备相比，压滤机有着优良的分离效果，滤室内形成的滤饼有更高的含固率。广泛用于食品、环保、轻工、医药、化工、冶金、石油等各个行业中各种悬浮液的固-液分离。

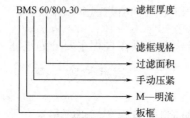

图 5-6 板框压滤机的型号及命名

（4）板框压滤机常见型号及命名规则 常用板框压滤机的型号通常有 BMS、BAS、BMY、BAY 类型，其表示方法如图 5-6 所示。第一个字母 B 表示板框式过滤机；第二个字母 M 表示明流式，A 表示暗流式；第三个字母 S 表示手动压紧，Y 表示为液压压紧。字母后面的数字表示"过滤面积（m²）/滤框尺寸（mm）-滤框厚度（mm）"，例如：BMS60/800-30 含义是：过滤面积为 60 m²，框内尺寸为 800 mm×800 mm，滤框厚度为 30 mm 的明流式手动压紧板框压滤机。

2. 真空过滤机

真空过滤设备以真空度作为促进过滤的推动力。过滤介质的上游为常压，下游为真空，由上、下游两侧的压力差形成过滤推动力，从而进行固-液分离。真空度的阈值一般设定在 0.05～0.08 MPa。

常见的真空过滤设备有：转鼓真空过滤机、水平回转圆盘真空过滤机、垂直回转圆盘真空过滤机和水平带式真空过滤机等。其在食品、医药、有机化学、废水处理等行业中广泛使用，例如：果汁过滤、葡萄糖浆脱色、酶制剂过滤、抗生素发酵液过滤等。

在上述真空过滤设备中，最为常见的是转鼓式真空过滤机。该过滤机是一种连续式真空过滤设备，为恒压恒速过滤过程。该真空过滤机可以将过滤、滤饼洗涤、吹干、卸饼四个操作在转鼓的一周转动中分别完成，连续作业且滤饼阻力小。在生物制品行业中较为多见。

（1）转鼓式真空过滤机的基本结构及工作原理 如图 5-7、图 5-8、图 5-9 所示，主体是一水平放置的回转圆筒（也即过滤转鼓），圆筒壁上开孔，放置多孔筛板，筒面上铺有支承板和滤布，构成过滤界面；圆筒内部被分隔成多个扇形滤室，滤室内有独立孔道与空心轴内的孔道相通；空心轴内的孔道则沿轴向通往转鼓轴颈端面的转动盘上。固定盘与转动盘端面紧密配合成一多位旋转阀，又称为分配头。分配头的作用是使转筒内各个扇形滤室同真空系统和压缩空气系统顺次接通。当转鼓旋转时，在分配头的作用下，扇形滤室内获得真空和加压，从而在转鼓的不同区域使过滤、一次脱水、洗涤、卸料、滤布再生等操作工序同时进行。转鼓每旋转一周，都会按过滤、滤饼洗涤、吸干、卸渣和滤布再生等顺序完成一个完整的操作循环。

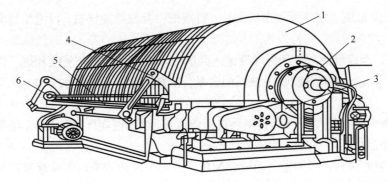

图 5-7 真空过滤机结构示意图储罐

1—过滤转鼓；2—分配头；3—传动系统；4—搅拌装置；5—料浆储罐；6—铁丝缠绕装置

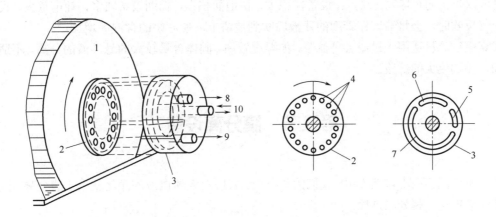

图 5-8 过滤转鼓与分配头的结构

1—过滤转鼓；2—转动盘；3—固定盘；4—转动盘上的孔；5—通入压缩空气的凹槽；6—吸走洗水的真空凹槽；
7—吸走滤液的真空凹槽；8—洗水出口；9—滤液出口；10—空气出入口

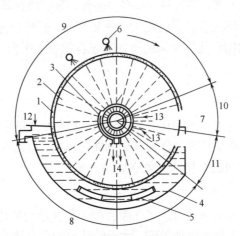

图 5-9 真空转鼓过滤机工作原理示意图

1—转鼓；2—过滤室；3—分配阀；4—料液槽；5—搅拌器；6—洗涤液喷嘴；7—刮刀；8—过滤区；9—洗涤吸干区；10—卸渣区；
11—再生区；12—料液入口；13—压缩空气入口；14—滤出液出口

（2）转鼓式真空过滤机的工作过程 转鼓下半部浸没于悬浮液中，浸没角度在 90°～130°，由机械传动装置带动其缓慢旋转。借分配头的作用，每个滤室相继与分配头的几个室相接通，使过滤面形成过滤区、洗涤吸干区、卸渣区与再生区。

① 过滤区：浸没在悬浮液中的各扇形滤室同真空管路接通，室内处于真空状态。滤液透过滤布，被压入扇形滤室内，经分配头被吸入转鼓内，再经过导管、分配头排出至滤液储罐中。滤浆中的固体颗粒会

吸附在滤布的表面上,形成一层逐渐增厚的滤饼。料液槽中会安装搅拌机,以避免待分离滤浆中固体颗粒的沉降。

② 洗涤吸干区:当扇形滤室离开悬浮液进入此区时,室内仍与真空管路相通。洗涤液通过喷嘴对滤饼进行洗涤、吸干,以进一步降低滤饼中溶质的含量。在真空状态下残余水分被抽入转鼓内,引入洗涤液储罐。

③ 卸渣区:分配头通入压缩空气经分配头进入该区域,由筒内向外穿过滤布,压缩空气将经过洗涤、吸干的滤饼吹松,随后由刮刀将滤饼清除。

④ 再生区:清除滤饼后,压缩空气通过分配头进入再生区的滤室,吹落堵塞在滤布孔隙中的细微颗粒,使滤布复原,重新开始下一循环的操作。

(3) 转鼓式真空过滤机的特点及适用范围 转鼓式真空过滤机结构简单,运行、维护保养成本低,处理量大,可进行吸滤、洗涤滤饼、卸饼、滤布再生连续化操作,劳动强度小。压缩空气反吹不仅有利于卸除滤饼,也可以防止滤布堵塞。缺点:设备体积大,占地面积大,辅助设备较多,耗电量大,设备成本较为昂贵;空气反吹时,会将滞留在管中的残液回吹到滤饼上,使滤饼的含湿率增加。

转鼓式真空过滤机适用于过滤各种滤浆,如温度较高、固体含量较大的悬浮液的分离,不适用于分离固体颗粒细、黏稠度大的滤浆。

第三节　膜分离设备

膜分离现象广泛存在于自然界中。我们的身体内,肾脏对人体血液的净化就属于膜分离。医院中的血液透析就是在模拟这一膜分离过程。

在工业生产中,膜分离是借助特殊制造的、具有选择透过性能的薄膜,在推动力的作用下,利用混合物中各种化合物对膜渗透速率的差异,从而实现混合物分离。膜分离技术兼有分离、浓缩、纯化和精制的功能,特别适用于热敏性物质的分离,并且具有高效、环保、分子级过滤及过滤简单、易于控制等特点。目前,膜分离作为一种新型的分离技术已广泛应用于生物产品、医药、食品、生物化工等领域,是药物生产过程中制水、澄清、除菌、精制纯化以及浓缩等加工过程的重要手段。

一、膜分离概述

利用膜的选择性分离,实现料液中不同化合物的分离、纯化、浓缩的过程称作膜分离。与传统过滤的差别在于,膜分离所使用的过滤膜是具有选择性分离功能的材料,可以在分子范围内进行分离,并且膜分离过程是一种物理过程,不发生相的变化,无须添加助滤剂。

1. 膜分离简介

膜分离技术是以选择性透过膜为分离介质,在膜两侧一定推动力的作用下,如压力差、浓度差、电位差等,待分离混合物中的化合物选择性地透过膜,大于膜孔径的化合物分子被截留,从而达到分离、纯化的目的。膜起到分隔两种流体的阻挡作用,通过这个阻挡层可阻止两种流体间的力学流动,借助于吸附及扩散作用实现膜两侧溶质的传递。

半透膜是一种具有一定特殊性能的分离膜,可以看成两相之间半渗透的隔层,隔层可以是固体、液体,甚至是气体,目的是阻止两相的直接接触,但会按一定的选择性截留分子。膜本身所具有的半渗透性质是为了保证分离效果,所以称为半透膜。半透膜截留分子的方式有多种,如按分子大小截留,按不同渗透系数截留,按不同的溶解度截留,按电荷大小截留等。膜的传递性能即膜的渗透性,气体渗透是指气体透过膜的高压侧至膜的低压侧;液体渗透是指液相进料组分从膜的一侧渗透至膜另一侧的液相或气相中。

膜分离原理如图 5-10 所示。膜过滤时，采用切向流过滤，即料液沿着与膜平行的方向流动，在过滤的同时对膜表面进行冲洗，使膜表面保持干净以保证过滤速度。料液中小分子化合物可以透过膜进到膜的另一侧，而大分子物质被膜截留于料液中，则这两种物质就可以分离。

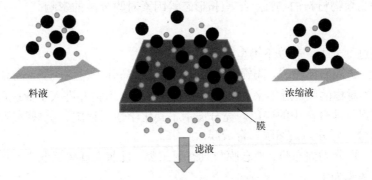

图 5-10 膜分离原理示意图

2. 膜分离特点

膜分离是利用天然的或合成的，具有选择透过性的薄膜作为分离介质，在浓度差、压力差、后电位等作用下，使混合物中某一种或几种化合物选择性地透过膜，以达到分离、分级、提纯、浓缩等目的。因此，膜分离具备分离、浓缩、纯化和精制的功能。与传统分离技术，如蒸馏、吸附、吸收、萃取等相对比，膜分离具有以下优势：

(1) 选择性好、分离效率高　膜分离以具有选择透过性的膜隔离两相界面，被膜隔离的两相之间依靠不同化合物透过膜的速率差实现化合物分离。例如：在按物质颗粒大小分离时，以重力为基础的分离技术最小极限是微米，膜分离可以达到纳米级的分离；氢、氮的分离中，由于氢、氮的相对挥发度很小，所以需要非常低的温度，而在膜分离中，用聚砜膜分离氢和氮，分离系数为 80 左右，聚酰亚胺膜则能超过 120，远高于传统的蒸馏分离技术。

(2) 膜分离过程能耗较低　传统分离技术大多涉及相态的变化，如蒸馏中，目标化合物由固态、液态变为气态，相变化的潜热很大，耗能较高。而绝大多数膜分离过程在室温下进行，膜分离过程无相态变化，被分离化合物加热或冷却的能耗很小。另外，膜分离无须外加物质，不会对环境造成二次污染。

(3) 特别适用于热敏性物质　绝大多数膜分离过程的工作温度接近室温，过程中无相态变化，不涉及加热，特别适用于热敏性物质的分离、分级与浓缩等处理。在医药制品生产、食品加工、生物技术等领域有其独特的适用性。例如：抗生素的生产中，采用传统的减压蒸馏技术除水，无法避免抗生素因设备局部过热而被破坏，严重的甚至产生有毒物质，从而可能导致抗生素针剂对人体具有副作用。采用膜分离替代传统的减压蒸馏技术除水，可以在室温或更低温度下进行脱水处理，则不存在局部过热现象，极大地提高了药品质量。

(4) 膜分离过程的规模和处理能力灵活变化　膜分离过程的规模和处理能力可在很大范围内灵活变化，但其效率、设备单价、运送成本等变化不大。

(5) 膜分离设备适用性强　膜分离设备适用性强，无须对生产线做很大的改变，可以直接应用到已有的生产工艺流程中。例如：合成氨生产过程中，利用原反应压力，仅在尾气排放口接入氮氢膜分离器，就可将尾气中的氢气浓缩到原料浓度，可直接作为原料使用，在无其他原料、设备添加的情况下，可额外提高 4% 左右的产量。

膜分离作为一种新型的分离技术，既可以单独使用，也可以用于生产过程中，如发酵、化工生产过程中及时将产物分离出，以提高产率、反应速率。

现阶段膜分离技术所存在的短板，如膜的强度较差、使用寿命不长、易被玷污而影响分离效果，在使用过程中不可避免地产生浓度极差、膜污染现象，从而影响膜的使用寿命，增加了成本。

二、膜分类与膜材料

膜分离过程以选择性透过膜为分离介质，膜是膜分离技术的核心，膜材料的化学性质和膜的结构对膜分离的性能起着决定性作用。例如：聚砜膜分离氢和氮，分离系数为 80 左右，聚酰亚胺膜则能超过 120。这就是构成膜材料的高聚物材料的物性、结构和形态等因素对膜分离的影响。

1. 膜分类

膜从不同的角度进行分类，有以下类型：

(1) 按材料划分 主要有树脂膜、陶瓷膜及金属膜等。以高分子材料居多，高分子材料可制成多孔的或致密的、对称的或不对称的膜。近年来，无机陶瓷膜材料发展迅猛并进入工业应用，尤其是在超滤、微滤、膜催化反应及高温气体分离中的应用，充分展示了其化学性质稳定、机械强度高、耐高温等优点。

(2) 按膜的来源分 可分为天然膜、合成膜。

(3) 按其物态分 可分为固态膜、液态膜与气态膜三类。目前大规模工业生产中，使用的基本为固态膜，主要以高分子合成膜为主。

(4) 按膜的结构分 可分为对称、不对称膜两大类。膜的横截面形态结构是均一的，为对称膜，如多数的微孔滤膜；膜的横截面形态呈不同层次结构的，则为不对称膜。

(5) 按膜的形状分 可分为平板膜、管式膜、中空纤维膜及核孔膜等。其中，核孔膜是具有垂直膜面的圆柱形孔的核孔蚀刻膜。

(6) 按膜中高分子的排布状态及膜结构紧密的程度分 可分为多孔膜、致密膜。多孔膜结构较疏松，膜中的高分子多以聚集的胶束存在、排布，如超滤膜；致密膜一般结构紧密，如市售的玻璃纸。

(7) 按膜的功能分类分 可分为离子交换膜、渗析膜、微滤膜、超滤膜、反渗透膜、渗透汽化膜、气体渗透膜。

2. 膜材料

选择性透过膜材料有高分子膜材料和无机膜材料两大类。

(1) 高分子膜材料 如表 5-6 所示，高分子膜材料包括纤维素类、聚酰胺类、聚酰亚胺类、聚砜类、聚酯类、聚烯烃类、含硅聚合物、含氟聚合物等。

表 5-6 高分子膜材料的种类

材料类别	具体种类
纤维素类	再生纤维素、二醋酸纤维素、三醋酸纤维素、硝酸纤维素、乙基纤维素等
聚酰胺类	芳香族聚酰胺、脂肪族聚酰胺、聚砜酰胺、交联芳香聚酰胺
聚酰亚胺类	全芳香酰亚胺、脂肪族二酸聚酰亚胺、含氟聚酰亚胺
聚砜类	聚砜、聚醚砜、磺化聚砜、双酚 A 型聚砜、聚芳醚酚、聚醚酮
聚酯类	涤纶、聚对苯二甲酸丁二醇酯、聚碳酸酯
聚烯烃类	聚乙烯、聚丙烯、聚 4-甲基-1-戊烯、聚乙烯醇、聚丙烯腈、聚氟乙烯
含硅聚合物	聚二甲基硅氧烷、聚三甲基硅烷丙炔、聚乙烯基三甲基硅烷
含氟聚合物	四氟乙烯、聚偏氟乙烯、聚全氟磺酸

在以上膜材料中，应用最早且最广泛的膜材料是纤维素类，主要用于反渗透、超滤、微滤；聚酰胺类、杂环类膜材料主要用于反渗透；近年来新研发的具有耐高温和抗化学试剂的优良膜材料是聚酰亚胺类，目前应用于超滤、反渗透方面；性能稳定、机械强度高，被作为复合膜的支撑材料的是聚砜类，主要用于超滤、微滤膜；亲水性高且膜的水通量大的是聚丙烯腈类，常用于超滤、微滤膜；多见于气体分离、渗透汽化的膜材料一般有聚烯烃、聚丙烯腈、聚丙烯酸、聚乙烯醇、含氟聚合物等膜材料。

(2) 无机膜材料 主要有陶瓷、金属、硅胶盐、金属氧化物、玻璃及碳元素（炭和石墨材料）等。根据膜表面结构可将无机膜分为致密、多孔膜。致密膜主要包括金属膜、致密的固体电解质膜、致密的"液体充实固体化"多孔载体膜、动态原位形成的致密膜；常见的多孔膜有多孔陶瓷膜、多孔金属膜和分子筛膜。

无机膜的优点：①热稳定性好，适用于高温和高压体系；②工作温度一般可达 400 ℃，目前最高工作温度为 800 ℃；③化学稳定性好，耐酸、碱，pH 适用范围宽；④抗微生物能力强，与一般的微生物无生物、化学反应；⑤以载体膜形式应用，组件机械强度高，膜非常牢固，不易脱落和破裂；⑥清洁状态好，本身无毒，不会污染待分离混合物；⑦易再生、清洗，可进行反冲、反吹，可在高温下进行化学清洗。

不同的膜材料适用范围不同。例如：反渗透、微滤、超滤领域使用的膜材料最好为亲水性材料，有利于使膜本身具有高水通量和抗污染能力；电渗析方面则特别需要膜具备耐酸碱性及热稳定性。

三、常见的膜分离过程与应用

膜分离过程是以压力差为推动力，在膜两侧施加一定的压力差可使一部分溶剂及小于膜孔径的颗粒透过膜，从而达到分离的目的。

膜分离过程的主要区别在于被分离物粒子的大小和所采用膜的结构与性能，膜分离法适用的物质范围如图 5-11 所示。

常见的膜分离过程有反渗透、超滤、电渗析、渗透、透析、微过滤、气体透过等。

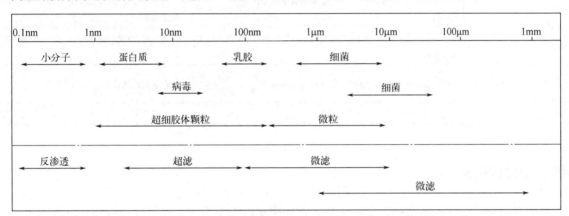

图 5-11 膜分离法与物质大小的关系

1. 反渗透

当把相同体积的稀溶液和浓溶液分别置于容器的两侧，中间用半透膜阻隔，稀溶液中的溶剂将自然地穿过半透膜，向浓溶液侧流动，浓溶液侧的液面会比稀溶液的液面高出一定高度，形成一个压力差，达到渗透平衡状态，此时的压力差即为渗透压。如果在浓溶液侧施加一个大于渗透压的压力时，浓溶液中的溶剂则会向稀溶液流动，此时溶剂的流动方向与原来渗透的方向相反，这一过程称为反渗透。

反渗透的工作原理是利用反渗透膜选择性透过溶剂的性质，对溶液施加一个克服溶液的渗透压的压力，使溶剂通过膜从溶液中分离出来。

2. 超滤

超滤又称超过滤，截留的粒径范围在 1～20 nm，相当于分子量介于 300～300000 的各种蛋白质分子，也可截留相应粒径的胶体微粒。

超滤技术的优点是：操作简便，成本低廉，不添加任何助滤的化学试剂；超滤技术的实验条件温和，与蒸发、冰冻干燥相比没有相的变化，不会引起温度、pH 的变化，可以保持生物大分子活性，避免生物大分子的变质、失活、自溶。超滤的局限性在于：无法直接得到干粉制剂，对于蛋白质溶液，一般只能得到 10%～50% 的浓度。在生物大分子的制备方面，超滤主要应用于生物大分子的脱盐、脱水、浓缩等。

3. 电渗析

电渗析的原理是：使用具有选择透过性的离子交换膜，以电位差为推动力，在直流电场作用下，溶液中的离子选择性透过进行定向迁移。利用阴、阳离子交换膜对溶液中阴、阳离子的选择透过性（即阳离子膜只允许阳离子通过，阴离子膜只允许阴离子通过），完成溶液中的溶质与溶液分离。

电渗析的常见应用：①溶液脱盐。从料液中迁出大量的阴、阳离子，降低溶液的盐分。对于海水或原水分别称为海水纯化或原水纯化，对于含无机盐的有机物水溶液，则称为溶液脱盐。②溶液的浓缩。料液是盐类溶液，富集溶液中的阴、阳离子，制成浓度较高的溶液。产品是浓缩液。③溶液的脱酸、脱碱。通过离子的迁移，将碱性溶液中的金属阳离子换成氢离子，或将酸性溶液中的阴离子换成氢氧根离子，结合成水，就起到了对溶液脱碱、脱酸的作用。④盐溶液的水解。将盐溶液中的阳离子和阴离子分别迁出，各配上氢氧根离子和氢离子就生成了相应的碱和酸。

常用于工业生产中的膜分离过程及应用，如表 5-7 所示。

表 5-7　工业生产中常见膜分离过程及应用

名称	推动力	传递机制	膜类型	应用
超滤	压力差	按粒径大小，选择性分离溶液所含的微粒、大分子	非对称性膜	溶液过滤和澄清，以及大分子溶质的澄清
反渗透	压力差	对膜一侧的料液施加压力，当压力超过它的渗透压时，溶剂就会悖于自然渗透的方向做反向渗透	非对称性膜、复合膜	海水和苦咸水的淡化、废水处理、乳品和果汁的浓缩以及生化和生物制剂的分离和浓缩等
电渗析	电位差	利用离子交换膜的选择透过性，从溶液中脱除电解质	离子交换膜	海水经过电渗析，得到脱盐水的淡化液，浓缩液是卤水
渗析	浓度差	利用膜对溶质的选择透过性，实现不同性质溶质的分离	非对称性膜、离子交换膜	人工肾、废酸回收、溶液脱酸和碱液精制等方面
气体分离	压力差	利用各组分渗透速率的差别，分离气体混合物	对称膜、复合膜、非对称性膜	合成氨、从其他气体中回收氨
液膜分离	化学反应	以液膜为分离介质分离两个液相	液膜	烃类分离、废水处理、金属离子的提取和回收

四、膜分离设备

各种膜材料通常制成各种形状，包括平板、管和中空纤维等备用，以制成各种过滤组件出售。

膜分离设备主要包括膜组件与泵，其中膜组件是膜分离设备里的核心组件。

膜组件作为膜分离设备的核心组件，首先将所需的膜材料通制成各种形状，接着将膜组装在一个单元设备内，通入设备的料液在外界压力作用下，实现对溶质与溶剂的分离。在工业膜分离设备中，可根据需要设置数量不等的膜组件。

膜组件的结构要求：①流动均匀，无死角；②装填密度大；③有良好的机械、化学和热稳定性；④成本低；⑤易于清洗；⑥易于更换膜；⑦压力损失小。

目前，工业上常用的膜组件有板框式、螺旋卷式、管式、中空纤维式和毛细管式。

1. 板框式

板框式膜组件是平面膜直接加以使用的一种膜组件，也是应用最早的膜组件。板框式膜组件使用的膜为平板式，结构与板框压滤机类似，如图 5-12 所示，由导流板→膜→支撑板交替叠加组成。这两者区别仅仅在于过滤介质的不同：板框压滤机的过滤介质是帆布等材料，板框式膜组件的过滤介质是膜。

随着板框式膜组件的应用与发展，制造厂家根据实际生产需要，对支撑膜的平盘结构进行不断改良，通过设计平盘上各种类型的凹凸结构，增加了物料流动的湍流程度，从而减小浓差极化，使新的板框式膜组件具备了更大的抗污染能力。

通过结构上的改良，板框式膜组件目前广泛运用于含固量较高的发酵、食品行业。取代了板框过滤、絮凝等传统工艺过程，成功解决了采用传统工艺（如絮凝、助滤处理发酵液）时带来的产品损失。

板框式膜组件最大优点是膜与膜之间的渗透液均为独立排放。在生产工作中，当某一个或某几个膜组件发生故障时，无须将整个膜组件停止运转，直接关闭发生故障的膜组件即可解决。其他优点包括膜片更换方便；膜无须黏合就能使用，换膜片成本在所有膜组件中最低；处理量可以通过增加膜的层数提高；膜的清洗更换比较容易；料液流通截面较大，不易堵塞。

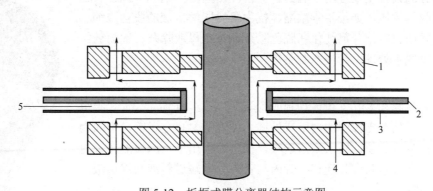

图 5-12 板框式膜分离器结构示意图

1—导流板；2—膜；3—支撑板；4—料液；5—透过液

板框式膜组件的缺点是：需密封的边界线长，需要个别密封的数目多；内部压力损失也相对较高；对膜的机械强度要求较高；膜组件流程短，回收率低；对板框、起密封作用的部件加工精度要求高；其组件的装填密度较低，板上料液的流程短，单次通过板面的透过液相对较少；成本较高。板框式膜组件在使用中还受到以下条件限制：①不能用于高温场合；②不能用于强酸、强碱的场合；③耐有机溶剂性能较差；④膜组件单位体积内的膜面积较小。

板框式膜组件保留体积小，能量消耗介于管式与螺旋卷式之间。适合处理悬浮液较高的料液。

2. 螺旋卷式

螺旋卷式结构，又称卷式结构，也是用平板膜制成的。如图 5-13 所示，这种膜是双层结构，中间为多孔支撑材料，基本按照膜→多孔支撑体→膜→原料液侧间隔材料依次叠合，围绕中心产品收集管紧密地卷起来形成膜卷，再装入圆柱形压力容器里，就完成了一个螺旋卷组件的制造。工作时，原料液从端部进入组件，在隔网中的流道中沿中心收集管方向流动，而透过物进入膜袋后沿螺旋方向流动，最后汇入中心收集管中排出，浓缩液则从组件另一端排出。

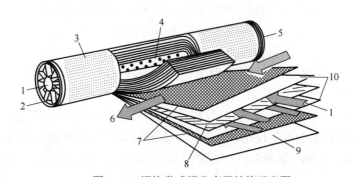

图 5-13 螺旋卷式膜分离器结构示意图

1—渗透物出口；2—浓缩液出口；3—膜组件外壳；4—中央渗透物管；5—原料液入口；
6—浓缩液通道；7—料液隔网；8—透过液隔网；9—外罩；10—膜

优点是：单位体积内，螺旋卷式膜组件的膜的填充密度相对较高，膜面积大；因具有进料分隔板，物料的交换效果好；设备较简单紧凑，价格低廉；膜组件更换容易；处理能力高；占地面积小；安装操作方便；制造工艺简单等。

其缺点在于：料液需要预处理，不能处理含有悬浮物的液体；原料液流程短，压力损失大；密封长度大，浓缩液难以循环；膜必须是可焊接或可粘连的；易污染，清洗、维修不方便；易堵塞；膜片无法更换，膜组件存在一处破损，整个膜组件都只能报废。

螺旋卷式膜分离设备主要应用于制药、食品、氨基酸、染料、母液回收、水处理及酸碱回收等领域，如维生素浓缩、抗生素树脂解析液的脱盐浓缩、果汁浓缩、低聚糖或淀粉糖分离纯化和脱色除杂、味精母液除杂、葡萄糖结晶母液除杂、印染废水处理、超纯水制备等。

3. 管式

管式膜组件是将膜和多孔支撑体均制成管状，如图 5-14 所示。管式膜组件由管式膜制成，膜粘在支撑管的内壁或外壁。外管是多孔金属管，中间为多层纤维布，内层为管状超滤膜或反渗透膜。在压力作用下，原料液在管内流动，产物由管内透过管膜向外迁移，管内与管外分别输送料液与渗透液，最终达到分离的目的。

管式膜可分为内压型、外压型，如图 5-15 所示。内压型管式膜组件的过滤膜被直接浇注于多孔不锈钢管内，加压的料液从管内流过，在管外收集过滤后的渗透液；外压型管式膜组件的过滤膜则是固定于多孔支撑管外侧面，加压的料液从管外侧流过，渗透液由管外侧渗透通过膜进入多孔支撑管内。

图 5-14 管式膜组件

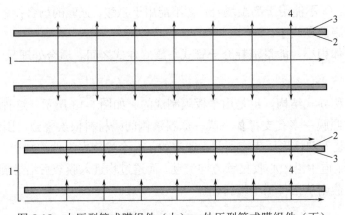

图 5-15 内压型管式膜组件（上）、外压型管式膜组件（下）

1—料液；2—膜；3—多孔管；4—渗透液

管式膜分离器易清洗，无死角，适用于处理含固体较多的料液，单根管件可以调换，但保留体积大，单位体积中所含过滤面积较小，工作时压力较大。

管式膜组件的优点有：膜通量大，浓缩倍数高，可达到较高的含固量；流动状态好，流速易控制，还能通过控制合适的流动状态避免浓差极化、污染；料液流道宽，能处理高悬浮物含量的料液，预处理简单；对堵塞不敏感，安装、拆卸、换膜和维修均较简单方便，膜芯使用寿命长；机械清除杂质较容易等。

管式膜组件缺点在于：管膜制备与管口密封技术难度较高；单位体积内有效膜面积的比率较低，不利于提高浓缩比；装填密度不高，流速高，能耗较高。

管式膜组件一般应用于料液含固量高，回收率要求高，有机污染严重并且难以提前预处理的环境，管式膜组件在果汁、染料行业应用非常广泛。

4. 中空纤维式

中空纤维膜组件的结构与管式膜类似，也可以看成使用中空纤维膜替代管式膜。如图 5-16 所示，中空纤维式膜分离器是把大量的中空纤维膜装入圆筒形耐压容器内。

工作时，加压的料液由膜件的一端进入壳侧，在向另一端流动的同时，渗透液经纤维管壁进入管内通道，经管板放出；截流物经由容器的另一端排出。

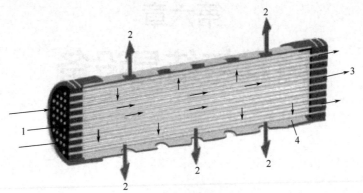

图 5-16　中空纤维膜组件结构示意图
1—料液入口；2—渗透液出口；3—浓缩液出口；4—中空纤维膜

中空纤维膜组件优点：设备紧凑，体积小，膜的填充密度高，单位设备体积内的膜面积大，无支撑材料；单位膜面积的制造费用低；可进行逆冲洗操作，工作压力较低，动力消耗小。

中空纤维膜组件的缺点：中空纤维内径小，阻力大，易堵塞；渗透液一侧压力损失大，料液预处理要求高；单根纤维损坏时，整个膜组件报废。

第六章
蒸发与结晶设备

第一节　蒸发过程

蒸发过程

蒸发是将含有不挥发性溶质的溶液加热至沸腾，使部分溶剂汽化为蒸汽并排出，从而使溶液得到浓缩的过程。蒸发操作的目的是分离，其在制药过程中的应用主要有：将稀溶液蒸发浓缩为制剂成品或半成品；将溶液浓缩至饱和状态，经冷却结晶可获得固体溶质；脱除杂质，获得纯净的溶剂。

一、蒸发操作的特点

蒸发操作过程是溶液中的挥发性溶剂与不挥发性溶质的分离过程，溶剂的汽化速率取决于传热速率，故蒸发操作过程的实质是热量传递，因此传热过程的原理与计算也适用于蒸发过程，蒸发设备与一般的传热设备并无本质区别。但蒸发操作是含有不挥发性溶质的溶液的沸腾传热过程，具有与一般传热过程不同的特点。

① 溶液沸点升高：在相同温度下，溶液的蒸汽压比纯溶剂小，即在相同压力下，溶液的沸点比纯溶剂的高。随着蒸发过程的进行，溶剂不断挥发，溶液中溶质的浓度不断升高，其沸点也逐渐升高。

② 物料特性的影响：热敏物料在加热器内停留时间过长易导致物料变质；结晶性物质在蒸发过程中，常在加热器表面沉积、析出结晶而形成垢层，影响传热；溶液增浓后黏度增加，使流体流动和传热条件恶化；发泡性物质使气液两相分离困难。

③ 蒸发是溶剂汽化的过程，溶剂汽化需要吸收大量热量，所以蒸发过程是一个高能耗的单元操作，因此，能量回收和节能是蒸发操作中需重点考虑的问题。

二、蒸发操作的分类

蒸发过程按蒸发室的操作压力不同可以分为常压蒸发、加压蒸发和减压蒸发（真空蒸发）。对于热敏性物料应在减压下进行蒸发，而高黏度物料应采用加压高温热源加热进行蒸发。

按产生的二次蒸汽是否作为下一级蒸发器的加热热源，蒸发过程可分为单效蒸发和多效蒸发。若蒸发产生的二次蒸汽直接进入冷凝器被冷凝，这种蒸发过程称为单效蒸发。若将多个蒸发器串联，将上一效蒸发产生的二次蒸汽直接作为下一效加热蒸汽，同时自身被冷凝，这种蒸发过程即为多效蒸发。

根据进料方式不同，蒸发过程可分为连续蒸发和间歇蒸发。工业上大规模的生产过程通常采用的是连续蒸发。

三、常用蒸发设备

在蒸发过程中，需要不断移除产生的二次蒸汽，而二次蒸汽不可避免地会夹带一些溶液，因此，蒸发设备除了需要进行传热的加热室外，还需要有进行汽液分离的蒸发室。蒸发器的类型尽管各种各样，但都包括加热室和分离室这两个基本部分。此外，蒸发过程的辅助设备包括冷凝器、冷却器、原料预热器、除沫器、储罐、疏水器、原料输送泵、真空泵各种仪表接管及阀门等。

饱和水蒸气通入加热室，将管内混合溶液加热至沸腾，从混合溶液中蒸发出来的溶剂蒸汽夹带部分液相溶液进入分离室，在分离室中气相和液相由于密度的差异而分离，液相返回加热室或作为完成液采出，而气相从分离室经除沫器进入冷凝器被冷凝，冷凝器中的不凝气体从冷凝器顶部由真空泵抽出。

蒸发器可用直接热源加热，也可用间接热源加热，工业上经常采用的是间接蒸汽加热的蒸发器。加热室的结构主要有列管式、夹套式、蛇管式及板式等类型。根据蒸发器加热室的结构和蒸发操作时溶液在加热室壁面的流动情况，可将间壁式加热蒸发器分为循环型（非膜式）和单程型（膜式）两大类。

1. 循环型蒸发器

循环型蒸发器的特点是溶液在蒸发器的加热室和分离室中循环流动，从而提高传热效率、减少污垢热阻。但溶液在加热室内滞留量大且停留时间长，不适合热敏性物料的蒸发。根据造成溶液循环的原因不同，循环型蒸发器可分为自然循环型蒸发器和强制循环型蒸发器。自然循环型蒸发器是由于溶液在加热室位置不同，溶液受热程度不同，产生密度差而引起循环的，循环速度较慢（约 0.5～1.5 m/s）；强制循环型蒸发器利用外加动力迫使溶液进行循环流动，循环速度较快（约 1.5～5 m/s）。

常用的循环型蒸发器有下列几种。

(1) 中央循环管式蒸发器　中央循环管式蒸发器又称标准式蒸发器，是应用广泛且历史悠久的大型蒸发器，其结构如图 6-1 所示，主要由加热室、分离室及除沫器等组成。中央循环管式蒸发器的加热室由垂直管束构成，与列管换热器的结构相似。在管束中央有一根直径较大的管子，称为中央循环管，中央循环管的横截面积为加热管束总横截面积的 40%～100%。溶液在加热管和循环管内，加热室的管束间通入加热蒸汽，加热蒸汽在管外冷凝放热，将管束内的溶液加热至沸腾汽化。由于中央循环管的直径比加热管束的直径大得多，在中央循环管中单位体积溶液的传热面积较加热管束中的要小得多，循环管中溶液的受热程度低，溶液的密度相对较大。中央循环管与加热管内溶液的密度差形成了溶液在蒸发器内的自然循环流动，溶液自中央循环管内下降，由加热管内上升，从而提高了传热速率，强化了蒸发过程。溶液的循环速度取决于中央循环管与加热管内溶液的密度差大小以及加热管的长度，密度差越大，加热管越长，则循环速度越大。由于受蒸发器总高的限制，加热器长度较短，一般为 1～2 m，加热管直径为 25～75 mm，长径比为 20～40。

蒸发器加热室的上方为分离室，也叫蒸发室。加热管束内溶液沸腾产生的二次蒸汽及夹带的雾沫、液滴进入分离室进行初步分离。在重力作用下，液体从中央循环管向下流动，产生循环流动，而蒸汽通过蒸发室顶部的除沫器除沫后排出，进入冷凝器冷凝。

中央循环管型蒸发器有"标准蒸发器"之称，具有结构简单、紧凑，制造较方便，操作可靠等优点。但由于结构上的限制，其检修、清洗较为不便，且溶液的循环速率低（小于 0.5 m/s），传热系数小。适用于黏度不高、不易结晶结垢、腐蚀性小且密度随温度变化较大的溶液的蒸发。

(2) 悬框式蒸发器　悬框式蒸发器是中央循环管式蒸发器的改进，结构如图 6-2 所示，加热室悬挂在蒸发器壳体的下部，作用原理与中央循环管式蒸发器相同，溶液在管内流动，加热蒸汽从悬框上部中央进入加热管的管隙间，悬框与壳体壁面之间的环隙相当于中央循环管。蒸发过程中，溶液从环隙下降，由加热管上升，形成自然循环。通常环隙截面积为加热管总截面积的 100%~150%。

由于壳体未被加热，环隙内溶液受热程度低，与加热管内液体的温度差较大，密度差较大，因此，悬框式蒸发器循环速度较高（1～1.5 m/s），传热系数较大。此外，由于悬挂的加热室可以由蒸发器上方取出，故其清洗和检修都比较方便。其缺点是结构复杂，金属消耗量大。适用于易结晶、结垢的溶液。

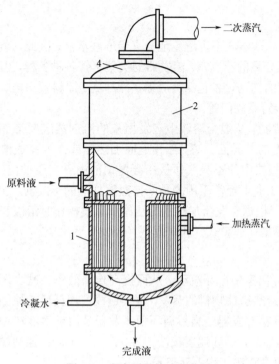

图 6-1 中央循环管式蒸发器
1—加热室；2—分离室

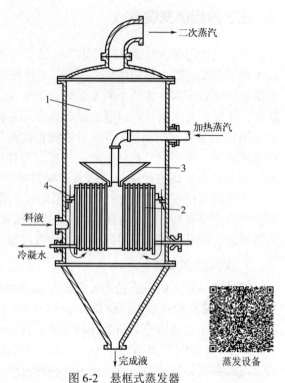

图 6-2 悬框式蒸发器
1—加热室；2—蒸发室；3—除沫器；4—液沫回流管

蒸发设备

（3）外热式蒸发器 外热式蒸发器主要由列管式加热室、蒸发室及循环管组成，结构如图 6-3 所示。外热式蒸发器结构特点是将加热室和分离室分开，加热室安装在蒸发室旁边，这样有利于设备的清洗和更换，并且避免大量溶液同时长时间受热，同时降低了整个设备的高度，使加热管长度不受设备总高的限制，因此，外加热式蒸发器常采用长加热管［管长与直径之比（l/d）=50～100］。溶液在加热管内被管间的加热蒸汽加热至沸腾汽化，溶液蒸发产生的二次蒸汽夹带部分溶液上升至蒸发室，在蒸发室实现气液分离，二次蒸汽从蒸发室顶部经除沫器除沫后进入冷凝器冷凝。由于循环管内溶液不受蒸汽加热，其密度比加热管内的大，外加热式蒸发器的循环速率较高，可达 1.5 m/s，传热系数较大，并可减少结垢。

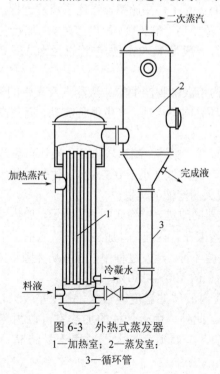

图 6-3 外热式蒸发器
1—加热室；2—蒸发室；
3—循环管

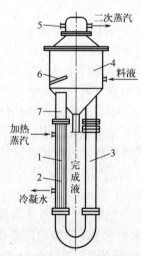

图 6-4 列文蒸发器
1—加热室；2—加热管；3—循环管；4—蒸发室；
5—除沫器；6—挡板；7—沸腾室

外加热式蒸发器的适用性较广,传热面积受限较小,但设备尺寸较高,结构不紧凑,热损失较大。

(4) 列文蒸发器　列文蒸发器结构如图 6-4 所示。其结构特点是在加热室的上部增设一个沸腾室。在沸腾室液柱的压力下,溶液在加热室不能沸腾,只有上升到沸腾室时才能汽化,因此,减小了溶液在加热管内析出结晶和结垢的机会。此外,由于循环管较长,截面积大(约为加热管总截面积的 200%~350%),循环管又未被加热,故能产生很大的循环推动力。

列文蒸发器的优点是循环速度大(可达 2~3 m/s),且不易结晶、结垢,传热效果好,传热系数接近于强制循环型蒸发器的传热系数。其缺点是设备庞大,需要的厂房高;由于管子长,产生的静压大,要求加热蒸汽的压力较高。列文蒸发器较适用于易结垢或结晶的溶液。

(5) 强制循环型蒸发器　在一般的自然循环蒸发器中,循环速度较低,导致传热系数较小,且当溶液有结晶析出时,易黏附在加热管的壁面上形成污垢热阻,导致传热进一步恶化,因此不适合处理黏度大、易结垢及大量结晶析出的溶液。在蒸发黏度较大的溶液时,为了提高循环速率,常采用如图 6-5 所示的强制循环型蒸发器。强制循环型蒸发器主要由列管式加热室、分离室、除沫器、循环管、循环泵及疏水器等组成,在蒸发器循环管的管道上安装有循环泵,利用外加动力(循环泵)促使溶液循环,循环速度的大小可通过调节循环泵的流量来控制,其循环速度一般在 2.5 m/s 以上。

与自然循环型蒸发器相比,强制循环型蒸发器循环速度快,传热系数大,蒸发速率高,但其能量消耗较大,每平方米加热面积耗能 0.4~0.8 kW。强制循环型蒸发器适用于处理高黏度,易结垢及易结晶溶液的蒸发。

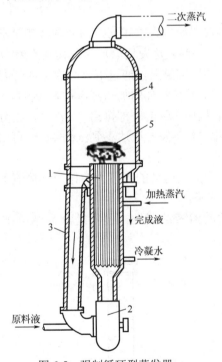

图 6-5　强制循环型蒸发器
1—加热管;2—循环泵;3—循环管;4—蒸发室;5—除沫器

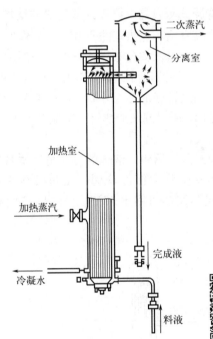

图 6-6　升膜式蒸发器

单程型蒸发器

2. 单程型蒸发器(膜式蒸发器)

在循环型蒸发器中,溶液在蒸发器内停留的时间较长,即受热时间较长,对热敏性物料容易造成分解和变质。膜式蒸发器的特点是溶液沿加热管呈膜状流动(上升或下降),一次通过加热室即可浓缩到要求的浓度,在加热管内仅停留几秒到十几秒,受热时间大大缩短,蒸发速率高,特别适用于热敏性物料的蒸发,对黏度大和容易起泡的溶液也较适用,是目前应用广泛的高效蒸发设备。

按溶液在加热管内流动方向以及成膜原因的不同,膜式蒸发器可分为升膜式、降膜式和升-降膜式蒸发器等几种类型。

(1) 升膜式蒸发器　升膜式蒸发器是一种将加热室和分离室分开的蒸发器,结构如图 6-6 所示。其加热室实际上就是一个加热管较长的立式列管换热器,加热管由细长的垂直管束组成,一般采用直径为 25~

50 mm 的无缝钢管，管长与管径比在常压下为 100～150，在减压下为 130～180。原料液经预热器预热至近沸点温度后从蒸发器底部进入加热管，加热蒸汽在管外冷凝，溶液在加热管内受热迅速沸腾汽化，产生的二次蒸汽在加热管内高速上升，带动溶液沿加热管内壁呈膜状向上流动，上升的液膜因不断受热而不断汽化，溶液自底部上升至顶部就浓缩到要求的浓度。

升膜式蒸发器中，溶液形成的液膜与蒸发产生二次蒸汽的气流方向相同，由下而上并流上升，气、液混合物一起进入分离室后分离，完成液由分离室底部引出，二次蒸汽在分离室顶部经除沫器除沫后排出。升膜式蒸发器加热管的长径比、进料温度、加热管内外的温度差、进料量等都会影响成膜效果、蒸发速率及溶液的浓度，要满足溶液只通过加热管一次即达到要求的浓度，在设计时需考虑并平衡这些因素。加热管过短，溶液浓度达不到要求，过长则在加热管上端易出现干壁现象，加重结垢，且不易清洗，影响传热效果。加热蒸汽与溶液沸点间的温差应适当，温差大时蒸发速率快，继而蒸汽上升的速率高，成膜效果好，但加热管上部易出现干壁现象，且能耗高。原料液最好预热到近沸点温度再进入蒸发室中进行蒸发，若将常温下的溶液直接引入加热室进行蒸发，在加热室底部需要有一部分传热面用来加热溶液使其达到沸点后才能汽化，溶液在这部分加热壁面上不能呈膜状流动，从而影响蒸发效果。为使溶液在加热管壁面有效地成膜，上升蒸汽的气速应达到一定的值，常压操作时加热室出口速率不应小于 10 m/s，加热管出口蒸汽速度可达 20～50 m/s，减压操作时气速可达 100～160 m/s 或更高。

升膜式蒸发器适用于处理蒸发量大、稀、热敏性和易起泡的溶液，不适用于黏度大、易结晶或结垢溶液的蒸发。

（2）降膜式蒸发器　降膜式蒸发器的结构与升膜式蒸发器结构大致相同，由列管式加热室与分离室组成，但分离室位于加热室的下方，其结构如图 6-7 所示。降膜式蒸发器的加热管长径比为 100～250，加热管束的上方有液体分布板或分配头，原料液由加热管的顶部进入，通过液体分布板或分配头均匀进入每根换热管，溶液在自身重力作用下沿管内壁呈膜状下降，并被管外的加热蒸汽加热至沸腾汽化。气、液混合物由加热管底部进入分离室，经气液分离后，完成液从加热管的底部排出，二次蒸汽由分离室顶部经除沫后排出。原料液从加热管上部流至下部即可完成浓缩，若蒸发一次达不到浓缩要求，可用泵将料液进行循环蒸发。

在降膜式蒸发器中，液体的运动是靠本身的重力和二次蒸汽运动的拖带力的作用，溶液下降的速度较快，因此成膜所需的气速较小，黏度较高的液体也较易成膜。

降膜式蒸发器可用于热敏性、浓度较大和黏度较大的溶液的蒸发，但不适合易结晶结垢溶液的蒸发。

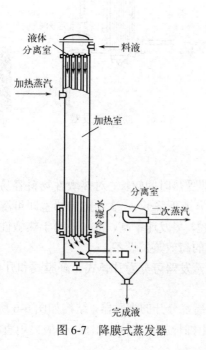

图 6-7　降膜式蒸发器

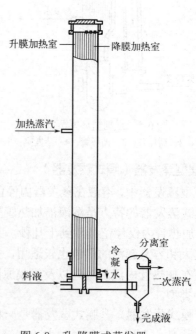

图 6-8　升-降膜式蒸发器

(3) 升-降膜式蒸发器 将升膜蒸发器和降膜蒸发器安装在一个圆筒形壳体内,即构成升-降膜式蒸发器,结构如图 6-8 所示。将加热室管束平均分成两部分,蒸发室的下方用隔板隔开。原料液由泵经预热器预热至近沸点温度后从加热室底部进入,先经升膜加热管上升,然后由降膜加热管下降,气、液混合物从加热室底部进入分离室,再在分离室中和二次蒸汽分离后即得完成液。

升-降膜式蒸发器多用于蒸发过程中溶液黏度变化大,水分蒸发量不大和厂房高度受到限制的场合。

(4) 刮板薄膜式蒸发器 刮板薄膜式蒸发器是通过旋转的刮板使液料形成液膜的蒸发设备,结构如图 6-9 所示,主要由分离室和一个带加热夹套的壳体等组成,壳体内装有旋转刮板,旋转刮板有固定的和活动的两种。刮板由轴带动旋转,刮板的边缘与夹套内壁之间的缝隙很小,一般 0.5～1.5 mm,溶液在蒸发器上部切向进入,利用旋转刮板的刮带和重力的作用,使液体在壳体内壁上形成旋转下降的液膜。夹套内通入加热蒸汽,使液膜在下降时不断被夹套内蒸汽加热蒸发浓缩,完成液由圆筒底部排出,产生的二次蒸汽夹带雾沫由刮板的空隙向上运动,气、液混合物从分离室顶部经除沫后排出。

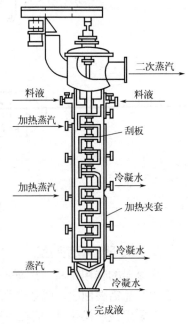

图 6-9 刮板薄膜式蒸发器

刮板薄膜式蒸发器的蒸发室是一个圆筒,圆筒尺寸与工艺要求有关,增加圆筒直径可相应地加大传热面积,但也增加了刮板转动轴传递的力矩,增加了功率消耗,一般圆筒直径以 300～500 mm 为宜。当浓缩比较大时,加热蒸发室长度较大,此时可选择分段加热,采用不同的加热温度来蒸发不同的液料,以保证产品质量。

刮板薄膜式蒸发器采用刮板的旋转来成膜、翻膜,液层薄膜不断被搅动,加热表面和蒸发表面不断被更新,传热系数较高。液料在加热区停留时间较短,一般几秒至几十秒。刮板薄膜式蒸发器的突出优点是适应性强,对高黏度、容易结晶、结垢或含有悬浮颗粒的物料均能适用。其缺点是结构较为复杂,动力消耗大,传热面积小(一般为 3～4 m²,最大不超过 20 m²),故其处理量较小。

此外,蒸发器还有离心薄膜式蒸发器与板式蒸发器等类型。离心薄膜式蒸发器是利用高速旋转的锥形碟片,使溶液在离心力作用下向周边分布,而形成薄薄的液膜进行蒸发。由于料液在加热面湍动剧烈,同时蒸汽气泡能迅速被挤压分离,成膜厚度很薄,一般膜厚 0.05～0.1 mm,传热系数高,蒸发迅速,原料液在加热壁面停留时间不超过一秒,加热面不易结垢,可以真空操作,适合热敏性、黏度较高的料液的蒸发。

各种蒸发器的基本结构不同,蒸发效果不同,选择时应根据物料的特性,选择能够满足生产工艺的要求并保证产品质量;生产能力大;结构简单,维修操作方便;产生单位质量二次蒸汽所需加热蒸汽越少,经济性越好。

实际选择蒸发设备时首先要考虑溶液增浓过程中溶液性质的变化,如物料的热敏性,溶液黏度随浓度的变化情况,是否易结晶、结垢、生泡,溶液是否有腐蚀性等问题。对于蒸发过程中有结晶析出及易结垢的溶液,宜采用循环速度高、易除垢的蒸发器;对于黏度较大,流动性差的溶液的蒸发,宜采用强制循环或刮板薄膜式蒸发器;若为热敏性溶液,应选择蒸发时间短、滞留量少的膜式蒸发器;蒸发量大的不适宜选择生产能力小的刮板薄膜式蒸发器。

四、蒸发器的辅助设备

1. 除沫器

蒸发操作中产生的二次蒸汽,在分离室与液体分离后,仍夹带一定的液沫或液滴。为了防止液体产品的损失或冷凝液被污染,在蒸发器顶部蒸汽出口附近需要安装除沫器。除沫器的类型很多,图 6-10 列举了几种常见的除沫器。其中(a)～(d)安装在蒸发器顶部,(e)～(g)安装在蒸发器的外部。

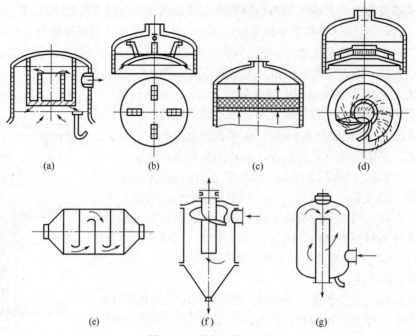

图 6-10　除沫器的主要类型

2. 冷凝器和真空装置

冷凝器的作用是将二次蒸汽冷凝成水后排出。冷凝器有间壁式和直接接触式两类。当二次蒸汽为有价值的产品需要回收，或会严重污染冷却水时，应采用间壁式冷凝器；此外会采用直接接触式冷凝器。

当采用减压操作时，需在冷凝器后安装真空装置，将冷凝液中的不凝性气体抽出，从而维持蒸发操作所需的真空度。常用的真空装置有喷射泵、往复泵以及水环式真空泵等。

五、多效蒸发

蒸发过程需要消耗大量的加热蒸汽作为加热热源，蒸发过程产生的二次蒸汽又需要用冷却水进行冷凝，同时也需要有一定面积的加热室及冷凝器以确保蒸发过程的顺利进行。因此蒸发过程的节能问题直接影响成品的生产成本和经济效益。

单效蒸发时，单位加热蒸汽消耗量大于 1，即每蒸发 1 kg 水需要消耗 1 kg 以上的加热蒸汽。因此，对于蒸发量很大的蒸发过程，若采用单效蒸发，必然消耗大量的加热蒸汽，导致生产成本大大增加。对于生产规模较大、蒸发量较大的蒸发过程，工业上多采用多效蒸发。

多效蒸发过程是将多个蒸发器串联操作，以加热蒸汽的流向定义效数，新鲜加热蒸汽进入的那一效为多效蒸发的第一效，第一效出来的二次蒸汽作为加热蒸汽进入第二效……依次类推。将前一效产生的二次蒸汽引入后一效蒸发器作为加热蒸汽，而后一效蒸发器则为前一效蒸发器的冷凝器。仅第一效蒸发器使用新鲜加热蒸汽作为加热热源，其他各效均用前一效的二次蒸汽作为加热热源，末效蒸发器产生的二次蒸汽直接引入冷凝器冷凝。因此，多效蒸发过程蒸发 1 kg 的水，可以消耗少于 1 kg 的新鲜加热蒸汽，使二次蒸汽的潜热得到充分利用，节约能源，降低生产成本。

多效蒸发时，由于本效产生的二次蒸汽的温度、压力均比本效加热蒸汽的低，所以为保证每效都有一定的传热推动力，各效的操作压力须依次降低，相应地，各效的沸点和二次蒸汽压力依次降低。多效蒸发器的效数以及每效的温度和操作压力主要取决于生产工艺和生产条件。

只有新鲜加热蒸汽的压力较高和/或末效采用真空时，才能使多效蒸发得以实现。以三效逆流加料流程为例，若第一效的加热蒸汽为低压蒸汽（如常压），则末效蒸汽侧必须在真空下操作；反之，若末效蒸汽侧采用常压操作，则要求第一效采用较高压力的加热蒸汽。

1. 多效蒸发流程

按物料与蒸汽的相对流向的不同，多效蒸发有并流加料、逆流加料、平流加料及错流加料几种常见的加料流程，下面以三效蒸发为例进行说明。

(1) 并流加料流程 并流加料又称顺流加料，是工业上最常见的加料模式，其流程如图 6-11 所示。其特点是溶液与蒸汽的流向相同，均由第一效流至末效。

并流加料流程的优点是溶液从压力和沸点较高的蒸发器流向压力和沸点较低的蒸发器，溶液在效间的输送可以利用效间压差，而不需要用泵，可节约动力消耗和设备费用；同时，由于操作压力递减，溶液沸点相应降低，前一效的溶液流入后一效时处于过热状态，在后一效中会自动降温至沸点，放出的热量将使部分水分蒸发，这种现象称为自蒸发（或闪蒸）。由于溶液产生自蒸发，因此可以多产生一部分二次蒸汽。另外，此法操作简便，易于控制。

但并流加料流程随着效数的增加，溶液不断被浓缩，溶液浓度增加，温度反而降低，致使溶液的黏度增加，蒸发器的传热系数下降。因此，对于黏度随浓度增加而变化很大的物料，不宜采用并流加料流程。

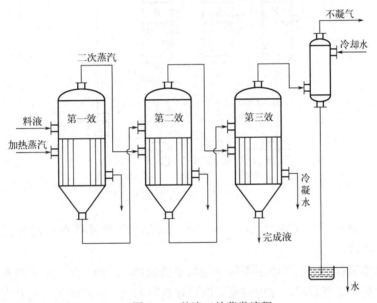

多效蒸发

图 6-11 并流三效蒸发流程

(2) 逆流加料流程 逆流加料流程见图 6-12，溶液流向与蒸汽流向相反，即蒸汽从第一效加入、末效排出，而溶液则由末效加入，从第一效排出。

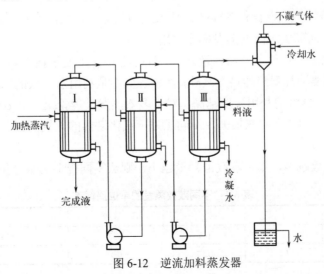

图 6-12 逆流加料蒸发器

逆流加料流程的优点是溶液的浓度沿流动方向不断增加,其温度也随之升高。因此,在蒸发过程中,因浓度增加而引起黏度增大,与温度升高而使黏度降低的影响大致相抵,因而各效的溶液黏度较为接近,各效的传热系数也大致相同。

逆流加料流程的缺点是溶液在效间的流动是由低压流向高压,效间溶液逆压力差的输送必须用泵,需要额外消耗动力。此外,各效(除末效外)均在低于沸点下进料,没有自蒸发,与并流相比,产生的二次蒸汽量较少。

一般来说,逆流加料流程适合处理黏度随浓度和温度变化较大的物料,但不适合处理热敏性物料。

(3) 平流加料流程 平流加料流程如图6-13所示,蒸汽仍从第一效流至最后一效,而原料分成几股平行加入各效,完成液分别从各效排出。

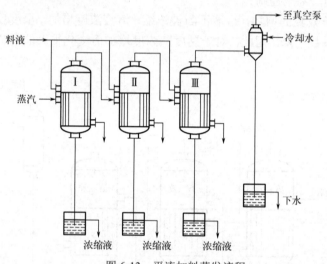

图6-13 平流加料蒸发流程

此种流程的特点是溶液不需在效间流动,所以特别适用于处理那些在蒸发过程中容易析出结晶的物料,例如某些无机盐溶液。

除了以上三种基本流程外,生产中还用到一些其他的流程。例如,在一个多效蒸发装置中,溶液与蒸汽的相对流向既有并流,又有逆流,称为错流。以三效蒸发为例,溶液的流向可以是 3→1→2,也可以是 2→3→1,当然,蒸汽的流向始终是 1→2→3。采用错流法的目的是尽量利用并流和逆流的优点,而避免或减轻其缺点。但错流法操作较为复杂。

2. 多效蒸发的经济性及效数限制

(1) 加热蒸汽的经济性 蒸发操作中需要消耗大量的热能,多效蒸发可通过利用二次蒸汽,提高蒸汽的经济性,降低能耗,从而大大降低蒸发操作费用。

对于单效蒸发,理论上,单位蒸汽消耗量 $e=1$,即蒸发 1 kg 水要消耗 1 kg 加热蒸汽。如果采用多效蒸发,由于除了第一效需要消耗新鲜加热蒸汽外,其余各效都是利用前一效的二次蒸汽,提高了蒸汽的利用度,且效数(n)越多,蒸汽的利用程度越高。对于多效蒸发,理论上,其 $e=1/n$,即蒸发 1 kg 水只需要($1/n$)kg 的加热蒸汽。如果考虑热损失、不同压力下汽化潜热的差别因素,则单位蒸汽消耗量比 $1/n$ 稍大。

从表6-1可看出,效数越多,单位蒸汽消耗量越小,则蒸发同样多的水分量,操作费用越低。

表6-1 不同效数蒸发的单位消耗量

效数	1	2	3	4	5
理论值	1	0.5	0.33	0.25	0.2
实际值	1.1	0.57	0.4	0.3	0.27

(2) 多效蒸发效数的限制 多效蒸发装置的效数取决于溶液的性质和温度差损失的大小等多方面因素。首先，必须保证各效都有一定的传热温度差，通常要求每效的温度差不低于 5~7 ℃。单效蒸发和多效蒸发过程中均存在温度差损失。由于在每效传热过程均存在热损失，若单效和多效蒸发的操作条件相同，即二者加热蒸汽压力相同，则多效蒸发的温度差损失较单效时的大，且效数越多，温度差损失越大。

对于多效蒸发装置，虽然随着效数的增加，单位蒸汽消耗量减少，操作费用降低；但另一方面，效数越多，温度差损失增大，有效温度差减小，且设备投资费用增大。因此蒸发装置的效数并不是越多越好，而是受到一定的限制。原则上，多效蒸发的效数应根据设备费用与操作费用之和最小来确定。

一般来说，若溶液的沸点升高大，则宜采用较少的效数；溶液的沸点升高小，可采用较多的效数。

第二节 结晶过程

溶液结晶是利用固体物质在液体中的溶解度不同，使物质从溶液中析出，从而实现分离的过程。制药工业生产中的结晶，是指溶质以晶体状态从过饱和溶液中析出的操作。

晶体为化学均一、呈规则几何形状的固体，其结构以晶体内部离子、原子和分子在空间按一定规律有序排布为特征。同种物质的结晶条件不同时，所得晶体的形状、大小、颜色等可能不同，其所得晶体的晶型也可能不同，而同一种药物的不同晶型，其稳定性、溶解度、生物利用度和机械加工性能也可能不同。例如，因结晶温度不同，碘化汞晶体有黄色或红色；因所选结晶溶剂不同，药物拉米夫定可能是双锥型晶体，也可能是柱状晶体。

制药工业中原料药的精制几乎都要用到结晶操作，结晶过程可以控制颗粒的大小、晶型和产品纯度，从而提高药物质量，使其便于储存、运输和使用。

一、结晶的基本原理

在温度一定时，某固体物质溶于溶液中，存在一个最大限度。达到此限度时，固液两相达到动态平衡，即由固体溶解进入溶液的物质的量与由溶液中析出的物质的量相等。

在一定温度下，某固体物质在一定量的溶剂中所能溶解的最大量，称为该物质在这一温度下在该溶剂中的溶解度。溶解度与物质种类、溶剂种类和性质（如 pH）及温度有关。一般溶解度随着温度的升高增大。压力的影响较小，可以不计。

溶解度由实验测定，将溶解度与对应的温度绘成曲线，得到溶解度曲线。某些物质的溶解度曲线见图 6-14。根据不同物质的溶解度的特征，可将其分为以下几类：

① 溶解度对温度不太敏感，如硫酸肼、磺胺；

② 溶解度对温度变化中等程度敏感，如乳糖；

③ 溶解度对温度十分敏感，如葡萄糖；

④ 溶解度随温度升高而减小，如 $Ca(OH)_2$、$CaCrO_4$ 等。

在选择结晶方法时，应考虑不同物质的溶解度特性，采用相应的结晶方法。

二、饱和溶液和过饱和溶液

在一定温度下，向一定量溶剂里加入某种溶质，当溶质不能继续溶解时，所得到的溶液称为这种溶质的饱和溶液。一定温度、压力下，当溶液中溶质的浓度已超过该温度、压力下溶质的溶解度，而溶质仍未析出的溶液称为过饱和溶液。过饱和溶液是不稳定的，如果搅拌溶液，使溶液受到震动，摩擦容器器壁，或者往溶液里投入固体"晶种"，溶液里的过量溶质就会马上结晶析出。

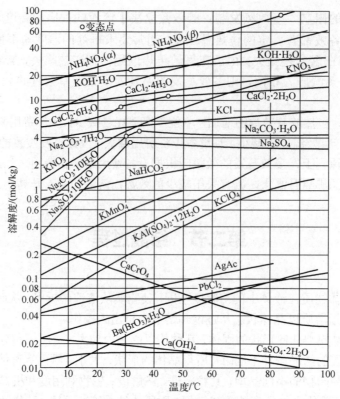

图 6-14 某些物质的溶解度曲线

过饱和度与结晶的关系如图 6-15 所示，AB 线为溶解度曲线（饱和曲线）。AB 线以下为稳定区，无结晶析出。CD 线是达到一定饱和后可自发地析出晶体的浓度曲线，称为超溶解度曲线。AB 线与 CD 线大致平行，两线之间为介稳区，在此区域内不会自发产生晶核，一旦受到某种刺激，如震动、摩擦、搅拌和加入晶粒，均会破坏过饱和状态，析出结晶，直至溶液达到饱和状态。

图中 E 点为不饱和溶液。若将温度降低，则溶解度下降；若溶液浓度不变，当温度降至 F 点时，溶液浓度等于该温度下的溶解度，则溶液达到饱和；若保持溶液温度不变，去除溶剂，则溶液浓度增加，当增浓至 F' 点时，溶液的浓度恰好等于溶质的溶解度，即得饱和溶液；若溶液状态超过溶解度曲线，即得过饱和溶液；处于过饱和状态下的溶液，可能会有晶体析出，但也不尽然。

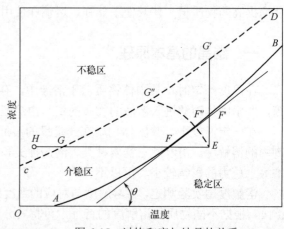

图 6-15 过饱和度与结晶的关系

若溶液纯净、无杂质和尘粒、无搅动、缓慢冷却，即使低于饱和温度也不产生晶核，更不会析出晶体。实际上只有达到 CD 线（图中 G 点或 G'点）才能产生晶核，而后才会有晶体析出。溶解度曲线 AB 和超溶解度曲线 CD 将上述图形分为三个区域：

① AB 线之下为不饱和区或稳定区，在此区域内不可能发生结晶析出的现象。

② CD 线与 AB 线之间的区域为介稳区，在此区域内，溶液已达过饱和，不会自发形成晶核，但若有晶种存在，也可诱导产生少量晶核，且可析出晶体使晶体和晶核成长。此区适合晶体的成长。

③ CD 线之上为不稳区，在此区内瞬时即可产生较多的晶核，该区决定晶核的形成。纯净的、无外界干扰溶液的情况是很少见的，因此 CD 线可能提前或稍后出现，它实际上的位置与结晶器的操作条件有关。

由此可见，只有溶液过饱和时，才能有形成晶核及晶体成长的可能性，所以过饱和是结晶的必要条件，且过饱和的程度越高，晶核越多或晶体成长越迅速。因此，过饱和的程度是结晶过程的推动力，决定了结晶过程的速率。

三、结晶动力学

结晶过程是一个传热与传质同时进行的过程。溶液冷却到过饱和，或加热去除溶剂使其达到过饱和，都需要热量的移出或传入。同时，又存在物质由液相转入固相的传质过程。

1. 结晶过程

溶液的结晶过程通常要经历两个阶段，即晶核形成和晶体成长。

（1）晶核形成 在过饱和溶液中新生成的结晶微粒称为晶核。晶核形成是指在溶液中生成一定数量的结晶微粒的过程。

根据过程的机理不同，晶核形成可分为两大类：一种是在溶液过饱和之后无晶体存在条件下自发地形成晶核，称为"初级成核"，按照饱和溶液中有无自生的或者外来微粒又分为均相初级成核与非均相初级成核两类。另一种是有晶体存在条件下（如加入晶种）的"二次成核"。工业结晶通常采用二次成核技术。

（2）晶体成长 一旦晶核在溶液中生成，溶质分子或离子会继续一层层排列上去而形成晶粒，这就是晶体成长。在过饱和度的推动下，晶体成长过程分以下三个步骤：

① 扩散过程：溶质靠扩散作用，通过靠近晶体表面的液体层，从溶液转移至晶体表面上。

② 表面反应过程：到达晶体表面的溶质，长入晶面，使晶体长大，并放出结晶热。

③ 传热过程：放出的结晶热传递到溶液主体中。

最后一步通常较快，因此结晶过程受前两个步骤控制。视具体情况，有时是扩散控制，有时是表面反应控制。

2. 结晶过程的控制

前述介稳区的概念，对工业上的结晶操作具有实际意义。在结晶过程中，若将溶液控制在靠近溶解度曲线的介稳区内，由于过饱和度较低，则在较长时间内只能有少量的晶核产生，溶质也只会在晶种的表面上沉积，而不会产生新的晶核，主要是原有晶种的成长，于是可得颗粒较大而整齐的结晶产品。反之，若将溶液控制在介稳区较高的过饱和度下，或使之达到不稳区，则将有大量的晶核产生，所得产品的晶体较小。所以，适当控制溶液的过饱和度，可以很大程度上帮助控制结晶操作。

实践表明，迅速冷却、剧烈搅拌、高温度及溶质分子量不大时，均有利于形成大量的晶核；而缓慢冷却及温和搅拌，则是晶体均匀成长的主要条件。

四、工业结晶方法与设备

溶质从溶液中结晶析出主要依赖于溶液的过饱和度，而溶液达到一定的过饱和度，则是通过控制温度或去除部分溶剂的办法实现。据此，工业结晶的方法分为以下几种：

① 冷却结晶：此方法不移除溶剂，适用于溶解度随温度降低而显著降低的溶质的结晶。

② 蒸发结晶：此方法将移除部分溶剂，适用于溶解度随温度变化不大的溶质的结晶。

按不同的结晶方法，工业结晶设备基本上有以下四种类型：①冷却结晶器；②蒸发结晶器；③真空结晶器；④其他类型，如喷雾结晶器等。

1. 冷却结晶器

常用的冷却结晶器有以下几种。

（1）结晶罐 结晶罐结构简单，应用最早。它的内部设有蛇管，亦可做成夹套进行换热。据结晶要求在夹套或蛇管内交替通以热水、冷水或冷冻盐水，以维持一定的结晶温度。

一般还设有锚式或框式搅拌器。搅拌器的作用不仅能加速传热，还能使器内的温度趋于一致，促进晶核的形成，并使晶体均匀地成长。因此，该类结晶器产生的晶粒小而均匀。在操作过程中，应随时清除蛇管壁及器壁上积结的晶体，以防影响传热效果。

（2）连续式结晶器 连续式结晶器内设有低速螺带式搅拌器，外设夹套通以冷却剂。螺带式搅拌器可输送晶体，并可防止晶体聚积在冷却面上，使晶体悬浮成长，可获得中等大小且粒度均匀的晶粒。通常，螺带式搅拌器与器底保留 13～25 mm 的间隙，以免搅拌器刮底，引起晶体磨损，而产生不需要的细晶。

此类结晶器生产能力大，还可连续进料和出料。对于高黏度、高固液比的特殊结晶是较为有效的，在葡萄糖厂广泛采用。但缺点是无法控制过饱和度，冷却面积受限，机械部分与搅拌部分结构复杂，设备费用较高。

2. 蒸发结晶器

蒸发结晶器通过使溶剂蒸发汽化、溶液浓缩而达到过饱和。其设备特点是结晶装置本身附有蒸发器。此蒸发器可为单效、多效或强制循环蒸发器，典型蒸发结晶器结构见图 6-16。

料液经循环泵进入加热器，溶剂受热汽化，在蒸发室内蒸发产生的蒸汽由顶部导出。溶液浓缩而达到过饱和，并由中央下行管送到结晶生成段的底部，然后再向上方流经晶体流化床层，其过饱和度推动床层中的晶粒长大。当晶体粒度达到一定大小时，从产品取出口排出。排出的晶浆经稠厚器增浓及离心分离。母液可以送回结晶器，固体颗粒可直接作为产品，或进一步干燥。

3. 真空结晶器

真空结晶器是指在真空下同时进行溶剂绝热蒸发和溶液冷却，使溶液过饱和并结晶的一种设备。结晶器一般用蒸汽喷射泵维持真空，有间歇和连续两种操作形式。在真空结晶器内所进行的过程为真空降温（绝热蒸发）和结晶两个过程。由于真空度较高，操作温度一般都低于室温或接近室温。原料液多半是靠装置的外部加热器

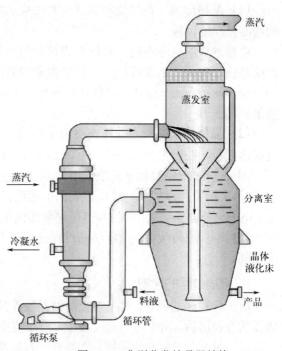

图 6-16 典型蒸发结晶器结构

进行预热，进入设备内即开始闪蒸降温（即瞬间完成蒸发和降温）。因此该种结晶设备既有蒸发效应又有致冷效应。溶液的浓缩与冷却同时进行，迅速达到介稳区。蒸发与冷却同时进行，可达到很低的温度，不受冷却水温度限制，故生产能力大。

4. 喷雾结晶器

喷雾结晶器是将溶液喷成雾状进行绝热闪蒸而获得结晶产品的。冷空气以 25～40 m/s 的高速送入，溶液由中心部位吸入并雾化，且立即进行闪蒸。雾滴可被高度浓缩而直接得到结晶产品，得到浓缩的晶浆再经后续处理。喷雾结晶器设备紧凑，缺点是晶粒细小。

第七章

沉降与分离设备

非均相物系是指物系内部存在相界面，且界面两侧物质的性质有差异。任何非均相物系都由两个以上的相组成，处于分散状态的物质称为分散相或分散介质；包围着分散相的、处于连续状态的物质称为连续相或连续介质。

沉降与过滤是利用流体力学原理，采用使分散相和连续相发生相对运动的方法，从而实现非均相混合物分离的单元操作。

分离效率是衡量分离效果的重要参数。表示方法如下：

$$\eta = \frac{C_{进} - C_{出}}{C_{进}} \times 100\%$$

（7-1）

式中，η 为分离效率，%；$C_{进}$、$C_{出}$ 分别为进出口物质的浓度，kg/m^3。

第一节 沉 降

沉降是借助场力（重力场或惯性离心力场），利用流体与固体之间的密度差（因两者受到场力不同产生相对运动），从而实现固体颗粒与流体分离的方法。根据场力不同，沉降分离分为重力沉降和离心沉降。

一、单颗粒的基本性质

按照颗粒的机械性质可分为刚性颗粒和非刚性颗粒。如泥沙、石子等无机物颗粒属于刚性颗粒，刚性颗粒变形系数很小。细胞、液滴等则是非刚性颗粒，其形状容易随外部空间条件的改变而改变。常将含有非刚性颗粒的液体归属于非牛顿流体，因这两类物质力学性质不同，所以在生产实际中应采用不同的分离方法。

颗粒按其形状划分，可分为球形颗粒和非球形颗粒。颗粒的大小用其某个特征表示，球形颗粒通常用直径（d_p）表示。

球形颗粒的体积为：

$$V_p = \frac{1}{6} \times \pi d_p^3$$

（7-2）

其表面积为：

$$S_p = \pi d_p^2$$

（7-3）

颗粒的表面积与其体积之比为比表面积，用符号 S_0 表示，单位 m^2/m^3。其计算式为：

$$S_0 = \frac{S_p}{V_p} = \frac{6}{d_p} \tag{7-4}$$

工业上大部分的固体颗粒形状是不规则的，非球形的。非球形颗粒的体积、表面积和比表面积用非球形颗粒的形状系数，也称为球形度来表征，用符号 ϕ 表示：

$$\phi = \frac{\text{与非球形颗粒体积相等的球形颗粒的表面积}}{\text{非球形颗粒的表面积}} \tag{7-5}$$

相同体积的颗粒中，球形颗粒的表面积最小，球形度为1。越不规则的颗粒，其表面积越大，球形度越小。

将非球形颗粒直径折算成球形颗粒的直径，这个直径叫当量直径（d_e）。在进行有关计算时，将 d_e 代入相应的球形颗粒计算公式中即可。根据折算方法不同，当量直径的具体数值也不同，常见的当量直径有：

① 体积当量直径，使当量球形颗粒的体积 $\frac{\pi}{6}d_e^3$ 等于真实颗粒的体积 V，定义为 $d_e = \sqrt[3]{\frac{6V_p}{\pi}}$。

② 表面积当量直径，使当量球形颗粒的表面积 πd_e^2 等于真实颗粒的比表面积，定义为 $d_e = \sqrt{\frac{S_p}{\pi}}$。

③ 比表面积当量直径，使当量球形颗粒的比表面积 $\frac{6}{d_e}$ 等于真实颗粒的比表面积，定义为 $d_e = \frac{6}{S_0} = \frac{6V_p}{S_p}$。

在对颗粒进行描述时要考虑过程的性质和特征以选择适合的参数。如当讨论颗粒在重力（或离心力）场中所受的场力时，常用质量等效或体积等效的当量直径；而过滤中影响流体通过颗粒层流动阻力的主要颗粒特性是颗粒的比表面，此时需要采用比表面积当量直径。

二、颗粒群特性

由大小不同的颗粒组成的集合称为颗粒群。颗粒群中各单颗粒的尺寸不可能完全一样，具有一定的粒度分布特征。在非均相体系中颗粒群包含了一系列直径和质量都不相同的颗粒，呈现出一个连续系列的分布，可以用标准筛进行筛分得到不同等级的颗粒。颗粒群的粒度分布特性一般以分布函数和频数函数曲线的形式来表达，但工业应用时为简便起见，常以某个平均值或当量值来代替分布。

由于颗粒之间有空隙，所以颗粒的密度分为真密度和堆积密度。所谓颗粒的真密度就是指计算颗粒群的真实体积所得到的密度，单位是 kg/m³。所谓堆积密度就是由颗粒真实体积与空隙体积之和计算得到的密度，又称为表观密度，单位是 kg/m³。通常，我们可以利用密度的大小对颗粒在非均相体系中的运动状态进行分析。

三、重力沉降及设备

颗粒受到重力加速度的影响而沉降的过程叫重力沉降。重力沉降分离的基础是悬浮系中以两相的密度差为前提，颗粒在重力作用下的沉降运动。悬浮颗粒的直径越大、两相的密度差越大，使用沉降分离方法的效果就越好。

1. 粒子在重力场的移动

粒子在沉降过程中受力如图 7-1 所示。如果粒子在重力沉降过程中不受周围颗粒和器壁的影响，称为自由沉降。而固体颗粒因相互之间影响而使颗粒不能正常沉

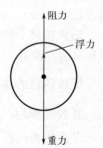

图 7-1　重力场示意图

降的过程称为干扰沉降。固体颗粒在静止流体中，受到的作用力有重力、浮力和阻力。如果合力不为零，则颗粒将做加速运动，表现为固体颗粒开始沉降。当颗粒加速沉降时，所受到的摩擦力和其他流体阻力的作用越来越大，作用在颗粒上的合力渐趋为零。所以颗粒的沉降过程分为加速沉降阶段和匀速沉降阶段。其中加速阶段时间很短，颗粒在短时间内即达到最大速度。

随着合力减小为零，颗粒进入匀速沉降阶段，保持匀速运动直至下沉到容器底部。因此颗粒在匀速沉降阶段的速度就近似地看作整个沉降过程的速度（u_t）。其表达式为：

$$u_t = \sqrt{\frac{4gd(\rho_s - \rho)}{3\zeta\rho}} \qquad (7\text{-}6)$$

式中，ρ_s 为固体颗粒密度，kg/m^3；d 为颗粒直径，m；ρ 为流体的密度，kg/m^3；ζ 为沉降系数，通过 ζ-Re 关系曲线求得。

影响颗粒沉降速度的因素是多种多样的。流体的密度越大，沉降速度越小，颗粒的密度越小，沉降速度越小。颗粒形状也是影响沉降的一个重要的因素。对于同一性质的固体颗粒，由于非球形颗粒的沉降阻力比球形颗粒的大得多，因此其沉降速度较球形颗粒的要小一些。

当容器较小时，容器的壁面和底面均能增加颗粒沉降时的曳力，使颗粒的实际沉降速度较自由沉降速度低。

当颗粒的体积浓度>0.2%时，颗粒之间的相互干扰也是降低沉降速度的重要因素。

如果颗粒是在流动的流体中沉降，则颗粒的沉降速度需要根据流体的流动状态来确定。

2. 重力沉降室

重力沉降室为借助重力沉降以除去气流中尘粒的设备，原理如图 7-2 所示。沉降室长为 L，宽为 B，高为 H，沉降速度为 u_t，气流速度为 u_g，沉降室面积为 A。

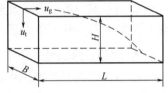

图 7-2 重力沉降室示意图

气体通过沉降室的时间 $t_1 = L/u_g$；

颗粒沉降到室底的时间 $t_2 = H/u_t$；

颗粒能够完全沉降的时间 $t_2 \leqslant t_1$，即 $H/u_t \leqslant L/u_g \Rightarrow u_g \leqslant Lu_t/H$；

若沉降室的生产能力用 V_s 表示，则 $V_s = u_g HB \leqslant LBu_t = Au_t$。

沉降室的最大生产能力为 Au_t，与沉降速度和沉降面积成正比，与沉降室的高度无关。关于沉降室的说明如下：

① 沉降室形状：沉降室应设计成扁平形状，往往在室内设置多层水平隔板的多层降尘室，隔板间距一般为 40～100 mm。沉降室进出口采用锥形设计，一则使得含尘气体进入降尘室后流动截面增大，流速降低，以保证在室内有足够的停留时间使颗粒能在离室之前沉至室底而被除去。且这种锥形设计有利于气流在降尘室内均匀分布，不会因分布不均而影响除尘效果。

② 沉降速度 u_t 应按需分离下来的最小颗粒计算。

③ 气流速度 u_g 不宜过高，避免沉降下来的颗粒重新卷起。

④ 适用于 d>75 μm 颗粒的分离，作预除尘器使用。

四、离心沉降及设备

1. 离心沉降基本原理

离子沉降及设备

当固体颗粒较小时，仅靠重力作用使其自由沉降所需的时间是工业生产无法接受的，因此必须使用外力加速沉降过程。在其他因素不变的情况下，最有效提高粒子沉降速度的途径就是提高加速度。

如图 7-3 所示，当颗粒处于离心场时，将受到四个力的作用，即重力 F_g、惯性离心力 F_c、向心力 F_f 和阻力 F_d。与其他三种力相比，微小颗粒所受的重力太小，可不予考虑。

根据牛顿运动定律，当颗粒所受的惯性离心力、向心力和阻力平衡时，颗粒在径向上将保持匀速运动而沉降到器壁。在匀速沉降阶段的径向速度就是颗粒在此位置上的离心沉降速度 u_r，其计算式为：

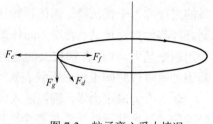

图 7-3　粒子离心受力情况

$$u_r = \sqrt{\frac{4d(\rho_s - \rho)u_T^2}{3\zeta\rho R}} \tag{7-7}$$

式中，u_T 为切向速度；$\dfrac{u_T^2}{R}$ 为离心场的离心加速度；ρ_s 为固体颗粒密度，kg/m^3；d 为颗粒直径，m；ρ 为流体的密度，kg/m^3；ζ 为沉降系数。

由上式可看到离心沉降速度随旋转半径 R 的变化而变化。半径增大则沉降速度减小。

离心加速度与重力加速度之比叫离心分离因数，用 K_c 表示。它是离心分离设备的重要性能指标。其定义式为：

$$K_c = \frac{u_r}{u_t} = \sqrt{\frac{u_T^2}{Rg}} \tag{7-8}$$

K_c 值愈高，离心沉降效果愈好。常用离心机的 K_c 值在几十至几千之间，高速管式离心机的 K_c 可达到数万至数十万，分离能力强。

2. 离心沉降设备

离心机的类型可按分离因数、操作原理、卸料方式、操作方式、转鼓形状、转鼓的数目等加以分类。按 K_c 值分，离心机可分为常速离心机、高速离心机及超速离心机。

① 常速离心机：$K_c \leqslant 3500$（一般为 600～1200），这种离心机的转速较低，直径较大，主要用于分离颗粒较大的悬浮液或物料的脱水。

② 高速离心机：K_c 在 3500～50000 之间，这种离心机的转速较高，一般转鼓直径较小，而长度较长，主要用于分离乳浊液，或含细颗粒的悬浮液。

③ 超速离心机：$K_c > 50000$，由于转速很高，所以转鼓做成细长管式，主要用于分离极不容易分离的超微细颗粒悬浮液和高分子胶体悬浮液。

按操作方式的不同，离心机可分为间歇式离心机和连续式离心机。按操作原理分类按操作原理的不同，离心机可分为过滤式离心机和沉降式离心机。过滤式离心机转鼓壁上有孔，鼓内壁附以滤布，借离心力实现过滤分离操作。典型的过滤式离心机有三足式离心机、上悬式离心机等。沉降式离心机鼓壁上无孔，借离心力实现沉降分离，如管式离心机、碟式离心机、螺旋卸料式离心机等，用于不易过滤的悬浮液。

（1）三足式沉降离心机　三足式沉降离心机是最早出现的液-固分离设备，是一种常用的人工卸料的间歇式离心机，整机由外壳、转鼓、传动主轴、底盘等部件组成，主要部件是一篮式转鼓，壁面钻有许多小孔，内壁衬有金属丝及滤布。三足式沉降离心机结构如图 7-4 所示。整个机座和外罩借三根弹簧悬挂于三足支柱上，以减轻运转时的震动。

在离心力的作用下，固体悬浮物或重液部分被甩向转鼓壁，残留在转鼓壁上或者沉积于转鼓底部的集液槽里。当集液槽里积累了一定量的重液或悬浮物后，需要停机卸掉。

但三足式沉降离心机是间歇操作，进料阶段需启动、增速，卸料阶段需减速或停机，生产能力低；人工上卸料三足式离心机劳动强度大，操作条件差；敞开式操作，易染菌；轴承等传动机构在转鼓的下方，检修不方便，且液体有可能漏入而使其腐蚀等。

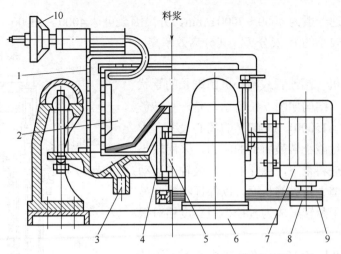

图 7-4 三足式沉降离心机结构示意图
1—机壳；2—转鼓；3—排出口；4—轴承座；5—主轴；6—底盘；7—电机；
8—皮带轮；9—三角带；10—吸液装置

三足式沉降离心机的转速一般在 3000 r/min 以下，是用途最广泛的离心机，对物料适用性强，操作方便，结构简单，制造成本低，弹性悬挂支承结构能减少由于不均匀负载引起的震动，使机器运转平稳，是目前工业上广泛采用的离心分离设备。其缺点是需间歇或周期性循环操作，卸料阶段需减速或停机，不能连续生产。又因转鼓体积大，分离因数小，对微细颗粒分离不完全，需要用高分离因数的离心机配合使用才能达到分离目的。

（2）碟片式离心机　碟片式离心机由转轴、转鼓及几十到一百多个倒锥形碟片等主要部件组成，结构如图 7-5 所示。碟片之间的间距为 0.5～2.5 mm，碟片在离开轴线一定距离上开有对称分布的圆孔，形成垂直贯通的通道。

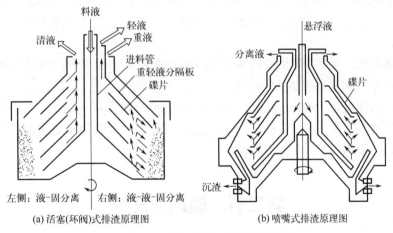

(a) 活塞(环阀)式排渣原理图　　　(b) 喷嘴式排渣原理图

图 7-5 碟片式离心机结构示意图

两种不同密度液体的混合液进入离心分离机后，通过碟片圆孔形成的垂直通道进入碟片间的隙道，并被带着高速旋转。由于不同密度液体的离心沉降速度不同，当转鼓连同碟片以高速旋转时，固体颗粒（或液滴）在离心机作用下沉降到碟片上形成沉渣（或液层）。沉渣沿碟片表面滑动而脱离碟片并积聚在转鼓内直径最大的部位，分离后的液体从出液口排出转鼓。碟片的作用是缩短固体颗粒（或液滴）沉降距离，扩大转鼓的沉降面积，提高离心分离能力。

碟片式离心机可以完成液-固分离（即低浓度悬浮液的分离），称澄清操作；液-液（或液-液-固）分离（即乳浊液的分离），称分离操作。根据碟片式离心机排渣方式的不同，可分为人工排渣碟片式离心机、喷嘴排渣碟片式离心机、自动排渣碟片式离心机。

碟片式离心机的转速一般为 4000～7000 r/min，分离因数可达 4000～10000，特别适用于一般离心机难以处理的两相密度差较小的液-液分离，其分离效率高，可连续性操作。

（3）高速管式离心机 高速管式离心机由细长的管状机壳和转鼓等部件构成，结构如图 7-6 所示，是一种转鼓呈管状，分离因数极高（15000～60000）的离心设备。管式离心机转速高，为尽量减小转鼓所受的应力，采用较小的鼓径，因而在一定的进料量下，悬浮液沿转鼓轴向运动的速度较大。为此，应增大转鼓的长度，以保证物料在鼓内有足够的沉降时间，于是转鼓成为直径小而高度相对很大的管式构型。

常见的转鼓直径为 0.1～0.15 m，在转鼓中心有一个转轴，起传动作用。在轴的纵向上安装有肋板，起带动液体转动的作用。操作时，待分离液体从下部通入，进入转鼓内的液体被肋板带动做高速旋转，由于受离心力作用，且密度不同，在物料沿轴向向上流动的过程中，被分成轻重两液相层。轻液位于转筒的中央，呈螺旋形向上移动，经分离头中心部位的轻液出口排出；重液靠近筒壁，经分离

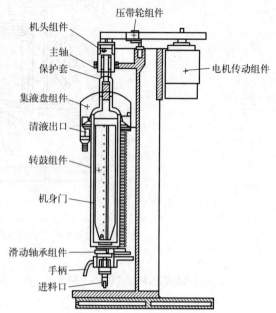

图 7-6　高速管式离心机结构示意图

头孔道的重液出口排出。固体沉积于转筒内壁上，定期排除。管式离心机能澄清及分离流体物质，主要应用于食品、化工、生物制品、中药制品、血液制品、医药中间体等物料的分离。

高速管式离心机转速一般可达 10000～50000 r/min，分离因数可达 15000～65000。具有分离效果好、产量高、设备简单、占地面积小、操作稳定、分离纯度高、操作方便等优点，可用于液-液分离和微粒较小的悬浮液（0.1～100 μm），固相浓度小于 1%，轻相与重相的密度差大于 0.01 kg/L 的难分离悬浮液或乳浊液中的组分分离等，也常用于生物菌体和蛋白质的分离。但管式离心机间歇操作，转鼓容积小，需要频繁地停机清除沉渣。

（4）高速冷冻离心机 高速冷冻离心机属于实验室用瓶式离心机，整机主要由驱动电机、制冷系统、显示系统、自动保护系统和速度控制系统组成。

高速冷冻离心机转速可达 25000 r/min，分离因数可达 89000，分离效果好，是目前生物制药工业广为使用的分离设备。在使用高速冷冻离心机时，为了运转平稳，每一个容器里盛装的液体质量要均等，且在盖上盖子后才能启动，否则容易发生安全事故。

第二节　旋风分离器

旋风分离器

在制药、化工等工业生产中，存在大量需要进行气-固分离的情况，例如：发尘量大的设备（粉碎、过筛、混合、制粒、干燥、压片、包衣等设备），需要将固体粉末收集后再将净化后的气体排放的情况，气体的净化处理和过滤除菌。所以，气-固分离是一个重要单元操作。

气-固分离器按分离机制可分为离心式分离器、惯性分离器；按是否有冷却分为绝热式分离器、水冷或气冷分离器；按横截面形状分为旋风筒分离器、方形分离器；按进口烟气温度分为高温分离器、中温分离器、低温分离器。

在众多气-固分离器当中，旋风分离器由于本身具有构造简单、操作维护方便、造价低和效率较高等优点，广泛地应用于制药、化工、冶金、环保等行业。

一、旋风分离器的结构与原理

旋风分离器的基本原理是：利用气态非均相在做高速旋转时所产生的离心力，把固体颗粒或液滴从含尘气体中分离出来的静止机械设备。旋风分离器结构比例如图 7-7 所示，由进气管、排气管、排尘管、圆筒、圆锥筒组成。以立式圆筒结构为例，其内部沿轴向分为集液区、旋风分离区、净化室等。内装旋风子构件，按圆周方向均匀排布，亦通过上、下管板固定。旋风分离器工作过程是当含固体颗粒的气流沿切线方向，由进气管进入旋风分离器，气流在筒壁的作用下，由直线运动转为圆周运动，绝大部分旋转气流沿筒壁呈螺旋状向下朝锥体流动，称为外旋流；在旋转过程中，密度大的含固体颗粒气体会产生离心力将气体中的固体颗粒甩向筒壁，固体颗粒在与器壁接触后失去惯性，随外螺旋气流沿圆筒壁面下落，最终进入排尘管被捕集。根据"旋转矩"不变原理，旋转向下的气流在到达锥体时，因圆锥体形状的收缩，气流的切向速度不断提高（在忽略不计壁面摩擦损失情况下）。外旋流旋转过程中使周边气流压力升高，在圆锥中心部位形成低压区；由于低压区的吸引，气流到达锥体下端某一位置时，会向分离器中心靠拢，即以同样的旋转方向在旋风分离器内部，由下反转向上，继续做螺旋运动，该部分气流称为内旋流。内旋气流经排气管排出，一小部分未被分离出来的固体颗粒也由此被夹带排出。

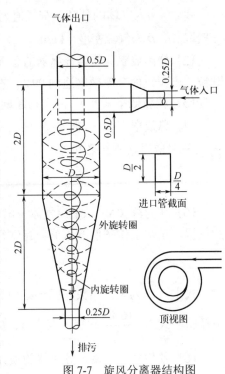

图 7-7 旋风分离器结构图

目前常见的旋风分离器有螺旋型、涡旋型、旁路型、扩散型、旋流型和多管式等。

旋风分离器的气体入口常设计成上部进气、中部进气、下部进气三种，各有其优缺点。下部进气入口的设计适合分离湿气，因为下部进气可以利用设备下部空间，对直径大于 300 µm 或 500 µm 的液滴进行预分离，以减轻旋风部分的负荷。中部进气或上部进气更适合干气的分离。其中，上部进气配气均匀，但设备直径、高度都将增大，成本较高；中部进气可以降低设备高度，从而降低成本投入。

旋风分离器的主要特点是：能高效收集 5～10 µm 以上的非黏性、非纤维的干燥物料颗粒；结构简单，内部无运动部件；操作方便、弹性大；耐高温，操作不受温度、压力限制；管理、维修方便；造价低。基于以上优点，旋风分离器广泛应用于各行业的生产中，特别是在粉尘颗粒较粗，含尘浓度较大，高温、高压条件下，或是在流化床反应器内作为内旋风分离器，或作为预分离器，是极好的气-固（液）分离设备。

旋风分离器对细尘粒的分离效率较低；气体在分离器内流动阻力大，微粒的撞击会对器壁产生严重的机械磨损；对气体流量的变动敏感。在净化设备中，旋风除尘器应用得非常广泛。在部分装置中，可以使用改进型旋风分离器替代尾气过滤设备。

二、影响旋风分离器性能的主要因素

旋风分离器在工业生产中广泛应用，旋风分离器性能的好坏会直接影响到生产工艺的总体设计、系统布置及设备运行性能。故旋风分离器的性能显得尤为重要。旋风分离器在使用过程中，其自身的结构、运行条件、待分离的固体粉尘的物理性质等都对旋风分离器的性能产生影响。

1. 旋风分离器的性能

旋风分离器的性能评价指标主要有临界粒径、分离效率、压力降、使用寿命等。在工业化生产中，前两个指标需要满足一定的数值，才能较好地通过旋风分离器达到分离目的。

（1）临界粒径（d_c） 在分离器中能被完全分离的最小颗粒直径。

$$d_{c} = \sqrt{\frac{9\mu B}{\pi N_{e}(\rho_{s} - \rho)u_{mi}}} \approx \sqrt{\frac{9\mu B}{\pi N_{e}\rho_{s}u_{mi}}} \tag{7-9}$$

式中，μ 为气体的黏度，空气值为 $3.6 \times 10^{-5} Pa \cdot S$；$B$ 为进气口宽度，m；N_{e} 为外旋气流的旋转圈数，一般取 5；ρ 为气流密度，kg/m^3；ρ_{s} 为固体颗粒密度，kg/m^3；u_{mi} 为进口气流速度，m/s。

(2) 分离效率 旋风分离器的分离效果要求为：在设计压力和气量条件下，均可除去 $\geq 10\ \mu m$ 的固体颗粒。工况点的分离效率达到 99%；在工况点 $\pm 15\%$ 范围内，分离效率要能达到 97%。

(3) 粒级效率（η_{i}） 混合物经旋风分离器后某一（范围的）粒径被分离出来的质量分数。

(4) 总效率（η_{0}） 被分离出来的颗粒点全部颗粒的质量分数。等于各种粒径的颗粒被分离的百分率 χ_{i} 与粒级效率 η_{i} 乘积之和。

$$\eta_{0} = \sum_{i=1}^{n}\chi_{i}\eta_{i} \tag{7-10}$$

(5) 压力降（Δp） 进口气体与出口气体的压力差，由阻力损失造成。压力降是确定操作时进口风速的依据。正常工作条件下，单台旋风分离器的压力降 $\leq 0.05\ MPa$。

$$\Delta p = \zeta \frac{\rho u_{mi}^{2}}{2} \tag{7-11}$$

式中，ζ 为阻力系数，同一结构类型及尺寸比例的旋风分离器的 ζ 为常数，可以通过试验测得，或用经验公式 $\zeta = \frac{16AB}{D_{i}^{2}}$ 求得，其中 A、B 分别为进气口的高和宽，D_{i} 为气体出口直径。

(6) 使用寿命 旋风分离器的设计使用寿命 ≥ 20 年。

2. 影响旋风分离器性能的主要因素

影响旋风分离器性能的主要因素大致分为三类：结构尺寸、运行条件、待分离的固体粉尘的物理性质。

(1) 结构尺寸 在结构尺寸方面，旋风分离器的直径、高度、进口形式、排气管的形状与大小、排灰管（灰斗）是影响旋风分离器性能的主要因素。

① 旋风分离器的直径（筒体直径）：一般来说，旋风分离器的分离效率与筒体直径成反比，与待分离的固体粉尘所受离心力成正比。但是，当旋风分离器的筒体直径过小，排气管的间距也就会过近，会造成粉尘颗粒反弹至中心气流而被夹带出去，使分离效率降低。并且，较小的筒体容易引起堵塞，尤其是在分离黏性物料时。所以，旋风分离器的筒体直径设计值一般要大于 $50 \sim 75\ mm$。

② 旋风分离器的高度：旋风分离器高度的增加，可以使进入筒体的尘粒停留时间增长，有利于分离。并且，还能促使尚未到达排气管的固体粉尘从旋流中分离出来，减少二次夹带，以提高分离效率。除此之外，高的旋风分离器还可以避免旋转气流对灰斗顶部的磨损。当中心管长度是入口管高度的 $0.4 \sim 0.5$ 倍时，旋风分离器的分离效率会达到最高点。但是，在这之后分离效率反而会随着中心管长度的增加而降低。与此同时，过高的旋风分离器会占据较大的空间，对整体的工程建设不利，例如：内置型旋风分离器会影响整套设备的结构尺寸，外置型旋风分离器会影响厂房（操作间）的高度与布局。

③ 旋风分离器的进口形式：旋风分离器的进口主要有两种形式，即轴向进口、切向进口。

切向进口是应用最为广泛的一种进口形式，制造简单，比轴向进口应用多，采用切向进口的旋风分离器外形尺寸紧凑。在切向进口中，螺旋面进口为气流通过螺旋而进口，有利于气流向下做倾斜的螺旋运动，同时也可以避免相邻两螺旋圈的气流互相干扰。渐开线（蜗壳形）进口进入筒体的气流宽度逐渐变窄，可以减少气流对筒体内气流的撞击和干扰，使粉尘颗粒向壁移动的距离减小，而且加大了进口气体和排气管的距离，减小气流的短路概率，从而提高了除尘效率。这种进口处理气量大，压力损失小，是比较好的一种进口形式。

轴向进口是最理想的一种进口形式，它可以最大限度地避免进口气流与旋转气流之间的干扰。但是，气体均匀分布的关键在于进气口处导向叶片的形状和数量，对靠近中心处的分离效果会产生极大的影响，很容易使中心处的分离效率降低。轴向进口常用于多管式旋风分离器和平置式旋风分离器。

进口管呈矩形或圆形。由于圆形进口管与旋风除尘器器壁只有一点相切，而矩形进口管整个高度均与器壁相切，所以实际生产当中一般多采用矩形进口管。矩形宽度和高度的比例要适当，一般矩形进口管的高与宽之比为 2～4。虽然矩形的宽度越小，除尘效率越高，但过长而窄的进口也是不利的。

④ 排气管：排气管有圆筒型、下端收缩型。其中，下端收缩型是最为常见的，该形式的排气管既不影响旋风分离器的分离效率，又可降低阻力损失。在一定范围内，排气管直径越小，旋风分离器的分离效率越高，压力损失也越大。反之，分离效率越低，压力损失也越小。

⑤ 排灰管（灰斗）：排灰管是旋风分离器中最容易被忽视的部分。在分离器的锥体处，气流非常接近高湍流，粉尘由此排出，二次夹带的概率就较大。此外，旋流核心为负压，如果排灰管设计不当，出现漏气现象，就会使粉尘的二次飞扬加剧，严重影响分离效率。

(2) 运行条件 影响旋风分离器性能的运行条件一般有进入旋风分离器的进口气速、气体流量、待分离气体的含尘浓度、烟气温度等。

① 进口气速：进口气速是个关键参数，气体旋转切向速度越大，处理气量可增大，并且临界粉尘颗粒的粒径也越小，分离效率越高。但气速过高，气流的湍动程度增加，粉尘颗粒反弹加剧，二次夹带现象会严重加剧。与此同时，加剧粉尘颗粒与旋风分离器壁的摩擦，使粗颗粒（>40 μm）破碎，造成细粉尘含量增加，对具有凝聚性质的粉尘颗粒也会起分散作用，造成分离效率下降。除此之外，压力损失也会急剧上升，大大增加能量损耗。所以，一般设置进气口气流速度在 10～25 m/s 较为合适。

② 气体流量：气体流量对总分离效率的影响可以用下式近似计算：

$$\frac{100 - \eta_a}{100 - \eta_b} = \sqrt{\frac{Q_a}{Q_b}} \tag{7-12}$$

式中，η_a、η_b 分别为条件 a、b 情况下的总分离效率，%；Q_a、Q_b 分别为条件 a、b 情况下的气体体积流量，m³/s。

③ 气体的密度、黏度、压力：气体的密度越大，临界粉尘颗粒粒径越大，分离效率越低。但气体的密度和固体密度相比，尤其在低压下几乎可以忽略，黏度的影响也常忽略不计。

④ 待分离气体的含尘浓度：旋风分离器的分离效率随粉尘浓度的增加而提高。含尘浓度大，粉尘的凝聚与团聚性能提高，会使较小的粉尘颗粒凝聚在一起而更容易被捕获。同时大粒径的粉尘颗粒向器壁移动时，会产生一个空气甩力，会将小粒径的粉尘颗粒夹带至器壁促进其被分离。但含尘浓度增加后，排气管所排出粉尘的绝对量也会增加。

⑤ 烟气温度：温度越高，气体黏度越大，分离效率越低。

(3) 固体粉尘的物理性质 主要指粉尘颗粒的粒径大小、密度及其颗粒浓度等。

① 粒径大小：一般较大粒径的颗粒在旋风分离器中会产生较大的离心力，有利于分离。所以，在粉尘筛分组成中，大粒径颗粒所占比例越大，总分离效率越高。

② 颗粒密度：粉尘颗粒的密度越大，分离效率也越高。

③ 颗粒浓度：颗粒的浓度存在着一个临界值，小于该临界值时，随着浓度的增加，分离效率增加，压力损失下降；大于该临界值时，随着浓度的增加，分离效率反而下降。

除上述影响旋风分离器性能的因素外，分离器筒内壁粗糙程度、气密性、中央排气管的插入深度、气体湿度、待分离粉尘颗粒的粒径分布、进气量、压力波动情况等均会对旋风分离器的性能产生一定影响。

三、常用的旋风分离器

旋风分离器结构简单，造价低廉，性能稳定，分离效率高，可以分离微米级的颗粒，因而被制药工业广泛地用以去除或捕集气流中的细小粉尘。普通的旋风分离器（CLT）制造方便，阻力较小，但分离效率低，对 10 μm 左右细粒子的分离效率一般在 50%左右。近年来在旋风分离器结构设计中，主要以提高分离效率、降低气流阻力等途径提升旋风分离器的性能，对标准旋风分离器加以改进，从而设计出一些新的结构类型。在工业生产中，常用的旋风分离器有螺旋型旋风分离器、旁室型旋风分离器、扩散式旋风分离器、多管型旋风分离器等。

1. 螺旋型旋风分离器

螺旋型旋风分离器是一种采用阿基米德连续螺旋线型结构的旋风分离器，结构如图7-8所示，和普通旋风分离器相比，螺旋型旋风分离器具有气流阻力小、效率高、高径比小、体积小、制造成本低等优点。

螺旋型旋风分离器的分离原理与一般结构类型的旋风分离器基本一样，气体从进气口进入分离器，经过气流的旋转运动，在离心力的作用下粉尘颗粒（液滴）被分离器分离，完成气体净化。与一般结构类型的旋风分离器的区别在于，螺旋型旋风分离器将筒体顶部做成螺旋状，这种螺旋线型的壁面改变了分离器的流场结构，在螺旋型旋风分离器内的分离空间充分形成切向流场，并减小径向流场的汇流作用，提高了分离器的分离效率。这种结构形式在一定程度上可以减小涡流的影响，并且气流阻力较低。

2. 旁室型旋风分离器

旁室型旋风分离器（CLP）如图7-9所示，是基于双旋涡气流原理设计的，在筒体外侧增设旁路分离室的一种高效旋风分离器。它能使筒内壁附近含尘较多的一部分气体通过旁路进入旋风筒下部，减少粉尘由排风口逸出的机会，降低压力损失。旁室型旋风分离器构造简单，性能好，造价低，可有效避免死角，对5μm以上粒子有较高的分离效率，主要应用于清除工业生产当中的废气中所含有的密度较大的非纤维性及黏结性的灰尘。

当含尘气体切向进入分离器时，气流在高速转动的同时，上、下分开形成双旋涡运动。粉尘在双旋涡分界处受到强烈的分离作用，粗颗粒从旁路分离室的中部洞口引出，余下的粉尘随向下气流进入灰斗。细颗粒由上旋涡气流带向上部，在顶盖下形成强烈旋转的上粉尘环，与上旋涡气流一起进入旁路分离室上部出口，经回风口进入锥体内与内部气流汇合，净化后的气体由排气管排出，粉尘则落入料斗中。

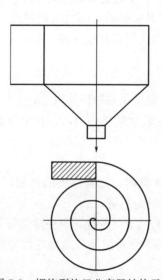

图7-8 螺旋型旋风分离器结构示意图

图7-9 旁室型旋风分离器

3. 扩散式旋风分离器

扩散式旋风分离器（CLK）是一种新型的净化设备，在很多工厂广泛使用，除尘效果较为理想。在一般旋风分离器中，旋转气流达到锥底后又在中心部分自下而上旋转向出口管运动，运动的同时所产生的旋涡具有吸引力，会把已经沉降下来的部分粉尘重新夹带出去，降低了旋风分离器的分离效率，尤其是对微细颗粒（粒径为 5~10 μm 及以下）的影响更为显著。扩散式旋风分离器结构如图 7-10 所示，由进口管、圆筒体、倒锥体、受尘斗、反射屏、排气管等所组成，结构上与一般旋风分离器的区别在于：增设了一个反射屏，以上小下大的扩散锥体代替基本类型旋风分离器的锥体。含尘气体经过连接管进入分离器的圆筒体，在离心力作用下，旋转气流将粉尘抛到器壁上而与旋转气体主流继续向下扩散到倒锥体。此时由于反射屏的反射作用，大部分旋转气体被反射，经中心排气管排出，少量旋转气流随粉尘一起进入受尘斗，在受尘斗内气流的流速降低，粉尘与器壁撞击后失去动能而坠落，而气流从反射屏"透气孔"上升，经中心排气管排出。

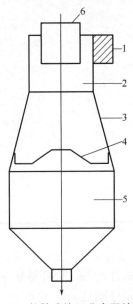

图 7-10　扩散式旋风分离器结构图
1—进口管；2—圆筒体；3—倒锥体；
4—反射屏；5—受尘斗；6—排气管

增设反射屏后，阻气排尘装置将内外旋流加以隔离，在锥体底部装有倒圆锥形反射屏，因而减少了含尘气体自筒身中心短路去除的可能性，反射屏防止二次气流将已经分离下来的粉尘重新卷起来并被上升气体带出，从而提高了除尘效率。但阻力较大，800~1600Pa；设备外形较高。

4. 多管型旋风分离器

多管型旋风分离器（CLG）是将多个直径较小的旋风筒（也称旋风子）组合在一个壳体内，形成一个整体的收尘器。布置紧凑，适用于含尘浓度高、风量大、收尘效率要求高的情形。

旋风分离器的选型应根据气体处理气量，要求达到的临界粒径、分离效率，工艺允许的压力降，选择类型；类型确定后，查阅其性能表，由设备允许压力降确定进口风速（u_{mi}），继而确定分离器基本尺寸（B、D），最后确定型号；按照规定的压力降和分离效率确定旋风分离器并、串联的台数。

第八章

搅拌设备

搅拌是通过搅拌器发生某种循环，使得溶液中的气体、液体甚至悬浮的颗粒得以混合均匀的单元操作。搅拌既是流体力学的一个重要单元操作，又是其他单元操作的重要手段，如传热、萃取、蒸发等。

搅拌的目的：使两种或两种以上的物料混合均匀；促进液体与固体之间的化学反应；促进液体与液体、液体与容器壁之间的传热；使气体充分地与液体接触，加快传质速度等。

第一节　搅拌过程

搅拌过程

一、搅拌基本原理

1. 总体流动

将两种不同的液体置于槽内，开动搅拌器，搅拌器的叶轮把能量传给液体，产生高速液流，这股液流又推动周围的液体，在槽内形成一个循环流动，这种宏观流动称为总体流动。总体流动促进了槽内液体宏观上的均匀混合。

2. 涡流运动

当叶轮旋转时，所产生的高速液流通过静止的或运动速度较低的液体中时，由于高速液体和低速液体在其交界面上产生了速度梯度，界面上的液体受到很大的剪切作用，因而产生大量旋涡，并且迅速向周围扩散，进行上下、左右、前后各方向紊乱的且又是瞬间改变速度的运动，即涡流运动。这种因涡流作用而产生的湍动可视为微观流动。液体在这种微观流动的作用下被破碎成微团，微团的尺寸取决于旋涡的大小。

实际混合过程是总体流动、涡流运动及分子扩散等的综合作用。

搅拌器的类型
和特点

二、搅拌器的类型和特点

制药常用的液体搅拌方法是机械搅拌，典型的机械搅拌装置如图8-1所示。常用的搅拌罐是立式圆筒形设备，

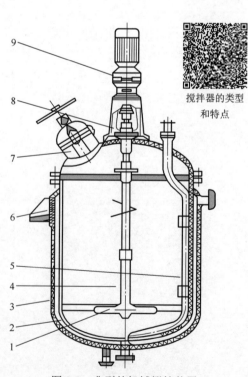

图 8-1　典型的机械搅拌装置

1—搅拌器；2—罐体；3—夹套；4—搅拌轴；5—压出管；
6—支座；7—人孔；8—轴封；9—传动装置

它由上、下封头和罐体组成。搅拌罐内装有一定高度的液体，由电机直接或通过减速装置驱动搅拌轴，使搅拌器按一定的速度在液体中旋转，促使液体在搅拌罐内循环流动以实现搅拌的目的。

1. 按工作原理分类

搅拌器按工作原理可分为三大类。一类为轴向流搅拌器，以推进式为代表，如图 8-2（a）所示。液体在搅拌罐内主要做轴向和切向流动，具有流量大、压头低的特点。第二类为径向流搅拌器，其工作原理与离心泵叶轮相似，以平直叶圆盘涡轮式为代表，如图 8-2（b）所示。液体在搅拌罐内主要做径向和切向流动，具有流量较小、压头较高的特点。第三类为混合流搅拌器，以斜叶涡轮搅拌器为代表，液体在搅拌罐内既有轴向流又有径向流。

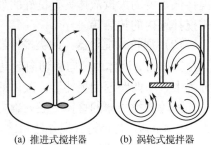

(a) 推进式搅拌器　　(b) 涡轮式搅拌器

图 8-2　搅拌器的总体循环流动

2. 按照搅拌器性能分类

按照搅拌器性能可分为两大类。一类为小直径高速搅拌器，特点是叶片小，转速高。主要包括推进式搅拌器和涡轮式搅拌器，适用于液体黏度较低的场合。另一类为大直径低速搅拌器，特点是叶片大，转速低。主要包括桨式搅拌器、锚式搅拌器和螺带式搅拌器，适用于液体黏度较高的场合。搅拌器的样式结构如图 8-3 所示。

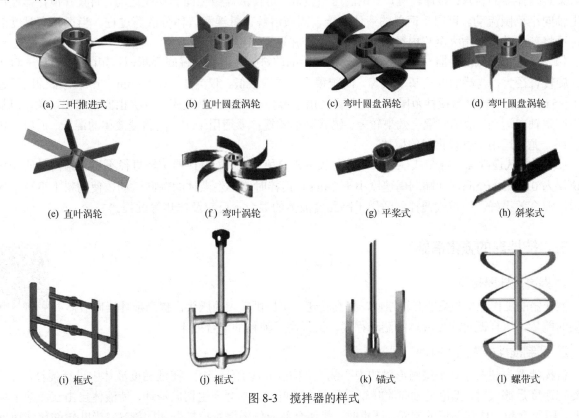

(a) 三叶推进式　　(b) 直叶圆盘涡轮　　(c) 弯叶圆盘涡轮　　(d) 弯叶圆盘涡轮

(e) 直叶涡轮　　(f) 弯叶涡轮　　(g) 平桨式　　(h) 斜桨式

(i) 框式　　(j) 框式　　(k) 锚式　　(l) 螺带式

图 8-3　搅拌器的样式

常用的搅拌器及其特点如下所述。

（1）推进式搅拌器　推进式搅拌器又称为螺旋桨式搅拌器，如图 8-3（a）。工作时，液体在高速旋转的叶轮作用下做轴向和切向运动，液体的轴向分速度使液体沿轴向向下流动，流至罐底时再沿罐壁折回，并重新返回螺旋桨入口，形成如图 8-2（a）所示的总体循环流动。切向分速度使离开螺旋桨叶的液体带动罐内整个液体做圆周运动，这种圆周运动甚至使罐中心处液体下凹，器壁处的液面上升，减小了罐的有效容积。下凹严重时螺旋桨的中心会吸入空气，使搅拌效率急剧下降。若液体中含有固体颗粒时，圆周运动还会将颗粒甩向罐壁，并沉积到搅拌罐底部，起到与混合相反的作用，故应采取措施抑制罐内物料的圆周运动。

推进式搅拌器结构简单，安装容易，叶轮直径较小，一般取搅拌罐内径的 1/4～1/3。转速较高，可达 100～500 r/min。叶片端部的圆周速度一般为 5～15 m/s。具有循环量大、速度快、压头低的特点，因此对搅拌低黏度的大量液体具有良好的效果，适用于大尺度均匀混合的场合，如液体的混合、固液的混悬、强化搅拌罐内的传热等。

(2) 涡轮式搅拌器 此类搅拌器的类型很多，几种典型结构如图 8-3（b）～（f）所示。

工作时，液体做径向和切向运动，并以很高的速度排出。液体的径向分速度使液体流向壁面，在壁面分为上、下两路返回搅拌器。液体的切向分速度，使搅拌罐内的液体产生圆周运动，应采取措施抑制。

涡轮式搅拌器的直径一般为罐内径的 1/6～1/2，转速可达 10～500 r/min，叶片端部的圆周速度一般为 3～8 m/s。与推进式搅拌器相比，涡轮式搅拌器所造成的总体流动的回路较为曲折，由于排出速度较高，叶端附近的液体湍动更为剧烈，可将液体微团破碎得很细。常用于黏度小于 50 Pa·s 的液体的反应、混合、传热以及固体在液体中的溶解、悬浮和气体分散等过程。但对于易分层的物料，如含有较重颗粒的混悬液，此类搅拌器不适用。

(3) 桨式搅拌器 桨式搅拌器的桨叶尺寸大，转速低。如图 8-3（g）、（h）所示。

桨式搅拌器的搅拌直径约为搅拌罐内径的 1/2～4/5，叶片较长，通常为 2 叶，宽度为其旋转直径的 1/6～1/4，转速为 1～100 r/min，叶片端部的圆周速度为 1.5～3.0 m/s。按桨叶的不同，可分为平桨式、斜桨式和多层斜桨式几种类型。

桨式搅拌器的特点：转速较慢，产生的压头较低，可使液体做径向和切向运动，斜桨式搅拌器还可以产生轴向小范围流动。可用于简单的液体混合、固液溶解、悬浮和气体分散等过程。当搅拌高黏度液体时，可将其旋转直径增大至罐内径的 0.9 倍以上，并设置多层桨叶。

(4) 框式和锚式搅拌器 两类都是桨式搅拌器的改进，其形状与罐底部相似，如图 8-3（i）～（k）所示。旋转直径大，与罐的内径基本相等，间隙很小，转速很低，仅为 1～100 r/min，叶片端部的圆周速度为 1～5 m/s。此类搅拌器搅拌范围大，无死区。由于搅拌器产生刮壁效应，可防止器壁沉积现象。但基本上不产生轴向运动，故轴向混合效果较差。锚式和框式搅拌器适用于中、高黏度液体的混合、反应及传热等过程，尤其适用于粥状物料的搅拌。

(5) 螺带式搅拌器 螺带式搅拌器结构如图 8-3(1)所示。此类搅拌器旋转直径不小于罐内径的 9/10，转速仅为 0.5～50 r/min，叶端圆周速度小于 2 m/s。搅拌时能产生液体的轴向运动，使物料上下窜动混合均匀，混合效果好。螺带式搅拌器适用于高黏度液体的混合、反应及传热等过程。

三、搅拌器的强化措施

1. 提高搅拌器转速

搅拌器的工作原理与泵的叶轮相似，提高转速，可提供较大的压头，提高搅拌器向液体提供的能量，这样既可增加液体的湍动程度，又提高了液体的混合效果。

搅拌器的强化
措施和选型

2. 抑制搅拌槽内的"打旋"现象

将搅拌器安装在立式平底圆形槽的中心线上，槽壁光滑且无挡板，在低黏度液体中进行搅拌，当叶轮的旋转速度足够大时，无论是轴向流叶轮或是径向流叶轮，都会产生切向流动，使液体自由表面的中央向下凹，四周突起形成漏斗形的旋涡，严重时，能使全部液体围绕着搅拌器团团旋转。当叶轮的旋转速度越大，旋涡下凹的深度也越大。这种流动状态称为"打旋"。

"打旋"时造成的不良后果：①混合效果差，液体只随叶轮转动，不能造成各层液体之间的相对运动，没有产生轴向混合的机会；②当搅拌固、液相悬浮液时，容易发生分层或分离，其中的固体颗粒被甩至槽壁而沉降在槽底；③当旋涡中心凹度达到一定深度后，还会造成从表面吸入空气的现象，这样就降低了被搅拌物料的表观密度，使加于物料的搅拌功率显著降低，降低了搅拌效果；④"打旋"时造成搅拌功率不稳定，加剧了搅拌器的震动，易使搅拌轴受损。

当搅拌槽内发生"打旋"现象后，几乎不产生轴向混合作用，叶片与液体的相对运动减弱，压头降低，搅拌器的功率降低，混合效果差。总之，当搅拌过程中出现"打旋"时，应设法加以抑制，通常采用的方法有以下两种。

（1）在搅拌槽内安装挡板 最常用的挡板是沿槽壁面垂直安装的条形板，挡板的上端高出液面，下端通到槽底，挡板的宽度一般为槽径的 1/10，挡板数量宜用 4 块，均匀分布在槽内。当槽内设置挡板后，除了可完全消除"打旋"现象外，还可以使搅拌槽内的切向流动改变为轴向、径向流动，增大了被搅拌液体的湍动程度，提高了混合效果，但搅拌功率却成倍增加。

（2）破坏循环回路的对称性 为了防止"打旋"现象，还可采用破坏循环回路对称性的方法，增加旋转运动的阻力，可以产生与设置挡板时相似的搅拌效果。最常用的方法有偏心式搅拌、倾斜式搅拌、偏心式水平搅拌等。

3. 控制回流液体的速度和方向

在搅拌槽内设置导流筒，可以严格控制回流液体的速度和流动方向。导流筒不仅可以提高槽内液体的搅拌程度，加强叶轮对液体的剪切作用，而且还确立了充分循环的流型，使槽内的液体均通过导流筒内的剧烈混合区域，从而提高混合效率，消除短路现象。

四、搅拌器的选型

搅拌器要根据不同的物料系统和不同的搅拌目的进行选择。在选型时应根据工艺过程对被搅拌液体的流动条件的要求，或者根据工艺过程对搅拌过程的控制因素的要求进行选择，例如，工艺过程要求对流循环良好，或者是工艺过程要求剪切力强等，对具体的工艺过程要作具体分析。

1. 低黏度均相液体的混合

如果混合时间没有严格要求，一般的搅拌器均可适用。推进式的循环速率大且消耗动力小，最适用于此种混合；桨式的转速低，消耗功率小，但混合效果不佳；涡轮式的剪切作用强，但其动力消耗大。

2. 分散（非均相液体的混合）

涡轮式搅拌器的剪切作用和循环功率大，用于此类混合过程效果最好，特别是平直叶的剪切作用比折叶、弯叶更大，更为合适。当液体黏度较大时，可采用弯叶涡轮，以节省动力。

3. 固体悬浮

在低黏度流体内悬浮容易沉降的固体颗粒时，应选用涡轮式搅拌器。其中以开启涡轮式搅拌器的搅拌效果最好，该种搅拌器中间没有圆盘，不阻碍桨叶上下的液相混合，特别是弯叶开启涡轮，桨叶不易磨损，更适用于固体悬浮的搅拌。如果固-液相对密度较为接近，不易沉降时，可用推进式。对固-液比在 50% 以上或高黏度流体而固体不易沉降时，可用桨式或锚式搅拌器。

4. 固体溶解

对于既要求搅拌器有剪切作用又要求兼具一定的循环速率的混合过程，选择涡轮式搅拌器是最适合的。推进式的循环速率大，但剪切作用小，用于小量的溶解过程比较合理；桨式需借助挡板提高循环能力，一般用于易悬浮起来的溶解过程。

5. 气体吸收

此类操作的最适宜类型为各种圆盘涡轮搅拌器，因其剪切作用强，且圆盘下可贮存部分气体，气体的分散更平稳。

6. 传热

低传热量时，可采用桨式搅拌器配合夹套式反应器；中等传热量时，适合用桨式搅拌器配合夹套式反应器与挡板装置；高传热量时，可采用推进式或涡轮式搅拌器配合蛇管传热与挡板装置。

7. 高黏度流体的搅拌

液体黏度在 0.1~1 Pa·s 时，可用锚式搅拌器；黏度在 1~10 Pa·s 时，可用框式；黏度在 2~500 Pa·s

及以上的液体混合，均可采用螺带式搅拌器。在需夹套冷却的反应器内壁上易生成一层黏度高的薄膜，该层薄膜的传热效率极差，对于此种情况，应选用尺寸与反应器筒体内壁相近的锚式或框式搅拌器。对于化学反应过程黏度变化显著，且反应本身对搅拌程度敏感的反应，仅靠改变搅拌器类型已无法满足需要，需要考虑采用变速装置或分反应器进行操作，以适应不同阶段的需要。

8. 结晶

在结晶操作中往往需要控制晶粒的形状和大小，常需通过试验来决定适宜的搅拌器类型和转速。一般来说，小直径高转速的搅拌器适用于微粒结晶，晶体形状不易一致；大直径低转速搅拌器适用于大颗粒定形结晶。

第二节　搅拌功率

一、搅拌器的功率消耗

搅拌器的功率与生产中的能量消耗相关，是搅拌器性能好坏的评价指标之一。搅拌器做的功主要用于向液体提供能量。设循环流体的流量为 Q，单位重量流体的压头为 H，则搅拌功率（N）可用下式表示：

$$N = QH\rho g \tag{8-1}$$

式中，Q 反映总体循环流的情况；H 反映流体的湍动程度。对于大直径、低转速的搅拌器，N 多消耗于总体流动，有利于大尺度混合；而对于小直径、高转速的搅拌器，N 多消耗于湍动，有利于小尺度混合。

二、均相搅拌功率曲线

由于搅拌槽内液体的运动状况很复杂，影响功率的因素很多。不能用理论分析法，常利用量纲分析方法，通过实验关联。影响搅拌功率的因素主要分为几何因素和物理因素。

1. 几何因素

对于典型的搅拌器（图 8-4）而言，影响搅拌功率的几何因素关系如下：

① 搅拌罐内径 D；
② 搅拌器的直径 $d=D/3$；
③ 搅拌罐中所装液体高度 $h=D$；
④ 搅拌器叶片数量为 6、叶片长度 $l=d/4$、宽度 $B=d/5$；
⑤ 搅拌器距罐底部的距离 $h_1=d$；
⑥ 挡板数目为 4、宽度 $b=D/3$。

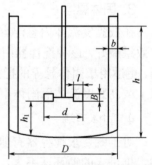

图 8-4　典型搅拌器的结构图

对于几何相似的搅拌装置，各形状因子均为常数。

2. 物理因素

影响搅拌功率的物理因素有：①液体的密度（ρ）；②液体的黏度（μ）；③搅拌器转速（n）；④重力加速度（g）。

3. 功率关联式

根据 π 定律，可得知：

$$N=f(n,d,\rho,\mu,g) \tag{8-2}$$

假定上式的函数关系为最简单的指数函数，根据量纲分析方法可得：

$$\frac{N}{\rho n^3 d^5} = K\left(\frac{\rho n d^2}{\mu}\right)^x \left(\frac{n^2 d}{g}\right)^y \tag{8-3}$$

式中，$\dfrac{N}{\rho n^3 d^5}$ 称为功率准数，N_p；式 $\dfrac{\rho n d^2}{\mu}$ 中 $nd \propto u$，称为搅拌雷诺数，Re_n；$\dfrac{n^2 d}{g}$ 称为弗劳德数，Fr，表示惯性力与重力之比，用以衡量重力的影响；K 为常数值，通过实验测得。

$$N_p = K Re_n^x Fr^y \tag{8-4}$$

$$\phi = \frac{N_p}{Fr^y} \tag{8-5}$$

式中，ϕ 表示功率函数。

对于常用的安装挡板搅拌装置，液面无下凹现象，重力加速度对搅拌功率的影响可以忽略不计，所以，Fr 的指数 $y=0$，则：

$$\phi = \frac{N_p}{Fr^y} = K Re_n^x \Rightarrow \phi = N_p = K Re_n^x \tag{8-6}$$

4. 功率曲线图

把 ϕ 值或 N_p 值和对应 Re_n 值在双对数坐标纸上标绘，可得出功率曲线图（图 8-5）。液体黏度 $\mu = 1 \times 10^{-3} \sim 40\ \mathrm{Pa \cdot s}$，雷诺数 $< 10^6$。

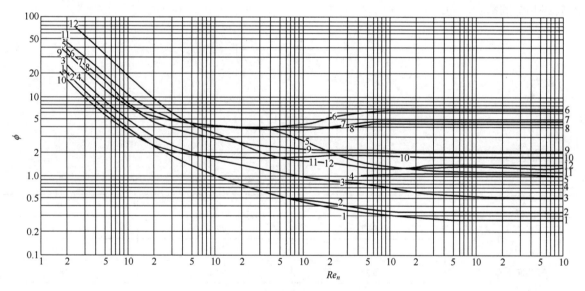

图 8-5　典型搅拌器的功率曲线图

1,2—三叶螺旋桨式，$s/d=1$，无挡板，全挡板；3,4—三叶螺旋桨式，$s/d=2$，无挡板，全挡板；5,6—六片平直叶圆盘涡轮，无挡板，全挡板；7,8—六片弯叶、箭叶圆盘涡轮，全挡板；9—八片折叶 45°开启涡轮，全挡板；10—双叶平桨，全挡板；11—六片闭式涡轮，全挡板；12—六片闭式涡轮带有 20 叶的静止导向器，全挡板

图 8-5 中曲线 5、6、7、8、11、12 为 $d : l : B = 20 : 5 : 4$；曲线 10 的 $B/d = 1/16$；各曲线符合 $D/d = 3$，$D/h_1 = 3$，$h/D = 1$；挡板为 $z = 4$，$b/d = 1/10$。

由图 8-5 得：

① 当 $Re_n > 300$，有挡板比无挡板消耗功率多；

② 同样的 Re_n，轴向流的推进式搅拌器消耗的功率最小，而径向流的涡轮式搅拌器消耗的功率最大。

曲线图使用范围：桨型相同且几何相似的搅拌装置。

搅拌罐中的流动情况：根据 Re_n 数值的大小，罐中流动可分为层流区、过渡流区和湍流区。

① 层流区：Re_n 为 10～30 及以下。重力对流动几乎没有影响，弗劳德数可忽略不计。

$$\phi = N_p = \frac{N}{\rho n^3 d^5} = K_1 Re_n^x \tag{8-7}$$

实验证明，ϕ 与 Re_n 呈直线关系，斜率 $x=-1$，则：

$$\phi = N_p = \frac{N}{\rho n^3 d^5} = K_1 Re_n^{-1} \tag{8-8}$$

或

$$N = K_1 \mu n^2 d^3 \tag{8-9}$$

常见搅拌器的 K_1 值见表 8-1。

表 8-1 层流状态 K_1 值

搅拌器类型	K_1 值	搅拌器类型	K_1 值
推进式：三叶片螺距=2d	43.5	六叶折叶涡轮	70.0
推进式：三叶片螺距=d	42.0	四叶直叶圆盘涡轮	70.0
六叶直叶圆盘涡轮	71.0	双叶桨式	36.5
六叶弯叶圆盘涡轮	70.0	螺带式	340 h_1/d
六叶直叶涡轮	42.0	锚式	245

② 过渡流区：搅拌罐内没有挡板时，随着 Re_n 的增大，液面中心处要出现旋涡。当 $Re_n > 300$ 时，ϕ 受到 Re_n 和 Fr 的影响，为：

$$\phi = \frac{N_p}{(Fr)^y} = \frac{N}{\rho n^3 d^5} = \left(\frac{g}{n^2 d}\right)^{\left(\frac{\alpha - \lg Re_n}{\beta}\right)} \tag{8-10}$$

功率为：

$$N = \phi \rho n^3 d^5 \left(\frac{n^2 d}{g}\right)^{\left(\frac{\alpha - \lg Re_n}{\beta}\right)} \tag{8-11}$$

过渡流区参数值如表 8-2。

表 8-2 过渡流区参数值

桨型	d/D	α	β
三叶推进式	0.47	2.6	18.0
	0.37	2.3	18.0
	0.33	2.1	18.0
	0.30	1.7	18.0
	0.22	0	18.0
六叶涡轮式	0.30	1.0	40.0
	0.33	1.0	40.0

在过渡流区，当 $Re_n < 300$ 无挡板，或 $Re_n > 300$ 有挡板且为全挡板条件时，液面不会出现大的旋涡，Fr 的影响不需考虑。故仍可用层流区公式计算，其中 ϕ 仍由功率曲线图查得。

③ 湍流区：$Re_n > 10^4$。为了消除旋涡，一般采用全挡板条件，故 Fr 的影响不需考虑；同时，由于高速流动的液体惯性力很大，流体黏滞力的影响也相对变小。这时 ϕ 值几乎不受 Re_n 和 Fr 的影响而成为一个定值，因此：

$$\phi = N_p = K_2 \Rightarrow N = K_2 \rho n^3 d^5 \tag{8-12}$$

典型搅拌器 K_2 值如表 8-3 所示。

表 8-3　湍流状态 K_2 值

搅拌器类型	K_2	搅拌器类型	K_2
推进式：三叶片螺=2d	1.0	六叶直叶涡轮	3
推进式：三叶片螺距=d	0.32	六叶折叶涡轮	1.5
六叶直叶圆盘涡轮	6.1	四叶直叶圆盘涡轮	4.5
六叶弯叶圆盘涡轮	4.8	双叶桨式	1.7

表中 K_2 值是在 $H/d=3$、$D/d=3$ 的情况下测得的，如实际尺寸不符合此比例关系，应乘校正因数（f'）如下式：

$$f' = \frac{1}{3}\sqrt{(D/d)(h/d)} \tag{8-13}$$

非均相的液-液或液-固系统，由于两相的存在，其物性参数与均相系不同，在求其搅拌功率时，可先算出平均密度和平均黏度，再按均相液体的方法计算搅拌功率。

第三节　搅拌器的放大

一、放大的概念

制药生产中通过初试所得的数据（最佳操作条件及搅拌器的工艺参数），经过适当的计算处理，获得工业生产规模所需的数据，这一过程称为放大。搅拌器的放大是从小型设备模拟实验到实际生产选择适合的罐体条件，如桨型、适合的几何尺寸与搅拌转速等。

一般搅拌器的放大，不是单纯的设备体积的增大，而是要满足放大前后的几何相似、流体运动相似和动力学状态相似等。

二、放大的基础

实验系统（模型）与实际生产系统（原型）具有相似条件。
（1）几何相似　相应尺寸的比例都相等。
（2）运动相似　对应点的速度和加速度同向且等比值。
（3）动力相似　对应点处作用力同向且等比值。
（4）热相似　对应点处的温差等比值。
基础选择：以达到要求的生产效果为前提条件，寻找出对该过程最有影响的相似条件而舍弃次要因素。

三、按功率数据放大

按功率数据放大，必须满足的相似条件比较少，且在实验装置中测得的功率曲线适用于一切几何相似的搅拌系统，所以可由小试中测得的功率曲线计算出工业装置在操作条件下的搅拌功率。
① 由工业装置规模的几何相似建立一个实验模型。若已知实验模型，进行工业放大时这一步可省略。
② 在模型中实验测定功率数据，并绘出功率曲线。
③ 由工业装置中操作条件计算雷诺数，并在功率曲线上查出与此 Re_n 对应的功率函数（ϕ）。
④ 在抑制打旋的条件下，$\phi = N_p = \dfrac{N}{\rho n^3 d^5}$。因此可由此式计算工业装置在操作条件下的搅拌功率。若有"打旋"现象，则还要保持搅拌弗劳德数不变。

$$\phi = N_p = \frac{N}{\rho n^3 d^5}$$ （8-14）

四、按工艺放大

由于影响搅拌结果的因素很多，按相似原理进行工艺结果的放大必须满足很多相似条件，这实际上是很难做到的。对于不同的搅拌过程和搅拌目的，目前采用的方法是，在实验或经验判断的基础上按某一准则进行工艺结果放大，并使放大后的搅拌效果不变：

① 保持搅拌雷诺数不变；

② 保持叶端圆周速度不变；

③ 保持单位体积液体所消耗的功率不变；

④ 保持搅拌器的流量与压头之比值不变；

⑤ 保持传热系数相等；

⑥ 等翻转率（单位时间内的液体在罐内的翻转次数）不变。

第九章

干燥设备

干燥是利用热能使湿物料中的湿分（水分或其他溶剂）气化，并利用气流或真空带走气化了的湿分，从而获得干燥物料的操作。如湿法制粒中物料的干燥、溶液的喷雾干燥、流浸膏的干燥等。

干燥的目的：①使物料便于加工、运输、贮藏和使用；②保证药品的质量和提高药物的稳定性。③改善粉体的流动性和充填性等。过分干燥易产生静电，或压片时易产生裂片等，给生产过程带来麻烦。因此，物料的含湿量在制剂过程中为重要参数之一，应根据情况适当控制水分含量。另外，干燥过程一般采用热能（温度），因此干燥热敏性物料时必须注意化学稳定性问题。

就制药工业而言，无论是原料药生产的精制、干燥、包装等环节，还是制剂生产中的固体制粒，被干燥物料中都含有一定量的湿分，由于物料的理化性质与粉体特征各不相同，需根据不同产品的不同要求选用不同的干燥设备，目的就是使物料便于加工、运输、贮藏和使用，进而保证药品的质量和提高药物的稳定性。

第一节 干燥速率

干燥定义和
干燥曲线

干燥速率是每平方米干燥表面积每小时蒸发的水分量。有时也将每千克无水物料每小时蒸发的水分量称为质量干燥速率。

物料的干燥速率不仅取决于空气的性质与干燥条件，更与物料中水分与物料的结合方式密切相关。由于在同一种物料中，所含水分性质不同，除去水分的难易程度也不同。

一、物料干燥的方法

物料干燥的方法不同，干燥速率与干燥时间也会不同，常见的干燥方法有自然干燥与人工干燥两种方法。

1. 自然干燥法

自然干燥法是将湿物料堆置于露天或室内的场地上，借助风吹和日晒的自然条件除去物料中水分，使物料得以干燥。这种方法的特点是：不需要专门的设备，动力消耗小，不需要燃料，操作简单，成本低，但干燥速率慢，产量低，劳动强度大，露天干燥还受气候影响，难以适应大规模的工业化生产。

2. 人工干燥法

人工干燥法，也称机械干燥，是将湿物料放在专门的设备中进行加热，物料中的水分蒸发，使物料得以干燥。这种方法的特点是：干燥速率快，产量大，不受气候条件的限制，便于实现自动化，适合工业生产，但需要消耗较大的动力与燃料。

人工干燥法根据物料受热的特征来分，有外热源法与内热源法两种类型。

（1）外热源法　外热源法是在物料外部对物料表面进行加热。其加热方式有以下四种。

① 传导干燥：湿物料与加热壁面直接接触，热量靠热传导由热壁面传给湿物料，使其中水分蒸发。如回转烘干机。

② 对流干燥：使热空气或热烟气与湿物料直接接触，依靠对流传热向物料供热，物料中的水汽化为水蒸气，而水蒸气则由气流带走。如回转烘干机、隧道烘干窑、喷雾干燥机、流化床干燥机和厢式干燥机等。

③ 辐射干燥：热量以辐射传热方式投射到湿物料表面，被吸收后转化为热能，水分蒸发被气流带出。如红外线干燥。

④ 综合干燥：综合利用上述三种加热方式，对湿物料加热而使水分汽化，如回转烘干机。

外热源法的特点是：物料表面温度大于内部温度，热量传递由表及里，水分传递由里及表，方向相反。

（2）内热源法　内热源法是将湿物料放在交变的电磁场中，使物料本身的分子产生热运动而发热，交变的电流也可通过物料产生焦耳热效应，从而使水分由里及表排出。内热源法的特点是：物料内部温度高于表面温度，从而使水分与热量传递方向相同，加速了水分从物料内部向表面的传递速率。常见的内热源法有工频电干燥、高频电干燥。

二、自由水分与平衡水分

在恒定干燥条件下，根据物料中所含水分能否被除去，将物料中的水分划分为自由水分和平衡水分。

1. 自由水分

在干燥操作条件下，物料中能够被去除的水分称为自由水分。自由水分包括了物料中的全部非结合水分和部分结合水分。自由水可从实验测定的平衡水分求得，由已知的物料含水量减去平衡水分，即可得到该物料的自由水含量。对于同种物料，在一定温度下，空气的相对湿度越大，平衡水分含量越高。

2. 平衡水分

在干燥操作条件下，物料与空气中水分交换达到平衡时，物料中所含的水分称为平衡水分。物料表面水的蒸气压与空气中水蒸气分压相等时，物料中的水分与空气处于动平衡状态，物料中的水分不再因与空气接触时间的延长而增减，此时物料中所含的水分称为该空气状态下物料的平衡水分。平衡水分属于物料中的结合水分。研究一定条件下药物的平衡含水量，对药物的干燥工艺参数选择、贮藏和保质都具有参考意义。

三、结合水分和非结合水分

根据物料与水分结合力的不同，物料中的水分分为结合水分与非结合水分。

1. 结合水分

结合水分是借化学力或物理化学力与固体相结合的。由于这类水分结合力强，其蒸气压低于同温度下纯水的饱和蒸气压，从而使干燥过程的传质推动力较小，除去这种水分较难。通常包括物料中的结晶水、物料细胞壁内的水分、物料内毛细管结构中的水分等。

2. 非结合水分

非结合水分是与物料以机械方式结合的水分，即水分附着于固体物料表面，存积于大孔隙内及颗粒堆积层中。物料中非结合水分与物料的结合力弱，其蒸气压与同温度下纯水的饱和蒸气压相同，因此非结合水分的汽化与纯水的汽化相同，在干燥过程中较易除去。通常包括物料表面的水分、颗粒堆积层中较大空隙中的水分等。是结合水分还是非结合水分仅取决于固体物料本身的性质，而与干燥介质的状况无关。

四、固体物料的干燥过程分析

当固体物料的含水量超过其平衡含水量时，虽然在开始与干燥介质接触时水分均匀地分布在物料中，但由于湿物料表面水分的汽化，形成物料内部与表面的湿度差，物料内部的水分靠扩散作用向表面移动并在表面汽化，汽化的水分被干燥介质带走，从而达到使固体物料干燥的目的。

水分自内部向表面扩散与表面汽化是同时进行的，但是干燥过程在不同的时期，干燥机理并不相同，其原因在于受到物料的结构、性质、湿度等条件和干燥介质的影响。实际上，在干燥过程中，若表面汽化速率小于内部扩散的速率，称为表面汽化控制；若表面汽化速率大于内部扩散的速率，称为内部扩散控制。

1. 表面汽化控制

某些物料内部的水分能迅速地到达物料的表面，因此水分去除的速率为物料表面水分的汽化速率所限制。此类干燥操作完全视周围干燥介质的情况而定。

2. 内部扩散控制

某些物料内部扩散速率比表面汽化速率小，当表面干燥后，内部水分不能及时扩散到表面，因此蒸发表面向物体内部移动。这种情况下，必须设法增加内部扩散速率，或降低表面的汽化速率。

五、干燥速率的影响因素

影响干燥速率的因素主要有物料的状况、干燥介质的状态等方面。

1. 物料的状况

（1）物料的性质和形状　包括湿物料的物理结构、化学组成、形状和大小、物料层的厚薄以及水分的结合方式等。

（2）湿物料本身的温度　物料的温度越高，则干燥速率越大。在干燥器中湿物料的温度与干燥介质的温度和湿度有关。

（3）物料的含水量　物料的最初、最终以及临界含水量决定干燥各阶段所需时间的长短。

2. 干燥介质的状态

（1）干燥介质的温度和湿度　当干燥介质的湿度不变时，其温度越高，则干燥速率越大，但要以不损坏被干燥物料的品质为原则。不过，要防止由于干燥过快，物料表面形成硬壳而减小后期的干燥速率，使总的干燥时间加长。当干燥介质（热空气）的温度不变时，其相对湿度越低，水分的汽化越快，尤其是在表面汽化控制时最为显著。

（2）干燥介质的速度　增加干燥介质的速度，可提高表面汽化控制阶段的干燥速率；在内部扩散控制阶段，气流对干燥速率影响不大。

（3）干燥介质的流向　干燥介质的流动方向垂直于物料表面的干燥速率比平行时要大。

六、提高干燥速率的方法

影响干燥速率的因素有：传热速率、外扩散速率、内扩散速率。因此提高干燥速率的方法有以下几种。

1. 加快传热速率

为加快传热速率，应做到：①提高干燥介质温度，如提高干燥窑中的热气体温度，增加热风炉等，但不能使坯体表面温度升高太快，避免开裂；②增加传热面积，如改单面干燥为双面干燥，分层码坯或减少码坯层数，增加与热气体的接触面；③提高对流传热系数。

2. 提高外扩散速率

当干燥处于等速干燥阶段时，外扩散阻力成为左右整个干燥速率的主要矛盾，因此降低外扩散阻力，提高外扩散速率，对缩短整个干燥周期影响最大。外扩散阻力主要发生在边界层里，因此应做到：①增大介质流速，减薄边界层厚度等，提高对流传热系数。也可提高对流传质系数，利于提高干燥速率。②降低介质的水蒸气浓度，增加传质面积，亦可提高干燥速率。

3. 提高水分的内扩散速率

水分的内扩散速率是由湿扩散和热扩散共同作用的。湿扩散是物料中由湿度梯度引起的水分移动，热扩散是物理中存在温度梯度而引起的水分移动。要提高内扩散速率应做到：①使热扩散与湿扩散方向一致，即设法使物料中心温度高于表面温度，如远红外加热、微波加热方式。②当热扩散与湿扩散方向一致时，强化传热，提高物料中的温度梯度；当两者相反时，加强温度梯度虽然扩大了热扩散的阻力，但可以增强传热，物料温度提高，湿扩散得以增加，故能加快干燥。③减薄坯体厚度，变单面干燥为双面干燥。④降低介质的总压力，有利于提高湿扩散系数，从而提高湿扩散速率。⑤注意其他坯体性质和形状等方面的因素。

第二节　干燥设备的选择

干燥设备的
选择

制药生产中的干燥与其他行业的干燥相比，干燥机理基本相同，但由于其行业的特殊性，又有其自身的特殊要求和限制，必须根据被干燥物料的性质和产量、工艺要求和环境保护等多方面综合考虑。

一、干燥设备分类

日常生活中的物资成千上万，需要干燥的物质种类繁多，所以生产中的干燥方法亦是多种多样，从不同角度考虑也有不同的分类方法。

1. 按操作压力分类

按操作压力，干燥可分为常压干燥和减压（真空）干燥。常压干燥适合干燥没有特殊要求的物料；减压（真空）干燥适合特殊物料，如热敏性、易氧化和易燃易爆物料。

2. 按操作方式分类

按操作方式干燥，可分为连续式干燥和间歇式干燥。连续式的特点是生产能力大，连续进行物料的干燥，干燥质量均匀，热效率高，劳动条件好；间歇式的特点是品种适应性广，设备投资少，操作控制方便，但干燥时间长，生产能力小，劳动强度大。

3. 按供给热能分类

按供给热能的方式，可分为对流干燥、传导干燥、辐射干燥和介电干燥，以及由几种方式结合的组合干燥。干燥设备通常就是根据供给热能的方式进行设计制造的。

（1）对流干燥　利用加热后的干燥介质（常用的是热空气），将热量带入干燥器内并传给物料，使物料中的湿分汽化，形成的湿气同时被空气带走。这种干燥是利用对流传热的方式向湿物料供热，又以对流方式带走湿分，空气既是载热体，也是载湿体。如气流干燥、流化床干燥、喷雾干燥等都属于这类干燥方法。此类干燥目前应用最为广泛，其优点是干燥温度易于控制，物料不易过热变质，处理量大；缺点是热能利用程度低。

（2）传导干燥　湿物料与设备的加热表面相接触，将热能直接传导给湿物料，使物料中湿分汽化，同时利用空气将湿气带走。干燥时设备的加热面是载热体，空气是载湿体。如转鼓干燥、真空干燥、冷冻干燥等。传导干燥的优点是热能利用程度高，湿分蒸发量大，干燥速率快；缺点是当温度较高时易使物料过热而变质。

（3）辐射干燥　利用远红外线辐射作为热源，向湿物料辐射供热，湿分汽化带走湿气。这种方式是用电磁辐射波作热源，空气作载湿体。如红外线辐射干燥。其优点是安全、卫生、效率高；缺点是耗电量较大，设备投入高。

（4）介电干燥 在微波或高频电磁场的作用下，湿物料中的极性分子（如水分子）及离子产生偶极子转动和离子传导等为主的能量转换效应，辐射能转化为热能，湿分汽化，同时用空气带走汽化的湿分，如微波干燥。优点是内外同时加热，物料内部温度高于表面温度，从而使温度梯度和湿分扩散方向一致，可以加快湿分的汽化，缩短干燥时间。

二、干燥器的选择

干燥器的选择受多种因素影响和制约，正确的步骤为：根据物料中水分的结合性质，选择干燥方式；依据生产工艺要求，在实验基础上进行热量衡算，为选择预热器和干燥器的型号、规格及确定空气消耗量、干燥热效率等提供依据；计算得出物料在干燥器内的停留时间，确定干燥器的工艺尺寸。

1. 干燥器选用基本原则

在保证产品质量（如湿含量、粒度分布、外表形状及光泽等）的前提下，应尽可能地选择干燥速率大、热效率高、干燥时间短、设备体积小、生产能力高的干燥器；干燥系统的流体阻力要小，以降低流体输送机械的能耗；要保证环境污染小、劳动条件好、操作简便、安全、可靠；同时对于易燃、易爆、有毒物料，要采取特殊的技术措施。

2. 干燥器选择的影响因素

（1）被干燥物料的性质 选择干燥器前首先要了解被干燥物料的性质特点，必须采用与工业设备相似的实验设备来做实验，以提供物料干燥特性的关键数据，并探测物料的干燥机理，为选择干燥器提供理论依据。通过经验和预实验了解以下内容：工艺流程参数；原料是否经预脱水及将物料供给干燥器的方法；原料的化学性质、起火爆炸的危险性、温度极限及腐蚀性等；干燥后产品的规格和性质等。

（2）被干燥物料形态 根据被干燥物料的物理形态，可分为液态物料、滤饼物料、固态可流动物料和原药材等。物料形态和部分常用干燥器的对应选择关系如表9-1所示，可供参考。

表9-1 被干燥物料形态与干燥器的选择关系

干燥器	物料形态									
	固态可流动物料		滤饼物料				液态物料			原药材
	溶液	浆料	粉料	颗粒	结晶	扁料	膏状物	过滤滤饼	离心滤饼	
厢式干燥器	−	−	+	+	+	+	−	+	+	+
带式干燥器	−	−	+	+	+	+	−	−	−	+
转鼓干燥器	+	+	−	−	−	−	+	−	−	−
隧道干燥器	−	−	−	+	+	+	−	−	−	+
流化床干燥器	−	−	+	+	−	−	−	+	+	−
闪蒸干燥器	−	−	+	+	−	−	−	+	+	−
喷雾干燥器	+	+	−	−	−	−	+	−	−	−
真空干燥器	−	−	−	−	−	+	−	+	+	+
冷冻干燥器	−	−	−	−	−	−	+	+	+	+

注：+表示物料形态与干燥器匹配；−表示物料形态与干燥器不匹配。

（3）物料处理方法 在制定药品生产工艺时，被干燥物料的处理方法对干燥器的选择是一个关键的因素。有些物料需要经过预处理或预成形，才能使其适合某种干燥器。如使用喷雾干燥就必须将物料预先液态化，使用流化床干燥则最好将物料进行制粒处理；液态或膏状物料不必处理即可使用转鼓干燥器进行干燥，对温度敏感的生物制品则应设法使其处在活性状态时进行冷冻干燥。

（4）温度与时间 药物的有效成分对温度比较敏感。高温会使有效成分发生分解、活性降低至完全失活；但低温又不利于干燥。所以，药品生产中的干燥温度和时间与干燥设备的选用关系密切。一般来说，对温度敏感的物料可以采用快速干燥、真空或真空冷冻干燥、低温慢速干燥、化学吸附干燥等。表9-

2 列出了一些干燥器中物料的停留时间。

表 9-2 干燥器中物料的停留时间

干燥器	固态可流动物料		液态物料		
	1~6 s	0~10 s	10~30 s	1~10 min	10~60 min
厢式干燥器				+	+
带式干燥器				+	+
隧道干燥器					
流化床干燥器			+	+	
喷雾干燥器	+	+			
闪蒸干燥器	+	+			
转鼓干燥器		+	+		
真空干燥器					+
冷冻干燥器					+

注：+表示物料在该干燥器内的典型停留时间。

（5）生产方式 被干燥湿物料的量也是选择干燥器时需要考虑的主要问题之一。一般来说，处理量小、品种多、连续加卸料有困难的物料干燥宜选用间歇操作的干燥器，如厢式干燥器等；当物料处理量较大时，更适宜选择连续操作的干燥器。

（6）干燥量 干燥量包括干燥物料总量和湿分蒸发量，它们都是重要的生产指标，主要用于确定干燥设备的规格，而非干燥器的型号。但若多种类型的干燥器都能适用时，则可根据干燥器的生产能力来选择相应的干燥器。

（7）能源价格、安全操作和环境因素 为节约能源，在满足干燥的基本条件下，应尽可能地选择热效率高的干燥器。若排出的废气中含有污染环境的粉尘或有毒物质，应对排出的废气加以处理。此外，还必须考虑噪声问题。

干燥设备的最终确定通常是对设备价格、操作费用、产品质量、安全、环保、节能和便于控制、安装、维修等因素综合考虑后，提出一个合理化的方案，选择最佳的干燥器。在不肯定的情况下，应做一些初步的试验以查明设计和操作数据及对特殊操作的适应性。对某些干燥器，做大型试验是建立可靠设计和操作数据的唯一方法。

第三节 干燥设备

干燥设备

在制药工业中，由于被干燥的物料形态多样（如颗粒状、粉末状、浓缩液状、膏状流体等），物料的理化性质又各不相同（如热敏性、黏度、酸碱性等），生产规模和产品要求各异等因素，在实际生产中采用的干燥方法和干燥器的类型也各不相同。

一、厢式干燥器

厢式干燥器是一种外形为厢体的间歇式常压干燥器。厢体器壁由绝热材料构成，以减少热量损失。干燥器内设有框架，湿物料置于框架上的盘内。新鲜空气从上侧引入，经一组加热管后，横经框架，在盘间及盘上流动。当空气温度降低后，被另一组加热管重新预热，再流经其他框架，如此重复，最后返至上侧排出。厢式干燥器是制药生产中常用的一类干燥器，它是一种间歇、对流式干燥设备，小型的称为烘箱，大型的称为烘房。

厢式干燥器的内部结构种类繁多。按热风流动方式可分为：①水平气流厢式干燥，即热风沿着物料的表面通过；②穿流气流厢式干燥，热风垂直穿过物料层。按盘架的固定方式可分为固定支架式和小车移动式。按操作压力可分为常压与真空。适用于小规模生产，物料允许在干燥器内停留时间长，而不影响产品质量；可同时干燥几个品种。能干燥的产品有颜料、燃料、医药品、催化剂、铁酸盐、树脂、食品等。

1. 水平气流厢式干燥器

水平气流厢式干燥器的结构（如图 9-1 所示），主要由若干长方形的烘盘、箱壳、通风系统（包括风机、分风板和风管等）等组成。烘盘承载被干燥的物料，物料层不宜过厚（一般为 10～100 mm）。干燥的热源主要为蒸汽加热管道，干燥介质为自然空气及部分循环热风。新鲜空气由风机吸入，经加热器预热后沿挡板水平地进入各层挡板之间，与湿物料进行热交换并带走湿气；部分废气经排出管排出，余下的循环使用，以提高热利用率。废气循环量可以用吸入口及排出口的挡板进行调节。空气的流速根据物料的粒度而定，应使物料不被气流夹带出干燥器为原则，一般为 1～10 m/s。这种干燥器的浅盘也可放在能移动的小车盘架上，以方便物料的装卸，减轻劳动强度。

该种干燥器主要缺点是热效率和生产效率低，热风只在物料表面流过，干燥时间长，不能连续操作，劳动强度大，物料在装卸、翻动时易扬尘，环境污染严重。

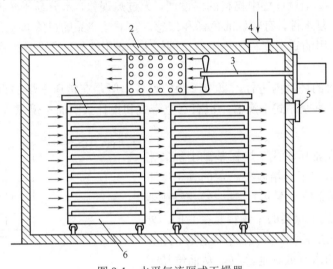

图 9-1　水平气流厢式干燥器

1—物料盘；2—加热器；3—风扇；4—进风口；5—排气口；6—小车

2. 穿流气流厢式干燥器

对于颗粒状物料的干燥，可将物料放在多孔的烘盘上均匀地铺上一薄层，可以使气流垂直通过物料层，以提高干燥速率。这种结构称为穿流气流厢式干燥器。

穿流气流厢式干燥器的结构如图 9-2 所示，物料铺在多孔的浅盘（或网）上，气流垂直地穿过物料层，两层物料之间设置倾斜的挡板，以防从一层物料中吹出的湿空气再吹入另一层。空气通过小孔的速度约为 0.3～1.2 m/s。穿流气流厢式干燥器适用于通气性好的颗粒状物料，其干燥速率通常为并流时的 8～10 倍。

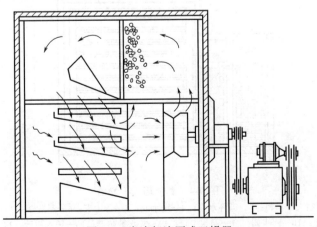

图 9-2　穿流气流厢式干燥器

　　从图中可看出物料层与物料层之间有倾斜的挡板，从一层物料中吹出的湿空气被挡住而不致再吹入另一层。这种干燥对粉状物料适当造粒后也可应用。实验表明，穿流气流干燥速率比水平气流干燥速率快2～4倍。

　　厢式干燥器还可用烟道气作为干燥介质。厢式干燥器的优点是结构简单，设备投资少，适应性强。缺点是劳动强度大，装卸物料热损失大，产品质量不易均匀。厢式干燥器一般应用于少量、多品种物料的干燥，尤其适合实验室应用。

二、真空干燥器

　　若所干燥的物料热敏性强、易氧化及易燃烧，或排出的尾气需要回收以防污染环境，则在生产中需要使用真空干燥器。真空干燥和常压下的干燥原理相同，只是由于在真空状态下，水分的蒸发温度较常压下的蒸发温度低。真空度越高，蒸发温度越低，因此整个干燥过程可以在较低的温度下进行。

　　真空干燥的特点是：①干燥过程中物料的温度低，无过热现象，水分易于蒸发，干燥产品可形成多孔结构，有较好的溶解性、复水性，有较好的色泽和口感。②干燥产品的最终含水量低。③干燥时间短，干燥速率快。④干燥时所采用的真空度和加热温度范围较大，通用性好。⑤设备投资和动力消耗高于常压热风干燥。

　　真空干燥需要在密封的环境内进行，真空干燥的设备一般是在常压干燥的设备外，加上密封和真空设备即可。较多使用的是真空箱式干燥器，也有真空带式和搅拌式圆筒干燥器。

1. 真空箱式干燥器

　　真空箱式干燥器是在常压箱式干燥器基础上加装密封和增加真空泵，使物料在干燥箱内在一定的真空度下进行干燥，真空箱式干燥系统见图9-3，真空箱式干燥器的结构见图9-4。真空箱式干燥器的干燥箱是密封的，外壳为钢制，内部安装有多层空心隔板，工作状态时，用真空泵抽走由物料中气化的水汽或其他蒸气，从而维持干燥器中的真空度，使物料在一定的真空度下达到干燥。真空箱式干燥器的热源为低压蒸汽或热水，热效率高，被干燥药物不受污染；设备结构和生产操作都较为复杂，相应的费用也较高。

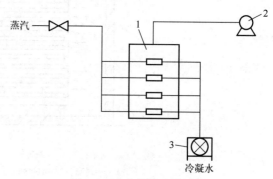

图 9-3　真空箱式干燥系统
1—真空干燥箱；2—真空泵；3—疏水器

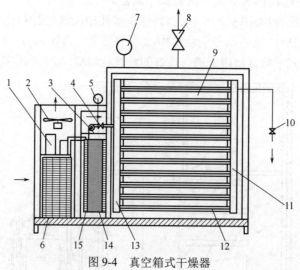

图 9-4　真空箱式干燥器
1—压缩机；2—风机；3—循环水泵；4—送水阀；5—压力表；6—蒸发器；7—真空表；
8—抽气口；9—料盘；10—回水阀；11—回水主管；12—热水散热器；13—进水主管；14—冷凝器；15—水箱

2. 真空带式干燥机

真空带式干燥机是连续式真空干燥机，由干燥室、加热和制冷系统、原料供给系统和真空系统等部分组成，用于液料或浆料的干燥。干燥室内设有传送带，带下设加热和冷却装置，顺序地形成加热区和冷却区，其中加热区又分为四段或五段。第一、二段采用蒸汽加热，进行恒速干燥，第三、四段进行减速干燥，第五段进行均质。后三段采用热水加热。根据产品干燥工艺要求，各段的操作温度可以调节，如图9-5。

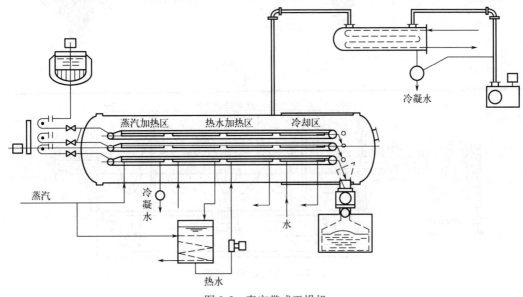

图 9-5　真空带式干燥机

例如，连花清瘟胶囊醇提部分浸膏就选用真空带式干燥工艺。该处方中连翘、炙麻黄、大黄等4味药为醇提工艺，其提取液黏度大不能用喷雾干燥设备干燥，用恒温干燥箱干燥对麻黄碱鉴别和连翘苷含量有影响，而且干燥时间长，不适合连续大生产。为了保证药物的最佳疗效并提高生产，通过连续真空干燥设备对醇提浸膏干燥是优选工艺。

真空带式干燥机的特点有以下几个方面。一是带式真空干燥机的适应范围广，对于绝大多数的天然植物的提取物，都可以适用。尤其是对于黏性高、易结团、热塑性、热敏性的物料，不适合或者无法采用喷雾干燥的物料，用真空带式干燥机干燥是最佳选择。而且，可以直接将浓缩浸膏送入真空带式干燥机进行干燥，无须添加任何辅料，这样可以减少最终产品的用量，提高产品档次。同时，在高真空度状况下干燥，干燥温度较低，有利于保持浸膏的原色原味。二是真空带式干燥机分别在机身的一端连续进料，另一端连续出料，配料和出料部分都可以设置在洁净间中，整个干燥过程完全封闭，不与外界环境接触，符合GMP 的要求。三是与箱式干燥相比，真空带式干燥的优点是：料层薄，干燥快，物料受热时间短；物料松脆，容易粉碎；隔离操作，避免污染；动态操作，不易结垢；流水作业，自动控制。四是真空带式干燥能克服喷雾干燥粉太细太密和温度过高的缺点，且损耗率基本为零。

3. 真空搅拌式圆筒干燥机

真空搅拌式圆筒干燥机又称为真空耙式干燥器，是间歇式干燥机。如图 9-6 所示，它主要由卧式筒体、带耙齿搅拌轴等构成。筒体为夹套结构，夹套内通入加热用蒸汽、热水或热油。搅拌轴上装有两组耙齿（桨叶），其中一组为左旋，另一组为右旋。搅拌轴颈与筒体封头间采用填料密封。

真空搅拌式圆筒干燥机的工作原理：干燥时，原料从筒体上部的加料口送入，搅拌轴间歇进行正向和反向旋转，物料由带有左、右旋耙齿的搅动除沿圆周方向运动外还沿轴线双向往复移动，从而在受到均匀搅拌的状态下，物料在筒壁处进行热交换，使物料水分蒸发而干燥。这种真空干燥机主要适用于高湿的固体物料。

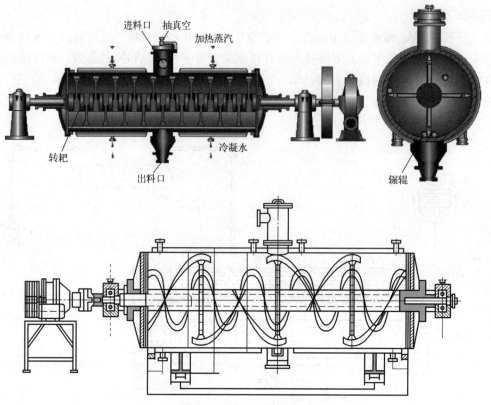

图 9-6 真空耙式干燥器

真空搅拌式圆筒干燥机的应用：对于淤浆状、糊状和粉状物料均能适用，也能用于含水率低的物料的进一步干燥。尤其适用于维生素或者抗生素等热敏性物料的低温干燥。对必须完全干燥的成型合成树脂以及微粉碳和在空气中易于燃烧甚至爆炸的含有机溶剂的物料也均适用。间歇操作时，处理量约为 100 kg 乃至几吨。当干燥黏附性物料或含水率高的物料以及处理量大时，采用圆筒搅拌式较为适宜。

真空搅拌式圆筒干燥机多是内热式圆筒搅拌真空干燥机，内热式圆筒搅拌真空干燥机在化学工业，特别是在有机半成品和染料制造工业中得到广泛应用，采用蒸汽或导热油或热水进入夹套间接加热物料，在真空状态下抽湿，因此特别适用于耐高温和在高温下容易氧化的物料，以及在干燥过程中容易产生粉尘及溶剂需要回收的物料。

真空搅拌式圆筒干燥机的特点：一是采用夹层与内搅拌同时加热方式，传热面大，热效率高。二是结构紧凑、操作简单、性能稳定可靠、维修周期长。三是对粉状、粉粒状、膏糊状、黏胶状甚至溶液等，都可在适当条件下进行高温或低温的干燥。四是机器内部设置搅拌，使物料在筒内形成连续循环状态，进一步提高了物料受热的均匀度。

真空耙式干燥器与箱式干燥器相比，劳动强度低，物料可以是膏状、颗粒状或粉末状，物料含水量可降至0.05%。缺点是干燥时间长，生产能力低；由于有搅拌桨的存在，卸料不易干净，不适合需要经常更换品种的干燥操作。

4. 真空冷冻干燥机

真空冷冻干燥是先将湿物料冻结到其水的凝固点温度以下，使水分变成固态的冰，然后在适当的真空度下，使冰直接升华为水蒸气，再用真空系统中的水汽凝结器将水蒸气冷凝，从而获得干燥制品的技术，如图9-7。干燥过程是水的物态变化和移动的过程。这种变

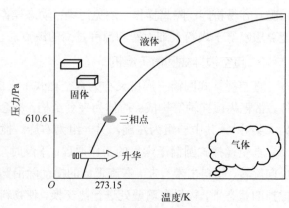

图 9-7 水的相平衡示意图

化和移动发生在低温低压下。因此，真空冷冻干燥机的基本原理就是在低温低压下传热传质。

（1）真空冷冻干燥的特点

① 在低压下干燥，物料中的易氧化成分不致氧化变质，同时低压缺氧能杀菌或抑制某些细菌的活力。

② 在低温下干燥，物料中的热敏成分能保留下来，营养成分和风味损失很少，可以最大限度地保留食品原有成分、味道、色泽和芳香。

③ 由于物料在升华脱水以前先经冻结，形成稳定的固体形态，所以水分升华以后，固体形态基本保持不变，干制品不失原有的固体结构，保持着原有形状，因此，多孔结构的食品具有理想的速溶性和快速复水性。

④ 由于物料中水分在预冻以后以冰晶的形态存在，原溶于水中的无机盐类溶解物质被均匀分配在物料之中，升华时溶于水中的溶解物质就地析出，避免了一般干燥方法中因物料内部水分向表面迁移所携带的无机盐在表面析出而造成的表面硬化现象。

⑤ 脱水彻底，重量轻，适合长途运输和长期保存，在常温下，采用真空包装保质期可达 3～5 年。

其主要缺点是设备投资和运转费用高，冻干过程时间长，产品成本高。

（2）真空冷冻干燥过程　真空冷冻干燥过程有 3 个阶段，即预冻阶段、水分升华干燥阶段和解吸干燥阶段。

① 预冻阶段：通过预冻将溶液中的自由水固化，使干燥后产品与干燥前具有相同的形态，防止起泡、浓缩、收缩和溶质移动等不可逆变化产生，减少因温度下降引起的物质可溶性降低和生命特性的变化。预冻温度必须低于产品的低共熔点温度，一般预冻温度比低共熔点温度要低 5～10℃，同时还应保温 2 h 以上。

② 水分升华干燥阶段：又称第一阶段干燥，是将冻结后的产品置于密闭的真空容器中加热，其冰晶就会升华成水蒸气逸出而使产品干燥。当冰晶全部升华逸出时，第一阶段干燥结束，此时产品全部水分的 90% 左右已经脱除。为避免冰晶熔化，该阶段操作温度和压力都必须控制在产品低共熔点以下。

③ 解吸干燥阶段：又称第二阶段干燥。在水分升华干燥阶段结束后，在干燥物质的毛细管壁和极性基团上还吸附有一部分水分，这些水分未得以冻结。为了改善产品的储存稳定性，延长其保存期，需要除去这些水分。因吸附水的吸附能量高，其解吸需要提供足够的能量。因此，在不燃烧和不造成过热变性的前提下，本阶段物料的温度应足够高，同时，为了使解吸出来的水蒸气有足够的推动力逸出，箱内需要处于高真空状态。干燥产品的含水量需视产品种类和要求而定，一般在 0.5%～4% 之间。

（3）真空冷冻干燥器的组成　图 9-8 所示为冷冻干燥机组示意图。设备主要由冷冻干燥箱、真空机组、制冷系统、加热系统、冷凝系统、控制及其他辅助系统组成。冷冻干燥器的设备要求高，干燥装置也比较复杂。

① 冷冻干燥箱：该部分是密封容器，是冷冻干燥器的核心部分。当干燥进行时，内部被抽成真空，箱内配有冷冻降温装置和升华加热搁板，器壁上有视窗。

② 真空系统：真空条件下冰升华后的水蒸气体积比常压下大得多，要维持一定的真空度，对真空泵系统要求较高。在冷冻干燥时，干燥箱中的绝对压力应为冻结物料饱和蒸气压的 1/4～1/2，一般情况下约为 1.3～13 Pa。主要采取的方法有两种：第一种是在干燥箱和真空泵之间加设冷凝器，使抽出的水分冷凝，以降低气体量；第二种是使用两级真空泵抽真空，前级泵先将大量气体抽走，达到预抽真空度的要求后，再使用主泵。前者用于大型冻干机，后者用于小型冻干机。常用的真空泵有旋片式真空泵、多级喷射式真空泵。当要求达到更高真空度时，可用机械泵为前级泵，油扩散泵为次级泵，串联后的真空度可达 1×10^{-5} Pa。真空泵的抽气量要求达到 5～10 min 内使系统从一个大气压（101.325 kPa）降至 100 Pa 以下。

③ 制冷系统：用于干燥箱和水汽凝华器的制冷。常用的制冷方式有三种：蒸汽压缩式制冷，蒸汽喷射式制冷，吸收式制冷。其中最常用的是蒸汽压缩式制冷。常用的冷冻剂有氨、二氧化碳等，在制冷系统中常用的载冷剂有空气、氯化钙溶液、乙醇。现在也有采用双级螺杆式制冷压缩机来冷却热媒的，即仅用一种共沸制冷剂如 R502 来达到其深度冷却的目的。

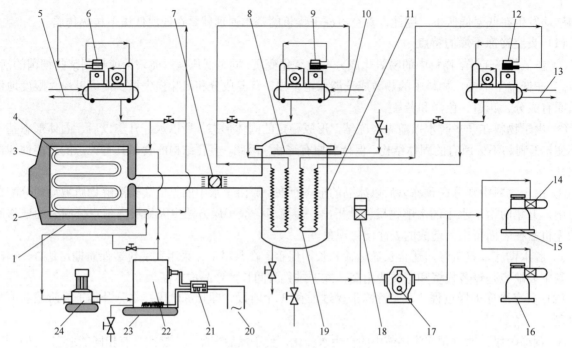

图 9-8   冷冻干燥机组示意图

1—冷冻干燥箱；2—冷冻管；3—隔板；4—油加温器；5，10，13—冷凝水进出管；6，9，12—冷冻机；
7—大蝶阀；8—化霜喷水管；11—水汽凝华器；14—电磁放气截止阀；15，16—旋片真空泵；17—罗茨泵；
18—电磁阀；19—冷凝管；20—加热电源；21—温控器；22—油室；23—加热管；24—循环泵

根据制冷的循环方式，制冷分为单级压缩制冷、双级压缩制冷和复叠式制冷。单级压缩制冷只使用一台压缩机，设备结构简单，但动力消耗大，制冷效果不佳。双级压缩制冷和复叠式制冷使用两台压缩机。双级压缩制冷使用低、高压两种压缩机。复叠式制冷则相当于高温和低温两组单级压缩制冷通过蒸发冷凝器互联而成，这种配置能获得较低的制冷温度，应用较广泛，但动力消耗较大。

④ 加热系统：加热的目的是提供升华过程中的升华热（蒸发热和熔解热）。加热的方法有凭借夹层加热板的传导加热及热辐射面的辐射加热等。传导加热的加热剂一般为热水或热油，其温度应在冻结物料熔化点以下，但在干燥后期允许使用较高的加热温度。

其供热方式可分为热传导和热辐射。热传导又分为直热式和间热式。直热式以电加热直接给搁板供热为主；间热式用载热流体为搁板供热。热辐射主要采用红外线加热。

冷冻干燥器一般按冻干面积可分为大型、中型和小型三种。制药生产中使用的大型冻干机搁板面积一般在 6 m² 以上；中型冻干机搁板面积为 1～5 m²；小型或实验用冻干机搁板面积一般在 1 m² 以下。

(4) 冷冻干燥机的分类   冷冻干燥机按运行方式不同可分为间歇式和连续式冷冻干燥机；按容量不同可分为工业用和实验用冷冻干燥机；按能否进行预冻可分为能预冻和不能预冻的冷冻干燥机等。

① 间歇式冷冻干燥机：如图 9-9 所示，干燥箱内有搁板，可用来搁置被冻干物料，当物料在箱内预冷时，该搁板既能冷却，又能加热。目前大多数干燥箱都带有预冻功能，使物料在箱中能冻结至共熔点以下的温度，然后在真空下使搁板加热升温，提供水汽升华所必需的热量。水汽凝结器用来凝结物料中升华的水汽，它与干燥箱 1 用管道连接，一般中间装有真空阀门，水汽凝结器的温度要求在 −40℃ 以下。真空系统是用来保持干燥箱和水汽凝结器内所必要的真空度，以及抽取从连接管和

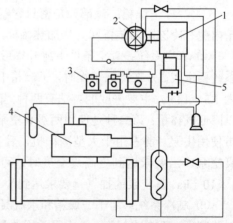

图 9-9   间歇式冷冻干燥机流程图

1—干燥箱；2—水汽凝结器；3—真空系统；
4—制冷系统；5—加热系统

阀门等处泄漏入系统中的空气和不凝性气体的。冷冻干燥机的真空度要求较高，真空系统一般采用两级抽空。制冷系统一般为两级压缩制冷循环或复叠式制冷循环。加热系统采用间接加热形式，可利用中间介质既作冷媒又作热媒。控制系统根据要求可分为手动操作、仪表显示、半自动控制、全自动控制等。按物料的不同冻干工艺，设定温度和时间来控制整个工艺过程。

② 连续式隧道真空冷冻干燥机：连续式隧道真空冷冻干燥机的干燥室由长圆筒容器和断面较大的扩大室两部分组成，如图9-10。沿长圆筒容器和扩大室的内壁全长方向设加热板，加热板可单独加以控制。

该机前部由物料入口连接进口闭风室，由闸式隔离阀将其与干燥室隔开，并与设置在一侧的冷凝室经过控制阀相通，通大气阀门设置在另一侧。该机尾部有两个冷凝室通过隔离阀与扩大室相连通。出口闭风室布置在扩大室的侧面与扩大室相通。

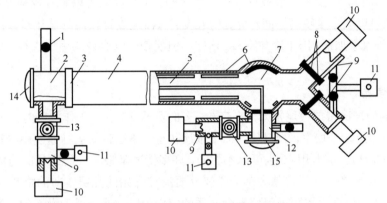

图 9-10　连续式隧道真空冷冻干燥机

1—通大气阀门；2—进口闭风室；3—闸式隔离阀；4—长圆筒容器；5—中央干燥室；
6—加热板；7—扩大室；8—隔离室；9—冷凝室；10—制冷压缩机；11—真空泵；
12—出口闭风室；13—控制阀；14—物料入口；15—输送器轨道

工作时，经过预冻的物料从物料入口进入进口闭风室，开启闸式隔离阀让物料进入干燥室，加热板使物料中冻结的水分升华，升华的水蒸气通过冷凝室和真空泵排出。物料在干燥室内沿输送器轨道向前运动，干燥好的物料经出口闭风室送出。

(5) 应用前景　真空冷冻干燥是保存生物特性敏感组织的最佳方法。适用于细菌、病毒、血浆、血清、抗体、疫苗以及药品、微生物、酵母、生物研究用植物提取物等的干燥。

通过冷冻干燥，使组织、组织提取物、细菌、疫苗及血浆之类的材料呈干燥状态，从而不会发生酶的、细菌的及化学的改变。

冷冻干燥技术用途十分广泛。早在20世纪60年代，欧、美、日等发达国家开始用冻干的方法生产食品，主要品种有蔬菜、牛肉、海产品、咖啡等。到了80年代，冻干产品生产几乎包罗了各种饮料、调料、快餐食品、保健食品、水产、肉蛋、食用菌、酶制剂、藻类等行业，同时规模和产量也在不断扩大。

在我国，冷冻干燥技术在制药工业上早有应用，如抗生素、疫苗等生物类药品都是用冻干方法生产的。20世纪80年代中期，东北地区开始用冻干方法生产人参、鹿茸、林产品等，后来又逐步扩大到食品生产，但规模和应用范围还很小。

三、带式干燥器

在制药生产中，带式干燥器是一类最常用的连续式干燥设备，简称带干器。带式干燥器由若干个独立的单元段所组成，每个单元段包括循环风机、加热装置、单独或公用的新鲜空气抽入系统和尾气排出系统。因此，可独立控制干燥介质数量、温度、湿度和尾气循环量等操作参数，从而保证工作的可靠性和操作条件的优化。带式干燥器操作灵活，湿物料进料、干燥过程在完全密封的箱体内进行，自动化程度高，劳动条件好，避免了粉尘的外泄。

带式干燥器的被干燥物料置于连续传动的运送带上，用红外线、热空气、微波辐射对运动的物料加热，使物料温度升高而被干燥。根据结构，可分为单级带式干燥器、多级带式干燥器、多层带式干燥器等。制药行业中主要使用的是单级带式干燥器和多层带式干燥器。

1. 单级带式干燥器

一定粒度的湿物料从进料端由加料装置被连续均匀地分布到传送带上，传送带具有用不锈钢丝网或穿孔不锈钢薄板制成的网状结构，以一定速度传动；空气经过滤、加热后，垂直穿过物料和传送带，完成传热传质过程，物料被干燥后传送至卸料端，循环运行的传送带将干燥料自动卸下，整个干燥过程是连续的。

由于干燥有不同阶段，干燥室一般被分隔成几个区间，每个区间可以独立控制温度、风速、风向等运行参数。例如，在进料口湿含量较高区间，可选用温度、气流速度都较高的操作参数；中段可适当降低温度、气流速度；末段气流不加热，用于冷却物料。这样不但能使干燥有效均衡地进行，而且还能节约能源，降低设备运行费用。

2. 多层带式干燥器

多层带式干燥器的传送带层数通常为 3～5 层，多的可达 15 层。工作状态时，上下两层传送方向相反，热空气以穿流流动进入干燥室，物料从上而下依次传送。传送带的运行速度由物料性质、空气参数和生产要求决定，上下层速度可以相同，也可以不相同，许多情况是最后一层或几层的传送带运行速度适当降低，以便调节物料层厚度，这样可使大部分干燥介质流经开始的几层较薄的物料层，更合理地利用热能，提高总的干燥效率。层间设置隔板促使干燥介质的定向流动，使物料干燥均匀。多层带式干燥器由隔热机箱、输送链条网带、链条张紧装置、排湿系统、传动装置、防粘转向输送带、间接加热装置等部分组成。最下层输送带一般伸出箱体出口处 2～3 m，留出空间供工人分拣出干燥过程中的变形及不完善产品。具体结构见图 9-11。

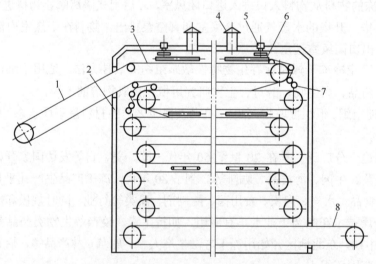

图 9-11   多层带式干燥器结构示意图

1—进料端；2—隔热机箱；3—输送链条网带；4—排湿系统；5—风扇；
6—间接蒸汽管；7—防粘转向输送带；8—出料端

多层带式干燥器的优点是物料与传送带一起传动，同一层带上的物料相对位置固定，具有相同的干燥时间；物料在传送带上转动时，可以使物料翻动，能更新物料与热空气的接触表面，保证物料干燥质量的均衡，因此特别适合具有一定粒度的成品药物干燥；可以使用多种能源进行加热干燥（如红外线辐射、微波辐射、电加热器等）。缺点是被干燥物料状态的选择性范围较窄，只适合干燥具有一定粒度、没有黏性的固态物料，且生产效率和热效率较低，占地面积较大，噪声也较大。

四、圆筒式干燥器

圆筒式干燥器的主体是回转的圆筒体，筒体略带倾斜，便于出料。

1. 圆筒式干燥器的工作原理

圆筒式干燥器的一般结构如图 9-12 所示，湿物料从左端上部加入，借助圆筒的缓慢转动，在重力、圆筒倾角和进料压力的作用下从高端向低端移动，并与通过筒内的热风或加热壁面进行有效接触而被干燥，干燥后的产品从右端下部收集。筒体内壁上装有抄板，随着圆筒的回转，抄板可将物料抄起又撒下，使物料与热风的接触表面增大，以提高干燥速率并促进物料向前移动。干燥所用的热载体一般为热空气、烟道气或水蒸气等。如果热载体直接与物料接触，则经过干燥器后，通常用旋风分离器将气体中夹带的细粒物料收集起来，废空气排出。

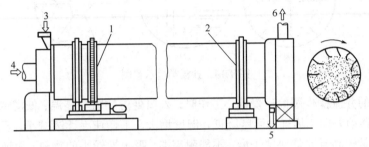

图 9-12　圆筒式干燥器

1—传动齿轮；2—支承滚筒；3—原料入口；4—热空气入口；5—产品出口；6—废气排出口

按照热气流与物料的流动方向是否相同，圆筒干燥器内空气与物料间的流向除逆流外，还可采用并流或并逆流相结合的操作。图 9-13 所示为用热空气直接加热的逆流操作转筒干燥器，其主体为一略微倾斜的旋转圆筒。湿物料从转筒较高的一端送入，热空气由另一端进入，气固在转筒内逆流接触，随着转筒的旋转，物料在重力作用下流向较低的一端。通常转筒内壁上装有若干块抄板，其作用是将物料抄起后再撒下，以增大干燥表面积，提高干燥速率，同时还促使物料向前运行。当转筒旋转一周时，物料被抄起和撒下一次，物料前进的距离等于其落下的高度乘以转筒的倾斜率。

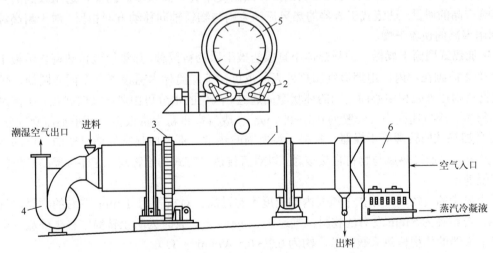

图 9-13　热空气直接加热的逆流操作转筒干燥器

1—圆筒；2—支架；3—驱动齿轮；4—风机；5—抄板；6—蒸汽加热器

如图 9-14 所示，抄板的类型多种多样。同一回转筒内可采用不同的抄板，如前半部分可采用结构较简单的抄板，而后半部分采用结构较复杂的抄板。(a)为最普遍使用的类型，利用抄板将颗粒状物料扬起，而后自由落下；(b)是弧形抄板，没有死角，适用于容易黏附的物料；(c)将回转圆筒的截面分割成几个部分，每回转一次可形成几个下泻物料流，物料约占回转筒容积的 15%；(d)物料与热风之间的接触比（c）

更好；（e）适用于易破碎的脆性料，物料占回转筒容积的 25%；（f）为（c）、（d）结构的进一步改进，适用于大型装置。

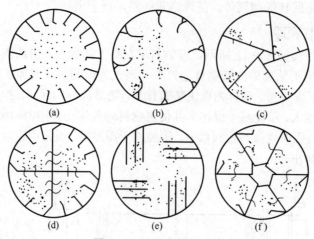

图 9-14 抄板类型示意图

热空气直接加热的并流操作圆筒干燥器，工作时，入口处湿物料与高温、低湿的热气体相遇，干燥速率最大，沿着物料的移动方向，热气体温度降低，湿度增大，干燥速率逐渐减小，至出口时最小。因此，并流操作适用于含水量较高且允许快速干燥、不能耐高温、吸水性较小的物料。而逆流时干燥器内各段干燥速率相差不大，它适用于不允许快速干燥而产品能耐高温的物料。

2. 圆筒式干燥器的分类

按照物料和热载体的接触方式不同，圆筒式干燥器可分为三种类型，即直接加热式、间接加热式和复合加热式。

（1）直接加热式圆筒干燥器 即被干燥物料与热风直接接触，以对流传热的方式进行干燥。按照热风与物料之间的流动方向，分为并流式和逆流式。热风与物料轴向移动方向相同的为并流式，入口处温度较高的热风与含湿量较高的物料接触，物料处于表面汽化阶段，故产品温度仍大致保持湿球温度，出口处物料温度虽升高了，但此时热风温度已降低，故产品温度不会升高太多。因此，选用较高的热风入口温度，不会影响产品的质量。逆流式干燥器的热风流动方向与物料轴向移动方向相反，对于耐高温的物料，可采用热利用率高的逆流干燥。

（2）间接加热式圆筒干燥器 即载热体不直接与被干燥物料接触，热量经过传热壁传给被干燥物料。该机型整个干燥筒砌在炉内，用烟道气加热外壳；也可在干燥筒体内另设置一个同心圆筒，供烟道气流通，被干燥物料则在外壳和中心筒之间的环状空间通过。汽化的水分可由风机及时排出，所需风量比直接加热式要小得多。因风速很小（一般为 0.3~0.7 m/s），废气夹带粉尘量很少，几乎不需旋气分离设备。

（3）复合加热式回转圆筒干燥器 物料干燥所需的热量一部分由热空气通过壁面，以热传导的方式传给物料，另一部分通过热风与物料直接接触，以对流传热的方式传给物料。这样可提高热量的有效利用率，加快干燥速率。

为了减少粉尘的飞扬，气体在干燥器内的速度不宜过高。对粒径为 1 mm 左右的物料，气体速度为 0.3~1.0 m/s；对粒径为 5 mm 左右的物料，气速在 3 m/s 以下。有时为防止转筒中粉尘外流，可采用真空操作。转筒干燥器的体积传热系数较低，约为 0.2~0.5 W/(m³·℃)。

对于能耐高温且不怕污染的物料，还可采用烟道气作为干燥介质。对于不能受污染或极易引起大量粉尘的物料，可采用间接加热的转筒干燥器。这种干燥器的传热壁面为装在转筒轴心处的一个固定的同心圆筒，筒内通以烟道气，也可沿转筒内壁装一圈或几圈固定的轴向加热管。由于间接加热转筒干燥器的效率低，目前较少采用。

转筒干燥器的优点是机械化程度高，生产能力大，流体阻力小，容易控制，产品质量均匀。此外，转筒干燥器对物料的适应性较强，不仅适用于处理散粒状物料，当处理黏性膏状物料或含水量较高的物料时，可于其中掺入部分干料以降低黏性，或在转筒外壁安装敲打器械以防止物料粘壁。转筒干燥器的缺点是设备笨重，金属材料耗量多，热效率低（约为30%～50%），结构复杂，占地面积大，传动部件需经常维修等。目前国内采用的转筒干燥器直径为0.6～2.5 m，长度为2～27 m；处理物料的含水量为3%～50%，产品含水量可降到0.5%，甚至低到0.1%（均为湿基）。物料在转筒内的停留时间为5 min～2 h，转筒转速1～8 r/min，倾角在8°以下。

五、滚筒式干燥器

滚筒式干燥器是一种间接加热、连续热传导类干燥器，主要用于溶液、悬浮液、胶体溶液等流动性物料的干燥。根据结构分为单转筒干燥器、双转筒干燥器。双转筒干燥器工作时（如图9-15所示），两转筒进行反向旋转且部分表面浸在料槽中，液态物料以膜（厚度为0.3～5 mm）的形式黏附在转筒上。加热蒸汽通入转筒内部，通过筒壁的热传导，使物料中的水分汽化，然后转筒壁上的刮刀将干燥后的物料铲下，这一类型的干燥器是以热传导方式传热的，湿物料中的水分先被加热到沸点，干料则被加热到接近于转筒表面的温度。

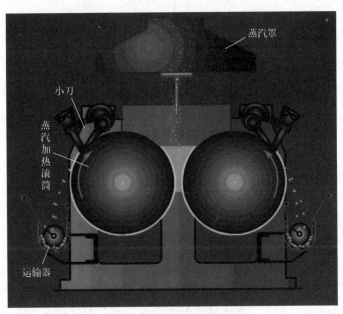

图9-15 双转筒干燥器示意图

双筒干燥器与单筒干燥器相比，工作原理基本相同，但是热损失相对要小，热效率和生产效率则高很多。双筒干燥器的滚筒直径一般为0.5～1.0 m，长度为1～3 m，转速为1～3 r/min。处理物料的含水量可为10%～80%，一般可干燥到3%～4%，最低为0.5%左右。由于干燥时可直接利用蒸汽潜热，故热效率较高，可达70%～90%，动力消耗小，干燥强度大，物料停留时间短（5～30 s），操作简单。但滚筒干燥器结构复杂，传热面积小（一般不超过12 m²），干燥产品含水量较高（一般为3%～10%）。滚筒式干燥器与喷雾干燥器相比，具有动力消耗低，投资少，维修费用少，干燥时间和干燥温度容易调节（可改变滚筒转速和加热蒸汽压力）等优点，但其在生产能力、劳动强度和条件等方面则不如喷雾干燥器。

六、气流干燥器

气流干燥器是一种连续操作的干燥器。湿物料首先被热气流分散成粉粒状，在随热气流并流运动的过程中被干燥，是一种热空气与湿物料直接接触进行干燥的方法。气流干燥器可处理泥状、粉粒状或块状的湿物料，对于泥状物料需装设分散器，对于块状物料需附设粉碎机。气流干燥器有直管型、脉冲管型、倒锥型、套管型、环型和旋风型等。

1. 气流干燥装置及其流程

气流干燥器的主体是一根直立的圆筒，湿物料通过螺旋加料器进入干燥器，由于空气经加热器加热，做高速运动，物料颗粒分散并悬浮在气流中，热空气与湿物料充分接触，将热能传递给湿物料表面，直至湿物料内部。同时，湿物料中的水分从湿物料内部扩散到湿物料表面，并扩散到热空气中，达到干燥目的。干燥后的物料被旋风除尘器和袋式除尘器回收。一级直管式气流干燥器是气流干燥器最常用的一种，如图 9-16。

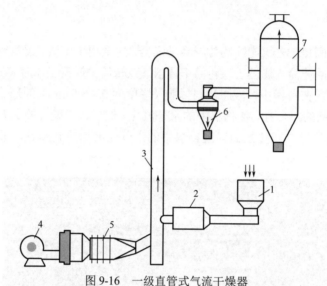

图 9-16　一级直管式气流干燥器

1—物料进料斗；2—粉碎装置；3—干燥管；4—风机；5—预热器；6—旋风分离器；7—湿式除尘器

2. 气流干燥器的特点

（1）干燥强度大　气流干燥由于气流速度，粒子在气相中分散良好，可以把粒子的全部表面积作为干燥的有效面积，因此，干燥的有效面积大大增加。同时，由于干燥时的分散和搅拌作用，汽化表面不断更新，因此，干燥的传热、传质过程强度较大。

（2）干燥时间短　气固两相的接触时间极短，干燥时间一般在 0.5～2 s，最长 5 s。物料的热变性一般是温度和时间的函数，因此，对于热敏性或低熔点物料不会造成过热或分解而影响其质量。

（3）热效率高　气流干燥采用气固相并流操作，而且，在表面汽化阶段，物料始终处于与其接触的气体的湿球温度，一般不超过 60～65℃，在干燥末期物料温度上升的阶段，气体温度已大大降低，产品温度不会超过 70～90℃，因此，可以使用高温气体。

（4）处理量大　一根直径为 0.7 m，长为 10～15 m 的气流干燥管，每小时可处理 25 t 煤或 15 t 硫酸铵。

（5）设备简单　气流干燥器设备简单，占地小，投资小。与回转干燥器相比，占地面积减少 60%，投资约省 80%。同时，可以把干燥、粉碎、筛分、输送等单元过程联合操作，不但流程简化，而且操作易于自动控制。

（6）应用范围广　气流干燥可适用于各种粉粒状物料。在气流干燥管直接加料情况下，粒径可达 10 mm，湿含量可在 10%～40%。由于气速高以及物料在输送过程中与壁面的碰撞及物料之间的相互摩擦，整个干燥系统的流体阻力很大，因此动力消耗大。干燥器的主体较高，约在 10 m 以上。此外，对粉尘回收装置的要求也较高，且不适用于干燥有毒的物质。目前，气流干燥器仍是制药工业中应用较广泛的一种干燥设备。

气流干燥器的主要缺点在于干燥管太高，为降低其高度，近年来出现了几种新型的气流干燥器：①多级气流干燥器。将几个较短的干燥管串联使用，每个干燥管都单独设置旋风分离器和风机，从而增加了入口段的总长度。②脉冲式气流干燥器。采用直径交替缩小和扩大的干燥管（脉冲管），管内气速交替变化，从而增大了气流与颗粒的相对速度。③旋风式气流干燥器。使携带物料颗粒的气流，从切线方向进入旋风干燥室,以增大气体与颗粒之间的相对速度,也降低了气流干燥器的高度。

在气流干燥器中,主要除去湿物料表面水分,物料的停留时间短,温升不高,所以适合处理热敏性、易氧化、易燃烧的细粒物料。但不能用于处理不允许损伤晶粒的物料。目前,气流干燥在制药、塑料、食品、化肥和染料等工业中应用较广。

3. 气流干燥器使用注意事项

① 在气体进口温度一定,其他条件正常下,气体出口温度高时,缓慢提高加料器转速以增加进料量,使气体出口温度降至需要的温度;反之,气体出口温度低时,影响干品水分含量,便降低气流干燥器螺旋加料器转速,减少进料量,使气体出口温度升至需要的温度。

② 操作过程中如泄爆阀突然打开,必须在第一时间疏散人员并首先关掉气流干燥器的引风机再关掉进料器。

③ 系统压力不平衡时,检查系统是否有漏气或堵塞,以及测压管是否有堵塞。

④ 如系统压力骤增,而又无法消除时,要马上切断电源,操作人员迅速离开操作现场,以防泄爆时伤害人身。

⑤ 突然长时间停电时,干燥机内要进行清洗,以防机内湿料干而硬,堵塞干燥机环隙,以及再开车影响产品质量。

⑥ 布袋除尘器气体出口冒粉料时,检查布袋是否脱落或破损,及时更换、维修。

由于气流速度较高,粒子有一定的磨损和粉碎,对于要求有一定形状的颗粒产品不宜采用。对于易于粘壁的、非常黏稠的物料以及需要干燥至临界湿含量以下的物料也不宜采用。在干燥时会产生毒气的物料,以及所需的分量比较大的情况下也不宜采用气流干燥。

七、流化床干燥器

流化床干燥又称沸腾床干燥,是流化态技术在干燥过程中的应用。它是利用热空气流使湿颗粒悬浮,呈流化态,似沸腾状,热空气与湿颗粒在动态下进行热交换,达到干燥目的的一种方法。各种流化床干燥器的基本结构基本由原料输入系统、热空气供给系统、干燥室及空气分布板、气-固分离系统、产品回收系统和控制系统等几部分组成。

其基本工作原理是利用加热的空气向上流动,穿过干燥室底部的多孔分布床板,床板上面加有湿物料;当气流速度增加到一定程度时,床板上的湿物料颗粒就会被吹起,处于似沸腾的悬浮状态,即流化状态,称之为流化床。气流速度区间的下限值称为临界流化速度,上限值称为带出速度。只要气流速度保持在颗粒的临界流化速度与带出速度(颗粒沉降速度)之间,颗粒即能形成流化状态。处于流化状态时,颗粒在热气流中上下翻动,互相混合、碰撞,与热气流进行传热和传质,达到干燥的目的。

1. 流化床干燥器的分类

制药行业使用的流化床干燥装置主要分为单层流化床干燥器、多层流化床干燥器、卧式多室流化床干燥器、振动流化床干燥器、塞式流化床干燥器等。

(1) 单层流化床干燥器 该干燥器的基本结构如图9-17所示。干燥器工作时,空气被空气过滤器过滤,由鼓风机送入加热器加热至所需温度,经气体分布板喷入流化干燥室,将由螺旋加料器抛在气体分布板上的物料吹起,形成流化工作状态。物料悬浮在流化干燥室,经过一定时间的停留而被干燥,大部分干燥后的物料从干燥室旁侧卸料口排出,部分随尾气从干燥室顶部排出,经旋风分离器和袋滤器回收。

该干燥器操作方便,生产能力大。但由于流化床层内粒子接近于完全混合,物料在流化床停留时间不均匀,所以干燥后所得产品湿度也不均匀。如果限制未干燥颗粒由出料口带出,则须延长颗粒在床内的平均停留时间,解决办法是提高流化层高度,但是压力损失也随之增大。因此,单层流化床干燥器适用于处理量大、较易干燥或干燥程度要求不高的粒状物料。一般要求干燥粉状物料含水量不超过5%,颗粒状物料含水量不超过15%。

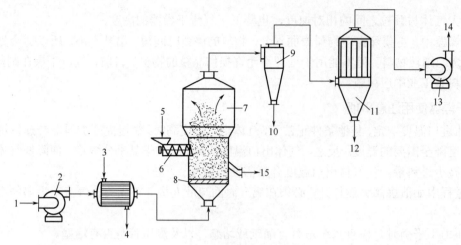

图 9-17　单层流化床干燥器

1—空气；2—鼓风机；3—加热蒸汽；4—冷凝水；5—加料斗；6—螺旋加料器；7—流化干燥室；8—气体分布板；
9—旋风分离器；10—粗粉回收；11—袋滤器；12—细粉回收；13—抽风机；14—尾气；15—干燥产品

(2) 多层流化床干燥器　对于干燥要求较高或所需干燥时间较长的物料，一般可采用多层（或多室）流化床干燥器。图 9-18 所示为两层流化床干燥器。物料从上部加入，由第一层经溢流管流到第二层，然后由出料口排出。热气体由干燥器的底部送入，依次通过第二层及第一层分布板，与物料接触后的废气由器顶排出。物料与热气流逆流接触，物料在每层中相互混合，但层与层间不发生混合，所以停留时间分布均匀，可实现物料的均匀干燥。气体与物料的多次逆流接触，提高了废气中水蒸气的饱和度，因此热利用率较高。多层流化床可改善单层流化床的操作状况。

多层流化床干燥器中物料与热空气经多次接触，尾气湿度大，温度低，热效率较高；但设备结构复杂，操作不易控制，流体阻力较大，需要高压风机。另外，对于多层流化床干燥器，需要解决好物料由上层定量地转入下一层及防止热气流沿溢流管短路流动等问题，否则难以保证各层流化稳定及定量地将物料送入下层。因此，若操作不当，将破坏物料的正常流化。

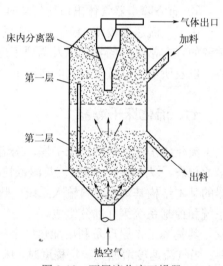

图 9-18　两层流化床干燥器

(3) 卧式多室流化床干燥器　为了克服多层干燥器的缺点，在制药生产中较多应用负压卧式多室流化床干燥器。该干燥器的基本结构如图 9-19 所示，其主体为长方体，其主要结构由流化床、旋风分离器、细粉回收室和排风机组成。在干燥室内，通常用挡板将流化床分隔成 4～8 个小室，挡板下端与分布板之间的距离可以调节（一般取为床层中静止物料层高度的 1/4～1/2），使物料能逐室通过。使用时，将观察窗和清洗门关闭，在终端抽风机作用下，空气由于负压被抽进系统，由加热器加热，高速进入干燥器，湿颗粒立即在多孔板上上下翻腾，与空气快速进行热交换。另外，在负压的作用下，导入一定量的冷空气，送入最后一室，用于冷却产品。进入各小室的热、冷空气向上穿过气体分布板，物料从干燥室的入料口进入流化干燥室，在穿过分布板的热、冷空气吹动下，形成流化床，以沸腾状向出口方向移动，完成传热、传质的干燥过程，最后由出料口排出。

干燥室的上部有扩大段，空气流速降低，物料不能被吹起，大部分物料将与空气分离，部分细小物料随分离的空气被抽离干燥室，用旋风分离器进行回收，极少量的细小粉尘由细粉回收室回收。

卧式多室流化床干燥器结构简单，操作方便，易于控制，且适用性广。不但可用于各种难以干燥的粒状物料和热敏性物料，也可用于粉状及片状物料的干燥。干燥产品湿度均匀，压力损失也比多层床小。不足的是热效率要比多层床低。

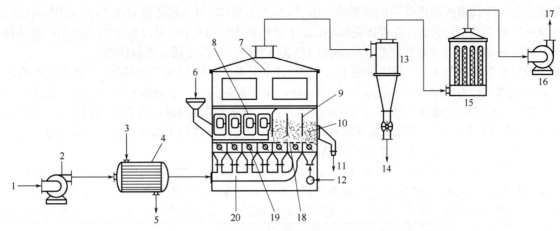

图 9-19 卧式多室流化床干燥器

1—空气入口；2—鼓风机；3—加热蒸汽入口；4—空气加热器；
5—冷凝水；6—加料器；7—多室流化干燥室；8—观察窗；9—挡板；10—流化床；
11—干燥物料出口；12—冷空气入口；13—旋风分离器；14—粗粉回收；15—细粉回收室；
16—抽风机；17—尾气出口；18—气体分布板；19—可调风门；20—热空气分配管

(4) 振动流化床干燥器 该干燥器的基本结构如图 9-20 所示。为避免普通流化床的沟流、死区和团聚等情况的发生，人们将机械振动施加于流化床上，形成振动流化床干燥器。振动能使物料流化形成振动流化态，可以降低临界流化气速，使流化床层的压降减小。调整振动参数，可以基本消除普通流化床的返混，形成较理想的定向塞流。振动流化床干燥器的不足是噪声大，设备磨损较大，对湿含量大、团聚性较大的物料干燥不是很理想。

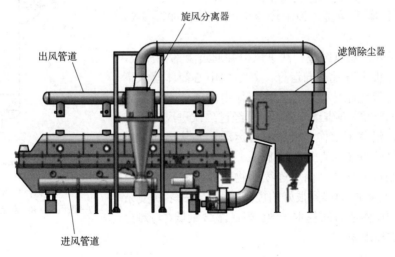

图 9-20 振动流化床干燥器

振动流化床干燥器采用的振动方式主要有以下几种：

① 强制振动型：利用安装在机体两侧的振动电动机产生直线振动，振动电动机安装相位角决定振动方向，更换固定偏心块或改变可动偏心块之间的夹角可调节激振力大小。由于振频通常高于固有频率，在启动和停车的过程中，频率经过固有频率时，会产生共振，机体会产生较大振幅，尤其在停车时，剧烈的摇晃会产生较大冲击力，采用适当的措施，可减轻这种现象。

② 固有振动型：振型由主振器固有振动决定，振幅一般不可调。运转中只需提供较少能量，以补偿主振弹簧振动中内摩擦及其他阻力消耗。节能是其突出特点，但寿命较短。为能适应各种不同的物料，应选强制振动型振动流化床干燥器。如只针对某一具体物料设计，选择固有振动型往往会获得较好的经济指标。

振动流化床干燥器振动电动机的位置可有多种，电动机居中，电动机座板可在180°范围内任意调整，使相位角可以按需调节。电动机位置接近质心，易于调整机体前后平衡，从而保证振动流化床进出料端振幅相同。如将振动电动机安装在尾部，电动机散热条件较好，但改变相位角较困难。

振动流化床干燥器的上、下箱体功能不同，其中上箱体将干燥区同大气分隔开，防止粉尘外逸污染环境。上箱体通常设计为薄壁结构，壁厚为1~4 mm，可焊接加强筋，下箱体的基本功能是机体和空气分配室，它和匀风板共同完成将热风均匀送入床层的任务。一般下箱体进风口面积为匀风板开孔面积的6~8倍时，床层下部风较均匀，因此下箱体容积须足够大。下箱体结构同上箱体一样，也为薄壁结构，但为适应参振质体的动负荷，需设计为框架箱式结构。

振动流化床干燥器的匀风板多采用0.3~6 mm厚的钢板钻孔或冲制孔而成，有的还要在底部焊筋以提高刚度，用来支承物料，并将气体均匀分布于料层中。开孔率即匀风板开孔面积和匀风板总面积之比，是匀风板的重要特性参数。开孔率越大，流化质量越不易保证，漏料也会越严重。但开孔率过小会使阻力加大，动力消耗提高。振动流化床干燥器开孔率一般取1%~5%，其下限常用于颗粒较细、密度较小的物料。在匀风板下加设均风和防漏网时，开孔率可适当提高至7%~8%。

将振动引入流化床对干燥有利，但对周围环境不利，应设法降低或消除。强制振动式流化床一般用隔振（即用刚度较小的弹簧将振动流化床支撑起来）方式，使传给地基的动载荷降到安全程度。常用的隔振弹簧有金属螺旋弹簧和橡胶弹簧。金属螺旋弹簧具有制造简单、内摩擦小、能耗低等优点；但体积大，易产生噪声，横向刚度小，易使机器产生横向摆振。橡胶弹簧则可制成不同形状和尺寸，三个方向刚度均可按需要设计，噪声低，过共振区时振幅较小，但适应温度能力较差，近年已大量采用橡胶弹簧。

（5）塞流式流化床干燥器 该干燥器的基本结构如图9-21所示。

物料从进料口进入，热风经过一次进风口并通过上部格栅板，使物料沿着上部格栅板上开孔方向运行，然后由中心筒体落入下部流化床体中。上部流化床体与下部流化床体中的筒体为塞流式的下料段，干燥的聚丙烯物料继续下落后，再经过二次进风口正向气流的进一步干燥，沿着下部格栅板做向心运动，并从出料口排出。干燥聚丙烯物料后的气流从出气口排出。

给料必须是完全可流化的。由于连续的物料流动和窄的通道限制了物料的返混，停留时间得到很好的控制，因此，在多种复杂的操作中能够保持颗粒停留时间基本一致，产品湿含量低，与热空气接近平衡，且无过热现象。

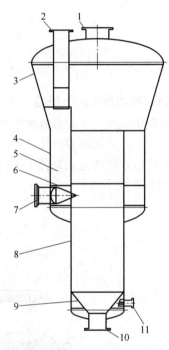

图9-21 塞流式流化床干燥器
1—出风口；2—进料口；3—扩大段；4—流化床
干燥段筒体；5—隔板；6—格栅板；
7—进风口；8—塞流筒体；9—格栅板；
10—出料口；11—二次进风口

2. 影响流化床干燥器的因素

在其他条件一定时，流化床上物料流化状态的形成和稳定主要取决于气流的速度。流化床上物料层的状态与气流速度的关系如图9-22所示，气流速度与床层压力降的关系如图9-23所示。

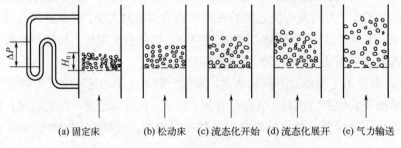

(a) 固定床　(b) 松动床　(c) 流态化开始　(d) 流态化展开　(e) 气力输送

图9-22 流化床上物料层的状态与气流速度的关系

在固定床段，当风速很小时，气流从颗粒间通过，气流对物料的作用力还不足以使颗粒运动，物料层静止不动，高度不变，即固定床阶段（图9-23所示曲线的 OA 段）。

在松动床段，床层压力降随气流速度的增加而增大，当气流的速度逐渐增大至接近 v_K（气流临界流化速度，此时床层压力降达到最大值 ΔP_K）时，压力降等于单位面积床上物料层的实际重力时，床层开始松动，高度略有增加，物料空隙率也稍有增加，但床层并无明显的运动，即松动床阶段（图9-23 所示曲线的 AB 段）。

在流态化开始阶段，当气流的速度增大至 v_K 并继续增加时，颗粒开始被气流吹起并悬浮在气流中，颗粒间相互碰撞、混合，床层高度明显上升（图9-23所示曲线Ⅱ为床层高度变化曲线），床上物料呈现近乎液体的沸腾状态，即流化态开始

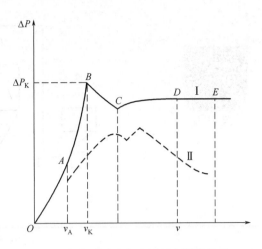

图9-23 气流速度与床层压力降的关系

阶段（图9-23所示曲线的 BC 段）。此阶段床层处于不稳定阶段，极易形成"沟流"。沟流的出现使气流分布不均匀，大部分气流在未与物料颗粒充分接触前便通过。沟流若出现在物料流态化干燥过程中，引起干燥不均匀，干燥时间延长，白白浪费热量。

在流态化展开段，当气流的速度进一步增大，床上物料处于稳定的流化状态（图9-23所示曲线的 CD 段），在物料流态化干燥时，热风气流的速度应稳定在 CD 范围内。

在气力输送阶段，当气流速度再增大，气流对物料的作用力使物料颗粒被气流带走（图9-23所示曲线的 DE 段）。

3. 流化床干燥器的特点

流化床干燥器的优点：①固体颗粒体积小，单位体积内的表面积却极大，与干燥介质能高度混合；同时固体颗粒在床层中不断地进行激烈运动，表面更新机会多，传热、传质效果好。②物料在设备中停留时间短，适用于某些热敏性物料的干燥。③设备生产能力高，可以实现小设备大生产的要求。④在同一个设备中，可以进行连续操作，也可以进行间歇操作。⑤物料在干燥器内的停留时间，可以按需要进行调整。对产品含水量要求有变化或物料含水量有波动的情况更适用。⑥设备简单，费用较低，操作和维修方便。

流化床干燥器的缺点：①对物料颗粒度有一定的限制，一般要求不小于 30 μm，不大于 6 mm；②湿含量高而且黏度大、易黏壁和结块的物料，一般不适用；③流化床干燥器的物料纵向返混剧烈，对单级连续式流化床干燥器，物料在设备中停留时间不均匀，有可能未经干燥的物料随着产品一起排出。

八、喷雾干燥器

喷雾干燥器是将流化技术应用于液态物料干燥的一种有效的设备。喷雾干燥的物料可以是溶液、乳浊液、混悬液等，干燥产品可根据工艺要求制成粉状、颗粒状，甚至空心球状，因此在制药工业中得到了广泛的应用。

1. 喷雾干燥器的结构及工作原理

喷雾干燥的典型工艺流程如图9-24所示，由空气加热系统、原料液供给系统、干燥系统、气固分离系统和控制系统等组成，统称为喷雾干燥机。

该干燥器的基本结构如图9-25所示，主要装置有空气过滤器、空气加热器、雾化器、干燥室（塔）、料罐及压力泵、旋风分离器及风机等。喷雾干燥器是利用雾化器将液态物料分散成粒径为 10～60 μm 的雾滴，将雾滴抛掷于温度为 120～300℃的热气流中，由于高度分散，这些雾滴具有很大的比表面积和表面自由能，其表面的湿分蒸气压比相同条件下平面液态湿分的蒸气压要大。热气流与物料以逆流、并流或混合流的方式相互接触，通过快速的热量交换和质量交换，使湿物料中的水分迅速汽化而达到干燥，干燥后产品的粒度一般为 30～50 μm。

喷雾干燥器

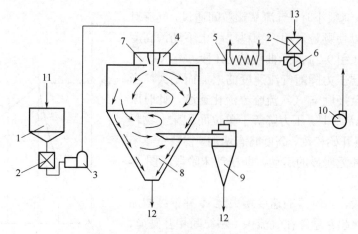

图 9-24 喷雾干燥的典型工艺流程

1—料罐；2—过滤器；3—泵；4—雾化器；5—空气加热器；6—鼓风机；7—空气分布器；
8—干燥室；9—旋风分离器；10—排风机；11—进料口；12—产品出口；13—空气入口

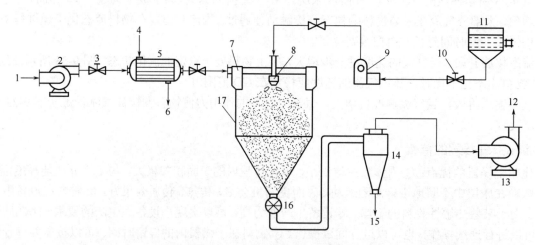

图 9-25 喷雾干燥装置示意图

1—空气入口；2—送风机；3，10—阀门；4—加热蒸汽入口；5—加热器；6—冷凝水出口；
7—热空气分布器；8—压力喷嘴；9—高压液泵；11—储液罐；12—尾气出口；13—抽风机；
14—旋风分离器；15—粉尘回收；16—星形卸料器；17—喷雾干燥室

主要工作过程是：外界新鲜空气通过空气过滤器、鼓风机，进入空气加热器，使空气温度提高到 160℃左右，送进干燥室（塔）。在进入干燥室（塔）前，热空气先通过匀风板，使热空气均匀分布，防止旋涡，避免焦粉发生，以保证干燥效果。需干燥处理的物料液，经杀菌处理后进入料罐，再由压力泵送至雾化器，料液以雾状喷出并与热空气混合，物料微粒吸取热量，水分瞬间蒸发，形成粉末向下降落，经过一段恒速干燥，进一步蒸发水分，粗颗粒落入干燥室（塔）的锥形底部并排出机外。干燥后的物料细粉粒和低温湿空气经旋风分离器分离，废空气由排风机排放，干燥细粉末产品落下由卸料器连续排出。

喷雾干燥的物料可以是溶液、乳浊液、混悬液或是黏糊状的浓稠液。干燥产品可根据工艺要求制成粉状、颗粒状、团粒状甚至空心球状。由于喷雾干燥时间短，通常为 5~30 秒，所以特别适用于热敏性物料的干燥。喷雾干燥的干燥介质多为热空气，也可用烟道气，对含有机溶剂的物料，可使用氮气等化学惰性气体。

2. 雾化系统的分类

雾化系统是喷雾干燥器的重要部分。料液经雾化系统喷出，分散成 10~60 μm 的雾滴，提供了很大的蒸发面积（每 1m³ 溶液具有的表面积为 100~600 m²），从而增加了传热、传质速度，极大地提高了干燥速率。同时，其对生产能力、产品质量、干燥器的尺寸及干燥过程的能量消耗均有重要影响。按液态物料雾化方式不同，雾化系统分为3种，如图9-26。

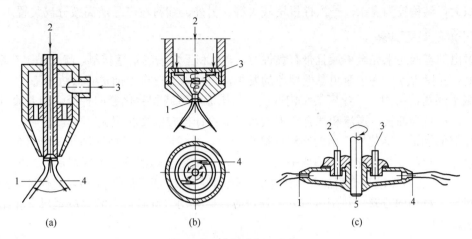

图 9-26　雾化系统（喷嘴）

（a）：气流式喷嘴（1—喷嘴；2—原料液；3—压缩空气；4—喷雾锥）；
（b）：压力式喷嘴（1—喷嘴口；2—高压原料液；3—旋转室；4—切线入口）；
（c）：离心式喷嘴（1，4—喷嘴；2，3—原料液；5—旋转轴）

（1）气流式喷雾　如图9-26（a）所示，将压力为150～700 kPa 的压缩空气或蒸汽以≥300 m/s 的速度从环形喷嘴喷出，利用高速气流产生的负压力，将液体物料从中心喷嘴以膜状吸出，液膜与气体间的速度差产生较大的摩擦力，使得液膜被分散成为雾滴。气流式喷嘴结构简单，磨损小，对高、低黏度的物料，甚至含少量杂质的物料都可雾化，处理物料量弹性也大，调节气液量之比还可控制雾滴大小，从而控制了成品的粒度，但它的动力消耗较大。

（2）压力式喷雾　如图9-26（b）所示，高压液泵以2～20 MPa 的压力，将液态物料带入喷嘴。喷嘴内有螺旋室，液体在内高速旋转喷出。压力式喷嘴结构简单，制造成本低，操作、检修和更换方便，动力消耗较气流式喷嘴要低得多；但应用这种喷嘴需要配置高压泵，料液黏度不能太大，而且要严格过滤，否则易产生堵塞，喷嘴的磨损也比较大，往往要用耐磨材料制作。

（3）离心式喷雾　如图9-26（c）所示，将料液从高速旋转的离心盘中部输入，在离心盘加速作用下，料液形成薄膜、细丝或液滴，由转盘的边缘甩出，立刻受到周围热气流的摩擦、阻碍与撕裂等作用而形成雾滴。离心式喷嘴操作简便，适用范围广，料路不易堵塞，动力消耗小，多用于大型喷雾干燥；但结构较为复杂，制造和安装技术要求高，检修不便，润滑剂会污染物料。

喷雾干燥要求达到的雾滴平均直径一般为 10～60 μm，这是喷雾干燥的一个关键参数，对技术经济指标和产品质量均有很大的影响，对热敏性物料的干燥更为重要。在制药生产中，应用较多的是气流喷雾法和压力喷雾法。

喷雾室有塔式和箱式两种，以塔式应用最为广泛。

物料与气流在干燥器中的流向分为并流、逆流和混合流三种。每种流向又可分为直线流动和螺旋流动。对于易黏壁的物料，宜采用直线流的并流，液滴随高速气流直行而下，从而减少了雾滴黏附于器壁的机会，但雾滴在干燥器中的停留时间相对较短。螺旋流动时物料在器内的停留时间较长，但由于离心力的作用将粒子甩向器壁，因而增加了物料黏壁的机会。逆流时物料在器内的停留时间也较长，宜用于干燥较大颗粒或较难干燥的物料，但不适用于热敏性物料，且逆流时废气由器顶排出，为了减少未干燥的雾滴被气流带走，气体速度不能太高，因此对一定的生产能力而言，干燥器直径较大。

3. 喷雾干燥器的特点

喷雾干燥器的最大特点是能将液态物料直接干燥成固态产品，简化了传统所需的蒸发、结晶、分离、粉碎等一系列单元操作，且干燥的时间很短；物料的温度不超过热空气的湿球温度，不会产生过热现象，物料有效成分损失少，故特别适合热敏性物料的干燥（逆流式除外）；干燥的产品疏松、易溶；操作环境粉尘少，控制方便，生产连续性好，易实现自动化；缺点是单位产品耗能大，热效率和体积传热系数都较低，设备体积大，结构较为复杂，一次性投资较大等。另外，细粉粒产品需高效分离装置。

4. 喷雾干燥的黏壁现象

当喷嘴喷出的雾滴还未完全干燥且带有黏性时，一旦和干燥塔的塔壁接触，就会黏附在塔壁上，积多结成块，这就是黏壁现象。为了避免黏壁现象的发生，可从以下三个方面进行改进：

(1) 喷雾干燥塔的结构　干燥塔的结构取决于气固流动方式和雾化器的种类。如并流气流式喷雾干燥塔往往要设计得较为细长，逆流和混合流干燥塔一般设计得较低矮和粗大。

(2) 雾化器的调试　雾化器喷出的雾滴应锥形分布，垂线应该和喷嘴的轴线完全重合，喷出的雾滴大小和方向才能一致；安装雾化器若偏离干燥塔中心，雾滴就会喷射到附近或对面的塔壁上造成黏壁现象；另外，雾化器工作时振动也会引起黏壁现象，应控制好料液和压缩空气的供给，保证供给压力恒定。

(3) 热风进入塔内的方式　热空气进入干燥塔时，若采用"旋转风"和"顺壁风"相结合的方法，可防止雾滴接触器壁。

九、红外线辐射干燥器

红外线亦称红外光，在电磁波谱中，波长介于红光和微波间的电磁辐射。在可见光的范围以外，波长比红光要长，有显著的热效应。红外线辐射干燥正是利用红外线辐射器产生的电磁波被物料表面吸收后转变为热量，使物料中的湿分受热汽化而干燥的一种方法。红外线容易被物体吸收并且其有辐射、穿透力，电磁波对极性物质如水分子有特别的亲和力，深入物料内部，转化为物体的内能，使物体在极短的时间内获得干燥所需的热能，内外同时作用，更为有效，彻底地除去物料中的结合水，从而达到更为理想的干燥效果，从而避免加热传热介质导致的能量损失，有益于能源节约，与此同时红外线容易产生，可控性良好，加热迅速，干燥时间短。

红外线辐射干燥设备的核心部件是红外线辐射加热器，其种类较多，结构上主要由涂层、热源、基体三部分组成。涂层为加热器的关键部分，其功能是在一定温度下能发射所需波段、频谱宽度和较大辐射功率的红外辐射线。涂层多用烧结的方式涂布在基体上。热源的功能是向涂层提供足够的能量，以保证辐射涂层正常发射辐射线时具有必需的工作温度。常用的热源有电阻发热体、燃烧气体、蒸汽和烟道气等。基体的作用是安装和固定热源或涂层，多用耐温、绝缘、导热性能良好、具有一定强度的材料制成。

1. 红外线辐射加热器的分类

红外线辐射加热器从供热方式来分，有直热式和旁热式两种。

直热式辐射器的电热辐射元件既是发热元件又是热辐射体，通常将远红外辐射涂层直接涂在电阻线、电阻片、电阻网、金属氧化物电热层或硅碳棒上，制成灯式、管式、板式及其他异形等。直热式器件升温快、重量轻，多用于快速或大面积供热。

在直热式辐射器中，电阻带式辐射器的应用范围最广，这种辐射器是以铁铬铝合金电阻带或铬镍合金电阻带为电热基体，在其表面喷涂烧结铁锰酸稀土钙或其他高发射率涂料而制成。电阻带温度系数小、升温快，适合中低温加热干燥，寿命长，维修方便。在使用电阻带式辐射器时，可以选配反射集光装置以加强干燥效果。

旁热式辐射器由外部给辐射体供热而产生红外辐射，其能源可借助电、煤气、蒸汽、燃气等。辐射器升温慢、体积大、生产工艺成熟、使用方便，可借助各种能源，做成各种形状，且寿命长，故仍广泛应用。旁热式辐射器有灯式、管式、板式等多种。

(1) 金属管状加热器　金属管状加热器是常见的电阻带式辐射器（图9-27）。它是靠电阻丝通电加热后，金属壳管也随着发热，并发射出红外辐射。但是，其能量比较低，研究人员发现在金属管表面涂上一层金属氧化物，如氧化铁、氧化锆、氧化钛等，将大大提高红外辐射能量。

(2) 碳化硅板状加热器　碳化硅本身是良好的远红外辐射材料，用它制成的加热器效果比金属管状效果好。但是碳化硅加热器不是所有波段都理想，要在其表面加涂高辐射材料，才能达到预期效果（图9-28）。

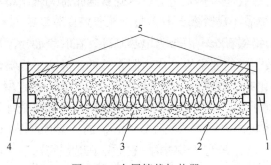

图 9-27　金属管状加热器
1，4—电极；2—金属管壳；3—电阻丝；5—绝缘顶板

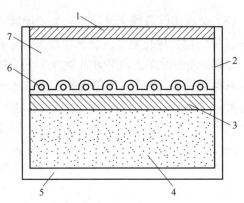

图 9-28　碳化硅板状加热器
1—高辐射材料；2，5—外壳；3—低辐射材料；
4—绝缘填充料；6—电阻丝；7—碳化硅板

(3) 板式远红外线辐射器　板式远红外线辐射器是将电阻线夹在碳化硅板或石英砂板的沟槽中间，在碳化硅板或石英砂板的外表面涂覆一层远红外涂料，当电阻线通电加热至一定温度后，即能在板表面发出远红外辐射。具有热传导性好、省电、温度分布均匀等特点，应用广泛。

2. 红外线干燥器的分类

(1) 陶瓷类红外线干燥器　主要有旁热式陶瓷红外线干燥器和直热式半导体陶瓷红外线干燥器。国内常用的旁热式陶瓷红外线干燥器主要有板式、管式、灯式三种。其中常见的有碳化硅管远红外辐射加热器，其结构如图 9-29 所示。

碳化硅管远红外辐射加热器的基体是碳化硅，碳化硅为六角晶体，色泽有黑色和绿色两种，具有很高的硬度，熔点为 2600℃，使用温度可达 800℃，热源是电阻丝，碳化硅管外面涂覆了远红外涂料。碳化硅不导电，故不需要填绝缘介质。

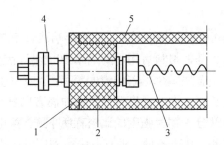

图 9-29　碳化硅管远红外辐射加热器结构图
1—普通陶瓷管；2—碳化硅管；3—电阻丝；
4—接线装置；5—辐射涂层

国内常用的直热式半导体陶瓷红外线干燥器主要有三种类型：烧结型、厚膜型、薄膜型。烧结型是整个基体通过烧结工艺处理，成为一种具有半导电特性的陶瓷材料；厚膜型是在陶瓷衬底表面涂上一层 0.2～0.35 mm 厚，经处理过的半导体陶瓷浆料，然后进行二次烧结；薄膜型是在陶瓷衬基上通过高温气相沉积法成膜。这三种类型都是电能直接施加于基体之上，使之发热，产生红外辐射。

(2) 玻璃类红外线干燥器　此类干燥器种类较多，有高硅氧石英玻璃、镀金石英玻璃、微晶玻璃、乳白石英玻璃等制成的红外线干燥器。使用较为普遍的是乳白石英红外线干燥器。

乳白石英玻璃是以天然的水晶和脉石英为原料，在采用石墨电极坩埚的真空电阻炉中熔融（1740℃）拉制而成的一种石英材料。乳白石英管红外辐射加热器是一种具有选择性的红外加热元件，由电热丝供热，由乳白石英管作为热辐射介质。乳白石英管红外辐射加热器的表面温度可达 800℃，电与辐射热的转换率可达 60%，热惯性小，升温快，特别适用于快速加热的工作场合。乳白石英管红外辐射加热器的结构如图 9-30 所示。

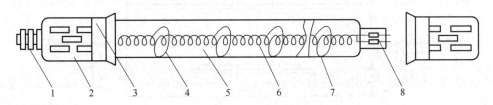

图 9-30　乳白石英管红外辐射加热器结构图
1—接线柱；2—金属卡套；3—金属卡环；4—自支撑节；5—惰性气管腔；6—钨丝热阻；7—乳白石英管；8—密闭封口

(3) 金属类红外线干燥器　此类干燥器以金属为基体，表面涂覆（或烧结）红外辐射涂层，涂层可以是金属氧化物或碳化物等。金属类红外线干燥器也有直热式与旁热式之分。直热式通常称为电阻带红外线干燥器。旁热式有金属管状、网状、搪瓷管状、板状等。

直热式金属红外线干燥器是以铁铬铝合金电阻带或铬镍合金电阻带为电热基体，在其表面喷涂烧结铁锰酸稀土钙或其他高发射率涂料而制成的电阻带，按一定的要求组合成电阻带式的红外线干燥器。此类干燥器广泛应用于轻工产品中的烤漆、固化、干燥；化纤、纺织、印染产品的脱水、固色、热定型；食品、药物、塑料、木材、皮革、玻璃、陶瓷、电子元件等加工；特别适用于金属的低温冶炼和热处理等。

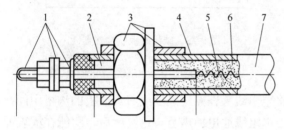

图 9-31　金属氧化镁管远红外辐射加热器结构图
1—接线装置；2—导电杆；3—紧固装置；4—金属管；
5—电热丝；6—MgO 粉；7—辐射管表面涂层

常见的金属管状红外线干燥机的类型有直形、U 形、W 形，也有其他异形结构。它通常在金属管内装入电热丝，在金属管和电热丝之间填充氧化镁粉作为绝缘和导热层，在金属管的外壁涂覆红外辐射材料，两端用紧固件连接。常见的有金属氧化镁管远红外辐射加热器，其结构如图 9-31 所示。

金属氧化镁管远红外辐射加热器是以金属管为基体，表面涂以金属氧化镁的远红外电加热器，主要由电热丝、绝缘层、钢管远红外涂层等组成。电热丝置于金属钢管内部，空隙由具有良好的导热性和绝缘性的氧化镁（MgO）粉末填充，管的两端装有绝缘瓷件与接线装置，根据工作要求，可将金属管制成各种形状和规格，基体材料可用不锈钢或 10 号钢制造。

金属氧化镁管的表面负荷率与表面温度有关，在辐射涂料已选定的情况下，其最大辐射通量的峰值波长随表面的温度升高而向短波方向移动，当元件表面温度高于 600℃时，则发出可见光，因此，使远红外部分占辐射强度的比例有所下降。氧化镁管远红外辐射加热器的机械强度高，使用寿命长，密封性好。因此，其在各种工业行业中得到广泛应用。另外，由于以金属为基体的远红外涂层易脱落，所以在炉内温度作用下金属管易产生下垂变形，而影响烘烤质量。

3. 常见的红外线辐射干燥器

常见的红外线辐射干燥器有带式红外线干燥器（图 9-32）和振动式远红外干燥器（图 9-33）。

(1) 带式红外线干燥器的工作原理　物料由提升布料器进入干燥机中，经过干燥的布料器均匀摊铺在移动的输送带上，边移动边干燥；输送带上下部安装高度可调的红外加热器，使物料内部分子在经过远红外线的辐射作用后，吸收远红外线辐射能量从而达到烘烤效果，配以强制循环风机将干热空气强制喷吹至物料层，加热干燥并带走水分。网带缓慢移动，运行速度可根据物料温度自由调节，干燥后的成品连续输出落入收料器中。

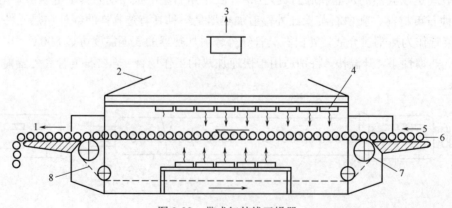

图 9-32　带式红外线干燥器
1—出料端；2—排风罩；3—尾气；4—红外辐射热器；5—进料端；6—物料；7—驱动链轮；8—网状链带

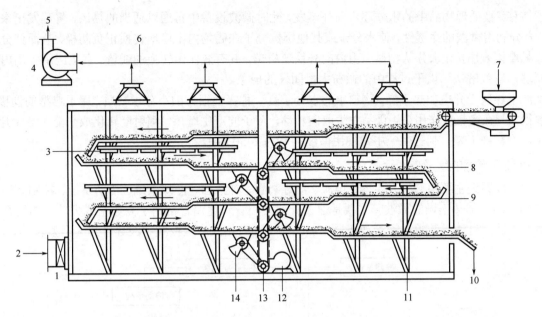

图 9-33　振动式远红外干燥器

1—空气过滤器；2—进气；3—红外辐射加热器；4—抽风机；5—尾气；6—尾气排出口；

7—加料器；8—物料层；9—振动料槽；10—卸料；11—弹簧连杆；12—电动机；13—链轮装置；14—振动偏心轮

（2）振动式远红外干燥器的工作原理　和带式红外线干燥器的工作原理基本相同，但振动式远红外干燥器采用多层振动筛板布局形式，延长物料停留时间的同时使物料不断振荡翻转，增加与热风的接触面，提高干燥速率和效果。热风由引风机强制输送，经过特殊层流设计，既能降低热能损耗，又可以减少加热时的能耗。

4. 红外线干燥器的特点

红外线干燥器具有以下特点：①红外线干燥器结构简单，调控操作灵活，易于自动化，设备投资较少，维修方便。②干燥时间短，速度快，比普通干燥方法要快 2~3 倍。③干燥过程无须干燥加热介质，蒸发水分的热能由物料吸收红外线辐射能后直接转变而来，能量利用率高。④物料内外均能吸收红外线辐射，适合多种形态物料的干燥，产品质量好。⑤红外线辐射穿透深度有限，干燥物料的厚度受到限制，只限于薄层物料。⑥电能耗费大。

若设计完善，红外辐射加热干燥的节能效果和干燥环境要优于对流传热干燥；否则，效果不如对流传热干燥。

5. 影响红外干燥器效率的因素

影响红外干燥器效率的因素有很多，如辐射强度、物料层厚度、物料初始含水量、辐射源到物料的距离等。随着辐射强度的变化，物料水分降低的幅度、干燥速率和物料温度等干燥指标都有明显的变化。因为水也是物料中接受红外照射的主要物质之一，因此物料所含水量的多少直接决定了红外干燥的效率。辐射强度与物料层厚度耦合作用加剧，影响物料的水分降低和温度变化。干燥速率并不是简单地与料层厚度成反比，而是随着含水率的增加，物料层厚度对干燥速率的影响也增大，这与水分在物料内部的存在状态有关。随着辐照距离的减少，物料水分降低的幅度和温度都增加。辐照距离不变时，辐射强度的影响要高于对流速度。

十、微波干燥器

微波干燥器是利用微波加热原理进行干燥的一种设备。在药品生产中，为了保证药品的均匀度和良好的流动性，常将原料用一定的方法制成颗粒（丸剂、胶囊剂、片剂），利用微波的热效应和非热效应，进行低温干燥和杀菌处理，微波的能量直接辐射到药品中，使药品内部温度升高，产生压力，加速被约束水分子转移,被处理物品中的水分逐步向外蒸发,此时微波设备中再通以适当的热风,将蒸发出来的水分带走。充分利用微波的穿透性,使水分子或其他极性分子在磁场内不停地转换正负两极,从而使分子与分子间高频摩擦升温,让水分从物料中由内向外快速析出,并有效保留转换的能量。真正应用了由内向外升温的原理,有效解决了烘干过程中的微粉大量团聚的现象。

微波干燥属于介电加热干燥。物料中的水分子是一种极性很大的小分子物质,属于典型的偶极子,介电常数很大,在微辐射作用下,极易发生取向转动,分子间产生摩擦,辐射能转化成热能,温度升高,水分汽化,物料被干燥。制药生产中常使用微波频率为 2450 MHz。

1. 微波干燥器的组成与原理

微波干燥系统主要由微波发生器、电源、波导装置、加热器、冷却系统、传动系统、控制系统等组成(图 9-34)。用于加热干燥的微波管主要是速调管和磁控管。速调管常用于高频率或大功率的场合。微波管产生的微波通过波导装置传输给加热器。加热器主要有箱式、极板式和波导管式等类型。

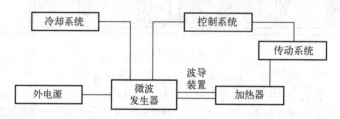

图 9-34　微波干燥系统组成示意图

(1) 直流电源　将普通交流电源经变压、整流成为直流高压电。根据微波发生器的要求不同,对电源的要求也不同,有单相和三相整流电源。

(2) 波导装置　用以传送微波的装置,简称波导。一般采用空心的管状导电金属装置作为传送微波的波导,最常用的是矩形波导。

(3) 微波发生器　生产中使用的微波发生器主要有速调管和磁控管两种。高频率及大功率的场合常使用速调管,反之则使用磁控管。

(4) 微波干燥器　这是对物料进行加热干燥的装置,也就是微波应用装置。现在应用较多的有多模微波干燥器、行波型干燥器和单模谐振腔。多模微波干燥器工作原理和结构有点类似于家用微波炉,为了干燥均匀,干燥室内可配置搅拌装置或料盘转动装置。

(5) 微波漏能保护装置　生命体对微波能量的吸收,根据微波频率和生命体的不同,达 20%~100%,对生命体产生生理影响和伤害作用,因此,必须严格控制微波的泄漏。生产中多使用一种金属结构的电抗性微波漏能抑制器。

2. 常见的微波干燥设备

(1) 箱式微波干燥器　由矩形谐振腔、输入波导、反射板、搅拌器等部分组成,图 9-35 所示为其示意图。微波经波导装置传输至矩形箱体内,矩形各边尺寸都大于 1/2 波长,从不同的方向都有波的反射,被干燥物料在腔体内各个方向均可吸收微波能,被加热干燥。没有被吸收的微波能穿过物料到达箱壁,由于反射又折射到物料上。这样,微波能全部用于物料的加热干燥。

(2) 隧道式微波干燥器　由微波加热器、微波发生器、微波抑制器、机械传输机构、抽风排湿系统及控制台等组成。图 9-36 为 WDZ 型智能化微波真空连续干燥器示意图。

隧道式微波干燥机械运行时,通过 PLC 人机界面进行控制,物料由聚四氟乙烯(特氟龙)输送带进行输送,其速度调节为无级变频调速。加热箱配备红外辐射测温仪,通过设置温度控制点,实现

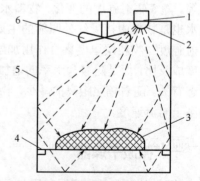

图 9-35　箱式微波干燥器示意图
1—磁控管;2—微波发射器;3—被干燥原料;
4—工作面;5—腔体;6—电场搅拌器

温度自动调节，以精确控制产品质量。其中，微波管根据功率要求进行选择，同时根据物料位置自动开闭相应的微波加热组功能。此外，隧道式微波干燥设备可同上下游工序有效衔接，进行丸剂的在线干燥和在线灭菌工序，从而实现丸剂生产的联动化操作。

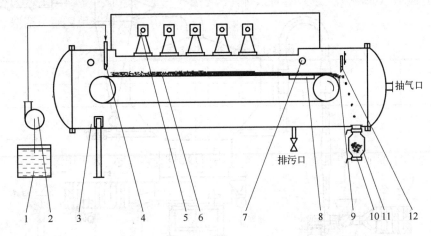

图 9-36　WDZ 型智能化微波真空连续干燥器示意图

1—料筒；2—料泵；3—真空箱体；4—加料枪；5—磁控管；6—输送装置；7—清洗装置；
8—冷却装置；9—刮料装置；10—碟阀；11—接料器；12—破碎装置

3. 微波干燥器的特点

(1) 选择性加热　因为水分子对微波吸收最好，所以含水量高的部分，吸收微波功率多于含水量较低的部分。这就是选择性加热的特点，利用这一特点可以做到均匀加热和均匀干燥。

(2) 节能高效　微波是直接对物料进行作用，因而没有额外的热能损失，炉内的空气与相应的容器都不会发热，所以热效率极高，生产环境也明显改善，与远红外加热相比可节电 30%。

(3) 时间短，效率高　微波加热是使被加热物体本身成为发热体，不需要热传导的过程。微波从四面八方穿透物体，同时使物体在很短时间内均匀加热，大大缩短了干燥时间。

(4) 微波干燥设备易于控制，工艺先进　与常规方法比较，设备即开即用；没有热惯性，操作灵活方便；微波功率可调，传输速度可调。在微波加热干燥中，无废水，无废气，是一种安全无害的技术。

微波干燥的设备具有广阔的发展前景，由于技术上和经济上的局限，目前较为普遍的应用方法是将微波干燥和普通干燥联合使用，如热空气干燥与微波干燥联合，喷雾干燥与微波干燥联合，真空冷冻与微波干燥联合等。

十一、组合干燥器

组合干燥是运用干燥技术、实验技术、制药工程与设备、系统工程和可行性论证，结合物料的特性进行干燥方法的选择与优化组合。

组合干燥器有两种结合方式：一种是两种不同的干燥器串联组合，如气流-卧式流化组合式干燥器（如图 9-37）、喷雾-带式干燥器、喷雾-振动流化干燥器。另一种是利用各自技术特长结合在一个干燥器内组成一个干燥系统，如喷雾流化制粒干燥器。一般来说，前一个干燥器主要进行快速干燥，即除掉非结合水；后一个干燥器除掉降速干燥阶段的水分或冷却产品。优点是提高了设备利用率，同时可以获得优质产品。

1. 气流-流化床干燥器

当产品的含水量要求非常低，仅用一个气流干燥器达不到要求时，应该选择气流干燥器与流化床干燥器的二级组合（如图 9-37所示）。物料由螺旋加料器定量地加入脉冲气流管，与热空气一起上移，同时进行传热、传质。物料的表面水分脱出，进入旋风分离器，分离出的物料经旋转阀进入流化床干燥器继续干燥，直至达到合格的含水率，从流化床内排出，经旋转筛后进入料仓。尾气从旋风分离器，由引风机排出。

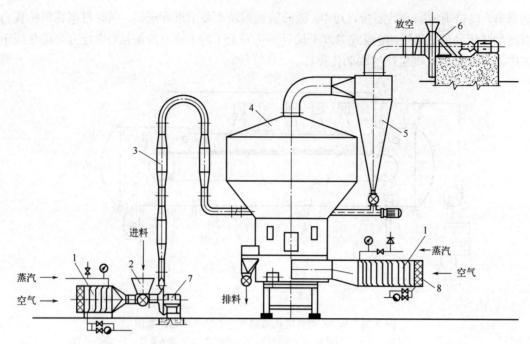

图 9-37　气流-卧式流化组合式干燥器组示意图

1—加热器；2—加料斗；3—气流管；4—卧式流化床干燥器；5—旋风分离器；6—风机；7，8—鼓风机

　　如在气流干燥器的底部装一套搅拌装置，就可组成粉碎气流-流化床干燥器。总之，在干燥装置的设计和操作过程中，如果用一种干燥器不能完成生产任务时，可以考虑两级（或多级）组合干燥技术，从而使产品达到质量、产量的要求。

　　2. 喷雾流化制粒干燥器

　　喷雾流化制粒干燥器是在喷雾技术与流化技术相结合的基础上发展起来的一种新型干燥器（如图 9-38 所示），可在一个流化床内完成多种操作。

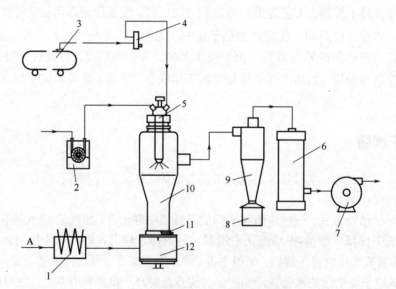

图 9-38　喷雾流化制粒干燥器示意图

1—电加热器；2—蠕动泵；3—空气压缩机；4—流量计；5—气流喷嘴；6—布袋除尘器；
7—引风机；8—受料杯；9—旋风除尘器；10—干燥室；11—布风板；12—内料杯

　　首先，在流化床内放置一定高度小于产品粒径的细粒子作为晶种。热空气进入流化床后，晶种处于流化状态，料液通过雾化器喷入分散在流化床物料层内，部分雾滴涂布于原有颗粒上，物料表面增湿，热空气和物料本身的显热足以使表面水分迅速蒸发，因此颗粒表面逐层涂布而成为较大的颗粒，称为涂布制粒机制。另一部分雾滴在没碰到颗粒之前就被干燥结晶，形成新的晶种。这样，颗粒不断长大，新的小粒子不断生成，周而复始。同时利用气流分级原理，将符合规格的粗颗粒不断排出，新颗粒继续长大，实现连续操作。如果雾滴没有迅速干燥，则产生多颗粒黏结团聚成为较大的颗粒，称为团聚制粒机制。

组合干燥是一个综合性的课题，目的是在满足产品质量要求的同时，能省时、节能和提高经济效益，其具有巨大的发展空间，前景非常广阔。

第四节　常见干燥器的操作规程

由于干燥器特殊的工作原理，使用干燥器时需要遵守一些安全操作规程，以确保使用过程中没有意外发生。以下是部分常见干燥器的安全操作规程。

一、喷雾干燥器的操作规程

1. 开车前的准备
① 管道连接处是否安装好密封材料，然后将其连接，以保证不让未经加热的空气进入干燥室。
② 检查静止设备、管道、静密封点，高速离心喷雾干燥器有无跑、冒、滴、漏和堵塞情况。
③ 门和观察窗孔是否关上，并检查是否漏气。
④ 检查电气联高速离心喷雾干燥器锁、仪表、阀门等是否正常。旋紧筒身底部和旋风分离器底部的授粉器，要求授粉器必须清洁和干燥。在安装前应检查密封圈是否脱落，未脱落方可再旋紧授粉器。
⑤ 点动离心风机的启动按钮，检查离心风机的运行旋转方向是否正确。
⑥ 向离心喷头电机加油口注油至观察孔的二分之一以上，之后打开油循环泵。
⑦ 检查离心风机出口处的调节蝶阀是否打开。（注意：不要把蝶阀关死，否则将损坏电加热器和进风管道，这一点必须引起充分注意。）
⑧ 进料泵的连接管道是否接好，电机和泵的旋转方向是否正确。
⑨ 干燥室顶部安放喷雾头确保盖好，以免漏气。
⑩ 关闭进料泵的出口。
⑪ 检查进料泵是否正常。（按离心泵的操作规程进行操作、检查。）

2. 开车
① 开启离心风机，检查风机类设备的运行情况：是否有高速离心喷雾干燥器震动、异声、异味等，电机及轴承的温度是否正常，地脚螺丝是否有松动。
② 开启电加热器（电加热是起辅助加热作用），并检查是否漏电（如果漏电，控制柜会自动跳掉）。进行筒身预热，预热温度在180～220℃之间。
③ 打开风机。
④ 放置离心喷雾头，开启离心喷头，将雾化器的频率慢慢调到一定的频率（根据实际情况确定），让喷头达到该频率条件下的最高转速时，开启进料泵，打开进料泵的出口阀门。同时打开筒身底部和旋风分离器底部的授粉器，接收物料。（连续生产的时候不需要每批物料都清洗，需要根据物料的腐蚀性来确定，洗离心喷头时一般不需要拆卸，用螺杆泵打清水清洗。）
⑤ 慢慢打开离心喷头的阀门，使下料量由小到大，否则将产生黏壁现象，直到调节到适当的程度，以保持排风温度不变。
⑥ 干燥后的成品被收集在塔体下部和旋风分离器下部的授粉器内，授粉器充满前就应调换，在调换授粉器时，必须先将上面的蝶阀关闭方可进行。

3. 正常维护检查内容

① 每小时记录一次高速离心喷雾干燥器参数和主要设备电流，认真做好生产记录。

② 检查静止设备、管道、溜槽、静密封点，高速离心喷雾干燥器有无跑、冒、滴、漏和堵塞情况。

③ 检查泵类设备的运行情况：高速离心喷雾干燥器是否有震动、异声，电机及轴承温度是否正常，地脚螺丝是否有松动，出口压力是否正常。

④ 离心喷头的保养。

a. 在使用过程中如有杂声和震动，应立即停车取出雾化器，检查喷雾盘内是否附有残留物质，如有，应及时进行清洗。

b. 检查轴承和衬套，以及轴、齿轮等传动机件是否异常，如发现异常，应及时更换损坏部件。

c. 机械传动雾化器采用高速齿轮传动。必须用高速润滑冷却油液（可用液压油或锭子油）不断地循环冷却，使齿轮、轴、轴承得到良好的润滑。使用的润滑油黏度不宜太高。

d. 为增加雾化器使用寿命，最好将喷头交替使用，连续 8 小时或据情况轮换。滚动轴承的润滑油在150～200 小时应调换一次。使用中每隔 1～2 小时可揿动油杯开关加入几滴润滑油润滑衬套，即将油杯顶上的小手柄上下翻动几下，然后将小手柄放平；若竖直的话，油杯一直处于加油状态，油杯的油很快加完。由于加油太多，还会污染产品。

e. 使用完毕后，应喷水清洗。

f. 在拆装时，应注意不能把主轴弄弯，装喷雾盘时要用塞片来控制盘和壳体的间隙，固定喷雾盘的螺母一定要拧紧，防止松动脱落。

g. 工作完毕后和运输过程中切忌卧放，安放不正确会使主轴弯曲，影响使用。

4. 停车

（1）正常停车

① 先关蒸汽加热和电加热降温，同时关掉供料泵（螺杆泵）降温。进口温度降到 90℃后关闭，雾化器在温度为 90℃以下时可关闭，循环风机在温度为 60℃以下时可关闭。

② 喷料完毕后，将原料液切换至溶剂，并且将雾化器频率调至 50 Hz，并喷雾 10 分钟左右，慢慢减小雾化器频率至 20 Hz 左右，关闭离心喷头的电源。

③ 保持离心风机运转，使旋风喷雾干燥塔内的温度降至 40～50℃，然后关闭风机电源。

④ 用螺杆泵打清水清洗离心喷雾干燥器。

（2）紧急停车

① 当电加热系统温度过高时，需要立即关闭电加热系统电源，以免电加热系统被烧坏或引起火灾等事故。

② 当离心风机运转不正常或停止运转时，需要紧急停机，按控制柜上的急停开关。同时关掉蒸汽阀门。

5. 使用注意事项

① 在氧气浓度未达 21%时，严禁开检查门，否则易引起操作人员缺氧，以致窒息。

② 开冷冻机时，必须开循环水。

③ 每次开车前，雾化器两个加油口必须加油。

④ 闭式操作过程中，喷有机溶剂时，氧气浓度必须控制在 5%以下（可通过再次导入 N_2 或重新开机，使氧气浓度达到要求值），否则有机溶剂有燃烧、爆炸的危险。

⑤ 设备在运转中，不要触摸旋转部件（雾化器、雾化盘、皮带、电机风叶）。

⑥ 设备运转中或停机后一段时间内，其表面温度比较高，请不要用手去触摸袋滤器、旋风分离器、风管、雾化器、排风机、观察窗等部件。

⑦ 干燥塔的温度不降到常温时，请不要进入塔内。

⑧ 在开、闭检查门，拆装风管、旋风分离器、雾化器时，当心手、手指被夹住。

二、流化床干燥器的操作规程

1. 操作前准备工作

① 查阅运行（交接班）记录，以确定上一班有无异常。

② 开启压缩空气阀门，检查设备上各个密封部位密封条是否嵌入到位并密封良好。

③ 巡视设备，看外观及各连接是否正常，确认无异常后方可进行下一步操作。

④ 检查油雾器内润滑油是否清洁、足量；分水过滤器内的积液是否及时排放。

⑤ 清扫进风口异物及粉尘。

⑥ 检查容器通风是否流畅，容器是否清洁、干燥。

⑦ 检查布袋是否完好、清洁干净、悬挂捆绑牢固。

⑧ 连接好各进料管、进空气管道。

⑨ 检查电气控制是否正常，接地是否充分。

2. 操作步骤

（1）开机程序 打开控制柜电源→启动控制电源钥匙开关→程序启动→安装滤袋→滤袋锁紧（操作方法：人工拉动锁紧扳手，抖袋汽缸的锁紧装置上的插销随之活动，可随时锁紧和开锁；锁紧后，将手摇绞车回转2～3圈，松开升降钢丝绳）→旋进喷雾室→推入原料容器（接插好物料温度传感器和接地线）→容器升→气囊充气→风机启动→滤袋清粉Ⅰ或滤袋清粉Ⅱ→调整进风温度控制仪表的参数→加热。

注：启动加热后，快速开关疏水阀旁边的旁通阀门，打开时间约3秒钟，重复两到三次。

（2）开机试车

① 检查引风机旋向：启动1～2秒后停止，观察风机旋向是否与蜗壳上的标记一致，如果旋向相反，应报修调整旋向，使风机叶轮旋向与蜗壳上的标记一致。

② 各密封处应严密无泄漏。

③ 检查各执行汽缸运作是否灵敏。再启动风机及加热，检查各测温点的温度传感器是否正常。

（3）物料的投放

① 如采用人工进料，应在拉出原料容器前取下原料容器的温度传感器和接地线。

② 真空吸料：a.在启动系统至运行滤袋清粉Ⅰ或滤袋清粉Ⅱ状态时，调节进风调节阀至一档，打开进料阀，利用胶管使物料在引风机的负压抽吸下进入容器。b.真空吸料结束后，关闭进料阀，适当将进风调节阀开大，使物料有良好的流化状态即可。

（4）运行管理

① 启动滤袋清粉Ⅰ或滤袋清粉Ⅱ，调节好进风量，保持合理的流化状态。

② 经常观察被干燥物料的流化状态，一般流化高度以不超过喷雾室的观察视镜的高度为宜。当流化态差时，可通过调节进风量来改善流化状态。若出现异常情况如沟流、结块、塌床时可启动鼓噪功能，待流化状态趋于正常后，停止鼓噪重新进行干燥作业；通过鼓噪还不能改善流化状态时应停机处理。

③ 经常观察引风机出口有无跑料，若有，说明布袋有短线（断纤）、穿孔、破裂等，应立即停机更换或缝补。

④ 经常检查各密封是否良好，有无漏气。

（5）关机程序 干燥结束，颗粒水分干燥达到工艺要求→加热停止→物料降温至工艺要求→风机停→人工清粉→气囊排气→容器降→取下物料温度传感器和接地线→拉出原料容器卸料或旋出喷雾室→拆下滤袋→清理残留物料→打扫设备卫生。

注：在停止生产后，关闭蒸汽主进气阀，压缩空气主进气阀。

3. 日常维护与保养及安全注意事项

① 经常清理清扫加热器、风机、容器及干燥室内外、气缸、控制柜积灰、污垢，保持设备清洁。

② 进气源（空气处理器）的油雾器要经常检查，在空气处理器的油雾器油筒（靠出气侧）内加入 5#、7#机械油（变压器油），装油量为油雾器总量的三分之二；分水滤气器内有水时应及时排放。

③ 喷雾干燥室的支撑轴承转动应灵活，转动处每天清洗并滴入润滑油 5～8 滴。

④ 设备闲置未使用时，应每隔十五天启动一次，启动时间不少于 20 分钟，防止电磁阀、气缸等因时间过长润滑油干枯，造成电磁阀和气缸损坏。

⑤ 清洗：拉出原料容器，打开喷雾干燥室，放下滤袋架，取下捕集袋，关闭风门，清理残留在主机各部分的物料，要彻底清洗干净原料容器内气流分布板上的缝隙。特别对布袋应及时清洗干净，烘干备用。

⑥ 发现跑料或布袋破损或干燥效率低下时应及时更换布袋。

⑦ 布袋安装好后应松开钢丝绳以防钢丝绳受力断裂或损坏气缸和其他部件。

⑧ 控制气囊充气压力在规定值范围内，过大会损坏气囊。

⑨ 出料前抖动布袋清灰，并取下物料温度传感器。

⑩ 每次开机前搭好接地线。

⑪ 每次投入湿料总量应小于最大干燥量。

⑫ 操作应按操作步骤进行。

三、真空冷冻干燥器的操作规程

1. 开机前准备

① 检查制冷系统：观察设备仪表板上的冷媒高、低压表读数，两表在一定压力下达到平衡，平衡压力根据周围温度高低而上下波动，一般在 0.5～1.2 MPa。

② 检查电压是否正常，浮动为电压值的 5%。

③ 检查空气管路是否正常，空气进口压力不得超过本机型的工作压力，进气压力尽量不超过本机型的确定值。

设备首次使用开机前必须加热上 8 小时，一旦接通电源，加热器自动加热。

2. 操作

① 接通电源，合上空气开关，此时设备仪表上的电源指示灯红灯亮。

② 按下绿色按钮 START，接触器吸合，运转指示灯 RUN 亮，压缩机开始运行。

③ 检查压缩机运转是否正常，有无异常响声，冷媒高低压表指示是否正常。

④ 如一切正常，再开启空压机和空气进出口截止阀向冷冻式干燥机送气，并且关闭空气旁通阀。

⑤ 观察 5～10 min 后，经真空冷冻干燥器处理后的空气可达到使用要求。此时冷媒高、低压表指示正常范围如下：

冷媒低压表：冬季 0.3～0.5 MPa；夏季 0.4～0.7 MPa。

冷媒高压表：冬季 1.4～1.6 MPa；夏季 1.4～2.0 MPa。

⑥ 正常开机时，每两天需要打开过滤器的排水阀进行手动排水。

⑦ 关机时应先关闭空气源，再按红色 STOP 按钮将冻干机关闭。

⑧ 切断电源，打开排污阀放尽残余冷凝水。

3. 维护和保养

① 应尽量避免真空冷冻干燥器长时间在无负荷状态下运转。

② 禁止真空冷冻干燥器短时间连续开机，每次开机至少间隔 10 分钟 ，避免损坏制冷压缩机。

③ 如果冷媒机低压表读数为零，则制冷剂已经泄漏。

④ 压缩机油加热器不加热就开机将会导致设备压缩机的损坏，启动前要遵循操作指导要求。

4. 故障分析与处理（表 9-3）

表 9-3　故障发生的原因及解除方法

故障现象	原因分析	解除方法
真空冷冻干燥器不工作	没有供电 保险丝熔断 线路短路或松动	检查供电系统 更换保险丝 根据电路图查线路
压缩机不运转	电源缺相或电压超出允许范围 接线不正确 继电器或接触器没吸合 电容损坏 高、低压保护开关不良 压缩机的机械故障，如卡缸	检查电源，使电源电压在额定范围 根据电路查线路 检查原因，更换或维修 更换启动电容 调整压力开关设定值，或更换开关 更换压缩机
冷媒高压过高引起冷媒压力故障灯亮	热负荷过大及进气温度太高 环境温度太高 制冷系统中混入空气 风扇旋转方向不正确或故障 膨胀节异常 干燥机过滤器堵塞 制冷剂灌充过量	降低负荷和进气温度 改善通风条件，降低环境温度 检查原因 改变相序或更换风扇 更换膨胀节 更换过滤器 放掉一部分冷媒
冷媒低压过低引起冷媒压力故障灯亮	制冷剂不足或泄漏 空气流量太小或负荷过轻 热旁通阀未打开或不良	检修并重新抽真空添加制冷剂 增加压缩空气流量或负荷 调节旁通阀或更换
压缩机运转电流过大引起热过载，故障灯亮	热负荷过大及进气温度太高 环境温度过高 制冷剂不足，使其过热度太高 压缩过负荷 压缩机缺油或油位过低 压缩机轴承磨损或卡缸	降低热负荷和进气温度 改善通风条件，降低环境温度 添加制冷剂 减少压缩机启动次数 检查压缩机油位，补充润滑油 更换压缩机
蒸发器内部结冰，主要现象为排水器不排水，打开排污阀油冰粒吹出	空气流量太小或负荷过轻 热旁通阀未打开或不良，同时膨胀阀开启过大 蒸发器排水口堵塞，积水过多产生冰堵	增加压缩空气流量或负荷 调节热气旁通阀及膨胀阀或更换 疏通排水口，排净蒸发器冷凝水
设备运行正常，但压降很大	进气压力低 管路阀门没有完全打开 管径过小、弯头太多或管路过长 蒸发器冰堵 空压机吸气过滤器堵塞 设备积水过多 设备所选型号处理能力太弱 空气系统脏堵	增大进气压力 打开所有空气管路阀门 改善空气管路系统 疏通排水口，排净蒸发器冷凝水 清洗或更换过滤器 检查排水系统，修理或更换 增加设备或更换更大处理的设备型号 用清洗剂反向清洗
设备运行噪声过大	风扇叶片弯曲 风扇电机轴承磨损 制冷剂回液 压缩机损坏 压缩机缺油	校正或更换 更换风扇 检查膨胀阀，调整或更换 更换压缩机 检查油位水平，检查加热器工作情况
油管路结霜	高压侧阀门堵塞 干燥过滤器堵塞	打开阀门去除堵塞 更换
吸气管路结霜	膨胀阀异常 热气旁通阀未打开或不良	更换膨胀阀 调节热气旁通阀或更换

出现异常情况要立即向主管人员报告，并填写异常情况报告，并及时处理。

5. 设备的维护与保养

① 要经常检查真空泵、压缩机等零件部位组合松紧，要定期用汽油或酒精彻底清洗全部零件。

② 凡转动的部分要定期加润滑油，如发现有磨损或打烂等现象，按情况进行修理或更换。

四、真空干燥箱的操作规程

1. 安全操作规程

① 操作前检查电源线是否损坏，电源插头是否正常。

② 佩戴防护手套和防护眼镜。

③ 将干燥箱放置在通风、无积水、无酸碱的环境下。

④ 不要将干燥箱放在易燃物品附近。

⑤ 禁止在干燥箱操作时吸烟、饮食和饮酒。

2. 操作步骤

① 打开干燥箱前，先检查内部是否有杂物，若有，请及时清除。

② 检查干燥箱的电源线是否连接牢固，电源插头是否插入插座。

③ 打开干燥箱门后，根据操作需要确定温度和时间参数，并调节控制面板上的相应按钮。

④ 将待干燥样品放入干燥箱内，注意不要超过箱内容积的 2/3。

⑤ 关闭干燥箱门，确保门口密封良好。

⑥ 打开真空泵的开关，并将泵速调到最大。观察干燥箱内真空压力表，当压力值达到设定值时，将泵速调为中速。

⑦ 在干燥过程中，注意观察干燥箱内部的显示屏，确保温度和时间参数的准确。

⑧ 当干燥时间到达时，打开干燥箱门，关闭真空泵开关，将泵速调至最小。

⑨ 使用干燥箱内部的工具将干燥样品取出。注意使用工具时要佩戴手套。

⑩ 关闭干燥箱电源开关，拔掉电源插头。

3. 维护保养

① 每天使用干燥箱后，要将内部清理干净，特别是残留的样品，避免影响下次使用。

② 定期检查干燥箱的电源线和插头，确保无损坏。

③ 定期清理干燥箱的过滤器和通风口，保持通风良好。

④ 定期检查干燥箱的真空泵，保持其良好工作状态。

4. 注意事项

① 在干燥箱运行期间，不要随意触摸箱体和控制面板，避免烫伤。

② 在使用真空泵时，要确保泵的工作环境干净，避免灰尘进入泵内。

③ 若需要更换干燥箱的配件，如真空泵或控制面板，需请专业人员进行更换。

④ 若需要更改温度和时间参数，要先将干燥箱停止运行，再进行调整。

⑤ 使用干燥箱时，要遵守相关安全操作规程，确保安全。

以上操作规程仅供参考，因干燥设备型号多种多样，操作流程不一，生产操作前须经过专业培训，并养成良好的操作习惯和维护保养习惯，能够延长干燥箱的使用寿命，并确保操作人员的安全。如遇到操作故障或不熟悉操作，应及时请专业人员进行指导和处理。

第十章

换热设备

换热设备概述

换热设备是将热流体的部分热量传递给冷流体，使流体温度达到工艺流程规定指标的热量交换设备，又称热交换器。主要功能是保证工艺过程对介质所要求的特定温度，同时也可提高能源利用率，回收利用余热、废热和低位热能。换热器既可是一种单独的设备，如加热器、冷却器和凝汽器等；也可是某一工艺设备的组成部分，如氨合成塔内的热交换器。

换热设备不仅是制药工艺过程必不可少的单元设备，还广泛应用于炼油、化工、轻工、机械、食品加工、动力以及原子能工业部门当中。

第一节　换热设备工作过程及类型

换热设备的
工作过程

在换热器中，至少有两种温度不同的流体，一种流体温度较高，放出热量；另一种流体则温度较低，吸收热量。即在一个大的密闭容器内装上水或其他介质，而在容器内有管道穿过。让热水从管道内流过。由于管道内热水和容器内冷热水的温度差，会形成热交换即满足热平衡，高温物体的热量总是向低温物体传递，这样就把管道里水的热量交换给了容器内的冷水。

一、换热设备工作过程

热量的传递方式可分为三种：①传导传热；②对流传热；③辐射传热。

传热过程可分为三步：①热流体将热量传给固体壁面（对流传热）；②热量从壁的热侧传到冷侧（热传导）；③热量从壁的冷侧面传给冷流体（对流传热）。壁的面积称为传热面，是间壁式换热器的基本尺寸。

提高传热速率的方法：①增大传热面积（翅片管、波纹管等）；②提高传热系数（增加流速、选择相变温度、选择导热性能好的材料作为换热元件等）；③增大冷热流体的温度差（冷热流体逆流等）。

二、换热设备的类型及要求

（一）按用途分类

(1) 冷却器　用水或其他冷却介质冷却液体或气体。

(2) 冷凝器　冷凝蒸汽或混合蒸气。

(3) 加热器　用蒸汽或其他高温载热体来加热工艺介质，以提高其温度。

(4) 换热器　在两个不同工艺介质之间进行冷热交换，即在冷流体被加热的同时，热流体被冷却。

(5) 再沸器 用蒸汽或其他高温介质将蒸馏塔底的物料加热至沸腾，以提供蒸馏时所需的热量。

(6) 蒸气发生器 用燃料油或气的燃烧加热生产蒸气。

(7) 过热器 将水蒸气或其他蒸气加热到饱和温度以上。

(8) 废热锅炉 凡是利用生产过程中的废热来产生蒸气的统称为废热锅炉。

（二）按换热方式分类

(1) 间壁式换热器 间壁式换热的特点是冷、热流体被一固体隔开，分别在壁的两侧流动，不相混合，通过固体壁进行热量传递。

(2) 直接接触式传热 直接接触式传热的特点是冷、热两流体在传热器中以直接混合的方式进行热量交换，也称混合式换热。

(3) 蓄热式换热器 蓄热式换热器是由热容量较大的蓄热室构成。室中充填耐火砖作为填料，当冷、热流体交替通过同一室时，就可以通过蓄热室的填料将热流体的热量传递给冷流体，达到两流体换热的目的。

（三）按结构类型分类

换热设备的结构种类繁多，从传热面的特征来看，可分为两大类：管式换热设备和板式换热设备。

1. 管式换热设备

管式换热设备的传热面是各种管子，冷、热两种流体分别在管内和管外通过，经管壁面交换热量，这是炼油厂内应用最普通的换热设备。从具体结构上细分，它又可分为：管壳式换热设备、套管式换热设备、水浸式冷却器和空气冷却器。

(1) 管壳式换热设备 其特点是在圆筒形外壳中装有管束，一种流体在管内流动称为管程，另一流体在管外流动，称为壳程，它又可分为：

① 固定管板式：如图 10-1 所示，两块管板均固定在外壳圆筒上，其上面胀接着许多小管子，称为管束。这是最简单的一种结构，但当冷、热流体的温度差较大时，管束与外壳的热膨胀伸长量就不一样大，管子就会从管板上被拉脱而泄漏，所以它只适用于冷、热两流体的平均温度差较低（例如不超过 60～80℃）的场合。它的管外表面结垢后不易清洗，所以管外流体不应结焦、结垢或沉淀。

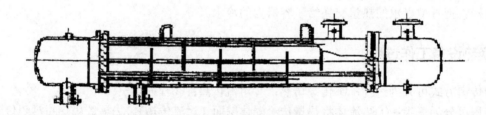

图 10-1 固定管板式管壳

② 带膨胀节的固定管板式：如图 10-2 所示，在壳体上装有波形膨胀节，可补偿部分热膨胀量，使它可用于冷、热两流体平均温差较高的场合，但波形膨胀在壁较厚时，作用就不明显，所以这种类型的换热器主要用于压力较低（例如壳程压力 0.6～1.0 MPa 以下）的场合。

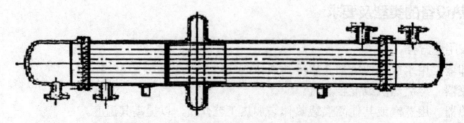

图 10-2 带膨胀节的固定管板式管壳换热器

③ 浮头式：如图 10-3 所示，一端管板被夹持在壳体上，另一端管板则做成浮头式，可在壳体内抽出，管内管外均可清洗，对流体也没什么限制，所以在炼油厂内是应用最多的类型。其缺点是结构较复杂，造价稍高，浮头处易漏而不易检查出来。

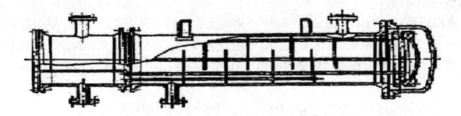

图 10-3　浮头式管壳换热器

④ U 形管式：如图 10-4 所示，只有一个管板，管子全部弯成 U 形，可以自由膨胀，也可以从壳体内抽出，以便于清洗。只是管子内壁在 U 形弯头处不易清洗，管子更换困难，管板上排列的管子较少。它主要用于管内流体压力较高而且较干净的场合。

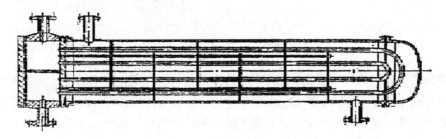

图 10-4　U 形管式管壳换热器

⑤ 填料函式：如图 10-5 所示，一端可以自由滑动，但密封是靠填料函，结构比浮头稍简单。在壳程流体压力较高时易泄漏，特别对于易燃、易爆、易挥发有毒的流体是不适合的，炼油厂内很少应用。

图 10-5　填料函式管壳换热器

(2) 套管式换热设备　结构示意如图 10-6，它由两根不同直径的管子同心相套，再由弯连接而成。

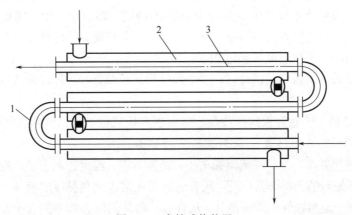

图 10-6　套管式换热器
1—回弯管；2—外管；3—内管

冷、热两种流体分别由内管和管间相互逆向通过，进行热量交换。它结构简单，便于拆卸清洗；两种流体完全逆向流动，传热效果好。但是金属用量较大，占地面积大，接头处易发生泄漏。所以它适用于热负荷不大，高黏度易凝固的重油和残油的废热回收，且两种流体温差应小于 70℃，否则会因内外管热膨胀量不同而造成接头破裂。

(3) 水浸式冷却器　结构示意图见图 10-7，在矩形水管内装有几组蛇形盘管，整个盘管浸没在水中，使管内流体被冷却。这种冷却器内贮水量较大，使用较为安全，结构很简单，也便于清洗检修。缺点是金属用量大，体积庞大，占地面积大，传热效率低，在炼油厂内已较少应用。

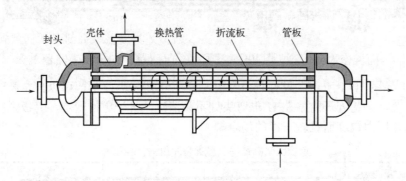

图 10-7　水浸式冷却器

(4) 空气冷却器　其结构与一般换热器不同，管束用翅片管组成，在下面用轴流式风机，使大量空气吹过管束，将管内流体冷凝冷却，改变风机叶片角度就可以调节所需风量，以控制管内流体的出口温度。用空气代替水作冷却剂，能大量节约用水，节省了循环水厂的投资，基建及操作费用较低，目前炼油厂内已大量使用。但由于空气温度随大气温度而变化，所以它的最终冷却温度不能太低。有时还需在后面串联使用水冷却器，空气冷却器的具体结构和特点将在下一节中介绍。

2. 板式换热设备

板式换热设备的传热面是表面压成各种形状的薄板，冷、热流体分别在相邻两板之间流动，通过板壁而进行换热。由于它的强度和密封问题，尚不能用于压力或温度较高的场合。

(1) 按换热板的形状分类　①板翅式换热器，主要工作部件由封闭在带有冷、热流体进出口的集流箱中的换热板束构成。板束由平板和波纹翅片交互叠合，钎焊固定而成。冷、热流体流经平板两侧换热，翅片增加了传热面积，又促进了流体的湍动，并对设备有增强作用。②螺旋板换热器，主要工作部件由两张保持一定间距的平行金属板卷制而成，冷、热流体分别在金属板两侧的螺旋形通道内流动。这种换热器的传热系数高（约比管壳式换热器高 1～4 倍），平均温度差大（因冷、热流体可作完全的逆流流动），流动阻力小，不易结垢；但维修困难，使用压力不超过 2 MPa。③平板式换热器，主要工作部件由一定形状的波纹薄板和密封垫片交互叠合，并用框架夹紧组装而成。冷、热流体分别在波纹板两侧的流道中流过，经板片进行换热。波纹板通常由厚度为 0.5～3 mm 的不锈钢、铝、钛、钼等薄板冲制而成。平板式换热器的优点是传热系数高（约比管壳式换热器高 2～4 倍），容易拆洗，并可增减板片数以调整传热面积。操作压力通常不超过 2 MPa，操作温度不超过 250℃。

(2) 按组装形式分类　①板壳式换热器；②半焊接板式换热器；③钎焊板式换热器；④全焊接板式换热器。

(3) 按结构形式分类　①螺旋板式换热器；②可拆卸板式换热器（又叫带密封垫片的板式换热器）；③板卷式换热器（又叫蜂窝式换热器）；④焊接板式换热器。

板式换热器具有换热效率高，物料流阻损失小，结构紧凑，温度控制灵敏，操作弹性大，装拆方便，使用寿命长等特点。可处理的物料非常广泛，从普通的工业用水到高黏度的液体，从卫生要求较高的食品液体、医药物料到具有一定腐蚀性的酸碱液体，从含颗粒粉体的液态物料到含少量纤维的悬浮液体，均可采用板式换热器处理。可用于加热、冷却、蒸发、冷凝、杀菌消毒、热力回收等场合。

（四）换热设备性能对比及选择

（1）换热器的基本要求

① 热量能有效地从一种流体传递到另一种流体，即传热效率高，单位传热面上能传递的热量多。

② 换热器的结构能适应所规定的工艺操作条件，运转安全可靠，密封性好，清洗、检修方便，流体阻力小。

③ 要求价格便宜，维护容易，使用时间长。

（2）换热器性能对比及选择

① 流体的性质（比热、传热系数、黏度、腐蚀性、热敏性、结垢情况以及是否有磨蚀性颗粒）。

② 换热介质的流量、操作温度、压力。

③ 随着生产技术的不断发展，换热器适用范围在不断地发展。

第二节　换热设备的结构

换热设备性能
对比及选择

一、管壳式换热器的结构类型及特点

常用的管壳式换热器有固定管板式、浮头式和 U 形管式等。

1. 固定管板式换热器

固定管板式换热器主要由外壳、管板、管束、封头等部件组成，如图 10-8 所示。其结构特点是在壳体中设置管束，管束两端用焊接或胀接的方法将管子固定在管板上，两端管板直接和壳体焊接在一起，壳程的进出口管直接焊在壳体上，管板外圆周和封头法兰用螺栓紧固，管程的进出口管直接和封头焊在一起。管束内根据换热管的长度设置了若干块折流板。这种换热器，管程可以用隔板分成任何程数。应用极为广泛。

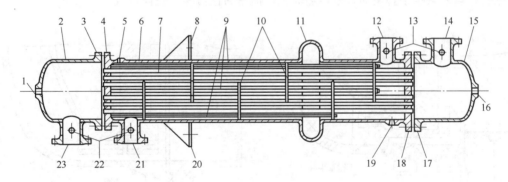

图 10-8　固定管板式换热器结构图

1—排气口；2—封头；3—法兰；4—管板；5—排气口；6—壳体；7—列管；8—支座；
9—定距管；10—折流板；11—膨胀节；12—壳体接管；13—排气口；14—封头接管；15—封头；
16—排气口；17—法兰；18—管板；19—排液口；20—支座；21—接管；22—排液口；23—接管

固定管板式换热器结构简单，造价低，制造容易，管程清洗检修方便。壳程清洗困难，管束制造后有温差应力存在，当冷热两流体的平均温差较大，或壳体和传热管材料热膨胀系数相差较大、热应力超过材质的许用应力时，在壳体上应设膨胀节，由于膨胀节不能承受较大内压，所以换热器壳程压力不能太高。

固定管板式换热器适用于两种介质温差不大（一般应低于 30℃），或温差较大但壳程压力不高的条件。

2. 浮头式换热器

浮头式换热器主要由壳体、浮动式封头、管箱、管束等部件组成，如图 10-9 所示。它的一端管板固定在壳体与管箱之间，另一端管板可以在壳体内自由移动，也就是壳体和管束热膨胀可自由，故管束和壳体之间没有温差应力。

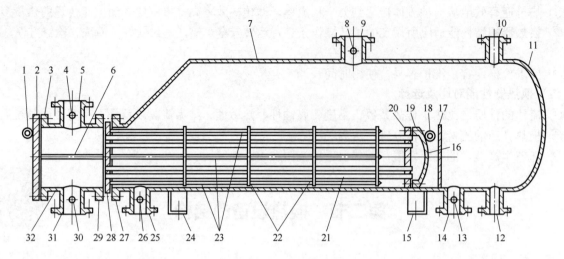

图 10-9　浮头式换热器

1—吊环；2—平盖板；3—法兰；4—接口；5—管线接管；6—分程板；7—壳体；8—排气口；9—接管；
10—接管；11—封头；12—接管；13—排气口；14—接管；15—支座；16—内封头；17—堰板；18—吊耳；
19—浮头衬托；20—浮动管板；21—列管；22—折流板；23—定距管；24—支座；25—接管；
26—排液口；27—法兰；28—固定管板；29—法兰；30—排液口；31—接管；32—管箱

　　一般浮头设计成可拆卸结构，使管束可自由地抽出和装入。浮头式换热器的浮头也有不同的结构类型，常用的如图 10-10 所示，它用钳形环和螺栓使浮头和管板密封贴合，以使管内和管间流体互不渗漏。这种结构现在用得不多了。

　　根据设计规范，采用了图 10-11 所示结构，即浮头法兰直接和钩圈用螺栓紧固，使浮头法兰和活动的管板密封贴合，虽然减少了管束的有效传热面积，但密封性可靠，整体也较紧凑。

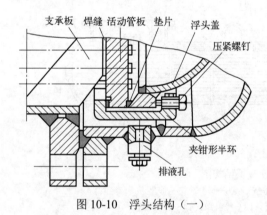

图 10-10　浮头结构（一）

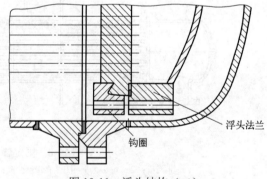

图 10-11　浮头结构（二）

　　浮头式换热器的优点是壳体和管束的温差不受限制，管束清洗和检修较为方便，管程、壳程均容易清扫。缺点是结构复杂，密封要求较高，一旦泄漏，在线处理较为困难。一般在温差较大的化工单元操作中设置浮头式换热器。

3.U 形管式换热器

　　U 形管式换热器的结构如图 10-12 所示。结构特点是换热管做成 U 形，两端固定在同一块管板上，由于壳体和管子分开，可以不考虑热膨胀，管束可以自由伸缩，不会因为流体介质温差而产生温差应力。U 形管换热器只有一块管板，没有浮头，结构比较简单。管束可以自由抽出和装入，方便清洗。由于换热管均做成半径不等的 U 形弯，最外层损坏后可更换外，其余的管子损坏只能堵管。同时和固定管板式换热器相比，它的管束的中心部分存有空隙，流体很容易走短路，影响传热效果，管板上排列的管子也比固定管板式换热器少，体积有些庞大。

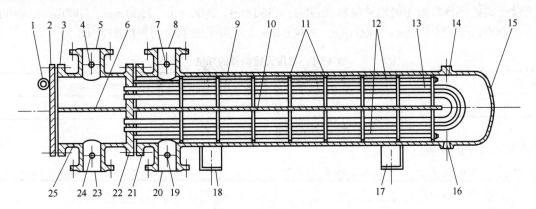

图 10-12　U 形管式换热器

1—吊耳；2—盖板；3—法兰；4—接管；5—第二流体入口；6—隔板；7—接管；8—第一流体入口；9—壳体；
10—折流板；11—挡板；12—拉杆；13—列管；14—放气管；15—封头；16—接管；17—支座；18—支座；
19—接管；20—第一流体出口；21—法兰；22—管板；23—第二流体入口；24—接管；25—管箱

由于 U 形管曲率半径不一样，也增加了制造程序，加上切管长短不一，流体流动状态下的分布也不均匀，堵管后更减少了换热面积。

U 形管换热器一般使用于高温高压的场合，在压力高时，须加厚管子弯管段的壁厚。增加流体介质在壳程内的流速，可在壳体内设置折流板和纵向隔板，以提高传热效果。

U 形管式换热器克服了固定管板式和浮头式换热器的缺点，但在 U 形拐弯处很难清洗干净，更换管子较为困难，特别是管板中心部的 U 形管，泄漏后只能堵管，要想更换管子必须从管板处全部切除，造成很大程度的浪费。U 形管换热器适用于两种流体温差较大，且壳程易结垢的情况。

4. 填料函式换热器

填料函式换热器与浮头式换热器相似，只是浮动管板一端与壳体之间采用填料函密封（如图 10-13）。这种换热器管束也可以自由伸缩，无温差应力，具有浮头式的优点且结构简单、制造方便、易于检修清洗，特别是对腐蚀严重、温差较大而经常要更换管束的冷却器，采用填函式比浮头式和固定管板式更为优越；但由于填料密封性所限，不适用于壳程流体易挥发、易燃、易爆及有毒的情况。

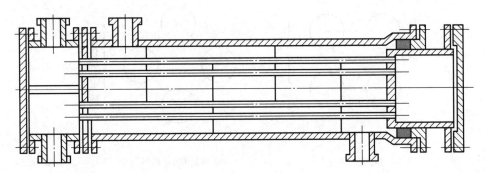

图 10-13　填料函式换热器

管壳式换热器

二、管壳式换热器管程结构

1. 管板

换热器的主要部件之一。选择管板材料时，除要满足机械强度的要求以外，还必须考虑管内和管外的腐蚀性，以及管板与管子材料的电化学兼容性等问题。

2. 管子

管子的选用：换热器的管子构成换热器的传热面积，管子的形状对传热和换热器的设计有很大的影响。我国管壳式换热器常用无缝钢管规格长度为：1500 mm、2000 mm、2500 mm、3000 mm、4500 mm、5000 mm、6000 mm、7500 mm、9000 mm、12000 mm。常用无缝钢管的规格如表 10-1。

表 10-1　常用无缝钢管的规格

碳钢、低合金钢	ϕ19mm×2.5mm	ϕ25mm×2.5mm	ϕ32mm×3mm	ϕ38mm×3mm
不锈钢	ϕ19mm×2mm	ϕ25mm×2mm	ϕ32mm×2.5mm	ϕ38mm×2.5mm

3. 管板和管子的连接

（1）胀接　利用胀管器挤压伸入管板孔中的管子端部，使管子发生塑性变形，管板孔同时产生弹性变形，当取出胀管器后管板与管子就产生一定的挤紧压力，达到密封紧固连接的目的。

（2）焊接　在高压高温条件下，焊接能保持连接的紧密性。

（3）胀焊结合。

4. 管子在管板上的排列

（1）换热管排列形式　换热管的排列应在整个换热器的截面上均匀地分布，要考虑排列紧凑、流体的性质、结构设计以及制造等方面的问题。

① 正三角形和转角正三角形排列（图 10-14）。

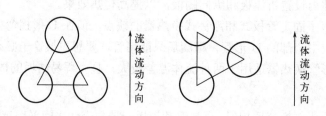

图 10-14　正三角形排列的管子

② 正方形和转角正方形排列（图 10-15）。

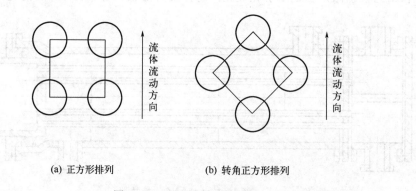

(a) 正方形排列　　　　　　(b) 转角正方形排列

图 10-15　正方形排列的管子

另外，根据结构要求，采用组合排列，例如在多程换热器中，每一程中都采用三角形排列法，而在各程之间，为了便于安装隔板，则采用正方形排列法。

当管子总数超过 127 根（相当于层数＞6）时，正三角形排列的最外层管子和壳体之间的弓形部分，应配置附加换热管，从而增大传热面积，消除管外空间这部分不利于传热的地方。在制氧设备中，常采用同心圆排列法，结构比较紧凑。

(2) 管间距　管板上两换热管中心的距离称为管间距。管间距的确定，要考虑管板强度和清洗管子外表面时所需空隙，它与换热管在管板上的固定方法有关。当换热管采用焊接方法固定时，相邻两根管的焊缝太近，就会相互受到热影响，使焊接质量不易保证；而采用胀接法固定时，过小的管间距会造成管板在胀接时由于挤压的作用而发生变形，失去了管子与管板之间的连接力。因而，换热管中心距宜不小于1.26 倍的换热管外径。管间距数值见表 10-2。

表 10-2　换热管中心距离　　　　　　　　　　　　单位：mm

换热管外径	14	19	25	32	38	45	57
换热管中心距离	19	25	32	40	48	57	72

5. 强化传热表面

换热器的管子一般都用光管。为了强化传热出现了多种结构的异形管，如图 10-16～10-19 所示。

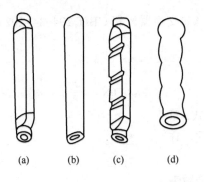

图 10-16　四种换热器管子外形图

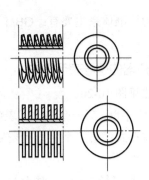

图 10-17　径向翅片管

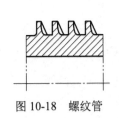

图 10-18　螺纹管

图 10-19　纵向翅片管

（a）焊接外划片管；（b）整体式外翅片管；（c）镶嵌式外翅片管；（d）整体式内外翅片管

6. 封头和管箱

封头与管箱是换热器的主要部件，位于壳体两端，其作用是控制及分配管程流体。当壳体直径较小时，常采用封头；壳径较大的换热器，大多采用管箱。

7. 其他

拉杆和定距管的作用是固定折流板滑道，减少管束抽出和插入壳体过程中的摩擦力，还能起到支撑管束的作用。

三、管壳式换热器壳程结构

1. 壳体

壳体有各种形式，但基本上就是一个圆筒形状的容器，器壁上焊有接管，供壳程液体进入和排出之用。直径小于 400 mm 的壳体通常用钢管制成，直径大于 400 mm 时都用钢板卷焊而成。两种进口接管和防冲板的布置，分为普通接管与扩大型接管。普通接管必须抽出一些管子，传热面积因而略有减小；扩大型接管防冲板放在扩大部分，不影响管数。导流筒装置，位于管束两端，不仅能起防冲板作用，而且还可以改善两端流体分布，提高传热速率。

2. 折流板

折流板的作用：引导壳程流体反复地改变方向做错流流动或其他形式的流动，并可调节折流板间距以获得适宜流速，提高传热速率。另外，折流板还可起到支撑管束的作用。

确定折流板间距的原则主要是考虑流体流动，比较理想的是使缺口的流通截面积和通过管束的错流流动截面积大致相等。这样可以减小压降，并且避免或减小"静止"区，从而改善传热效果。板间距不得小于内径的 1/5 或 50 mm。另外，还应考虑振动问题。

四、管壳式换热设备的型号及其含义

1. 标准体系

管壳式换热的标准体系主要有：GB/T 151—2014《热交换器》和 GB/T 29463—2023《管壳式热交换器用垫片》。

2. 管壳式换热器的型号表示方法

型号表示方法见图 10-20。

$$\times\times\times\, DN - \frac{p_t}{p_s} - A - \frac{LN}{d} - \frac{N_t}{N_s}\, I(或 II)$$

① ×××对应字母：第一个字母代表前端管箱形式；第二个字母代表壳体形式；第三个字母代表后端结构形式，详细见表 10-3。

② DN 表示公称直径（mm）：对于釜式重沸器用分数表示，分子为管箱内直径，分母为圆筒内直径。

图 10-20 结构形式及代号

③ $\frac{p_t}{p_s}$ 管/壳程设计压力（MPa）：压力相等时只写 p_t。

④ A 表示公称换热面积（m²）。

⑤ 当采用 Al、Cu、Ti 换热管时，应在 LN/d 后面加材料等符号，如 LN/d Cu。

其中，LN 为公称长度，m；d 为换热管外径，mm。

⑥ $\frac{N_t}{N_s}$ 表示管/壳程数：单壳程时，只写 N_t。

⑦ I（或 II）表示钢制管束分 I、II 两级。I 级（换热器）管束采用较高级冷拔换热管，适用于无相变传热和易产生振动场合。

II 级（换热器）管束采用普通级冷拔换热管，适用于受沸、冷凝传热和无振动一般场合。

例如：

浮头式换热器：S 表示钩圈式浮头。

$$AES500 - 1.6 - 54 - \frac{6}{25} - 4I$$

可拆平盖管箱，公称直径 500 mm，管壳程设计压力均为 1.6 MPa，公称换热面积 54 m²，公称长度 6 m，换热管外径 25mm，4 管程，单壳程的钩圈式 I 级浮头式换热器。

固定管板式换热器：

$$BEM700 - \frac{2.5}{1.6} - 200 - \frac{9}{25} - 4I$$

可拆封头管箱，公称直径 700 mm，管程设计压力 2.5 MPa，壳程设计压力 1.6 MPa，公称换热面积 200 m²，公称长度 9 mm，换热管外径 25 mm，4 管程，单壳程的固定管板式换热器。

表 10-3　详细分类型式及代号表

前端结构类型		壳体类型		后端结构类型	
A	平盖管箱	E	单程壳体	L	固定管板与A相似的结构
B	封头管箱	F	带纵向隔板的双程壳体	M	固定管板与B相似的结构
C	可拆管束与管板制成一体的管箱	G	分流壳体	N	固定管板与N相似的结构
		H	双分流壳体	P	外填料函式浮头
N	与固定管板制成一体的管箱	J	无隔板分流壳体	S	钩圈式浮头
				T	可抽式浮头
		K	釜式重沸器壳体	U	U形管束
D	特殊高压管箱	X	穿流壳体	W	带套环填料函式浮头

五、其他类型换热设备简介

1. 板面式换热器

(1) 螺旋板换热器　由两张平行的钢板在专用的卷床上卷制而成，它是由一对螺旋通道的圆柱体，再加上顶盖和进出口接管而构成的。

如图 10-21 所示，两种介质分别在两个螺旋通道内做逆向流动，一种介质由一个螺旋通道的中心部分流向周边，而另一种介质则由另一个螺旋通道的周边进入，流向中心再排出。

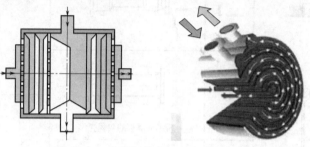

图 10-21　螺旋板换热器的内部流动图

优点：结构紧凑，不用管材，传热系数大，可完全逆流操作，可在较小温差下传热，有自身冲刷防污垢沉积等。

缺点：阻力比较大，检修和清洗比较困难，操作的压力和尺寸大小也受到一定的限制。

图 10-22 为螺旋板换热器的 3 种型号示意图。

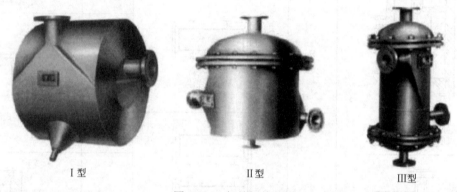

Ⅰ型　　　　　　　　　Ⅱ型　　　　　　　　　Ⅲ型

图 10-22　螺旋板换热器

Ⅰ型：螺旋本体的两个端面全部焊死，其缺点是不能进行机械清洗或检修。

Ⅱ型：将两个螺旋通道的一个端面交错地焊死，则两个通道均可以进行清洗，但由于各有一端是敞开的，所以两个端面需要加上可以拆卸的顶盖密封。

Ⅲ型：只有一种介质沿螺旋通道由中心流向周边，而另一介质做轴向流动。

(2) 板式换热器　由一组长方形的薄金属传热板片构成，用框架将板片夹紧组装于支架上。两个相邻板片的边缘衬以垫片（各种橡胶或压缩石棉等制成）压紧。板片四角有圆孔，形成流体的通道。冷热流体交替地在板片两侧流过，通过板片进行换热。板式换热器流路有并流、串流、混流。

板式换热器的特点：①体积小，占地面积少。②传热效率高，可在低速下强化传热。③组装方便，当增加换热面积时，只多装板片，进出口管口方位不需变动。④热损失小，不需保温，热损失只有 1%左右。⑤拆卸、清洗方便，检修容易在现场进行。特别对于易结垢的介质，板片随时拆下清洗。⑥使用寿命长。一组板式换热器，一般可使用 5~8 年，而后常因橡胶板条老化而泄漏，拆下后重新黏结板条，组装板片可继续使用。⑦板式换热器的缺点是密封周边较长，容易泄漏，使用温度只能低于 150℃，承受压差较小，处理量较小，一旦发现板片结垢必须拆开清洗。

(3) 板翅式换热器　板翅式换热器的结构类型很多，图 10-23 为其中一种，在两块平隔板之间放一波纹板状的金属导热翅片，两边用侧条密封，构成单元体。

板翅式换热器的特点：①传热效率高。②结构紧凑。③轻巧而坚固。④适应性强。⑤流道小。

2. 套管式换热器

基本传热单元由传热管和同心的外壳套管组成（如图10-24）。根据传热面的大小，可用U形肘管把许多管段串联起来。

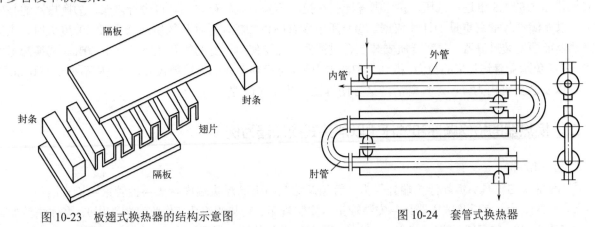

图 10-23　板翅式换热器的结构示意图　　　　图 10-24　套管式换热器

特点：①结构简单，传热面积可以自由调节。②适当地选择内、外管径，可以使流体获得理想的流速，传热系数高，并可以保证逆流。③内外管直径都较小，可用于高温、高压场合。④传热面除了采用光滑管外，还可以采用翅片管，以强化管间的传热。⑤传热管可以采用耐蚀的高硅铁管、陶瓷管、玻璃管，以及不透性石墨管。⑥接头较多，容易发生泄漏，在传热面积较大时，占的空间较大，造价较高。

3. 热管换热器

热管是20世纪60年代中期发展起来的一种新型传热元件。它由一根抽除不凝性气体的密封金属管内充以一定量的某种工作液体（如氨、水、汞等）而成。工作液体在热端吸收热量而沸腾汽化，产生的蒸汽流至冷端冷凝放出潜热，冷凝液回至热端，再次沸腾汽化。如此反复循环，热量不断从热端传至冷端。冷凝液的回流可以通过不同的方法（如毛细管作用、重力、离心力）来实现，目前应用最广的方法是将具有毛细结构的吸液芯装在管的内壁，利用毛细管的作用使冷凝液由冷端回流至热端。热管可以在很宽的温度范围内使用。

热管的传热特点是热管中的热量传递通过沸腾汽化、蒸汽流动和蒸汽冷凝三步进行，由于沸腾和冷凝的对流传热强度都很大，两端管表面比管截面大很多，而蒸汽流动阻力损失又较小，因此热管两端温差可以很小，即能在很小的温差下传递很大的热流量。与热管截面相同的金属壁面的导热能力比较，热管的导热能力可达最良好的金属导热体的 $10^3 \sim 10^4$ 倍。因此它特别适用于低温差传热以及某些等温性要求较高的场合。

热管的这种传热特性为器（或室）内外的传热强化提供了极有利的手段。例如器两侧均为气体的情况，通过器壁装热管，增加热管两端的长度，并在管外装翅片，就可以大大加速器内外的传热。

此外，热管还具有结构简单，使用寿命长，工作可靠，应用范围广等优点。

热管最初主要应用于宇航和电子工业部门，近年来在很多领域都受到了广泛的重视，尤其在工业余热的利用上取得了很好的效果。

第三节　换热设备的使用与维护

一、换热器的日常维护

换热设备的运转周期应和生产装置的生产周期一致，为了保证换热设备的正常运转，满足生产装置的要求，除定期进行检查、检验外，日常的维护和修理也是不可缺少的。

安装要求：①换热器安装前，首先进行水压试验，其试验压力为生产操作压力的 1.25 倍。试压时保压 30 分钟，视其压力不降即为合格。②做气密性试验时，其试验压力为最大工作压力的 1.05 倍，涂肥皂溶液检查不冒气泡即为合格。③全部仪表按要求准备并校核好。④全部阀门检查试压，按要求备齐。⑤全部管道应检查并试压，清除管道内氧化皮等杂物，如属腐蚀性介质，则需采取防腐蚀措施。管道阀门按其操作压力的 1.5 倍进行试压。⑥地脚螺栓应在换热器安放到基础之后，再进行灌浆。⑦换热器的基础载荷，以充满液体的总重量为计算依据。⑧介质中含有固体颗粒，纤维状物质或杂质多，浊度大时，应当在换热器前面安装过滤器。每种介质安装 2 台过滤器，交换使用，滤网的开孔率不小于 80%。⑨换热器的接管，应避免承受管道传来的拉力、振动力和冲击力等。⑩换热器外廓离墙壁尺寸，一般应不小于 800 mm。⑪设备以安装在室内为宜，这样既清洁又方便拆洗、装配与修理。

二、换热器的检修顺序和试压（以浮头式换热器为例）

1. 检修顺序

① 准备吹扫工具→拆除浮头端外封头、管箱及法兰→拆除浮头端内封头→抽管束→检查清扫。

② 准备垫片、盲板及试压器具→安装管束→安装管箱、安装假浮头（作临时封头用）、壳体法兰加盲板→向壳程注水→装配试压管线→试压（一）检查胀管口及换热管→拆假浮头、安装浮头端内封头及盲板盖。

③ 管箱法兰加盲板→向管程注水、装配试压管线→试压（二）检查浮头端垫片及管束→安装浮头端外封头→向壳程注水→试压（三）检查壳体密封→拆除盲板、填写检修卡。

2. 试压

试压（一）的目的是检查换热管是否有破裂、胀接口是否有渗漏。

试压（二）的目的是检查安装质量，主要是检查浮头端内封头垫片及管束。

试压（三）则是设备整体试压，主要检查浮头端外封头的安装质量。

（1）整体试压 首先将板片一侧的工作介质通道出入口短管法兰盘用盲板或阀门封闭，装满水（通道内气体放净）。然后在板片另一侧的工作介质通道出口短管法兰盘上，加一个带放气短管的盲板，在试压侧装上压力表。这时在入口短管法兰盘注水处注水。打开放气短管阀门，直至通道内气体排净（见水冒出为止），关闭放气阀门。打开试压泵出口阀门，开泵（电动、手动），加压至额定压力值时，保压 30 分钟，压力不降即为合格。用同样的方法，再试另一侧通道的压力。其水压试验压力应为操作压力的 1.25 倍。

（2）单面试压 向所试一侧工作介质的通道注水，另一侧通道不注水。其试验压力为最大操作压力。单面试压必须严格控制保压时间与压力，一般保压不超过 20 分钟，其压力也不允许超过最大操作压力，否则换热板片变形太大，将损坏板片与密封垫片。

（3）气密性试验 按板式换热器的设计和使用要求进行水压试验后，试验压力为操作压力的 1.05 倍时进行气密性试验。用肥皂溶剂注入板束周边，不冒气泡即为合格。

三、换热器的清洗

几种常见的清洗方法是：①酸洗法；②机械清洗法；③高压水冲洗法；④海绵球清洗法。

第四节 典型换热设备的维护检修规程

一、管壳式换热器维护检修规程

1. 总则

（1）适用范围 参照《管壳式换热器维护检修规程》（SHS 01009—2004）以及其他有关资料，编制本规程。

本规程适用于设计压力不大于 6.4 MPa（g），设计温度大于 –20℃、小于 520℃钢制管壳式单管板或双管板换热器，包括冷却器、冷凝器、再沸器等换热设备的维护检修。

本规程与国家或上级有关部门的规定相抵触时，应遵循国家和上级有关部门制定的一切规定。从国外引进的换热器，还应遵循原设计所采用的规范和标准中的有关规定。

(2) 结构简述 管壳式换热器（包括固定管板式、浮头式、U 形管式以及填函式）主要由外壳、管板、管束、顶盖（封头）等部件构成。

固定管板式换热器的两端管板，与壳体焊接相连。为了减小温差引起的热应力，有时在壳体上设有膨胀节。浮头式换热器的一端管板固定在壳体与管箱之间，另一端可以在壳体内自由伸缩。U 形管式的换热管弯成 U 形，两端固定在同一管板上，管束可以自由伸缩。填函式换热器的一端管板固定，另一端填函密封可以自由伸缩。双管板换热器一端的内管板直接固定在壳体上，外管板与管箱相连接，另一端的内管板以填料函结构与壳体连接，外管板与管箱连接。采用双管板结构的优点是当管板与换热管连接部位发生泄漏时，换热器的管程和壳程中进行换热的两种介质各自漏入大气而不会互相串混。双管板换热器用于引进部分的干区，以防止一旦管板与换热管连接处发生泄漏时，水或蒸汽与介质相混。

2. 完好标准

(1) 零、部件

① 换热器的零、部件及附件完整齐全，壳体、管程、封头的冲蚀、腐蚀在允许范围内，管束的堵管数不超过总数的 10%，隔板、折流板、防冲板等无严重的扭曲变形。

② 仪表、计量器具和各种安全装置齐全，完整，灵敏，准确。

③ 基础、底座完好，无倾斜、下沉、裂纹等现象。

④ 各部连接螺栓、地脚螺栓紧固齐整，无锈蚀，符合技术要求。

⑤ 管道、管件、阀门、管架等安装合理，牢固完整，标志分明，符合要求。

⑥ 换热器壳程、管程及外管焊接质量均符合技术要求。

⑦ 防腐、保温设施完整有效，符合技术要求。

(2) 运行性能

① 换热器各部温度、压力、流量等参数符合技术要求。

② 换热器各部位阀门开关正常。

③ 换热效率达到铭牌出力或查定能力。

(3) 技术资料

① 换热器的设备档案齐全，各项记录填写及时、准确；设备档案内容如下：

设计单位提供的设计图样和设计、安装（使用）说明书，属于中压和 Ⅱ 类以上的压力容器管理范围的换热器还应有强度计算书；换热器的设备卡片及运行、缺陷、检修、事故记录；运行时间和累计运行时间有统计记录；换热器的密封点统计准确并有消除泄漏的记录；换热器的设备图纸齐全，包括制造厂提供的竣工图（如在原蓝图上修改，则必须有修改人、技术审核人的确认标记）、产品质量证明书、产品安全质量监督检验证书；换热器的安装检验记录；运行中的检验、检测记录，以及有关的技术文件和资料；换热器的修理方案、实际修理情况记录以及有关的技术文件和资料；换热器的技术改造方案、图样、材料质量证明书、施工质量检验及技术文件资料；有关事故的记录资料和处理报告。

② 如系拆迁的旧换热器，除上述资料外，尚需有换热器原来所属单位提供的设备历史资料，包括使用、检验、改造、修理和事故等记录。

③ 属于压力容器管理范围的换热器有关压力容器技术资料齐全、准确。

④ 操作规程、维护检修规程齐全。

(4) 设备及环境

① 设备及环境整齐清洁，周围无杂物，无污垢、垃圾。

② 设备的胀口、焊口、管口、法兰、阀门、填料函等密封面完好，泄漏率在允许范围内。

③ 道路畅通，在安全距离内无危险物和障碍物。

3. 换热器的维护

（1）维护

① 换热器及其所属零部件必须完整，材质符合设计要求；对于历史不明，资料不全，无档无卡的换热器，不准使用。

② 操作人员应经过考核合格后持证上岗，要做到"四懂""三会"（懂结构、懂原理、懂性能、懂用途；会使用、会维护保养、会排除故障）。

③ 严格执行操作规程，确保进、出口物料的温度、压力及流量控制在操作指标内，防止急剧变化，并认真填写运行记录。严禁超温、超压运行。

④ 换热器在运行中，操作人员应按岗位操作法的要求，定时、定点、定线进行巡回检查，每班不少于两次。检查内容为：

a. 介质的温度、压力是否正常；

b. 壳体、封头（浮头）、管程、管板及进出口等连接有无异常声响、腐蚀及泄漏；

c. 各连接件的紧固螺栓是否齐全、可靠，各部仪表及安全装置是否符合要求，发现缺陷要及时消除；

d. 换热器及管道附件的绝热层是否完好。

⑤ 勤擦拭，勤打扫，保持设备及环境的整洁，做到无污垢，无垃圾，无泄漏。

⑥ 严格执行交接班制度，未排除的故障应及时上报，故障未排除不得盲目开车。

⑦ 发生下列情况之一时，操作人员应采取紧急措施停止换热器的运行，并及时报告有关部门。

a. 换热器超温或超压，经处理不能恢复正常状态。

b. 换热器的壳体或列管等发现裂纹、鼓包、变形，有破坏危险或发生泄漏，危及安全。

c. 换热器所在岗位发生火灾或相邻设备发生事故直接危及换热器的安全运行。

d. 接管、紧固件损坏，难以保证安全运行。

e. 换热器管道发生严重振动，难以保证安全运行。

f. 发生安全守则中不允许换热器继续运行的其他情况。

（2）常见故障及处理方法　管壳式换热器的常见故障及处理方法如表10-4。

表10-4　管壳式换热器的常见故障及处理方法

故障现象	故障原因	处理方法
出口压力波动大	1.工艺原因。 2.管壁穿孔。 3.管与管板连接处发生泄漏	1.调整工艺条件。 2.堵管或补焊。 3.视情况采取消漏措施
换热效率低	1.管壁结垢或油污吸附。 2.管壁腐蚀渗漏。 3.管口胀管处或焊接处松动或腐蚀渗漏	1.清理管壁。 2.查漏补焊或堵管。 3.胀管补焊、堵管或更换
换热器管束异常振动	介质流动激振	在壳程进、出口管处设计防冲板、导流筒或液体分配器
封头（浮头）与壳体连接处泄漏	1.密封垫片老化、断裂。 2.紧固螺栓松动	1.更换密封垫片。 2.对称交叉均匀地紧固螺栓

4. 换热器的检验

（1）外部检查　换热器的外部检查（用肉眼或10倍放大镜）每季度一次，在换热器运行条件下进行。外部检查的内容如下：

① 检查换热器的保温层是否完好，有无漏气或漏液现象；对无保温层的换热器应检查防腐层是否完好及换热器外表面的锈蚀情况；检查换热器的壳体、密封部位、焊缝、接管等有无泄漏、裂缝及变形等。

② 检查换热器有无异常声响与振动。

③ 了解换热器在运行中的有关情况，特别是有无介质堵塞和泄漏现象。

④ 压力表、安全阀等安全附件按规定进行校验或更换。

(2) 内外部检查 换热器的内外部检查，是在换热器停车或检修时进行，每年一次。

内外部检查的内容为：外部检查的全部项目；换热器壳体的内、外表面，开孔接管处等部位有无介质腐蚀或冲刷磨损现象；壳体壁厚测定，并进行校核；检查管束腐蚀、结垢情况和有无泄漏；检查管束与管板连接部位有无泄漏；检查结果予以记录，发现缺陷予以处理。

换热器壁厚的计算公式如下：

$$S = \frac{D_n \times p}{2.3[\sigma]\phi - p} \tag{10-1}$$

式中，S 为壳体的计算壁厚，cm；D_n 为壳体的内径，cm；$[\sigma]$ 为壳体材料的许用应力，MPa；ϕ 为焊缝系数；p 为壳体的设计压力，MPa。测量壳体壁厚小于上述计算壁厚时，应降压使用或报废。

(3) 压力试验 换热器拆开检查、清洗或经过修理重新装配后，必须进行液压试验，必要时按图纸规定在液压试验合格后进行气密性试验。

① 液压试验：换热器的液压试验一般用洁净的水作为试验介质。有特殊要求的，可以用图纸规定的液体作为试验介质，试压用液体和环境的温度均不得低于 5℃。试验时液体的温度应低于液体本身的沸点和闪点；对奥氏体耐酸不锈钢制容器，用水进行试验后，应立即将水渍去除干净，当无法达到这一要求时，就应控制水中的氯离子含量不超过 0.0025%。

换热器液压试验的试验压力为 $1.25p$（p 为换热器的设计压力，下同），p 小于或等于 0.6 MPa 的换热器取 $1.25p$ 和 $1.25p+0.1$ MPa 中较大者。

工作温度大于或等于 200℃ 的换热器，液压试验的压力 pr 为：

$$pr = 1.25p \times [\sigma]/[\sigma]_t \tag{10-2}$$

式中，pr 为试验压力，MPa；p 为设计压力，MPa；$[\sigma]$ 为试验温度下的材料许用应力，MPa；$[\sigma]_t$ 为设计温度下的材料许用应力，MPa。

液压试验的顺序为：先壳程，同时检查换热器管束与管板连接部位，然后再试管程。试压时，将换热器充满液体，滞留在换热器中的气体必须排尽，换热器表面保持干燥，待换热器的壁温与液体的温度接近时，才能缓慢地升压到设计压力，确认无泄漏后继续升压到规定的试验压力，保压 30 分钟，然后降到设计压力，保压 30 分钟以上并进行检查。检查期间应保持压力不变，但不得采用连续加压以维持试验压力不变的做法，不得在换热器带压试验时紧固螺栓。

液压试验中，无泄漏，无可见的异常变形和异常响声，即为试验合格。

试验完毕后，应立即将水排尽，并使之干燥。

当不能采用液压试验时，可采用气压试验，其试验压力为 $1.15p$（p 为设计压力）。采取气压试验时，必须采取严格的安全措施，并经主管部门的技术负责人批准。试验用气体为干燥洁净的空气、氮气或其他惰性气体，试验用气体温度不低于 5℃。介质为易燃易爆物的换热器必须彻底清洗和置换，经分析合格方可进行，否则严禁用空气作为试验介质。

在气压试验时，缓慢加压到规定压力的 10%（不小于 0.1 MPa），应暂停进气，对连接部位进行检查，若无泄漏等异常现象，可继续升压。升压应分梯次逐级升压，每级为试验压力的 10%～20%，每级间适当保压，以观察有无异常。在升压过程中，严禁工作人员在现场作业或进行检查工作；在达到试验压力后保压 30 分钟，首先观察有无异常现象，然后由专人进行检查和记录。用肥皂溶液检漏，不冒气泡即为合格。试压时两通道要保持一定的压差；当试验压力高时，还应注意两端面的变形。已经做过气压试验并经检查合格者，可免做气密性试验。

② 气密性试验：对于工作介质属于剧毒介质或在设计上不允许有微量泄漏的换热器，在液压试验合格后，还需做气密性试验。

进行气密性试验时，换热器压力为设计压力（或操作压力的 1.05 倍并不超过设计压力），试验用气体为干燥洁净的空气、氮气或其他惰性气体。试验用气体温度不低于 5℃。介质为易燃易爆物的换热器必须彻底清洗和置换，经分析合格方可进行，否则严禁用空气作为试验介质。

在气密性试验时，缓慢加压到规定压力的 10%（不小于 0.1 MPa），应暂停进气，对连接部位进行检查，若无泄漏等异常现象，可继续升压。升压应分梯次逐级升压，每级为试验压力的 10%~20%，每级间适当保压，以观察有无异常。在升压过程中，严禁工作人员在现场作业或进行检查工作。在达到试验压力后保压 30 分钟，首先观察有无异常现象，然后由专人进行检查和记录，并用肥皂溶液检漏，不冒气泡即为合格。

进行压力试验时，必须用两个量程相同、经过校验合格的压力表，并装在试验装置上便于观察的部位。在试验中，如果发现有异常声音、压力下降、油漆剥落，或加压装置发生不正常现象，应立即停止试验，并查明原因。

压力试验中，若发现有泄漏，应缓慢地将压力降至零，进行处理，然后重新试验直到合格。

(4) 定期检验 换热器除日常检查外，还应按《固定式压力容器安全技术监察规程》和《在用压力容器检验规程》中的规定，由专业人员进行定期检验。定期检验时换热器所在单位的设备技术管理人员应参加并配合。

定期检验包括外部检查，内外部检查和压力试验等。检查周期、方法、标准均按有关规程执行。

5. 换热器的修理

(1) 检修周期及内容 换热器的检修分为定期计划检修和不定期检修。定期计划检修是根据生产装置的特点、换热器介质的性质、腐蚀速度及运行周期等因素进行定期计划检修。定期计划检修根据检修工作量可分为清洗、中修和大修。不定期检修是某种原因导致的临时性检修。

清洗周期一般为六个月。运行中物料堵塞或结垢严重的周期为三个月或更短一些，应根据换热器的压降增大和效率降低的具体情况而定。中修的间隔期一般为一年。大修的间隔期一般为三年。运行经验证明，检修间隔期可以适当延长或缩短。换热器的检修包括清洗、中修和大修。

① 清洗：清洗管程和壳程积存的污垢。更换垫片。

② 中修：清理换热器的壳程、管程及封头（浮头、平盖等）积存的污垢。检查换热器内部构件有无变形、断裂、松动，防腐层有无变质、脱落、鼓泡以及内壁有无腐蚀、局部凹陷、沟槽等，并视情况修理。

检查修理管束、管板及管程现壳程连接部位，对有泄漏的换热管进行补焊、补胀和堵管。

检查更换进出管口填料、密封垫。检查更新部分连接螺栓、螺母。检查校验仪表及安全装置。检查修理静电接地装置。检查更换管件、阀门及附件。修补壳体、管道的保温层。

③ 大修：包括中修的所有内容。修理或更换换热器的管束或壳体。检查修理设备基础，整体防腐、保温。

(2) 检修方法及质量标准

① 检修前的准备：确定检修内容，制定检修方案，编制检修计划和检修进度。当检修过程中要挖补、焊接及热处理时，应参照相应的技术规范。其中属于Ⅰ类压力容器的，其检修方案应经过蓝星化工公司主管压力容器的安全技术人员同意；属于Ⅱ、Ⅲ类压力容器的检修方案还应经过公司总工程师的批准，焊接工艺应经过焊接技术负责人审查同意。

向检修人员进行任务、技术、安全交底，检修人员应熟悉检修规程和质量标准，对于重大缺陷应提出技术措施。

落实检修所需的材料与备件，校验检修中使用的量具、仪器，准备好检修中所需的工具，尤其是专用工具。

换热器交付检修前，设备所在单位必须按照原化学工业部颁发的《化工企业安全管理制度》和《化学工业部安全生产禁令》中的有关规定，切断电源，做好设备及管路的切断、隔绝、置换和清洗等项工作，经分析合格后移交检修人员进行检修。在置换和清洗时，不得随意排放设备中的介质。

② 换热器的清理：由于介质的腐蚀、冲蚀、积垢，必须进行清理。根据换热器结垢、堵塞的情况，选择适当有效的方法进行清洗。常用的清洗方法有机械除垢法、冲洗法和化学除垢法。

a. 机械除垢法：利用各种铲、削、刷等工具清理，并用压缩空气、高压水和蒸汽等配合清洗。

b. 冲洗法：利用高压水泵输出的高压水，通过压力调节阀后再经过高压软管通至手提式喷射枪，用喷出的高压水流清理污垢。这是目前最有效的清理方法，而且对设备没有损伤。

c. 化学除垢法：首先对结垢的物质进行化学分析，根据结垢的成分，采用合适的溶剂进行清洗。一般硫酸盐和硅酸盐水垢采用碱洗，碳酸盐水垢用酸洗，油垢结焦用氢氧化钠、碳酸钠、洗衣粉、洗涤剂等，与水按一定比例配制成的清洗剂洗。采用化学清洗时必须考虑加入缓蚀剂。化学除垢可以根据不同情况采用浸泡、喷淋或强制循环等方式。用化学除垢后必须用清水冲洗数次，直至水呈中性。之后应将水排尽并干燥，以防止腐蚀设备。

(3) 换热器的修理

① 壳体。壳体的检修与质量标准，属于压力容器范畴的按原化学工业部颁发的《压力容器维护检修规程》（SHS 01004—2004）有关规定执行；非压力容器也可参照执行。

② 换热管。换热器胀管由于温度、压力的波动以及温差变形的不均匀性造成管子从管板中拉脱、松动而使介质泄漏，可采用补胀来消除泄漏，胀管率为6%左右。同一部位最多补胀三次，否则会使管板孔处材料冷作硬化而胀不紧。对补胀无效的换热管，可以用管堵将管子两端封死，也可以更换换热管或者采用焊接方法。若采用焊接，应在焊接后对周围的管子再补胀一次，以免由于焊接后管板的热胀冷缩而引起四周其他管子的胀缝松动泄漏。

由于腐蚀、磨蚀、冲蚀、沉积腐蚀等原因，换热器的管子产生裂缝、穿孔而泄漏，这时无法修复。一般处理的方法有两种：一是堵管，二是更换新管。在泄漏管子数量不多时，可以用管堵将管子两端封死。如管程压力较高时，可以堵紧后再焊死。

换热器管板处泄漏或换热器本身大量泄漏而无法修复时，应换管。换管的步骤如下所述。

换热管的取出：将泄漏的管子做出标记，在钻床上将两端管板处的管端部分钻掉，然后冲出管子。如更换全部列管，可用气焊将管束割去，气割时应距离管板100 mm以上，以减少气割火焰对管板加热而产生变形；然后冲出管子。

管板孔的清理、修磨和检查：首先将槽内的管圈挑出，然后用铁刷或细纱布清除管板孔内的油污或铁锈，也可以用磨孔机磨孔。管板上管孔直径最大允许偏差如表10-5。

表 10-5 管板上管孔直径最大允许偏差 单位：mm

管子外径	19	25	32	38	45	57
管孔直径	19.4	25.4	32.5	38.5	45.5	57.7
最大偏差	0.20	0.24	0.30	0.30	0.40	0.40
利用旧管板最大孔径	19.60	25.64	32.80	38.80	45.90	58.10

管板清理及修磨后必须检查的事项：管孔内不得有穿通的纵向或螺旋形的刀痕；管孔的轴线应垂直于管板平面；管板的密封槽或法兰面应光滑无伤痕，管板的管孔直径偏差、圆度及圆柱度都应在允许范围内；管板孔内不得有油污、铁锈、刀痕；管板的密封槽或法兰面应光滑无伤痕。

换热器管应符合下列要求：胀接管材的硬度应比管板材料硬度小 HB30 左右，否则在管端进行退火处理。换热管应为 GB/T 3090—2020《不锈钢小直径无缝钢管》和 YB/T 4330—2023《大直径奥氏体不锈钢无缝钢管》中高精度冷拔管；其质量应符合 GB/T 151—2014《热交换器》。管子胀接部分不应有纵向刻痕，但允许有深度不超过 0.1 mm 的环向沟槽。一般情况下较长的换热管直管，允许有一道对接焊缝，最短的管长不小于 300 mm；U形管允许有两道对接焊缝，两道焊口之间的距离不小于 300 mm。对接接头应作焊接工艺评定，对接焊缝应平滑，对口错边量不大于管壁厚度的 15%，对接后的不直度以不影响穿管为限，并逐根用直径为 0.85 倍管内径的钢球进行通球试验和水压试验，水压试验的试验压力为管程设计压力的两倍。U形管弯管段的圆度偏差，应不大于管子外径的 10%；不宜热弯的碳钢、低合金钢管弯制后应作清除应力热处理。

③ 管板。拼接的管板焊缝应进行 100%的射线或超声波探伤。除不锈钢外，拼接后管板应作消除内

应力的热处理。

复合管板在堆焊前，应进行堆焊工艺评定。对其基层材料和复层材料，应按 JB3965—85《钢制压力容器磁粉探伤》进行检查。

管板孔径允差、孔板宽度偏差应符合 GB/T 151—2014《热交换器》的规定。

a. 折流板。折流板表面要保持平整、光滑，无毛刺。板面孔距必须与管板孔距一致，折流板的最小厚度与管孔偏差，应满足 GB/T 151—2014《热交换器》的规定。

b. 防冲板。防冲板表面到圆筒内壁的距离，一般为接管外径的 1/5～1/4，其边长应大于接管外径 50 mm。防冲板最小厚度：碳钢为 4.5 mm，不锈钢为 3 mm。采用焊接固定时应注意防止产生焊缝裂纹或腐蚀；用 U 形螺栓固定时，应防止螺栓松动及腐蚀。

④ 密封垫片。换热器的密封面应予以保护，不得因磕碰、划伤等损坏密封面。

密封垫片应为整体垫片，特殊情况下允许拼接，但拼接头不能影响密封性能。密封垫片如有变质、裂纹、老化等缺陷，则应更换。密封垫片的材质根据介质的腐蚀性能及温度来选用，常用的橡胶垫片的最高使用温度如表 10-6。

表 10-6 常用的橡胶垫片的最高使用温度

垫片种类	最高使用温度/℃	垫片种类	最高使用温度/℃	垫片种类	最高使用温度/℃
天然橡胶	80	氯丁橡胶	85	中级腈橡胶	135
丁苯橡胶	85	树脂-硬丁基橡胶	151	硅橡胶	160
丁腈橡胶	85			氟橡胶	193～204

此外，还可以采用压缩石棉垫片、压缩石棉橡胶垫片和金属垫片及不锈钢包裹聚四氟乙烯垫片等。检修完毕后必须进行压力试验，试验合格后方可重新安装就位。

当换热器采用循环水为冷却或加热介质时，在投入运行前必须进行预处理，尤其是更换管束之后。预处理包括系统清洗和预膜处理。系统清洗在开车前进行，以清除循环水中的铁锈、无机盐垢、沉积物、生物黏泥等污垢，使换热器和其他设备具有洁净和新鲜的金属表面，从而提高换热器的效率和为预膜创造条件。清洗完毕后立即对清洗好的新鲜金属表面进行预膜。

预膜是用预膜剂在洁净的金属表面上预先生成一层薄而致密的保护膜，使设备在运行中不被腐蚀。预膜应在清洗结束后立即开始。国内常用的预膜剂有铬系预膜剂、磷系预膜剂、有机磷预膜剂和钼系预膜剂。

6. 试车及验收

（1）试车前的准备工作

① 完成全部检修项目，检修质量达到要求，检修记录齐全。

② 清扫整个系统，设备阀门均畅通无阻。

③ 确认仪表及其他安全附件完整、齐全、灵敏、准确。

④ 拆除盲板，打开放空阀门，放净全部空气。

⑤ 清理施工现场，做到工完、料净、场地清。

⑥ 对易燃、易爆的岗位，要按规定备有合格的消防用具和劳动防护用品。

（2）试车

① 系统中如无旁路，试车时宜增加临时旁路。

② 开车或停车中，应逐渐升温和降温，避免造成压差过大和热冲击。

③ 试车中应检查有无泄漏、异常声响，如未发现泄漏、介质互串，温度及压力在允许值内，则试车符合要求。

（3）验收 试车后压力、温度、流量等参数符合技术要求，连续运转 24 小时未发现任何问题，技术资料齐全，即可按规定办理验收手续，并交付生产。

7. 维护检修的安全注意事项

(1) 维护安全注意事项

① 操作人员必须严格执行工艺操作规程，严格控制工艺条件，严防设备超温、超压。

② 冬季停车时，应放净设备中的全部介质，以防冻坏设备。

③ 换热器内有压力时，禁止任何修理或紧固工作。

④ 设备单机或系统停车时换热器的降温、降压都必须严格按照操作规程缓慢进行。

(2) 检修安全注意事项

① 在制定修理方案时，应遵循原化学工业部颁发的《化工企业安全管理制度》拟定相应的安全措施。

② 换热器在进行检查、修理前，必须办理"三证"，即"检修许可证""设备交出证"和"动火证"。

③ 换热器内部介质排净后，应加设盲板隔断与其连接的管道和设备，并设有明显的隔断标志。

④ 对于盛装易燃、易爆、易蚀、有毒、剧毒或窒息性介质的设备，必须经过置换，中和，消毒，清洗等处理，并定期取样分析以保证设备中有毒、易燃介质含量符合《化工企业安全管理制度》的规定。

a. 换热器内照明电压不高于 24 V，换热器外照明电压不高于 36 V。

b. 检修用搭置的脚手架、安全网，升降装置等应符合工厂安全技术规程要求。高处进行检修，要符合高空作业安全要求。

c. 进入容器内工作的人员，应严格遵守入塔进罐的安全规定。

d. 起重机具必须严格进行检查，符合要求。

(3) 试车安全注意事项

① 检查盲板是否拆除，检查管道、阀门、过滤器及安全装置是否符合要求。

② 凡影响试车安全的临时设施、起重吊具等应一律拆除。

③ 排净设备内水、气，对易燃、易爆介质的设备，还应用惰性气体置换干净，保证运行安全。

二、板式换热器维护检修规程

1. 总则

(1) 适用范围 根据兰州石油化工机器总厂板式换热器厂提供的《可拆卸板式换热器使用说明书》及其他有关资料，编制该规程。

本规程适用于钢制可拆卸板式换热器的维护检修；钎焊板式冷却器一般不予检修。

本规程与国家或上级有关部门的规定相抵触时，应遵循国家和上级有关部门的规定。从国外引进的板式换热器，还应遵循原设计所采用的规范和标准中的有关规定。

(2) 结构简述 板式换热器（如图 10-25）主要由板片、密封垫片、固定封头、活动封头（头盖）、夹紧螺栓、挂架等零部件组成。一束独立的换热板片（各种波纹形）悬挂在容易滑动的挂架上，按一定间隔通过密封垫片密封，用螺栓紧固封头和活动封头。换热板片四周角上的孔构成了连续的通道，介质从入口进入通道并被分配到换热板片之间的流道内，每张板片都有密封垫片，板与板之间交替放置，两种流体分别进入各自通道，由板片隔开。被热交换的两种介质均在两板片之间，形成一薄的流束。一般情况下两种介质在通道内逆流流动，热介质将热能传递给板片，板片又将热能传递给另

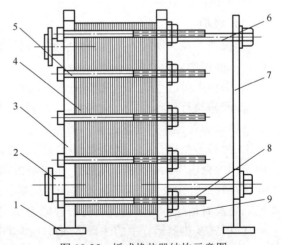

图 10-25 板式换热器结构示意图
1—底板；2—连接短管；3—固定针头；
4—换热板片与垫片；5—夹紧螺栓；6—挂架；
7—支柱；8—挂架下导轨；9—活动针头

一侧的冷介质,从而达到热交换的目的。换热板片是用能够进行冷冲压的金属材料冲压而成的。换热板片为冲压有波纹槽的金属薄板,以增加换热板片面积和刚性,可以承受介质的压力,同时使介质流体在低速下形成湍流。

(3) 设备性能　国产可拆卸板式换热器用于化学水处理和液氯处理;从国外引进的钎焊板式冷却器,用于真空泵工作液的冷却。

2. 完好标准

(1) 零、部件

① 换热器的零、部件及附件完整齐全。

② 仪表、计量器具和各种安全装置齐全,完整,灵敏,准确。

③ 基础、底座完好,无倾斜、下沉、裂纹等现象。

④ 各部连接螺栓、地脚螺栓紧固齐整,无锈蚀,符合技术要求。

⑤ 管道、管件、阀门、管架等安装合理,牢固完整,标志分明,符合要求。

⑥ 防腐、保温设施完整有效,符合技术要求。

(2) 运行性能

① 换热器各部温度、压力、流量等参数符合技术要求。

② 换热器各部位阀门开关正常。

③ 换热效率达到铭牌出力或查定能力。

(3) 技术资料

① 换热器的设备档案齐全:各项记录填写及时、准确;设备档案内容包括换热器的设备卡片及运行、缺陷、检修、事故记录;运行时间和累计运行时间有统计记录;换热器的密封点统计准确并有消除泄漏的记录;换热器的安装检验记录;运行中的检验、检测记录,以及有关的技术文件和资料;换热器的修理方案、实际修理情况记录以及有关的技术文件和资料;换热器的技术改造方案、图样、材料质量证明书、施工质量检验及技术文件资料;有关事故的记录资料和处理报告。

② 操作规程、维护检修规程齐全。

(4) 设备及环境

① 设备及环境整齐清洁,周围无杂物,无污垢、垃圾。

② 设备的胀口、焊口、管口、法兰、阀门、填料函等密封面完好,泄漏率在允许范围内。

③ 道路畅通,在安全距离内无危险物和障碍物。

3. 换热器的维护

(1) 维护

① 换热器及其所属零部件必须完整,材质符合设计要求;对于历史不明,资料不全,无档无卡的换热器,不准使用。

② 操作人员应经过考核合格后持证上岗,要做到"四懂""三会"。

③ 严格执行操作规程,确保进、出口物料的温度、压力及流量控制在操作指标内,防止急剧变化,并认真填写运行记录。严禁超温、超压运行。

④ 换热器在运行中,操作人员应按岗位操作法的要求,定时、定点、定线进行巡回检查,每班不少于两次。检查内容为:介质的温度、压力是否正常;壳体、封头(浮头)、管程、管板及进出口等连接有无异常声响、腐蚀及泄漏;各连接件的紧固螺栓是否齐全、可靠;各部仪表及安全装置是否符合要求,发现缺陷要及时消除;换热器及管道附件的绝热层是否完好。

⑤ 板式换热器运行中的注意事项:在刚开车时可能有微漏现象,可不必调整,不久即可消失;若运行 1～2 小时后仍有微漏,则停车后用扳手稍微拧紧夹紧螺栓来消除轻微泄漏。

运行中介质的压力降超过允许值时,应及时查找原因,采取措施处理。若阻力突然升高,一般为入口处有杂物堵塞或有严重的结疤。此时首先应进行反冲洗,效果不明显时则应拆开换热板片进行清扫。

发现有两种介质相串通的现象时(通过分析介质成分或压力变化情况判断),应立即停车,查出并更换有穿孔或裂纹的板片。

严格控制温度与压力不得超过允许值，否则会加速密封垫片的老化，并使密封垫片及介质从局部冲出板片造成严重泄漏等情况。

过滤器阻力超过允许值时则应反冲洗，效果不明显时则应更换；将换下的过滤器拆开用蒸汽或压缩空气清扫过滤网。

检查发现换热板束泄漏时，应做好标记，以便换热器拆开后迅速查出损坏的板片和密封垫片，换上新的换热板片或密封垫片。

换热器运行中充满介质，在有压力的情况下不允许紧固夹紧螺栓。

紧固换热板片夹紧螺栓时，应严格控制两封头间的板束距离，否则易损坏换热板片或密封垫片。

活动封头上的滑动滚轮，应定期加油防止生锈，以保证拆卸时灵活好用。

板式换热器开始运行时，发现换热器冷热不均，则应检查空气是否放净、换热板片是否加错或者通道是否堵塞，并采取相应的有效措施进行处理。

⑥ 停车时的注意事项：缓慢关闭低温介质入口阀门，此时必须注意低压侧压力不能过低，随即缓慢关闭高温介质入口阀门缩小压差。在关闭低温介质出口阀门后再关闭高温介质出口阀门。

冬季停车应放净换热器内全部介质，防止冻坏设备。

换热器温度下降到室温后方可拆卸夹紧螺栓，否则密封垫片容易松动；拆卸螺栓时也要对称、交叉进行，然后拆下连接短管，移开活动封头。

如果板式换热器停用很长时间，则可将夹紧螺栓稍稍松开到密封垫片不能自动滑出为止，以防止密封垫片永久压缩变形。

⑦ 勤擦拭，勤打扫，保持设备及环境的整洁，做到无污垢，无垃圾，无泄漏。

⑧ 严格执行交接班制度，未排除的故障应及时上报，故障未排除不得盲目开车。

⑨ 发生下列情况之一时，操作人员应采取紧急措施停止换热器的运行，并及时报告有关部门：

a. 换热器阻力超过允许值，反冲洗又无明显效果。

b. 换热器生产能力突然下降。

c. 换热器出现介质互串或大量外漏而又无法控制。

d. 接管、紧固件损坏，难以保证安全运行。

e. 换热器管道发生严重振动，影响安全运行。

f. 换热器所在岗位发生火灾或相邻设备发生事故已直接危及换热器的安全运行。

g. 发生安全守则中不允许换热器继续运行的其他情况。

(2) 常见故障及处理方法 板式换热器常见故障及处理方法如表 10-7。

表 10-7 板式换热器常见故障及处理方法

故障现象	故障原因	处理方法
两种介质互串	1.换热板片腐蚀穿透 2.换热板片有裂纹	1.更换热板片 2.修补换热板片
换热板片被压扁	1.板束压紧值超过允许范围 2.夹紧螺栓紧固不均匀 3.换热片变形太大 4.密封垫片厚度相差太大 5.换热板片挂钩损坏 6.密封垫片沟槽深度偏差太大	1.严格控制板束长度计算值，不得超过 2.应对称、交叉、均匀地拧紧夹紧螺栓 3.更换换热板片 4.密封垫片应符合技术要求，尤其不应有搭接或对接的接缝 5.更换板片挂钩 6.更换新垫片
密封垫片断裂与变形	1.介质温度长期超过允许值 2.橡胶密封垫老化 3.密封垫片配方及硫化不佳 4.密封垫片厚度不均 5.密封垫片材质选择不当	1.更换新的密封垫片 2.更换新的密封垫片 3.更换新的合格的密封垫片 4.更换合格的密封垫片 5.更换合格的密封垫片

续表

故障现象	故障原因	处理方法
阻力降超过允许值或压力突然猛增	1.过滤器失效 2.板式换热器角孔有脏物堵塞 3.板式换热器板片通道有结垢 4.压力表失灵 5.介质入口管堵塞 6.设备内介质冬天未放净而结冰	1.更换过滤器，清扫换下的过滤器 2.清理被堵塞的角孔，除去脏物 3.用化学清洗或手工清除结垢 4.修理、校对或更换压力表 5.清理入口管内的脏物 6.停车后放净设备内的介质
传热效率差	1.冷介质温度高 2.换热板片结垢 3.水质浊度大，油污与微生物多 4.超过清洗间隔期 5.换热器内空气未排净	1.降低水温和加大水量 2.清洗板片 3.加强过滤，净化介质 4.定期清洗 5.排除换热器内部全部空气
换热器冷热不均	1.开车时换热器内空气未放净 2.部分通道堵塞，介质走近路 3.停车时未放净介质尤其是易结晶的介质	1.开车时排净换热器内空气 2.加强清洗与过滤，疏通被堵塞的通道 3.停车时放净换热器内介质

4. 换热器的修理

（1）检修周期及内容　板式换热器的检修分为定期计划检修和不定期检修。定期计划检修是根据生产装置的特点、换热器介质的性质、腐蚀速度及运行周期等因素进行定期计划检修。定期计划检修根据检修工作量可分为清洗，中修。不定期检修是由某种原因导致临时性的检修。

清洗周期一般为一年。运行中物料堵塞或结垢严重的周期为六个月或更短一些，应根据换热器的压降增大和效率降低的具体情况而定。

中修的间隔期一般为两年。

经过运行经验的证明，检修间隔期可以适当延长或缩短。

换热器的检修包括清洗和中修。

① 清洗。清洗换热板片的污垢，疏通堵塞的通道。更换垫片。

② 中修。清理换热板片的污垢。检查、修理或更换换热板片等零件，更换垫片。

（2）检修方法及质量标准

① 检修前的准备：确定检修内容，制定检修方案，编制检修计划和检修进度。向检修人员进行任务、技术、安全交底，检修人员应熟悉检修规程和质量标准。落实检修所需的材料与备件，校验检修中使用的量具、仪器，准备好检修中所需的工具，尤其是专用工具。

换热器交付检修前，设备所在单位必须按照原化学工业部颁发的《化工企业安全管理制度》和《化学工业部安全生产禁令》中的有关规定，切断电源，做好设备及管路的切断、隔绝、置换和清洗等项工作，经分析合格后移交检修人员进行检修。在置换和清洗时，不得随意排放设备中的介质。

② 板式换热器的拆卸检查：钎焊板式冷却器一般均为小型换热器，换热板片和封头用钎焊焊接起来，不可拆卸，也没有夹紧螺栓、挂架、导轨等零件。如发生堵塞无法消除时，只能更换。

换热器拆卸前应测量板束压紧长度尺寸，做好记录，重新组装后应保持板束尺寸不变。

板式换热器的拆卸：根据图 10-26 所标数字按 5、6、7、8、9、10、3、4、1、2 的顺序交叉对称分组松开螺栓。松开夹紧螺栓，将活动压紧板推到支柱一端。拆卸板片时先将板片托起，使其移动到上导杆缺口处（悬挂孔为燕尾槽结构时除外），下部向支柱端倾斜即可取出板片。悬挂孔为燕尾槽结构时可在上导杆任意位置上拆卸。拆卸板片时应避免划损密封垫片；操作者必须戴手套以防划伤。

密封垫片若粘在两板片间的沟槽内，此时需用螺丝刀小心地将其分开。螺丝刀应先从易剥开的部位插入，然后沿其周边进行分离。要防止损坏换

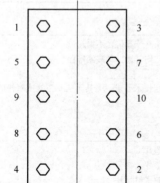

图 10-26　板式换热器拆卸顺序

热器板片和密封垫片。

更换新密封垫片时，需要用丙酮或其他酮类有机溶剂，将密封垫片沟槽擦净，再用毛刷子将黏结剂均匀地涂在沟槽内，最后将密封垫片粘在沟槽里。

检查换热板片是否穿孔，一般用五倍放大镜进行逐片检查，也可用灯光或煤油渗透法等逐片检查。

如果发现介质出入口短管及通道有杂物堆积，则说明过滤器失效，应及时清扫。

换热板片结垢时，切忌用钢丝刷子或毛刷子来洗刷，尤其忌用于不锈钢板片，以防加速板片的腐蚀。如果板片上有污点或铁锈时，可用去污粉清除。

清洗用水必须是不含盐、硫等成分的清水。

换热板片采用化学清洗后必须用清水清洗干净，然后用细纱布擦净，放在清洁的地方备用。

拆卸钛材板片时严禁与明火接触以防氧化。

检查密封垫片是否老化、变质、裂纹等缺陷时，禁止用硬的物品在垫片表面乱划。

密封垫片与换热板片表面及沟槽内严禁积存固体物、固体颗粒，如铁渣等杂质。

检查换热板片有无局部变形，超过允许值的应进行修理或更换。

③ 板式换热器的清洗：板式换热器的清洗方法一般有三种，即反冲洗、化学清洗（不拆开清洗）和手工清洗（拆开清洗）。

反冲洗：不拆开设备反冲洗法，介质反向流动以达到冲洗的目的。一般用于堵塞不太严重，容易冲洗的情况。

化学清洗：根据结垢物的性质，可选用质量浓度≤4%的碱性清洗剂或质量浓度≤4%的酸性清洗剂进行清洗，清洗温度为40～60℃。化学清洗用于换热板片表面，尤其是流动死角处有较硬的沉积物（氧化物或碳化物），手工清洗很难解决时可根据换热板片的材质而采取不同的化学清洗剂来清洗。采用化学清洗时必须考虑加入缓蚀剂。化学除垢可以根据不同情况采用浸泡、喷淋或强制循环等方式。用化学除垢后必须用清水冲洗数次，直至水呈中性。之后应将水排尽并干燥，以防止腐蚀设备。化学清洗时也可采用反冲洗法，在进行清洗前要在介质进出口管路上接一管口，将换热器与清洗剂循环系统连接，将清洗液按介质流动相反方向打入换热器，循环清洗时间10～15分钟，清洗液流速控制在0.1～0.15 m/s即可，最后再用清水循环5～10分钟，清水中氯离子含量控制在0.0025 %以下。采用化学清洗一般在安装时留有备用接管，并使清洗液能顺利排放干净。

手工清洗用于换热板片结垢厚度很薄而且易溶于水时，可将板式换热器拆开，逐片用0.1～0.2 MPa的带压水进行喷射冲刷处理，也可用带水的低压蒸汽进行冲洗；对于用水难以冲刷的沉淀物则可用软纤维刷子、鬃毛刷子手工洗刷。手工清洗时应避免划伤板片和密封垫片；采用带压水或带水的低压蒸汽进行喷射冲刷时，应在板片后支承刚性板防止板片变形；清水冲洗后应仔细检查板片和密封垫片，板面不允许有固体颗粒及纤维之类的杂物，密封垫片如有脱落、损坏应及时补粘或更换。

不管采用何种清洗方法，禁止使用盐酸清洗不锈钢板片，也不能用氯离子含量大于0.0025 %的水来制备清洗液或冲洗板片。

④ 板式换热器主要零部件：换热板片主要起换热作用。换热板片应无裂纹、划痕、变形等缺陷。板厚不均匀偏差不得超过板厚的5%；平板板片的翘曲变形量不得大于0.5 mm；板片周边与平面应光滑平整，不允许有锤击伤痕、皱褶和其他机械。

垫片主要起密封作用。密封垫片的材质根据介质的腐蚀性能和工作温度来选用，一般采用乙丙橡胶、氯丁橡胶、丁腈橡胶和丁苯橡胶，当介质为蒸汽时也可用石棉橡胶。密封垫片是用黏结剂（#401）粘接在换热板片的沟槽内，一般情况下密封垫片的工作寿命为1～2年。常用的橡胶密封垫片的物理机械性能如表10-8。

表10-8　常用的橡胶密封垫片的物理机械性能

序号	项目名称	乙丙橡胶	丁腈橡胶
1	耐热性能/℃	≤150	≤120
2	硬度/度（邵氏）	75～80	70～75

续表

序号	项目名称	乙丙橡胶	丁腈橡胶
3	扯断强度/MPa	≥15	≥15
4	伸长率/%	≥250	≥350
5	永久变形/%	≤10	≤15
6	压缩永久变形/%	≤30	≤40
7	老化系数	≥0.85	≥0.7

对橡胶密封垫片的技术要求如下。

a. 耐温性能：橡胶密封垫片应耐高温、低温，尤其是在高温时，应由特种耐高温橡胶，辅以耐高温配方加工配制而成。

b. 高弹性：橡胶密封垫片应有其他材料所不能具备的高弹性。

c. 永久变形小：橡胶密封垫片采用特种硫化配合系统，与一般配合系统相比，永久变形大幅度下降。

d. 无毒性：需要适用于各种系统，特别是医药、食品工业等。

橡胶密封垫片适用工艺条件如表10-9。橡胶密封垫片必须表面光滑，厚度均匀；不得有横向（与板片沟槽垂直方向）裂纹，纵向（与板片沟槽相平行）裂纹在0.2～0.3mm及以内可继续使用；同时橡胶密封垫片不得有气泡、"缺肉"、老化、局部过硬和扭曲变形等缺陷；不允许有搭接、对接等接缝痕迹。

表10-9　橡胶密封垫片适用工艺条件

橡胶名称	乙丙橡胶	丁腈橡胶	氯丁橡胶	硅橡胶	氟橡胶
耐热温度/℃	≤150	≤120	≤100	≤200	≤200
工作压力/MPa	≤1.0	≤1.0	≤1.0	≤1.0	≤1.0

石棉橡胶密封垫片必须采用存放期不超过一年的石棉橡胶原料加工制作，其物理机械性能应符合有关规定；密封垫片材质必须符合设计要求，尺寸正确，厚度均匀，表面光滑无划痕、起皱等缺陷；不允许有搭接、对接等接缝痕迹；石棉橡胶密封垫片允许压缩变形范围为7%～12%。

更换黏结式密封垫片：a.将板片水平放置，轻轻撕下已损坏的垫片。b.清理密封槽原有的黏结剂及污物（若原黏结剂不易清理干净时可用丙酮甲基液进行清洗，但必须用清水将板片冲洗干净）；根据垫片的材料选用适当的黏合剂（一般黏结剂由制造厂提供），不能使用氯丁胶水。c.将黏结剂均匀涂在板片密封槽底部，把垫片轻轻放入密封槽内黏合均匀，逐张叠放整齐之后用一重物均匀压紧，冬天至少一天，夏天4～6小时即可。d.逐张检查是否粘贴均匀并清除多余黏结剂。

更换镶嵌式垫片：a.板片水平放置，将垫片上的"纽扣"逐一卸下。b.将板片密封槽擦洗干净，新垫放置在相应位置，"纽扣"逐一镶嵌在板片上。

封头分固定与活动封头两种，主要起夹紧板片、确保介质不泄漏的作用。为了拆装方便，一般将介质（冷、热）的出口短管全部安装在固定封头一侧。

封头上螺栓孔直径（缺口）应较螺栓直径大0.3～0.5mm，否则换热板片易错位。封头一般不易损坏，应定期防腐刷油，不应有腐蚀现象。封头与板片接触的端面的表面粗糙度为1.6。

夹紧螺栓为不锈钢，若环境条件好，也可以选用碳钢。螺栓长度应为板式换热器板束自由状态加上固定与活动封头的厚度，再留出20mm左右。裸露在外面的螺纹部分应涂上油脂（钙基干油脂）或套上塑料管。

⑤ 板式换热器的组装：组装前必须将合格的换热板片、密封垫片、封头（头盖）、夹紧螺栓及螺母等零部件擦洗干净。

密封垫片与换热板片沟槽黏结前必须用丙酮或其他酮类有机溶剂等溶解沟槽内存留的残胶，再用细纱布擦净。

兰州石油化工机器总厂的板式换热器按前面垫片更换的要求安装垫片，其他厂生产的换热器可按下列方法安装垫片：用与垫片沟槽宽度相同的鬃毛刷子，将黏结剂涂抹板片沟槽内，然后压入密封垫片，用平钢板压平放置 48 小时即可。

用丙酮等有机溶剂将被挤出沟槽的残胶料溶解，并清除干净。

更换新密封垫片时要仔细检查新密封垫片的四个角孔位置，必须与被替换的旧密封垫片相同。

板式换热器的一个板片损坏而又无备件时，可将此板片和相邻的板片同时取下，再拧紧夹紧螺栓。取下板片数量不得超过板片总数的 10%。

板束长度尺寸，可以按下列公式计算：

$$L=(\delta_1+\delta_2)n+\delta_1 \tag{10-3}$$

式中，L 为拧紧后板束长度，mm；δ_1 为板片厚度，mm；δ_2 为密封垫片压缩后的厚度（一般为未压缩密封垫片厚度的 80% 左右，压缩量为 20%，最大压缩量不得超过 35%），mm；n 为换热板片的数量。

夹紧螺栓应均匀、对称、交叉地拧紧。夹紧螺栓要拧紧至板束长度达到计算尺寸。

为防止密封垫片与换热板片粘在一起，可在密封垫片上面涂一层由硅油、酒精、滑石粉组成的混合物；混合物的配比（质量比）为 1:1:2，即 5 份酒精加 5 份硅油和 10 份滑石粉。

组装后板束的长度不得小于计算值；组装时必须按照拆卸顺序编号进行组装，要认真复查核对无误，不得颠倒错位；板片组装压紧后，上下左右的不平行度不得超过 1 mm/m，否则易造成错位。封头（头盖）与上下导杆相配合的半圆缺口的中心距比导杆中心距小 20 mm，半圆缺口的直径宽度应比导杆直径大 4 mm。

⑥ 板式换热器的试压：新安装的或经过拆卸维修、更换板片的板式换热器均应进行液压试验，试验介质一般为水，水温 ≥5℃；奥氏体不锈钢板片组装的板式换热器试压用水的氯离子含量不得超过 0.0005%。试验过程中应保持板式换热器观察面的干燥。

a. 整体试压：首先将板片一侧的工作介质通道、出入口短管法兰用盲板或阀门封闭，装满水（通道内的气体放净）；然后在板片的另一侧（试压侧）工作介质通道出口短管法兰上加一个带放气短管的盲板；在试压侧装上压力表，从入口短管注水处注水，打开放气短管阀门直至通道内气体排净（见水冒出为止），关闭放气阀门；打开试压泵出口阀，启动电动试压泵（或用手动试压泵），加压到额定试验压力，保压 30 分钟，压力不降即为合格。用同样方法再进行另一侧通道的试压。水压试验压力为操作压力的 1.25 倍。

b. 单面试压：向所试一侧工作介质的通道注水，另一侧通道不注水。然后注水一侧加压，试验压力为最大操作压力，保压 15 分钟压力不降为合格；然后进行另一侧的单面试压。单面试压必须严格控制试验压力和保压时间，压力不得超过最大操作压力，保压时间不超过 20 分钟，否则换热板片变形太大，将损坏板片与密封垫片。

c. 气密性试验：按板式换热器的设计和使用要求确定是否进行气密性试验。气密性试验一般在水压试验合格后进行。气密性试验应参照整体试验进行，试验压力为操作压力的 1.05 倍，用肥皂水注入板束周边检查，不冒气泡为合格。

⑦ 板式换热器的安装：在试压合格后，即可进行板式换热器的安装。

安装管道及附属阀门、仪表等各种附件，应避免换热器承受管道传来的各种外力、振动力和冲击力。管道安装前应清除管道内的氧化皮等杂物。

介质中若含有固体颗粒，或者有较多的纤维状物质等杂质时，应当在换热器前安装过滤器，每种介质安 2 台过滤器，一开一备；过滤器滤网开孔率不小于 80%。

当活动压紧板侧有进出口接管时，管线最好采用金属软管短接，以便在运行过程中补偿由于压紧尺寸的变化使活动压紧板位置发生变化；所有与换热器连接的管线不能对换热器本身造成损坏。

5. 试车及验收

（1）试车前的准备工作

① 完成全部检修项目，检修质量达到要求，检修记录齐全。

② 清扫整个系统，设备阀门均畅通无阻。

③ 确认仪表及其他安全附件完整、齐全、灵敏、准确。

④ 拆除盲板，打开放空阀门，放净全部空气；关闭排水（污）阀。

⑤ 确认换热器板束的夹紧距离达到设计所要求的尺寸。

⑥ 清理施工现场，做到工完、料净、场地清。

⑦ 易燃、易爆的岗位，要按规定备有合格的消防用具和劳动防护用品。

(2) 试车

① 先缓慢打开换热器冷介质的进出口阀门，再缓慢打开热介质进出口阀门，均应缓慢升压、升温。为了稳定系统操作可同步调节两侧流体的流量。在充液时必须非常仔细地排气。

② 在操作中，应逐渐升温和降温，避免造成压差过大和热冲击。

③ 试车中应检查有无泄漏、异常声响，如未发现泄漏、介质互串，温度及压力在允许值内，则试车符合要求。

(3) 验收

试车后压力、温度、流量等参数符合技术要求，连续运转 24 小时未发现任何问题，技术资料齐全，即可按规定办理验收手续，并交付生产。

6. 维护检修的安全注意事项

(1) 维护安全注意事项 操作人员必须严格执行工艺操作规程，严格控制工艺条件，严防设备超温、超压。冬季停车时，应放净设备中的全部介质，以防冻坏设备。换热器内有压力时，禁止任何修理或紧固工作。设备单机或系统停车时，换热器的降温、降压都必须严格按照操作规程缓慢进行。

(2) 检修安全注意事项 在制定修理方案时，应遵循原化学工业部颁发的《化工企业安全管理制度》拟定相应的安全措施。换热器在进行检查、修理前，必须办理"三证"，即"检修许可证""设备交出证"和"动火证"。换热器内部介质排净后，应加设盲板隔断与其连接的管道和设备，并设有明显的隔断标志。对于盛装易燃、易爆、易蚀、有毒、剧毒或窒息性介质的设备，必须经过置换，中和，消毒，清洗等处理，并定期取样分析以保证设备中有毒、易燃介质含量符合《化工企业安全管理制度》的规定。

(3) 试车安全注意事项 检查盲板是否拆除，检查管道、阀门、过滤器及安全装置是否符合要求。凡影响试车安全的临时设施、起重吊具等应一律拆除。排净设备内水、气，易燃、易爆介质的设备还应用惰性气体置换干净，保证运行安全。

第十一章
输送机械设备

在化工生产过程中，经常需要将原材料、中间体、产品以及副产品和废弃物等各种物料从一个地方输送到另一个地方（比如从前一工序输往后一工序，或由一个车间输往另一个车间，以及输往储运地点），这些输送过程就是物料输送。根据所输送的物料形态不同，物料输送过程可分为液体、气体和固体物料输送。

第一节　液体输送机械

液态物料一般采用泵和管道输送，高处物料也可借助位能由高处流到低处。化工生产中的液体物料种类繁多、性质各异（例如高黏性溶液、悬浮液、腐蚀性溶液等），且温度、压强又有高低之分，因此，所需要泵的种类较多。按工作原理的不同，可分为离心泵、往复泵和旋转泵等。

一、离心泵

离心泵是药品生产中的一种最常用最典型的液体输送设备，具有结构简单紧凑、使用方便、运转可靠、适用范围广等特点。

1. 离心泵的工作原理

离心泵启动前，必须用被输送液体灌满吸入管路、叶轮和泵壳，这种操作称为灌泵。电机启动后，泵轴带动叶轮高速旋转，转速一般可达 1000～3000 r/min，在离心力的作用下，液体由叶轮中心被甩向外缘同时获得机械能，并以 15～25 m/s 的线速度离开叶轮进入蜗壳形泵壳。进入泵壳后，由于流道截面逐渐扩大，液体流速渐减而压强渐增，最终以较高的压强沿泵壳的切向进入排出管。液体由旋转叶轮中心向外缘运动时在叶轮中心形成了低压区（真空），在吸入侧液面压强与泵吸入口及叶轮中心低压区之间的压差作用下，液体被吸入叶轮，且只要叶轮不断转动。液体就会连续地吸入和排出，完成特定的输液任务。

图 11-1 是从储槽内吸入液体的离心泵装置示意图。由一组后弯叶片组成的叶轮 6 置于具有蜗壳形通道的泵壳 7 内，叶轮被紧固在泵轴 8 上。泵壳中央的吸入口 2 与吸入管路 1 相连接，泵壳侧边的排出口 5 与排出管路 4 相连接，排出管路 4 上设有出口阀 3，液体由此输出。

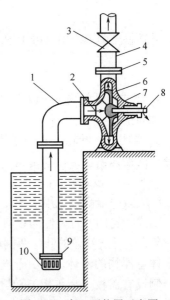

图 11-1　离心泵装置示意图

1—吸入管路；2—吸入口；3—出口阀；4—排出管路；5—排出口；6—叶轮；7—泵壳；8—泵轴；9—底阀；10—滤网

需要注意的是，离心泵是一种没有自吸能力的液体输送设备。在泵启动前，若吸入管路、叶轮和泵壳内没有完全充满液体而存在部分空气，由于空气的密度远小于液体的密度，叶轮旋转对其产生的离心力很小，叶轮中心处所形成的低压不足以形成吸入液体所需的真空度。此时虽启动离心泵也不能输送液体，

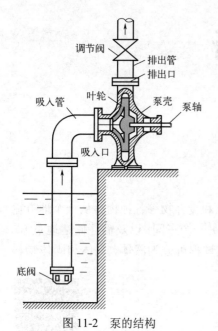

图 11-2　泵的结构

这种现象称为气缚现象。因此，在离心泵启动前必须进行灌泵。图 11-1 中的底阀 9 是一种单向阀，其作用是防止启动前灌入的液体从泵内排出。单向阀下部装有滤网 10，其作用是防止液体中的固体杂质被吸入而引起堵塞和磨损。若将泵的吸入口装于吸入侧设备中的液位之下，液体就会自动流入泵中，启动前就不需灌泵了。出口阀 3 主要在启动、停车及调节流量时使用。

2. 离心泵的结构和特性

（1）离心泵的结构　离心泵的零部件很多，其中叶轮、泵壳和轴封装置是三个主要零部件，它们对完成泵的基本功能、提高泵的工作效率有着重要影响。图 11-2 为泵的结构示意图。

① 叶轮：叶轮是离心泵的核心部件，离心泵之所以能输送液体，主要是靠高速旋转的叶轮对液体做功，即叶轮的作用是将原动机的机械能传递给液体，使液体的静压能和动能均有所提高。叶轮通常由 4～12 片后弯叶片构成，由于叶片向后弯曲，与叶轮的旋转方向相反，可减少能量损失，提高泵的效率。

叶轮按其结构形状可分为闭式、半闭式和开式三种形式，其结构如图 11-3 所示：

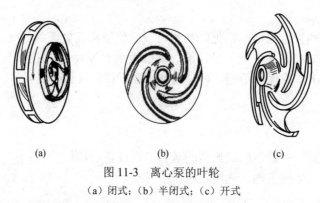

(a)　　　　　　　　(b)　　　　　　　　(c)

图 11-3　离心泵的叶轮
(a) 闭式；(b) 半闭式；(c) 开式

a. 闭式：叶轮内 6～12 片弯曲的叶片，前后有盖板，叶轮后盖板上开有若干个平衡小孔，以平衡一部分轴向推力。

b. 半闭式：叶轮内 6～12 片弯曲的叶片，前有盖板，叶轮后盖板上开有若干个平衡小孔，以平衡一部分轴向推力。

c. 开式（敞式）：叶轮内 6～12 片弯曲的叶片，前后无盖板。

闭式效率最高，适用于输送洁净的液体，不适用于输送浆料或含悬浮物的液体。

闭式叶轮的叶片两侧均设有盖板，因而效率较高，适用于输送不含固体颗粒的清洁液体，缺点是结构比较复杂。开式叶轮的叶片两侧均无盖板，具有结构简单、制造容易、清洗方便等优点，适用于输送含较多固体悬浮物的液体。但由于没有盖板，液体易在叶片间产生倒流，故效率较低。半闭式叶轮仅在叶片的一侧设有盖板（后盖板），其性能介于闭式和开式之间。半闭式和开式效率较低，常用于输送浆料或悬浮液。

② 泵壳：离心泵的外壳形状呈蜗牛壳形，故又称为蜗壳，如图 11-4 所示。由叶轮甩出的高速液体进入泵壳后，其大部分动能随流道的扩大而逐渐转换为静压能，因此蜗壳不仅作为汇集和导出液体的通道，而且又是一个能量转换装置。对于较大的离心泵，为减小叶轮甩出的高速液体与泵壳之间的碰撞而产生

过大的阻力损失,可在叶轮与泵壳间安装一个如图11-4所示的导轮3(一个固定不动而带有叶片的圆盘),液体由叶轮2甩出后沿导轮3的叶片间的流道逐渐发生能量转换,可使离开叶轮的高速液体缓和地降低流速,调整流向,使进入蜗壳的液体流向尽量与壳体相切,以减少能量损失。

　　③ 轴封装置:泵轴与泵壳之间的密封装置称为轴封装置,其作用是防止高压液体从泵壳内沿轴与泵壳的间隙漏出或是避免外界空气以相反方向进入泵壳,以保持离心泵的正常运行。常用的轴封装置有填料密封和机械密封两种。

　　填料密封装置:填料密封装置的结构如图11-5所示,主要由轴封套、填料函、填料、水封管等组成。

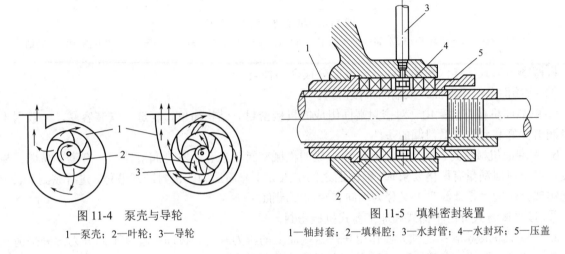

图 11-4　泵壳与导轮　　　　　　　　　　图 11-5　填料密封装置
1—泵壳;2—叶轮;3—导轮　　　　　1—轴封套;2—填料腔;3—水封管;4—水封环;5—压盖

　　轴封套:是用来保护轴的,防止液体对轴的腐蚀和使轴不直接与填料产生摩擦。

　　填料函和填料(盘根箱与盘根):起着把外部与泵壳内部隔断的作用,以减少泄漏量。

　　水封管:是把水封环加在填料腔内,并正对外接水封管,工作时水封环四周的小孔和凹槽处形成水环,从而阻止空气漏入泵内。还可以起到润滑和冷却填料和轴套的作用,防止填料和轴套的大量磨损。

　　泄漏的处理工作过程:要想减少泄漏量首先应先将填料以正确的方式安装好。将填料函内彻底清理干净,并检查轴套与填料函的外表面是否完好,有无明显的磨损情况。盘根的规格应按规定选用,性能应与所输液体相适应,尺寸大小应符合要求,过细将泄漏。切盘根时刀口要锋利,接口要切成30°～45°的斜角,切面应平整。切好的盘根装在填料函内之后必须是一个整圆,不能短缺,也不能超长。

　　盘根装入填料函后,相邻两圈接口要最少错开90°。如果是装有水冷却结构的,要注意使盘根错开填料函的冷却水进口,并把水封环的环形室正对进水口。装上最后一圈盘根后,将填料压盖装好并均匀拧紧,直至确认盘根已经到位。再松开填料压盖,重新拧紧至恰当的紧力。一般装完盘根以后最好先不紧或稍微紧一点力,泵注水后再紧盘根,但要让盘根有微量的泄漏。泵启动后,再根据盘根的温度和泄漏量紧盘根。既不能泄漏太多也不能温度过高。紧上盘根后,应检查填料压盖与轴之间的间隙,四周的间隙应相同;检查压盖四周压量是否一样,防止压盖与轴产生摩擦。最后,检查填料压盖紧固螺母的紧力是否合适,紧力过大,泄漏量虽然减少,但会造成盘根与轴套表面的摩擦增大,严重的时候会发热、冒烟,直至把盘根和轴套烧毁;紧力过小,泄漏量就大。因此,紧力必须适当,应使液体通过盘根与轴套的间隙逐渐降低压力并形成一层水膜,用以增加润滑、减少摩擦及对轴套进行冷却。泵在启动后,应保持有少量的液体不断从填料函内流出为佳。可在泵启动后调整压盖紧力。

　　(2) 机械密封　机械密封是一种限制工作流体沿转轴泄漏的、无填料的端面密封装置,主要由静环、动环、弹性(或磁性)元件和辅助密封圈等组成,如图11-6所示。

　　机械密封工作时是靠固定在轴上的动环和固定在泵壳上的静环,并利用弹性元件的弹性力和密封流体的压力,促使动、静环端面的紧密贴合来实现密封功能的。在机械密封装置中,压力轴封水一方面阻止高压泄出水,另一方面挤入动、静环之间维持一层流动的润滑液膜,使动、静环端面不接触。由于流动膜非常薄且被高压水作用着,因此泄漏量很小。在静环和密封压盖之间、动环和旋转轴之间及密封压盖和壳体之间采用辅助密封圈,解决了这几处泄漏点的密封问题。

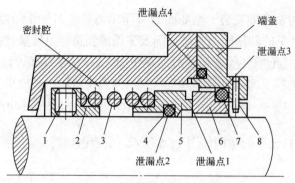

图 11-6　机械密封的常见结构

1—紧定螺钉；2—弹簧座；3—弹簧；4—动环辅助密封圈；5—动环；6—静环；7—静环辅助密封圈；8—防转销

机械密封形式多样，按照不同结构可以分很多的种类。

① 按端面分：单端面、双端面机械密封。

a. 单端面机械密封：由一对密封端面组成的机械密封。结构简单、制造、安装容易，一般用于介质本身润滑性好和允许微量泄漏的条件。

b. 双端面机械密封：由两对密封端面组成的机械密封。当介质本身润滑性差、有毒、易燃、易爆、易发挥以及对泄漏量有严格要求时。两端面之间引入高于介质压力的密封冷却液体，进行密封和冷却。有可能实现介质的"零泄漏"。又分为轴向和径向双端面。

② 按平衡方式分：平衡式和非平衡式机械密封。

a. 平衡式机械密封：能使介质作用在密封端面上的压力卸荷。按卸荷程度不同分为部分平衡式（部分卸荷）和过平衡式（全部卸荷）。它能降低端面上的摩擦和磨损，减少摩擦热，承载能力大，但结构较复杂，一般需要在轴或轴套上加工出一个台阶，成本较高。

b. 非平衡式机械密封：不能使介质作用在密封端面上的压力卸荷。结构简单，介质压力小于 0.7 MPa 时广泛使用。

③ 按弹簧的布置形式分：弹簧内置式机械密封和弹簧外置式机械密封。

a. 弹簧内置式机械密封：弹簧置于介质中与介质接触。易受腐蚀，易被介质中的杂物堵塞，如果弹簧随轴旋转，不宜在高黏度介质中使用。

b. 弹簧外置式机械密封：弹簧未置于介质中，不与介质接触。使用在高腐蚀、高黏度和易结晶介质的设备上。

④ 按弹簧的数量分：单弹簧式机械密封和多弹簧式机械密封。

a. 单弹簧式机械密封：弹性元件（密封补偿器）中，只有一个弹簧。簧丝较粗、耐腐蚀、固体颗粒不易在弹簧处积聚，但端面受力不均匀。

b. 多弹簧式机械密封：弹性元件（密封补偿器）中，有一组弹簧。端面受力较均匀，易于增减弹簧个数调节弹簧力，轴向长度短，但簧丝较细，耐蚀寿命短，对安装尺寸要求较严。

⑤ 按弹性元件（密封补偿器）的形式分：旋转式机械密封和静止式机械密封。

a. 旋转式机械密封：弹性元件（密封补偿器）随轴旋转。应用较广，因旋转时易受离心力对弹簧的作用会影响密封端面的压强。不适用于高转速情况。

b. 静止式机械密封：弹性元件（密封补偿器）不随轴旋转。适用于高转速情况。

⑥ 按密封流体（介质）泄漏方向分：密封流体（介质）在端面间泄漏的方向与离心力的方向相反时，称为内流式机械密封，这种类型泄漏量小，密封可靠。密封流体（介质）在端面间泄漏的方向与离心力的方向相同时，称为外流式机械密封，这种类型在转速极高时，为加强端面润滑时使用较为合适，但介质压力不宜过高，一般为 1~2 MPa。

⑦ 按密封端面的接触方式分：接触式和非接触式机械密封。

a. 接触式机械密封：密封端面处于边界或半液体润滑状态。结构简单、泄漏量少，但磨损、功耗、发热量都较大，在高速高压下使用受到一定的限制。

b. 非接触式机械密封：密封端面处于全液体润滑状态。发热量、功耗小，正常工作时没有磨损，能在高压高速等极端工况下工作，但泄漏量较大。它又分为流体静压非接触式和流体动压非接触式机械密封。

流体静压非接触式机械密封：利用外部引入压力流体或被密封介质本身，通过密封端面的压力降产生流体静压效应。

流体动压非接触式机械密封：利用端面相对旋转自行产生流体动压效应的密封，如螺旋槽端面密封。

⑧ 其他：还有波纹管式机械密封和单极、双极（多极）机械密封。

普通离心泵常采用填料函（即盘根箱）轴封装置。填料函中的填料常用石棉绳、纤维等，填料密封的优点是结构简单、成本较低，但密封效率较低、使用寿命较短、磨损轴并会使轴发热而出现抱轴现象，因此需定期调节压紧盖，以保证密封效果。

机械密封装置常用于输送易燃易爆、有毒的液体等密封要求高的泵内，与填料密封相比，机械密封的优点是密封性好，使用寿命长，轴不受摩擦，功率消耗低。缺点是结构复杂，制造要求高。

3. 离心泵的主要性能参数和特性曲线

（1）离心泵的主要性能参数

① 流量：是指离心泵在单位时间内输送至管路系统中的液体体积，以 Q 表示，单位为 m/h。在我国生产的泵规格中，流量单位也常用 L/s 表示。离心泵的流量取决于泵的结构、尺寸（主要为叶轮的直径与叶片的宽度）和转数。

② 扬程：是指离心泵能够向单位重量（1 N）的液体提供的有效机械能，又称为压头，以 H 表示，单位为 m。离心泵的扬程取决于泵的结构（如叶轮直径、叶片的弯曲方向等）、转数和流量。对于特定的离心泵，当转数一定时，扬程与流量之间存在一定的关系。但由于流体在泵内的流动情况极其复杂，因此难以定量计算。目前，泵的扬程与流量之间的关系只能通过实验测定。

③ 效率：外界能量传递到液体时，不可避免地会有能量损失。如容积损失（因泵泄漏而产生的能量损失）、水力损失（因液体在泵内流动而产生的能量损失）和机械损失（因机械摩擦而产生的能量损失）等，故泵轴所做的功不可能全部为液体所获得。效率是泵轴通过叶轮传给液体能量的过程中的能量损失，以 η 表示。离心泵的效率是各种能量损失总和的反映，它与泵的类型、结构、尺寸、制造的精度以及液体的性质等有关。效率由实验测定，一般中小型泵的效率为 50%～70%，大型泵可达 90%。

④ 功率：离心泵的功率有轴功率和有效功率之分。轴功率是指原动机传给泵轴的功率，以 N 表示，单位为 W 或 kW。有效功率是指所排送的液体从叶轮所获得的净功率，是离心泵对液体所做的净功率。由于各种能量损失的存在，因此泵的轴功率大于有效功率。

离心泵在运转过程中，由于启动等情况有可能出现超负荷，故所配电机的功率应高于泵的轴功率。在泵产品铭牌中，均列出了泵的轴功率，但除特别说明外，均指输送清水时的数值。

（2）离心泵的特性曲线 离心泵的压头（H）、功率（N）、效率（η）与流量（Q）之间的关系曲线，称为离心泵的特性曲线。由于离心泵的各种能量损失难以准确估算，因此其数值通常是在额定转速和标准状况下由实验测得，如图 11-7 所示。离心泵的特性曲线由制造厂提供，并附于产品样本或说明书中，该曲线对离心泵的正确选用和操作都具有重要意义。

离心泵的特性曲线是以 20℃的清水在特定转速下对特定泵型的 H-Q、N-Q、η-Q 关系进行测定，由实验数据描绘出的曲线，常附于泵的说明书中，供选泵时参考。虽然各种泵型各有其特性曲线，但大致形状基本相同。

① H-Q（扬程流量曲线）：每个流量值下对应一个扬程值，且随着 Q 值增大，H 值降。当流量为零时，关闭出口阀门，扬程也只能达到一个有限值。

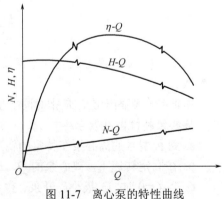

图 11-7 离心泵的特性曲线

② N-Q（功率流量曲线）：随着流量值（Q）增大，轴功率（N）平缓上升，当流量为零时，功率最小，所以离心泵开车时都将出口阀关闭，在零流量下启动，目的是降低启动功率，保护电机。

③ η-Q（效率流量曲线）：它反映了离心泵的总效率与流量之间的关系。如图 11-7 所示。效率随着流量的增大而上升，达到某一最大值后再随流量增加而下降，说明离心泵在特定转速下有最高效率点，在此点附近操作时泵内的压头损失最小，该点称为泵的设计点，对应该点下的流量、压头和功率分别称为额定流量、额定压头和额定功率，它们的数值标在离心泵的铭牌上。通常将最高效率 92%的左右区域称为高效区，在该区内操作最合理。

（3）特性曲线的影响因素 在制药生产中，所输送的液体种类多样，由于液体物理性质的不同，即使采用同一台泵输送不同物性的液体，泵的性能也要发生改变。此外，改变泵的转速或叶轮直径，泵的性能都会发生改变。离心泵的制造厂所提供的离心泵特性曲线通常是在常压和一定的转速下，以 20℃的清水为介质而测得的。因此在实际使用中，常需对制造厂商所提供的特性曲线进行换算。

① 液体密度对离心泵特性的影响：离心泵的流量、扬程、效率均与液体的密度无关，所以离心泵特性曲线中的 H-Q 及 N-Q 曲线保持不变。但泵的轴功率与液体的密度有关，因此，当被输送液体的密度与常温下清水的密度不同时，原制造商提供的 N-Q 曲线将不再适用，此时泵的轴功率需重新计算。

② 液体黏度对离心泵特性的影响：当被输送液体的黏度大于常温下清水的黏度时，液体在泵体内的能量损失将增大，此时泵的流量、扬程将减小，效率下降，而轴功率增大，即泵的特性曲线将发生改变。液体黏度对小型泵的影响尤为显著，一般情况下，当被输送液体的运动黏度过大时，应对离心泵的特性曲线进行换算，换算方法参阅有关资料。

③ 液体浓度对离心泵特性的影响：如果输送的液体是水溶液，浓度的改变必然影响液体的黏度和密度。浓度越高，与清水的差别就越大。浓度对离心泵特性曲线的影响，同样反映在黏度和密度上。如果输送液体中含有悬浮物等固体物质，则离心泵特性曲线不仅要受到浓度的影响，而且要受到固体物质的种类及粒度分布的影响。

④ 转速对离心泵特性的影响：离心泵的特性曲线都是在一定的转速（n）下测定的，但在实际使用时常遇到要改变转速的情况，这时泵内液体运动速度三角形将发生变化，因此泵的压头、流量、效率和轴功率也随之改变。

当 n 变化小于±20%时，泵的效率认为不变，可用比例定律描述：

$$\frac{Q'}{Q} = \frac{n'}{n}, \frac{H'}{H} = \left(\frac{n'}{n}\right)^2, \frac{N'}{N} = \left(\frac{n'}{n}\right)^3 \tag{11-1}$$

式中，Q，H，N 分别为转速为 n 时泵的性能参数；Q'，H'，N'分别为转速为 n'时泵的性能参数。

⑤ 离心泵叶轮直径的影响：当泵的转速一定时，其压头、流量与叶轮直径（D）有关。对同一型号的泵，可换用直径较小的叶轮，而其他尺寸不变（仅出口处叶轮的宽度稍有变化），这种现象称为叶轮的"切割"。

当 D 变化不大于 10%，η不变时，可用切割定律描述：

$$\frac{Q'}{Q} = \frac{D_2'}{D_2}, \frac{H'}{H} = \left(\frac{D_2'}{D_2}\right)^2, \frac{N'}{N} = \left(\frac{D_2'}{D_2}\right)^3 \tag{11-2}$$

式中，Q，H，N 分别为叶轮直径为 D_2 时泵的性能参数；Q'，H'，N'分别为叶轮直径为 D_2'时泵的性能参数。

所谓叶轮切割一次，是指对同一型号的泵换一个直径较小而其他几何特征不变的叶轮。

离心泵特性曲线要点：

a. 每种型号的离心泵在特定的转速下有其独有的特性曲线。

b. 在固定转速下，离心泵的 Q、H、η与ρ无关，N 与ρ成正比。

c. 当 $Q=0$ 时，N 最小，开泵、停泵应关闭出口阀。停泵关闭出口阀可防止设备内液体倒流、防止叶轮损坏泵。

d. 若输送液体黏度比清水的大得多时（运动黏度 $v>2\times10^{-5}\,m^2/s$），泵的 $Q\downarrow$，$H\downarrow$，$\eta\downarrow$，$N\uparrow$，泵原来的特性曲线不再适用，需要进行换算。

e. 当离心泵的转速（n）或叶轮直径（D_2）发生改变时，其特性曲线要换算（比例定律和切割定律）。

离心泵铭牌上所标的流量和压头，是泵在最高效率点所对应的性能参数（Q_S，H_S，N_S），称为设计点。泵应在高效区（即 92%效率最大的范围内）工作。

4. 离心泵的气蚀现象和允许安装高度

（1）离心泵的气蚀现象　气蚀是离心泵特有的一种现象。由离心泵的工作原理可知，在离心泵的叶片入口附近形成低压区。

离心泵内压力最低点在泵的叶片入口处，当该处压力小于或等于输送温度下液体的饱和蒸气压时，液体将在该处气化，并产生大量气泡，当气泡随液体由低压区流向高压区后，气泡会迅速凝结或破裂，这时周围液体向原气泡占据的位置高速冲击，使泵体震动并产生噪声，这种现象称为气蚀现象。

气蚀的危害性有：①离心泵的性能下降，泵的流量、压头和效率均降低。若生成大量的气泡，则可能出现气缚现象，且使离心泵停止工作。②产生噪声和震动，影响离心泵的正常运行和工作环境。③泵壳和叶轮的材料遭受损坏，降低泵的使用寿命。

由上分析可知，发生气蚀的原因是叶片入口附近液体静压力低于某值。而造成该处压力过低的原因诸多，如泵的安装高度超过允许值，泵送液体温度过高，泵吸入管路的局部阻力过大等。为避免发生气蚀，就应设法使叶片入口附近的压力高于输送温度下的液体饱和蒸气压。通常，根据泵的抗气蚀性能，合理地确定泵的安装高度，是防止发生气蚀现象的有效措施。

（2）离心泵的抗气蚀性能　离心泵的抗气蚀性能即吸上性能，包括气蚀余量和允许吸上真空度。

① 离心泵的气蚀余量：泵内发生气蚀的临界条件是叶轮入口附近的最低压力等于液体的饱和蒸气压，此时泵入口处的压力必等于某确定的最小值。

为确保离心泵的正常操作，通常将所测得的临界气蚀余量加上一定的安全量，称为必需气蚀余量。

应予指出，必需气蚀余量值是按输送 20℃的清水测定得到的。当输送其他液体时应乘以校正系数予以修正。但因一般校正系数小于 1，故通常将它作为外加的安全因素，不再校正。

② 离心泵的允许吸上真空度：为避免气蚀现象，泵入口处压力应为允许的最低绝对压力，习惯上常将其表示为真空度。

说明：①由于泵说明书中提供的扬程等参数是在正常大气压下，以 20℃清水为介质测出的，所以当输送其他流体或操作条件改变时，应对其进行校正。②因扬程随流量增大而减小，因此在确定离心泵安装高度时应使用最大流量下的扬程值来计算。

（3）离心泵的允许安装高度　离心泵的允许安装高度（又称允许吸上高度）是指泵的吸入口与吸入储槽液面间可允许达到的最大垂直距离，以 Hg 表示。

假设离心泵在可允许的安装高度下操作，于储槽液面与泵入口处两截面间列伯努利方程式进行计算安装高度。

通常为安全起见，离心泵的实际安装高度应比允许安装高度低 0.5～1.0 m。

当液体的输送温度较高或沸点较低时，由于液体的饱和蒸气压较高，就要特别注意泵的安装高度。若泵的允许安装高度较低，可采用下列措施：尽量减小吸入管路的压头损失，可采用较大的吸入管径，缩短吸入管的长度，减少拐弯，省去不必要的管件和阀门等。

5. 离心泵的流量调节

（1）改变阀门开度（改变管路特性曲线）　改变离心泵出口管路上阀门的开度，即可改变管路特性曲线。当阀门关小时，管路的局部阻力加大，管路特性曲线变陡时，流量降低。当阀门开大时，管路的局部阻力减小，管路特性曲线变平坦，流量增大。

采用阀门来调节流量的优点是快速简便，流量可连续变化，适合化工连续生产，因此应用十分广泛。缺点是阀门关小时，流动阻力加大，需要额外多消耗一部分能量且在调节幅度较大时离心泵往往在低效区工作，经济性差。

（2）改变泵的特性曲线　改变泵的特性，在冬季和夏季送水量相差较大时，用比例定律或切割定律改变泵的性能参数或特性曲线，此法甚为经济。改变泵的特性曲线，实质上是改变泵的转速。这种调节方法能保持管路特性曲线不变，其优点是流量随转速下降而减少，动力消耗也相应降低，能量消耗比较合理；缺点是改变泵的转速需要变速装置或价格昂贵的变速原动机，且难以做到流量连续调节。

（3）减小叶轮直径 实质上是改变泵的特性曲线，从而使泵的流量变小，主要是季节性调节。

6. 离心泵的串联和并联

在实际生产中，当单台离心泵不能满足输送任务要求时，可进行离心泵的并联或串联操作。

（1）离心泵的并联操作 是将两台型号相同的离心泵并联操作，各自的吸入管路相同，则两泵的流量和压头必相同，且具有相同的管路特性曲线。在同一压头下，两台并联泵的流量等于单台泵的两倍。并联泵的操作，流量和压头可由合成特性曲线与管路特性曲线的交点来决定。由于流量增大使管路流动阻力增加，因此两台泵并联后的总流量必低于原单台泵流量的两倍。

（2）离心泵的串联操作 是将两台型号相同的离心泵串联操作，则每台泵的流量和压头也是相同的，因此在同一流量下，两台串联泵的压头等于单台泵的两倍。同样，串联泵的工作点也由泵的合成特性曲线与管路特性曲线的交点来决定。两台泵串联操作的总压头必须低于原单台泵压头的两倍。

（3）离心泵组合方式的选择 应考虑管路要求的压头及管路特性曲线的形状。对于管路特性曲线较低阻管路，采用并联组合，可获得较串联组合高的流量和压头。对于管路特性曲线较高阻管路，采用串联组合，可获得较并联组合高的流量和压头。

注意：①性能相同的泵并联工作时，所获得的流量并不等于每台泵在同一管路中单独使用时的倍数，且并联的台数愈多，流量的增加率愈小。②当管路特性曲线较陡时，流量增加的比例也较小。对此种高阻管路，宜采用串联组合。

7. 离心泵的类型、选择与使用

（1）离心泵的类型 由于化工生产中被输送液体的性质、压力和流量等差异很大，为了适应各种不同的要求，离心泵的类型也是多种多样的。按被输送液体的性质不同，可分为以下4种：

离心泵的类型、选择与使用

① 清水泵（IS型，D型，Sh型）：用于输送水或物理、化学性质与水相近的清洁液体。

a. IS型水泵：为单级单吸悬臂式离心水泵的代号，应用最为广泛。全系列扬程范围为8～98m，流量范围为45～360m³/h。

b. D型水泵：为多级泵的代号，应用于所要求的压头较高、流量并不大的情况。叶轮级数一般为2～9级，最多为12级；全系列扬程范围为14～351m；流量范围为10.8～850m³/h。

c. Sh型水泵：为国产双吸泵的代号，应用于所要求的流量较大而所需的压头并不高时的情况。双吸泵的叶轮有两个吸入口。全系列扬程范围为9～140m，流量范围为120～12500m³/h。

② 耐腐蚀泵（F型）：用于输送酸碱等。该泵主要特点是与液体接触的泵部件用耐腐蚀材料制成。F型泵全系列扬程范围为15～105m，流量范围为2～400m³/h。

③ 油泵（Y型）：用于输送石油产品的泵。油品的特点是易燃、易爆，因此对油泵的一个重要要求是密封完善。当输送200℃以上的油品时，还要对轴封装置和轴承等进行良好的冷却。

Y型泵有单吸和双吸、单级和多级（2～6级），全系列扬程范围为60～603m，流量范围为6.25～500m³/h。

④ 杂质泵（P型）：用于输送悬浮液及稠厚的浆液。可分为PW污水泵、PS砂泵、PN泥浆泵。要求杂质泵不易被杂质堵塞、耐磨、容易拆洗。

特点：叶轮流道宽、叶片数目少、泵壳内有耐磨的铸钢护板。

在泵的产品目录或样本中，泵的型号由字母和数字组合而成，以代表泵的类型、规格。

例如，型号IS100-80-160：IS为单级单吸离心水泵；100为泵的吸入口内径，mm；80为泵的排出口内径，mm；160为泵的叶轮直径，mm。

对于型号40FM1-26：40为泵吸入口直径，mm；F为悬臂式耐腐蚀离心泵；M为与液体接触部件的材料代号（M表示铬镍钼钛合金钢）；1为轴封类型代号（1代表单端面密封）；26为泵的扬程，m。

再如，型号100Y-120×2：100为泵吸入口直径，mm；Y为单吸离心油泵；120为泵的单级扬程，m；2为叶轮级数。

(2) 离心泵的选择　可按下列方法与步骤进行。

① 根据被输送液体的物性及操作条件来选择类型；

② 根据生产任务所要求的流量（Q_e），再根据管路配置情况计算所需压头（H_e），然后以流量和压头两个数据为依据，在泵的系列标准中选择具体型号，选择原则是 H 稍大于 H_e，Q 稍大于 Q_e；

③ 列出泵的主要性能参数，当被输送液体的密度大于水的密度时，还需核算轴功率；

④ 若几种型号的泵都能满足要求，则应考虑经济性和工作点上的效率。

(3) 离心泵的安装和操作　安装和操作方法可参考离心泵的说明书，下面仅介绍一般应注意的问题。离心泵的安装高度必须低于允许吸上高度，以免出现气蚀和吸不上液体的现象。因此在管路布置时应尽可能减小吸入管路的流动阻力。

离心泵在启动前必须向泵内充满待输送的液体，保证泵内和吸入管路内无空气积存。离心泵应在出口阀关闭的条件下启动，这样启动功率最小。停泵前也应先关闭出口阀，以免排出管路内液体倒流，使叶轮受冲击而被损坏。离心泵在运转中应定时检查和维修，注意泵轴液体泄漏、发热等情况，保持泵的正常操作。

8. 离心泵的操作与注意事项

(1) 启动前准备　①用手拨转电机风叶，叶轮应转动灵活，无卡磨现象。②打开进口阀和排气阀，使吸入管路和泵腔充满液体，然后关闭排气阀。③用手盘推动泵，使润滑液进入机械密封端面。④点动电机，确定转向是否正确。

(2) 启动与运行　①全开进口阀，关闭出口阀。②接通电源，当泵正常运转后，再逐渐打开出口阀，并调节至所需流量。③注意观察仪表读数，检查轴封泄漏情况，正常时机械密封泄漏量应小于 3 滴/分；检查电机，轴承处的温升应小于 70℃。一旦发现异常情况，应及时处理。

(3) 停车　①逐渐关闭出口阀，切断电源。②关闭进口阀。③若环境温度低于 0℃，应将泵内液体排放尽，以免冻裂。④若长期停用，应定期进行保养，并将泵体内的液体排放干净，防止机器机械密封被损坏。

二、其他类型泵

在药品生产中，为满足输送不同液体的需要，还会用到其他类型泵，如往复泵、旋转泵等，其中旋转泵又包括齿轮泵、螺杆泵、罗茨泵和旋涡泵等。

1. 往复泵

往复泵是一种典型的容积式泵，包括活塞泵、柱塞泵和隔膜泵等，其结构如图 11-8 所示，主要部件包括泵缸、活塞、活塞杆、吸入阀、排出阀。

工作原理：当活塞自左向右移动时，泵缸内形成负压，储槽液体经吸入阀进入泵缸内；当活塞自右向左移动时，缸内液体受挤压，压力升高，液体由排出阀排出。

根据一个工作周期活塞在泵缸内的往复次数，往复泵可分为单动泵、双动泵和多动泵。单动泵是活塞往复一次，吸、排液各一次的泵。双动泵是活塞往复一次，吸、排液两次的泵。多动泵是活塞往复一次，吸、排液多次的泵。

(1) 往复泵主要性能参数　往复泵的压头与泵的几何尺寸无关，只要泵的力学强度及原动机的功率允许，输送系统要求多高的压头，往复泵就可提供多高的压头。实际上，由于活塞环、轴封、吸入阀和排出阀等处的泄漏，降

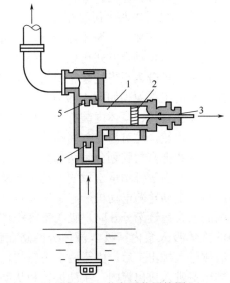

图 11-8　往复泵装置简图

1—泵缸；2—活塞；3—括塞杆；4—吸入阀；5—排出阀

低了泵可能达到的压头。

往复泵的排液能力与活塞位移有关，但与管路情况无关，压头则受管路承受能力的限制，这种性质称为正位移性，具有这种特性的泵称为正位移泵。

(2) 往复泵的流量（排液能力） 只与泵的几何尺寸和活塞的往复次数有关，而与泵的压头及管路情况无关，即无论在什么压头下工作，只要往复一次，泵就排出一定体积的液体。

往复泵的理论平均流量计算公式如下。

单动泵：

$$Q_T = ASn_r \tag{11-3}$$

双动泵：

$$Q_T = (2A-a)Sn_r \tag{11-4}$$

式中，Q_T 为往复泵平均理论流量，m^3/min；A 为活塞的截面积，m^2；S 为活塞的冲程，m；n_r 为活塞每分钟往返的次数，次/min；a 为活塞杆的截面积，m^2。

在压头不太高的情况下，往复泵的实际流量（Q）基本上保持不变，而与压头（H）无关。

仅在压头较高的情况下，往复泵的 Q 随 H 升高而略有下降。

往复泵的工作点为特性曲线与管路特性曲线的交点。工作点随管路曲线的不同只在垂直方向上变动。即 Q 不变，H 增减。

压头的极限取决于泵的力学强度和原动机的功率。

(3) 往复泵的流量调节 流量调节方法有以下两种。

① 旁路调节：调节方法简单、可行，但不经济，一般适用于流量变化较小的经常性调节。

② 改变活塞冲程和往复次数：调节方法经济性好，操作不便，在经常性调节中目前仍很少采用。注意点为：往复泵有自吸能力，开车前不用充液；往复泵吸上真空度也随泵安装地区的大气压、输送液体的性质和温度变化而变化，所以吸上高度也有所变化；为避免泵内压力急剧上升而损坏泵体，启动前必须打开出口阀门；不能只用出口阀调节流量，应采用旁路阀配合调节。

(4) 往复泵与离心泵的比较

① 离心泵：送液量多，流量均匀，结构简单，操作、安装方便，但产生的压头不太高。

② 往复泵：适用于高压头、小流量、高黏度液体，不适宜输送悬浮液及腐蚀性液体。流量不均匀，但可产生很高的压头。

2. 旋转泵

此类泵的特征是泵体内装有一个或一个以上的转子。通过转子的旋转运动来实现液体的吸入和排出，故又称为转子泵。旋转泵也是正位移泵，只要转子以一定的速度旋转，泵就要排出一定体积流量的液体。旋转泵的形式很多，如齿轮泵、螺杆泵等，其工作原理大同小异。

(1) 齿轮泵 由两个齿轮相互啮合在一起而构成的泵称为齿轮泵。它是依靠齿轮的轮齿啮合空间的容积变化来输送液体的，属于回转泵，也可以认为属于容积泵。齿轮泵的种类较多。按啮合方式可以分为外啮合齿轮泵和内啮合齿轮泵；按轮齿的齿形可分为正齿轮泵、斜齿轮泵和人字齿轮泵等。

齿轮泵的工作原理如图 11-9 所示，它是分离三片式结构，三片是指两个泵盖和泵体，泵体内装有一对齿数相同、宽度和泵体接近而互相啮合的齿轮，这对齿轮与两端盖和泵体形成密封腔，并由齿轮的齿顶和啮合线把密封腔划分为两部分，即吸油腔和压油腔。两齿轮分别用键固定在由滚针轴承支承的主动轴和从动轴上，主动轴由电动机带动旋转。主动轮随电动机一起旋转并带动从动轮跟着旋转。当吸入室一侧的啮合齿逐渐分开时，吸入室容积增大，压力降低，便将吸入管中的液体吸入泵内；吸入液体分两路在齿槽内被齿轮推送到排出室。液体进入排出室后，由于两个齿轮的轮齿不断啮合，液体受挤压而从排出室进入排出管中。主动齿轮和从动齿轮不停地旋转，泵就能连续不断地吸入和排出液体。

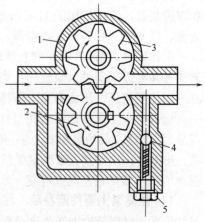

图 11-9 外啮合齿轮泵
1—泵体；2—主动齿轮；3—从动齿轮；
4—安全阀；5—调节螺母

泵体上装有安全阀，当排出压力超过规定压力时，输送液体可以自动顶开安全阀，使高压液体返回吸入管。

① 卫星齿轮泵：卫星齿轮泵的结构原理如图 11-10 所示，在壳体 4 中安装一个中心轮 1，在中心轮的周围均匀布置三个卫星轮 5。壳体的前部安装一个前端盖 6，其上布置有进液口，壳体的后部安装一个后端盖 2，其上布置有出液口。中心轮由两个中心轮轴套 7 支承，每个卫星轮分别由两个卫星轮轴套 3 支承。当卫星齿轮泵工作时，原动机动力由中心轮输入（假设中心轮顺时针转动），则中心轮带动三个卫星轮逆时针转动，形成三个外啮合齿轮泵（简称子泵），液体由前端盖上的进液口进入，经进液通道分别进入三对啮合齿轮的进液腔（O_1、O_2、O_3），压力液体则由三对啮合齿轮的排液腔（P_1、P_2、P_3）经排液通道由出液口排出泵外。

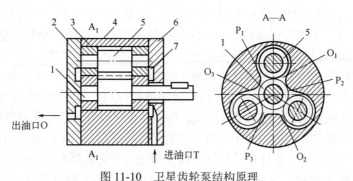

图 11-10　卫星齿轮泵结构原理

1—中心轮；2—后端盖；3—卫星轮轴套；4—壳体；5—卫星轮；6—前端盖；7—中心轮轴套

② 平衡式复合齿轮泵：平衡式复合齿轮泵是在行星传动理论与齿轮泵工作原理相结合的基础上提出的一种新型液压元件（获国家自然科学基金资助，编号 59575010）。它保留了普通齿轮泵的优点，解决了普通齿轮泵存在的径向液压力不平衡问题。如图 11-11 所示，它主要由中心轮、惰轮、内齿轮、密封块及前后泵盖等组成。由于结构的对称性，该泵各齿轮所受静态径向液压力完全平衡，形成了由中齿轮 1、惰轮 2 构成的外啮合齿轮泵和由惰轮 2、内齿轮 3 构成的内啮合齿轮泵的复合结构，即平衡式复合齿轮泵。其中，密封块 4 的作用是将惰轮与内齿轮隔开，并作为中齿轮与惰轮构成的外合齿轮泵的泵体。

平衡式复合齿轮泵具有径向液压力平衡、流量大、流量均匀性好等一系列优点。同时，由于各齿轮所受径向液压力平衡，各齿轮与泵体之间的间隙可以控制得很小，从而为平衡式复合齿轮泵的高压化创造条件。

③ 无啮合力齿轮泵：无啮合力齿轮泵的结构原理如图 11-12 所示，主要由输入轴 1、同步齿轮 2 和 3、隔板 5、吸排液齿轮 7 和 8、轴承 6、泵体 4 及传动轴 9 等组成。原动机动力由输入轴 1 通过同步齿轮 2、3 传递给吸排液齿轮 7、8。吸排液齿轮分别通过花键套装在输入轴 1 和传动轴 9 上。齿轮传动的啮合力由同步齿轮承受，吸排液齿轮只承受因吸排油而产生的液压力。

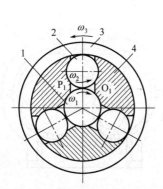

图 11-11　平衡式复合齿轮泵工作原理

1—中齿轮；2—惰轮；3—内齿轮；4—密封块

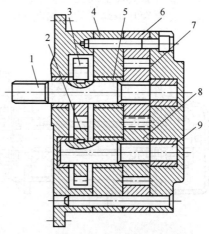

图 11-12　无啮合力齿轮泵的结构原理

1—输入轴；2，3—同步齿轮；4—泵体；
5—隔板；6—轴承；7，8—吸排液齿轴；9—传动轴

(2) 螺杆泵 螺杆泵依靠相互啮合空间的容积变化来输送流体。螺杆泵按照吸入方式,可以分为单吸式和双吸式。按照螺杆泵螺杆螺纹头数,分为单头和双头螺杆泵。按照螺杆数目可以分为单螺杆泵、双螺杆泵、三螺杆泵、四螺杆泵和五螺杆泵。

① 单螺杆泵:主要由螺杆、泵套和万向联轴节组成。单螺杆泵转子是圆形断面的螺杆,它在特殊形状的衬套(定子)中一方面做行星运动,一方面沿着定子内螺纹将液体向前推进,从吸入腔连续地移动到压力腔,腔内流体轴向均匀流动,无涡流和搅动。单螺杆泵是一种内啮合的密封式容积泵,在排量、压力和转速相同的情况下,双头螺杆泵与单头螺杆泵相比,具有体积小、重量轻的显著特点。单螺杆泵具有结构紧凑、径向尺寸小、压力和排液无脉动、噪声低、自吸性能强、输送介质时搅动小等优点,可用于输送含有固体颗粒的液体、酸碱盐液体、各种不同黏度液体、纸浆、污油、泥浆、水泥砂浆等,广泛应用于环保、生物工程、污物处理、采矿、石油化工、食品、制糖、制药、造纸、染料、建筑等工业。

② 双螺杆泵:由主动螺杆(主杆)、从动螺杆(从杆)、泵体、安全阀、联轴器、过滤器、同步齿轮和滚动轴承组成。双螺杆泵的两根螺杆(转子)相互啮合,在衬套(定子)中运转,依靠所形成的密封腔的容积变化吸入和排出流体。流体轴向均匀流动,无涡流和搅动。双螺杆泵转子和定子均由刚性材料制成,其制造精度要求比单螺杆泵高。按照吸入方式,双螺杆泵可以分为单吸和双吸式。单吸双螺杆泵和单吸五螺杆泵,要考虑平衡轴向力的液力平衡装置。双吸式双螺杆泵,泵体内装有两根左、右旋单头螺纹的螺杆,螺杆上的轴向力自行平衡。主杆通过外置的同步齿轮(外支承型)带动从杆回转,从杆的旋转并不依靠主杆的啮合传动,两根螺杆以及螺杆与泵体之间的间隙靠齿轮和轴承保证。

③ 三螺杆泵:主要由主杆、两根从杆和包容三根螺杆的泵套组成。主杆螺纹呈凸形双头,从杆螺纹为凹形双头,两者螺旋方向相反的三螺杆泵的主杆通过啮合带动两根从杆。三根螺杆(转子)相互啮合在衬套(定子)中运转,依靠所形成的密封腔的容积变化来吸入和排出流体。流体在泵腔内轴向均匀移动,无涡流和搅动。三螺杆泵的啮合间隙很小,压力可达到 25 MPa,噪声低(达到 57dB),效率高,特别适合高压小流量的流体输送。其加工精度比单螺杆泵、双螺杆泵都要高。缺点是由于转子间和转子与定子间间隙细小,介质中不能含固体颗粒。

④ 四螺杆泵:由泵体、转子、密封件和轴承组成。四螺杆泵转子由两个外螺杆和两个内螺杆组成,轴线与泵体垂直。其通过内部转动的四个螺杆,沿轴向的流体压缩,从而提高压力。四螺杆泵的优点为:减震能力强,可以在高速下工作,输出流量和压力稳定。扬程范围广,一般可达到 150 m。密封性能更稳定可靠,使用寿命长。其缺点是价格较高,维护难度大。

⑤ 五螺杆泵:双吸式五螺杆泵的泵套内装有五根左、右旋双头螺纹的螺杆,螺杆上的轴向力自行平衡。螺杆齿廓上有一段是渐开线,它起着主杆向从杆传递运动的作用。螺杆两端装有滚动轴承,保证螺杆与泵套之间的间隙。对于单吸式五螺杆泵,需要考虑平衡轴向力的液力平衡装置。五螺杆泵是非密封型容积泵,压力不高,仅用于安装空间受限制的特殊场合(如舰船上等)作为润滑油泵。

(3) 罗茨泵 又称为叶形转子泵,如图 11-13 所示。

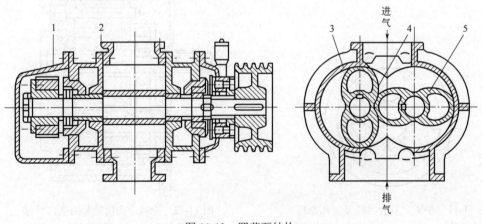

图 11-13 罗茨泵结构
1—齿轮箱;2—左侧箱;3—泵体;4—从动转子;5—主动转子

罗茨泵的转动元件为一对呈叶瓣形的转子，转子的叶瓣为2～4片。两个转子分别固定于主动轴和从动轴上。由主动轴带动转子旋转，两转子的旋转方向相反。由于两转子相互紧密啮合，以及转子与泵壳的严密接触，因此将吸入室与排出室隔开。当转子旋转时，完成吸入液体和排出液体的原理与齿轮泵的相同。被吸入的低压液体逐次地被封闭于两相邻叶瓣与泵壳所包围的空间内，并随转子一起转动而到排出侧排出。罗茨泵由于结构简单，便于拆洗，且可产生中等压头，因而常用于黏稠物料的输送。

(4) 旋涡泵　旋涡泵是指叶轮为外缘部分带有许多小叶片的整体轮盘，液体在叶片和泵体流道中反复做旋涡运动的泵。旋涡泵虽属于叶片式机械的范畴，但其工作过程、结构以及特性曲线的形状等与离心泵和其他类型泵都不太相同。旋涡泵是一种特殊类型的离心泵，主要由泵壳、叶轮、引液道、间壁等组成，其结构如图11-14所示。

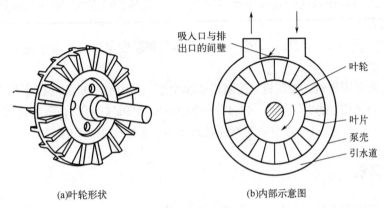

(a)叶轮形状　　　　　　　(b)内部示意图

图 11-14　旋涡泵

旋涡泵的叶轮是一个圆盘，其四周铣有数十个呈辐射状排列的凹槽，并构成叶片，如图11-15所示。当叶轮在泵壳内高速旋转时，泵内液体亦随叶轮旋转，并在引液道与叶片间反复运动，因而被叶片拍击多次，从而可获得较多的能量。在相同的叶轮直径和转速条件下，旋涡泵的扬程约为离心泵的2～4倍。由于泵内流体的旋涡流作用，能量损失较大，因此旋涡泵的效率较低，一般仅为30%～40%。当流量减小时，旋涡泵的压头升高很快，且轴功率也增大。当流量为零时，泵的轴功率达到最大。因此，旋涡泵应避免在太小的流量或出口阀关闭的情况下长时间运行，且启动旋涡泵前应将出口阀全开，以减小电机的启动电流，保证泵和电机的安全。此外，旋涡泵也是依靠离心力来工作的，因此启动前必须向泵内灌满液体。旋涡泵的流量调节方法与正位移泵的相同，即通过旁路来调节流量。旋涡泵的特点是构造简单，制造方便，扬程较高。当流量增大时，旋涡泵的扬程会急剧降低，因此常用于小流量高扬程或低黏度液体的输送。

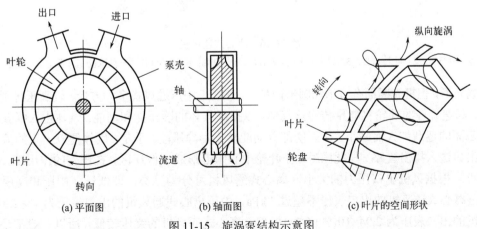

(a) 平面图　　　　　　(b) 轴面图　　　　　　(c) 叶片的空间形状

图 11-15　旋涡泵结构示意图

制药过程中要输送的液体种类繁多，性质差别较大，使得输送问题变得更为复杂。为保证输送液体不受污染，要求凡与输送对象直接接触的输送机械部分必须采用无毒、耐腐蚀材料，结构上要有完善的密封结构，且易于清洗。

气体输送机械

第二节 气体输送机械

气体输送机械应用广泛，类型也较多，就工作原理而言，它与液体输送机械大体相同，都是通过类似的方式向流体做功使流体获得机械能量。但气体与液体物性有很大的不同，因而气体输送机械有自己的特点。

① 由于气体密度很小，在输送一定质量流量的气体时，其体积流量大，因而气体输送机械的体积大，进出口管中的流速也大。

② 由于气体的可压缩性，当气体压力变化时，其体积和温度也将随之发生变化。这对气体输送机械的结构和形状有较大影响。

气体输送设备主要有通风机、鼓风机、压缩机和真空泵，其中通风机的终压不大于 $1.471 \times 10^4 Pa$（表压），压缩比 <1.15；鼓风机的终压不大于 $(1.471 \sim 29.2) \times 10^4 Pa$（表压），压缩比 <4；压缩机的终压 $> 29.2 \times 10^4 Pa$（表压），压缩比 >4；真空泵的终压接近于 0，压缩比由真空度决定。

一、离心式通风机

离心式通风机的结构和工作原理与离心泵的基本相同。

图 11-16 是离心式通风机的结构示意图，它主要由蜗壳形机壳、叶轮和机座组成。离心式通风机的叶轮通常为多叶片叶轮，且输送气体的体积较大，因而叶轮直径一般较大而叶片较短。此外，叶片的形状不仅有后弯的，还有前弯或径向叶片。后弯叶片适用于较高压力的通风机，径向叶片则适用于风压较低的场合。前弯叶片有利于提高风速，可减小设备尺寸，但阻力损失较大。

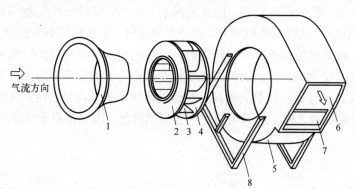

气流方向

图 11-16 离心式通风机

1—吸气口；2—叶轮前盘；3—叶片；4—叶轮后盘；5—机壳；6—排气口；7—截流板（风舌）；8—支架

机壳是蜗壳形，但机壳断面有方形和圆形两种。一般低、中压通风机多为方形，较高压时则采用圆形。

工作时，高速旋转的叶轮将能量传递给气体，以提高气体的静压能和动能。气体进入蜗壳形通道后，流速因流通截面的逐渐扩大而减小，从而使部分动能转化为静压能。于是，气体便以一定的流速和较高的压力由风机出口进入排出管路。与此同时，在叶轮中心附近形成了低压区，在压差的作用下，气体源源不断地进入风机。根据风机出口压力的大小，离心式通风机可分为三类，即低压、中压和高压离心式通风机，其中低压离心式通风机的出口表压不超过 1 kPa，中压离心式通风机的出口表压为 $1 \sim 2.94 kPa$。高压离心式通风机的出口表压为 $2.94 \times 10^3 \sim 14.7 \times 10^3 Pa$。离心式通风机的终压较低，所以一般都是单级的。低压离心式通风机常用于车间的通风换气，高压离心式通风机常用于气体的输送。

二、鼓风机

常用的鼓风机有离心式鼓风机和罗茨鼓风机等。

（一）离心式鼓风机

离心式鼓风机又称为透平鼓风机，因为离心式鼓风机的工作原理是通过高速旋转的叶轮将气体加速，然后减速、改变流向，使动能转换成势能（压力）。在单级离心风机中，气体从轴向进入叶轮，气体流经叶轮时改变成径向，然后进入扩压器。在扩压器中，气体改变了流动方向造成减速，这种减速作用将动能转换成压力能。

离心式鼓风机广泛应用于各种工业领域，特别是在焦化厂中，离心式鼓风机是应用最普遍的类型之一，通常由汽轮机或电动机驱动。此外，在污水处理系统中，离心式鼓风机也常用于提供必要的通风和气体输送功能。

（二）罗茨鼓风机

罗茨鼓风机的工作原理与齿轮泵的相似，其结构如图 11-17 所示。

罗茨鼓风机的壳体内有两个腰形或三星形的转子，转子之间及转子与机壳之间的缝隙很小，转子可自由转动但无过多的泄漏。工作时，两转子的旋转方向相反，气体从机壳的一侧吸入，从另一侧排出。若改变转子的旋转方向，则吸入口与排出口互换。罗茨鼓风机属于正位移型，其风量与转速成正比，而与出口压力无关。罗茨鼓风机的风量范围为 $2\sim500$ m³/min，出口表压力低于 80 kPa。

罗茨鼓风机的出口应安装气体稳压罐和安全阀，流量采用旁路调节，且出口阀不能完全关闭。此外，操作温度不能超过 85℃。否则转子会因热膨胀而发生卡死现象。

三、压缩机

1. 离心式压缩机

离心式压缩机的主要结构、工作原理均与离心式鼓风机相似。但离心式压缩机的叶轮级数较多（通常在 10 级以上），转速较高，可达 5000～10000 r/min，因而结构更为精密，产生的风压较高。由于气体的压缩比较大，因此体积变化和温度升高均相当显著。为此，常将离心式压缩机分成若干段，每段又包括若干级，叶轮直径逐级缩小。由于气体的温度随压力的增加而升高，故在段间要设置中间冷却器，以降低气体的温度。通常采用排气管节流调节、吸气管。离心式压缩机的流量可达几十万 m³/h，且体积小、重量轻、运行平稳、维修方便。

压缩机

2. 液环式压缩机

液环式压缩机又称为纳氏泵，其结构如图 11-18 所示。

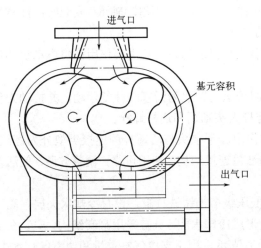

图 11-17 罗茨鼓风机工作原理示意图

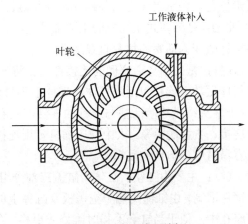

图 11-18 液环式压缩机

　　液环式压缩机的壳体呈椭圆形，叶轮上装有辐射状的叶片，壳体内充有一定体积的液体。工作时，叶片带动壳内液体随叶轮一起旋转，在离心力的作用下被抛向壳体周边而形成椭圆形液环，并在椭圆长轴处形成两个月牙形空间，每个月牙形空间又被叶片分割成若干个小室。当叶轮旋转一周时，月牙形空间内的小室逐渐变大和变小各两次，气体则分别由两个吸入区吸入，从两个排出区排出。液环可将气体与壳体隔开，使气体只与叶轮接触，因此当叶轮采用抗腐蚀材料时，即可用于腐蚀性气体的输送。液环式压缩机产生的表压力可达 0.5～0.6 MPa。此外，液环式压缩机也可作为真空泵使用。

　　3. 往复式压缩机

　　往复式压缩机又称活塞式压缩机，其主要由气缸、活塞、吸入阀和排出阀等组成，其结构和操作原理与往复泵的很相似。但由于气体具有可压缩性，被压缩后压力增大，体积缩小，温度上升，故往复式压缩机的工作过程与往复泵的有所不同。往复式压缩机的工作原理和结构如图 11-19 所示。

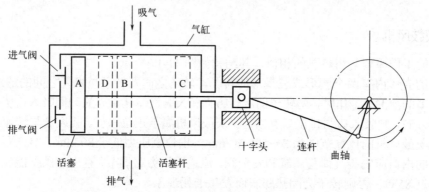

图 11-19　往复式压缩机工作原理

　　当活塞式压缩机的曲轴旋转时，通过连杆的传动，活塞做往复运动，由气缸内壁、气缸盖和活塞顶面所构成的工作容积则会发生周期性变化。活塞式压缩机的活塞从气缸盖处开始运动时，气缸内的工作容积逐渐增大，这时，气体即沿着进气管，推开进气阀而进入气缸，直到工作容积变到最大，进气阀关闭；活塞式压缩机的活塞反向运动时，气缸内工作容积缩小，气体压力升高，当气缸内压力达到并略高于排气压力时，排气阀打开，气体排出气缸，直到活塞运动到极限位置，排气阀关闭。当活塞式压缩机的活塞再次反向运动时，上述过程重复出现。总之，活塞式压缩机的曲轴旋转一周，活塞往复一次，气缸内相继实现进气、压缩、排气的过程，即完成一个工作循环。

　　（1）活塞式压缩机的基本结构　基本原理大致相同，具有十字头的活塞式压缩机，主要由机身、曲轴、连杆、十字头、气缸、活塞、填料、气阀等组成。

　　① 机身：主要由中体、曲轴箱、主轴瓦（主轴承）、轴承压盖及连接和密封件等组成。曲轴箱可以是整体铸造加工而成的，也可以是分体铸造加工后组装而成的。主轴承采用滑动轴承，安装时应注意上下轴承的正确位置，轴承盖设有吊装螺孔和安装测温元件的光孔。

　　② 曲轴：是活塞式压缩机的主要部件之一，传递着压缩机的功率。其主要作用是将电动机的旋转运动通过连杆改变为活塞的往复直线运动。

　　③ 连杆：是曲轴与活塞间的连接件，它将曲轴的回转运动转化为活塞的往复运动，并把动力传递给活塞对气体做功。连杆包括连杆体、连杆小头衬套、连杆大头轴瓦和连杆螺栓。

　　④ 十字头：是连接活塞与连杆的零件，具有导向作用。十字头与活塞杆的连接类型分为螺纹连接、连接器连接、法兰连接等。大中型压缩机多用连接器和法兰连接结构，使用可靠，调整方便，使活塞杆与十字头容易对中，但结构复杂。

　　⑤ 气缸：主要由缸座、缸体、缸盖三部分组成。低压级多为铸铁气缸，设有冷却水夹层；高压级气缸采用钢件锻制，由缸体两侧中空盖板及缸体上的孔道形成冷却水腔。气缸采用缸套结构，安装在缸体上的缸套座孔中，便于当缸套磨损时维修或更换。气缸设有支承，用于支撑气缸重量和调整气缸水平。

⑥ 活塞：由活塞体、活塞杆、活塞螺母、活塞环、支承环等零件组成。每级活塞体上装有不同数量的活塞环和支承环，用于密封压缩介质和支承活塞重量。活塞环采用铸铁环或填充聚四氟乙烯塑料环；当压力较高时也可以采用铜合金活塞环；支承环采用聚四氟乙烯或直接在活塞体上浇铸轴承合金。

活塞与活塞杆采用螺纹连接，紧固方式有直接紧固法、液压拉伸法、加热活塞杆尾部法等，加热活塞杆尾部使其热胀产生弹性伸长变形，将紧固螺母旋转一定角度拧至规定位置后停止加热，待杆冷却后恢复变形，即实现紧固所需的预紧力。活塞杆由钢件锻制成，经调质处理及表面硬化处理，有较高的综合机械性能和耐磨性。活塞体的材料一般为铝合金或铸铁。

⑦ 填料：密封填料由数组密封元件构成。每组密封元件主要由径向密封环、切向密封环、阻流环和拉伸弹簧组成。为减轻各组密封元件的工作负担，当密封压力较高时，在靠近气缸侧处设有节流环。当密封气体属易燃易爆性质时，在密封填料中设有漏气回收孔，用于收集泄漏的气体并引至系统。有油润滑时，密封填料中设有注油孔，可注入压缩机油进行润滑，无油润滑时，不设注油孔。

⑧ 气阀：是压缩机的一个重要部件，属于易损件。它的质量及工作的好坏直接影响压缩机的输气量、功率损耗和运转的可靠性。气阀包括吸气阀和排气阀，活塞每上下往复运动一次，吸、排气阀各启闭一次，从而控制压缩机并使其完成吸气、压缩、排气等工作过程。

气阀主要由阀座、阀片、弹簧、升程限制器和将它们组合为一体的螺栓、螺母等组成。排气阀的结构与吸气阀基本相同，两者仅是阀座与升程限制器的位置互换，吸气阀升程限制器靠近气缸里侧，排气阀则是阀座靠近气缸侧。环状阀因其阀片为薄圆环而得名，阀座与升程限制器上都有环形或孔形通道，供气体通过。阀片与阀座上的密封口贴合形成密封。升程限制器上有导向凸台，对阀片升降起导向作用。

(2) 活塞式压缩机的型号表示法

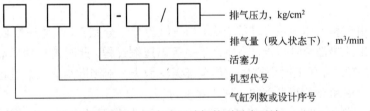

图 11-20　活塞式压缩机的型号表示法

根据图 11-20，4M40-148/320 型压缩机的含义为：4 列、M 型、活塞推力 40×10^4 N、额定排气量（换算到吸入状态下）148 m^3/min、额定排气压力 320×10^5 Pa（即 32 MPa）。

(3) 活塞式压缩机的分类

① 按气缸中心线位置分类

a. 立式压缩机：气缸中心线与地面垂直。

b. 卧式压缩机：气缸中心线与地面平行，气缸只布置在机身一侧。

c. 对置式压缩机：气缸中心线与地面平行，气缸布置在机身两侧。如果相对列活塞相向运动，又称对称平衡式。

d. 角度式压缩机：气缸中心线呈一定角度，按气缸排列所呈现的形状，可分为 L 型、V 型、W 型和 S 型。

② 按气缸达到最终压力所需压级数分类

a. 单级压缩机：气体经过一次压缩到终压。

b. 两级压缩机：气体经过二次压缩到终压。

c. 多级压缩机：气缸经三次以上压缩到终压。

③ 按活塞在气缸所实现气体循环分类

a. 单作用压缩机：气缸仅一端进行压缩循环。

b. 双作用压缩机：气缸两端进行同一级次的压缩循环。

c. 级差式压缩机：气缸一端或两端进行两个或两个以上的不同级次的压缩循环。

④ 按压缩机具有的列数分类

a. 单列压缩机：气缸配置在机身的一条中心线上。

b. 双列压缩机：气缸配置在机身一侧或两侧的两条中心线上。

c. 多列压缩机：气缸配置在机身一侧或两侧的两条以上中线上。

4. 压缩机主要参数

（1）转速（n） 单位为转/分，指曲轴每分钟的转数。

（2）行程（s） 单位为毫米，指活塞从近止点到远止点的间距，也等于曲拐轴与主轴中心距的两倍。

（3）活塞平均速度（C_Ψ） 单位为 m/s，活塞运动中速度是变化的，在始点（如外止点）时为零，然后逐渐加速，在中点时为最大，然后逐渐降速，到终点（死点）又为零，返行时亦如此。

活塞平均速度大则机器轻巧。但气体流速大，惯性力如未平衡好则振动大，易损件寿命受到影响，目前一般 C_Ψ 为 3～5 m/s。

（4）压力比（ε） 进出口压力之比，即 $\varepsilon=p_2/p_1$。由于气缸有余隙容积总是不可避免的。当 ε 越高，排出压力越高，残留的气体膨胀后所占的容积也就越大，吸入气体量减少，效率降低。采用多级压缩可使每一级 ε 减小，从而提高各级气缸容积利用率，但压缩机级数的选择是根据多方面因素来考虑的。在实际上，多级压缩的每级压缩比为 2.5～3.5。

（5）排气量（Q） 在压缩机排气端测得的单位时间排出的气体体积，换算到压缩机吸气条件（压力、温度、湿度）下的数值称为排气量。以 V 表示，单位为 m³/min。

（6）功率与效率 活塞压缩机消耗的功率包括有压缩气体的功耗，气缸中气阀等阻力损失与各种机械摩擦等功耗。

压缩气体的功耗由于和气体的热力性能有关，当气缸冷却十分完善，气体在气缸中气流速度很慢时，气体在受压缩时所产生的热都及时传走，因而几乎是等温压缩过程，此时消耗功率最省。当气缸冷却得很不好，气流速度又快，气体在压缩时所产生的热全部无法散失，则接近绝热压缩过程，此时功耗最大、实际活塞式压缩机压缩过程和介于两者之间，属于多变过程。

（7）活塞力（p） 单位为吨。压缩机活塞杆、曲轴、连杆等尺寸主要是根据活塞力来设计的。

真空泵

四、真空泵

低真空、中真空、高真空、超真空四个区域真空技术在制药生产中有着广泛的应用，如真空条件下的输送、脱气以及真空抽滤、真空蒸发、真空干燥、冷冻干燥、真空包装等。在真空状态下操作，可使料液中的水分在较低的温度下汽化，这对保护药品中的热敏性成分是十分有利的。此外，采用真空操作可降低系统中的氧含量，从而可减轻甚至避免药品因氧化作用而发生破坏的危险。从设备或系统中抽出气体的设备称为真空泵。真空泵的形式很多，下面简要介绍几种常用的真空泵。

1. 水环式真空泵

水环式真空泵的外壳呈圆形，壳内有一偏心安装带辐射状叶片的叶轮，如图 11-21 所示。

工作时，先向泵内注入适量的水。当叶轮高速旋转时，水在离心力的作用下被甩至壳壁而形成厚度均匀的水环。水环兼有液封和活塞的双重作用，与叶片之间形成许多大小不同的密闭小室。当叶轮按顺时针方向旋转时，右侧小室的空间逐渐增

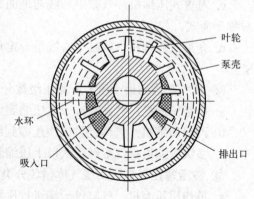

图 11-21 水环式真空泵示意图

大，气体由吸入口吸入；而左侧小室的空间逐渐缩小，气体由排出口排出。水环式真空泵的吸入气体中会夹带一定量的液体，因而是一种湿式真空泵。此类真空泵的优点是结构简单、紧凑，易于制造和维修，最高真空度可达 3 kPa，适用于抽吸有液体的以及腐蚀性或爆炸性气体；缺点是效率较低，一般仅为 30%～50%，且产生的真空度受泵内水温的限制。

此外，在运转过程中需不断补充水以维持泵内的水环液封，并起到冷却作用。水环式真空泵还可作低压压缩机使用，此时泵的吸入口与大气相通。

2. 旋片式真空泵

旋片式真空泵是一种旋转式真空泵（如图 11-22）。当带有两个旋片的偏心转子按图示方向旋转时，旋片在弹簧压力及自身离心力的作用下紧贴泵体内壁滑动，吸气工作室不断扩大，被抽气体通过吸气口经吸气管进入吸气工作室。当旋片转至垂直位置时，吸气完毕，此时吸入的气体被隔离。转子继续旋转，被隔离的气体逐渐被压缩，压力升高。当压力超过排气阀片上方的压力时，则气体经排气管顶开阀片后排出。泵在工作过程中，旋片始终将泵腔分成吸气和排气两个工作室，转子每旋转一周，吸气和排气各两次。

旋片式真空泵可达较高的真空度，但抽气速度较小，常用于抽气量较小的真空系统。

3. 喷射泵

此类泵属于流体作用泵，是利用流体流动时动能与静压能之间的相互转换来吸入和排出流体的，它既能输送液体，又能输送气体。实际生产中，喷射泵常用于抽真空，故又称为喷射式真空泵。喷射式真空泵的工作流体可以是蒸汽，也可以是高压水。图 11-23 是水蒸气喷射泵的工作原理示意图。

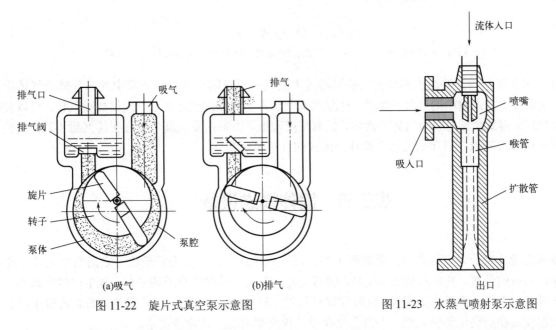

图 11-22　旋片式真空泵示意图　　　图 11-23　水蒸气喷射泵示意图

工作时水蒸气在高压下以很高的速度从喷嘴喷出，在喷射过程中，蒸汽的部分静压能转变为动能，从而在吸入口处形成低压区，将气体吸入。被吸入的气体随同蒸汽一起进入混合室，随后进入扩大管，流速逐渐下降，压力逐渐上升，即部分动能转化为静压能，最后经排出口排出。单级水蒸气喷射泵一般只能达到 90%左右的真空度。为获得更高的真空度，可采用多级水蒸气喷射泵。若要求的真空度不大，则常用一定压力的水作为工作流体，称为水喷射泵。水喷射泵既可产生一定的真空度，又可与被吸入气体直接混合冷凝，可用作混合器、冷却器和吸收器等。喷射泵的优点是结构简单、紧凑，没有活动部分。缺点是蒸汽消耗量较大而效率很低，故一般仅作真空泵使用，而不作为输送设备用。

4. 往复式真空泵

往复式真空泵的结构与往复式压缩机的相似（如图 11-24），但由于真空泵仅在低压下操作，气缸里外的压力差很小，因而要求吸入阀和排出阀必须更为轻巧。若所需达到的真空度较高，则压缩比会很大，此时余隙中的残留气体对真空泵的抽气速率影响很大，故真空泵的余隙必须很小。此外，还可在气缸内壁的端部设置平衡气道。

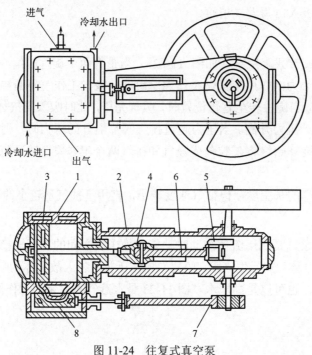

图 11-24　往复式真空泵

1—气缸；2—机身；3—活塞；4—十字头；5—曲轴；6—连杆；7—偏心轮；8—气阀

在排气终了时，气缸的高压腔与低压腔可通过平衡气道短时间连通，使余隙中的部分残余气体流向另一侧，从而减小了余隙中的残余气体量。往复式真空泵有干式和湿式之分，干式只抽吸气体，可以获得较高的真空度；湿式可同时抽吸气体和液体，但真空度较低。由于往复式真空泵存在排气量不均、结构复杂、维修费用高等缺点，近年来已逐渐被其他形式的真空泵所替代。

第三节　固体输送设备

固体输送设备可分为连续式和间歇式两大类。连续式输送设备简称为输送机，是沿着固定线路连续不断地输送物料的装置。其优点是结构简单，输送均衡，在装卸过程中也无须停车，故生产效率较高。间歇式输送设备的工作过程具有周期性，且装卸物料时停止输送，输送物料时也不装卸。间歇式输送设备一般包括起重设备和运输设备两大类。下面主要介绍几种典型的连续式输送设备。

一、带式输送机

带式输送机是以挠性输送带作为物料的承载件和牵引件来输送物料的，它是药品生产中应用最为广泛的一种连续式输送设备。

带式输送机的结构如图 11-25 所示。工作时，驱动滚筒通过摩擦传动带动输送带，使输送带连续运行并将带上的物料输送至所需要的位置。在带式输送机中，输送带既是盛放物料的承载件，又是传递牵引力的牵引件，它是带式输送机中成本最高，也是最易磨损的部件。

常用的输送带有橡胶带、纤维带、塑料带、钢丝和网带等，其中橡胶带和塑料带最为常用。按所起作用的不同，滚筒可分为驱动滚筒、改向滚筒和张紧滚筒等。驱动滚筒是传递动力的主要部件，输送带借助与滚筒之间的摩擦力而运行。改向滚筒可改变输送带的走向，并可用来增大驱动滚筒与胶带之间的包角。张紧滚筒和托辊对输送带起到张紧和支撑作用。带式输送机结构简单，工作可靠，使用维修方便，输送过程平稳，噪声小，且不损伤物料，并可长距离连续输送，输送能力强，输送效率高。缺点是输送不密封，易使轻质粉状物料飞扬；设备成本高；且输送带易磨损，易跑偏。此外，即使采用网纹带，也不适合倾角过大的场合。带式输送机适用于各种块状和颗粒状物料的输送，也可输送成件物品，还可作为清洗、选择、处理、检查物料的操作台，用在原料预处理、选择装填和成品包装等工段。

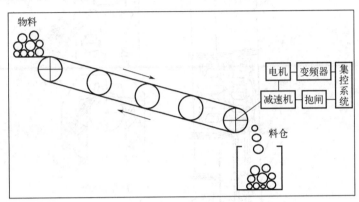

图 11-25　带式输送机

二、链式输送机

在制药生产中，链式输送机广泛用于各种流水作业的生产线上。链式输送机的主要特点是以链条作为牵引构件，把承载物件安装于链条上，链条本身不起承载作用，只是牵引和输送物品，如图 11-26 所示。

图 11-26　链式输送机

链式输送机的特点是输送能力大、运行平稳可靠、适用范围广。除黏度特别大的物料外，绝大多数固态物料以及成件物品都可用它来输送。此外，在输送过程中还可进行分类、干燥、冷却或包装等各种工艺操作。

三、斗式提升机

斗式提升机是利用装在环形牵引构件（带或链条）上的料斗来垂直或倾斜地连续提升物料的输送机械，如图 11-27 所示。斗式提升机的工作过程包括装料、提升和卸料三个过程。

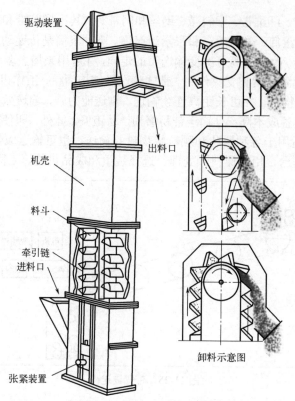

图 11-27 斗式提升机工作原理

斗式提升机的装料方式有挖取法和撒入法两种。挖取法是将物料加入底部，再被运动着的料斗所挖取提升，该法适用于中、小块度或磨损小的粒状物料。撒入法是将物料由下部进料口直接加到运动着的料斗中而提升，该法适用于大块和磨损性大的物料。

斗式提升机的卸料方法有离心式、混合式和重力式三种。离心式卸料是当料斗升至顶端时，利用离心力将物料抛出的方法，该法适用于输送干燥且流动性好的粒度小和磨损性小的粒料，但不适合易破碎及易飞扬的粉。混合式卸料是利用离心力和物料的重力进行卸料的方法，该法适用于流动性不良的散状、纤维状物料以及潮湿物料。重力式卸料是利用物料的重力进行卸料的方法。该法适用于提升大块、密度大、磨损性大和易碎的物料。斗式提升机的优点是结构简单，工作安全可靠，可以垂直或接近垂直方向向上提升，提升高度大。此外，斗式提升机的占地面积较小，并有良好的密封性，可减少灰尘污染。缺点是不能水平输送，必须均匀供料，过载能力较差。

四、螺旋式输送机

螺旋式输送机是利用螺旋叶片的旋转来输送物料的设备，主要由料槽、进出料口、螺旋叶片、轴承和驱动装置等组成，如图 11-28 所示。

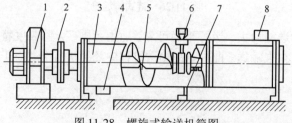

图 11-28 螺旋式输送机简图

1—驱动装置；2—联轴器；3—壳体；4—出料口；5—旋转螺旋轴；6—中间吊挂轴承；7—支座；8—进料口

与其他输送设备相比，螺旋式输送机具有结构简单、横截面尺寸小、制造成本低、便于在若干位置上进行中间加料和卸料、操作安全方便、密封性好等优点。但在运输物料时，料与料槽和螺旋间都存在摩擦力，因而动力消耗较大。此外，物料会因螺旋叶片的作用而产生严重破碎及损伤，同时螺旋叶片及料槽也有较严重的磨损，且运输距离不宜太长，一般在 30 m 以下。螺旋式输送机适用于需要密封运输的物料，如粉状、颗粒状及小块状物料的输送，也适用于易变质、黏性大及易结块物料的输送。

五、气力输送装置

气力输送装置是一种借助于具有一定能量的气流，将粉粒状物料从一处输送至另一处的连续输送设备。

与其他输送形式相比，气力输送装置具有以下特点：①可以进行长距离的连续集中输送和分散输送，输送布置灵活，劳动生产率较高。②输送物料的范围较广，从粉状到颗粒状甚至块状、片状物料均可采用。③输送过程可与混合、粉碎、分级、干燥、加热、冷却、除尘等生产工艺相结合。④输送过程中可避免物料受潮、污染或混入杂质，且没有粉尘飞扬，生产环境较好。⑤结构简单，管理方便，易于实现自动化。⑥动力消耗大（不仅输送物料，还要输送大量空气）。⑦与物料接触的构件易于磨损。⑧不适用于潮湿易结块、黏结性及易碎物料的输送。

1. 气力输送原理

物料在空气动力作用下呈悬浮状态而被输送。物料在气流中如何悬浮是问题的关键点，其颗粒悬浮机制及运动状态在垂直管、水平管中各不相同。在垂直管内，气流自下而上，使颗粒悬浮于气流中，此时颗粒在垂直方向上受到两个力的作用。其一是颗粒自身重力与气体浮力之差，方向向下；其二是气体对颗粒所产生的上升力，方向向上。当两力处于平衡时，颗粒即悬浮于气流中，此时的气流速度称为悬浮气速。当气流速度大于悬浮气速时，颗粒即被气流所输送，且颗粒在气流中的分布较为均匀。在水平管内，颗粒的受力情况比较复杂。但总的趋势是气流速度越大，颗粒在气流中的分布就越均匀。当气流速度逐渐减小时，则颗粒越靠近管底，其分布就越密集。当气流速度减小至一定数值时，部分颗粒则停滞于管底，一边滑动，一边被推着向前运动。当气流速度进一步减小时，则停滞于管底的料层会反复做不稳定移动，甚至停顿而堵塞管道。

2. 气力输送系统

气力输送系统一般由供料装置、输料管路、分离器、卸料装置、除尘装置和气体输送设备等组成。按工作原理的不同，气力输送系统可分为吸送式、压送式和混合式三种。

（1）吸送式气力输送系统　该系统利用吸嘴将物料和大气混合后一起吸入，然后物料随气流一起被输送至指定地点，再用分离器将物料分出，含尘气体经除尘器净化后，由风机排出，其流程如图 11-29 所示。

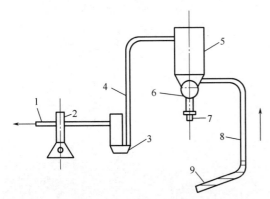

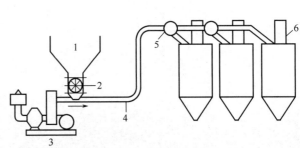

图 11-29　吸送式气力输送流程
1—排气出口；2—真空泵；3—空气过滤器；
4—吸出排气管；5—排料斗；6—旋转加料器；
7—排料斗；8—固定管；9—软管和吸嘴

图 11-30　压送式气力输送系统
1—加料器；2—螺旋加料器；3—鼓风机；
4—输料管；5—旋风分离器；6—袋滤器

　　吸送式气力输送系统的供料设备结构比较简单，工作时系统内始终保持一定的负压，因而不致灰尘飞扬，工作环境较好。风机处于系统末端，因而油分、水分不易混入物料，这对药品和食品的输送极为有利。但吸送式气力输送系统的动力消耗较大，也不宜于大容量和长距离输送。系统特别适合粉状药粉的输送。

　　(2) 压送式气力输送系统　该系统依靠压气设备排出的高于大气压的气流，在输料管中将物料与气流混合后输送至指定地点，再用分离器将物料分出，含体经除尘后排出，其流程如图 11-30 所示。

　　压送式气力输送系采用正压输送，工作压力较大，因而适用于大容量和长距离输送，适用范围较大。缺点是供料设备的结构比较复杂，必须有完善的密封措施。

　　(3) 混合式气力输送系统　该系统是吸送式和压送式气力输送装置的组合，其流程如图 11-31 所示。在风机之前属真空系统，风机之后则属正压系统。真空部分可从几点吸料，集中送至分离器 5 内，分离出来的物料经加料器送入压力系统，输送至指定位置后，由分离器 2 将物料分出，含尘气体经除尘后排出。

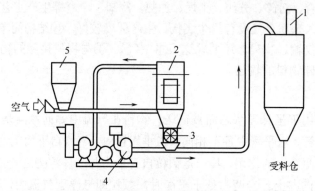

图 11-31　混合式气力输送系统

1—吸嘴；2，5—旋风分离器；3—供料器；4—风机

　　混合式气力输送系统特别适合从几点吸料而同时又分散输送至不同地点的场合，但系统组成复杂，风机易受磨损，工作条件较差，因而除特殊情况外，生产上较少采用。

第十二章
生物制品处理设备

第一节 概 述

生物制品处理设备是专门用于处理生物制品的设备，主要包括发酵罐、分离纯化设备、清洁洗涤设备、冷却设备、废物处理设备、灭菌设备等，这些设备在生物制品中发挥着重要的作用，需要符合严格的洁净度，可控的温度、压力和湿度等要求，以确保生物制品的质量和安全性。如主要用于培养基灭菌的高压蒸汽灭菌罐，其原理是利用热蒸汽穿透细胞，使蛋白质等物质变性，从而达到灭菌的效果；用于玻璃器皿等灭菌的电热鼓风干燥箱，主要通过热空气进行灭菌；用于分离提取的离心机、过滤设备、蒸馏设备等，主要从生物制品中分离和提取所需的成分。在选择和使用这些设备时，需要考虑多个因素，如生产规模、设备性能、安全性、成本以及符合相关标准和法规的要求。此外，设备的操作和维护也至关重要，需要确保设备的正常运行和延长使用寿命。

在选择生物制品处理设备时，还需要根据具体的生产工艺、产品特性和生产规模进行综合考虑。同时，设备的安装、操作和维护也需要遵循相关的标准和规范，以确保设备的正常运行和生产过程的安全性。

一、生物制品处理设备的特点

生物制品处理设备是专门针对生物制品的特性和处理需求设计的一系列专业设备。它们的特点主要表现在以下几个方面。

1. 高效性

生物制品处理设备采用了先进的工艺和高效的设备结构，确保处理过程中的效率最大化。同时，它们具有高效的过滤、分离、浓缩等功能，能够有效地满足生物制品的纯化、浓缩和分离等处理需求。

2. 安全性

由于生物制品往往涉及生物活性物质，因此处理设备的安全性显得尤为重要。这些设备通常采用封闭式设计，配备严格的安全措施，如防泄漏、防污染、防爆等，以确保操作过程的安全。

3. 智能化

随着科技的进步，现代生物制品处理设备已经越来越智能化。它们配备了先进的控制系统和传感器，能够实现自动化操作和精准控制，提高了设备的操作便捷性和处理精度。

4. 可定制性

由于生物制品的种类繁多，不同的生物制品可能需要不同的处理设备。因此，生物制品处理设备通常具有较高的可定制性，可以根据客户的需求进行个性化设计和制造。

二、应用领域

生物制品处理设备在医药、生物技术、食品等多个领域具有广泛的应用，具体表现在以下几个方面。

1. 医药领域

生物制品处理设备在制药过程中发挥着重要作用。它们可以用于药物的提取、纯化、浓缩等环节，确保药物的质量和安全性。同时，这些设备还可以用于疫苗、血液制品等生物制品的生产和处理。

2. 生物技术领域

在生物技术领域，生物制品处理设备被广泛应用于基因工程、细胞培养、发酵等过程中。它们可以帮助研究人员对生物样品进行高效的处理和分析，为生物技术的研究和应用提供有力支持。

3. 食品领域

生物制品处理设备在食品工业中也有着重要的应用。它们可以用于食品的提取、分离、浓缩等环节，提高食品的品质和口感。同时，这些设备还可以用于食品添加剂、营养补充剂等产品的生产。

4. 环境保护领域

在环保领域，生物制品处理设备也发挥着重要作用。它们可以用于生物废水的处理、生物废弃物的处理等方面，通过生物技术的手段实现废弃物的资源化利用和减少环境污染。

综上，生物制品处理设备以其高效、安全、智能和可定制的特点，在多个领域得到了广泛的应用。随着科技的不断发展，这些设备的性能和应用范围还将不断拓展，为生物制品的生产和处理提供更加高效、安全和可靠的解决方案。

第二节　生物制品的制备

生物制品的
制备

生物制品的制备是一个复杂且精细的过程，涵盖了研发规划与目标设定、原材料的选择和采集、生物反应与表达、目标产物的提取与纯化、质量控制与检测等环节。

一、研发规划与目标设定

生物制品的研发规划与目标设定是生产流程的起点。在这一阶段，研究人员需要根据市场需求、技术可行性和法规要求等因素，确定生物制品的种类、功能及制备工艺。同时，还需制定详细的生产计划和质量标准，为后续的生产过程提供指导。

生物制品的研发是一个融合了市场、技术、团队、资源等多方面的系统工程。为了确保研发项目的成功实施，我们需要进行深入的市场需求调研，分析技术发展趋势，组建高效的研发团队，合理整合与分配资源，明确研发目标，制定合理的时间节点，并进行风险评估与管理。

生物制品研发规划与目标设定是一项复杂而重要的工作。通过以上几项工作的完成，我们可以为生物制品的研发项目提供有力的指导和保障，推动项目的顺利实施并取得成功。

二、原料的选择和采集

生物制品原料的选择和采集是确保生物制品质量与安全的关键步骤。原料的优劣直接影响到生物制品的活性、纯度及安全性。要选择品质优良、来源可靠、适应性强的原料，以确保原料的高度活性、稳定性、可靠性、可追溯性，符合相关质量标准，最终达到产品的质量要求。

1. 原料选择注意事项

在选择原料时，需要注意避免污染，确保原料在采集、运输和储存过程中不受到污染；关注批次差异，同一批次的原料应具有稳定的品质和性能，避免批次间差异导致的生产不稳定；遵守法规要求，确保原料的采集和使用符合相关法规要求，避免违规操作带来的风险；生物制品原料的采集要注意采集时间与方法，采集完的样品要进行预处理与保存，通常采用冷冻保存、脱水法或再加保护剂处理等。

生物制品原料的选择和采集是确保生物制品质量和安全的关键环节。通过遵循选择原则、注意事项、采集时间与方法、预处理与保存等步骤，并关注原料的安全性和合规性，可以确保原料的质量和安全性，为生物制品的制备提供有力保障。

2. 遵循的原则

生物制品原料选择遵循的原则主要包括以下几个方面：一是有效成分含量与新鲜度，原料中的有效成分应含量高且新鲜，以保证产品的活性和效能；二是原料来源与产地，原料来源应丰富，产地就近以降低运输成本和时间；三是杂质含量与质量控制，原料中的杂质含量应尽可能少，对于由起始原料引入的杂质和异构体，应进行必要的研究，并提供质量控制方法；四是原料成本，原料的成本要低，以降低生物制品的生产成本，提高市场竞争力；五是原料质量与稳定性，起始原料应质量稳定、易于控制，并富含所需目标产物；六是生物相容性与降解性，对于涉及生物体的生物制品，原料应具有良好的生物相容性，不引起免疫反应或排斥反应，在特定环境下具有发生降解的能力，以便在不需要时从体内移除；七是强度、韧性及可加工性，以便能够制成各种复杂形状和尺寸的产品。

生物制品原料的选择是一个综合考虑多个因素的过程，旨在确保产品的质量、安全性和经济效益。在选择过程中，应遵循科学的原则和标准，并结合具体产品的需求和市场需求进行评估和选择。

三、生物反应与表达

将原料置于生物反应器中进行发酵或生物反应，这是生物制品生产的关键步骤。在菌种培养与发酵阶段，需选用适当的培养基和发酵条件（如温度、氧气供应、pH、营养物质等参数），以促进菌种的生长和目标产物的产生；发酵过程中，需定期监测发酵液的成分和活菌数等指标，以确保发酵过程的稳定性和可控性。基因克隆与表达也是生物制品生产的关键环节，通过基因工程技术，将目标基因导入适当的载体中，并在宿主细胞中进行表达，这一过程同样需要严格控制培养条件，以确保目标蛋白的高效表达。

生化反应包括水解反应、合成反应、氧化还原反应等。这些反应在细胞内有序进行，使得生物制品得以合成和积累。酶作为生物体内的催化剂，能够降低反应的活化能，加速反应速率，使得生化反应在温和的条件下得以进行；物质浓度的调节对于保持反应的稳定性和连续性至关重要，通过合理控制浓度，可以实现生物制品的高效合成和积累；表达调控是生物体内基因表达的关键过程，决定了基因在何时、何地以及以何种方式进行表达，确保生物制品的精确合成和表达；转录与翻译调控实现对蛋白质合成的调控，后转录调控过程确保 mRNA 的正确翻译和蛋白质的稳定表达，从而影响生物制品的合成和功能；掌握生化反应平衡的原理和影响因素，有助于更好地调控生物制品的合成过程，实现高效、稳定的生产。

生物制品的生化反应及表达是一个复杂而精细的过程，涉及多种生物化学机制和调控因素。通过深入研究和理解这些过程，可以为生物制品的高效合成和应用提供有力支持。

四、目标产物的提取与纯化

目标产物的提取与纯化是生物制品制造过程中非常重要的步骤，旨在从混合物中分离出目标产物，并提高其纯度。根据目标产物的性质，采用适当的提取方法（如离心、过滤等）将产物从发酵液中分离出来，初步去除大部分杂质，分离目标产物，为后续的精制操作奠定基础。精制与高度纯化是确保生物制品质量和安全性的重要环节。通过采用先进的纯化技术（如层析、电泳、结晶等），进一步去除产物中的微量杂质，提高纯度。同时，还需确保在纯化过程中不引入新的有害物质。

1. 细胞破碎

收获的细胞需要破碎以释放目标产物。这可以通过物理方法（如超声波破碎、高压破碎等）或化学方法（如酶解）来实现。通常涉及利用外力破坏细胞膜和细胞壁，从而使细胞内容物释放，破碎后的混合物包含目标产物、细胞碎片和其他杂质。

破碎的方法很多，主要有机械破碎法和非机械破碎法，具体情况见表12-1。具体选择哪种破碎方法，取决于具体的细胞或组织类型、所需提取的物质以及可用的设备和资源。无论采用哪种方法，都应确保操作过程的安全性和合规性，并遵循相关的实验室和工业生产规范。

表 12-1 机械和非机械破碎法

项目	具体操作方法		破碎原理	碎片大小	时间、效率	内含物释出	设备
机械破碎法	研磨法：将剪碎的动物组织置于研体或匀浆器中，加入少量石英砂进行研磨或匀浆，即可破碎细胞		机械切碎	碎片细小	时间短、效率高	全部	专用设备
	匀浆：使用家用食品加工机将组织打碎，然后使用高速分散器（内刀式组织捣碎机）进一步破碎细胞						
	胶体磨法：是流体或半流体物料在离心力的作用下，通过高速相对运动的定齿与动齿之间，受到强大的剪切力、摩擦力、高频振动和高速旋涡等作用，从而被有效地粉碎、乳化、均质和混合						
	压榨法：在高压下，使细胞悬液通过一个小孔突然释放至常压，从而实现细胞的彻底破碎						
非机械破碎法	冷热交替法：通过反复在90℃左右维持数分钟，然后立即放入冰浴中冷却，可以破碎大部分细胞		溶解局部壁膜	碎片较大	时间长、效率低	部分	不需要专用设备
	反复冻融法：将待破碎的细胞冷至15～20℃，然后迅速融化，如此反复多次，也可以达到破碎细胞的效果						
	超声波法：利用超声波的振动力破碎细胞壁和细胞器。处理微生物细菌和酵母菌时，所需时间可能较长，且处理效果与样品浓度和使用频率有关						
	化学与生物化学破碎法：利用有机溶剂等化学试剂破碎细胞						

2. 固液分离

固液分离是在提取与纯化过程开始之前，通过离心、过滤或者沉降方法实现固液分离，将目标产物从破碎后的混合物中与固体细胞碎片分离开来。固液分离技术在生物制品领域具有广泛的应用，如生物制药、生物化工、生物食品等。以生物制药为例，固液分离技术可用于细胞培养液的澄清、发酵液的过滤、蛋白质纯化等过程。在生物化工领域，固液分离技术可用于催化剂回收、废水处理等过程。这些应用实例展示了固液分离技术在提高产品质量、降低生产成本以及实现环保等方面的重要作用。

固液分离技术中的过滤分离技术、离心分离方法、重力沉降等是生产操作中常用的技术。

(1) 过滤分离技术 该技术是一种常用的固液分离方法，通过多孔介质（如滤纸、滤布、滤膜等）对混合物进行分离。过滤过程中，液体成分通过多孔介质流出，而固体成分则被截留在介质表面或内部。根据过滤精度和速度的不同，过滤分离技术可分为粗滤、精滤和超滤等多种类型。

(2) 离心分离方法 利用离心力使混合物中的固体颗粒与液体成分分离的技术。在高速旋转的离心机中，不同密度的物质受到不同大小的离心力，从而实现固液分离。离心分离方法具有分离速度快、操作简便等优点，特别适用于大规模生产中的固液分离。

(3) 重力沉降 利用固体颗粒在重力作用下的自然沉降过程实现固液分离。在静置条件下，固体颗粒由于密度差异而逐渐沉降到容器底部，从而实现与液体成分的分离。重力沉降方法适用于固体颗粒较大、密度差异明显的混合物。

除了过滤、离心和重力沉降外，还有许多其他固液分离手段，如磁分离、电泳分离、膜分离等。这些技术各具特色，适用于不同类型的生物制品固液分离。

随着科技的不断进步，固液分离技术也在不断发展与创新。新型过滤材料、离心设备的优化、智能控制技术的应用等，都为固液分离技术的性能提升和成本降低提供了可能。未来，固液分离技术将更加高效、环保、智能化，为生物制品的生产和应用提供更有力的支持。

五、质量控制与检测

质量控制与检测贯穿于生物制品生产的整个过程。在每个关键环节，都需对产物进行严格的质量检测，以确保产品的质量、安全性和一致性。这包括生物活性、物理性质、化学性质、纯度和安全性等方面的检测。对于不合格的产品，需及时采取措施进行处理或淘汰。

第三节　分离和纯化设备

分离和纯化设备

生物制品在制备过程中需要进行分离与纯化，以提高其产品纯度。首先，分离和纯化的过程可以去除生物制品中的杂质和污染物，提高产品的纯度和质量；其次，通过分离和纯化处理，可以去除潜在的病原微生物和有害物质，确保生物制品的安全性；最后，适当的分离和纯化方法可以改善生物制品的理化性质，提高其稳定性和保存期限。

在实际生产中常见的分离纯化方法有沉淀法、离心法、过滤法和层析法等。沉淀法是利用物质在溶液中的溶解度差异，通过改变溶液条件使目标物质沉淀析出；离心法是利用不同物质在离心场中的沉降速度差异，将悬浮液中的颗粒物质分离出来；过滤法是利用过滤介质截留悬浮液中的固体颗粒，使液体与固体分离；层析法是利用物质在固定相和流动相之间的分配平衡差异，将混合物中的各组分分离开来。

生物制品的分离和纯化设备根据不同的目标产物和工艺要求而异。以下是一些常见的生物制品分离和纯化设备。

一、色谱柱

色谱柱是色谱技术中的关键设备，用于装载填料并支持分离过程。色谱柱通常由玻璃、不锈钢或塑料制成，具有良好的耐腐蚀性和耐压性。柱子的内径、长度和填料类型等参数应根据具体的分离需求进行选择。色谱柱通过分离样品中不同组分的相互作用来实现目标产物与杂质的分离。常见的色谱柱包括固相萃取柱、凝胶色谱柱、金属螯合色谱柱等。

1. 基本操作

柱色谱的基本操作包括装柱、上样、洗脱及检测等，柱色谱流程见图12-1，柱色谱分离装置见图12-2，具体操作过程如下：

（1）准备柱子　选择合适的柱子，可以是玻璃柱或塑料柱，根据需要选择柱子的长度和直径。将柱子装入柱床支架中，并将填料（如硅胶或活性炭）均匀填充到柱子内。

（2）预处理柱子　用适当的溶剂进行柱子的预处理。先用洗涤溶剂（如乙醇、醚等）洗涤柱子内外表面，然后用流动相（柱层析中用于溶解样品和洗脱溶质）进行均匀浸润。

（3）样品预处理　将待分离的化合物混合物溶解在适当的溶剂中，以获得适合柱层析的样品溶液。可以通过溶剂的极性选择合适的洗脱溶剂。

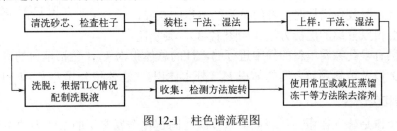

图 12-1　柱色谱流程图

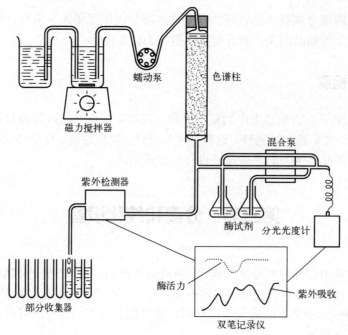

图 12-2 柱色谱分离装置

(4) 样品装载 用吸管或注射器将样品溶液缓慢注入柱子顶部，保持柱子中填料的均匀分布。

(5) 流动相选择 根据样品的特性和分离要求，选择合适的流动相。流动相可以是单一溶剂或混合溶剂。常用的流动相有乙酸乙酯/石油醚、甲醇/水、醇/醚等。

(6) 色谱分离 缓慢注入流动相到柱子顶部，让其通过填料床。根据需要，可以在柱底放置接收瓶，收集不同组分的洗脱液。

(7) 监测 通过紫外可见光谱、色谱柱等方法监测洗脱液的组分，根据所需化合物的出现时间和峰形选取合适的洗脱液收集。

(8) 收集洗脱液 将收集到的洗脱液转移到适当的容器中，并进一步处理和分析。

2. 固相萃取柱

该柱由柱管、筛板、吸附剂、储样器等组成。柱管是吸附剂的载体，由血清级的聚丙烯制成，通常做成注射器形状。筛板起固定吸附剂和过滤溶液的作用。聚乙烯是常见的筛板材料，特殊分析也可采用特氟龙、不锈钢片或玻璃等材质。吸附剂在固相萃取柱中发挥分离作用的物质，目前最常见的吸附剂是硅胶键合吸附剂，由球形硅胶颗粒键合各种官能团制得。20 世纪末被发明的有机化合物吸附剂，比如聚乙烯吡咯烷酮，以重现性好、pH 适用范围宽以及适用性广等优势在许多应用中已经取代硅胶键合吸附剂。储样器用于增加柱管上方的容器体积，提高单次上样量。

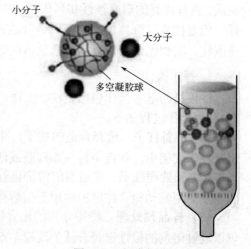

图 12-3 凝胶色谱柱

3. 凝胶色谱柱

凝胶色谱也称分子筛色谱、分子排阻色谱、凝胶过滤等，是指混合物随流动相经过凝胶色谱柱时，各组分流经体积的差异，使不同分子量的组分得以分离的层析方法（如图 12-3）。凝胶色谱的分离过程是在装有多孔物质填料的柱中进行的，柱的总体积为 V_A，包括填料的骨架 V_{CM}、填料的孔体积 V_i（内水体积）以及填料颗粒之间的体积 V_0（外水体积）。总体积公式为 $V_A=V_i+V_0+V_{CM}$。

4. 金属离子亲和色谱柱

金属离子亲和色谱是建立在蛋白质表面的氨基酸与固定化金属离子的亲和力的不同来进行蛋白质分

离的一项技术。金属离子有锌、铜、铁等，氨基酸主要是组氨酸的咪唑基、半胱氨酸的巯基、色氨酸的吲哚基。金属离子亲和色谱的配基简单、吸附容量大、价格便宜、投资低、通用性强、分离条件温和、金属离子配基具有很好的稳定性，且色谱柱可长期连续使用，易于再生。

5. 色谱柱操作注意事项

吸附剂应根据吸附剂和被吸附物质的理化性质进行选择。洗脱剂依据"相似相溶"原则进行选择，考虑成分极性和溶解度等因素。操作方式应确保装柱均匀、松紧一致、无气泡产生等。

色谱柱中最常使用的吸附剂是氧化铝或硅胶。其用量为被分离样品的 30～50 倍，对于难以分离的混合物，吸附剂的用量可达 100 倍或更高。柱色谱所用氧化铝的粒度一般为 100～150 目，硅胶为 60～100 目，如果颗粒太小，洗脱剂在其中流动太慢，甚至流不出来。

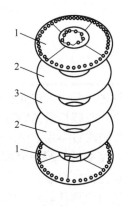

洗脱剂流出的速度一般控制流速为 1 滴/秒，若流速太快，样品在柱中的吸附和溶解过程来不及达到平衡，影响分离效果；色带不能过宽，否则导致界限不清；色带不能倾斜；避免气泡的产生，造成气泡的原因可能是玻璃毛或脱脂棉中的空气未挤净，其后升入吸附剂中形成，也可能是吸附剂未充分浸润溶胀，在柱中与洗脱剂作用发热而形成；柱顶面要填装平；避免出现断层和裂缝，当柱内某一区域内积有较多气泡时，这些气泡会合并起来在柱内形成断层或裂缝。

二、超滤膜

超滤膜是一种用于分离溶质和溶剂的膜技术。它是一种微孔膜，具有较高的分离效率和选择性。超滤膜通过筛选分子的大小和形状来分离物质。它的孔径通常在 0.1～100 nm，可以去除溶液中的大分子溶质和悬浮物，如蛋白质、胶体、细菌和病毒等，同时保留小分子物质和溶剂。超滤膜及支撑板组合见图 12-4，超滤膜断面结构见图 12-5。

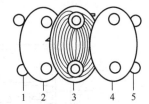

图 12-4 超滤膜及支撑板组合图
1—流通圈；2—超滤膜；3—支撑板；
4—超滤膜；5—锁圈

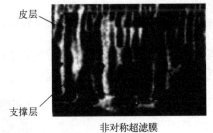
非对称超滤膜

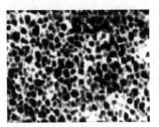
海绵网状结构

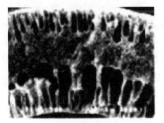
指状结构

图 12-5 超滤膜断面结构

1. 超滤膜的结构

（1）膜基材 通常由聚合物材料制成，如聚酯、聚醚、聚氨酯等。膜基材的选择通常取决于应用的具体要求，例如化学稳定性、耐腐蚀性和机械性能等。

（2）支撑层 位于超滤膜的一侧，提供膜的机械支撑和结构稳定性。支撑层通常由聚酯、聚丙烯等材料构成，可以增强超滤膜的强度和耐压性能。

（3）分离层 是超滤膜的关键组成部分，负责实现物质的分离。它通常由聚合物材料制成，具有一定的孔径大小和分子筛选性能。分离层的孔径决定了能通过的分子大小范围，同时也影响分离效率和通量。

（4）支撑网 用于增强超滤膜的结构稳定性和耐压性能。它通常位于支撑层的外侧或内侧，可以是纤维网状结构或多孔板状结构。

2. 超滤装置

（1）板式分离装置 用于大规模生产的平板式超滤分离设备有类似板框式的结构见图 12-6。

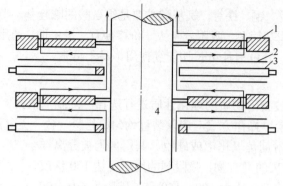

图 12-6 平板膜分离装置结构原理

1—隔离板；2—半透膜；3—膜支撑板；4—中央螺栓

在这种设备中，被处理的液体在窄沟道中流动，沟道宽度仅 0.3～0.5 mm，液体沿膜做径向流动。在同一膜上，与膜接触的路程只有 150 mm 左右。通常液体流动的平均流速约为 0.5 m/s，故流动为层流。一般平板膜渗设备由许多膜渗组件构成，每一组件提供一定的膜面积，从几平方米到几十平方米。

（2）空心纤维膜渗分离器 这种膜渗分离器把几千万根空心纤维集束的开口端用环氧树脂粘接，装填在管状壳体内而成。其特点是：①装置内单位体积的膜面积很大；②膜壁薄，液体透过速度快；③空心纤维的几何构形具有一定的耐压性能，故强度高。空心纤维膜渗分离装置的外形亦为壳管状，见图 12-7。

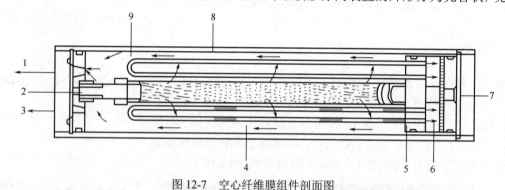

图 12-7 空心纤维膜组件剖面图

1—盐水；2—进料；3—取样；4—中空纤维膜；5—环氧树脂管板；6—多孔支撑板；7—产品；8—外壳；9—环氧树脂块

超滤膜广泛应用于水处理、废水处理、食品和饮料加工、制药工业等领域。它可以用于去除水中的悬浮物、颗粒、胶体、有机物和微生物等，以达到净化和浓缩的目的。此外，在某些工业过程中，超滤膜还可以用于分离和回收有用的溶质。

三、离心机

1. 主要结构

离心机作为一种重要的分离设备，其结构组成相对复杂，各部分协同工作以实现高效、精准的分离任务。以下是离心机的主要结构组成部分：

（1）转子与驱动装置 转子是离心机的核心部件，见图 12-8、12-9，其内部装有离心管或样品容器。驱动装置通过电机提供动力，使转子以设定的转速进行高速旋转。驱动装置通常包括电机、减速器和传动机构，确保转子能够稳定、连续地运转。

（2）液体或气体供应 对于某些需要液体或气体参与的离心过程，离心机配备了相应的供应系统。这些系统可以确保在离心过程中及时、准确地为样品提供所需的介质，以支持分离操作的进行。

（3）进料与出料管道 进料管道用于将待分离的样品引入离心机的分离室，而出料管道则负责将分离后的组分从离心机中排出。这些管道的设计应确保流体流动的顺畅性和操作的便捷性。

（4）分离室与结构设计 分离室是离心机中容纳样品和进行分离操作的空间。其结构设计应考虑到样品的性质、分离要求以及操作便捷性等因素。同时，分离室还应具备足够的强度和密封性，以确保离心过程中的安全性和稳定性。

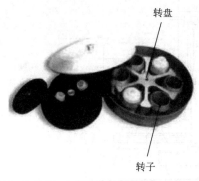

图 12-8　转子和转盘

图 12-9　封闭式转头

(5) 控制面板与参数设置　控制面板是离心机的操作界面，通过它可以设定和调整离心机的各项参数，如转速、时间、温度等。控制面板通常配备显示屏和按键，方便用户进行直观的操作和监控。

(6) 离心管与样品容器　离心管或样品容器是装载待分离样品的部件，其材质和形状应根据样品的性质和分离要求进行选择。离心管应具有良好的密封性和耐腐蚀性，以确保离心过程中的安全性和分离效果。

(7) 刹车与温控系统　刹车系统用于在离心过程结束后快速停止转子的旋转，以便进行后续操作。温控系统则用于监控和控制离心机内部的温度，确保分离过程在适宜的温度条件下进行。

(8) 主板与控制电源　主板是离心机的控制中心，负责接收和处理来自控制面板的信号，控制离心机的各项操作。控制电源则为离心机提供稳定的电力供应，确保其正常运行。

离心机的结构组成相对复杂，各部分之间相互关联、协同工作。在实际使用中，需要根据具体的应用场景和分离要求选择合适的离心机型号和配置，以实现高效、精准的分离效果。

需要注意的是，离心机的选择和使用需要根据具体的分离需求来确定，包括离心机的类型、转速、容量等参数。同时，操作离心机时也需要遵循一定的安全规范，以确保实验或生产的顺利进行。

2. 分类

用于离心沉降分离的设备可分为实验室用瓶式离心机和工业用无孔转鼓离心机两种类型。其中无孔转鼓离心机可分为三足式离心机、碟片式离心机、高速管式离心机和旋风分离器。旋风分离器主要用于气体中颗粒的分离。

(1) 三足式离心机　结构如图 12-10 所示。整机由外壳、转鼓、传动主轴、底盘等部件组成，机体悬挂在机座的三根支杆上。在离心力的作用下，固体悬浮物或重液部分被甩向转鼓壁，残留在转鼓壁上或者沉积于转鼓底部的集液槽里。当集液槽里积累了一定量的重液或悬浮物后，需要停机卸掉。有从上部卸料和从下部卸料两种方式。

三足式离心机的转速一般在 3000 r/min 以下，是用途最广泛的离心机，对物料适应性强，操作方便，结构简单，制造成本低，是目前工业上广泛采用的离心分离设备。其缺点是需间歇或周期性循环操作，卸料阶段需减速或停机，不能连续生产。又因转鼓体积大，分离因数小，对微细颗粒分离不完全，需要用高分离因数的离心机配合使用才能达到分离目的。

(2) 碟片式离心机　图 12-11 所示为碟片式离心机的结构。整机由转轴、转鼓及几十到一百多个倒锥形碟片等主要部件组成。碟片直径一般为 0.2～0.6 m，其上有沿圆周分布垂直贯通的孔，碟片之间的间距为 0.5～1.25 mm。碟片的作用是缩短固体颗粒（或液滴）沉降距离，扩大转鼓的沉降面积，提高离心分离能力。工作时，悬浮液（或乳浊液）由位于转鼓中心的进料管加入转鼓。当悬浮液（或乳浊液）流过碟片之间的间隙时，固体颗粒（或液滴）在离心机作用下沉降到碟片上形成沉渣（或液层）。沉渣沿碟片表面滑动而脱离碟片并积聚在转鼓内直径最大的部位，分离后的液体从出液口排出转鼓。

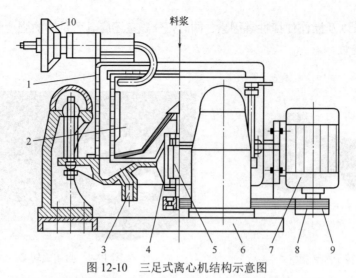

图 12-10 三足式离心机结构示意图

1—机壳；2—转鼓；3—排出口；4—轴承座；5—主轴；6—底盘；7—电机；8—皮带轮；9—三角带；10—吸液装置

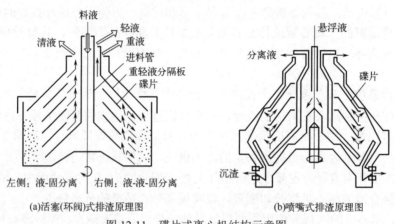

(a)活塞(环阀)式排渣原理图　　　　　(b)喷嘴式排渣原理图

图 12-11 碟片式离心机结构示意图

依据碟片分离机的分离方式，碟片分离机可分为三相分离（液-液-固）碟片分离机和二相分离（液-固）碟片式分离机两种；自动排渣式碟片分离机中依据排渣方式的不同，可分为手动自动（即半自动）排渣碟片分离机和由 PLC 系统完全控制的全自动排渣碟片分离机；依据碟片分离机内部排渣方式的不同，碟式分离机可分为活塞式排渣碟式分离机与喷嘴式排渣分离机，见图 12-11（a）、（b），一般可根据物料的特性来选择排渣方式。

碟片式离心机的转速一般为 4000～7000 r/min，分离因数可达 4000～10000，特别适用于一般离心机难以处理的两相密度差较小的液-液分离，其分离效率高，可连续性操作。

（3）高速管式离心机　由细长的管状机壳和转鼓等部件构成，如图 12-12 所示。常见的转鼓直径为 0.1～0.15 m，在转鼓中心有一转轴，起传动作用。在轴的纵向上安装有肋板，起带动液体转动的作用。工作时，待分离液体从下部通入，进入转鼓内的液体被肋板带动做高速旋转，强大的离心力将密度大的颗粒甩向转鼓壁，形成重液，并被挤压向上，从重液出口排出；质轻的液体分布在转轴周围，并被挤压向上，从轻液出口排出。在分离固-液混悬体系时，将重液出口关闭，只开启轻液出口，固体颗粒沉积在鼓壁上，经一段时间后，停机清理沉渣后待用。

高速管式离心机转速一般可 10000～50000 r/min，分离因数可达 15000～65000。能处理 0.1～100 mm 的固体颗粒，可以得到高纯度的液相和含湿量较低的固相。与其他分离机械相比，具有占地面积小、可连续运转、自动控制、操作安全可靠等优点，主要用于液-固、液-液或液-液-固分离，特别适用于一些液-固相密度差异小，固体粒径细、含量低，介质腐蚀性强等物料的提取、浓缩、澄清环节。已广泛应用在生物医学、中药制剂、保健食品、饮料、化工等行业。

（4）高速冷冻离心机　属于实验室用瓶式离心机，整机主要由驱动电机、制冷系统、显示系统、自动保护系统和速度控制系统组成。

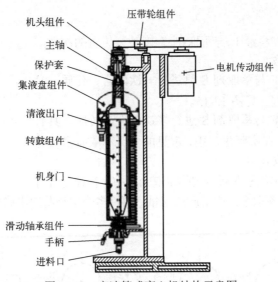

图 12-12　高速管式离心机结构示意图

高速冷冻离心机转速可达 25000 r/min，分离因数可达 89000，分离效果好，是目前生物制药工业广为使用的分离设备。在使用高速冷冻离心机时，为了运转平稳，每一个容器里盛装的液体质量要均等，且在盖上盖子后才能启动，否则容易发生安全事故。

四、萃取装置

萃取装置利用两相（如水相和有机相）之间互不混溶性来实现目标产物与废水或杂质成分之间的区别。传统上，液-液抽提（如萃取漏斗）、固-液抽提（如固体颗粒吸附）以及新兴技术（如超临界流体萃取）都可以应用于生物制品制备过程中。

平衡相图：液相萃取传质在两液相之间进行，其极限为相际平衡。假设原料液为二组分（A +B）体系，萃取剂为纯溶剂（S）；则液-液萃取的萃取相及萃取余相常为三元混合物（A+B +S），具体见图 12-13。

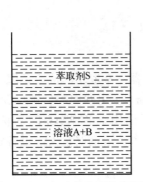

图 12-13　液-液萃取平衡相图

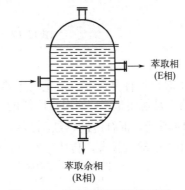

图 12-14　液-液萃取平衡关系图

平衡关系：在一定温度下，某组分在相互平衡的 E 相与 R 相中的组成比，见图 12-14，称为该组分的分配系数（k）。即

溶质 A：$k_A=y_A/x_A$。

溶质 B：$k_B=y_B/x_B$。

式中，y_A、y_B 分别为萃取相（E 相）中组分 A、B 的质量分数；x_A、x_B 分别为萃取余相（R 相）中组分 A、B 的质量分数。

若用萃取剂萃取溶液中的溶质 A，则分配系数 k_A 表示溶质 A 在两个平衡液相中的分配关系；k_A 值越大，说明溶质 A 在萃取剂中的分配越高，萃取效果越好。

1. 萃取流程

在萃取操作中，常根据物料液 F 与萃取剂 S 接触、传质的次数，将其分为单级萃取和多级萃取。

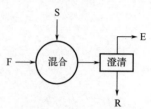

图 12-15 单级萃取
F—物料液；S—萃取剂；
E—萃取相；R—萃取余相

（1）单级萃取 物料液 F 与萃取剂 S 只进行一次混合、传质，具有一个理论级的萃取分离过程。见图 12-15。

（2）多级萃取 物料液 F 与萃取剂 S 进行多次混合、传质，具有多个理论级的萃取分离过程。在实际生产中，常见的多级萃取有多级错流萃取操作和多级逆流萃取操作。

① 多级错流萃取：一般单级萃取所得到的萃取余相中，往往还含有较多的溶质。为了进一步降低萃取余相中溶质的含量，可将多个单级萃取串联组合。这种组合称为多级错流萃取，其流程如下图 12-16 所示。

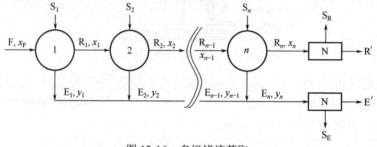

图 12-16 多级错流萃取

② 多级逆流萃取：当采用一定量的溶剂萃取原料液时，若单级或多级错流萃取因受相平衡的限制，分离程度达不到工艺要求，可采取多级逆流萃取操作。多级逆流萃取流程如下图 12-17 所示。

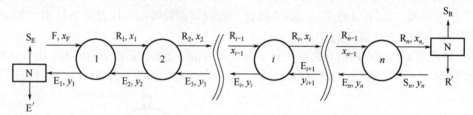

图 12-17 多级逆流萃取

2. 萃取设备

工业上使用的萃取设备种类很多，常见的主要有混合澄清器、萃取塔和离心萃取器等类型。

（1）混合澄清器 是运用最早、使用较广泛的一种萃取设备，它主要由混合器与澄清器两部分构成。如图 12-18、图 12-19 所示。混合澄清器结构简单，操作方便，适用于多种物系的萃取操作。混合澄清器易实现多级连续操作，处理量较大，传质效率高；但占地面积大，溶剂储量大，设备费和操作费较高。

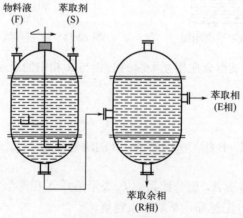

图 12-18 混合澄清器
F—物料液；S—萃取剂

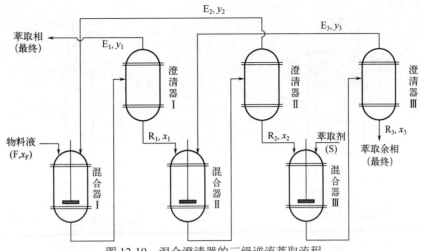

图 12-19 混合澄清器的三级逆流萃取流程

（2）萃取塔 萃取塔的结构类型有多种，根据溶剂与原料液混合的形式及塔板结构，常见的萃取塔有喷洒萃取塔、填料萃取塔、筛板萃取塔和转盘萃取塔等基本类型。

① 喷洒萃取塔（喷淋萃取塔）：结构简单，塔体内除了各流股物料进出的连接管和分散装置外，无其他内部构件。喷洒萃取塔造价低，检修方便；但在混合时流体的轴向返混严重，传质效率极低，仅适用于 1～2 个理论级场合的萃取操作，结构见图 12-20。

② 填料萃取塔：填料萃取塔的构造与前面介绍的精馏或吸收所用的填料塔基本相同，塔内装有适宜的填料，轻液相由塔底进入，从塔顶排出；重液相由塔顶进入，由塔底排出。萃取操作时连续相充满整个塔中，分散相由分布器分散成液滴进入填料层，并与连续相接触传质。填料萃取塔结构简单，操作方便，可有效地减少轴向返混，适合处理腐蚀性料液；但其传质效率不高，仅适用于 1～3 个理论级场合的萃取操作，结构见图 12-21。

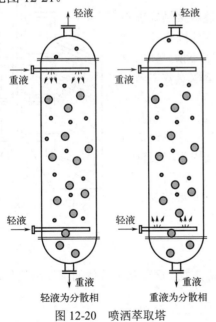

图 12-20 喷洒萃取塔

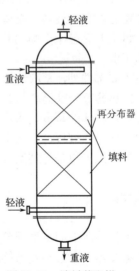

图 12-21 填料萃取塔

③ 筛板萃取塔：基本构造见图 12-22。萃取时，轻液相由塔底通过筛孔被分散成细液小液滴，并与筛板上的连续相接触传质，穿过连续相的轻相液滴逐渐凝聚，聚集于塔板的下侧，待两相分层后，借助压力差的推动，再经筛孔分散。反复分散、凝聚交替进行，直至塔顶澄清、分层、排出。重液呈连续相由塔顶入口进入，横向流过筛板，并在筛板上与分散相液滴接触、传质，再由轻液降液管流至下一层筛板；如此重复进行，最后由塔底排出。筛板塔构造比较简单，造价低，可有效地减少轴向返混，能处理腐蚀性料液，因而运用较为广泛。

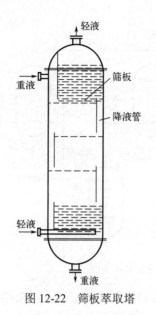

图 12-22 筛板萃取塔

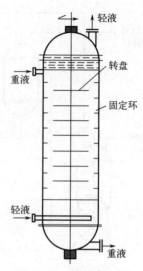

图 12-23 转盘萃取塔

④ 转盘萃取塔（RDC 塔）：基本构造如图 12-23 所示。在塔体内壁面上按一定间距，安装有若干个环形挡板（固定环），固定环将塔内分成若干个小空间。两个固定环之间安装一个转盘，转盘固定在中心轴上，转轴由塔顶电机启动。萃取操作时，转盘随中心轴高速旋转，液体产生的剪切力使分散相破裂成许多细小液滴，并使液相中产生强烈的旋涡运动，增大相际接触面积和传质系数，转盘萃取塔构造相对简单，传质（萃取）效率高，生产能力大，对物系的适应性强，应用较为广泛。

（3）离心萃取器 它是利用离心力的作用，使两液相快速混合、快速分离的一类萃取装置。离心萃取器种类很多，广泛应用于制药、香料、废水处理等领域。

① 转筒式离心萃取器：结构简单，造价相对较低，传质效率高，易控制，运行可靠。

② 卢威（Luwesta）式离心萃取器：它是一种立式逐级接触式离心萃取设备。如图 12-24 所示，Luwesta 式离心萃取器的主体固定在机壳体上，环形盘随之做高速旋转，壳体中央有固定的垂直空心轴，轴上也装有圆形盘，盘上开有若干个喷出孔。Luwesta 式离心萃取器效率高，主要用于制药工业。

除了上述主要部件外，萃取装置还可能配备其他辅助设备，如温度计、搅拌器、加热器等，以提高萃取效率和操作的便捷性。这些设备的选择和配置应根据具体的萃取需求和实验条件来确定。使用萃取装置时应遵循相关的安全操作规程，确保实验过程的安全和有效。同时，定期对装置进行清洁和维护也是保持其性能和延长使用寿命的重要措施。

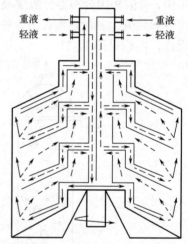

图 12-24 卢威式离心萃取器

五、蒸发器

蒸发器用于将溶液中的溶剂部分蒸发掉，以浓缩目标产物，原理基于液体的蒸发和热传递。常用的蒸发器包括旋转蒸发器、真空蒸发器等。

1. 旋转蒸发器

旋转蒸发器在减压条件下连续蒸馏易挥发性溶剂，广泛应用于化学、化工、生物医药等领域。

旋转蒸发器的结构主要由蒸馏瓶、旋转马达、加热锅、冷凝管等部分组成，而蒸馏瓶是一个带有标准磨口接口的茄形或圆底烧瓶，其设计有助于液体样品在旋转过程中均匀受热和蒸发。

蒸发产生的气体和蒸汽在冷凝管中冷却并凝结，而未被蒸发的组分则留在蒸馏瓶中。这种分离过程通过减压系统得到加强，因为减压可以降低蒸发温度，从而防止样品在高温下分解或变质。最终，蒸发产物被收集在冷凝器的接收部分，实现了对物质的浓缩和纯化。

2. 真空蒸发器

真空蒸发器在真空条件下进行蒸发操作，通过降低系统内的压力，溶液的沸点也随之降低，从而使用较少的蒸汽就能蒸发大量的水分。这种特性使得真空蒸发器在多种应用中具有显著优势，如结晶盐、镀膜以及硫酸镍的生产等。

真空蒸发器的结构通常由蒸发器、气液分离器、进料缸、泵（物料泵、冷凝水排放泵、真空泵）和冷凝器（混合式、间接式）等部件组成。蒸发器是为原料液提供低温蒸发浓缩的场所，而气液分离器则负责将二次蒸汽和浓缩液进行分离，以避免产物损失。泵则负责提供进料、冷凝水排出及维持蒸发系统的真空度。冷凝器则用于冷凝蒸发过程中产生的二次蒸汽，以维持加热蒸发系统的真空度。

真空蒸发器的操作过程通常涉及压缩机提供气源压力，冷凝器降低温度，液态工质在蒸发器的热交换管表面吸收热量并产生负压，进而通过传热管壁上的小孔流向集液桶。随着外界气温的升高或从蒸发器顶部抽出部分循环工质，浓缩的液态工质会被排出，以避免损坏设备。

第四节　生物制品的贮藏和运输

生物制品的
贮藏和运输

生物制品是一类具有特殊生物活性的产品，其质量稳定性受多种因素影响。因此，在生物制品的贮藏和运输过程中，必须采取严格的管理措施，确保产品的质量和安全。生物制品的贮藏条件与设备、运输方式与路径、防止污染措施、防光照与防震动、温度波动控制、专用容器与设备、定期检查与监测以及记录管理制度等环节都会影响生物制品主要成分的变化。为防止在贮藏和运输过程中其主要成分发生变性失活，《中国药典》（2020 年版）规定：中间品、原液、半成品的贮藏和运输管理应符合药典各论或批准的要求。

一、贮藏管理要求

根据《中国药典》（2020 年版），生物制品的运输管理需满足以下要求：

（1）制品的贮藏条件（包括温、湿度，是否需避光）应经验证，并符合相关各论或批准的要求，除另有规定外，贮藏温度为 2～8℃。

（2）应配备专用的冷藏设备或设施用于制品贮藏，并按照中国现行《药品生产质量管理规范》的要求划分区域，并分门别类有序存放。

① 仓储区的设计和建造应合理。仓储区应当有足够的空间，确保有序贮藏成品。

② 仓储区的贮存条件应符合制品规定的条件（如温、湿度，避光）和安全要求，应配备用于冷藏设备或设施的温度监控系统。

③ 应对冷库，贮运温、湿度监测系统以及冷藏运输的设施或设备进行使用前验证、使用期间的定期验证及停用时间超过规定时限的验证。

④ 应对贮存、运输设施设备进行定期检查、清洁和维护，并建立记录和档案。

（3）应建立制品出入库记录，应建立成品销售、出库复核、退回、运输、不合格制品处理等相关记录，记录应真实、完整、准确、有效和可追溯。

二、运输管理要求

（1）生物制品中所含活性成分对温度敏感，运输方式及路径应经过验证。

（2）除另有规定外，应采用冷链运输。冷链运输，即运输全过程，包括装卸搬运、转换运输方式、外包装箱组装与拆除等环节，都能使制品始终保持在一定温度下。疫苗冷链运输应符合国家相关规定。

（3）采用冷链运输时，应对冷链运输设施或设备进行验证，并定期进行再验证；应由专人负责对冷链运输设施设备进行定期检查、清洁和维护，并建立记录和档案。

（4）制品的运输温度应符合各论或批准的温度要求，温度范围的确定应依据制品的稳定性试验的验证结果。

（5）运输时应避免运输过程中震动对制品质量的影响。

（6）生物制品运输过程中可能存在难以避免的短暂脱冷链时间，应依据脱冷链时间和温度对制品质量影响的相关研究，确定可允许的脱冷链时间和可接受的温度限度。

三、冷链系统

生物制品的冷链系统是一个专门设计用于确保生物制品在运输、储存和配送过程中保持恒定低温环境的系统。这个系统对于保证生物制品的质量和安全性至关重要，因为许多生物制品如疫苗、血液制品和某些治疗性药物，对温度的变化非常敏感，如果温度过高或过低，可能会导致产品失效或变质。

冷冻贮藏涉及产品冷藏储存和冷冻储存，确保在储存期间温度稳定。

冷藏运输及配送使用具有冷藏设备的运输工具来运输生物制品，确保产品在运输过程中始终处于低温状态。常见的冷藏运输方式包括公路冷链运输、铁路冷链运输、水路冷链运输和航空冷链运输等。

在冷冻销售环节，冷链系统也确保生物制品在批发、零售等交易过程中始终维持低温状态。

冷链系统还涉及温度监控和记录，以确保在整个过程中温度始终处于可控范围内。如果温度超出预设范围，系统会立即发出警报，以便及时采取措施。

生物制品的冷链系统是一个复杂而精细的网络，它涉及从生产到消费的各个环节。通过采用先进的冷链技术和管理策略，可以最大限度地减少温度波动对产品的影响，从而保障生物制品的有效性和安全性。

四、其他要求

防止污染措施的要求是：选择符合卫生标准的包装材料，确保包装完好无损，防止外界污染物进入；在运输和贮藏过程中，使用防护服、手套等，减少人员接触可能带来的污染；定期对贮藏和运输环境进行消毒处理，杀灭潜在的微生物。

对光敏感的生物制品，应使用避光包装材料，并在贮藏和运输过程中避免长时间暴露在阳光下；采用防震包装材料，减少运输过程中的震动对生物制品质量的影响。

对贮藏和运输环境进行定期检查，确保各项条件符合生物制品的要求；对生物制品进行定期质量监测，包括外观、性状、活性等方面的检查，及时发现并处理异常情况。

建立完善的记录管理制度，对生物制品的贮藏和运输过程进行详细记录，包括温度记录、湿度记录、检查记录等。这些记录有助于追溯问题源头，为质量控制提供有力支持。

生物制品的贮藏和运输是确保产品质量和安全的重要环节。通过以上举措可以有效保障生物制品的质量和稳定性。同时，建立完善的记录管理制度，为质量控制提供有力支持。在未来的实践中，应继续优化和完善生物制品的贮藏和运输管理策略，以适应不断变化的市场需求和技术发展。

第五节　辅助设备

冷冻和冻干设备是两种不同的设备，它们在生物制品、食品、制药等领域中发挥着重要的作用。

一、冷冻设备

冷冻设备主要用于将物质冷却到低温状态，以达到保鲜、保存或满足工艺需求的目的。这些设备通常包括制冷系统、保温箱体和控制系统等部分，通过制冷剂循环来实现降温效果。在生物制品领域，冷冻设备常用于保存生物样本、疫苗、血清等，确保其在低温环境下保持活性。同时，冷冻设备也广泛应用于食品加工和储存，如冷冻肉类、海鲜、果蔬等，以延长其保质期。

冷冻设备通过降低物品的温度来控制其内部化学反应和微生物活动的速率，从而实现保鲜和延长保质期的目的，通常通过制冷剂循环系统来实现。该系统包括压缩机、冷凝器、膨胀阀和蒸发器等组件。

① 压缩机：将低温低压的制冷剂气体吸入，通过压缩使其温度和压力提高。

② 冷凝器：将高温高压的制冷剂气体传导给冷凝器，冷凝器中的环境空气或水使制冷剂气体冷却，从而将其转化为高压液体。

③ 膨胀阀：将高压液体制冷剂通过膨胀阀调节，使其压力和温度降低。

④ 蒸发器：低压液体制冷剂进入蒸发器，在蒸发器中制冷剂液体蒸发，吸取被冷却物品的热量，使物品温度降低。

通过循环运行上述步骤，冷冻设备可以不断降低物品的温度，将其保持在低温状态。

二、冻干设备

冻干设备则是一种在低温真空环境下对物质进行干燥的设备。它通过降低温度和压力，使物质中的水分直接由固态升华为气态，从而去除水分，得到干燥的制品。冻干设备主要由制冷系统、真空系统、加热系统和控制系统等组成，可以精确地控制温度、真空度和加热速率等参数，以满足不同物质的冻干需求。在生物制品领域，冻干技术广泛应用于疫苗、血清、抗体等制品的生产和保存。这些制品经过冻干处理后，可以去除水分，降低活性损失，延长保质期，并便于运输和储存。

冻干设备通常包括冷冻室、真空系统和加热系统。

① 冷冻：物品首先被放置在冷冻室中，通过降低温度，使物品中的水分冻结成固态。

② 真空：在冷冻状态下，将冷冻室中的空气抽取，创建真空环境。在真空环境下，水分从固态转化为气态，通过升华的方式直接转化为水蒸气。

③ 加热：在冷冻室中加入热源，通过加热使水蒸气从固态转化为气态，进一步加速升华的过程。

通过循环运行上述步骤，冻干设备可以将物品中的水分快速转化为气态，实现干燥的效果。这种干燥方法可以在保持物品结构和活性的同时，去除水分，延长物品的保存时间和稳定性。

冷冻和冻干设备在多个领域中发挥着不可替代的作用，为生物制品、食品等行业的生产和保存提供了重要的技术支持。随着科技的不断发展，这些设备也在不断更新和完善，以满足更高质量、更高效率的生产需求。

三、储存和运输设备

储存和运输设备的原理主要取决于其具体类型和用途。下面是一些常见的储存和运输设备。

1. 仓储设备

（1）货架和货位系统　用于存放物品的储存设备。其原理是通过合理设计的货架结构和分区，将物品有序地存放在不同的货位上，以便于管理和取用。

（2）堆垛机和输送设备　用于在仓库内将物品从一个位置转移到另一个位置的设备。其原理是通过自动或半自动控制系统，将货物从起始位置移动到目标位置，以实现储存和取出物品的目的。

2. 冷链设备

（1）冷藏车和冷藏仓库　用于运输和储存需要保持低温的物品，如食品和药品。其原理是通过制冷系统和保温结构，将内部温度控制在所需的低温范围内，以保持物品的新鲜度和质量。

（2）温控器和传感器　用于监测和控制冷链设备的温度。温控器根据传感器检测到的温度信号，自动调节制冷系统的运行状态，以保持设备内部的温度稳定。

3. 运输设备

（1）输送带和转运设备　用于大批量物品的连续运输。其原理是通过电动或机械装置，将物品放置在输送带上或转运设备上，然后通过运动将物品从起始位置输送到目标位置。

（2）汽车和货车　用于陆上物流运输的主要工具。其原理是通过内燃机或电动机驱动车辆，将货物装载到车辆的货箱或货仓中，然后通过驾驶员操作将货物从起始地点运送到目的地。

这些储存和运输设备的原理涉及不同的机械、电气和控制技术，以实现物品的储存、保鲜和运输。具体的设备原理可能因设备类型和制造商而有所不同。

四、废弃物处理设备

在生物制品处理过程中，不可避免地会产生各种废弃物，如废气、废水和固体废物等。为了确保这些废弃物得到有效且安全的处理，需要使用一系列专业的废弃物处理设备。常见的生物制品处理过程中废弃物处理设备有废弃、废水处理设备，固体废物处理设备，干化与湿化处理设备等。

1. 废气、废水处理设备

废气处理设备主要用于处理生物制品生产过程中产生的有害气体。常见的废气处理设备包括活性炭吸附装置、催化燃烧装置和生物滤池等。这些设备能够去除废气中的有害物质，降低其对人体和环境的影响。

废水处理系统是生物制品处理过程中必不可少的设备之一。它主要通过物理、化学和生物等方法，去除废水中的污染物，使其达到排放标准或回用要求。常见的废水处理系统包括沉淀池、过滤装置、生物反应器、臭氧消毒设备等。

2. 固体废物处理设备

固体废物设备用于处理生物制品生产过程中产生的固体废弃物。这些设备通常包括垃圾压缩机、破碎机、焚烧炉和填埋设备等。它们能够将固体废物进行减量化、无害化和资源化处理，降低对环境的影响。

3. 干化与湿化处理设备

干化与湿化处理是针对含湿固体废物处理的两种方法。干化处理通过加热或通风等手段，去除废物中的水分，使其变得干燥易处理；湿化处理则通过添加润湿剂等方式，使废物更易于破碎和运输。

4. 高压蒸汽灭菌器、厌氧酸化处理器

高压蒸汽灭菌器是一种常用的废弃物处理设备，特别适用于处理可能含有有害微生物的废弃物。它通过高压蒸汽对废弃物进行加热和灭菌，确保废弃物中的微生物得到有效杀灭，防止病菌的传播和环境污染。

厌氧酸化处理是一种针对有机废弃物的处理方法。在厌氧条件下，通过微生物的作用，将有机废弃物分解为稳定的产物，如沼气等。这种方法既能减少废弃物的体积，又能产生可利用的能源。沼气预处理设备主要用于处理通过厌氧酸化产生的沼气。这些设备通常包括气体净化装置、压缩机和储存设备等，它们能够去除沼气中的杂质，提高沼气的质量，使其更适合作为能源使用。

5. 生物反应器系统

生物反应器系统是处理生物制品废弃物的一种高效方法。它利用特定的微生物群体，在受控的条件下对废弃物进行生物转化，将其分解为无害或低害的物质。生物反应器系统具有处理效率高、环境友好等优点，在生物制品废弃物处理中发挥着重要作用。

生物制品处理过程中涉及的各种废弃物，都有相应的处理设备和系统来进行有效和安全的处理。这些设备的合理应用不仅可以保护环境，还可以实现资源的最大化利用。

第六节　设备工作原理与关键技术

一、分离和纯化设备的工作原理与技术

分离和纯化技术是生物制品处理中的关键环节，旨在将目标成分从复杂混合物中分离出来，并达到一定的纯度。为实现这一目标，各种高效的分离纯化设备和技术应运而生，如过滤设备原理、离心分离技术、吸附剂作用机制、膜分离技术、设备操作与自动化等。

1. 过滤设备原理

过滤设备是利用过滤介质（如滤纸、滤网等）将液体或气体中的固体颗粒、悬浮物等杂质截留，从而实现分离的目的。过滤设备的原理在于过滤介质的选择和过滤精度的控制。不同的过滤介质具有不同的孔径和截留性能，适用于去除不同粒径范围的杂质。通过调整过滤精度和流速，可以有效分离出目标成分。

2. 离心分离技术

离心分离技术是基于物质在离心力作用下的沉降规律，利用离心力将混合物中的不同成分分离出来。当离心机高速旋转时，样品中不同组分会因质量、密度、形状等因素而受到不同的离心力，从而被分离至不同的区域。通过调节离心机的转速、离心时间和离心条件，可以有效地将目标组分与其他组分分离。收集不同位置的成分，可以实现目标成分的分离和纯化。

3. 吸附剂作用机制

吸附剂是一种能够选择性吸附目标成分的材料。其工作原理在于吸附剂表面的活性基团与目标成分之间的相互作用。通过调整吸附剂的种类、粒径和表面积等参数，可以实现对不同目标成分的高效吸附和分离。常见的吸附剂包括活性炭、硅胶、氧化铝等。

4. 膜分离技术

膜分离技术是一种基于膜的选择性透过性能实现分离的技术。膜分离设备中的膜材料具有特定的孔径和透过性，能够允许某些成分通过而阻止其他成分。根据膜的类型和分离机理，膜分离技术可分为微滤、超滤、纳滤和反渗透等。这些技术广泛应用于生物制品的浓缩、脱盐、除菌等过程。

5. 设备操作与自动化

现代分离纯化设备普遍具备较高的自动化程度，可实现设备的精确控制和远程监控。通过设定合适的操作参数和程序，设备能够自动完成分离纯化过程，提高操作效率和稳定性。同时，自动化的设备还具备故障诊断和报警功能，有助于及时发现和处理潜在问题。

二、冷冻和冻干设备的工作原理与技术

1. 冷冻工作原理

生物制品冷冻设备的工作原理基于物质的热传导和相变原理。冷冻过程通过循环制冷系统，将低温制冷剂流经设备内部的热交换器，降低生物制品周围的温度。随着温度的降低，生物制品中的水分逐渐从液态转化为固态，形成冰晶，达到冷冻保存的目的。

在冷冻过程中，温度控制是关键。冷冻设备通常配备精确的温度传感器和控制系统，确保生物制品在适宜的低温环境下保存，避免结冰过快或温度过低导致生物活性损失。

2. 冻干技术原理

冻干技术是一种将生物制品从冷冻状态直接升华为气态水，进而去除水分的干燥技术。冻干过程中，首先将生物制品冷冻至固态，然后在真空环境下，通过加热使冰晶直接升华成水蒸气，从而实现生物制品的干燥。

冻干技术的优点在于能够最大限度地保持生物制品的原有结构和活性，避免热敏性成分的变性失活。同时，冻干产品具有体积小、质量轻、稳定性好等特点，方便运输和长期保存。

3. 设备组成与部件

生物制品冷冻和冻干设备主要由制冷系统、真空系统、加热系统、控制系统以及容器与传输部件等组成。制冷系统负责提供冷冻所需的低温环境，确保生物制品的冷冻质量；真空系统则用于在冻干过程中创造低压环境，促进冰晶的升华；加热系统则通过精确控制温度，使生物制品中的冰晶得以顺利升华；控制系统是整个设备的核心，它负责监控和调节各个部件的运行状态，确保冷冻和冻干过程的顺利进行。容器与传输部件也是设备的重要组成部分，它们用于装载生物制品，并在冷冻和冻干过程中实现样品的传输

和转移。

4. 自动化控制

现代生物制品冷冻和冻干设备通常配备先进的自动化控制系统，能够实现设备的智能操作和精准控制。通过预设的程序和参数，控制系统能够自动调节制冷、真空、加热等系统的工作状态，确保生物制品在冷冻和冻干过程中的质量稳定。

控制系统还具备故障自诊断、报警提示等功能，能够在设备出现故障时及时发出警报，便于用户进行故障排查和维修。

5. 冷冻和冻干设备的应用

生物制品冷冻和冻干设备广泛应用于医药、生物技术、食品加工等领域。在医药领域，该设备可用于疫苗、血清、生物制剂等生物制品的冷冻保存和冻干制备；在生物技术领域，可用于酶、抗体、基因等生物活性物质的分离纯化与保存；在食品加工领域，可用于果汁、奶制品等食品的冷冻保藏和冻干加工。

三、储存和运输设备的工作原理与技术

1. 低温储存原理

生物制品的储存对温度环境要求极为严格，因此，低温储存技术是保障生物制品活性的重要手段。低温储存设备，如冷藏箱、冷冻柜等，采用先进的制冷技术，通过制冷剂循环在设备内部产生低温环境。这些设备通常配备高效保温材料和密封设计，以减少外界热量对储存环境的干扰，确保生物制品在稳定的低温条件下保存。

2. 真空封装技术

真空封装技术是延长生物制品保质期和防止污染的关键技术。通过抽取包装内的空气，使包装内形成真空状态，进而抑制微生物的生长和氧化反应的发生。同时，真空封装还可以有效减少包装体积，便于运输和存储。现代生物制品储存和运输设备通常配备自动化真空封装系统，以提高封装效率和封装质量。

3. 温度监控与调节

为确保生物制品在储存和运输过程中始终处于适宜的温度范围，设备需要配备精准的温度监控与调节系统。温度传感器实时监测储存环境的温度变化，一旦温度偏离设定范围，控制系统将自动启动制冷或加热装置，使温度迅速恢复到正常范围。此外，温度记录功能还可以记录储存和运输过程中的温度变化，为质量控制提供数据支持。

4. 湿度控制与调节

湿度对生物制品的稳定性和活性同样具有重要影响。因此，储存和运输设备需要具备湿度控制与调节功能。通过内置的湿度传感器和调节系统，设备可以实时监测和调节储存环境的湿度水平，确保生物制品在适宜的湿度条件下保存。

5. 避光与防震设计

光照和震动都可能对生物制品造成不良影响，因此储存和运输设备需要具备避光和防震设计。避光设计通常采用遮光材料或遮光罩，以减少光线对生物制品的直接照射。防震设计则通过采用减震材料、防震结构等措施，减少运输过程中震动对生物制品的影响。

6. 自动化管理与监控

现代生物制品储存和运输设备普遍采用自动化管理与监控技术，实现设备的智能控制和远程管理。通过物联网技术，用户可以实时了解设备的运行状态、温度、湿度等参数，并进行远程控制和调节。此外，设备还可以自动记录储存和运输过程中的各项数据，为质量控制和追溯提供便利。

7. 安全性与合规性

生物制品储存和运输设备的安全性和合规性是保障生物制品质量的重要前提。设备需要符合相关的

安全标准和规范，如防爆、防漏、防静电等。同时，设备的操作和维护也需要遵循严格的操作规程和标准，以确保设备的稳定运行和生物制品的安全储存。

生物制品储存和运输设备通过综合运用低温储存、真空封装、温度监控与调节、湿度控制与调节、避光与防震设计以及自动化管理与监控等技术手段，为生物制品的安全、稳定储存和运输提供了有力保障。这些设备的不断完善和优化将进一步推动生物医药、食品等领域的健康发展。

第七节　生物制品处理设备的操作与维护

处理生物制品的设备需要适当的操作和维护，以确保其正常运行、保持高效性和延长使用寿命。

一、设备操作要点

1. 遵循操作手册和安全规程

在操作任何生物制品处理设备之前，确保阅读并理解操作手册和安全规程。遵循设备制造商的指南和建议，正确操作设备并确保安全操作。

2. 设备检查与准备

在进行生物制品操作前，首先需要检查设备是否完好、各项功能是否正常。检查内容包括但不限于电源连接、管道连接、传感器状态等。同时，准备好所需的生物制品原料、辅助材料以及操作工具，确保所有物品都符合使用标准并摆放整齐。

3. 清洗与消毒处理

为防止交叉污染和保证生物制品的质量，设备必须进行彻底的清洗和消毒处理。按照设备清洗和消毒的标准操作流程，使用适当的清洗剂和消毒剂对设备内部和外部进行清洗和消毒。清洗和消毒完成后，须确保设备内部无残留物，并处于无菌状态。

4. 设定操作参数

根据生物制品的生产要求和设备特性，设定合适的操作参数。这些参数包括温度、压力、时间、转速等，需根据具体的生物制品种类和生产工艺进行调整。设定参数时，应确保参数值的准确性和稳定性，以满足生物制品的生产需求。

5. 启动设备与监测

在设定好操作参数后，启动设备并开始进行生物制品的生产。在设备运行过程中，需密切监测设备的运行状态和各项参数的变化情况。如发现异常情况或参数偏离设定值，应及时进行调整和处理，确保设备的正常运行和生物制品的质量。

6. 加入生物原料

根据生产要求，在设备运行过程中适时加入生物原料。加入原料时，须确保原料的质量和数量符合要求，并遵循正确的添加顺序和操作方法。同时，应注意避免原料的浪费和污染，确保生物制品的生产效率和质量。

7. 调控环境条件

生物制品的生产对环境条件有严格的要求，如温度、湿度、洁净度等。在操作过程中，需根据生物制品的要求和设备的性能，调控环境条件，使其保持在适宜的范围内。这有助于保证生物制品的稳定性和活性，提高生产质量。

8. 监控与记录数据

在生物制品生产过程中，应实时监控设备的运行状态、生产参数以及生物制品的质量指标。同时，记录关键数据,如温度、压力、流量等,以便于后期分析、追踪和调整生产工艺。记录应详细、准确,以便于分析和解决潜在的问题。

9. 结束操作与清理

当生物制品生产完成后,需按照操作规程进行设备的关闭和清理工作。首先,关闭设备并断开电源,确保设备安全停止运行。然后,对设备内部和外部进行清洗和消毒,去除残留物和污染物。最后,整理好操作工具和辅助材料,为下一次操作做好准备。

遵循这些步骤并严格执行操作规程,可以确保生物制品的生产质量,提高生产效率并保障人员安全。

二、设备的维护与保养

对生物制品设备进行定期的维护和保养可以确保设备的正常运行,延长使用寿命,并保证实验结果的准确性和可靠性。以下是一些常见的维护和保养要点。

1. 清洁设备

每天操作结束后,应对设备表面进行清洁,去除灰尘、污垢等杂质。同时,根据设备的特性和使用要求,定期对设备内部进行深度清洁和消毒处理,包括容器、管道、传感器、探头等。使用适当的清洁剂和方法,根据制造商的建议进行清洁。注意避免使用可能对设备造成损害的化学物质或物理性清洁方法,确保设备处于无菌状态,防止交叉污染。

2. 更换耗材和易损件

定期检查设备中的耗材和易损件,如滤芯、密封圈、电池等。根据设备的使用情况和维护手册的要求,制订详细的维护与保养计划,包括更换易损件、检查电气线路、调整设备参数等。定期对设备进行润滑、紧固等保养工作,确保设备处于最佳工作状态。

3. 校准和验证

对需要精确测量和控制的设备,定期进行校准和验证。使用校准器和验证工具,根据设备的规格和标准进行校准和验证程序,以确保设备结果的准确性和可靠性。

4. 润滑、保护

对需要润滑的设备部件,按照制造商的建议和指南进行润滑。使用适当的润滑剂,并遵循正确的润滑方法和周期,以保护设备部件免受摩擦和磨损的影响。

5. 定期检查、维修

定期对设备进行全面的检查,检查电路、连接、传感器、控制器等部分的正常工作。注意观察设备的异常情况,如异常噪声、震动、温度波动等,及时修复或报告相关问题。建立设备巡查制度有助于及时发现并解决设备潜在问题。

6. 记录文档

记录设备的维护历史,包括维护日期、维护内容、更换部件等。建立设备的维护日志和记录,以备将来参考和追踪。在每次维护和保养过程中,应详细记录工作内容、更换的部件、维修时间等信息。这有助于跟踪设备的维护历史,分析设备故障的原因和规律,为设备的改进和优化提供依据。

7. 培训和操作指导

培训人员技能是确保设备维护与保养工作得到有效执行的关键。通过组织定期的培训活动,提高操作人员和维修人员的专业技能和知识水平。培训内容应包括设备的结构、工作原理、操作方法、维护与保养技巧等,以确保人员能够正确、高效地进行设备的维护和保养工作。

具体设备的维护和保养要求可能因设备类型和制造商而有所不同。在进行生物制品设备的维护和保养之前,请务必阅读设备的操作手册并按照制造商的指南进行操作。同时,根据设备的使用情况和实验需求,可以制订适合的维护计划和周期。

第八节　生物制品处理设备的发展趋势

一、新技术的应用

生物制品领域不断涌现新技术，这些技术的应用推动了生物制品的研发、生产和应用。以下是一些当前新技术在生物制品领域的应用。

1. CRISPR 基因编辑技术

基因编辑技术是一种能够精确地对生物体基因组进行定点修改的强大工具。其中，CRISPR-Cas9 系统是具代表性的基因编辑技术之一，它是一种高效、精确的基因编辑技术，可以用于修饰生物制品中的基因，包括细胞、细菌、真菌和植物等。这项技术广泛应用于基因治疗、基因工程和农业领域，促进了生物制品的创新和开发，通过利用这种技术，科研人员可以实现对目标基因的精准切割、替换或插入，为治疗遗传性疾病、改良作物品种等提供新的途径。

精准医学的理念和技术逐渐应用于生物制品领域。通过基因测序、生物标志物分析和大数据分析等手段，可以实现对疾病的个体化诊断和治疗，提高治疗效果和患者的治疗体验。

2. 仿生技术和 3D 打印技术

在生物制品领域，仿生材料被广泛应用于组织工程、药物载体以及医疗器械等方面。这些材料具有良好的生物相容性和功能性，能够有效地促进细胞的生长、分化与再生，为人类的健康事业提供了有力支持。仿生材料生产是通过模仿生物体的结构与功能，设计和制造出具有特定性能的新型材料。

3D 打印技术可以制造出具有复杂结构和精确形状的生物材料、人工器官和医疗器械等。这项技术有望改善生物制品的生产效率和生产质量。

3. 基因工程制药

基因工程制药是指利用基因工程技术生产具有特定生物活性的药物。通过克隆和表达目标基因，科研人员可以大规模地生产具有疗效的蛋白质、酶以及抗体等药物。这种方法不仅提高了药物的产量和纯度，还降低了生产成本，为治疗各种疾病提供了更加有效的药物选择。

4. 手性合成技术

手性合成技术是一种能够制备具有特定手性结构的化合物的技术。在生物制品领域，手性化合物往往具有独特的生物活性和药理作用。通过手性合成技术，科研人员可以制备出具有高效、低毒、高选择性的药物分子，为治疗复杂疾病提供了新的手段。

5. 单克隆抗体技术

单克隆抗体技术是一种能够制备高度特异性抗体的技术。通过利用杂交瘤技术或重组 DNA 技术，科研人员可以制备出针对特定抗原的单克隆抗体。这些抗体具有高度的亲和力和特异性，可以用于疾病的诊断和治疗，如癌症的免疫治疗、感染性疾病的抗体治疗等。

6. 绿色生物制造

绿色生物制造是一种强调环境友好和资源节约的生物制造技术。在生物制品的生产过程中，通过采用可再生资源、优化生产工艺以及减少废弃物排放等措施，实现了对环境的最小化影响。这种技术不仅提高了资源的利用效率，还降低了生产成本，推动了生物制品产业的可持续发展。

7. 精准医疗技术

精准医疗技术是指基于个体的基因组、表型以及环境等因素，为患者提供定制化、精准化的医疗方案。在生物制品领域，精准医疗技术的应用主要体现在药物研发和个性化治疗等方面。通过对患者的基因组进行测序和分析，科研人员可以预测药物的疗效和副作用，为患者提供更加安全、有效的治疗方案。

8. 数字化生产模式

数字化生产模式是一种将数字技术应用于生产过程中的新型生产模式。在生物制品领域，数字化生产模式的应用使得生产过程更加智能化、自动化和可视化。通过引入物联网、大数据、人工智能等技术，科研人员可以实时监测生产过程中的各种参数，及时发现和解决问题，提高生产效率和产品质量。

随着科学技术的不断进步，生物制品领域迎来了前所未有的发展机遇。新技术的应用与创新为生物制品的研发、生产和应用带来了革命性的变革。生物制品新技术的应用与发展为生物医药产业的创新与发展注入了新的活力。这些新技术的不断突破与应用将为人类健康事业的发展带来更多的机遇和挑战。

二、设备性能改进与智能化发展

随着科学技术的不断进步，生物制品设备在性能改进和智能化发展方面取得了显著成果。这些改进不仅提高了生产效率，还提升了产品质量。生物制品设备的性能改进和智能化发展是推动生物制品行业创新和发展的重要因素，其中生产工艺优化、原料预处理升级、反应器设计改进、生产过程自动化、质量管理智能化、移动工作台应用、实时监控与预警以及分布式生产布局等将为生物制品行业的快速发展提供有力支持。

1. 生产工艺优化

生产工艺的优化是提高生物制品设备性能的关键。通过深入研究和分析生产工艺流程，科研人员不断优化工艺参数和操作条件，减少无效操作和能耗，提高产品纯度和收率。同时，采用先进的生产工艺和设备，如微流控技术、连续流反应器等，能够进一步提高生产效率和质量。

2. 原料预处理升级

原料的预处理对生物制品的生产具有重要影响。通过升级原料预处理设备和技术，如使用高效过滤、干燥和粉碎设备，可以有效地去除杂质，调整粒度，提高原料的纯度和利用率。此外，利用智能控制系统对原料预处理过程进行监控和调整，能够确保原料质量的一致性和稳定性。

3. 反应器设计改进

反应器的设计是生物制品生产的核心环节。通过改进反应器的结构、材质和搅拌方式等，可以提高反应效率、降低能耗和减少副反应。同时，采用新型的反应器材料和技术，如耐高温、耐腐蚀的复合材料，能够增强反应器的稳定性和安全性。

4. 生产过程自动化

生产过程自动化是提高生物制品设备性能的重要手段。通过引入自动化控制系统和机器人技术，可以实现生产过程的自动化控制和操作。这不仅可以减少人工干预，提高生产效率，还可以降低人为因素对产品质量的影响。

5. 质量管理智能化

质量管理是确保生物制品质量稳定的关键环节。通过引入智能化质量管理系统，如利用大数据分析技术对生产过程中的质量数据进行实时监控和分析，可以及时发现潜在的质量问题并采取相应的措施。同时，建立完善的质量追溯体系，可以确保产品质量的可追溯性和可靠性。

6. 分布式生产布局

分布式生产布局是生物制品设备智能化发展的一个重要方向。通过将生产任务分配到不同的设备和生产线上，实现生产资源的优化配置和协同作业。这不仅可以提高生产效率，还可以降低生产成本和风险。同时，分布式生产布局还可以根据市场需求进行灵活调整，提高企业的市场竞争力。

生物制品设备性能改进与智能化发展是推动生物制品行业创新发展的重要动力。通过以上措施，可以进一步提高生物制品设备的性能和智能化水平，为行业的发展注入新的活力。

随着科技的不断发展，生物制品处理设备也在不断更新换代，新型的设备和技术不断涌现，为生物制品的生产提供了更多的选择和可能性。因此，持续关注行业动态和技术创新，对提高生物制品的生产效率和产品质量具有重要意义。

第十三章

中药处理设备

第一节 概 述

一、中药处理设备的定义

中药处理设备是用于中药材的加工、提取、浓缩、干燥等工艺的设备，是中医药产业中不可或缺的一部分，涵盖了从中药材的初步处理到最终成品包装的整个流程。中药处理设备不仅提高了中药处理的效率，还确保了中药产品的质量和安全性。它们通常用于中药制药、中药饮片加工、中药提取工艺等领域。

二、中药处理设备的重要作用

随着中药现代化、产业化的进程加速，中药处理设备作为关键环节之一，在中药生产、加工、提取等领域发挥着举足轻重的作用。中药处理设备在中药生产和加工过程中具有重要的作用，主要体现在以下几个方面。

1. 提高生产效率

引入先进的机械化和自动化技术，可以自动化和机械化地完成中药材的加工、提取、浓缩、干燥等工艺步骤，大大提高了生产效率和产能。相比传统手工操作，设备化生产能够快速、精准地处理中药材，显著缩短生产周期，提升产能。

2. 保证产品质量

中药处理设备能够对中药材进行精确的加工和控制，确保产品的质量和一致性。通过设备的加热、搅拌、过滤、浓缩、干燥等功能，可以控制提取液的温度、时间、浓度等参数，提高活性成分的提取率和产品的纯度。设备化生产能够实现标准化、规范化的操作，减少人为因素的干扰和误差。同时，设备对中药材的精确处理和控制，能够确保中药产品的稳定性和一致性，可以避免人工操作中的交叉污染和环境污染，提高产品的安全性和卫生质量。设备通常采用不锈钢等材料制造，易于清洁和消毒，减少微生物的污染。

3. 节约能源和资源

中药处理设备采用先进的工艺和技术，能够有效利用能源，减少资源消耗。例如，真空浓缩器可以通过降低压力在较低温度下进行蒸发，节约能源和减少热损失。中药处理设备在设计和使用过程中注重环保和节能，符合绿色可持续发展的理念。设备通常采用清洁能源，减少污染物的排放；同时，通过对中药材的高效利用，减少了资源的浪费，有利于实现中药产业的可持续发展。设备在处理中药材的过程中，能够最大限度地保留药材的有效成分和药效。通过合理的工艺设计和设备操作，可以减少药材在加工过程中的损失和破坏，确保中药产品的质量和疗效。自动化操作降低了人工成本，且能够减少人为因素导致的误差和浪费。设备的长期使用和维护成本也相对较低，有助于提升企业的经济效益。

4. 标准化生产保安全

中药处理设备符合行业标准和质量规范，有助于实现中药生产的标准化和规范化。通过设备的标准化操作和管理，能够确保中药生产过程中的安全性和可靠性，降低生产风险。同时，设备的自动化和智能化功能，也能够提高生产过程的可追溯性和可控性，进一步保障中药产品的质量和安全。通过调整设备的参数和工艺，可以实现对中药材的粉碎、提取、分离等环节的精确控制，保证药材的有效成分得到充分利用，同时减少杂质和无用成分的含量，保证药品质量的安全。

在一定程度上解决了人工操作的制约，使中药生产能够实现规模化和产业化。通过提高生产效率和产品质量，企业可以增加产量，降低成本，提升市场竞争力。

中药处理设备在中药产业中发挥着至关重要的作用。随着科技的不断进步和创新，中药处理设备将会在中药产业中发挥更加重要的作用。

第二节   中药处理的特点与要求

一、中药材的特点及质量要求

中药材作为中药制剂的原料药，其具备独特的特点和质量要求，包括来源天然、成分多样复杂、产地和采摘时间有要求、质量要求严格、质量控制标准化等，对其质量有一定的要求和评估标准。合理的采集、加工和质量控制能够保证中药材的质量和安全性，提高中药制剂的疗效和药物效果。

1. 天然来源

中药材主要来源于天然植物、动物和矿物，这为其赋予了天然的生长环境和物质组成。这种天然性使得中药材的成分多样且复杂，包含了多种活性成分和化学物质，这也是中药材药效发挥的重要基础。

2. 多成分

中药材并非单一成分起作用，而是多种活性成分协同作用，共同发挥药效。这种多成分性使得中药的药理作用更为全面和复杂，但同时也增加了对其成分和药效研究的难度。

3. 地理分布和采摘季节

中药材的质量和功效受到其产地和采摘季节的显著影响。由于土壤、气候、生长环境等因素的不同，同种中药材在不同地区产生的成分和品质可能存在差异。因此，选择合适的产地和采摘季节对于保证中药材的质量至关重要。

4. 质量要求

对于中药材的采集、加工和储存，都有严格的质量要求。这包括选择无农药残留和重金属不超标的原料，遵循正确的采集方法和时间，避免含砂、含杂质、霉变等情况。这些措施有助于确保中药材的质量和安全性。

5. 标准化和质量控制

为了保证中药材的质量和一致性，制定了一系列的标准和规范。这些标准涵盖了中药材的性状、鉴别、检查、浸出物、含量测定等多个方面，以确保中药材的质量和药效的稳定性和可靠性。同时，还建立了中药材的质量控制体系，通过一系列的质量检测和控制手段，确保中药材的质量符合标准要求。

6. 药材鉴别和质量评估

中药材的鉴别是通过外观、形态、气味、质地、色泽等多个方面进行的，以确定其真伪和质量。同时，还可以通过一些物化指标、化学成分分析、指纹图谱等方法进行质量评估。

此外，中药材的储存环境也对其质量有重要影响。中药材应储存在干燥、通风、温度适宜的环境中，避免阳光直射和潮湿，以防止其变质或发霉。同时，对于不同种类的中药材，还应根据其特性采取相应的储存措施，以确保其质量和药效的稳定。

二、中药材的加工及提取

中药材的加工与提取是中药产业的重要环节，涉及原料药材的转化与精炼，具体包括采集与初加工、清洗与干燥、炒制与研磨、浸提与炮制、包装与储存、提取工艺设计、提取设备需求以及质量管理与控制等方面。

（1）采集与初加工　中药材的采集应遵循可持续性原则，确保药材资源的合理利用和保护。初加工主要是对采集到的药材进行初步处理，如去杂、修剪、分类等，以便后续加工利用。

（2）清洗与干燥　清洗是去除药材表面杂质和农药残留的关键步骤，确保药材的纯净度。干燥则是为了去除药材中的多余水分，防止霉变和变质，同时有利于后续的加工和储存。

（3）炒制与研磨　炒制可以改变药材的性味和功效，提高药效或降低毒性。研磨则是将药材破碎成适当的粒度，以便于提取或制备成中药制剂。

（4）浸提与炮制　浸提是通过溶剂将药材中的有效成分提取出来，是中药提取的核心环节。炮制则是通过加热、蒸煮、发酵等方法改变药材的性质和功效，以适应不同的治疗需求。

（5）包装与储存　包装是保护药材质量的重要措施，可以防止药材受潮、污染和氧化。储存条件也至关重要，应确保药材在适宜的温度、湿度和光照条件下保存，以延长其保质期。

（6）提取工艺设计　提取工艺设计是确保中药材有效成分高效提取的关键。合理的工艺设计应考虑到药材的性质、提取溶剂的选择、提取温度和时间等因素，以实现最佳提取效果。

（7）提取设备需求　中药材的提取需要用到专门的设备，如提取罐、过滤器、蒸发器、浓缩器等。这些设备应具备高效、稳定、易操作等特点，以满足中药材提取的需求。

（8）质量管理与控制　在中药材的加工及提取过程中，质量管理与控制至关重要。应建立严格的质量管理体系，对药材的采集、加工、提取等环节进行全程监控，确保药材的质量和安全性。同时，应制定严格的质量标准，对中药材及提取物的成分、含量、卫生指标等进行严格检测和控制。

中药材的加工及提取是中药产业中的重要环节，对确保中药制剂的质量和疗效具有重要意义。通过合理的加工和提取工艺，可以充分发挥中药材的药效，提高中药制剂的质量和安全性。同时，加强质量管理与控制，也是保障中药材加工及提取质量的关键措施。

三、中药炮制的基本原理

中药炮制是中医药学的重要组成部分，其基本原理在于通过一系列加工方法，改变药材的性味、归经和功效，以更好地发挥治疗作用。在炮制过程中涉及改变化学成分、加热降低毒性、蒸馏提升药效、煎炒增强稳定、浸泡提取成分、辨证施治用药、药物性质调整以及炮制工艺优化等方面。

1. 改变化学成分

中药炮制通过加热、浸泡、炒制等处理方法，能够改变药材中的化学成分，如分解、转化、新生等。这些化学变化有助于去除药材中的无效成分，保留或增强有效成分，从而提高药材的药效和安全性。

2. 加热降低毒性

某些中药材具有一定的毒性，需要通过炮制降低其毒性，使其更适合临床应用。加热是降低药材毒性的常用方法，通过高温破坏毒性成分，降低药材的毒副作用。同时，加热还能使药材中的有效成分更易溶出，提高药效。

3. 蒸馏提升药效

蒸馏是中药炮制中常用的提取方法之一，通过加热使药材中的挥发性成分蒸发，再冷凝收集。这种方法能够提取出药材中的有效成分，同时去除无效成分和杂质，从而提高药材的纯净度和药效。

4. 煎炒增强稳定

煎炒是中药炮制中的常见方法，通过加热炒制药材，可以使其中的有效成分更稳定，不易分解或挥发。煎炒还能使药材质地变得酥脆，便于粉碎和煎煮，从而提高药材的利用率和药效。

5. 浸泡提取成分

浸泡是中药炮制中的另一种提取方法，通过将药材浸泡在特定的溶剂中，使有效成分充分溶出。这种方法能够保留药材中的大部分有效成分，同时去除无效成分和杂质，从而提高药材的药效和纯度。

6. 辨证施治用药

中药炮制注重辨证施治，根据患者的具体病情和体质，选择适宜的炮制方法和药材。通过调整药材的性味、归经和功效，使其更符合患者的治疗需求，从而达到个性化治疗的目的。

7. 药物性质调整

中药炮制可以通过改变药材的性质，如寒、热、温、凉等，以适应不同病情的治疗需求。例如，对于寒性病症，可选用炮制后药性温热的药材；对于热性病症，可选用炮制后药性寒凉的药材。通过调整药物性质，可以更好地发挥药材的治疗作用。

8. 炮制工艺优化

随着科技的不断进步，中药炮制工艺也在不断优化。通过引入现代科技手段，如超声波提取、微波加热等，可以提高炮制效率和药材利用率，同时降低能耗和环境污染。此外，对炮制过程中的温度、时间、溶剂等因素进行精确控制，也能够确保炮制质量的稳定和可靠。

四、中药炮制的传统方法和现代方法

传统中药炮制方法包括洗净、曝晒、炒制、焙炒、蒸煮、泡制、熬炼等，这些传统炮制方法是根据中药材的性能和应用需要而发展起来的，通过采用适当的炮制方法，可以改善中药材的品质和疗效，同时也能去除一些不利于药用的成分或毒性物质。

随着现代科技和工艺的发展，也出现了一些更加现代化和标准化的中药炮制方法，其结合了传统方法和现代科技，以提高生产效率和产品质量的一致性。如机械化加工、炮制参数优化、微生物控制、质量控制和标准化等手段，提高了中药炮制的效率和质量，确保中药材的药效和安全性。

传统方法与现代方法在炮制技术和理念上存在一定差异。

1. 传统炮制方法

（1）修制与切制 传统炮制方法中的修制主要包括净选、洗涤、干燥等步骤，旨在去除药材中的杂质和泥沙，保证药材的纯净度。切制则是将药材切成适当的形状和大小，便于后续加工和制剂。修制与切制虽简单，却对炮制效果有着重要影响。

（2）水制与火制 水制主要包括浸泡、漂洗、润透等步骤，通过水的渗透作用，使药材成分更易溶出。火制则包括炒、炙、煅等加热处理方法，通过改变药材的性味和成分，达到减毒增效的目的。水制与火制是传统炮制方法中最为核心的技术。

2. 现代炮制方法

（1）粉碎与煎煮 现代炮制方法中的粉碎技术采用机械设备将药材粉碎成粉末或颗粒，便于提取和制剂。煎煮则利用现代设备对药材进行加热处理，提取有效成分。这种方法能够更高效地提取药材成分，但可能破坏部分有效成分或产生新成分。

(2) 浸泡与曝晒 现代炮制方法中的浸泡与传统方法相似，但更注重浸泡时间和溶剂的选择。曝晒则是利用阳光和自然风将药材干燥，这种方法操作简单，但受天气条件的影响较大。

3. 质量控制对比

(1) 传统质量控制 传统炮制方法的质量控制主要依赖于炮制者的经验和技艺，通过对药材的性状、气味、色泽等外观特征的观察，以及炮制过程中火候的掌握，来确保炮制质量。然而，这种质量控制方法缺乏客观性和量化指标，易受到人为因素的影响。

(2) 现代质量标准 现代炮制方法的质量控制则更加严格和客观。通过制定详细的质量标准和检测方法，对药材的纯度、活性成分含量、毒性成分含量等进行严格把控。现代科技手段的应用，如色谱技术、光谱技术等，使得质量控制更加精确和可靠。

4. 炮制目的对比

(1) 传统炮制目的 传统炮制方法的主要目的在于调整药性、减毒增效以及方便制剂。通过炮制，可以改变药材的性味归经，使其更符合治疗需求；同时，炮制可以降低药材的毒性或副作用，提高安全性；此外，炮制还可以改变药材的形态和质地，便于后续加工和制剂。

(2) 现代炮制效果 现代炮制方法在满足传统炮制目的的基础上，更加注重提取效率和药效最大化。现代炮制技术能够更高效地提取药材中的有效成分，提高制剂的质量和疗效；同时，现代炮制方法还可以针对不同药材的特点和治疗需求，进行个性化炮制，以达到最佳的治疗效果。

传统炮制方法和现代炮制方法在炮制技术、质量控制和炮制目的上存在一定的差异。传统方法注重经验和技艺的传承，而现代方法则更加注重科技的应用和客观的质量控制。在实际应用中，应根据药材的特点和治疗需求，选择合适的炮制方法，以发挥最佳的药效。

第三节　常见中药处理设备

常见中药处理
设备

一、概述

1. 中药前处理工艺

中药材—挑选—洗药—切制—炮制—烘干—粉碎—筛分—包装。

2. 非药用部分的去除

非药用部分的去除主要包括：①去茎与去根；②去枝梗；③去粗皮；④去皮壳；⑤去毛芦，一般指根头、根茎、残茎等部位；⑥去心，一般指去药材的木质或种子的胚芽；⑦去核，一般指除去种子，是药材加工中一项传统操作；⑧去头尾足翅。

3. 杂质的去除

杂质的去除主要有挑选、筛选、风选和洗漂等。

① 挑选：挑选主要靠手工或机械。

② 筛选：是根据药材所含的杂质和性状大小不同，选用不同的筛，以筛除药材中的砂石、杂质，或将大小不等的药材过筛分开，以便分别进行炮制或加工处理。如用振荡式筛药机。

③ 风选：利用药材和杂质的轻重不同，借风力清除去杂质。

④ 洗漂：将药材用水洗或漂去除杂质。洗漂时应该注意掌握时间，勿使药材在水中浸漂过久，以免损失药效，并应注意及时干燥，防止霉变。

二、主要处理设备

1. 中药材的净选设备

净选是除去药材中的杂质使其达到一定净度标准，以保证用药剂量准确的操作方法。一般包括风选、清洗、过筛等过程。

(1) 风选设备 利用药材和杂质的轻重不同，借风力清除去杂质的设备（图13-1）。如果实种子类药材除去残留果壳、谷糠等。

中药材净选和
切制设备

图 13-1　风选设备

(2) 清洗设备 原料药材的清洗设备是中药制药过程中不可或缺的一环，它能够有效去除药材表面的泥土、尘埃、农药残留和其他杂质，保证药材的纯净度和安全性。在选择原料药材清洗设备时，需要考虑以下因素：药材的种类、形状和大小，以确定适合的清洗方式和设备类型；清洗的精度和效率要求，以确保药材的纯净度和生产效益；设备的操作简便性、耐用性和安全性，以保障生产的顺利进行和人员的安全。

洗药机是通过将中药材翻滚、碰撞，用饮用水对药材喷射洗涤以去除药材表面泥沙、杂质等的设备，适用于一定规格尺寸以上的根茎类、皮类、种子、果实类、矿物质及大部分菌类药材的清洗。目前洗药机以滚筒式为主，也有履带式、刮板式，还有高压喷淋、气泡式、超声波以及网带式清洗机等。针对不同的中药材原料，选择不同的清洗设备。

① 滚筒式洗药机：其结构见图13-2。净选是除去药材中的杂质以达到一定净度标准，保证剂量的准确。净选的主要方法有挑选、筛选、风选、洗净、漂净等。洗药机是用清水通过翻滚、碰撞、喷射等方法对药材进行清洗的机器，将药材所附着的泥土或不洁物洗净，目前洗药机以滚筒式为主。

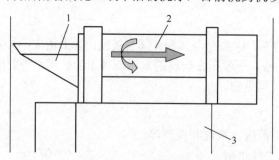

图 13-2　滚筒式洗药机
1—加料槽；2—滚筒；3—水箱

利用内部带有筛孔的圆筒在回转时与水产生相对运动，使杂质随水经筛孔排出，药材洗净后在另一端排出。圆筒内有内螺旋导板推进物料，实现连续加料。洗水可用泵循环加压，直接喷淋于药材。

滚筒式洗药机适用于直径5～240 mm或长度短于300 mm的大多数药材的洗涤。

② 履带式洗药机：利用运动的履带将置于其上的药材用高压水喷射从而将药材洗净。适用于长度较

长药材的洗净。

③ 刮板式洗药机：利用三套旋转的刮板将置于浸入水槽内的弧形滤板上的药材搅拌，并向前推进。杂质通过弧形滤板的筛孔落于槽底。不能洗涤小于 20 mm 的颗粒药材。

④ 高压喷淋清洗机：利用高压水流对药材进行冲洗，强力去除表面污垢；可调节水压和喷淋角度，以适应不同形状和大小的药材；通常配备循环水系统，实现水资源的有效利用。

⑤ 气泡式清洗机：利用气泡在药材表面产生冲击力，辅助清洗过程；气泡能够深入药材表面的微小缝隙，提高清洗效果；通常与喷淋系统结合使用，实现更全面的清洗。

⑥ 超声波清洗机：利用超声波产生的微小振动来去除药材表面的污垢；对于一些表面粗糙、难以清洗的药材具有较好的效果；可避免对药材造成机械性损伤。

⑦ 网带式清洗机：药材在网带上连续输送，通过喷淋和刷洗装置进行清洗；适用于连续生产线上的药材清洗；可根据生产需求调整清洗速度和清洗强度。

(3) 过筛设备　主要用于以下两个方面：一是切制后去除饮片中碎屑；二是药材净选除去夹杂的泥沙、石屑等。

前处理筛选常用往复式摆动筛，结构见图 13-3。物料在筛中以往复直线运动为主，而以振动为辅。摆动频率常在 600 次/min 以下。

为了确保清洗效果和设备的稳定运行，还需要定期对清洗设备进行维护和保养，如清洗喷头、更换滤网、检查电气系统等。同时，根据药材的特性和清洗要求，合理调整设备的参数和操作方法，以达到最佳的清洗效果。

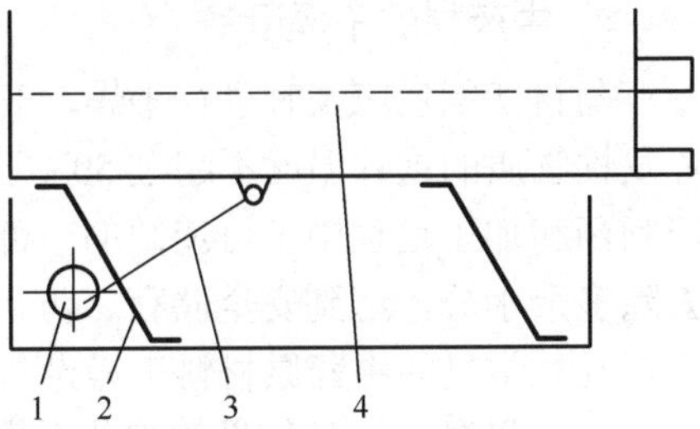

图 13-3　往复式摆动筛
1—偏心轮；2—弹簧板；3—连杆；4—筛网

2. 中药材的切制设备

药材切制的目的是便于煎出药效，便于进一步加工制成各种剂型，便于进行炮制，便于处方调配和鉴别。

将制作饮片的药材浸润，使其软化的设备为润药机。对根、茎、块、皮等药材进行均匀切制的设备为切药机。

(1) 润药机　药材切制前，对干燥的原药材均需软化处理。一般采用冷浸软化和蒸煮软化。冷浸软化可分为水泡润软化、水湿润软化。蒸煮软化可用热水焯和蒸煮处理。为加速药材的软化，可以加压或真空操作。润药机主要有卧式罐和立式罐两种。

(2) 切药机　切药机包括转盘式切药机和往复式切药机。

① 转盘式切药机：圆盘刀盘式内侧有三片切刀；切刀前侧有一固定的方形开口的刀门。上、下履带完成送料入刀门，成品由护罩底部出料，结构见图 13-4。

② 往复式切药机：往复式切药机由加料盘、传送带、压辊、刀片、曲轴、皮带轮、变速箱、机座等组成，其结构见图 13-5。刀架通过连杆与曲轴相连。当电动机转动带动皮带轮旋转时，皮带轮上的曲轴带动连杆和切刀做上下往复运动。药材通过传送带输送，在刀床处受到压辊的挤压作用被轧紧，通过刀床送出，在出口受到刀片的截切，切段长度由传送带的传送速度确定。适用于根、茎、叶、草等长形药材的截切，不适合块茎等的切制。

3. 中药材的蒸炒设备

(1) 中药蒸煮锅　蒸汽夹套加热保温，并通入锅内底部蒸汽分布器，分布器上方放置不锈钢板网，将需要蒸制的药材放于板网上，分布器将蒸汽均匀喷入药材以达到蒸制的目的。

(2) 滚筒式炒药机　其结构由炒药筒、电机、蜗轮蜗杆传动系统等组成，见图 13-6。炒药机有卧式滚筒式和立式平底搅拌式，可用于饮片的炒黄、炒炭、砂炒、麸炒、盐炒、醋炒、蜜炙等。通过加热旋转的滚筒，并利用滚筒内的叶片抄板，使物料翻动以便对药材进行炮炙。炒制结束，反向旋转炒药筒，由于抄板的作用，药材即卸出。

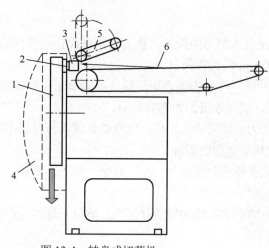

图 13-4 转盘式切药机
1—刀盘；2—切刀；3—刀门；4—护罩；5—上履带；6—下履带

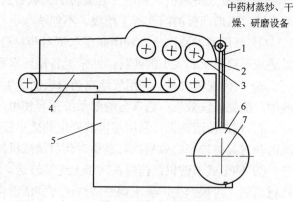

中药材蒸炒、干燥、研磨设备

图 13-5 往复式切药机
1—刀片；2—刀床；3—压辊；4—传送带；5—变速箱；6—皮带轮；7—曲轴

4. 中药材的干燥设备

药材切制后应及时进行干燥，干燥温度一般不超过 80℃，含挥发性物质的饮片温度不超过 50℃。中药原材料的干燥设备是中药制药和加工过程中不可或缺的一部分，它们能够将湿润的药材去除多余水分，达到安全储存、防止霉变和提高药效的目的。以下是几种常见的中药原材料干燥设备及其特点。

（1）烘箱 一种常见的中药干燥设备，通过加热空气并循环通风的方式，将中药材放入烘箱中进行干燥。设备内部通常配备温度控制系统，可根据药材的特性和干燥要求调节温度，以达到最佳的干燥效果。烘箱适用于小批量或特定种类的药材干燥，具有温度可调节、加热均匀等特点，适用于对温度要求较高的中药材干燥，如茶叶、果实等。

（2）真空干燥机 利用负压环境下的低温或中温干燥中药材的设备。它通过减压和排出水分的方式，将中药材进行干燥，避免了高温对中药材中活性成分的破坏。真空干燥机适用于热敏性较高的中药材。干燥效果均匀，能够保证药材的质量和药效。

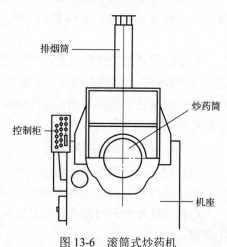

图 13-6 滚筒式炒药机
1—排烟筒；2—控制柜；3—炒药筒；4—机座

（3）流化床干燥机 一种在气流中将中药材进行干燥的设备，结构见图 13-7。中药材放入流化床中，通过热风的作用，使中药材在气流中快速流动，从而达到快速干燥的效果。流化床干燥机具有干燥速度快、温度均匀等特点，适用于对中药材干燥时间要求较短的情况。

其特点是：床层温度均匀，体积传热系数大；生产能力大，可在小装置中处理大量的物料；物料干燥速率快，在干燥器中停留时间短，所以适用于某些热敏性物料的干燥；物料在床内的停留时间可根据工艺要求任意调节，故对难干燥或要求干燥产品含湿量低的情况非常适用；设备结构简单，造价低，可动部件少，便于制造操作和维修。

（4）板式干燥机 一种将中药材放置在层板上进行干燥的设备。中药材的层板通过热风的作用，使中药材进行干燥。板式干燥机具有干燥面积大、操作简便等特点，适用于中药材干燥量较大的情况。

（5）微波干燥设备 利用微波的加热效应，将中药材进行干燥。微波干燥设备具有加热均匀、干燥时间短等特点，适用于温度敏感性较高

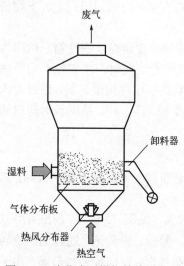

图 13-7 流化床干燥机结构示意图

的中药材。

这些干燥设备可以根据不同的中药材特性和加工要求，选择合适的设备进行干燥处理。在选择和使用干燥设备时，要注意设备的温度控制、干燥速度、能耗等因素，以确保中药材的质量和干燥效果。

5. 中药材的研磨设备

中药原材料的研磨设备主要用于将中药材进行粉碎，将其磨成细粉或粉末状以便于后续的提取、制剂或直接使用。研磨机通常由以下主要部件组成：①电机，为设备提供驱动力，使其能够运转；②研磨盘，用于承载要加工的物体，并通过电机驱动起转；③研磨头，用于磨削物体表面，通过自身的运动产生摩擦力；④控制系统，负责监控和控制机器的运动和加工过程确保精确性和安全性。以下是几种常用的研磨设备。

（1）石磨　一种传统的研磨设备，使用石头磨盘或石磨轮进行研磨。将中药材放入石磨中，通过石盘的旋转和摩擦力，将其研磨成细粉。石磨研磨出的粉末质地细腻，适用于一些对粉末质量要求较高的中药材。

（2）球磨机　一种常用的研磨设备，适用于中药材的粉碎和混合。旋转的圆筒内装有钢球或其他研磨介质，放入圆筒中的中药材与研磨介质摩擦碰撞，达到研磨的效果。球磨机具有高效、快速的特点，适用于大批量的中药材研磨。

（3）振动研磨机　采用振动力和摩擦力进行研磨，中药材放入研磨室，通过振动研磨室的容器和研磨介质的振动，使中药材进行高速摩擦和碰撞，达到研磨的目的。振动研磨机研磨速度快、效果好，适用于中药材的粉碎。

（4）切割研磨机　采用旋转刀片和固定刀片之间的切割作用进行研磨。中药材被切割刀片切割和撕裂，达到破碎和研磨的效果。切割研磨机适用于纤维状的中药材研磨和粉碎。

这些研磨设备能够根据中药材的特性和加工要求，选择合适的设备进行粉碎和研磨。在选择和使用研磨设备时，要注意设备的粉碎度控制、出料均匀度、易操作性和清洁性，以确保产品质量和生产效率。

6. 中药材的除杂设备

中药材原材料的除杂设备主要用于去除中药材中的杂质、异物和不良品，以提高中药材的纯度和质量。以下是几种常见的中药材除杂设备。

中药材除杂和
提取设备

（1）除石机　一种用于去除中药材中的砂石、泥土等杂质的设备。它通常采用振动或旋转的方式，通过筛网或筛孔，将较大的杂质分离出来，从而净化中药材。通过不同孔径的筛网对药材进行筛选，去除过大或过小的颗粒，以及不符合要求的杂质。可以根据药材的粒度要求进行调节，实现精确的筛选效果。

（2）除铁机　主要用于去除中药材中的铁屑、铁钉等铁质杂质。它通常采用磁力作用，通过磁感应原理将铁质杂质吸附在磁铁上，实现分离和去除。磁选机通常配备高强度磁铁，能够有效吸附铁质杂质，确保药材的纯净度。适用于大规模的药材除杂，提高生产效率。

（3）除尘设备　主要用于去除中药材中的灰尘、细微颗粒等物质。它通常采用风力或负压的方式，将中药材通过过滤网或过滤器，去除空气中的颗粒杂质。如风选机利用风力将药材中的轻质杂质（如灰尘、碎屑等）吹走，实现初步除杂。风选机有立式和卧式两种类型，适用于不同形状和大小的药材。操作简便，除杂效率高，是中药材加工中常用的设备之一。

（4）除虫设备　用于去除中药材中的昆虫、虫卵等杂质。它通常采用物理或化学手段，如振动、高温、冷冻、熏蒸等，将中药材中的虫害去除或杀灭。

（5）彩选机　一种利用光学传感器和图像处理技术进行彩色分选的设备。它可以根据中药材的颜色、形状、大小等特征，将不合格的中药材或有色杂质分离出来，提高中药材的纯净度和一致性。现代化色选机还具备智能识别功能，可以根据药材的实际情况进行自动调节和优化。

7. 中药材的提取设备

中药材的提取设备主要用于从中药材中提取有效成分，以获得中药提取物或中药精华，以便于后续制剂或直接使用。以下是一些常见的中药材原材料提取设备及其特点。

(1) 水提设备 一种常用的中药材提取设备,通过水或水溶剂提取中药材中的水溶性活性成分。水提设备通常由提取锅、加热装置、过滤器等组成,可以控制提取温度、提取时间和提取液的流动速度等参数。

(2) 酒精提取设备 用于以酒精作为提取介质,从中药材中提取油溶性或部分水溶性活性成分。酒精提取设备通常由提取锅、加热装置、冷却装置等组成,可以控制提取温度、提取时间和酒精浓度等参数。

(3) 超临界流体萃取设备 利用超临界流体(如二氧化碳)的特性,以高效和环保的方式提取中药材中的活性成分。超临界流体萃取设备通常由萃取器、高压泵、恒温控制装置等组成,可以调节温度和压力等参数。

(4) 蒸馏提取设备 用于提取中药材中的挥发性成分。它通过加热中药材,将挥发性成分蒸馏出来并冷凝收集,得到提取物。蒸馏提取设备通常包括提取锅、冷凝器、收集瓶等,可以调节加热温度和冷凝速度等参数。

(5) 微波提取设备 利用微波的加热效应,将中药材中的活性成分快速提取出来。微波提取设备通常由微波发生器、反应腔、温度控制装置等组成,可以调节微波功率和提取时间等参数。

在选择和使用提取设备时,要注意设备的提取效果、操作便捷性、安全性等因素,以确保提取的有效成分纯度和质量。同时,应根据具体需要进行设备的升级和配置,以满足不同中药材的提取需求。

第四节　中药处理设备原理及关键技术

中药处理设备主要包括中药材的净选设备、切制设备、蒸炒设备、干燥设备、研磨设备、除杂设备和提取设备,共7大类,下面对部分设备原理进行简要阐述。

一、工作原理

1. 切制设备工作原理

通过电机驱动刀片或切割刀具对药材进行切片或切割。设备内部设有精确的控制系统,能够根据药材的特性和所需的切片规格调整切割速度和刀具角度。

2. 蒸炒设备工作原理

通过电热、蒸汽或燃气等热源对蒸煮锅或蒸柜进行加热,使药材在适宜的温度和湿度条件下进行蒸煮。加热系统根据预设的时间和温度参数自动调节,以确保药材炮制的质量。

利用电热或燃气等热源对炒药机或滚筒炒药机进行加热,药材在炒制过程中通过翻滚和搅拌均匀受热,从而改变其颜色和气味,达到炮制的目的。

3. 干燥设备工作原理

通过电热、热风或微波等热源对药材进行干燥。设备内部设有温度和湿度控制系统,能够精确控制干燥条件,以确保药材在干燥过程中保持其药效和品质。

4. 研磨设备工作原理

研磨机的工作原理主要涉及研磨头和研磨盘的运动。机器的动能被转化为研磨头和磨盘之间的摩擦力,从而实现物体表面的加工。当主机启动后,电机转动时会带动研磨盘高速旋转。接着,将需要磨削的物体放置在研磨盘上并固定,此时物体表面与研磨盘之间的距离可以通过调节工作台高度来控制。

当物体放置在研磨机上后,研磨头开始工作。研磨头紧贴在物体表面,并通过自身的运动产生摩擦力。在运动过程中，研磨头会不断地磨削物体表面，使其逐渐达到所需的平滑度和光洁度。需要注意的是，研磨头和物体表面之间必须有恰当的润滑介质，通常使用冷却剂或润滑油来减少摩擦和热量产生。

控制系统对研磨机的运动和加工过程进行监控。这样可以确保每个物体在加工过程中都能获得相同的加工质量和制品几何形状。当完成加工后，研磨盘会自动停止运转，操作人员即可将加工好的物体取下。

二、关键技术点

1. 温度控制技术

在炮制过程中，温度是影响药材炮制效果的关键因素之一。因此，炮制设备需要配备精确的温度控制系统，能够实时监测和调节炮制过程中的温度，确保药材在适宜的温度下完成炮制。

2. 时间控制技术

炮制时间的长短也是影响炮制效果的重要因素。炮制设备需要具备精确的时间控制功能，能够根据药材的特性和炮制要求设置合适的时间参数，以确保炮制过程的准确性和稳定性。

3. 药材适应性

不同种类的药材具有不同的炮制要求，炮制设备需要具备广泛的适应性，能够处理不同性质、形态和大小的药材。同时，设备的设计应考虑到药材的特性和炮制过程中的变化，以确保炮制效果的稳定性和可靠性。

4. 安全性与卫生性

炮制设备在操作过程中需要确保人员的安全，同时避免药材受到污染。因此，设备应具备安全防护措施，如过载保护、漏电保护等，同时易于清洁和维护，以保证炮制过程的卫生性和安全性。

常见的中药炮制设备种类多样，其工作原理和关键技术点也各有特点。在实际应用中，应根据药材的特性、炮制要求和设备性能进行选择和使用，以确保炮制效果的优良和稳定。

第五节　中药处理设备的操作与维护

一、中药处理设备的操作

中药处理设备的具体操作步骤会根据设备的类型和中药的特性而有所不同。以下是一般中药处理设备的操作步骤。

1. 准备工作

检查设备是否正常运行和清洁，确保操作的安全性和卫生性。准备好需要处理的中药材和相关工具，如炒锅、蒸锅、研磨机等。

2. 炮制操作

根据中药材的要求，将设备预热或加热到适当的温度。将中药材放入设备中，按照炮制要求进行炒煮、翻炒或蒸煮，控制时间和火候，以激活药性、去除水分或完成其他炮制工序。

在操作过程中，根据需要适时调整火力或蒸汽压力，保持适宜的温度和湿度。

3. 研磨操作

将炮制后的中药材放入研磨机中。根据需要调整研磨机的参数，如研磨时间、研磨速度等。启动研磨机，进行研磨操作，直至中药材达到所需的粉碎程度。

4. 烘干操作

将炮制或研磨后的中药材放置在烘干设备中，确保设备的通风性和温度控制。

根据中药材的要求，设置适当的烘干温度和时间。启动烘干设备，进行烘干操作，直至中药材达到所需的干燥程度。

5. 结束工作

关闭设备并断开电源或燃气。清理设备和周围的工作区域，保持卫生和整洁。处理好的中药材储存或进行后续加工。

为确保操作的安全性和中药的质量，操作人员应熟悉设备的操作规程，并遵循相关的卫生和安全要求。

二、中药处理设备的维护与保养

中药处理设备的维护与保养是确保设备正常运行和延长设备使用寿命的关键。以下是一些常见的维护与保养措施。

1. 设备定期清洁

定期清洁设备内外部的各个部件，使用适当的清洁剂和工具进行清洗，并确保彻底冲洗和干燥。清洁过程中，应注意使用专用清洁工具和化学试剂，避免对设备造成损伤。同时，还需对设备的表面、内部和死角进行全面清理，确保无残留物和污渍。清洁完成后，应及时将设备表面擦干，防止生锈和腐蚀。

2. 润滑、除锈维护

根据设备的要求，定期对设备的轴承、链条、运动部件等进行润滑。选择适当的润滑剂，并按照操作手册中的指导进行润滑。加油前，应清洁润滑部位，确保无杂质和污垢。加油时，应使用专用润滑油，按照规定的加油量和加油周期进行操作。

对于容易受潮或暴露在湿度较高环境中的设备部件，应采取防腐、防锈措施，如涂抹防锈油或涂漆保护。

3. 电气系统检查

中药处理设备的电气系统是其正常运行的重要组成部分。检查设备的传动系统，包括皮带、链条、齿轮等部件，确保其正常运转，并及时更换磨损的部件；定期检查电气系统的连接线路、开关、电机等部件是否正常，有无松动、磨损或腐蚀，确保电气安全。检查时，应注意观察电气系统的工作状态，及时发现并处理异常情况。

4. 定期校准和清洁

对于设备的温度、湿度、压力等参数的测量和控制装置，定期进行校准和调整，以确保其准确性和稳定性。保持设备周围环境的清洁和整洁，防止灰尘、杂物等进入设备，影响设备的正常运行。

5. 维修和保养记录管理

对于设备的每一次维修和保养，都应做好详细的记录。维修记录包括维修时间、维修人员、维修内容、更换的部件等信息。通过维修记录的管理，可以及时了解设备的维修历史，为今后的维护和保养提供参考。

保养周期应根据设备的类型、使用环境、工作时间等因素进行综合考虑。在制定保养周期时，应充分听取操作人员的意见，确保保养工作的及时性和有效性。

需要注意的是，维护与保养应根据具体设备的特点和使用要求进行，并遵循设备制造商提供的操作手册和维护指南。定期进行检查和维护，并及时处理设备故障或异常，以确保中药处理设备的正常运行和生产效率。

第六节　中药处理设备的发展趋势

一、新技术的应用

中药处理设备的新技术应用不断推动着中药产业的发展和提升。以下是一些常见的中药处理设备新技术的应用。

1. 智能化控制

智能提取工艺利用现代控制技术、传感器技术和人机界面，实现设备的智能化控制和监测技术，对中药提取过程进行智能化控制和监测。通过精确控制提取温度、时间、压力等参数，可以最大限度地保留药材的有效成分，提高提取效率和质量，实时监测和调节参数，提高工艺稳定性和生产效率。智能提取工艺的应用使得中药提取过程更加科学、可靠和高效。

2. 高效粉碎技术

高效粉碎技术通过采用先进的粉碎机械和工艺，能够实现药材的快速、均匀粉碎，提高药材的利用率和提取效率。高效粉碎技术不仅可以降低能耗，还能减少药材的浪费，提高中药制剂的质量。精细化加工采用微观颗粒技术、纳米技术等，对中药材进行精细研磨和加工，提高活性成分的释放率和生物利用度。

3. 精密分离纯化技术

精密分离纯化技术通过采用膜分离、超滤、纳米过滤等高精度分离技术，可以有效去除提取液中的杂质和无效成分，保留药材的有效成分。这种技术不仅提高了中药制剂的纯度，还降低了制剂的副作用，提高了中药的安全性。如超临界 CO_2 萃取，能够高效、环保地提取中药材中的活性成分，降低溶剂残留和热敏成分的损失。

4. 节能环保设计

节能环保设计是现代中药处理设备的重要特点。通过采用节能型电机、高效热交换器、低噪声设计等措施，可以降低设备的能耗和噪声，减少对环境的影响。同时，采用环保材料和工艺，如热交换器、蓄能装置等采用高强度、耐腐蚀的材料制造设备的关键部件，可以提高设备的耐用性和可靠性；采用导热性能优良的材料制造热交换器，可以提高设备的热效率；采用环保型材料制造设备的外壳和包装，可以降低设备对环境的影响。设备在生产和使用过程中符合环保要求，优化能源利用效率，降低能耗，减少对环境的影响，为中药产业的可持续发展作出贡献。新型材料的应用为中药处理设备的性能提升提供了有力支持。

5. 模块化结构设计

模块化结构设计使得中药处理设备更加灵活和易于维护。通过将设备划分为多个独立的模块，可以方便地进行设备的组装、拆卸和更换。这种设计不仅提高了设备的可维护性，还使得设备的升级和改造更加容易实现。将多个工序集成在一台设备中，如炒锅、蒸锅、研磨机的一体化设备，实现中药的连续加工和生产线的紧凑化。

6. 成分检测与分析

应用近红外光谱技术、质谱技术等，快速、非破坏性地对中药材的成分进行检测、分析和质量评估，提高中药材的质量控制能力。

7. 数据采集与分析

利用大数据、人工智能等技术，对中药处理设备的运行数据进行采集、分析和优化，实现设备的智能化管理和故障预测。

这些新技术的应用，可以提高中药处理设备的生产效率、产品质量和工艺可控性，同时降低能耗和环境污染。为中药产业的转型升级和可持续发展提供了有力支持。值得注意的是，具体技术的应用应根据中药的特性和工艺要求进行选择和优化，以降低能耗、减少污染、提高生产效率。

二、设备性能改进与优化

随着中药产业的不断发展和市场需求的日益增长，中药处理设备的性能改进与优化成为行业内关注的焦点。药材破碎技术升级、提取效率提升、过滤设备优化、浓缩工艺改进、干燥技术革新、智能化控制系统、节能环保设计以及设备维护与保养等将是设备性能改进与优化的方向。

1. 药材破碎技术升级

药材破碎是中药处理过程中的关键环节，其效果直接影响到后续提取、分离等步骤的效率。通过引进新型破碎机械和工艺，如高速旋转切割、超声波破碎等，实现对药材更加均匀、细致地破碎，从而提高药材的有效成分释放率。

2. 提取效率提升

提取效率是衡量中药处理设备性能的重要指标之一。为了提高提取效率，可以采取多种措施，如优化提取溶剂的种类和比例、调整提取温度和时间、引入动态提取技术等。这些措施有助于更充分地提取药材中的有效成分，提高中药制剂的质量。

3. 过滤设备优化

过滤设备在中药处理过程中起着至关重要的作用，用于去除提取液中的杂质和固体颗粒。针对传统过滤设备存在的过滤速度慢、易堵塞等问题，可以通过改进过滤介质、优化过滤结构等方式进行优化。例如，采用新型滤材和自动清洗系统，可以有效提高过滤效率和稳定性。

4. 浓缩工艺改进

浓缩是中药处理过程中的重要步骤，旨在将提取液中的有效成分进行浓缩和富集。为了提高浓缩效果，可以采用真空浓缩、膜浓缩等新型浓缩技术，同时优化浓缩温度和压力等参数。这些改进措施有助于减少能耗、提高浓缩效率和质量。

5. 干燥技术革新

干燥是中药处理过程中的最后一个关键环节，对中药制剂的质量和稳定性具有重要影响。传统的干燥方法往往存在能耗高、干燥时间长等问题。因此，需要对干燥技术进行革新，引入新型干燥设备和技术，如微波干燥、真空冷冻干燥等。这些新型干燥技术能够更有效地去除药材中的水分，同时保持药材的有效成分和活性，从而提高中药制剂的质量和稳定性。

6. 智能化控制系统

智能化控制系统是现代中药处理设备的重要发展方向。通过引入传感器、PLC 控制系统、人工智能等技术，实现对设备运行状态的实时监测和精确控制。智能化控制系统可以根据药材的种类、处理工艺等参数自动调整设备的运行参数，实现自动化运行和优化控制，提高设备的运行效率和稳定性。

7. 节能环保设计

节能环保设计是现代中药处理设备的基本要求。通过采用节能型电机、高效热交换器、低噪声设计等措施，降低设备的能耗和噪声水平。同时，在设备的设计和生产过程中充分考虑环保要求，选择环保材料和工艺，减少对环境的影响。

8. 设备维护与保养

设备维护与保养是确保中药处理设备长期稳定运行的关键环节。通过制定详细的维护计划、培训操作人员、定期检查设备的运行状态等措施，确保设备的正常运行和延长使用寿命。同时，及时更换磨损严重的部件、清洗设备内部等，保证设备的处理效果和安全性。

通过以上八个方面的改进与优化，可以显著提高中药处理设备的性能和效率，为中药产业的健康发展提供有力支持。

第十四章
制剂成型设备

制剂成型设备是制药工艺中用于将原料加工成特定形状或结构的设备的总称。这些设备在制药过程中起着至关重要的作用，它们能够确保药品的质量、稳定性和有效性。常见的制剂成型设备包括固体制剂成型设备、液体制剂成型设备和气体制剂成型设备。制剂成型设备是用于制造药物制剂的专用设备，用于将药物原料经过一系列工艺步骤进行成型，以获得特定的剂型，如片剂、胶囊剂、颗粒剂、注射剂等。制剂成型设备的选择和配置取决于所需的剂型、产品特性和生产规模。一些常见的制剂成型设备有压片机、胶囊填充机、包衣机、混合机、注射液灌装机和真空干燥机等。

第一节 固体制剂成型设备

固体制剂又称为口服固体制剂，有散剂、颗粒剂、片剂、胶囊剂、滴丸剂、膜剂等，在药物制剂中约占70%。固体制剂与液体制剂相比，其物理、化学稳定性好，生产制造成本较低，服用与携带方便。各类固体制剂之间有着密切的联系，制备过程的前处理经历相同的单元操作。本节主要介绍片剂、丸剂、胶囊剂三种制剂的成型设备。

一、片剂成型设备

片剂的制备包括直接压片法和制颗粒压片法，直接压片法是将药物与适宜的辅料混合后，不经过制备颗粒而直接置于压片机中；制颗粒压片法是先将原辅料粉末制成颗粒，再置于压片机中压片的方法。根据制颗粒方法不同，制颗粒压片法又可分为湿法制粒压片和干法制粒压片，其中应用最广泛的是湿法制粒压片。以下主要介绍片剂成型设备中的制粒设备。

片剂成型设备

制粒操作包括干法制粒、湿法制粒和一步混合制粒等方法。常用的湿法制粒设备主要包括摇摆式颗粒机、高速混合制粒机和一步制粒机。

（1）摇摆式颗粒机 由制粒部分和传动两部分组成，主要由加料斗、七角滚轮、筛网及筛网夹管、机械传动部分等构成，图14-1为YK160型摇摆式颗粒机结构示意图。该设备为挤压式的过筛装置，它利用装在机转轴上棱柱的往复转动作用，将药物软材从筛网中挤压成颗粒，可用于制颗粒和整粒，此设备为连续操作。该设备具有结构简单，操作、安装、拆卸、清洁方便等特点，适用于医药、化工、食品等工业中制造各种规格的颗粒，既可用于湿法制粒，亦可用于干颗粒的整粒。

（2）高速混合制粒机 主要由制粒容器、搅拌桨、切割刀、出料口和动力系统等装置组成，其结构见

图 14-2。其工作原理是由气动系统关闭出料阀，加入物料后，在封闭的容器内，依靠水平的搅拌桨的旋转、推进和抛散作用，使容器内的物料迅速翻转达到充分混合，黏合剂或润湿剂从上盖顶部加料口加入，同时，利用垂直且高速旋转前缘锋利的切割刀，将其迅速切割成均匀的颗粒。制得的颗粒由出料口放出，此设备为间歇操作。

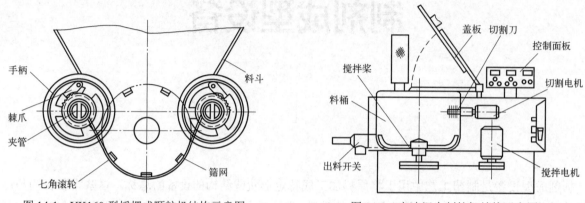

图 14-1 YK160 型摇摆式颗粒机结构示意图　　　　图 14-2 高速混合制粒机结构示意图

（3）一步制粒机 也称沸腾制粒机，主要由鼓风机、空气过滤器、加热器、进风口、物料容器、流化室、出风口、旋风分离器、空压机等组成，其结构示意图见图 14-3。可将混合制粒、干燥工序并在一套设备中完成。其工作原理为：物料粉末置于流化室下方的原料容器中，空气经过滤加热后从原料容器下方进入，将物料吹至流化状态，黏合剂经供液泵送至流化室顶部，与压缩空气混合经喷头喷出，物料与黏合剂接触聚结成颗粒。热空气对颗粒加热干燥即形成均匀的多微孔球状颗粒回落原料容器中。此设备为间歇操作。干燥部分有沸腾干燥机和热风循环烘箱。

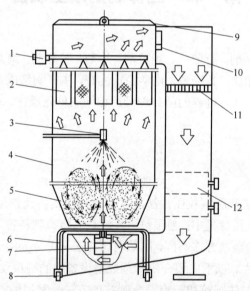

图 14-3 一步制粒机结构示意图
1—反冲装置；2—过滤袋；3—喷嘴；4—喷雾室；5—流化室；6—空气分布器；7—顶升气缸；
8—排水口；9—安全盖；10—排气口；11—空气过滤器；12—空气加热器

① 沸腾干燥机：沸腾干燥机主要由空气净化过滤器、电加热器、进风调节阀、沸腾器、搅拌器、干燥室、密封圈、物料阻隔布袋、进风排风温度计、旋风分离器和风机组成。工作原理是将制备好的湿颗粒置于沸腾器内，沸腾器与干燥器连接好密闭后，空气经净化加热后从干燥室下方进入，通过分布器进入干燥室，使物料"沸腾"起来并进行干燥，干燥后废气中的细粉由旋风分离器回收。

② 热风循环烘箱：该设备是一种常用的干燥设备，按其加热方法分为电加热和蒸汽加热两种。使用

时将待干燥物料放在带隔板的架上，开启加热器和鼓风机，空气经加热后在干燥室内流动，带走各层水分，最后自出口处将湿热空气排出。

（4）干法制粒设备 由挤压轮、送料螺杆、粉碎机、颗粒容器等组成。工作时，混合均匀的物料加入送料斗中，通过螺杆输送到两挤压轮上部进行压缩，压缩物的厚度通过两挤压轮之间的缝隙大小调节。压缩物依次经过粉碎机粉碎成颗粒，最后经过整粒机筛分成粒度适宜的颗粒。

二、丸剂成型设备

丸剂俗称丸药，是指药物、药材细粉或药材提取物加适宜的黏合剂或其他辅料，制成球状或类似球状的固体制剂。按赋形剂不同，中药丸剂可分为蜜丸、水蜜丸、水丸、糊丸和浓缩丸；按制备方法不同，有泛制法、塑制法和滴制法，下面将按照这三种制备方法介绍对应设备。

泛制法制丸设备

1. 泛制法制丸设备

泛制法主要用于水丸、水蜜丸、糊丸、浓缩丸等的制备，分为小量生产和大量生产。小量生产用涂有桐油或油漆的光滑不漏水的圆竹；大量生产用泛丸锅（片剂包衣锅，亦称糖衣锅），是连续成丸生产线。

（1）泛丸锅 主要由糖衣锅、电器控制系统、加热装置组成。将适量的药粉置于糖衣锅中，用喷雾器将润湿剂喷入糖衣锅内的药粉上，转动糖衣锅或人工搓揉使药粉均匀润湿，成为细小颗粒，继续转动成为丸模，再撒入药粉和润湿剂，滚动使丸模逐渐增大成为坚实致密、光滑圆整、大小适合的丸子。

锅体的旋转一般由电机通过三角皮带驱动蜗轮、蜗杆减速器带动，可使物料在锅内上下翻滚。在泛制过程中，可用预热空气和辅助加热器对颗粒进行干燥。

（2）滚筒式筛丸机 主要由滚筒装置、减速机、电机、内清理装置、底部支架、密封罩、出料口和进料口等组成。筒体倾斜放置，且被防尘密封罩罩住，生产过程中几乎无粉尘和噪声污染。

筛筒一般分为三段，前段筛孔小，后段筛孔大，以便丸粒从前向后滚动时被筛孔分为几等。筛孔按照所需直径冲制成梅花形、圆形或方形，其外观结构见图14-4。

电机驱动滚筒轴线做旋转运动，减速机调节筒体以一定的转速旋转，物料由进料口进入筒体内，在旋转产生的离心力作用下，物料在筒内翻滚，自上而下通过分级筛网析出，由于筛网分级尺寸不同，物料逐渐被分离

图 14-4 滚筒式筛丸机外观图

筛选，粒度合格的物料经筛分后落入各自的漏斗，然后由人力方式运出或通过输送机自流送往成品站。合格产品经过下端出料口排出，颗粒较大、分选不合格的产品经另一排料口排出，筒内有清理装置，使筛网不易被阻塞。

（3）水丸连续成丸机 目前丸剂泛制设备主要使用 CW-1500 型水丸连续成丸机（图 14-5），主要包括进料、成丸和选丸三部分，其特点是药粉一步泛制成丸，从而使生产自动化、连续化，所制得的丸剂圆整光滑，质量好，效率高。

操作时，先输送脉冲信号，将药粉加入加料斗，启动成丸机，加料斗均匀将药粉加入成丸锅，待药粉盖满成丸锅的底面时，喷液泵开始喷液，药粉遇到液体后形成微粒，交替加入药粉和液体，微粒会逐渐增大成丸，直到达到规定的规格，丸粒经滑板滚入圆筒筛中，筛分分档，收集大小不同的丸粒。

2. 塑制法制丸设备

塑制法又称丸块制丸法，是将药材粉末与适宜的辅料（主要是润湿剂或黏合剂）混合制成软硬适宜、可塑性较大的丸块，再搓条、分割及搓圆制成丸剂的方法。主要用于蜜丸、糊丸等的制备。

主要工艺流程：药材粉末+辅料—制丸块—制丸条—分割及搓圆—质量检查—包装。

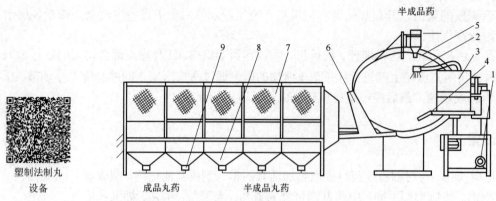

图 14-5　CW-1500 型水丸连续成丸机

1—喷液泵；2—喷头；3—加料斗；4—粉斗；5—成丸锅；6—滑板；7—圆筒筛；8—料斗；9—吸射器

塑制法制丸设备

（1）捏合机　捏合机的结构包括箱槽、两组强力 S 形桨叶，材质多为不锈钢。原理是槽底为半圆形，两组桨叶以不同的速度反向旋转，起到搅拌捏合的作用。操作方法：将药粉放入捏合机的箱槽内，加入适量的炼蜜或其他辅料。打开电源开关，使捏合机桨叶转动。桨叶的搅拌、揉捏，桨叶于槽壁间的研磨使得药料混合均匀，反复揉捏，直至全部湿润，色泽一致形成能从桨叶上和槽壁上剥落下来的丸块，进入下一道工序，即搓条。

（2）丸条机　目的是将丸块制成粗细适宜的条形以便于分粒，丸块制好后，应放置一定时间，使蜜等黏合剂充分润湿药粉，即可制丸条。丸条质量要求是粗细一致，表面光滑，内面充实而无空隙，丸条机有螺旋式和挤压式两种，即螺旋式出条机和挤压式出条机。

① 螺旋式出条机：其结构见图 14-6。工作原理是丸块从加料口加入，利用圆形壳体内水平旋转的螺旋输送器的推动作用，压力逐渐上升，使最前端的丸条模口处形成丸条被挤压出来。更换模口口径，可得到大小不同的丸条；在模口处安装微量调节器可控制丸剂的重量和质量差异。

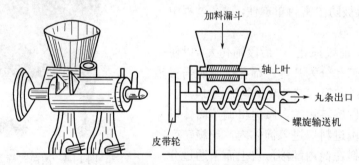

图 14-6　螺旋式出条机

② 挤压式出条机：将丸块放入料筒，利用机械能进螺旋杆，使挤压活塞在加料筒中不断向前推进，筒内丸块受活塞挤压而由出口挤出，成粗细均匀的丸条。

可根据需要更换不同直径的出条管来调节丸粒重量。其结构见图 14-7。

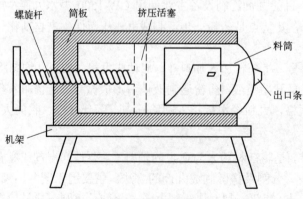

图 14-7　挤压式出条机

(3) 轧丸机 轧丸机有双滚筒式和三滚筒式，在轧丸后立即搓圆。其工作原理是：从丸条机出来的丸条经过加热后使其光圆，随后丸条落入输送带上，当适量长短的丸条到达滚筒上方时，上输送带倾斜，使其落入两滚筒之间，此时两个滚筒做相对转动，同时依靠外侧的上滚筒的平移，共同完成分割与搓圆的过程。

① 双滚筒式轧丸机：其主要由两个半圆形切丸槽的铜制滚筒组成，两滚筒切丸槽的刃口相吻合（图14-8）。两滚筒以不同的速度做同一方向旋转，转速一快一慢，约90∶70 r/min，同时外侧滚筒平移操作时将丸条置于两滚筒切丸槽的刃口上，滚筒转动时将丸条切断并将丸粒搓圆，由滑板落入接收器中。

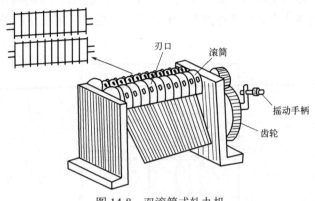

图 14-8 双滚筒式轧丸机

② 三滚筒式轧丸机：三滚筒式轧丸机的下面滚筒直径小，固定不动，转速 150 r/min；上两个滚筒直径大，靠内侧的滚筒固定不动，外侧滚筒由离合装置控制，定时转动，同时平移，两上轮的转速分别为200 r/min 和 250 r/min，上面两滚筒随时要擦润滑剂，避免物料黏附。将丸条放于上面两滚筒间，滚筒转动即可完成分割与搓圆的工序。由三个表面有槽的滚筒呈倒三角排列而成。适用于蜜丸的制备，成型后的丸粒呈椭圆形，冷却后即可包装。

(4) 全自动制丸机 全自动制丸的结构见图 14-9。其工作原理是将丸块送入进料口后，在螺旋推进器的挤压下制成规格相同的药条，在光电测速装置的跟踪下，经过导轮、顺条器同步进入制丸刀轮中，经过两个刀轮的快速切割、搓圆，制成大小均匀的药丸。

(5) 中药自动成丸机 中药自动成丸机结构见图14-10。其工作原理是药料加入料斗中，高度不能低于料斗锥部高度的1/3，以避免后续制得的药条紧密程度波动；药料经螺旋推进器的挤压作用，通过出条嘴制成丸条，经自控轮、导轮，被送至制药刀处进行切、搓，在刀辊直线作用和圆周运动下成丸。制丸速度可以通过旋转调节钮进行调节，制丸过程中，喷头喷洒一定浓度的乙醇起润滑作用（防止药丸粘连）。由加料斗、推进器、出条口、导轮、一组刀具组成。

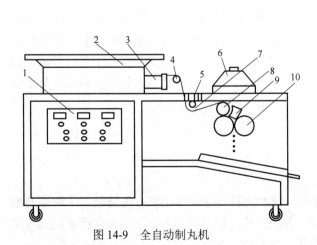

图 14-9 全自动制丸机

1—控制面板；2—进料口；3—制条机；4—测速机；5—减速控制器；
6—酒精桶；7—药条；8—送条轮；9—顺条器；10—刀轮

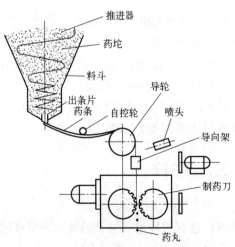

图 14-10 中药自动成丸机结构

3.滴制法制丸设备

滴制法是指固体或液体药物与适宜的基质加热熔融后溶解、乳化或混悬于基质中再滴入不相混溶、互不作用的冷凝液中，表面张力的作用使液滴收缩成球状而制成的制剂。

滴制法制丸工艺流程：配料（药物+基质）—熔融—滴制—冷却—洗丸—干燥—选丸—质量检查—包装。该制剂主要供口服使用，也可作外用（如耳丸、眼丸）。

(1) 实验室用滴丸机 一种用于小批量制作滴丸的设备，能够将药丸核心与包衣材料相结合，形成包衣层，以保护药丸核心，并调整药物的释放速度和稳定性。其主要特点是具有包衣功能、包衣厚度可调整、药物释放可调控、小批量生产、灵活性强等。滴丸机可以更换不同规格的模具，以制作不同尺寸的药丸，其结构见图 14-11。

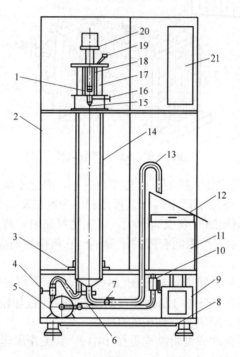

图 14-11　实验室用滴丸机结构图

1—搅拌器；2—柜体；3—升降装置；4—液位调节手柄；5—冷却油泵；6—放油阀；7—放油阀；8—接油盘；9—制冷系统；10—油箱阀；11—油箱；12—出料斗；13—出料管；14—冷却柱；15—滴制滴头；16—滴制速度手柄；17—导热油；18—药液；19—加料口；20—搅拌电机；21—控制盘

(2) 大型滴丸机 大型滴丸机是中型滴丸机，集 PLC 控制系统、药物调剂供应系统、循环冷却系统、动态滴制收集系统于一体并配有集离心式选丸机（筛选形状不圆或多粒粘连等不合格中药丸）、振动筛选机、干燥机等配套设施，形成的一条适合大中型制药生产企业的生产线。图 14-12 为 DWJD-Ⅱ型滴丸机。其工作原理为：药液与基质加入调料罐内，通过加热搅拌制成待滴制的混合药液，经压缩空气将药液输送到滴液罐内，在动态滴制系统控制下，由滴头将药液滴入冷却液中，料滴在表面张力作用下适度充分地收缩成丸，使滴丸成型圆滑，丸重均匀。

三、包衣机

1. 片剂包衣的种类和方法

(1) 包衣的种类 包衣的基本类型有糖衣和膜薄衣。糖衣物料包括浓糖浆和有色糖浆，浓糖浆的浓度一般为 65%～75%（质量分数），用于粉层和糖衣层；有色糖浆在糖浆中加入适量的食用色素制成（用量 0.03%～0.3%），常用苋菜红、胭脂红、柠檬黄、靛蓝、亮蓝等，包有色衣时应由浅到深。

薄膜衣料由成膜材料、增塑剂、溶剂组成，成膜材料为纤维素类和丙烯酸树脂类，以成膜材料纤维素类为主，如丙烯酸树脂类主要用于肠溶衣。增塑剂可增加包衣材料可塑性，分为水溶性和非水溶性两种，其中水溶性常用甘油、丙二醇、聚乙二醇，非水溶性常用柠檬酸三乙酯、甘油三醋酸酯，常用溶剂为乙醇、丙酮。

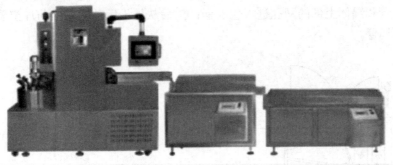

图 14-12　DWJD-Ⅱ型滴丸机

（2）包衣方法　常用的包衣方法有滚转包衣法、流化包衣法和压制包衣法三种。滚转包衣法依靠片芯和包衣材料在包衣锅中的滚转运动使片芯被覆衣层；流化包衣法是将包衣液喷在悬浮于一定流速的空气中的片芯表面的包衣方法；压制包衣法是直接将包衣材料通过压片机压制在片芯表面的包衣方法。

2. 常用的包衣设备

常用的包衣设备有普通包衣锅、流化包衣机、网孔式包衣机和压制包衣设备。

（1）普通包衣锅　又称为荸荠包衣锅，具体结构见图 14-13，可用于包糖衣、薄膜衣和肠溶衣。最基本、最常用的是滚转式包衣设备，国内厂家目前基本使用这种包衣锅进行包衣操作，其主要结构有包衣锅、动力系统、加热鼓风系统、排风或吸装粉装置系统。工作原理是包衣锅以一定的速度旋转，药片在锅内随之翻滚，经预热的热空气连续吹入包衣锅，必要时可打开辅助加热器，以保持锅体内的温度，并提高干燥速率。向锅内泼洒包衣材料溶液。当包衣达到规定的质量要求后，即可停止出料。

普通包衣锅的改良：锅内加挡板，以改善片剂在锅内的滚动状态，包衣料液用喷雾方式加入锅内，增加包衣的均匀性。无气喷雾包衣利用柱塞泵使包衣液达到一定压力后再通过喷嘴小孔雾化喷出；有气雾包衣利用热空气带入料液，加热和包衣同时进行。优点是应用广泛；缺点是间歇操作、劳动强度大、生产周期长且包衣厚薄不均，片剂质量也难以均一。

（2）流化包衣机　一种利用喷嘴将包衣液喷到悬浮于空气中的片剂表面，以达到包衣目的的装置，原理与沸腾制粒类似（如图 14-14）。

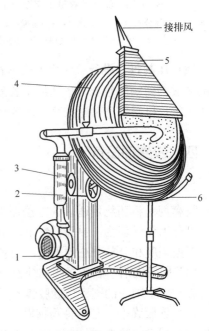

图 14-13　普通包衣锅

1—鼓风机；2—角度调节器；3—电加热器；
4—包衣锅；5—吸尘罩；6—辅助加热器

① 工作过程：经预热的空气以一定的速度经气体分布器进入包衣室，从而使药片悬浮于空气中，并上下翻动；气动雾化喷嘴将包衣液喷入包衣室；周围的热空气使药片表面包衣液中的溶剂挥发，并在药片表面形成一层薄膜；控制预热空气及排气的温度和湿度可对操作过程进行控制。

② 优缺点：优点是流化包衣机包衣速度快，不受药片形状限制，是一种常用的薄膜包衣设备，除用于片剂的包衣外，还可用于微丸剂、颗粒剂等的包衣；缺点是包衣层太薄，药片做悬浮运动时碰撞较强烈，外衣易碎，颜色也不佳。

（3）网孔式包衣机 是在包衣锅的锅体上开有直径为 1.8～2.5 mm 的圆孔（网孔），是一种比较新颖的高效包衣设备（如图 14-15）。

工作过程：网孔包衣锅以一定的速度旋转，药片在锅内翻滚；包衣液由喷嘴喷入；被预热至一定温度的净化空气经进气管和锅体上部的网孔进入包衣锅；然后从处于运动状态的药片空隙间穿过；再由锅体下部的网孔进入排气管。

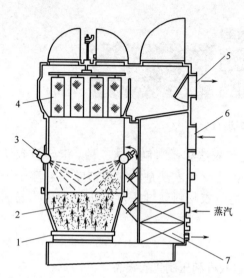

图 14-14　流化包衣机工作原理示意图

1—气体分布器；2—流化室；3—喷嘴；4—袋滤器；
5—排气口；6—进气口；7—换热器

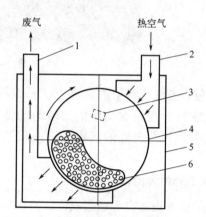

图 14-15　网孔式包衣机工作原理示意图

1—排气管；2—进气管；3—喷嘴；4—网孔包衣锅；
5—外壳；6—药片

（4）压制包衣设备 亦称干法包衣，用包衣材料将片包裹后在压片机上直接压制成型。该法适用于对湿热敏感药物的包衣，也适用于长效多层的制备或有配伍禁忌药物的包衣。有的压制包衣机是将两台旋转式压片机用单动轴配成套，以特制的传动器将压成的片芯至另一台压片机上进行包衣。

四、胶囊剂设备

1. 定义和分类

胶囊剂是将药物用适宜的方法加工后，加入适宜的辅料填充于空心胶囊或密封软质囊材中的固体制剂，可分为化学药物、中药材粉末、中药提取物等，其状态有粉末、颗粒、丸、液体和半固体。

根据硬度和分装方法的不同，胶囊剂分为硬胶囊剂、软胶囊剂和肠溶胶囊。

（1）硬胶囊剂 它是将药物细粉与适宜辅料制成的均匀粉末、细小颗粒、小丸、半固体或液体，填充于空心胶囊中制成的剂型。硬胶囊不封闭。

（2）软胶囊剂 它是将药物提取物、液体药物或与适宜的辅料混匀后，用滴制法或压制法密封于软质囊材中制成的胶囊剂。软胶囊主要用在油类、油溶液、乳浊液、混悬液等方面，分有缝和无缝。有缝采用压制法和滚膜法，无缝主要采用滴制法。

（3）肠溶胶囊：它是指不溶于胃液，但能在肠液中崩解、溶化、释放药物的胶囊剂。

胶囊剂的特点主要有以下特点：掩盖药物的不良气味；分散快、吸收好、生物利用度高；可提高药物稳定性；延缓药物的释放（定时、定位）；可弥补其他剂型的不足；可使胶囊剂囊壁印字、利于识别。

2. 硬胶囊剂设备

硬胶囊剂根据物料的填充，少量生产时，采用手工填充；大量生产时，采用自动填充机填充物料。在不同的生产环境和需求下，可以根据规模、自动化程度和特定要求进行选择和配置。对于硬胶囊剂的生产，严格遵循操作规程和质量要求，并确保设备的清洁和维护，以保证硬胶囊剂的质量和安全性。

硬胶囊剂设备可分为全自动胶囊填充机、半自动胶囊填充机和手动胶囊填充机三类。

全自动胶囊填充机是工业生产硬胶囊剂的专用设备，按主工作盘的运动方式可分为间歇回转和连续回转。全自动胶囊填充机生产过程见图 14-16，整个生产过程分 6 步：一是空胶囊的排序与定向；二是空胶囊的体帽分离；三是填充药物；四是胶囊体帽闭合；五是出囊；六是清洁。

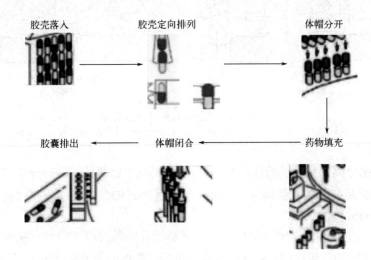

图 14-16 全自动胶囊填充机生产过程示意图

(1) 空胶囊的排序 空胶囊的排序落料器做上下往复滑动，使空胶囊进入落料器的孔中，并在重力作用下下落。当落料器上行时，卡囊簧片将一个胶囊卡住；当落料器下行时，簧片架产生旋转，卡囊簧片松开胶囊，胶囊在重力作用下由下部出口排出。当落料器再次上行并使簧片架复位时，卡片又将下一个胶囊卡住。排序装置结构与工作原理见图 14-17。

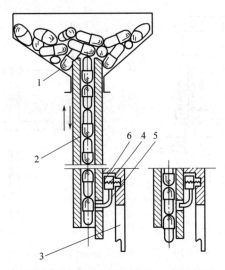

图 14-17 排序装置结构与工作原理
1—贮囊斗；2—落料器；3—压囊爪；4—弹簧；5—卡囊簧片；6—簧片架

(2) 空胶囊的定向 生产工艺要求空胶囊进入胶囊模块前必须调整为囊帽在上、囊体在下，这样就需要一个调理方向的定向装置。过程如图 14-18 所示。工作时，胶囊依靠自重落入定向滑槽中，再由水平的顺向推爪将空胶囊在定向滑槽内推成水平状态，从而完成由不规则排列的垂直入孔的胶囊转换成帽在后、体在前的水平状态，并被推到滑槽的前端。随后垂直运动的压囊爪下移，使水平状态的空胶囊体翻转 90°，成帽在上、体在下的转向，并被垂直推入处于间歇状态的工位囊板孔中。胶囊经过 a 位、b 位、c 位最后到达 d 位后，以帽在上、体在下的状态进入下一工序。

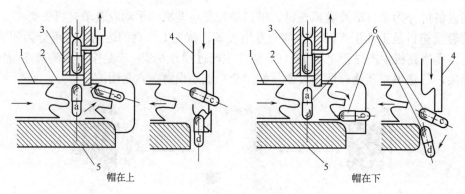

图 14-18　空胶囊定向装置示意图

1—顺向推爪；2—定向滑槽；3—落料器；4—压囊爪；5—向器座；6—囊夹紧点

（3）空胶囊的体帽分离　空胶囊的体帽分离是指将胶囊的胶囊体（底部）和胶囊帽（顶部）进行分离的过程。这个过程通常是在制备胶囊剂时，需要将填充好药材的胶囊进行分解以提取药材或进行质量检测等需要胶囊壳和药材分离的工序。

（4）填充药物　当空胶囊体、帽分离后，上、下囊板孔的轴线随即错开，接着进入药物定量填充装置，将定量药物填入下方的胶囊体中，完成药物填充过程。药物定量填充装置包括插管定量装置、模板定量装置、活塞滑块定量装置和真空定量装置。不同的填充方式适用于不同药物的分装，需按药物的流动性、物料状态（粉状或颗粒状、固态或液态）等选择，以确保分装质量差异符合药典要求。

插管定量装置有间歇式和连续式，其结构见图 14-19。工作时将空心定量管插入药粉斗中，利用管内的活塞将药粉压紧，然后定量管升离粉面，并旋转 180° 胶囊体的上方。随后，活塞下降，将药粉柱压入胶囊体中，完成药粉填充过程。

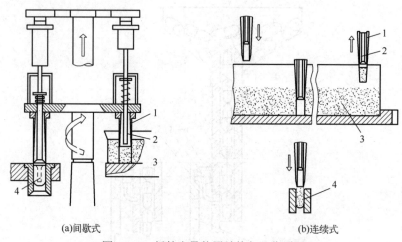

(a)间歇式　　　　　　　　　　　(b)连续式

图 14-19　插管定量装置结构与工作原理

1—定量管；2—活塞；3—药粉斗；4—胶囊体

（5）胶囊体帽闭合　当上、下囊板的轴线对中后，弹性压板下行，将胶囊帽压住。同时，顶杆上行伸入下囊板孔中顶住胶囊体下部。随着顶杆的上升，胶囊体、帽闭合并锁紧。调节弹性压板和顶杆的运动幅度，可使不同型号的胶囊闭合（如图 14-20）。

（6）出囊　出囊装置见图 14-21，主要部件是一个可上下往复运动的出料顶杆。

（7）清洁　清洁装置见图 14-22。当囊孔轴线对中的上、下囊板旋转至清洁装置的缺口处时，压缩空气系统接通，囊板孔中的药粉、囊皮屑等污染物被压缩空气自下而上吹出囊孔，并被吸尘系统吸入，上、下囊板离开清洁室，开始下一周期的循环操作。

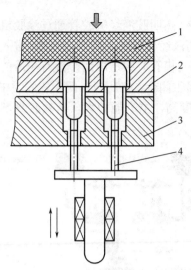

图 14-20 闭合装置结构与工作原理
1—弹性压板；2—上囊板；3—下囊板；4—顶杆

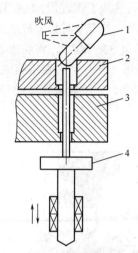

图 14-21 出囊装置结构与工作原理
1—闭合胶囊；2—上囊板；3—下囊板；4—出料顶杆

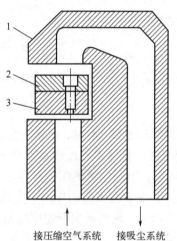

接压缩空气系统　接吸尘系统
图 14-22 清洁装置结构与工作原理
1—清洁装置；2—上囊板；3—下囊板

3. 软胶囊剂设备

软胶囊剂（又称胶丸）是指将一定量的药液加适宜的辅料密封于球形或椭圆形等软质囊材中制成的胶囊剂。

常见的软胶囊制备方法有模压法和滴制法，二者优缺点见表 14-1。软胶囊的制备需在洁净条件下进行，产品质量与环境有关，一般要求温度为 21～24 ℃；相对湿度为 30%～40%。

表 14-1 模压法和滴制法优缺点

对比项目	模压法	滴制法
产品外形	各种形状，有缝	圆形，无缝
优点	可制出不同形状的产品，药液装量大，可加遮光剂	设备造价较低，设备操作相对简单，胶皮利用率高
缺点	设备结构复杂、造价高、设备操作复杂、胶浪费多	形状单一、药液装量小、胶液要求透明，加遮光剂后难以控制

（1）软胶囊压制机——滚模式软胶囊机

① 软胶囊压制的原理：涂布在明胶液胶皮轮上经冷却制成胶皮，滚模压断胶皮成软胶囊药液，由喷体喷出，滚模压断胶皮成软胶囊。其结构主要由装药箱、供药泵、喷嘴、滚模系统、油滚、下丸器、鼓轮、明胶盒、加热器等组成。楔形注入器喷出药液至两胶皮之间，喷体内有电加热管，可加热胶皮使装药后黏合。

② 软胶囊的灌装工作过程：软胶囊的灌装结构见图 14-23。热明胶液经输胶管通过涂胶机箱涂布于鼓轮上，冷却定型为明胶带；明胶带被送入两滚模之间，同时，药液经导管进入楔形注入器，进入明胶带中；楔形注射器的温度 37～40℃，将胶质软化，在两滚模的凹槽（模孔）中形成两个含有药液的半囊。滚模继续旋转，机械压力将两个半囊压制成一个整体软胶囊，并发生闭合，将药液封闭于软胶囊中。随着滚模的继续旋转或移动，软胶囊被切离胶带。其特点是自动化程度高，生产能力大，是软胶囊剂生产的常用设备。

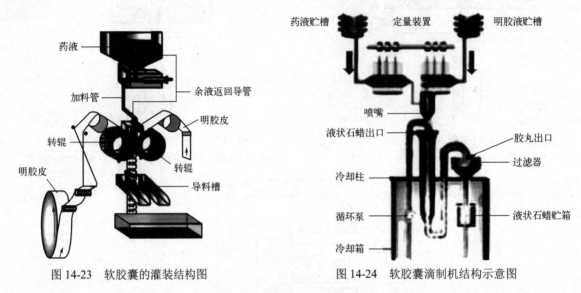

图 14-23　软胶囊的灌装结构图　　　　图 14-24　软胶囊滴制机结构示意图

(2) 软胶囊滴制机　软胶囊滴制机结构见图 14-24。该软胶囊滴制机工作时明胶液由喷嘴滴出，油性冷却液中形成球形，冷凝成球形油状药液。具体工作过程是油状药液和明胶液分别由计量泵的活塞压入喷嘴的内层和外层，并以不同的速度喷出；当一定量的明胶液将定量的油状药液包裹后，滴入冷却柱；在冷却柱中，外层明胶液被冷却液冷却，并在表面张力的作用下变成球形，逐渐凝固成胶丸（滴丸）。

该设备的优点是能有效地降低生产成本，缺点是生产速度较慢，且只能生产球形产品，产品不良率较高。质量不合格的表现是偏心、破损或拖尾等。

第二节　液体制剂设备

液体制剂系指药物分散在适宜的液体分散介质中所制成的液体形态的制剂。按给药途径分为内服液体制剂、外用液体制剂和注射剂（无菌制剂）。液体制剂包括灭菌制剂中的最终灭菌小容量注射剂、最终灭菌大容量注射剂、冻干粉针剂、滴眼剂、内服液体制剂中的口服液和糖浆剂。

中药液体制剂设备是用于生产中药液体制剂的专用设备，它包括了一系列的工艺设备和生产线，用于中药液体制剂的原料处理、混合、加热、冷却、浓缩、过滤、灌装等工艺步骤。

一、注射剂

1. 注射剂定义及分类

注射剂是指药物与适宜的溶剂或者分散介质制成的供注入体内的溶液、乳状液或者混悬液及供临用前配制或稀释成溶液或混悬液的粉末或者浓溶液的无菌制剂，主要由药物、溶剂、附加剂及特制的容器所组成，是临床应用广泛的剂型之一。

注射剂包含最终灭菌小容量注射剂、最终灭菌大容量注射剂和冻干粉针剂。注射给药是一种不可替代的临床给药途径，尤其适用于急救患者。最终灭菌小容量注射剂是指装量小于 50 mL，采用湿热灭菌法制备的灭菌注射剂；水针剂一般多使用硬质中性玻璃安瓿作容器，除一般理化性质外，其质量检查包括无菌、无热原、无可见异物、pH 值等项目均应符合相关规定，其生产过程包括原辅料与容器的前处理、称量、配制、滤过、灌封、灭菌、质量检查、包装等步骤。

按照生产工艺中安瓿的洗涤、烘干、灭菌、灌装的机器设备不同，可将最终灭菌小容量注射剂工艺流程分为单机灌装工艺流程和洗、烘、灌、封联动机组工艺流程。

2. 单机灌装设备

（1）安瓿洗瓶机　目前国内药厂常使用的安瓿洗涤设备有三种，即喷淋式安瓿洗瓶机组、气水喷射式安瓿洗瓶机组与超声波安瓿洗瓶机组。

① 喷淋式安瓿洗瓶机组：由喷淋式灌水机、甩水机、蒸煮箱、水过滤器及水泵等机件组成。结构见图 14-25，其设备简单，应用较为普遍。其工作过程是：安瓿经灌水机灌满滤净的去离子水或蒸馏水，再用甩水机将水甩出，如此反复三次，安瓿清洁度一般可达到要求，一般适用于 5 mL 以下的安瓿。经冲淋、注水后的安瓿送入蒸煮箱加热蒸煮，在蒸煮箱内通蒸汽加热约 30 min，随即趁热将蒸煮后的安瓿送入甩水机，将安瓿内的积水甩干，然后再送往喷淋机上灌满水，再经蒸煮消毒、甩水，如此反复洗 2～3 次即可达到清洗要求。

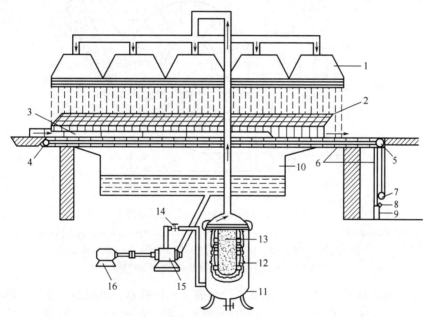

图 14-25　喷淋式安瓿洗瓶机组示意图

1—多孔喷头；2—尼龙网；3—盛安瓿的铝盘；4—链轮；5—止逆链轮；6—链条；7—偏心凸轮；8—垂锤；9—弹簧；
10—水箱；11—过滤缸；12—涤纶滤袋；13—多孔不锈钢胆；14—调节阀；15—离心泵；16—电动机

② 气水喷射式安瓿洗瓶机组：气水喷射式安瓿洗瓶机组是目前生产上采用的有效洗瓶设备，其由供水系统、压缩空气及其过滤系统、洗瓶机三部分组成，结构见图 14-26。其工作过程为：洗涤用水和压缩空气预先经过过滤处理；空压机将空气压入洗气罐水洗，水洗后的空气经活性炭柱吸收、陶瓷环吸附和布袋过滤器过滤；将洁净空气通入水罐中对水施加压力，高压水再次经过布袋过滤器过滤后，与洁净空气一道进入洗瓶机中，通过针头喷射进安瓿瓶中。工作条件为：洗涤压缩空气压力约为 0.3 MPa、洗涤水温大于 50 ℃。洗瓶过程中水和气的交替分别由偏心轮与电磁喷水阀或电磁喷气阀及行程开关自动控制，操作中要保持喷头与安瓿动作协调，使安瓿进出流畅。该机组适用于曲颈安瓿和大规格安瓿的洗涤。

③ 超声波安瓿洗瓶机组：该设备是目前制药工业界较为先进且能实现连续生产的安瓿洗瓶设备，具有清洗洁净度高、清洗速度快等特点，是其他洗涤方法不可比拟的。针头单支清洗技术结合超声波清洗技术原理制成的连续回转超声波洗瓶机，实现了大规模处理安瓿的要求。该设备由针鼓转动对安瓿进行洗涤，其清洗流程（一个清洗周期）为：进瓶—灌循环水—超声波洗涤—蒸馏水冲洗—压缩空气吹洗—注射用水冲洗—压缩空气吹净—出瓶。常见的有 QCA18 型超声波安瓿清洗机，结构见图 14-27。

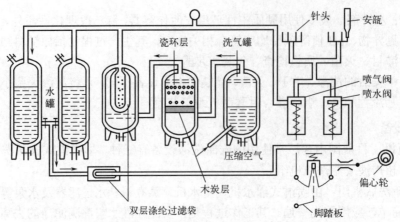

图 14-26 气水喷射式安瓿洗瓶机组示意图

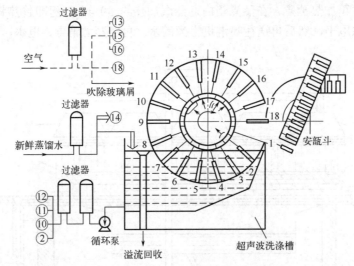

图 14-27 超声波安瓿洗瓶机示意图

1—引瓶；2—注循环水；3~7—超声波空化；8，9—空位；10~12—循环水冲洗；13—吹气排水；
14—注新蒸馏水；15，16—吹净化气；17—空位；18—吹气送瓶
注：②、⑩~⑯、⑱ 表示与相应的工位相连接。

图 14-27 由 18 等份圆盘及针盘、上下瞄准器、装瓶斗、推瓶器、出瓶器、水箱（底部装配超声波发生器）等组成。整个针盘 18 个工位，每个工位有一排针，可安排一组安瓿同时进行洗涤。利用一个水平卧装的轴，拖动有 18 排针管的针鼓转盘间歇旋转，每排针管 18 支针头，构成共有 324 个针头的针鼓。与转盘相对的固定盘上，于不同工位上配置不同的水、气管路接口，在转盘间歇转动时，各排针头座依次与循环水、压缩空气、新鲜注射用水等接口相通。

（2）安瓿的干燥灭菌设备 安瓿洗涤后内壁未完全干燥，还需通过干燥灭菌去除生物粒子的活性。常规干燥灭菌方法是将洗净的安瓿置于 350~450℃隧道烘箱保持 6~10 min，达到杀灭细菌和热原及安瓿干燥的目的。

目前国内最先进的安瓿烘干设备是连续电热隧道式灭菌烘箱，符合 GMP 生产要求，能有效地提高产品质量和改善生产环境，主要用于小容量注射剂联动生产线，与超声波安瓿洗瓶机和多针拉丝安瓿灌封机配套使用。

（3）安瓿灌封设备 将滤净的药液定量灌入经过清洗、干燥及灭菌处理的安瓿内，并加以封口的过程称为灌封。完成灌装和封口工序的机器，称为灌封机。

安瓿灌封设备按封口的方式可分为熔封式灌封机和拉丝式灌封机两种。熔封式灌封机由于靠安瓿自身玻璃熔融而封口，往往在安瓿丝颈的封口处易产生毛细孔的隐患，并且在检查时不易鉴别出来，时间久了安瓿易产生冷爆和渗漏现象。拉丝灌封机是在熔封的基础上，加装拉丝钳机构，有效避免了熔封机的上述缺点，

封口效果理想。国家药品监督管理部门明确规定，各水针剂生产厂一律采用拉丝封口设备。

拉丝灌封机按其功能可将结构分为传送、灌注和封口三个基本部分，其结构如图 14-28 所示。传送部分的功能是进出和输送安瓿，灌注部分的功能是将一定容量的注射液灌入空安瓿内，当传送装置未送入空瓶时，该部分能够自动止灌，封口部分的功能是将封闭装有注射液的安瓿瓶颈，目前用拉丝封口。

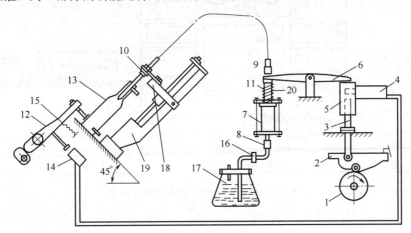

图 14-28 灌封机结构图

1—凸轮；2—扇形板；3—顶杆；4—电磁阀；5—顶杆座；6—压杆；7—针筒；8，9—单向玻璃阀；10—针头；11—压簧；12—摆杆；13—安瓿；14—行程开关；15—拉簧；16—螺丝夹；17—储液罐；18—针头托架；19—针头托架座；20—针筒芯

拉丝灌封机传送部分由进瓶斗、梅花转盘、固定齿板、移动齿板及偏心轴等组成，负责输送安瓿；灌注部分由凸轮-拉杆装置、注射灌液装置及缺瓶止灌装置三大部分组成；封口部分主要由拉丝装置、加热装置和压瓶装置三部分组成。封口是将已灌注药液且充惰性气体后的安瓿瓶颈密封的操作，有熔封和拉丝封口。熔封是指旋转的安瓿瓶颈玻璃在火焰的加热力作用下闭合的一种封口形式。拉丝封口是指当旋转安瓿瓶颈熔融时，采用机械方法将瓶颈封口。

3. 洗、烘、灌、封联动设备

（1）**工艺流程** 最终灭菌小容量注射剂洗、烘、灌、封联动机组灌封工艺流程示意见图 14-29。是一种将安瓿洗涤、烘干灭菌以及药液灌封三个步骤联合起来的生产线。联动机由安瓿超声波清洗机、隧道灭菌箱和多针拉丝安瓿灌封机三部分组成。联动机实现了注射剂生产承前联后同步协调操作，不仅节省了车间、厂房场地的投资，还减少了半成品的中间周转，将药物受污染的可能性降到最低，因此具有整机结构紧凑、操作便利、质量稳定、经济效益高等优点。除了可以联动生产操作之外，每台单机还可以根据工艺需要，进行单独的生产操作。

（2）**主要特点**

① 超声波清洗技术配合多针水气交替冲洗。洗涤用水是经孔径为 0.2～0.45 μm 滤器过滤的新鲜注射用水，压缩空气也需经孔径 0.45 μm 的滤器过滤，除去了灰尘粒子、细菌及孢子体等。整个洗涤过程采用电气控制。②采用隧道式红外线加热灭菌和层流干热空气灭菌两种形式对安瓿进行烘干灭菌。在 100 级层流净化空气条件下 350℃高温干热灭菌，短时间干燥，去除生物粒子、杀灭细菌和破坏热原，并使安瓿完全干燥。③烘干灭菌后立即拉丝灌封。无密封环的柱塞泵可快速调节装量，避免药液溅溢。灌液安全装置，在出现故障时能立即停机止灌，停机时，拉丝钳钳口能自动停于高位，避免烧坏。④联动机中安瓿的进出采用串联式，减少了半成品的中间周转，可避免交叉污染，加之采用了层流净化技术，使安瓿成品的质量得到提高。⑤联动机的设计充分地考虑了运转过程的稳定性、可靠性和自动化程度，采用了先进的电子技术，实现计算机控制、机电一体化。在安瓿出口轨道上设有光电计数器，能随时显示产量，整个生产过程达到自动平衡、监控保护、自动控温、自动记录、自动报警和故障显示，减轻了劳动强度，减少了操作人员。⑥生产全过程是在密闭或层流条件下工作的，符合 GMP 要求。⑦联动机的通用性强，适合 1 mL、2 mL、5 mL、10 mL、20 mL 等安瓿规格，并且适用于我国使用的各种规格的安瓿。⑧该机价格昂贵，部件结构复杂，对操作人员的管理知识和操作水平要求较高，维修困难。

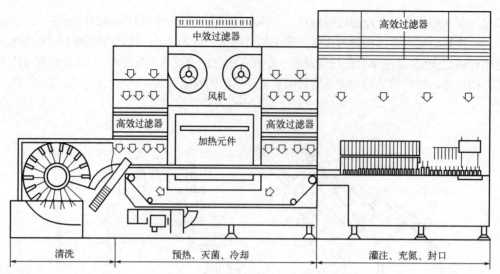

图 14-29　洗、烘、灌、封联动机示意图

二、大输液

最终灭菌大容量注射剂是指 50 mL 以上的最终灭菌注射剂,简称大输液或输液。目前国内大输液包装形式主要为玻璃瓶、塑料瓶、PVC 软袋、非 PVC 软袋等。玻璃瓶成本低,对药物稳定性影响小,透明度好;PVC 软袋在室温下具有较好的稳定性,运输方便,比较柔软,使用时不易进空气;料瓶包装具有运输方便和运费相对低廉的优势;直立式聚丙烯袋可以采用密闭输液的方式,无须导入外界空气,有效地避免了二次污染。

1. 玻璃瓶灌装

玻璃瓶灌装由制水、空输液瓶的前处理、胶塞及隔离膜的处理、配料及成品五部分组成。输液剂在生产过程中,灌封前分为四条生产路径同时进行,即注射液的溶剂制备、空输液瓶的处理、胶塞的处理和输液剂的制备。其中输液剂的制备方法、工艺过程与水针剂的制备基本相同,所不同的是输液剂对原辅料、生产设备及生产环境的要求更高,尤其是生产环境的条件控制,例如在输液剂的灌装、上膜、上塞、翻塞工序,要求环境洁净度为局部 100 级。

输液剂经过以上四条路径到了灌封工序,即汇集在一起,灌封后药液和输液瓶合为一体。灌封后的输液瓶,应立即灭菌。灭菌时,可根据主药性质选择相应的灭菌方法和时间,必要时采用几种方法联合使用。既要保证不影响输液剂的质量指标,又要保证成品完全无菌。

灭菌后的输液剂即可以进行质量检查。检查合格后进行贴签与包装。贴签和包装在贴签机或印包联动机上完成。贴签、包装完毕,完成输液剂成品。

2. 塑料瓶灌装

塑料瓶灌装工艺与玻璃瓶灌装工艺的区别在于瓶子处理工序上。塑料颗粒经过注塑形成瓶坯、内外盖和吊环。瓶坯经过吹瓶形成塑瓶,然后经过洗瓶、灌装、轧盖、加吊环形成成品。

3. 非 PVC 软袋输液灌装

非 PVC 软袋输液灌装一般从制袋开始:放卷打印→外形封口→修剪→接口送料/定位→接口封口→袋上部封口→最后封口→出袋→袋储存→进袋→真空或进氮气→灌装→加盖→出袋。制袋、灌装和封口在10000 级(灌装和封口在局部 100 级层流保护下进行)控制环境下在一台机械装置上完成。

三、口服液

1. 概述

口服液是指药材用水或其他溶剂,采用适宜方法提取制成的单剂量灌装的口服液体制剂。其特点是

口服液设备

含多种有效成分，服用剂量小，吸收快，显效迅速；单剂量包装，便于携带、保存和服用；适合工业化批量生产，免去临时煎药的麻烦，应用方便；液体中可加入矫味剂，口感好，易为患者所接受；成品经灭菌处理，密封包装，质量稳定，不易变质。

口服液的制备工艺流程为：提取与精制→配制→过滤→灌装与封口→灭菌与检漏→质量检查→贴标签与包装。

口服液的包装材料主要有玻璃管制瓶、塑料瓶和螺口瓶，最常用的是玻璃管制瓶。

口服液生产设备包括旋转式口服液瓶清洗机、玻璃口服液瓶隧道式灭菌干燥机、口服液剂灌封机、玻璃口服液瓶轧盖机、玻璃瓶口服液剂生产联动线和塑料口服液瓶成型灌封机。

2. 口服液主要设备

(1) 洗瓶设备

① 喷淋式洗瓶机：一般用泵将水加压，经过滤器压入喷淋盘，由喷淋盘将高压水分成多股激流将瓶内外冲净，该设备现已淘汰。

② 毛刷式洗瓶机：这种洗瓶机既可单独使用，也可接联动线，以毛刷的机械动作再配以碱水、饮用水、纯化水可获得较好的清洗效果。但以毛刷的动作来刷洗，粘牢的污物和死角处不易彻底洗净，还有易掉毛的弊病，该机档次不高。

③ 超声波式洗瓶机：利用超声波换能器发出的高频机械振荡（20～40 Hz）在清洗介质中疏密相间地向前辐射，使液体流动而产生大量非稳态微小气泡，在超声场的作用下气泡进行生长闭合运动，通常称为"超声波空化"效应。空化效应可形成超过 1000 MPa 的瞬间高压，其强大的能量连续不断冲撞被洗对象的表面，使污垢迅速剥离，达到清洗目的。常用的有转盘式超声波洗瓶机和转鼓式超声波洗瓶机。

a. 转盘式超声波洗瓶机：操作要点为检查设备、仪表→打开纯水阀门→打开水泵→调节进水量→打开主电机开关→打开进瓶机、输送网带、出瓶机开关→调节速度→洗瓶→停机（依次按下主机停机按钮、输送网带停止按钮、水泵停止按钮，关闭纯水控制阀门）→清洁。应用于 5～50 mL 玻璃瓶的洗涤，每小时可洗瓶 6000～24000 个。

b. 转鼓式超声波洗瓶机：一种常用于洗涤中药液体制剂包装容器（如玻璃瓶、塑料瓶等）的设备。它利用超声波的高频振动作用和转鼓旋转的运动，实现对瓶子内外表面的深度清洗和去除污垢。

转鼓式超声波洗瓶机的主要组成部分包括转鼓、超声波发生器、清洗液循环系统、过滤系统等。在使用转鼓式超声波洗瓶机进行清洗时，瓶子被放置在转鼓中，转鼓开始旋转并启动超声波发生器。在超声波的振动作用和转鼓的旋转运动共同作用下，有效地去除瓶子内外表面的污垢和残留物。清洗液循环系统保持清洗液的供给和循环使用，提高清洗效果和效率。

该设备应用于 2～100 mL 玻璃瓶的洗涤，可洗瓶 3600～7200 个/h。

(2) 灭菌干燥设备 口服液瓶的灭菌干燥设备主要有柜式电热烘箱和隧道式灭菌干燥机。

① 柜式电热烘箱：是一种间隔式灭菌设备，灭菌温度在 180～300 ℃，主要用于清洗后的瓶以盘装的方式进行干燥灭菌。

② 隧道式灭菌干燥机：采用热空气层流消毒原理或远红外辐射加热消毒原理，具有传热速度快、热空气的温度和流速非常均匀、灭菌充分、无低温死角、无尘埃污染、灭菌时间短、效果好和生产能力高等特点。

(3) 灌封机 灌封机是口服液生产过程中的主要机械设备，其结构按其功能划分为三个部分：容器输送机构、液体灌注机构和加盖封口机构。根据灌封过程中口服液瓶输送形式的不同，灌封机可分为直线式灌封机和回转式灌封机两种，两种灌封机均为连续式灌封机型。

① 直线式灌封机：灭菌后的口服液瓶手动放入料斗内，传动部分将药瓶送至灌注部分由直线式排列的喷嘴灌入瓶内，瓶盖由送盖器送出并由机械手完成压紧和轧盖。

② 回转式灌封机：工作过程经灭菌干燥后的口服液瓶经输送带前移至拨瓶盘，拨瓶盘将瓶逐个拨进灌装工作盘，当瓶子转到定位板时，灌装头的针管在凸轮的控制下插入瓶口内，同时计量泵开始灌注药液。灌好药液的瓶子进入轧盖机构，完成压紧和轧盖。

（4）口服液剂生产联动线　用于口服液剂生产的一套自动化生产设备系统。该联动线由多个工艺单元组成，包括原料处理、混合、灭菌、灌装、封口、包装等工艺环节，实现口服液剂的连续生产。口服液联动生产线主要由洗瓶机、灭菌干燥设备、灌封设备、贴签机等组成。根据生产的需要，可以把各台生产设备有机地连接起来形成口服液联动生产线，见图14-30。口服液联动线联动方式有分布式联动方式和串联式联动方式两种。

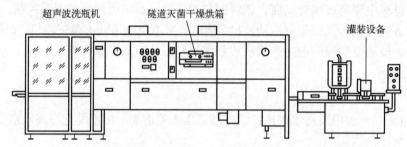

图 14-30　QXGF5/25 型高速口服液洗、烘、灌、封联动线

①　分布式联动方式：该方式是将同一种工序的单机布置在一起，进行完一种工序后，将产品集中起来，送入下道工序，此种联动方式能够根据每台单机的生产能力和实际需要进行分布，例如可以将两台洗瓶机并联在一起，以满足整条生产线的需要，并且可以避免一台单机产生故障而使全线停产，该联动生产线用于产量很大的品种。

②　串联式联动方式：此种方式适用于产量中等情况的生产。此种方式的缺点是一旦其中一台设备发生故障，易造成整条生产线的停产，目前国内口服液联动生产线一般采用这种联动方式。在这种方式中，各单机按照相同生产能力和联动操作要求协调的原则，来确定其参数指标，节约生产场地，使整条联动生产线成本下降。

四、糖浆剂

1. 生产工艺简介

糖浆剂生产设备是用于生产各种类型糖浆剂的专用设备。糖浆剂是一种常见的药物剂型，常用于口服给药，具有调味、溶解和稳定等功能。糖浆剂生产的一般工艺流程为：药料的提取、过滤、浓缩、溶糖过滤、配液、糖浆瓶准备、清洗、灭菌干燥、灌封、质量检查、贴标签、包装。糖浆剂为非最终灭菌产品，因此，糖浆剂必须在洁净度为C级的环境下配制和灌封。

2. 包装材料

糖浆剂通常采用玻璃瓶包装，封口主要有螺纹盖封口、滚轧防盗盖封口、内塞加螺纹盖封口。糖浆剂玻璃瓶规格为 25～1000 mL，常用规格为 25～500 mL。

3. 主要设备

糖浆剂主要设备包括提取设备（如多功能提取罐、高效提取浓缩机组）、减压浓缩罐、配液罐、洗瓶机、灌装机等。常见的灌装设备有灌装机、灌装线等。

（1）四泵直线式灌装机

①　直线式液体灌装机：该机是目前常用的糖浆灌装设备。清洗干燥的瓶子经整理后，置入理瓶盘并随理瓶盘旋转，在拨瓶盘和校瓶器的作用下，按顺序进入输瓶轨道，随链板做直线运动，进入灌装工位。灌装后的瓶子，进入旋盖机，经上盖、旋盖后，完成整个灌装工序。通常铝盖封口采用三刀下降式或三刀旋转口式。

②　GCB4A型四泵直线式灌装机：其结构见图14-31，其主要工作原理是：容器经整理后，经输瓶轨道进入灌装工位，药液经柱塞泵计量后，经直线式排列的喷嘴灌入容器。电机带动理瓶盘旋转，拨瓶杆将瓶送至输瓶传送带上，挡瓶机构将瓶定位于灌装工位，曲柄连杆机构带动计量泵将待装液体从储液槽内抽出，通过喷嘴注入传送带上的空瓶内，挡瓶机构将灌装后的瓶子送至输瓶传送带上送出。

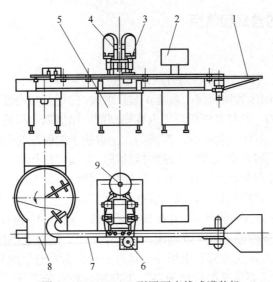

图 14-31 GCB4A 型四泵直线式灌装机

1—贮瓶盘；2—控制盘；3—计量泵；4—喷嘴；5—底座；6—挡瓶机构；7—输瓶轨道；8—理瓶盘；9—贮药桶

③ 四泵直线式灌装机常见故障及排除方法：具体见表 14-2。

表 14-2 四泵直线式灌装机常见故障及排除方法

常见故障	原因	排除方法
倒瓶	理瓶盘与瓶底摩擦太大、转速快或者容器重心不稳	应保持理瓶盘内干燥无水，降低转速
盘内瓶子堵塞	拨瓶杆未调好，盘内瓶子充量过多	减少盘内瓶数，改变角度或者位置
液体外溢	灌装速度快，泡沫增加	降低灌装速度，大容器可分两次灌装
重灌	挡瓶器失灵，容器直径误差大，轨道过窄或者挡瓶位置不对	先开理瓶和传送带，待瓶布满传送带后再开灌装机
误灌	喷嘴与容器中心不对或喷嘴间距小于容器间距；传送带过慢，供不应求；灌液动作过早或过晚；两个挡瓶器间距不当	调整喷嘴间距；调整无瓶控制限位开关；调快传送带速度；调整挡瓶器 6 的位置
滴漏	计量泵输出管路选择过粗；浓度高、黏性大的液体管内的压力大，管子变形大，恢复慢；灌装头内传动链条松，曲柄有窜动现象，将喷嘴内液体震落等均可造成滴漏	选用细管或加速灌装速度，排除气泡；或选择高压管以防变形；选用小喷嘴或更换单向阀，旋紧喷嘴导向套上的螺盖，使喷嘴露出导向套 2~4 mm

(2) 灌装机自动线 BZGX-T 糖浆灌装生产线外观见图 14-32。该流水线主要是由冲洗瓶机、四泵直线型灌装机、轧盖机、不干胶贴标机等组成，可以完成自动理瓶、输瓶、翻瓶、冲洗瓶（冲水、充气）、计量灌装、理盖、轧防盗盖（或旋盖）、贴签、印批号等工序。该机采用光电控制、变频无级调速，实现机电一体化，是目前应用范围较广的设备。

图 14-32 BZGX-T 糖浆灌装生产线

第三节 气体制剂成型设备

气体制剂系指药物通过加入抛射剂或利用压缩空气、雾化器等多种方式分散成烟雾状，采用吸入法或皮肤黏膜给药途径的多种制剂的总称。一般来说，液体微粒分散在气体中的气溶胶称为"雾"；固体颗粒分散在气体中，形成凝集性的气溶胶称为"烟"；而一些药物通过燃烧产生的气体直接分散在空气中可称之为"气"。因此，气体制剂有多种类型，常见的有喷雾剂、烟剂、烟熏剂和气雾剂等。

以下将介绍几种气体制剂的含义和特点，重点介绍气雾剂的生产设备。

一、气雾剂与喷雾剂的含义和特点

1. 气雾剂的含义和特点

气雾剂又称气溶胶，是指将药物与适宜的抛射剂共同封装于具有特制阀门系统的耐压容器中制成的制剂。气雾剂由抛射剂、内容物制剂、耐压容器和阀门系统 4 部分组成。抛射剂与内容物制剂一同装在耐压容器内，容器内因为抛射剂气化产生压力，若打开阀门，则内容物制剂、抛射剂一起喷出而形成气雾，离开喷嘴后抛射剂和内容物制剂进一步气化，雾滴变得更细。雾滴的大小取决于抛射剂的类型、用量、阀门和揿钮的类型以及内容物制剂的黏度等。使用时，揿按阀门系统的推动钮，当阀门打开时，由于容器压力突然降低，原来处于高压状态的抛射剂，因急剧气化而成雾状喷出，迅速将药物分散成为微粒，再通过喷嘴释放出来，直接作用于患处或起全身治疗作用。喷出的物质，因气雾剂品种的不同，有的是形成雾状，可悬浮在空间较长时间；有的则能挺直喷射到物体任何方向的表面，并在其表面形成一层薄膜；也有的形成泡沫，专供特别用途。

气雾剂具有使用方便、贮藏性能好、疗效迅速、毒副作用小、剂量准确的特点，但是因为气雾剂容器内有一定的内压，可因意外撞击和受热而发生爆炸，具有一定的危险性。此外，气雾剂容器和阀门结构比较复杂，填充抛射剂和药物都需要特殊的机械设备，生产制备较复杂。

2. 喷雾剂的含义与特点

喷雾剂系指原料药或与适宜辅料填充于特制的装置中，使用时借助手动泵的压力、高压气体、超声振动或其他方法将内容物呈雾状物释出，用于肺部吸入或直接喷至腔道黏膜及皮肤等的制剂。喷雾剂由药物与附加剂、容器与手动泵构成。喷雾剂不以气雾罐的形式，而是在微型喷雾器中装入制剂，药液本身不气化，挤出的药液呈细滴或较大液滴。其特点是：具有速效和定位作用；制剂稳定性高；给药剂量准确，副作用较小；局部用药的刺激性小。

3. 影响气雾剂和喷雾剂吸收的因素

影响吸入气雾剂和吸入喷雾剂药物吸收的主要因素有：①药物的脂溶性及分子大小，吸入给药的吸收速率与药物的脂溶性成正比，与药物的分子大小成反比；②雾滴（粒）粒径大小，雾滴（粒）的大小影响其在呼吸道沉积的部位。

4. 气雾剂、喷雾剂的质量要求

制备过程中，必要时应严格控制水分，防止水分混入。吸入气雾剂与吸入喷雾剂供吸入用雾滴（粒）大小应控制在 10 μm 以下，其中大多数应为 5 μm 以下，一般不使用饮片细粉。

二、烟剂的含义和特点

烟剂是原药与燃料、氧化剂、助剂等混合加工成的一种剂型，可以是粉状也可以是锭状或片状。烟剂用火点燃后能发烟，但不会产生明火，直到烧完烟剂。点燃后，原药受热气化，在空气中凝结成固体微粒烟，固体微粒大小为 0.5~5 μm（胶体范围）。其组成有主剂（有效成分）和供热剂，作用是为主剂挥发（升华）成烟剂提供热源。主剂的要求为高效、低毒、无药害；600℃以下短时处理不燃烧、不分解，能迅速升华、气化出成烟率高的烟云；在高温下，不与添加物发生不利反应。

烟剂特点：穿透、附着能力强，能充分发挥药效。由于高分散度，密闭条件下使用效果才好，烟剂中有效成分必须在短时间、高温下不分解或分解很少。

三、气雾剂的生产设备

中药气雾剂特别是经呼吸道吸入的气雾剂，为中药的临床使用提供了科学的新型给药途径。与传统的剂型相比，它提高了局部给药浓度，避免全身用药时先使血药浓度达到一定值后，才能对局部感染或其他疾病发挥作用的缺点。故而气雾剂市场需求量大，工业化、规模化生产前景广阔。

1. 气雾剂的生产工艺流程

气雾剂生产工艺流程及区域划分见图 14-33。工艺有称量、配料、灌装、封盖、充填抛射剂、检查和内包装等。其中，称量、配料、灌装、压盖、充填抛射剂和内包装等在 1000000 级洁净区内进行。气雾剂的制备过程主要分为容器阀门系统的处理与装配、药物的配制与分装、抛射剂的充填三部分，其包装条件为：50 ℃，1 MPa。

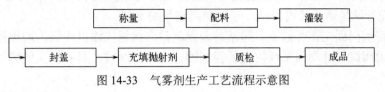

图 14-33 气雾剂生产工艺流程示意图

气雾剂的制备过程：容器及阀门的洁净处理；药液配制和无菌灌入；在容器上安装阀门和轧口；压入抛射剂。

2. 气雾剂生产设备

气雾剂的生产设备主要包括灌装容器和气雾剂容器阀门两部分。

(1) 气雾剂的灌装容器 气雾剂的容器是气雾剂的主要组成部分，用于盛装药物、抛射剂和附加剂，材质包括玻璃和塑料、金属。材料要求为：不能和药物以及抛射剂起作用、耐压、耐腐蚀、轻便、价廉等。气雾剂灌装容器外形结构如图 14-34 所示。

玻璃材质通常被用来作为气雾剂容器的内层，因为玻璃具有化学性质稳定、耐腐蚀、价格低廉、制造简单等优点，但缺点是质脆易碎、不耐挤压碰撞等，其使用受到一定的局限。在其系统总压力不超过其限度或抛射剂的含量≤50%时，玻璃容器是相对安全的。为了增加强耐压性，通常在其外壁搪塑料涂层，这样可保护玻璃避免受外界的过度碰撞和冲击。

金属材料也可用作气雾剂容器。常用白铁皮或铝合金薄板，其优点是耐压强度高、轻便、使用方便、便于运输和携带、耐碰撞、冲击，大容量包装等。缺点是化学稳定性差，不耐腐蚀性。为了克服金属容器的缺点，增强耐腐蚀性能，常在其内壁涂其他

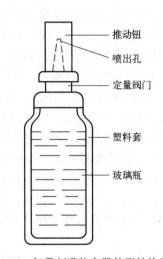

图 14-34 气雾剂灌装容器外形结构示意图

材料。如可用聚乙烯树脂作为底层，再涂环氧树脂，这样既可达到增强耐腐蚀性能，又增强耐热性能，便于热灌装或加热灭菌等。

(2) 气雾剂容器的阀门 气雾剂容器阀门系统是中药气雾剂的重要组成部分，包括阀杆、定量室、阀门推动钮、喷嘴等部件。阀门系统主要作用是控制和调节药物从耐压容器中定量喷出，必须保证坚固而耐用且一般不与内容物起反应。除一般阀门系统外，还有供吸入用的定量阀门，结构见图 14-35 和图 14-36。

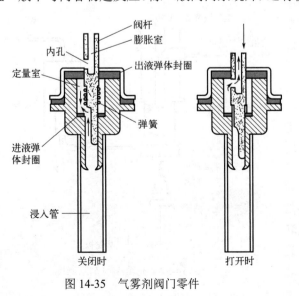

图 14-35 气雾剂阀门零件

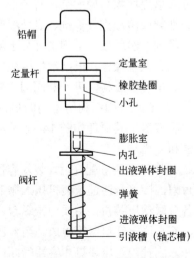

图 14-36 气雾剂定向阀门

① 一般阀门系统：包括推动钮、封帽、密封圈、阀门杆、弹簧和浸入管 6 个部分。

a. 推动钮：主要用于打开或关闭阀门系统。一般用塑料制成，内开小孔与喷嘴相连。小孔与喷嘴的大小与产生的雾粒有直接关系。喷嘴的角度决定喷出的方向，应考虑到患者，以使用方便为原则。如鼻用推动钮的设计，应充分满足适合鼻内使用，喷出的药物呈细雾状。

b. 封帽：用来将阀门固定在容器上。通常是金属制品，镀锡或涂以环氧乙烷树脂。

c. 密封圈：是封闭或打开阀门系统内孔的控制圈。由橡胶制成，具有持久的弹性和稳定性，不与药物发生反应。

d. 阀门杆：由尼龙或不锈钢制成，上端有内孔和膨胀室，下端有一段细槽供药液进入定量室，杆上有数个小孔，称为内孔，用来与容器中药液相通。但可被弹性橡胶封圈封住，当揿下推动钮时，内孔与药液相通。药液立即通过内孔进入膨胀室而喷射出来。膨胀室位于内孔之上阀门杆内，药物进入以后，药中抛射剂因压力减小而气化膨胀，将药物瞬间分散呈雾状排出容器。

e. 弹簧：弹簧一般由不锈钢制成，不应与药物发生反应，用来控制阀门开关，弹簧供给推动钮上下弹力，与密封圈共同完成对药液的密封。当揿按推动钮时，弹簧被压缩，阀门打开，药液喷出。放开推动钮时，弹簧弹起，阀门关闭，停止喷射。另外，当药液通过时，弹簧又可起到进一步搅拌混合的作用。

f. 浸入管：用聚乙烯或聚丙烯制成，用来把容器内药物吸入管内并输送至阀门内而喷出。浸入管的材料粗细要与药液的性质相一致，并满足所要求的给药速度。

② 定量阀门：有些药物作用强烈或有一定毒副作用，需要定量给药，常用定量阀门系统。密封铝帽用来将阀门固定在耐压容器上，阀杆的顶端与带小孔和喷嘴的推动钮相连。阀杆内有膨胀室和内孔相连，内孔用来把容器内的药物引出并喷出。当揿下推动钮时，内孔进入定量室使得药液从内孔进入膨胀室，因抛射剂的作用而骤然膨胀，从喷嘴以极细雾状喷出。弹簧由进液弹簧架与封圈托住而固定，出液封圈位于内孔和弹簧之间，密封定量室上端不使药液溢出。揿下推动钮，阀杆下降，同时内孔降至封圈以下进入定量室时，药液进入内孔而喷出。一次喷出剂量为 0.05～0.2 mL，定量室的容积决定了每次用药的剂量。

(3) 气雾剂的制备过程 主要分为容器阀门系统的处理与装配、药物的配制与分装、充填抛射剂三部分。

① 容器阀门系统的处理与装配：选用一定大小的玻璃容器，洗净。按一定工艺在外壁搪塑料薄层。其具体方法是先将容器预热处理，趁热浸入按一定要求调配好的聚氧乙烯糊状树脂液中，使容器外壁均匀涂上一层浆液。然后倒置烘箱内，180 ℃下烘烤 15 min 冷却取出即可。

阀门各部件的处理：首先洗净橡胶垫圈、阀杆，并在乙醇中浸泡 24 h，干燥备用。把弹簧用碱液煮 30 min，再用热水洗净、蒸馏水冲洗、烘干，乙醇中浸泡 24 h，干燥备用。再将大橡胶圈套在定量杯上，阀杆上也套好橡胶垫圈，装上弹簧，与进出液的橡胶垫圈及封帽等装配好即可。

② 药物的配制与分装：首先将提取或精制的中药成分或总提取物与抛射剂溶解或混合。根据处方要求可分别制成溶液型气雾剂、混悬液型气雾剂或乳浊液型气雾剂，然后按一定剂量分装于耐压容器中。操作中要注意无菌操作，根据治疗用药的要求，防止污染，经质量检验合格，可安装阀门、轧紧封帽。

③ 充填抛射剂：利用不同的机械设备把抛射剂充入耐压容器。其原理如图 14-37 所示。一般可采用压灌法和冷灌法。

a. 压灌法：药液配好后，装入容器，安装阀门并轧紧封帽，接着是通过压装机压入抛射剂。压灌法常用设备有联动压装机，主要由操纵台、装盘、药液灌装器、滴水器、轧口器等组成。当容器上顶时，灌装针头冲入阀杆内，压装机和容器的阀门同时打开，液

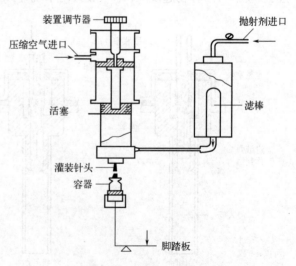

图 14-37 充填抛射剂示意图

化抛射剂此时可以进入容器内。压入法的设备简单，操作不需要在低温下进行，操作压力要求不高，通常以 68～105 kPa 为宜。当容器进入压装机后，灌药、装阀门、轧封帽、充填抛射剂等按程度依次进行。

　　b. 冷灌法：药液配好，冷却后装入容器中，再加入冷却的抛射剂，接着安装阀门并轧紧封帽。此法的操作须在短时间内完成，以尽可能减少抛射剂的散失。气雾剂用冷灌法操作时，药液在制备过程中要加入一部分较高沸点抛射剂作为溶剂或稀释剂，防止在冷却中发生沉淀。加过抛射剂的药液，在没有送入热交换器前应进行液化处理，必须贮藏在耐压容器内以保证安全，同时防止抛射剂的散失。所用抛射剂如为混合物，可用混合设备混合后再送到热交换器中。药液一般冷却至 –20 ℃左右，抛射剂冷却至沸点以下至少 5 ℃。

　　冷灌法的特点：抛射剂直接灌入容器，速度快，对阀门无影响。因为抛射剂是在敞开情况下进入容器的，容器内的空气易于排出，因而成品的压力较为稳定，但是需制冷设备和低温操作，抛射剂消耗较多。由于在抛射剂沸点之下工作，所以含水产品不宜采用此法充填抛射剂。

四、其他气体制剂的设施

　　其他气体制剂包括气压制剂、烟剂与烟熏剂等，其设施简单且在日常生活中使用方便。

　　1. 气压制剂设备

　　(1) 喷雾器　结构如图 14-38 所示。该喷雾器能形成较细的雾粒，大小约在 30～50 μm，吸入后能到达支气管，适用于支气管、肺部疾病的治疗。操作也十分简单，打开阀门，调节喷嘴至雾量大小合适状态即可。

　　(2) 医用雾化器　结构如图 14-39 所示。其结构一般是玻璃容器。喷雾部分熔合在具有弯嘴出口的玻璃壳内，壳的下部盛满药液，上部装有阻碍体，阻碍体的作用为分散粗雾粒，分离粗细雾粒，使微粒形成气溶胶从喷嘴喷出。喷出的动力须借助于橡皮球，用手工挤压打气。也可以另外使用压缩气体为喷出动力。

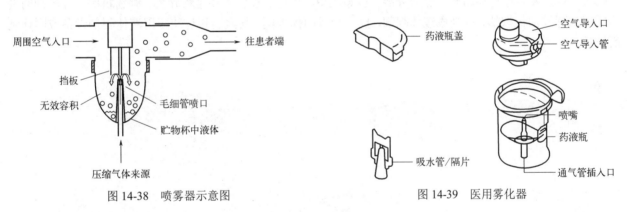

图 14-38　喷雾器示意图　　　　　　　　图 14-39　医用雾化器

　　(3) 气压制剂的阀门系统　包括耐压容器、阀门、阀杆等。图 14-40 所示为国产气压制剂阀门的一般式样。阀门的内孔一般有 3 个，便于药物流动。

　　2. 其他气雾剂装置

　　目前临床上有多种广泛使用性能更好、操作更简便的雾化装置。如微量泵雾化器、超声波雾化器等。微量雾化泵是利用泵的作用，使药液雾化的新型气体制剂装置。超声波雾化器是利用超声技术，使药液雾化而供临床使用的一种新型雾化器，操作十分方便。开机前先按处方兑好药液装入机械。启动机械，调节雾量大小，便于患者接受。

　　(1) 烟剂与烟熏剂　我国古代劳动人民很早就发现了一些药物，如野蒿点燃后有驱蚊蝇的作用，点燃艾叶、苍术、木香、香薷等用于避瘟疫。《黄帝内经》中也记载"脏寒生满病，其治宜灸焫"，即利用易燃中药，按照一定的穴位或在离患处一定的距离灼烧，借药物的气味及温热刺激达到治疗某些疾病的目的，如艾灸。烟剂和烟熏剂的制备方法十分简单，按照普通卷烟制法制备、切割、包装。使用普通卷烟设备，按卷烟程序制成香烟即可。

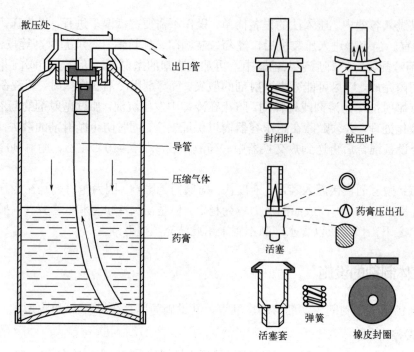

图 14-40 气压制剂及其阀门零件

（2）香囊、香薰剂 用含挥发性成分的中药制成袋装或瓶装，用于刺激穴位或患处或整个机体，具有疏通经络、调和气血、平衡脏腑等功能的一类气体制剂。

香囊和香薰剂以中药为主要原料或提取中药有效成分（如挥发油等），经一定工艺制备而成。香囊剂的制备，首先要将原材料粉碎，然后分装、包装成型，所用的设备主要是粉碎机、筛粉机等。香薰剂的制备要用到挥发油提取器，可制成液体制剂，也可制成固体制剂。其灌装和包装应用液体制剂设备或固体制剂设备。

第十五章
制水与灭菌设备

第一节 概　　述

一、制药用水及其分类

GMP 规定制药用水应当符合其用途，并符合现行版《中国药典》的质量标准及相关要求。制药用水分类如图 15-1 所示。

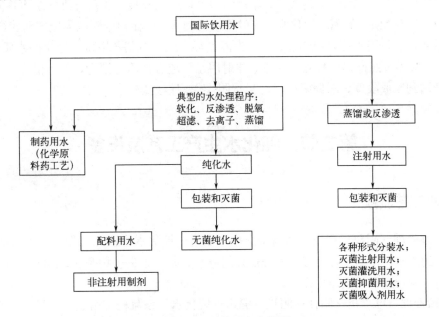

图 15-1　制药用水分类图

工艺用水是药品生产工艺中使用的水，其中包括饮用水、纯化水和注射用水。

纯化水为原水经采用离子交换法、反渗透法、蒸馏法或其他适宜的方法制得供药用的水，不含任何附加剂。注射用水为纯化水经蒸馏所得的水。应符合细菌内毒素试验要求。注射用水必须在防止内毒素产生的设计条件下生产、贮藏和分类。纯化水与注射用水的区别是水质和制备工艺。

对工艺用水的水质要定期检查。一般，饮用水每月检查部分项目一次，纯化水每 2 小时在制水工序抽样检查部分项目一次，注射用水至少每周全面检查一次。

工艺用水的水质要求和用途见表 15-1。

表 15-1 工艺用水的水质要求和用途

水质类别		用途	水质要求
饮用水		口服制剂瓶子初洗;制备纯化水的水源;中药材、饮片清洗、浸润、提取用水	生活饮用水卫生标准(GB 5749—2022)
纯化水	去离子水	口服制剂配料、洗瓶;注射剂、无菌冲洗剂瓶子的初洗;非无菌原料药精制;制备注射用水的水源	参照《中国药典》;电阻率>0.52 Ω·m
	蒸馏水	溶剂;口服制剂、外用药配料;非无菌原料药精制	符合《中国药典》标准
注射用水		注射剂、无菌冲洗剂配料;注射剂、无菌冲洗剂洗瓶(经0.45 μm滤膜过滤后使用);无菌原料药精制	符合《中国药典》标准

二、制水工艺的设计

1. 纯化水与注射用水管路系统的要求

采用低碳不锈钢,内壁抛光并做钝化处理;管路采用氩弧焊焊接或用卫生夹头连接;阀门采用不锈钢隔膜阀,卫生夹头连接;管路适度倾斜,以便排除积水;管路采用串联循环布置,经加热回流入储罐。阀门盲段长度对加热系统<6d,对冷却系统<4d,d 为管径;注射用水回路保持 65 ℃以上循环,用水点处理冷却;系统能用纯蒸汽灭菌。

2. 水系统验证

我国 2010 年修订的《药品生产质量管理规范》规定:制药用水应当适合其用途,并符合《中国药典》的质量标准及相关要求。制药用水至少应当采用饮用水。水处理设备及其输送系统的设计、安装、运行和维护应当确保制药用水达到设定的质量标准。水处理设备的运行不得超出其设计能力。纯化水、注射用水储罐和输送管道所用材料应当无毒、耐腐蚀;储罐的通气口应当安装不脱落纤维的疏水性除菌滤器;管道的设计和安装应当避免死角、盲管。纯化水、注射用水的制备、贮存和分配应当能够防止微生物的滋生。纯化水可采用循环,注射用水可采用 70 ℃以上保温循环。应当对制药用水及原水的水质进行定期监测,并有相应的记录。应当按照操作规程对纯化水、注射用水管道进行清洗消毒,并有相关记录。若发现制药用水微生物污染达到警戒限度、纠偏限度,应当按照操作规程处理。

第二节 纯化水生产工艺及设备

纯化水工艺流程

一、纯化水工艺流程

(1)**原水→预处理→阳离子交换→阴离子交换→混床→纯化水** 该工艺为全离子交换法,用于符合饮用水卫生标准的原水,常用于含盐量<500 mg/L 的原水。阴、阳离子按照 2:1 的比例混床,能起到再一次的净化作用,混合起再一次净化作用。

(2)**原水→预处理→电渗析→阳柱→阴柱→混床→纯化水** 该流程常用于含盐量大于 500 mg/L 原水,增加电渗析,可减少树脂频繁再生,能去除 75%～85%的离子,减轻离子交换负担,使树脂制水周期延长,减少再生时酸、碱和排污用量。

(3)**原水→预处理→弱酸床→反渗透→阳柱→阴柱→混床→纯化水** 该反应以反渗透代替流程(2)的电渗析。反渗透能除去 85%～90%的盐类,脱盐率高于电渗析;此外,反渗透还具有除菌、去热原、降低 CO_2 作用;但其投资和运行费用较高。

(4)**原水→预处理→弱酸床→反渗透→脱气→混床→纯化水** 反渗透直接作为混床的前处理,此时为了减轻混床再生时碱液用量,在混床前设置脱气塔,以脱去水中的 CO_2。

二、纯化水设备

1. 离子交换柱

(1) 结构　水量 5 m³/h 以下常用有机玻璃制造，其柱高与柱径之比为 5~10。产水量较大时，材质多为钢衬胶或复合玻璃钢的有机玻璃，其高径比为 2~5，树脂层高度约占圆筒高度的60%。上排污口工作期用以排空气，在再生和反洗时用以排污。下排污口在工作前用以通入压缩空气使树脂松动，正洗时用以排污。结构见图 15-2。

(2) 工作原理　阴、阳离子交换柱的运行操作，可分四个步骤：制水、反洗、再生、正洗。原水由上部进入粒子层，经与树脂粒子充分接触，将水中的阳离子和树脂上的 H⁺进行交换，并结合成无机酸。当水进入阴离子交换柱时，利用树脂去除水中的阴离子生成水。混合离子交换柱中是阴、阳离子树脂按照2:1 的比例混合放置的，其作用是将水质再一次净化。再生柱是配合混合柱使用的。

(3) 再生过程　当树脂交换平衡时，就会失去置换能力，则需停止生产而进行树脂活化再生。阳离子树脂需用 5%的盐酸溶液再生，阴离子树脂则用 5%氢氧化钠再生。混合床再生时，因为阴、阳离子树脂再生所用试剂不同，再生前需于柱底逆流给水，利用阴、阳离子树脂的密度差使其分层。再将上层的阳离子树脂引入再生柱，两种树脂分别于两个容器中再生。其后将阳离子树脂抽入混合柱内，柱内加水超过树脂面，由下部通入压缩空气进行混入。

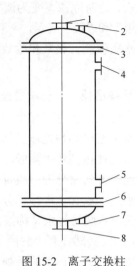

图 15-2　离子交换柱
1—进水口；2—上排污；3—上布水器；
4—树脂进料口；5—树脂放出口；6—下布水器；
7—下排污口；8—出水口

2. 电渗析器

(1) 原理　电渗析器工作原理见图 15-3。在外加直流电场作用下，利用离子交换膜对溶液中离子的选择透过性，使溶液中阴、阳离子发生离子迁移，分别通过阴、阳离子交换膜而达到除盐或浓缩的目的。离子交换膜可分为均相膜、半均相膜、导相膜 3 种。纯水用膜都用导相膜，它是将离子交换树脂粉末与尼龙网在一起热压，固定在聚乙烯膜上。阳膜是聚苯乙烯磺酸型，阴膜是聚苯乙烯季铵型。阳膜只允许阳离子通过，阴膜只允许阴离子通过。膜厚 0.5 mm。电渗析器由多层隔室组成，淡化室中阴、阳离子迁移到相邻的淡室，达到除盐淡化目的。

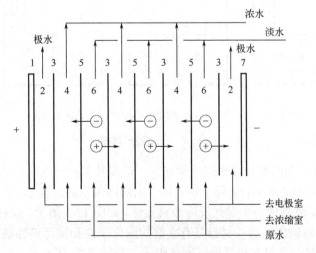

纯净水设备：
离子交换柱
和电渗析器

图 15-3　电渗析器工作原理
1—阳极；2—极室；3—阳膜；4—浓室；5—阴膜；6—淡室；7—阴极

（2）注意事项 由于阳极的极室中有初生态氯产生，对阴膜有毒害作用，故贴近电极的第一张膜宜用阳膜，因为阳膜价格较低且耐用。因在阴极的极室及阴膜的浓室侧易有沉淀，故电渗析每运行 4～8 h，需倒换电极，此时原浓室变为淡室，逐渐升到工作电压，以防离子迅速转移使膜生垢。电渗析器的组装方式是用"级"和"段"表示，一对电极为一级，水流方向相同的若干隔室为一段。增加段数可增加流程长度，所得水质较高。极数和段数的组合由产水量及水质确定。

3. 反渗透

（1）反渗透技术 反渗透技术是依靠大于渗透的压力作用，通过膜的毛细管作用完成过滤过程的。反渗透技术处理工艺包括三个部分：前处理工艺，膜组件连接工艺和处理工艺。

前处理工艺也称预处理工艺，其目的是改善被处理水的水质，防止水中污染物对膜造成污染，延长膜的使用寿命，使运转费用降低。

组件连接方式常分为一级及多级连接（多为一级多段）。所谓一级是指进料经过一次加压进行膜分离，二级分离须经二次加压进行膜分离。

处理工艺：膜透过水又称淡水，即加压透过反渗透膜的出水，由于膜不可能 100% 截留所有的无机物和有机物，因此必然还有一些离子和气体透过，如 Na^+、CO_2 等，如用于高纯水还应进一步采用离子交换、脱气塔等工艺作为透过水的后处理。

反渗透法脱盐率高，可同时除去细菌、内毒素及其他有机质且运行费用低等，被广泛用于海水或苦咸水的淡化、饮用水和制药工业纯化水的制备。

（2）反渗透装置 反渗透是用一定的大于渗透压的压力，使盐水经过反渗透器，其中纯水透过反渗透膜，同时盐水得到浓缩，因为它和自然渗透相反，故称反渗透（RO），原理如图 15-4 所示。在反渗透过程中，为了克服溶剂从稀溶液向浓溶液的自然渗透趋势，需要在浓溶液侧施加一个大于渗透压的压力，这个压力就是外加压力（p）。通过施加外加压力，可以使溶剂（通常是水）从浓溶液侧流向稀溶液侧，实现分离的目的。在半透膜两侧，当稀溶液（淡水）和浓溶液（盐水）分别置于膜的两侧时，稀溶液中的溶剂将自然穿过半透膜而自发地向浓溶液一侧流动，直到形成一个压差，这个压差即为渗透压（Π）。渗透压的大小取决于溶液的种类、浓度和温度，而与半透膜的性质无关。反渗透膜的孔径较小，一般 0.1～1.0 nm。膜材料多为醋酸纤维素（CA）或三醋酸纤维素等。反渗透膜组件有螺旋卷式和中空纤维式。

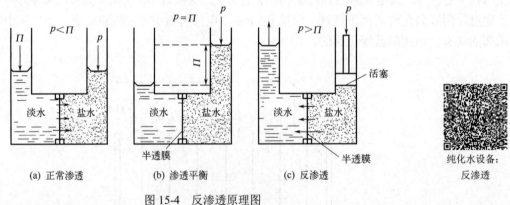

图 15-4 反渗透原理图

① 螺旋卷式反渗透膜：在两层反渗透膜中间加入一层多孔支撑材料用以通过淡化水，密封二层膜的三个边缘，使盐水与通过膜的淡水隔开，再于膜下铺一层隔网用以通过盐水。然后沿着钻有孔眼的中心管卷绕依次叠好的多层材料，就形成一个卷式反渗透膜元件。如图 15-5 所示。膜材料由聚醚酯（如聚酰胺）或聚醋酸乙烯等高分子材料制成。这些材料具有良好的耐化学性和抗污染性能，能够有效地分离水中的溶质。结构由膜支撑层、膜分离层和透过液隔网等组成，具体见图 15-6。

② 中空纤维式反渗透膜：中空纤维式反渗透组件由数万至数十万根中空纤维组成，其端部由树脂固接的封头组成。用于纯化水制备时，高压盐水流过纤维外壁，而纯化水由纤维中心流出。中空纤维式反渗

透膜由中空纤维膜管、膜分离层、支撑层和空腔组成，结构见图 15-7。其中中空纤维膜管由许多纤维膜管组成，每个纤维膜管都是一个中空的管状结构。这些膜管一般由聚酰胺、聚丙烯等高分子材料制成，具有微孔或纳米孔结构；膜分离层位于中空纤维膜管的内部，由膜材料制成，具有选择性的微孔或纳米孔结构，能够阻挡溶质的通过，使水的分离和纯化成为可能；支撑层位于中空纤维膜管的外部，一般由聚酰胺、聚酰胺-酰亚胺等材料制成，其作用是增强膜管的机械强度和稳定性，并提供通道使水分子能够通过；中空纤维膜管内部形成一个空腔，通常用于输送水和收集产水。水经过膜分离层的选择性阻挡后，进入中空纤维膜管的空腔，最终形成透过水。

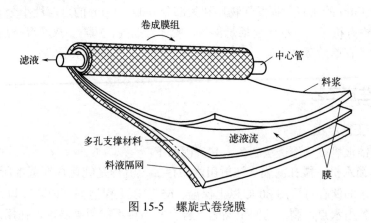

图 15-5　螺旋式卷绕膜

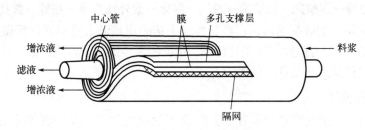

图 15-6　螺旋式卷绕组件

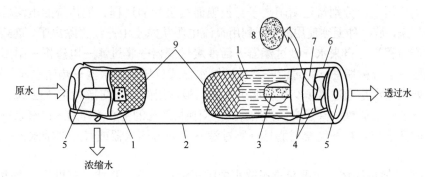

图 15-7　中空纤维式反渗透膜

1—中空纤维；2—外壳；3—原水分布管；4—密封隔圈；5—端板；6—多孔支撑板；
7—环氧树脂管板；8—中空纤维端部示意；9—隔网

（3）反渗透特点　中空纤维反渗透膜组件与卷式组件相比，具有单位体积内膜面积大，结构紧凑，工作压力较低，不会受污染等优点；但组件价格较高。反渗透运行时，水和盐的渗透系数都随温度的升高而加大，温度过高，将会增加膜的压实作用或引起膜的水解，故宜在 20～30℃条件下运行。透水量随压力的升高而加大，应根据盐类的含量、膜的透水性能及水的回收率来确定操作压力，一般 1.5～3 MPa。膜表面的盐浓度较高，以致同原液间产生浓差极化，阻力增加，透水量下降，甚至引起盐在膜表面沉淀。为此，需要提高进液流速，保持湍流状态。

第三节 注射水生产工艺及设备

注射用水是指符合《中国药典》注射用水项下规定的水。注射用水为蒸馏水或去离子水经蒸馏所得的水，故又称重蒸馏水。注射用水是生产水针、大输液等剂型的主要原料，注射用水是否合格直接影响产品的质量，是塑瓶输液生产中极其重要的环节。因此，对于注射用水生产的各个环节，行业内有严格的规定。

蒸馏法是制备注射用水最常用也是最可靠的方法，以蒸馏法制备注射用水，从理论上讲，它可除去水中的细微物质（大于 1 μm 的所有不挥发性物质和大部分 0.09～1 μm 的可溶性小分子无机盐类）。纯水经蒸馏后，其中不挥发性有机、无机物质包括悬浮体、胶体、细菌、病毒、热原等杂质都能除去。蒸馏法制备注射用水常用的设备有单效蒸馏水器、多效馏水器以及气压式蒸馏水器等。

一、注射用水生产工艺

1. 注射用水生产工艺流程

注射用水可用蒸馏水机或反渗透法制备，其流程如下：

(1) 纯化水→蒸馏水机→微孔滤膜→注射用水储存 该流程是纯化水经蒸馏所得的注射用水，各国药典均收载。注射用水的储存可采用 80 ℃以上保温、65 ℃以上保温循环或 4 ℃以下存放。保温循环时，用泵将注射用水送经各用水点，剩余的回至储罐。若有些品种不能用高温水，在用水点可冷却降温。

(2) 自来水→预处理→弱酸床→反渗透→脱气→混床→紫外线杀菌→超滤→微孔滤膜→注射用水 该流程用反渗透加离子交换法制成高纯水，再经紫外线杀菌和用超滤去除热原，经微孔滤膜滤除微粒得注射用水。此操作费用较低，但受膜技术水平的影响。我国尚未广泛用于针剂配液，可用于针剂洗瓶或动物注射剂。美国药典已收载反渗透制备注射用水方法。

2. 反渗透加离子交换法

反渗透加离子交换法制成高纯水一般有电渗析-离子交换树脂法、反渗透-离子交换树脂法等。

(1) 电渗析-离子交换树脂法 利用混合离子交换树脂吸附给水中的阴阳离子，同时这些被吸附的离子又在直流电压的作用下，分别透过阴阳离子交换膜而被去除的过程。把传统的电渗析技术和离子交换技术有机地结合起来，是一种无须使用酸碱，利用直流电源从原水中连续去除离子，连续制取高品质纯水的过程。它的生产流程为：自来水→砂过滤器→活性炭过滤器→膜过滤→电渗析→阳离子交换柱→脱气塔→阴离子交换柱→混合树脂柱→膜过滤→多效蒸馏水器或气压蒸馏水器→热储水器→注射用水。

离子交换法处理原水是通过离子交换树脂进行的。最常用的离子交换树脂 732 苯乙烯强酸性阳离子交换树脂和 717 苯乙烯强碱性阴离子交换树脂。离子交换树脂法的生产流程为：自来水→多介质过滤器→阳离子交换柱→阴离子交换柱→混合树脂柱→膜过滤→多效蒸馏水器或气压蒸馏水器→热储水器→注射用水。

(2) 反渗透-离子换树脂法 主要负责脱除水中的可溶性盐分、胶体、有机物及微生物等，可以去除水中的 97%以上的离子，还能有效去除总有机碳（TOC）及内毒素，TOC 去除率达到 90%。反渗透膜组件采用芳香族聚酰胺复合膜，孔径很小，具有极高的脱盐能力。反渗透系统包括高压泵、反渗透膜组、清洗系统及控制仪表等。它的生产流程为：自来水→多介质过滤器→膜过滤→反渗透→阳离子交换柱→阴离子交换柱→混合树脂柱→膜过滤→UV 杀菌→储水器→多效蒸馏水器或气压蒸馏水器→热储水器→注射用水。

二、注射用水设备

蒸馏水机可分为多效蒸馏水机和气压式蒸馏水机，其中多效蒸馏水机又可分为列管式、盘管式等。以下重点介绍列管式、盘管式多效蒸馏水机和气压式蒸馏水机。

1. 列管式多效蒸馏水机

列管式多效蒸馏水机是采用列管式的多效蒸发制取蒸馏水的设备。蒸发器的结构有降膜式蒸发器、外循环长管蒸发器及内循环短管蒸发器。蒸发器类型如图 15-8，主要包括 Finn-Aqua 系列、Stilmas 系列、Barnstead 系列和 Olso 系列。

（1）Finn-Aqua 系列 在我国采用较多。内部为由传热管束与管板、壳体组成的降膜式列管蒸发器。蒸发器内还有发夹型换热器，用以预热加料水。

（2）Stilmas 系列 是降膜蒸发器，具有传热系数大、设备紧凑等优点，分离器置于下部，并有丝网除沫器。此种类型管长较短。

（3）Barnstead 系列 采用外循环长管蒸发器，具有拆装清洗方便、加工精细等优点，但传热系数较小，设备较大。

（4）Olso 系列 采用短管内循环蒸发器，具有设备管路少、外观整齐等优点，但传热系数小，启动时间较长。

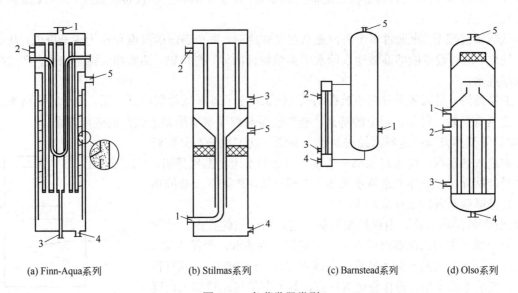

(a) Finn-Aqua系列　　　(b) Stilmas系列　　　(c) Barnstead系列　　　(d) Olso系列

图 15-8　各蒸发器类型

1—进料水；2—加热蒸汽；3—冷凝水；4—排放水；5—纯蒸汽

列管式四效蒸馏水机流程见图 15-9，进料水经过冷凝器 5，蒸发器 4、3、2 到达蒸发器 1 时，进料水温度为 142 ℃，加热蒸汽 165 ℃，30%进料水被蒸发成纯蒸汽，作为热源进入蒸发器 2，其余进料水也进入蒸发器 2。在蒸发器 2 中纯蒸汽冷凝为蒸馏水，产生纯蒸汽 130 ℃，再作为热源进入蒸发器，依次类推。蒸馏水出口温度为 97～99 ℃。

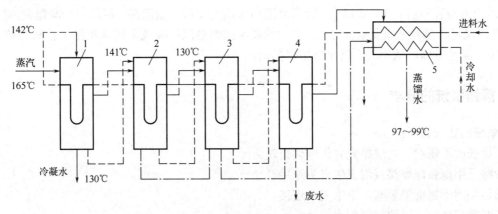

图 15-9　列管式四效蒸馏水机流程

1,2,3,4—蒸发器；5—冷凝器

2. 盘管式（塔式）多效蒸馏水机

盘管式（塔式）多效蒸馏水机系采用盘管式多效蒸发来制取蒸馏水的设备。此种蒸发器是属于蛇管降膜蒸发器，蒸发传热面是蛇管结构，蛇管上方设有进料水分布器，将料水均匀地分布到蛇管的外表。

（1）主要组成 塔式多效蒸馏水机主要包括以下几个部分：

① 多效蒸馏塔：多效蒸馏塔是该设备的核心部分，通常由一系列垂直排列的圆柱形塔段组成。每个塔段内部设有盘管，形成蒸汽通道和冷却水通道。水通过塔段从上至下流动，同时与蒸汽和冷却水进行交换，实现水的蒸发、冷凝和纯化。

② 蒸汽发生器：蒸汽发生器用于产生高温高压蒸汽，供给多效蒸馏塔。蒸汽发生器通常与多效蒸馏塔相连，通过传热交换使水蒸发并形成纯蒸汽。

③ 冷凝器：冷凝器用于冷却和凝结多效蒸馏塔中的蒸汽。冷凝器通常采用冷却水循环系统，将蒸汽冷却并转化为液态水，形成纯净的冷凝水。

④ 控制系统：塔式多效蒸馏水机还配备控制系统，用于监测和控制设备的温度、压力、流量等参数，确保设备稳定运行。

在多效蒸馏过程中，水通过多个塔段逐渐蒸发和冷凝，每个塔段的温度和压力逐渐降低，从而实现水的分离和纯化。这种设备能够高效地去除水中的溶解性固体、有机物、细菌和病毒等杂质，产生高纯度的蒸馏水或超纯水。

（2）主要类型 塔式多效蒸馏水机在制药、化工、电子等领域得到广泛应用，用于需要高纯水的工艺和实验。它具有高效、可靠、稳定的特点，能够满足对纯净水质量要求较高的应用需求。

① 蛇管降膜蒸发器：进料水经进料水分布器，均匀地分布到蛇管上，蛇管内通入热蒸汽，将进料水部分蒸发，剩余的水流至器底排出。二次蒸汽经丝网除沫，将外来进料水预热，出蒸发器，作为下一效的加热蒸汽，蛇管降膜蒸发器工作原理见图15-10。

② 盘管多效蒸馏水器：由锅炉来的蒸汽进入第一效蛇管内，冷凝水排出。第一效产生的二次蒸汽进入第二效蛇管作为热源，至第 N 效。二次蒸汽的冷凝水汇流到蒸馏水储罐，蒸馏水温度95~98 ℃。具有传热系数大、安装不需支架、操作稳定等优点，其蒸发量与蛇管加工精度关系很大。

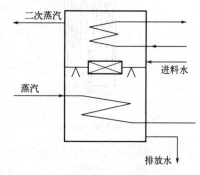

图 15-10 蛇管降膜蒸发器
工作原理示意图

3. 气压式蒸馏水机

气压式蒸馏水机又称热压式蒸馏水机，主要由蒸发冷凝器及压气机构成，另外还有换热器、泵等附属设备。其工作原理是将纯化水以一定的压力，经进水口通过换热器再经泵送入蒸发冷凝器的管内，将蒸发冷凝器管内的纯水加热成蒸汽进入蒸发室内，经除雾器以除去蒸发速度过快而带入的水滴、固体物质，再进入压缩机时蒸汽被压缩，此高温压缩蒸汽进入蒸发冷凝器的管间。蒸发冷凝器管内与管间温差15 ℃以上，管间高温高压蒸汽释放大量潜热，将蒸发冷凝器管内的水加热成蒸汽，该蒸汽又进入蒸发室重复前面过程。管间的高温压缩蒸汽冷凝成蒸馏水集结于管间后被引出，而溶于蒸馏水中不凝性气体，从不凝性气体排出器排出。

三、管路系统的要求

管路系统的要求如下：

① 采用低碳不锈钢，内壁抛光并作钝化处理。

② 管路采用氩弧焊焊接或用卫生夹头连接。

③ 阀门采用不锈钢隔膜阀，卫生夹头连接。

④ 管路适度倾斜，以便排除积水。

⑤ 管路采用串联循环布置，经加热回流入储罐。阀门盲管段长度对加热系统小于 $6d$，对冷却系统小

于 4d，d 为管径。

⑥ 回路保持 65℃以上循环，用水点处冷却。

⑦ 系统能用纯蒸汽灭菌。

⑧ 管路安装完成后进行水压试验，不得有渗。

四、水贮罐的要求

注射用水贮罐采用低碳不锈钢，内壁抛光并做钝化处理；罐外有夹层，外罩保温层，有水位自控系统；呼吸器装有小于 0.45 μm 疏水性无菌过滤器。

第四节　灭菌设备

制药厂生产洁净区是指工作区具有一定的洁净度级别要求的房间，是药品生产质量保证的一个重要生产环节。在药物生产中，为了提高药物制剂的安全性，保护制剂的稳定性，保证制剂的安全有效，需要严格控制其微生物的限量。因此，必须对制剂生产的全过程进行严密控制，除工艺上的改进和新型包装材料的改进外，主要采取了灭菌、防腐和无菌操作三大技术措施，尤其加强灭菌措施以满足制药厂生产洁净区的要求。

一、灭菌基本原理

灭菌的基本
原理

1. 基本概念

临床上要求疗效确切、使用安全的药物制剂，尤其是注射剂和直接用于黏膜、创面的药剂必须保证灭菌或无菌。灭菌是保证用药安全的必要条件，是制药生产中的一项重要操作。

① 无菌：指物体或一定介质中没有任何活的微生物存在，即无论用任何方法（或通过任何途径）都鉴定不出活的微生物体。

无菌操作法指在整个操作过程中利用和控制一定条件，尽量使产品避免微生物污染的一种操作方法。无菌操作所用的一切用具、辅助材料、药物、溶剂、赋形剂以及环境等均必须事先灭菌，操作在无菌操作室进行。

② 灭菌：应用物理或化学等方法将物体上或介质中所有的微生物及其芽孢（包括致病的和非致病的微生物）全部杀死，即获得无菌状态的总过程。

③ 消毒：以物理或化学方法杀灭物体上或介质中的病原微生物。防腐是指用物理或化学方法防止或抑制微生物生长繁殖。

④ 热原：是能够致热的微生物的尸体及其代谢产物，即细菌的一种内毒素。细菌、霉菌、病毒均可产生热原。热原最主要特性为耐热性，其为由磷脂、脂多糖和蛋白质所组成的复合物，存在于细菌的细胞和固体膜之间。脂多糖是内毒素的主要成分，具有很强的热原活性。热原分子量为 10×10^5 左右，具耐热性、滤过性、水溶性、不挥发性。当热原被输入人体约 0.5 h 后，使人发冷寒战、高热、出汗、恶心、呕吐、昏迷甚至危及生命，可于注射剂灭菌时根据其特性彻底破坏热原。

中国《药品生产质量管理规范》，对设备的规定为：设备的设计、选型、安装、改造和维护必须符合预定用途，应当尽可能降低产生污染、交叉污染、混淆和差错的风险，便于操作、清洁、维护，以及必要时进行的消毒或灭菌。应当建立设备使用、清洁、维护和维修的操作规程，并保存相应的操作记录。应当建立并保存设备采购、安装、确认的文件和记录。

2. 灭菌参数

灭菌法是指用热力或其他适宜方法将物体或介质一切存活的微生物杀死或除去的方法。灭菌法是制药生产的一项重要操作。尤其对灭菌制剂、敷料和缝合线等。生产过程中的灭菌是保证安全用药的必要条件。

灭菌的目的是既要杀死或除去药剂中的微生物，又要保证在灭菌过程中药物的理化性质和治疗作用不受任何影响。灭菌方法的选择必须结合药物的性质全面考虑。

灭菌方法基本分为三大类：物理灭菌法（干热灭菌法、湿热灭菌法、射线灭菌法、滤过灭菌法）、化学灭菌法（气体灭菌法、化学灭菌剂灭菌法等）和无菌操作法。物理灭菌法最常用。

（1）D 值和 Z 值 D 值是指微生物的耐热系数，指在一定温度下，将 90%微生物杀灭所需的时间，以 min 表示。D 值越大，该温度下微生物的耐热性就越强，就越难杀灭。对某一种微生物而言，在其他条件保持不变的情况下，D 值随灭菌温度的变化而变化，灭菌温度升高时，杀灭 90%的微生物所需的时间越短。

Z 值是指灭菌温度系数，指降低一个 $\lg D$ 所需的温度数。在一定温度范围内（100～138℃）与温度（T）呈直线关系。$Z=(T_1-T_2)/(\lg D_2-\lg D_1)$ 用来定量描述微生物对灭菌温度变化的"敏感度"。Z 值越大，微生物对温度变化的"敏感性"越弱。一般 Z 值取 10℃。

（2）F_T 值与 F_0 值 F_T 值是指在一个给定 Z 值下，灭菌程序在温度（T）下的等效灭菌时间，以 min 表示。F_0 是一定灭菌温度下 Z 为 10℃所产生的灭菌效果与 121℃时 Z 为 10℃所产生的灭菌效果相同时所相当的时间。F_0 值的计算取决于灭菌过程中的温度和时间。一般而言，F_0 值越高，表示细菌被更有效地杀灭。当达到一定的 F_0 值时，可以认为灭菌过程已经足够有效。

F_0 值的计算公式如下：

$$F_0 = \Delta t \sum 10^{\frac{T-121}{Z}} \tag{15-1}$$

式中，Δt 为温度 T 下测试的间隔时间；T 为产品灭菌 t 时间的温度；Z 为温度系数。

（3）灭菌率 灭菌率（L）指在某温度下灭菌 1 min 所相应的标准灭菌时间。即 F_0 与 F_T 的比值。

（4）无菌保证值 为灭菌产品经灭菌后微生物残存概率的负对数值，表示物品被灭菌后的无菌状态。国际标准规定，灭菌后的微生物存活概率≤1×10^{-6}。

3. 灭菌设备的分类

（1）干热灭菌设备 是产生高温干热空气进行灭菌的设备。其原理是加热可破坏蛋白质和核酸中的氢键，故导致核酸破坏，蛋白质变性或凝固，酶失去活性，微生物因而死亡。

① 按使用方法：分为间歇式和连续式。间歇式有干热灭菌柜、烘箱等，在整个生产过程中是不连续的，适用于小批量的生产；连续式主要有隧道式干热灭菌机，整个生产过程是连续进行的，前端与洗瓶机相连，中间由相对独立的三部分（预热、干热灭菌、冷却）组成，后端设在无菌作业区，该方式自动化程度高，生产能力强，适用于大规模的生产。

② 按干热灭菌加热原理：分为热空气平行流灭菌和红外线加热灭菌。热空气平行流灭菌即热层流式干热灭菌机，它是将高温热空气经高效空气过滤器过滤，获得洁净度为百级的单向流空气，然后直接加热；另一种是红外线加热灭菌，即辐射式干热灭菌，它采用远红外石英管加热，采用辐射的热传递原理，获得百级的垂直平行流空气屏保护，不受污染，可直接灭菌。

③ 火焰灭菌法：灼烧是最彻底、最简便、最迅速、最可靠的灭菌方法，适宜对不易被火焰损伤的物品、金属、玻璃及瓷器等进行灭菌。灭菌时只需将物品在火焰中加热 20 s，或将灭菌物品迅速通过火焰 3～4 次即可。

（2）湿热蒸汽灭菌设备 利用高压蒸汽或常压蒸汽进行灭菌的设备。由于蒸汽潜热大，穿透能力强，容易使蛋白质变性或凝固，所以灭菌效率比干热灭菌法高。湿热灭菌设备可分为以下几类。

① 按蒸汽灭菌方法：分为高压蒸汽灭菌器和流通蒸汽灭菌器。

② 按灭菌工艺：分为高压蒸汽灭菌器、快冷式灭菌器、水浴式灭菌器、回转水浴式灭菌器。

（3）射线灭菌设备 射线灭菌设备有辐射灭菌设备、紫外线灭菌设备、微波灭菌设备等。

① 辐射灭菌设备：是以放射性同位素 γ 射线杀菌的设备。将最终产品的容器和包装通过暴露在适宜的放射源中辐射或在适宜的电子加速器中杀灭细菌的辐射器。优点是不升高产品温度，穿透性强，适合不

耐热药物的灭菌。已成功应用于维生素类、抗生素类、激素、肝素、羊肠线、医疗器械以及高分子材料的灭菌。缺点是设备费用高。对某些药品可能导致药效降低，产生毒性物质或发热物质，且溶液不如固体稳定，用时要注意安全防护问题。

② 紫外线灭菌设备：该设备利用紫外灯管产生的紫外线照射杀灭微生物。

灭菌机理是紫外线作用于核酸蛋白质，促使其变性，同时空气受紫外线照射后产生微量的臭氧而起共同杀菌作用。一般用波长 200～300 nm，灭菌能力最强的波长是 254 nm。特点是进行直线传播，可被不同的表面反射，穿透力微弱，但较易穿透清洁空气及纯净水。适用于物体表面的灭菌、无菌室空气的灭菌，不适用于药液的灭菌和固体物质深部的灭菌。装于容器中的药物不能灭菌（玻璃可吸收紫外线）。对人体照射过久会发生皮肤烧伤（15 min）、红斑结膜炎等现象。因此在操作前 1～2 h 灭菌，操作开始应关闭。一般在 6～15 m³ 的空间可装置 30 W 的紫外灯一只，灯距离地面 2.5～3 m 为宜，室内相对湿度为 45%～60%，温度为 10～55 ℃，杀菌效果最理想。

③ 微波灭菌设备：该设备利用频率为 300 kHz～300 MHz 之间的电磁波杀灭细菌。原理为：由于极性分子可强烈吸收微波，在交流电场中，随着电压按高频率交替的交换方向，正负电场的方向每秒钟改变几亿次或几十亿次，极性水分子发生剧烈的旋转振动并发热，分子间摩擦产生热能而达到灭菌效果。特点为：能穿透到介质的深部，适用于水性注射液的灭菌，有些对高压蒸汽灭菌不稳定的药物（维生素、阿司匹林），用微波灭菌就比较稳定。已研制成功的微波灭菌设备是利用微波的热效应和非热效应（生物效应）相结合而成的。热效应使细菌体内的蛋白质变性；非热效应干扰细菌正常的生理代谢，破坏细菌生长的条件，起到物理、化学灭菌所没有的特殊作用，并能在低温下（70 ℃左右）达到灭菌的效果。具有低温、常压、省时（灭菌速度快，2～3 min）、高效、加热均匀、保质期长、节约能源、不污染环境、操作简单、易维护等优点。

(4) 滤过除菌设备　在无菌操作过程中用于液体或者气体除菌使用的过滤器，是机械除菌的方法，适用于对热不稳定的药物溶液、气体、水等的灭菌。利用细菌不能通过致密具孔滤材的原理除去对热不稳定的药品溶液或液体物质中的细菌，从而达到无菌的要求。特点是不需要加热，可避免因过热而破坏分解药物成分，滤过不仅将药液中的微生物除去，而且除去微生物的尸体，减少药品中热原的产生。加压、减压都可以，一般在生产中采用加压过滤。

(5) 化学灭菌设备　某些化学药品直接作用于细菌而将其杀死，同时不损害制品质量的灭菌方法。常用方法有气体灭菌法和化学杀菌剂灭菌法。

用于杀灭细菌的化学药品称为杀菌剂，以气体或蒸汽状态杀灭细菌的化学药品称为气体杀菌剂。

气体灭菌法是用化学药品的气体或蒸汽对药品或材料进行杀灭细菌的方法。常用的灭菌化学药品为环氧乙烷、戊二醛。

常用设备是环氧乙烷灭菌设备，它是以环氧乙烷的混合气体（环氧乙烷 10%、二氧化碳 90%，或环氧乙烷 12%、氟利昂 88%）或环氧乙烷纯气体作为灭菌的设备。具体操作如下：将待灭菌的物品置于环氧乙烷灭菌器内，用真空泵抽出空气，在真空状态下预热至 55～65 ℃，真空度达到要求后，输入环氧乙烷混合气体，保持一定的浓度、温度和湿度，灭菌完毕，用真空泵抽出灭菌室中的环氧乙烷通入水中，生成乙二醇。然后通入无菌空气驱走环氧乙烷。适用于医用高分子材料、医用电子仪器、卫生材料等对湿、热不稳定的药物，还用于灭菌塑料容器、注射器、注射针头、衣服、敷料及器械等对环氧乙烷稳定的物品。

注意：灭菌后的物品应存放在受控的通风环境中并用适当的办法对灭菌后的残留物质加以监控，以使残留环氧乙烷气体和其他挥发性残渣降至最低限度。

二、湿热灭菌设备

湿热灭菌是指物质在灭菌器内利用高温高压的水蒸气或其他热力学灭菌手段杀灭细菌的方法。蒸汽比热容大，穿透力强，容易使蛋白质变性或凝固，故其灭菌可靠，操作简便，易于控制。具有灭菌效率高，经济实用等特点。它是目前制剂生产中应用最广泛的一种灭菌方法。缺点是对湿热敏感药物不适用。

1. 湿热灭菌原理

当被灭菌物品置于高温高压的蒸汽介质中时，蒸汽遇冷物品放出潜热，把被灭菌物品加热，温度上升到某一温度时，就有一些沾染在被灭菌物品上的菌体蛋白质和核酸等，一部分由氢键连接而成的结构受到破坏，尤其是细菌所依靠、新陈代谢所必需的酶，其在高温和湿热条件下失去活性从而导致微生物灭亡。

2. 高压蒸汽灭菌器

高压蒸汽灭菌器是应用最早、最普遍的一种灭菌设备。常用的有手提式、卧式、立式热压灭菌器。以蒸汽为灭菌介质，用一定压力的饱和蒸汽，直接通入灭菌柜中，对待灭菌品进行加热，冷凝后的饱和水及过剩的蒸汽由柜体底部排出。用于输液瓶、口服液的灭菌，操作简单方便。

升温阶段靠在入口处控制蒸汽阀门，用阀门产生的节流作用来调节进入柜内的蒸汽量和蒸汽压力，降温时截断蒸汽，随柜冷却至一定温度值才能开启柜门，自然冷却。空气不能完全排净，传热慢，柜内温度分布不均匀，存在上下死角，温度较低，灭菌不彻底。降温靠自然冷却，时间长，容易使药液变黄。开启柜门冷却时，温差大，容易引起爆瓶和不安全事故。

3. 快速冷却灭菌器

采用先进的快速冷却技术，设备的温度时间显示器符合 GMP 要求，具有灭菌可靠、时间短、节约能源、程序控制先进等优点。广泛用于对瓶装液体、软包装进行消毒和灭菌的设备。

基本原理：通过饱和蒸汽冷凝放出的潜热对玻璃瓶装液体进行灭菌，并通过冷水喷淋冷却、快速降温，灭菌时间、灭菌温度、冷却温度均可调，柜内设有测温探头，可测任意两点灭菌物内部的温度，并由温度记录仪反映出来，全自动三档程序控制器，能按预选灭菌温度、时间、压力自动检测补偿完成升温、灭菌、冷却等全过程。缺点是柜内温度不均匀的问题没有解决，快速冷却还容易产生爆瓶现象。

(1) 水浴式灭菌器 该灭菌器广泛用于安瓿瓶、口服液瓶等制剂的灭菌，还可用于塑料瓶、塑料袋的灭菌，食品行业的灭菌也适用。采用计算机控制，可实现 F_0 值的自动计算，监控灭菌过程，灭菌质量高，先进可靠。采用高温热水直接喷淋方式灭菌，灭菌结束后，又采用冷水间接喷淋进行冷却，既能保证药品温度降至 50 ℃以下，又克服了快速冷却容易引起的爆瓶事故。

图 15-11　水浴式灭菌柜

去离子水作为载热介质对输液瓶进行加热、升温、保温（灭菌）、冷却。加热和冷却都在柜体外的板式交换器中进行。水浴式灭菌柜见图 15-11。

(2) 回转式水浴灭菌器 该灭菌器与水浴式灭菌器的区别在于药液瓶随柜内的旋转内筒转动，再加上喷淋水的强制对流，从而形成强力扰动的均匀趋化温度场，使药液传热快，灭菌温度均匀，提高了灭菌质量，缩短了灭菌时间。其结构见图 15-12。

三、干热灭菌设备

干热灭菌是指物质在干燥空气中加热可以破坏蛋白质与核酸中的氢键，导致蛋白质变性或凝固，核酸破坏，酶失去活性，使微生物死亡，达到杀灭细菌的方法。

1. 干热灭菌原理

其原理主要是以传热的三种形式（对流、传导、辐射）对物品进行灭菌。对流传热在灭菌设备中通过加热组件，以对流的方式对空气进行加热，加热后空气将热量转移到温度比热空气温度低的待灭菌物品中，完成热量的传递，达到灭菌的效果。传导传热将能量从高温物料传递到低温物料，使物体温度升高。空气是热的不良导体，但是当热空气与热的良导体如金属接触时就会产生相当快的热传导。凡能使受作用物质发生电离现象的辐射，称电离辐射，它由不带电荷的光子组成，具有波的特性和穿透能力。放射线同位素钴（^{60}Co）辐射产生的γ射线穿透能力强，光子像电磁波一样，向四周散播辐射能，将能量传递给待灭菌物品，完成了能量的传递，达到理想的灭菌效果。

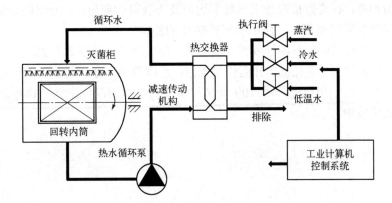

图 15-12 回转式水浴灭菌工作原理示意图

① 干热灭菌原理：干热灭菌是在空气中加热，产生的热空气比热容低，热传导效率差，穿透力差，分布不均匀，待灭菌品的加热和冷却很慢。

灭菌温度高，时间较长，容易影响药物的理化性质。在生产中除极少数药物采用干热空气灭菌外，大多用于耐热品的灭菌和去热原（如玻璃容器）以及湿热不易穿透的物质或易被湿热破坏的药物如甘油、液体石蜡、油类、油混悬液及脂肪类、软膏基质或粉末等的灭菌。

② 干热灭菌的要求：F_H大于 170 ℃、60 min 或 180 ℃、30 min；F_H为 T_0=170 ℃下标准灭菌时间。该方法要求热分布均匀、热穿透力强以及具有灭菌去热原能力。

2. 电热层流式干热灭菌

该设备主要用在安瓿洗烘灌封联动机上，可连续对经过清洗的安瓿或各种玻璃药瓶进行干燥灭菌除热原。

基本原理：电热层流式干热灭菌机采用热空气平行流的灭菌方法。常温空气经粗效及中效过滤器过滤后进入电加热区加热，高温热空气在热箱内循环流动，充分均匀混合后经过高效过滤器获得 100 级的平行流空气，直接对玻璃瓶进行加热灭菌，在整个传送带上，所有瓶子均处于均匀的热风吹动下，热量从瓶子内外表面向里层传递，均匀升温，然后直接对瓶子进行加热灭菌。

工作过程：安瓿从洗瓶机进入隧道的预热部分，经预热后由传送带送到 300 ℃以上的高温干燥灭菌区，通过温度自控系统来实现，最高可达 350 ℃，产生的高温热空气流经高效空气过滤器，获得洁净度为 100 级的平行流空气，对安瓿进行加热、灭菌、干燥，安瓿经过高温区的总时间超过 10 min，有的达 20 min。灭菌干燥除热原后进入冷却部分，进行风冷，冷却部分的单向流洁净空气对安瓿进行冷却，冷却后的出口温度不高于室温 15 ℃。再在 100 级层流的保护下，由传送带送至灌装封口工位，安瓿从进入隧道至出口全过程平均时间为 30 min。为了节约能源，高温灭菌区平行流热空气是自动循环使用的，加热时所产生的部分温热空气由下部排风机排出，由另一台小风机补充新鲜空气。

3. 辐射式干热灭菌机

辐射式干热灭菌机又称红外线灭菌干燥机，主要用在水针剂的安瓿洗烘灌封联动机上，也可以对各种玻璃药瓶进行干燥、灭菌、除热原。

原理：在箱体加热段的两端设置静压箱，提供 100 级垂直单向平行流空气屏，垂直单向平行流能使由洗瓶机输送网带送来的安瓿瓶立即得到 100 级单向平行流空气屏的保护，同时对出灭菌区的安瓿还起到逐步冷却作用，使得安瓿在出灭菌干燥机之前接近室温。箱内的湿热空气由箱体底部的排风机排出室外。

任何物体的温度大于绝对零度都会辐射红外线，物体的材料、表面状态、温度不同时，其产生的红外线波长与辐射率均不同。水、玻璃及绝大多数有机体均能吸收红外线，而且特别强烈吸收远红外线。波长大于 5.6 μm 的红外线即远红外线，不需要其他介质传递，以电磁波形式辐射到被加热物体上，加热快，热损小，能迅速实现干燥灭菌。

依靠石英管辐射加热，石英管布置造成热场不均匀及个别局部死角，不能保证全部瓶子灭菌彻底。此外，由于石英管辐射效率随时间变化，所以会影响热场的稳定。

特点：采用远红外优质乳白色石英管或镀金石英管，箱体顶部安装能够起到调节作用的反射机构，提高了热效率，具有辐射系数高、能耗低、升温快等优点；温度数显，可控制在任一恒温状态；也可采用热风循环；传动速度无级变速；出口处采用 100 级洁净度垂直层流的净化空气对物料进行冷却，使物料处于严格无菌、无尘的环境中。

第十六章
药品包装及设备

药品包装及设备是药品生产和销售过程中至关重要的一部分，它涉及药品的包装材料和相关的包装设备。药品包装的目的是保护药品的质量、安全性和有效性，同时给患者和医护人员提供必要的信息和便利性。药品包装及设备必须符合相关的法规和标准，以确保药品质量和患者安全。不同的药品包装需要不同的包装机械来完成。

第一节　药品包装的基本概念

一、包装的基本概念

药品包装分为药物制剂包装和制剂包装工程。

(1) 药物制剂包装　选用适宜的材料和容器，利用一定技术对药物制剂的成品进行分（灌）、封、装、贴标等加工过程的总称。

(2) 制剂包装工程　包括对制剂包装材料的研究、生产和利用包装材料实施包装过程所需要进行的系列工作。

二、分类

(1) 内包装　直接与药品接触的包装如安瓿包装、颗粒剂的袋装、胶囊剂的泡罩包装，应该保证药品在生产、运输、储存及使用过程中的质量，并便于临床使用。

(2) 外包装　内包装以外的包装，分为中包装和大包装。中包装，如纸盒等；大包装，如纸箱、桶等。

三、药品包装的作用

(1) 保护作用　防止有效期内药品变质如防氧化、遮光、挥发性成分的挥发、隔热防寒等，防止药品在运输、储存过程中受到破坏如防各种外力的震动、挤压和冲击。

(2) 标识作用　如标签和说明书、包装标识等。

(3) 便于携带和使用　单剂量包装（按照药品一次使用单剂量包装配发药品），配套包装（按用药习惯，将数种有关联的产品配套包装在一起成套供应），小儿安全包装（采用儿童不易轻松打开、撕开的包装，防止儿童误服，但成年人可以无困难地开启）。

(4) 促进销售　应当精心设计。

第二节　药品包装材料

药品包装材料

一、玻璃

玻璃成分由氧化硅（>70%）、碳酸钙、碳酸钠、附加剂组成。

表 16-1　包装用玻璃分类

类别	说明	一般用途
I	阻抗硼硅玻璃	化学中性，耐腐蚀性好，可适用于所有酸、碱药液瓶、安瓿
II	表面经处理的钠钙玻璃	碱性腐蚀耐受性差，用于 pH=7 以下的缓冲水溶液、干燥粉末、油溶液
III	钠钙玻璃	化学耐腐蚀性较差，用于注射用干燥粉末、油性溶液
IV	一般用途的钠钙玻璃	化学耐腐蚀性最差，该种玻璃仅用于片剂、口服溶液、混悬剂、软膏和外用制剂，适用于注射剂的包装

注：1. 耐水性能 I>II>III（因硅酸盐玻璃中各种金属氧化物增加玻璃耐水性的不同）。

2. 玻璃容器应避免过高温（>160℃）或长期盛装水溶液，尤其是碱性溶液（《美国药典》）。

特点：化学稳定性好，耐腐蚀；光洁透明，造型美观；成本低，可回收利用；安全卫生，无毒、无异味；阻隔性优良（气、湿、药香）；易处理（洗涤、灭菌、干燥）。重量大、能耗大、质脆易碎和不耐碱腐蚀是其缺点。

二、金属

金属包装材料主要有锡、镀锡钢板、铝等。锡稳定但价高，一般用于镀层；镀锡钢板多用于桶、盒、罐之类；铝应用最多，主要有铝板、软膏管铝箔、蒸镀铝、电化铝。铝板有桶、箱、盒、罐、瓶盖；软膏管铝箔主要用于泡形包装、条形包装和分包；蒸镀铝、电化铝主要用于装潢。

优点：美观、阻隔性优、加工性好、机械性优（强度高，刚性好，可薄壁化或大型化）。

缺点：耐腐蚀性差（需镀层或涂层）、价格高。

三、塑料

医用包装塑料由高分子聚合物和附加剂组成，可分为热固性塑料和热塑性塑料。热固性塑料原料最后在加热过程中形成产品（材质及形状），分子结构破坏，一旦定形，材质就无法改变，不能回收再次成型；热塑性塑料在材质形成后，可以通过加热使其软化或熔化后加工成型，分子结构和性能无显著变化，冷却后成型。再次加热可以重塑形状。常用塑料有聚丙烯（PP）、聚苯乙烯（PS）、聚乙烯（PE）、氯乙烯（PVC）、聚酰胺（尼龙）、聚碳酸酯（PB）、丙烯多聚物等。

塑料具有热封和复合、便宜、质轻、有适当的机械强度、化学稳定好及耐腐蚀等优点；具有吸附性（药物含量变化）、穿透性（氧气、挥发分等）、变形性（老化、变形、降解等）、沥漏性（附加剂分子移入制剂中）和化学反应性等缺点。

四、纸

药品包装用的纸有单层纸、厚纸板和瓦楞纸板三种。单层纸，如牛皮纸，用在说明书、标签、包装袋、标志等处；厚纸板主要用于制造纸盒；瓦楞纸板，有一定机械强度且质轻，主要用于制造纸箱。其优点是原料广泛、价格低廉、加工性能好（易于手工、自动机械化生产）、有一定机械强度和遮光性；透过性差、防潮、防湿性能差和传统造纸污染大是其缺点。

五、其他材料

(1) 橡胶　弹性好，耐高温，易老化，浸出物易透入药液。

(2) 复合膜　将黏合剂（如蜡、树脂、乳胶）、基材（如塑料、纸）和涂料（如镀铝薄膜）等几类物质经特殊加工（干式贴合、湿式贴合、热熔、直接挤压等）组合起来的多层结构，如铝塑复合膜。其特点为力学性能优良、阻隔性好、机械包装适应性好、使用方便、促进药品销售、成本低廉；但难以回收、易造成环境污染。

六、药品包装机械的组成

包装机械是指完成全部或部分包装过程的机器。包装过程包括充填、包裹、封口等主要工序，以及与其相关的前后工序，如清洗、堆码和拆卸等。此外包装还包括计量或在包装件上盖印等工序。

包装机械由机身、药品的计量、供送装置、包装材料的整理及供送系统等组成，将包装材料进行定长切断或整理排列，并逐个输送至锁定工位的装置。

包装机械由传送系统、包装执行机构、成品输出机构（将已包装好的药品从包装机上卸下，及排列整齐并输出）、动力传动系统（动力机的动力和运动传递给执行单元和控制元件，使之实现预定的动作的装置）、控制系统（由自动和手动装置等组成，包括包装过程及参数控制、包装质量故障与安全）等组成。

七、药物包装材料选择注意事项

包装材料能够保护药品不受环境条件（如空气、光、湿度、温度、微生物等）的影响；包装材料与药品不能发生物理和化学反应；包装材料本身应无毒；包装材料的生产应当经医药卫生管理部门批准，能够适用于工业生产。

第三节　药用铝塑泡罩、双铝箔包装机

泡罩包装是将透明塑料薄膜或薄片制成泡罩，用热压封合或黏合等方法将药品封合在泡罩与底板之间，又称为水眼泡包装（外形像一个个水泡）、压穿式包装（使用时用力泡罩即可穿破），简称为 PTP（press through packaging）包装。泡罩包装的优点是内装物清晰可见，铝箔印刷设计新颖独特，容易辨认，取药便利，携带方便，阻隔性好，质量轻。

泡罩包装常用材料：①覆盖材料，如铝塑复合薄膜；②成泡基材，如药用聚氯乙烯塑料硬片，亦称 PVC 硬片。

药用铝塑泡罩包装机又称热塑成型泡罩包装机，是将塑料硬片加热、成型、药品填充与铝箔热封合、打字（批号）、压断裂线、冲裁和输送等多种功能在同一台机器上完成的高效率包装机械。常见不同型号的泡罩结构见图 16-1。不同的泡罩可用来包装各种几何形状的口服固体药品，如素片、糖衣片、胶囊、滴丸等。目前常用的药用泡罩包装机有滚筒式泡罩包装机、平板式泡罩包装机和滚板式泡罩包装机。

一、滚筒式泡罩包装机

泡罩包装机

1. 操作过程

图 16-2 所示为 DPA250 型滚筒式泡罩包装机。卷筒上的 PVC 片穿过导向辊，利用辊筒式成型模具的转动将 PVC 片均匀放卷，半圆弧加热器对紧贴于成型模具上的 PVC 片加热到软化程度，成型模具的泡窝孔转动到适当的位置与机器的真空系统相通，将已软化的 PVC 片瞬时吸塑成型。已成型的 PVC 片

通过料斗或上料机时，药片填充入泡窝。连续转动的热合装置中的主动辊表面上只有与成型模具相似的孔型，主动辊拖动充有药片的 PVC 泡窝片向前移动，外表面带有网纹的热压辊压在主动辊上面，利用温度和压力将盖材（铝箔）与 PVC 片封合，封合后的 PVC 泡窝片利用一系列的导向辊，间歇运动通过打字装置时在设定的位置打出批号，通过冲裁装置冲裁出成品板块，由输送机传到下道工序，完成泡罩包装作业。

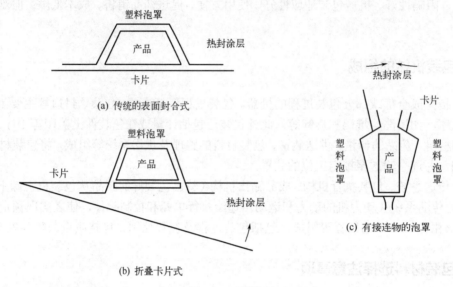

图 16-1 不同类型的泡罩结构图

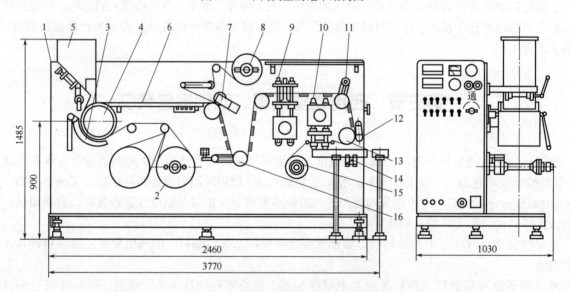

图 16-2 DPA250 型滚筒式泡罩包装机

1—机体；2—薄膜卷筒；3—远红外加热器；4—成型装置；5—上料装置；6—监视平台；7—热封合装置；8—薄膜卷筒（复合膜）；9—打字装置；10—冲裁装置；11—可调式导向辊；12—压紧辊；13—间歇进给辊；14—输送带；15—废料辊；16—浮动辊

具体流程：PVC 片匀速放卷→PVC 片加热软化→真空吸泡→药片入泡窝→线接触式与铝箔热封合→打字印号→冲裁成块。

2. 特点

滚筒式泡罩包装机的特点是真空吸塑成型、连续包装、生产效率高，适合大批包装作业；瞬间封合、线接触、消耗动力小、传导到药片上热量少，封合效果好；真空吸塑成型难以控制壁厚，泡罩壁厚不匀，不适合深泡窝成型；适合片剂、胶囊剂、胶丸等剂型的包装；具有结构简单、操作维修方便等特点。

二、平板式泡罩包装机

1. 操作过程

平板式泡罩包装机工艺流程见图 16-3。PVC 片通过预热装置预热软化至 120 ℃左右，在成型装置中吹入高压空气或先以冲头头顶成型再加高压空气泡窝成型，PVC 泡窝片通过上料时自动填充药品于泡窝内；在驱动装置作用下进入热风装置，使得 PVC 片与铝箔在一定温度和压力下密封，最后由冲裁装置冲剪成规定尺寸的板块。即成型塑胶硬片放卷→预热→吹塑成型→物料充填→封合覆盖铝箔→打批号→压折断线→伺服→冲切→收废料。

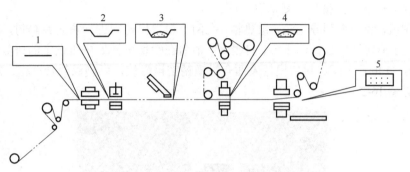

图 16-3　平板式泡罩包装机工艺流程
1—预热；2—吹压；3—充填；4—热封；5—冲裁

2. 特点

平板式泡罩包装机热封时，上下模具平面接触，为了保证封合质量，要有足够的温度和压力以及封合时间，否则不易实现高速运转；热封合消耗功率较大，封合牢固程度不如滚筒式封合效果好，适合中小批量药品包装和特殊形状物品包装；泡窝拉伸比大，泡窝深度可达 35 mm，满足大蜜丸、医疗器械行业的需要。

三、滚板式泡罩包装机

DPP-80，120 滚板式泡罩包装机见图 16-4，该机结合了滚筒式和平板式包装机的优点，克服了两种机型的不足；采用平板式成型模具，压缩空气成型，泡罩的壁厚均匀、坚固，适合各种药品包装；滚筒式连续封合，PVC 片与铝箔在封合处为线接触，封合效果好；高速打字、打孔（断线型），无横边废料冲裁，高效率，包装材料省，泡罩质量好；上、下模具通冷却水，下模具通压缩空气。

图 16-4　DPP-80，120 滚板式泡罩包装机

四、双铝箔包装机

双铝箔包装机的全称为双铝箔自动充填热封包装机，其所采用的包装材料是涂覆铝箔，热封的方式近似带状包装机，产品的形式为板式包装。

由于涂覆铝箔具有优良的气密性、防湿性和遮光性，因此双铝箔包装对要求密封、避光的片剂、丸剂等的包装具有优势，效果优于黄玻璃瓶包装。除可以包装圆形片外，还可以包装异形片、胶囊、颗粒、粉剂等。双铝箔包装也可以纸袋形式包装。

双铝箔包装机一般采用变频调速，裁切尺寸大小可任意设定，能在两片铝箔外侧同时对版打印，可连续完成填充、热封、压痕、打批号、裁切等工序。

铝箔通过印刷机，经一系列导向轮、预热辊，在两个封口模轮间进行填充并热封，在切割机构进行纵切及纵向压痕，在压痕切线器处横向压痕、打批号，最后在裁切机构处按所设定的排数进行裁切。压合铝箔时，温度在130～140℃之间。封口模轮表面有纵横精密棋盘纹，可确保封合严密。ZGL-160型自动高速双铝箔包装机见图16-5。

图16-5　ZGL-160型自动高速双铝箔包装机

五、PVC片材热成型方法

PVC片材热成型方法主要有两种，真空负压成型和有辅助冲头或无辅助冲头的压缩空气正压成型，这两种方法都是使受热的塑料片在模具中成型。

1. 真空负压成型

成型压力来自真空模腔与大气压之间的压力差，故成型压力较小；大多数采用滚筒式模具，用于包装较小的药瓶；远红外加热器加热。

2. 压缩空气正压成型

成型压力一般为0.58～0.78MPa，预热温度为110～120℃；成型泡罩的壁厚比真空负压成型要均匀。对被包装物品厚度大而形状复杂的泡罩，要安装机械辅助冲头进行预拉伸，单独依靠压缩空气是不能完全成型的；多采用平板式模具，上下模具需通冷却水。压缩空气正压成型在成型工作台上完成。成型工作台利用压缩空气将已被加热的PVC片在模具中吹塑形成泡罩。成型工作台由上模、下模、模具支座、传动摆杆组成。在上下模具中通入冷却水。

六、热封合

热封合包括双辊滚动热封合和平板式热封合。图16-6为板压式热封结构。

1. 双辊滚动热封合

主动辊利用表面制成的模孔拖动充满药片的 PVC 泡窝片一起转动。表面制有网纹的热压辊同步转动，将 PVC 片与铝箔封合在一起。封合是两个辊的线接触。封合比较牢固，效率高。

2. 平板式热封合

下热封板上下间歇运动，固定不动的上热封板内装有电加热器，当下热封板上升到上止点时，上下板将 PVC 与铝箔热封合到一起。为了提高封合牢度和美化板块外观，在上热封板上制有网纹。有的机型在热封系统装有气液增压装置，能够提供很大的热封压力，其热封压力可以通过增加装置的调压阀来调节。

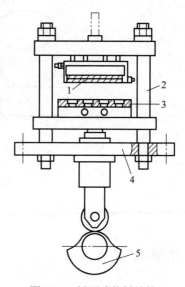

图 16-6　板压式热封结构
1—上热封板；2—导柱；3—下热封板；4—底板；5—凸轮

七、压痕与冲裁

为了使用方便，在一片铝塑包装上冲压出易断的裂痕，将包装好的带状铝塑包装冲裁成规定尺寸。为了防止冲裁好的铝塑片的边角伤人，通常将铝塑片的四角冲裁成圆角，冲裁后的废料通过废料膜辊收集，成品进入外包装工序。

第四节　瓶装设备

瓶装设备能够完成理瓶、计数、装瓶、塞纸、理盖、旋盖、贴标签、印批号等工作。许多固体成型药物，如片剂、胶囊剂、丸剂等常以瓶装形式供应于市场。瓶装机一般包括理瓶机构、输瓶轨道、数片头、塞纸机构、理盖机构、旋盖机构、贴签机构、打批号机构、电器控制部分等。

一、计数机构

目前广泛使用的数粒（片、丸）机构主要有圆盘计数机构、光电计数机构。

1. 圆盘计数机构

一个与水平面呈 30° 倾角的带孔转盘，盘上有几组小孔，每组的孔数依据每瓶的装量数决定。在转盘下面装有一个固定不动的托板，托板不是一个完整的圆盘，而具有一个扇形缺口，其扇面面积只容纳转盘上的一组小孔。缺口下方紧接着一个落片斗，落片斗下直抵装药瓶口。转盘上小孔的形状应与待制药粒形状相同，且尺寸略大，转盘的厚度要满足小孔内只能容纳一粒药的要求。转速不能过高。

2. 光电计数机构

光电计数装置见图 16-7。利用一个旋转平盘，将药粒抛向转盘周边，在周边围墙开口处，药粒将被抛出转盘。

在药粒由转盘滑入药粒溜道时，溜道设有光电传感器，通过光电系统将信号放大并转换成脉冲电信号，输入到具有"预先设定"及"比较"功能的控制器内。当输入的脉冲个数等于人为预选的数目时，控制器的磁铁发出脉冲电压信号，磁铁动作，将通道上的翻板翻转，药粒通过并引导入瓶。

瓶装设备

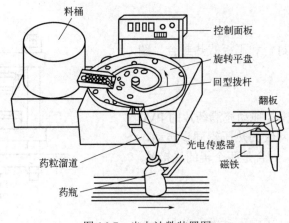

图 16-7 光电计数装置图

二、输瓶机

输瓶机多采用直线、匀速、常走的输送带,输送带的走速可调,由理瓶机送到输瓶带山道年感的瓶子,各具有足够的间隔,因此送到计数器前的落料口前的瓶子不该有堆积的现象。在落料口处多设有挡瓶定位装置,间歇挡住待装的空瓶和放走装完药物的满瓶。多采用梅花盘间歇旋转输送机构。间歇转位,定位准确。

三、塞纸机

常见塞纸机构有两种:一种是利用真空吸头,从裁好的纸中吸起一张纸,然后转移到瓶口处,由塞纸冲头将纸折塞入瓶;另一种是利用钢钎扎起一张之后塞入瓶中。塞纸机构原理见图 16-8。

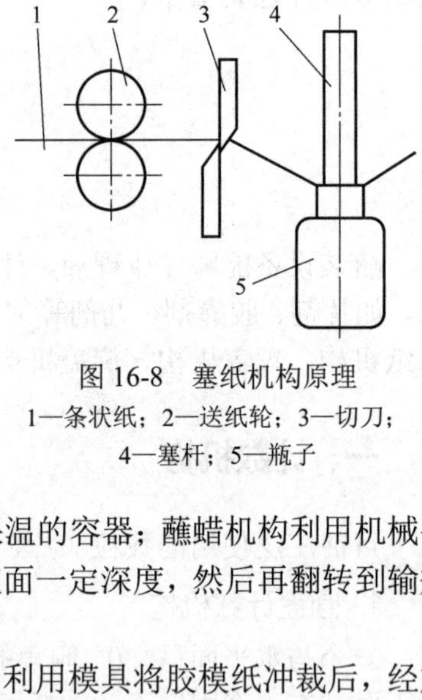

卷盘纸塞纸:卷盘纸拉开后呈条状,由送纸轮向前输送,并由切刀切成条状,然后由塞杆塞入瓶内。塞杆有两个,一个是主塞杆,一个是复塞杆。主塞杆塞完纸,瓶子到达下一工位,复塞杆重塞一次,以保证塞纸的可靠性。

图 16-8 塞纸机构原理
1—条状纸;2—送纸轮;3—切刀;
4—塞杆;5—瓶子

四、封蜡机构与封口机构

封蜡机构是将药瓶加盖软木塞后,为防止吸潮,用石蜡将瓶口封固的机械。应包括熔蜡罐及蘸蜡机构。熔蜡罐是利用电加热使石蜡熔化并保温的容器;蘸蜡机构利用机械手将输瓶轨道上的药瓶(已加木塞的)提起并翻转,使瓶口朝下浸入石蜡液面一定深度,然后再翻转到输瓶轨道前,将药瓶放在轨道上。

用塑料瓶装药物时,由于塑料瓶尺寸规范,可以采用浸树脂纸封口,利用模具将胶模纸冲裁后,经加热使封纸上的胶软熔。届时,输送轨道将待封药瓶送至压辊下,当封纸带通过时,封口纸粘于瓶口上,废纸带自行卷绕收拢。

五、拧盖机

无论玻璃瓶还是塑料瓶,均以螺旋扣和瓶盖连接,人工拧盖不仅劳动强度大,而且松紧程度不一致。拧盖机是在输瓶轨道旁,设置机械手将到位的药瓶抓紧,由上部自动落下,扭力扳手先衔住对面机械手送来的瓶盖,再快速将瓶盖拧在瓶口上,当旋拧到一定松紧度时,扭力扳手自动松开,并回升到上停位。

第五节　多功能填充机

一、包装材料

包装材料是复合材料，由纸、玻璃纸、聚酯膜镀铝及聚乙烯膜复合而成，利用聚乙烯受热后的黏结性能完成包装袋的封固。

多功能填充包装机根据包装计量范围不同可有不同的用带尺寸。长度为 40～150 mm 不等，宽度为 30～115 mm 不等。这种包装材料防潮、耐腐蚀、强度高，既可包装药物、食品，也可包装小五金、小工业品件，用途广泛。所谓"多功能"的含义之一是待包装物的种类多，可包装的尺寸范围宽。

二、分类

充填是将产品按一定规格要求充入包装容器中，主要包括产品的计量和充入，可分为固体类产品充填技术和液体类产品充填技术（又称为灌装）。按充填机所采用的计量原理不同，充填分为容积式充填机、称重式充填机和计数式充填机三类。

1. 容积式充填机

容积式充填机是将物料按预定容积充填至包装容器内的充填机。该机简单，体积较小，计量速度高、精度低。常用于表观密度较稳定的粉末、细颗粒、膏状物料，或体积比质量要求更重要的物料。例如：咖啡、奶粉、白糖、牙膏。

（1）量杯式充填机　物料靠自重落入量杯，刮板将量杯上多余物料刮去，量杯中物料在自重作用下充填到包装容器中。可调量杯式充填机结构见图 16-9。

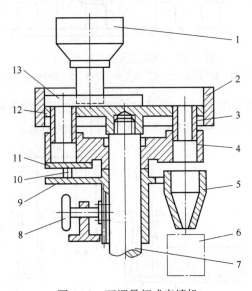

图 16-9　可调量杯式充填机

1—料斗；2—护圈；3—固定量杯；4—活动量杯托盘；5—下料斗；6—包装容器；7—转轴；
8—手轮；9—调节支架；10—活门导柱；11—活门；12—转盘；13—刮板

（2）螺杆式充填机　通过控制螺杆旋转的转数或时间来量取物料并将其充填到包装容器内。

（3）计量泵式充填机　其结构见图 16-10。它利用计量泵中计量容腔及转鼓的转速对物料进行计量，并将物料充填到包装容器内。

（4）柱塞式充填机　其结构见图 16-11。它采用调节柱塞行程而改变计量物料容量，柱塞量取物料并将其充填到包装容器内。

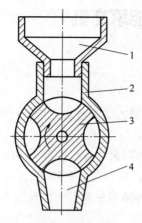

图 16-10　计量泵式充填机结构图

1—进料斗；2—转鼓机壳；3—转鼓；4—排料口

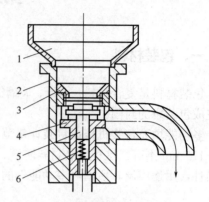

图 16-11　柱塞式充填机结构图

1—料斗；2—缸体；3—柱塞顶盘；4—柱塞；
5—活门；6—弹簧；7—柱塞推杆

（5）气流式充填机　其原理见图 16-12。它是一种利用真空吸附原理将包装容器或量杯抽真空，再充填物料的机械设备。

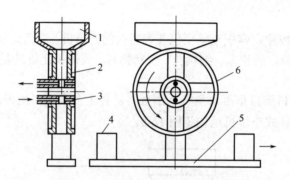

图 16-12　气流式充填机原理示意图

1—料斗；2—抽气座；3—密封垫；4—容器；5—托瓶台；6—充填轮

（6）插管式充填机　其原理见图 16-13。它是将内径较小的插管插入储粉斗中，利用粉末之间的附着力上粉，到卸粉工位由顶杆将插管中的粉末充填到包装容器内的机器。

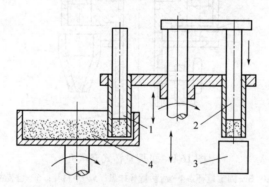

图 16-13　插管式充填机原理示意图

1—插管；2—顶杆；3—容器；4—储料槽

2. 称重式充填机

称重式充填机是将物料按预定质量充填到包装容器的机械设备。其工作原理是由供料机构将待称物料供到称量机构中，当达到所需要的质量时停止供料，再由开斗机构开斗放料充填。其特点是机构复杂、体积较大、计量精度高、计量速度低。适用于易受潮而结块、颗粒大小不均、流动性差、表观密度变化幅度较大及价值高的物料。称重式充填机可按不同计量方式分为毛重式充填机和净重式充填机。

(1) 毛重式充填机 是指对完成充填作业的物料和包装容器一起称重的机械设备。毛重式充填机工作原理见图 16-14。

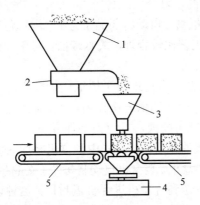

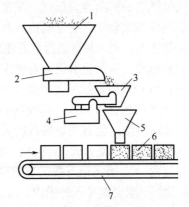

图 16-14 毛重式充填机原理示意图
1—储料斗；2—进料器；3—落料漏斗；4—称重装置；5—传送带

图 16-15 净重式充填机原理示意图
1—储料斗；2—进料器；3—计量斗；4—称重；
5—落料斗；6—包装件；7—传送带

(2) 净重式充填机 是指对物料称出预定质量后再将物料充填到包装容器的机械设备。净重式充填机原理见图 16-15。

3. 计数式充填机

计数式充填机是将物料按预定数目充填到包装容器内的机械设备。

不同被包装物品按规则整齐排列的有长度计数充填机、容积计数充填机和堆积计数充填机；还有杂乱无序物料充填机，其适用于颗粒状、块状等呈杂乱状排列的物料，常见形式有转盘式、转鼓式、推板式等计数式充填机。

第六节 辅助包装设备

药品经过内包装后需要进行贴标、装盒、热收缩包装、装箱、密封等步骤完成包装。

一、贴标种类

采用黏胶将标签贴在包装件或产品上的机器叫贴标机。按运行方向、标签种类、贴标机构等，可分为多种。主要有半自动贴标机和全自动贴标机、立式贴标机和卧式贴标机、直线式贴标机和回转式贴标机等。

二、贴标工艺过程

贴标过程包括取标、标签传送、印码、涂胶、贴标、滚压、熨平等步骤。贴标机对瓶罐等包装容器的标签粘贴方式有直线粘贴和圆形粘贴两种。

(1) 直线粘贴 指容器向前移动呈直立状，并将涂有黏胶的标签贴在容器指定位置。粘标过程可分为三类：容器间歇向前移动，不移动时再进行标签粘贴；在容器移动过程中将标签送到预定工位进行粘贴；使涂有黏胶的标签与容器的移动速度同步，进行切线粘贴，并能同步地将标签粘贴到瓶身、瓶颈和瓶肩等处。

(2) 圆形粘贴 使瓶罐横卧，在旋转过程中粘贴标签。

三、装盒设备

药品装盒设备是一种把具有完整商标的药品板片或一个贴有标签的药品瓶子或安瓿与一张说明书同时装入一个包装纸盒的药品包装机械。装盒机结构按工艺不同，可分为三种类型。

第一种是制成的纸盒放入装盒机内，由装盒机自动打开纸盒，自动将药品（药瓶、泡罩包装片、软膏管等）和说明书装入盒内，并将纸盒盖好输出。这类装盒机工艺比较合理，成本较低，可单独使用，也可与其他设备如装瓶机、泡罩包装机联合使用。

第二种是将事先模切好的纸盒平板放入装盒机内，由装盒机自动地将平板纸坯折叠成盒（如需要还可在盒内自动嵌入凹槽分格盘），自动将药品和说明书装入盒内或凹槽分格盘内，然后将盒盖好、密封。这种装盒机包装速度快；包装的规格可以只需更换几个部件就可变换，且更换部件方便。

第三种是由制盒机、装盒机、合盖机、堆叠机等单机组成的包装线。首先由制盒机将成卷的卡纸板制成有凹槽的包装盒（凹槽间距可按包装物设计），自动进入装盒机，装盒机自动将每个（支）药品（安瓿、小药瓶、软膏管等）准确地装入凹槽内，自动放入说明书，输送到合盖机进行合盖封口。这种设备使用范围也很广泛。

装盒机主要组成有包装盒片供给装置、包装盒输送链道、底部盒口折封装置、包装物料的计量装填装置、包装盒的上盒口折封装置、包装盒的排出及检测装置等。

四、装箱设备

装箱与装盒的方法相似，但装箱的产品较重，体积也大，还有一些防震、加固和隔离等附件，箱坯尺寸大，堆叠起来也较重，因此装箱的工序比装盒多，所用的设备也复杂。

按操作方式分为手工、半自动与全自动操作；按产品装入方式分为装入式装箱法、裹包式装箱法、套入式装箱法。

五、封条敷贴设备

该设备主要用来将有胶质的封条贴到箱子折页接缝上来完成封箱。根据封箱时的不同要求可分为上贴、下贴和上下同贴三种。封条是单面胶质带或黏胶带，胶带不同，装置结构也不同。用胶质带时，要有浸润胶质带胶层的装置；用黏胶带时则不要浸润和加热装置，它只要将黏胶带引导粘贴到箱子最前端，随后纸箱送进时受到牵拉松展，粘贴，切断，完成箱子的封口。

六、捆扎机械

捆扎机械是指使用捆扎带缠绕产品和包装件，然后收紧并将两端通过热效应熔融或使用包扣等材料连接的机器。按自动化程度可分为全自动捆扎机、半自动捆扎机和手提式捆扎机。按设备使用的捆扎带材料可分为绳捆扎机、钢带捆扎机、塑料带捆扎机等。按设备使用的传动形式可分为机械式捆扎机、液压式捆扎机、气动式捆扎机、穿带式捆扎机、捆结机、压缩打包机等。

第二篇

车间设计

第十七章

制药工艺设计

制药工艺设计是指根据药品研发、生产和销售的需求，结合药学、化学工程、机械工程、电子工程等领域的知识和技能，对制药系统进行规划、分析、计算和优化的一系列活动。

制药工艺设计旨在提高药品生产效率、降低成本、确保质量、防范风险，并满足相关法规和标准的要求。制药工艺设计对于药品研发、生产和销售环节至关重要，它决定了药品的质量、安全性和生产效率。通过合理的制药工艺设计，可以降低药品的生产成本，提高企业的竞争力，并为广大患者提供更好的医疗服务。

第一节　制药工艺设计的内容与分类

制药工艺设计的内容

制药工艺设计是指在制药过程中，根据药物的特性和要求以及生产设备的特点，在合理的工艺流程下，设计出适合生产的制药工艺方案。包括药物生产原料的选用和准备、药物的制备方法和工艺参数的确定、生产设备的选择和设计、工艺流程的优化等。

制药工艺设计的目的是确保药物的质量、安全性和有效性，并在生产过程中达到高效、稳定、可靠的生产目标。一个好的制药工艺设计可以提高药物的生产效率、减少生产成本、提升产品质量，同时降低生产过程中的风险和不良反应的可能性。

制药工艺设计涉及多个方面的知识，包括化学、药理学、工程学、自动化等。同时，制药工艺设计也需要考虑法规要求和市场需求。因此，制药工艺设计是一个复杂且综合性的过程，需要综合应用多学科知识和经验。制药工艺设计是实现实验室产品向工业产品转化的必经阶段。具体来说，制药工艺设计就是根据药物的小试及中试工艺将一系列单元反应和相应的单元操作进行组织，设计出一个生产流程合理、技术装备先进、设计参数可靠、工程经济可行的成套工程装置或制药生产车间。然后在一定的地区建造厂房，布置各类生产设备，配套一些其他公用工程，最终使这个工厂按照预定的设计任务顺利开车投产。这一过程即制药工程工艺设计的全过程。

制药工程设计的范围涵盖了药品研发、生产和销售的全过程，包括药物合成、提取、分离、纯化、干燥、制剂等环节。制药工程设计的内容涉及工艺流程设计、设备选型与设计、工厂布局与物流规划、环境保护与安全防护等多个方面。制药工程设计还需要考虑相关的法规和标准，确保药品生产过程的安全性和合规性。

一、制药工艺设计的内容

制药工艺是指药物生产过程中的一系列技术和操作流程，它涉及药物的原料准备、制备、提纯、包装等多个方面。下面将就制药工艺涉及的内容进行详细介绍。

1. 制药工艺涉及药物的原料准备

药物的原料包括药用植物、动物组织、矿物、化学原料等。在原料准备阶段，需要对原料进行选择、检验、加工和处理，确保原料的质量符合药品生产的要求。对于植物药材，需要进行除杂、晾晒、切片等加工处理；对于动物组织，需要进行分离、粉碎等加工处理；对于化学原料，需要进行配制、溶解等处理。原料准备是制药工艺中的关键环节，原料的选择和加工处理直接影响到药品的质量和效果。

2. 制药工艺涉及药物的制备和合成

药物的制备方式多种多样，包括传统的直接提取、发酵法、生物技术法、化学合成等。在制备过程中需要控制反应条件，选择适当的反应剂和催化剂，进行反应物的混合、加热、冷却、搅拌等操作，最终得到所需的药物产物。不同的药物制备方式对设备和技术要求各不相同，需要针对不同的制备方式进行适当的工艺设计和优化。

3. 制药工艺涉及药物的提纯和分离

很多时候，药物合成或提取得到的产物中可能会混有杂质，需要进行提纯和分离处理。这就需要利用各种分离技术，如结晶、蒸馏、萃取、过滤、吸附、离心等，在对药物产物进行提纯和分离处理的过程中，需要选择适当的设备和工艺条件，以确保提取和分离效率。

4. 制药工艺涉及药物的包装和储存

在药物生产结束后，需要对药物进行包装和储存，确保药物的质量和稳定性。包装过程需要选择适当的包装材料和包装方式，以保护药物免受外界环境的影响。同时，对于某些需要特殊储存条件的药物，还需要进行特殊的储存处理，如冷藏、干燥、真空等，以延长药物的有效期限。

5. 制药工艺涉及对生产环境和生产工艺的控制

生产环境的控制包括生产场地的选择和设计，空气质量、水质量、洁净度等的控制，以确保药物的生产和包装过程不受外界环境的污染。生产工艺的控制包括对药物生产过程中的温度、压力、pH 值、反应时间等的控制，以确保药物的生产过程稳定和可控。

总之，制药工艺涉及药物生产过程中的多个环节，在每个环节中都需要进行严格的技术和操作控制，以确保药物的质量和有效性。只有在制药工艺的每一个环节都做到位，才能生产出高质量、安全可靠的药品。

制药工艺设计的内容既包括新产品的实验室小试研究、中试放大直至进行医药项目设计，形成工业化规模生产，也包括对现有生产工艺进行产品的技术革新与改造。因此，大到建设一个完整的现代化制药基地，小到改造药厂的一个具体工艺都是制药工艺设计的工作范围。

二、制药工艺设计的分类

根据医药工程项目生产的产品形态不同，医药工程项目设计可分为原料药生产设计和制剂生产设计。根据具体的剂型，制剂生产设计又包括片剂车间设计、针剂车间设计等。

根据医药工程项目生产的产品不同，医药工程项目设计可分为以下几类：合成药厂设计、中药药厂设计、抗生素厂设计以及生物制药厂设计和药物制剂厂设计等。

实施制药工艺设计的主要步骤包括：①概念设计阶段，主要内容包括研究药物的合成和精制工艺，对设备进行原理框架分析，确定主要设备参数；②系统设计阶段，主要内容是分析药物的合理精制工艺，结合特异性和现代制药工程技术，确定生产系统的组成及机械、电气和控制技术；③工艺设计阶段，主要内容包括实现药物工艺原理的设计，提出生产安全形式，数据计算，工艺测试、试验；④质量控制阶段，主要内容为根据国家 GMP 质量操作系统，设计制药工厂质量管理体系和实施相应的检验和控制手段。

医药工程项目从设想到交付生产一般要经过如图 17-1 所示的 3 个阶段，这 3 个阶段是互相联系的，不同的阶段所要进行的工作是不同且步步深入的。

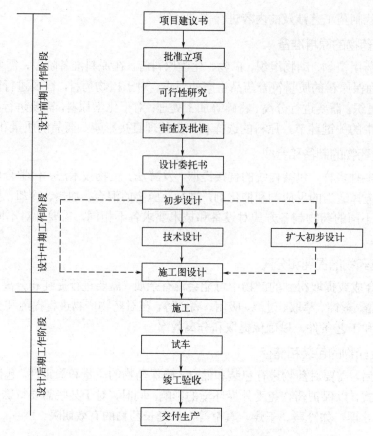

图 17-1   制药工程项目设计基本程序

第二节   设计前期工作阶段

一、设计前期工作的目的与内容

设计前期的工作目的是对项目建设进行全面分析，对项目的社会和经济效益、技术可靠性、工程的外部条件等进行研究。该阶段的主要工作内容是项目建议书、可行性研究和设计任务书。

二、项目建议书

1. 项目建议书的性质与意义

项目建议书是法人单位向国家、省、市有关主管部门推荐项目时提出的报告书，建议书主要说明项目建设的必要性，同时也对项目建设的可行性进行初步分析。

2. 主要内容

① 项目建设目的和意义，即项目建设的背景和依据，投资的必要性和经济意义；

② 产品需求的初步预测；

③ 产品方案及拟建生产规模；

④ 工艺技术方案（原料路线、生产方法和技术来源）；

⑤ 资源、主要原材料、燃料和动力供应；

⑥ 建厂条件和选址初步方案；

⑦ 环境保护；

⑧ 工厂组织和劳动定员估算；

⑨ 项目实施规划设想；

⑩ 项目投资估算和资金来源及筹措设想；

⑪ 经济效益和社会效益的初步估算。

通常项目建议书经过主管部门批准后，即可进行可行性研究，而为了简化设计程序，对于一些技术成熟又较为简单的小型工程项目，项目建议书经主管部门批准后，即可明确设计方案，直接进入施工图设计阶段。

三、可行性研究

1. 可行性研究的性质与意义

可行性研究主要对拟建项目在技术、工程、经济和外部协作条件上是否合理和可行，进行全面分析、论证以及方案比较。可行性研究是设计前期工作中最重要的内容，是项目决策的依据。国际上，可行性研究一般可分为三个阶段，即机会研究、初步可行性研究和可行性研究。

2. 可行性研究报告内容

(1) 总论 概述项目名称、主办单位及负责人、项目建设背景和意义；编制依据和原则；研究的工作范围和分工；可行性研究的结论提要；存在的主要问题和建议。

(2) 需求预测 产品在国内外的需求情况预测，产品的价格分析和竞争能力分析。

(3) 产品方案及生产规模 产品方案及生产规模的比较选择及论证；提出产品方案和建设规模；主副产品的名称、规格、质量指标和标准（如果是出口产品，一定要规定符合哪一国家药典和产品标准）及产量。

(4) 工艺技术方案 概述国内外相关工艺；分析比较和选择工艺技术方案；绘制工艺流程图；通过物料、能量计算，定出原材料单耗及能耗，并与国内外同类产品的先进水平比较；主要设备的选择和比较；主要自控方案的确定。

(5) 原材料、燃料及公用系统的供应 原料、辅助材料及燃料的种类、质量规格、数量、来源和供应情况。

(6) 建厂条件及厂址方案 厂址概况如厂区位置、地形地貌、工程地质、水文条件、气象、地震及社会经济等情况；公用工程及协作条件如水、电、气的供给，交通运输等；厂址方案的技术经济比较和选择意见。

(7) 公用工程和辅助设施方案 全厂初步布置方案；全厂运输总量和厂内外交通运输方案；水、电、气的供应方案；采暖通风和空气净化方案；土建方案及土建工程量的估算；其他公用工程和辅助设施。

(8) 环境保护 建设地区的环境现状；工程项目的污染物情况；综合利用与环保监测设施方案；治理方案；环境保护的综合评价；环保投资估算。

(9) 职业安全卫生 职业安全卫生的基本情况；工程建设的安全卫生要求；职业安全卫生的措施；综合评价。

(10) 消防 消防的基本情况；消防设施规划。

(11) 节能 能耗指标及分析；节能措施综述；单项节能工程。

(12) 工厂组织和劳动定员 工厂体制及组织；年工作日；生产班制和定员；人员培训计划和要求。

(13) GMP 实施规划 GMP 实施规划的建议培训对象、目标和内容；培训地点、周期、时间及详细内容。

(14) 项目实施规划 项目建设周期规划编制依据和原则；各阶段实施进度规划及正式投产时间的建议（包括建设前期、建设期）；编制项目实施规划进度或实施规划。

(15) 投资估算 项目总投资（包括固定资产、建设期贷款利息和流动资金等投资）的估算；资金筹措和使用计划；资金来源；筹措方式和贷款偿付方法。

（16）社会及经济效果评价 产品成本和销售收入的估算；财务评价；国民经济评价；社会效益评价。

（17）评价结论 综合运用上述分析及数据，从技术、经济等方面论述工程项目的可行性；列出项目建设存在的主要问题；可行性研究结论。

注意：①以上适用于新建大、中型医药建设项目。②根据工程项目的性质、规模和条件，可行性研究报告的内容可有所侧重或调整。如小型项目在满足决策需要前提下，可行性研究报告可适当简化；对于改建和扩建工程项目，应结合企业已有条件及改造规模规划进行项目的编制；对于中外合资项目，编制可行性研究报告时应考虑合资项目的特点。

3. 可行性研究报告编制步骤

① 开始筹划；

② 调查研究；

③ 优化和选择方案；

④ 详细研究；

⑤ 编制报告；

⑥ 资金筹措。

4. 可行性研究报告的作用

① 作为建设项目投资决策和编制设计说明书的依据；

② 作为向银行申请贷款的依据；

③ 作为建设项目主管部门与各有关部门商谈合同、协议的依据；

④ 作为建设项目开展初步设计的基础；

⑤ 作为拟采用新技术、新设备研制计划的依据；

⑥ 作为建设项目补充地形、地质工作和补充工业化试验的依据；

⑦ 作为安排计划、开展各项建设前期工作的参考；

⑧ 作为环保部门审查建设项目中对环境影响的依据。

四、设计任务书

设计任务书和
厂址选择

1. 设计任务书的地位和作用

设计任务书是以政府、主管部门的文件形式下达给项目主管部门，以明确项目建设的要求，它是工程建设的大纲，是确定建设项目和建设方案（包括建设依据、建设规模、建设布局、主要技术经济要求等）的基本文件，也是进行工程设计、编制设计文件的主要依据。

2. 设计任务书的主要内容

① 建设目的和依据；

② 建设规模、产品方案或纲领；

③ 生产或工艺原则；

④ 矿产资源、水文地质和工程地质条件；

⑤ 原材料、燃料、动力、供水、运输等协作配合条件；

⑥ 资源综合利用情况，保护环境、治理"三废"的要求；

⑦ 建设地区或地点、抗震要求以及占用土地的估算；

⑧ 建设工期；

⑨ 投资总额；

⑩ 劳动定员控制数；

⑪ 要求达到的经济效益。

必须注意可行性研究报告与设计任务书的区别。从内容上看，可行性研究报告提供依据，设计任务书是结论；从性质上看，可行性研究报告是给上级提供决策，设计任务书是给设计人员下达指令；从时间上看，可行性研究报告在先，设计任务书在后。

五、厂址的选择

厂址选择是指在拟建地区、地点范围内具体明确建设项目坐落的位置，它对工厂的进度、投资数量、产品质量、经济效益以及环境保护等方面具有重大影响。

厂址选择工作在阶段上属于可行性研究的一个组成部分。有条件的情况下，在编制项目建议书阶段就可以开始选址工作，选址报告也可先于可行性研究报告提出。GMP 中对厂房选址有明确规定。

1. 厂址选择的基本原则

① 正确处理各种关系（城-乡、生产-生态、生产-生活、工-农）；
② 注意城市规模的大小；
③ 注意节约用地的原则；
④ 充分考虑环保和综合作用；
⑤ 注意专业化协作；
⑥ 要保护自然风景区；
⑦ 要以批准的城镇总体规划为依据。

2. 厂址选择的基本要求

① 对自然环境的要求；
② 要靠近主要原料和燃料供应地；
③ 交通方便；
④ 厂区的要求；
⑤ "三废"处理；
⑥ 重要项目避开明显目标；
⑦ 生产和生活的合理设置；
⑧ 对易燃易爆工厂和库房要求；
⑨ 不得妨碍当地交通、通信；
⑩ 避开高压电线和城市管道。

3. 工业厂址选择的基本要求

(1) 工业厂址的综合要求

① 对厂区位置和建设条件的要求；
② 对用地形状和面积大小的要求；
③ 对厂区地形的要求；
④ 对水源的要求；
⑤ 对能源的要求；
⑥ 工业的特殊要求。

(2) 对交通运输的要求

① 铁路运输；
② 水路运输；
③ 公路运输。

(3) 防止工业对城镇环境污染的要求。

(4) 工业与居住区位置的选择。

4. 选址步骤和内容

(1) 取得原始依据。

(2) 组织选址工作组。

(3) 技术经济指标

① 占地面积。

② 总建筑面积。

③ 主要生产车间及面积。

④ 职工总人数、单身及带眷属人数。

⑤ 主要原材料年需求量及燃料年需求量。

⑥ 年运输吞吐量。

⑦ 所需的用电量及电压。

⑧ 每日用水量 [生产、生活、消防用水量（L/h）]。

⑨ 蒸汽用量（气量、气压、气温、采暖用气）。

⑩ "三废"的年排出量及主要有害成分。

⑪ 生产协作的项目和要求。

(4) 实地踏勘，收集资料

① 气象资料：气温、湿度、降水量、蒸发量、阴雨天的连续天数、风速、风向和风频、积雪厚度、地湿地冻深度。

② 水文资料：水源、洪水、地面水、地下水的水量、水质、水温。

③ 地质资料：土层性质、分布厚度、土壤承载能力、地下水深度、水位变化等。

④ 地震资料：烈度、震源等。

⑤ 交通运输资料。

⑥ 动力资料：邻近电厂、电网分布，供热、供气、距离和电价，煤的来源、质量、价格、运输条件等。

⑦ 矿产及原材料资料：质量分析、价格、运输条件等。

⑧ 人文经济资料：人口、劳资、市政公用设施、男女比例等。

⑨ 建筑材料：砖、瓦、灰、沙石等建材的供应和价格等。

⑩ 建筑企业机械化程度及装备、土建安装技术水平等。

⑪ 征地和拆迁：面积、类别、补偿费用，有无青苗、树木、果树、水渠、坟墓、建筑，有无迁移安置办法等。

(5) 编制选址工作报告

选址报告基本内容如下：

① 选址依据及选址经过简况。

② 选址中所采用的主要技术经济指标。

③ 拟建地点的概况和自然条件。

④ 拟建项目所需原材料、燃料、动力供应、水源、交通运输及协作条件。

⑤ 各个选址方案比较。

⑥ 对厂址选定的初步意见及当地领导部门对选址的意见。

⑦ 主要附件：各项协议文件，拟建项目地区位置草图，拟建项目总平面布置示意图。

5. 选址报告的审批

目前，药厂的选址工作大多采取由建设业主提出，主管部门及政府审批、设计部门参加的组织形式。选址工作的工作步骤是：获取原始依据，组织选址工作组，考核技术经济指标，实地踏勘，收集资料，编制选址工作报告。

六、总图布置

总图布置

根据制药工程项目的生产品种、规模及有关技术要求，缜密考虑和总体解决工厂内部所有建筑物和构筑物在平面和竖向上布置的相对位置，运输网、工程网、行政管理、福利及绿化设施的布置等问题，即进行工厂的总图布置（又称总图运输、总图布局）。

1. 总图布置设计依据

① 政府部门下发、批复的与建设项目有关的一系列管理文件；

② 建设地点建筑工程设计基础资料（厂区地貌、工程地质、水文地质、气象条件及给排水、供电等有关资料）；

③ 建设地点厂区用地红线图及规划、建筑设计要求；

④ 建设项目所在地区控制性详细规划。

2. 总图布置设计范围

（1）总平面布置 根据建设用地外部环境、工程内容的构成以及生产工艺要求，确定全厂建筑物、构筑物、运输网和地上地下工程技术管网（上下水管道、热力管道、煤气管道、动力管道、物料管道、空压管道、冷冻管道、消防栓高压供水管道、通信与照明电缆电线等）的坐标。

（2）总图竖向布置 根据厂区地形特点、总平面布置以及厂外道路的高程，确定目标物的标高并计算项目的土（石）方工程量。竖向布置和平面布置是不可分割的两部分内容。竖向布置的目的是在满足生产工艺流程对高程要求的前提下，利用和改造自然地形，使项目建设的土（石）方工程量为最小，并保证运输、防洪安全（例如使厂区内雨水能顺利排出）。竖向布置有平坡式和台阶式两种。

（3）交通运输布置 根据人流与货流分流的原则，设置人流出入口、物流出入口和对外、对内采用的运输途径、设备和方法，并进行运输量统计。

（4）绿化布置 确定厂区的绿化面积和绿化方式及投资。

3. 总图布置的要求

制药厂的总图布置要满足生产、安全、发展规划三个方面的要求。

（1）有合理的功能分区和避免污染的总体布局 一般药厂由下列组成：主要生产车间（制剂车间、原料药车间等）；辅助生产车间（机修、仪表等）；仓库（原料、辅料、包装材料、成品库等）；动力（锅炉房、压缩空气站、变电所、配电房等）；公用工程（水塔、冷却塔、泵房、消防设施等）；环保设施（污水处理、绿化等）；全厂性管理设施和生活设施（厂部办公楼、中心化验室、药物研究所、计量站、动物房、食堂、医院等）；运输、道路设施（车库、道路等）。

总图设计时，应按照上述各组成的管理系统和生产功能划分为行政区、生活区、生产区和辅助区进行布置。要求从整体上把握这四区的功能分区布置合理，四个区域既不相互影响，人流、物流分开，又要保证相互便于联系、服务以及生产管理。

具体应考虑以下原则和要求：

① 一般在厂区中心布置主要生产区，而将辅助车间布置在其附近。

② 生产性质相类似或工艺流程相联系车间要靠近或集中布置。

③ 生产厂房应考虑工艺特点和生产时的交叉感染。例如，兼有原料药物和制剂生产的药厂，原料药生产区布置在制剂生产区的下风侧；青霉素类生产厂房的设置应考虑防止与其他产品的交叉污染。

④ 办公、质检、食堂、仓库等行政、生活辅助区布置在厂前区，并处于全年主导风向的上风侧或全年最小频率风向的下风侧。

⑤ 车库、仓库、堆场等布置在邻近生产区的货运出入口及主干道附近，应避免人、物流交叉，并使厂区内外运输短捷顺利。

⑥ 锅炉房、冷冻站、机修、水站、配电等严重空气噪声及电污染源布置在厂区主导风向的下风侧。

动物房的设置应符合国家药品监督管理局《实验动物管理条例》等有关规定，布置在僻静处，并有专用的排污和空调设施。

⑦ 危险品库应设于厂区安全位置，并有防冻、降温、消防等措施，麻醉产品、剧毒药品应设专用仓库，并有防盗措施。

⑧ 考虑工厂建筑群体的空间处理及绿化环境布置，符合当地城镇规划要求。考虑企业发展需要，留有余地（即发展预留生产区），使近期建设与远期的发展相结合，以近期为主。

(2) 有适当的建筑物及构筑物布置

① 提高建筑系数、土地利用系数及容积率，节约建设用地。

为满足卫生及防火要求，药物制剂厂的建筑系数及土地利用系数都较低。其设计以保证药品生产工艺技术及质量为前提，合理地提高建筑系数、土地利用系数和容积率，对节约建设用地、减少项目投资有很大意义。

厂房集中布置或车间合并是提高建筑系数及土地利用系数的有效措施之一。如生产性质相近的水针车间及大输液车间，对洁净、卫生、防火要求相近，可合并在一座楼房内分层（区）生产；片剂、胶囊剂、散剂等固体制剂加工有相近的过程，可按中药、西药类别合并在一层生产。总之，在符合 GMP 规范要求和技术经济合理之下，尽可能将建筑物、构筑物加以合并。

设置多层建筑厂房是提高容积率的主要途径。一般可以根据药品生产性质和使用功能，将生产车间组成综合制剂厂房，并按产品特性进行合理分区。如建一个中、西药（头孢类抗生素等）制剂厂房，当产品剂型有口服液、外洗剂、固体制剂和粉针剂时，可以按二层建筑进行厂房设计。将中西药口服液、外洗剂及其配套的制瓶车间布置在综合制剂生产厂房一层；中西药和头孢类药物固体制剂以及粉针车间布置在生产厂房二层。采用这种布局方式，一方面使制瓶机、制盖机等较为重大的设备布置在底层，利于降低土建造价，另一方面可以将使用有机溶剂的工艺设备和产生粉尘的房间布置在二层，有利于防火防爆处理和减轻粉尘交叉污染，同时也有利于固体制剂车间和粉针车间控制相对湿度。与建成单层单体建筑厂房相比，二层建筑布置大大提高了土地利用系数和建筑容积率。

因此，在占地面积已经规定的条件下，需要根据生产规模考虑厂房的层数。现代化制剂厂以单层厂房较为理想。

② 确定药厂各部分建筑的分配比例。

厂房占厂区总面积：15%。

生产车间占建筑总面积：30%。

库房占总建筑面积：30%。

管理及服务部门占总建筑面积：15%。

其他占总建筑面积：10%。

(3) 有协调的人流、物流途径　掌握人、货（物）分流原则，在厂区设置人流入口和物流入口。人流与货流的方向最好进行相反布置并将货运出入口与工厂主要出入口分开，以消除彼此的交叉。货运量较大的仓库，堆场应布置在靠近货运大门处。车间货物出入口与门厅分开，以免与人流交叉。在防止污染的前提下，应使人流和物流的交通路线尽可能径直、短捷、通畅，避免交叉和重叠。生产负荷中心靠近水、电、气、冷供应源；使各种物料的输送距离小，减少介质输送距离和耗损；原材料、半成品存放区与生产区的距离要尽量缩短，以减少途中污染。

(4) 有周密的工程管线　综合布置药厂涉及的工程管线，主要有生产和生活用的上下水管道、热力管道、压缩空气管道、冷冻管道及生产用的动力管道、物料管道等，另外还有通信、广播、照明、动力等各种电线电缆。进行总图布置时要综合考虑。一般要求管线之间，管线与建筑物、构筑物之间尽量相互协调，方便施工，安全生产，便于检修。药厂管线的铺设，有技术夹层、技术夹道或技术竖井布置法，地下埋入法，地下综合管沟法和架空法等几种方式。

(5) 有较好的绿化布置　按照生产区、行政区、生活区和辅助区的功能要求，规划一定面积的绿化带，在各建（构）筑物四周空地及预留场地布置绿化，使绿化面积最好达 50%以上。绿化以种植草坪为主，辅以常绿灌木和乔木，这样可以减少露土面积，利于保护生态环境，净化空气。厂区道路两旁植上常青的行道树，不能绿化的道路应铺成不起尘的水泥地面，杜绝尘土飞扬。

（6）安全要求

① 根据生产使用物质的火灾危险性、建筑物的耐火等级、建筑面积、建筑层数等因素确定建筑物的防火间距。

② 油罐区、危险品库应布置在厂区的安全地带，生产车间污染及使用液化气、氮、氧气和回收有机溶剂（如乙醇蒸馏）时，则将它们布置在邻近生产区域的单层防火、防爆厂房内。

③ 发展规划要求药物制剂厂的厂区布置要能较好地适应工厂的近、远期规划，留有一定的发展余地。在设计上既要适当考虑工厂的发展远景和标准提高的可能，又要注意今后扩建时不致影响生产以及扩大生产规模的灵活性。药厂总图布置设计：一是遵照项目规划要求，充分考虑厂址周边环境，做到交通便捷，合理用地，尽量增大绿化面积；二是满足工艺生产要求，做到功能分区明确，人物分流，平面布置符合建筑设计防火规范和 GMP 的要求。建筑立面设计简洁、明快、大方，充分体现医药行业卫生、洁净的特点和现代化制剂厂房的建筑风格。

4. 总图布置设计成果

（1）设计图纸 鸟瞰图（根据项目要求可缺项）；区域布置图；总平面图；竖向布置图；管道综合布置图；道路、排水沟、挡土墙等标准横断面图；土石方作业图（内部作业）等。

（2）设计表格 总平面布置的主要技术经济指标和工程量表；设备表；材料表。

总之，需要有丰富的科学知识，足够的工程经验和较高的政策水平，才能绘制出合理的药厂总布置。

图 17-2 是某药厂的总平面布置图。

图 17-2 某药厂总平面布置图

总图布置的主要功能是对生产区、生活区、行政区和辅助生产区进行优化功能分区和合理布置设计（如图 17-3）。在设计时，要遵循国家的方针政策，按照 GMP 要求，结合厂区的地理环境、卫生、防火技术、环境保护等进行综合分析。

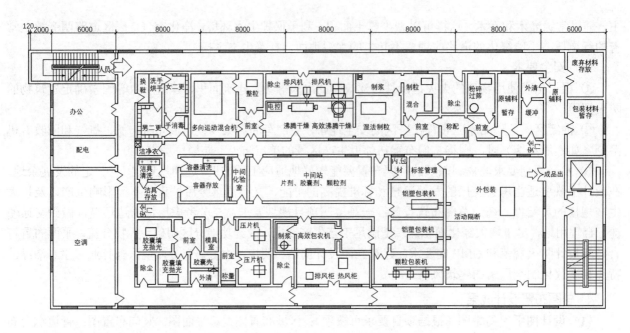

图 17-3 某制药厂总平面布置

第三节 设计中期工作阶段

根据已批准的设计任务书（或可行性研究报告），可以开展设计工作。一般按工程的重要性、技术的复杂性，并根据设计任务书的规定，可将设计分为三阶段设计、两阶段设计和一阶段设计 3 种情况。

三阶段设计包括初步设计、技术设计和施工图设计。两阶段设计包括扩大初步设计、施工图设计。一阶段设计只有施工图设计。目前，我国的制药工程项目，一般采用两阶段设计。

制药工艺专业设计流程一般分为两段，一是初步设计阶段，初步设计工作程序如图 17-4 所示；二是施工图设计阶段，施工图设计工作程序如图 17-5 所示。

一、初步设计阶段

初步设计是根据已下达的任务书（或可行性研究报告）及设计基础资料，确定设计原则、设计标准、设计方案和重大技术问题。设计内容包括总图、运输、工艺、土建、电力照明、采暖、通风、空调、上下水道、动力和设计概算等。初步设计成果是初步设计说明书和图纸（带控制点工艺流程图、车间布置图及重要设备的装配图）。

1. 初步设计工作基本程序

初步设计阶段一般要经历初步设计准备、制定设计方案、签订资料流程、互提条件及中间审查、编制初步设计条件、成品复制、发送及归档。

2. 初步设计说明书的内容

(1) 设计依据和设计范围

① 文件任务书、批文等。

② 设计资料、中试报告、调查报告等。

(2) 设计指导思想和设计原则

① 设计指导思想：关于工程设计的具体方针政策和指导思想。

初步设计　　初步设计
阶段-1　　　阶段-2

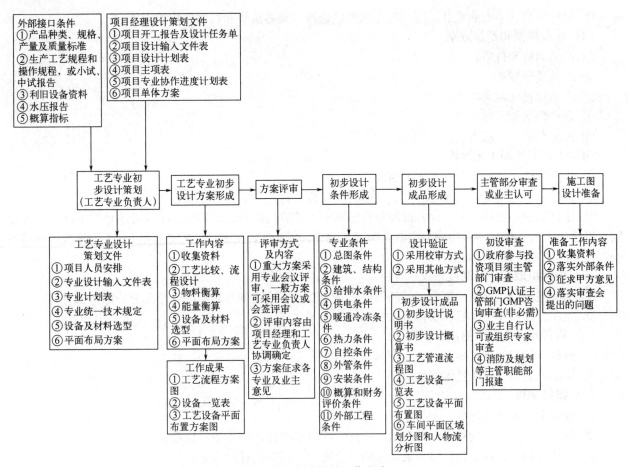

图 17-4 初步设计工作程序

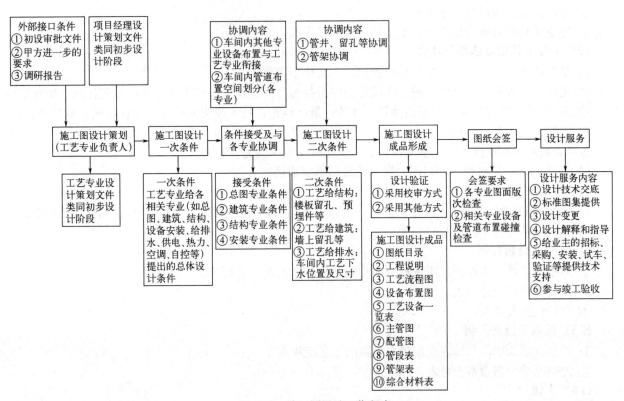

图 17-5 施工图设计工作程序

② 设计原则：各专业设计原则，如工艺路线选择、设备选型和材质选用原则等。

(3) 建设规模和产品方案

① 产品名称和性质。

② 产品质量规格。

③ 产品规模（吨/年）。

④ 副产物数量（吨/年）。

⑤ 产品包装、贮藏方式。

(4) 生产方法和工艺流程

① 生产方法：扼要说明原料工艺路线。

② 化学反应方程式：写明方程式、注明化学名称、标注主要操作条件。

③ 工艺流程：包括工艺流程方框图和带控制点工艺流程图及流程描述。流程描述是按生产工艺流程物料经过工艺设备的顺序及生成物去向说明技术条件，如温度、流量、助剂配比等（如系间歇操作，需说明一次操作的加料量和时间）。

(5) 车间组成和生产制度

① 车间组成：包括生产部分、辅助部分、仓库部分、过道部分、车间管理部分、服务部分等。

② 生产制度：年工作日、操作班次、间歇或连续生产。

(6) 原料及中间产品的技术规格

① 原料、辅料的技术规格。

② 中间产品及产品的技术规格。

(7) 物料衡算

① 物料衡算的基础数据。

② 物料衡算结果以物料平衡图表示，连续生产以小时计，间歇生产以批计。

③ 原料定额表、排出物料综合表（包括"三废"）、原料消耗综合表。

(8) 能量衡算

① 能量衡算的基础数据。

② 能量衡算结果以热量平衡图表示。

③ 能量消耗综合表（还有水、电、热、冷用量表）。

(9) 主要工艺设备选型与计算

① 基础数据来源：物料衡算、热量衡算、主要化工数据等。

② 主要工艺设备的工艺计算按流程编号为序进行编写：包括承担的工艺任务；工艺计算，如操作条件、数据、公式、运算结果、必要的接管尺寸等；最终结论，技术成果的论述、设计结果；材料选择。

③ 一般工艺设备以表格形式分类表示计算和选型结果，工艺设备一览表按非定型工艺设备和定型工艺设备两类编制，间歇操作的设备要排列工艺操作时间表和动力负荷曲线。

(10) 工艺主要原材料、动力消耗定额及公用系统消耗。

(11) 车间布置设计

① 车间设置说明：包括生产部分、辅助生产部分、生活部分的区域划分、生产流向、防毒防爆的考虑等。

② 车间设备布置平面图与立面图。

(12) 生产分析控制

① 对中间产品、生产过程质量控制的常规分析和"三废"分析等。

② 主要生产控制分析表。

③ 分析仪器设备表。

(13) 仪表及自动控制

① 控制方案说明，具体表现在带控制点的工艺流程图上。

② 控制测量仪器设备汇总表。

(14) 土建

① 设计说明。

② 车间（装置）建筑物、构筑物表。

③ 建筑平面、立面、剖面图。

(15) 采暖通风及空调。

(16) 公用工程

① 供电设计说明，包括电力、照明、避雷、弱电等；设备、材料汇总表。

② 供水；排水，包括清下水、生产污水、生活污水、蒸汽冷凝水；消防用水。

③ 各种蒸汽用量及规格等。

④ 冷冻与空压冷冻；空压；设备、材料汇总表。

(17) 原、辅材料及产品贮运。

(18) 车间维修。

(19) 职业安全卫生。

(20) 环境保护

① "三废"产生及排放情况表。

② "三废"治理方法及综合利用途径。

(21) 消防。

(22) 节能。

(23) 车间定员如生产工人、分析工人、维修工人、辅助工人、管理人员等。

(24) 概算。

(25) 工程技术经济。

(26) 存在的问题及建议。

二、技术设计阶段

技术设计是以已批准的初步设计为基础，解决初步设计中存在和尚未解决而需要进一步研究解决的一些技术问题，如特殊工艺流程方面的试验、研究和确定；新型设备的试制建议；重要代用材料的试验和确定等。

技术设计的成果是技术设计说明书和工程概算书，其设计说明书内容同初步设计说明书，只是根据工程项目的具体情况作些增减。

三、施工图设计阶段

施工图设计是以批准的（扩大）初步设计及总概算为依据，使初步（扩初）设计的内容更完善、具体和详尽，完成各类施工图纸和施工说明及施工图预算工作，以便施工。

1. 施工图设计的内容

施工图设计阶段的主要设计文件有设计说明书和图纸。

(1) 设计说明书 施工图设计说明书的内容除（扩大）初步设计说明书内容外，还包括以下内容：

① 对原（扩大）初步设计的内容进行修改的原因说明。

② 安装、试压、保温、油漆、吹扫、运转安全等要求。

③ 设备和管道的安装依据、验收标准和注意事项。通常将此部分直接标注在图纸上，可不写入设计说明书中。

(2) 图纸 施工图是工艺设计的最终成品，主要包括以下内容：

① 施工阶段管道及仪表流程图（带控制点的工艺流程图）；

② 施工阶段设备布置图及安装图；

③ 施工阶段管道布置图及安装图；

④ 非标准设备制造及安装图；

⑤ 设备一览表；

⑥ 非工艺工程设计项目的施工图。

2. 设计基本程序

施工图设计阶段可按下述步骤进行设计工作。

(1) 根据审批初步设计会议的批复文件，进行修改和复核工艺流程及生产技术经济指标；并将建设单位提供的设备订货合同副本、设备安装图纸和技术说明书作为施工图设计的依据。

(2) 复核和修正生产工艺设计的有关计算和设备选型及其计算等数据，全部选定专业与通用设备、运输设备，以及管径、管材、管接。除经审批会议正式批复或经有权审批的设计机关正式批准外，不能修改主要设备配置。

(3) 和协同设计的配套专业讨论商定有关生产车间需要配合的问题；同时根据项目工程师召开项目会议的决定，工艺与配套专业之间商定相互提交资料的期限，签订工程项目设计内部联系合同（或资料流程契约）。工艺专业必须按期向配套专业提供正式资料，也要验收配套专业返回工艺专业的资料。

(4) 精心绘制生产工艺系统图和车间设备、管路布置安装图；编制设备和电动机明细表。

(5) 组织设计绘制设备和管路布置安装中需要补充的非标准设备和所需器具的制造安装图纸，编制材料汇总表。向建设单位发图，就安排订货和制造，配合施工安装进度要求提出交货时间的安排建议。

(6) 编写施工安装说明书，以严谨的文字结构写明：①施工安装的质量标准及验收规划，附质量检测记录的格式。凡是已颁发国家或部门施工和验收规范或标准的，应采用国家和部标准。②写明设备和管路施工安装需要特别注意的事项。③非标准设备的安装质量和验收标准。④设备和管路的保温、测试和刷漆与统一管线颜色的具体规定。⑤协同配套专业对相互关联的单项工程图纸进行会签，然后整理底图编号编目，送交有关人员进行校审和签署，最后送达项目工程师统一交完成部门印制，向建设单位发图。

第四节　设计后期工作阶段

项目建设单位在具备施工条件后通常依据设计概算或施工图预算制定标底，通过招、投标的形式确定施工单位。

施工单位根据施工图编制施工预算和施工组织计划。项目建设单位、施工单位和设计单位对施工图进行会审，设计部门对设计中一些问题进行解释和处理。设计部门派人参加现场施工过程，以便了解和掌握施工情况，确保施工符合设计要求，同时能及时发现和纠正施工图中的问题。施工完成后进行设备的调试和试车生产，设计人员（或代表）参加试车前的准备工作以及试车生产工作，向生产单位说明设计意图并及时处理该过程中出现的设计问题。

设备的调试通常是从单机到联机，先空车，然后以水代料，再到实际物料，当试车正常后，建设单位组织施工和设计等单位按工程承建合同、施工技术文件及工程验收规范先组织验收，然后向主管部门提出竣工验收报告，并绘制施工图以及整理一些技术资料，在竣工验收合格后，作为技术档案交给生产单位保存，建设单位编写工程竣工决算书以报上级主管部门审查。

待工厂投入正常生产后，设计部门还要注意收集资料、进行总结，为以后的设计工作、该厂的扩建和改建提供经验。

第五节　制药工艺设计的规范和标准

标准主要指企业的产品，规范侧重于设计所要遵守的规程。为了确保生产出的药物的质量和安全性，制药工艺设计的每一个阶段都必须执行相关的国家规范和标准，才能保证设计质量。制药工程行业必须依赖一套严格的标准，主要包括以下几个方面。

一、质量管理标准

在制药工程行业中，质量管理是至关重要的。质量管理标准包括了药品的质量控制、质量保证和质量管理体系。质量控制主要涉及从原材料采购到最终产品的各个环节，以确保产品符合规定的质量要求。质量保证则是确保产品不受外界干扰或恶劣条件影响的措施。而质量管理体系则是一个全面的管理系统，涵盖了人员培训、设备维护、文件管理等方面，以确保整个企业的质量水平。

二、环境保护标准

随着人们对环境问题的日益关注，制药工程行业也不可避免地受到了环境保护问题的挑战。环境保护标准规定了制药企业在生产过程中应该遵循的环境保护要求。这些标准包括废水处理、废气处理、固体废弃物管理等方面。通过遵循环境保护标准，制药企业可以减少对环境的污染，保护自然资源，实现可持续发展。

三、安全控制标准

制药工程涉及许多危险品和有毒物质，在生产过程中必须加强安全控制。安全控制标准规定了制药企业应该采取的安全措施，以确保生产过程中人员的安全。这些措施包括安全设备的使用、安全操作规程的制定、事故应急措施的准备等。通过执行安全控制标准，制药企业可以降低生产过程中发生事故的风险，保护员工的生命安全和身体健康。

四、技术创新标准

随着科技的不断发展，制药工程行业也在不断追求技术创新。技术创新标准旨在推动制药企业加强研发和创新，提高产品的质量和效益。这些标准包括了新药研发的流程和要求、新技术的应用和推广等方面。通过遵循技术创新标准，制药企业可以不断提高自身的竞争力，满足患者和市场的需求。

制药工程设计常用规范和标准包括但不限于以下几种：

（1）**GMP** 即药品生产质量管理规范，是制药工程设计中最基本的规范，旨在确保药品的质量、安全和有效性。GMP 包括药品生产的各个环节，如原材料采购、生产工艺、质量控制等，要求严格执行，保证药品符合国家标准和注册要求。

（2）**FDA 规范** 美国食品药品管理局（FDA）制定的规范，主要针对美国市场的药品生产和销售。FDA 规范包括药品生产的各个环节，如设备选型、工艺设计、质量控制等，要求严格执行，保证药品符合美国法规和标准。

pharmacopoeia：药典，是制药工程设计中用于药品质量控制的重要标准。药典规定了药品的质量标准、检测方法、使用方法等，是药品生产过程中不可或缺的参考依据。

（3）**ISO 标准** 国际标准化组织制定的一系列标准，包括 ISO 9001（质量管理体系）、ISO 14001（环境管理体系）、ISO 45001（职业健康安全管理体系）等。这些标准旨在帮助企业建立科学的管理体系，不断提升产品和服务的质量和安全水平。

（4）**ASME 标准** 美国机械工程师学会制定的标准，主要涉及制造和使用压力容器、管道等设备的规范。在制药工程设计中，ASME 标准通常用于设计制药厂房中的压力容器、管道等设备。

（5）**NFPA 标准** 美国国家消防协会制定的标准，主要涉及火灾安全、灭火设备等方面的规范。在制药工程设计中，NFPA 标准通常用于设计制药厂房中的消防系统和灭火设备。

（6）**CE 认证** 欧盟对进入欧洲市场的产品和设备进行认证的标准。在制药工程设计中，CE 认证通常用于要求符合欧盟标准的设备和材料。

制药工程行业标准对于保证药品的质量和安全性具有重要意义，同时也对环境保护和安全控制起到了指导作用。这些标准需要不断更新和完善，以适应行业的发展和变化。制药工程行业标准的遵循和执行不仅对企业自身的发展有益,也对整个行业的健康发展起到积极的促进作用。通过共同遵守标准,制药工程行业能够更好地服务于患者,推动医药事业的进步和发展。

第六节 工艺流程设计

制药工艺流程设计是制药生产中至关重要的一环,它直接影响到药品的质量、效果和成本。一个合理的工艺流程设计能够提高生产效率、降低生产成本、确保药品质量,因此在制药行业中具有非常重要的意义。

一、工艺流程设计的重要性

工艺流程设计是车间工艺设计的核心。药品生产工艺流程设计的目的是通过图解的形式,表示出在生产过程中,由原、辅料制得成品过程中物料和能量发生的变化及流向,以及表示出生产中采用哪些药物制剂加工过程及设备(主要是物理过程、物理化学过程及设备),为进一步进行车间布置、管道设计及计量控制设计等提供依据。

二、工艺流程设计的任务和成果

(1) 确定全流程的组成,确定工艺流程中工序划分及其对环境的卫生要求(如洁净度)。
(2) 确定载能介质的技术规格和流向、生产控制方法、安全技术措施和编写工艺操作规程。
(3) **工艺流程设计的成果**
① 工艺流程示意图:硬胶囊剂生产工艺流程简图如图 17-6 所示。

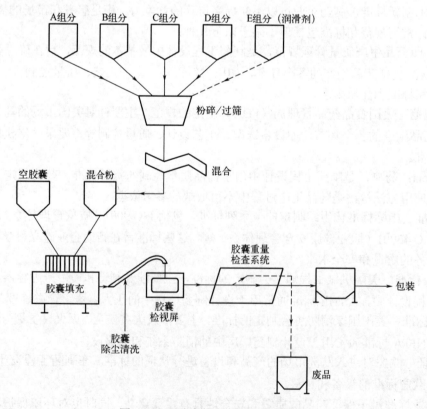

图 17-6 硬胶囊剂生产工艺流程简图

② 物料流程图：某中药固体制剂车间工艺物料流程如图 17-7 所示。

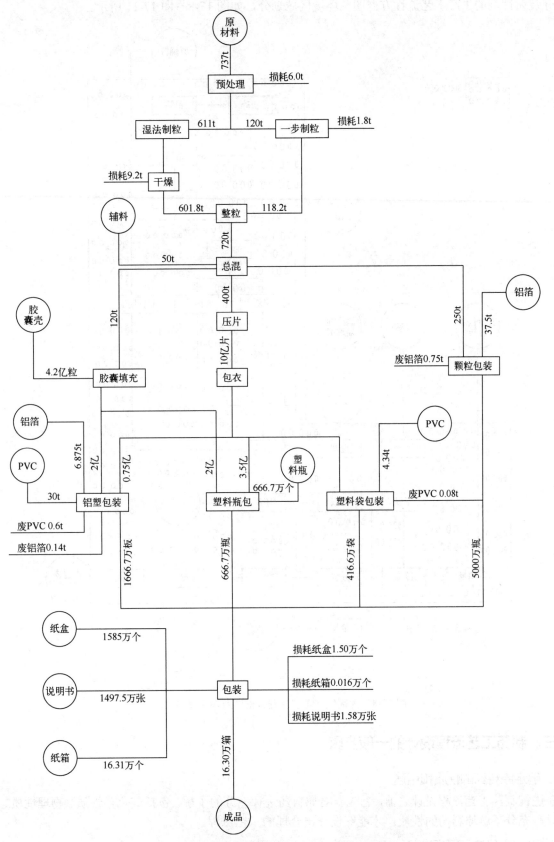

图 17-7 某中药固体制剂车间工艺物料流程

注：年工作日 250 天，片剂 5 亿片/年（单班产量），70%瓶包装，15%铝塑包装，15%袋装；胶囊 2 亿粒/年（单班产量），50%瓶包装，50%铝塑包装；颗粒剂 5000 万袋/年（双班产量）。

③ 带控制点的工艺流程图：简称工艺流程图。点控制点的片剂、硬胶囊剂、可灭菌小容量注射剂和无菌分装粉针剂的生产工艺流程方框图及环境区域划分，如图 17-8～图 17-11 所示。

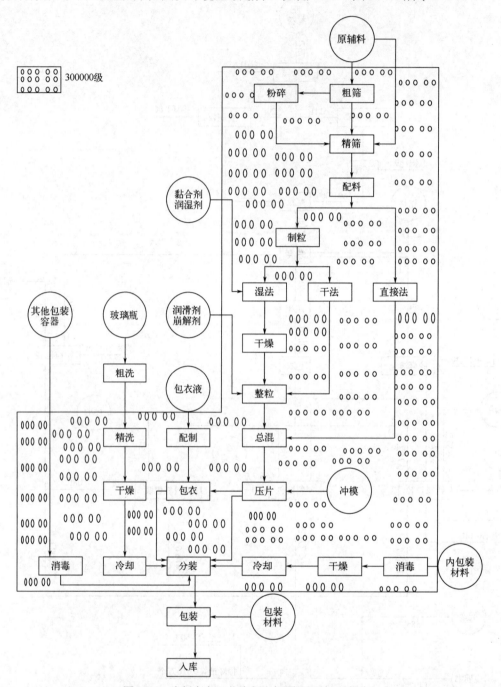

图 17-8　片剂生产工艺流程方框图及环境区域划分

三、制药工艺流程设计的一般步骤

1. 确定原料药的性质和用途

在进行制药工艺流程设计之前，首先要对原料药进行充分的了解，包括其化学性质、物理性质、用途等。只有充分了解原料药的性质，才能够设计出合理的工艺流程。

2. 确定产品的质量标准

根据原料药的性质和用途，确定产品的质量标准，包括外观、理化指标、杂质含量等。产品的质量标准将直接影响到后续工艺流程的设计。

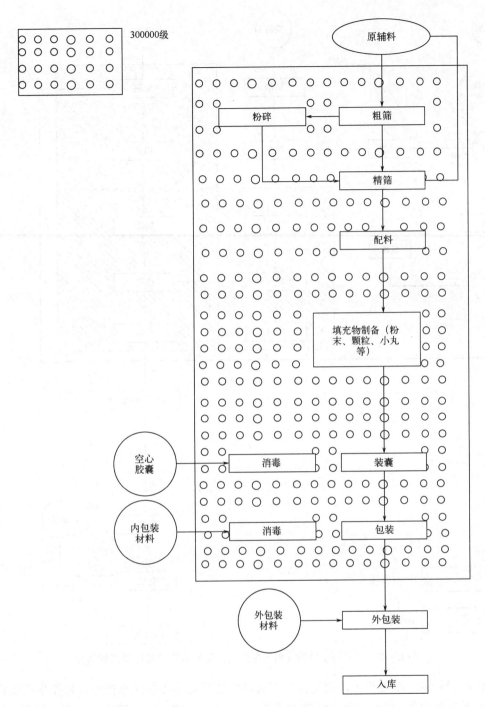

图 17-9 硬胶囊剂生产工艺流程方框图及环境区域划分

3. 设计合理的反应工艺

根据原料药的性质和用途，设计出合理的反应工艺，包括反应条件、反应时间、反应温度等。合理的反应工艺能够提高反应效率，降低生产成本。

4. 确定合理的分离工艺

在制药过程中，通常需要进行分离、纯化等操作。因此，需要设计出合理的分离工艺，包括结晶、过滤、蒸馏等操作。

5. 确定合理的制剂工艺

根据产品的用途，确定合理的制剂工艺，包括处方设计、混合、干燥、包装等操作。对选定的生产方法、工艺过程进行分析及处理，绘制工艺流程示意图、物料流程图、带控制点的工艺流程图。

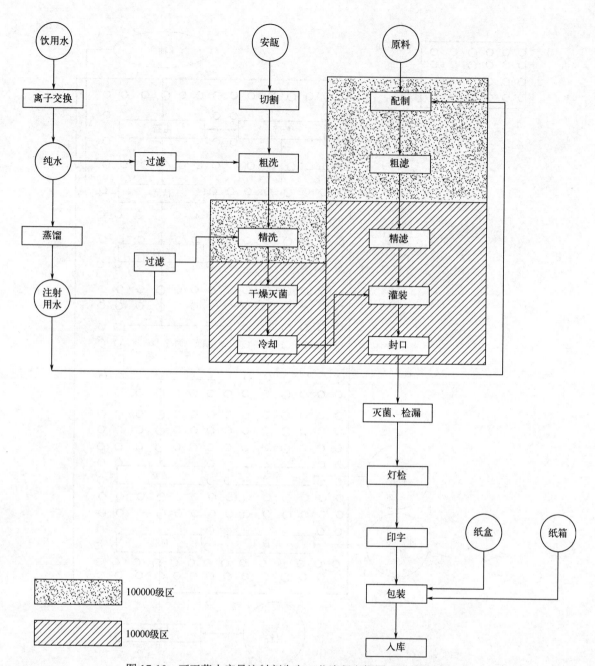

图 17-10 可灭菌小容量注射剂生产工艺流程方框图及环境区域划分

在工艺流程设计的技术处理上，根据操作方式确定连续操作还是间歇操作，根据生产操作方法确定主要制剂过程及机械设备，保持主要设备能力平衡，提高设备的利用率，确定配合主要制剂过程所需的辅助过程及设备，其他还应考虑的如物料的回收、循环、使用、节能、安全，合理选择质量检测和生产控制方法等问题。

四、工艺流程设计的原则和注意事项

1. 工艺流程设计的原则

按 GMP 要求对不同的药物制剂剂型进行分类的工艺流程设计，遵循以下原则。

① 其他如避孕药、激素、抗肿瘤药、生产用毒菌种、非生产用毒菌种、生产用细胞与非生产用细胞、强毒与弱毒、死毒与活毒、脱毒前与脱毒后的制剂的活疫苗与灭活疫苗、人血液制品、预防制品的剂型及制剂生产，按各自的特殊要求进行工艺流程设计。

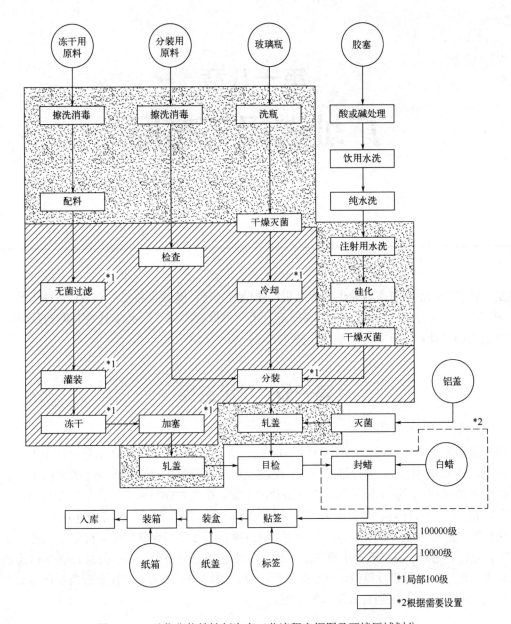

图 17-11　无菌分装粉针剂生产工艺流程方框图及环境区域划分

② β-内酰胺类药品（包括青霉素类、头孢菌素类）按单独分开的建筑厂房进行工艺流程设计。

③ 遵循"三协调"原则，即人流物流协调、工艺流程协调、洁净级别协调。正确划分生产工艺流程中生产区域的洁净区别，按工艺流程合理布置，避免生产流程的迂回，往返和人、物流交叉等。

2. 制药工艺流程设计的注意事项

(1) 安全性　在进行工艺流程设计时，首先要考虑到生产过程中的安全性。要尽量避免使用有毒、易燃、易爆等物质，确保生产过程的安全。

(2) 环保性　在工艺流程设计中，要考虑到生产过程对环境的影响，尽量减少废水、废气、废渣的排放，提高资源利用率。

(3) 经济性　工艺流程设计要考虑到生产成本，尽量降低生产成本，提高生产效率。

(4) 可行性　工艺流程设计要考虑到生产设备的可行性，确保工艺流程可以在现有设备条件下顺利进行。

(5) 可控性　工艺流程设计要求生产过程能够进行有效的控制，确保产品符合质量标准。

在进行工艺流程设计时，需要考虑到安全性、环保性、经济性、可行性和可控性等因素。只有充分考虑到这些因素，才能够设计出合理的工艺流程，确保药品的质量和安全。

第十八章
厂址选择与布局

药品是一种特殊商品，国家为强化对药品生产的监督管理，确保药品安全有效，开办药品生产企业除必须按照国家关于开办生产企业的法律法规规定，履行报批程序外，还必须具备开办药品生产企业的条件；同时对企业的选址和厂区布局也提出了要求。

第一节　厂址选择

厂址选择是根据拟建工程项目所必须具备的条件，结合制药工业特点，在拟建地区范围内，进行详尽的调查和勘测，并多方案比较，提出推荐方案，编制成厂址选择报告书，经上级主管部门批准后，即可确定厂址具体位置的过程。厂址选择是制药企业筹建的前提，是基本建设前期工作的重要环节。厂址选择涉及许多部门，是一项政策性和科学性很强的综合性工作。在厂址选择时，应充分考虑周全，必须采取科学、慎重的态度，更应严格按照国家的有关规定，规范执行，必须结合建厂的实际情况及建厂条件，进行调查、比较、分析、论证，最终确定出理想的厂址。厂址选择是否合理，不仅关系到该项制药企业筹建项目的建设速度、建设投资和建设质量，而且关系到项目建成后的经济效益、社会效益和环境效益，并对国家和地区的工业布局与城市规划有着深远的影响。

一、厂址选择的基本原则

1. 厂区选址的重要性

医药企业新建厂区所在地的区域、位置决定了企业生产运营成本、产品质量和服务质量，因此新建厂区的选址尤为重要。

厂址选择的
基本原则

医药企业的厂区选址是工程项目开始的第一步，也是企业发展和扩大的首要条件。厂区选址对建成后的生产经营费用、产品质量和成本都有重大而长远的影响。厂区选址不当所带来的不良后果是无法通过后期加强和完善管理等措施来弥补的。

厂区选址的概念包含两个层次，即厂区选址的区位选择和厂区位置确定。区位选择，即选择什么地区（区域）作为厂区。位置确定，即完成区位选择后，在该区位内选择具体的位置完成厂区的建设。医药企业厂区位置选择需要综合考虑，选择大气含尘、含菌浓度低，无有害气体，自然环境好的区域。远离铁路、码头、机场、交通要道，以及散发大量粉尘和有害气体的工厂、储仓、堆场等严重空气污染、水质污染、震动或噪声干扰的区域。生产所需洁净厂房的新风口与市政交通干道近基地侧道路红线之间的距离不宜小于 50 m。厂区选址时，除了考虑上述因素外，还需要充分考虑多方面的影响因素。

2. 影响医药生产企业厂区选址的因素

医药企业在进行厂区选址时，不但要满足《药品生产质量管理规范》（2010年修订版）第三十八条和第三十九条规定，同时还需要考虑的其他因素，如安全因素、经济因素、政治因素和社会因素等。厂区选址时必须仔细权衡所列出的各种因素，通过分析选出与厂区选址紧密相关的因素，以便在决策时分清主次，抓住关键。

（1）安全因素　由于医药企业生产产品的特殊性，其产品安全成为企业发展的重要因素。综合分析安全因素，涉及政治、环境、生产过程等多个方面。在厂区选址阶段，除政治因素外，环境因素成为主要安全因素。环境因素包括外界环境与厂区选址之间的相互影响两个方面。

① 环境因素对厂区选址的影响：需要根据生产产品类型、生产特点等，综合考虑厂区选址区域的环境是否满足安全生产的需要。

② 设施选址对环境的影响：医药生产企业设施选址时需综合考虑地理位置、自然环境、基础设施、建筑要求、法律法规以及环境保护措施等多个方面，在确保生产活动顺利进行的同时，最大限度地减少对环境的负面影响。应符合环境保护要求，防止污染和交叉污染，确保生产环境整洁，并采取措施降低物料或产品遭受污染的风险。

（2）经济因素　包括一次性投入和企业运营两个方面。一次性投入决定了厂区建设的投入成本；企业运营决定了厂区建成后企业生产产品的直接成本。

① 一次性投入经济因素：土地费用，建设费用等设施建设期间所发生的直接费用。

② 企业运营经济因素：运输条件与费用，劳动力可获取性与费用、能源可获取性与费用、厂址条件与相关费用和产品销售条件等诸多方面因素。

（3）政治因素　政治因素及其运行状况是企业运营环境中的重要组成部分。政治因素会给企业运营带来显著的影响，同时影响企业生存和发展的其他因素也会因为政治因素的不同而对企业产生不同的影响。政治因素包括政治局面是否稳定，法制是否健全，税收是否公平，国家相关部门是否对企业运营提供相应优惠政策等。对于境外设施选址，政治局面是否稳定是一项重要的安全因素，这将直接决定企业能否正常运营和持续发展。

（4）社会因素　包括居民生活环境、文化教育水平、宗教信仰、收入水平。厂区选址区域的居民的接受程度、宗教信仰、建厂地方的生活条件和水平决定了企业对职工的吸引力，以及当地能否提供保障企业正常运营的人力和人才。

3. 一般选择制药厂址时应遵循的原则

（1）贯彻执行国家的方针政策　选择厂址时，必须贯彻执行国家的方针、政策，遵守国家的法律法规。厂址选择要符合国家的长远规划及工业布局、国土开发整治规划和城镇发展规划。

（2）正确处理各种关系　选择厂址时，要从全局出发，统筹兼顾，正确处理好城市与乡村、生产与生态、工业与农业、生产与生活、需要与可能、近期与远期等关系。

（3）注意制药工业对厂址选择的特殊要求　由于厂址对药厂环境的影响具有先天性，因此，选择厂址时必须充分考虑药厂对环境因素的特殊要求。工业区应设在城镇常年主导风向的下风向，但考虑到药品生产对环境的特殊要求，药厂厂址应设在工业区的上风位置，厂址周围应有良好的卫生环境，无有害气体、粉尘等污染源，也要远离车站、码头等人流、物流比较密集的区域。

其中洁净厂房还应满足以下要求：

① 一般有洁净厂房的药厂，厂址宜选在大气含尘、含菌浓度低，无有害气体，周围环境较洁净或绿化较好的地区。

② 有洁净厂房的药厂厂址应远离码头、铁路、机场、交通要道以及散发大量粉尘和有害气体的工厂、储仓、堆场等严重空气污染、水质污染、震动或噪声干扰的区域。如不能远离严重空气污染区时，则应位于其最大频率风向的上风侧，或全年最小频率风向的下风侧。

（4）充分考虑环境保护和综合利用　保护生态环境是我国的一项基本国策，企业必须对所产生的污染物进行综合治理，不得造成环境污染。制药生产中的废弃物很多，从排放的废弃物中回收有价值的资源，开展综合利用，是保护环境的一个积极措施。

对药品生产企业来讲，不能选择不利于药品生产的环境，应避开粉尘、烟气和有害有毒气体，远离霉菌和花粉传播源。

有些药品生产企业本身产生的"三废"可能会对周围环境产生严重影响，需要同时考虑，要考虑环境保护义务，要能有足够的渠道和空间进行"三废"处理，并满足国家有关环境保护标准。

安全生产对药品生产企业来讲非常重要，特别是化学原料药的生产厂家。选择厂址时除应严格按照国家有关规定、规范执行外，还要保持和相邻企业或其他设施的安全距离，如防火、防爆要求距离等。

(5) 节约用地　我国是一个山地多、平原少、人口多的国家，人均可耕地面积远远低于世界平均水平。因此，选择厂址时要尽量利用荒地、坡地及低产地，少占或不占良田、林地。厂区的面积、形状和其他条件既要满足生产工艺合理布局的要求，又要留有一定的发展余地。

(6) 具备基本的生产条件　厂址的交通运输应方便、畅通、快捷，水、电、气、原材料和燃料的供应要方便。

水是生产的必需条件，质量良好的充足水源，对药品生产非常重要，良好的水源质量能大大降低生产企业水制造系统的运转成本，提高药品质量（特别是对输液、注射剂等液体制剂企业尤为重要）。

不间断的电力、足够的电源供应，对于药品生产也很重要，如果电力供应不正常、不稳定或供应达不到标准，将会对药品生产工艺和药品质量带来非常大的负面影响。一般药品生产企业要求有复路电源，确保动力来源的稳定可靠。

考虑到药品生产企业物流的特殊性，在物料的运输方面可能需要专门的通道（特别是生物药，如涉及细菌、化学药或毒品等），这个通道必须与人流通道分开，再加上药品生产企业运输较频繁，为了减少差错与混淆，在厂址选择时，应充分考虑道路的设置与交通便利，以避免运输过程中对厂区产生不利影响。

选厂址时还应考虑防洪，必须高于当地最高洪水位 0.5 m 以上。厂址的地下水位不能过高，地质条件应符合建筑施工的要求，地耐力宜在 150 kN·m²。

厂址的自然地形应整齐、平坦，这样既有利于工厂的总平面布置，又有利于场地排水和厂内的交通运输。

此外，厂址不能选在风景名胜区、自然保护区、文物古迹区等特殊区域。

制药企业的品种相对来讲是比较多的，而且更新换代也比较频繁。随着市场经济的发展，每个药厂必须考虑长远的规划发展，决不能图眼前利益，所以在选择厂址时应有考虑余地。

4. 厂区选址的常用方法

(1) 负荷距离法　在若干个候选方案中，选定一个使总负荷（货物、人或其他）移动距离最小的方案。企业根据生产运营特点将货物或人作为厂区选址的主要考察因素，以此主要因素来计算各备选方案的实际距离，通过实际距离实现关键运营费用的有效计算，指导完成厂区的选址工作。

(2) 因素评分法　将厂区选址、生产运营中各种不同因素进行综合考虑，是使用最广泛的一种厂区选址模式。为了降低主观判断风险，避免判断失误，在实际运用中将主要影响因素进行分析、梳理，进而再细化各主要影响因素的分支影响因素，如此逐层细化，完成对影响因素的分析。在影响因素分析表中，根据各层级因素的重要程度进行分值定义，完成影响因素评分表。通过决策团队的综合评审打分形成的因素分析结果将有效减少判断误差，提高厂区选址决策的科学度。

(3) 盈亏分析法　又称生产成本比较分析法。根据各方案的投资额度不同，投产以后根据原材料、燃料、动力等变动成本的差异进行综合核算，利用损益平衡分析法的原理，以投产后生产成本的高低作为比较的标准，选出适宜的厂区选址方案。

(4) 选址度量法　一种既考虑定量因素，又考虑定性因素的方法。通过分析影响厂区选址的各种因素，并进行主观、客观分类。通过对主观、客观因素的比重值、度量值的计算，选出各厂区选址方案中可行性最大的方案。

(5) 重心法　一种利用物理重心原理完成设施选址的模拟方法，多用于布置单个设施，主要考虑现有设施之间的距离和需要运输的货物量。重心法经常应用于中间仓库的选择。重心法将物流系统中的需求点和资源点看成是分布在某一平面范围内的物流系统，将各点的需求量和资源量分别看成物体的重量，把物体系统的重心作为物流网点的最佳设置点，从而利用求物体系统重心的方法来确定物流网点的位置。

新建厂区的选址是一个十分复杂的过程，要找到一个满足各方面要求的厂址是十分困难的。因此在厂址选择过程中，需要根据企业的性质、运营模式等权衡利弊，综合考虑各方面因素，选择适合企业发展的合理选址区域和位置，完成新厂建设，助力企业发展。

二、厂址选择程序

厂址选择的一般程序包括组织准备、技术调研、实地勘察、方案比较等。

（1）组织准备　成立选址工作组，由勘察、设计、城市建设、环境保护、交通运输、水文地质等专业人员及地方有关部门人员共同组成，并根据工程项目的性质和内容不同有所侧重。

（2）技术调研

① 选址指标。由总投资、占地面积、建筑面积、职工总数、原材料及能源消耗、协作关系、环保设施和施工条件等构成。同时收集其地形、地势、地质、水文、气象、地震、资源、动力、交通运输、给水、排水、公用设施和施工条件等资料。

② 选址提纲。选址工作人员根据拟建项目的设计任务书，及审批机关对拟建项目选址的指标和要求，制定选址工作计划、编制厂址选择指标和收集有关资料的提纲。

③ 初步选定厂址。对拟建项目进行初步分析，确定工厂组成，估算厂区外形和占地面积，绘制出总平面布置示意图，并在图中注明各部分的特点和要求，作为初步的厂址选择。

（3）实地勘察　对拟选定的厂址分析建厂的可行性和现实性。不仅要勘察自然条件，而且要考察厂址周围环境的技术经济条件，并制定出厂址选择的比较方案。是厂址选择的最关键环节。

（4）方案比较　根据厂址选择的基本原则，对拟定的若干个厂址选择方案进行综合分析和比较，提出厂址的推荐方案，并对存在的问题提出建议。

方案比较的主要内容包括自然条件、建设投资和经营费用。

① 自然条件：包括厂址的位置、面积、地形、地势、地质、水文、气象、交通运输、公用工程、协作关系、移民和拆迁等因素。

② 建设投资：包括土地补偿和拆迁费用、土石方工程量及给水、排水、动力工程等设施建设费用。

③ 经营费用：包括原料、燃料和产品的运输费用、污染物的治理费用以及给水、排水、动力等费用。

三、厂址选择报告

厂址选择报告由工程项目的主管部门会同建设单位和设计单位共同编制，由国家主管部门或者省（自治区、直辖市）地方主管部门审查批准。

厂址选择报告的内容如下。

① 概述：说明选址的目的与依据、选址工作组成员及其工作过程。

② 主要技术经济指标：包括总投资、占地面积、建筑面积、职工总数、原料及能源消耗、协作关系、环保设施和施工条件等。

③ 厂址条件：包括地理位置、地形、地势、地质、水文、气象、面积等自然条件及土地征用、拆迁、原材料的供应、动力、交通运输、给排水、环保工程和公用设施等技术经济条件。

④ 厂址选择方案推荐：根据对厂址选择方案的综合比较结果，结合当地政府及有关部门的意见，提出厂址选择的推荐方案。

⑤ 结论和建议：论述推荐方案的优缺点，对所存在的问题提出建议，并对厂址选择作出结论性的意见。

⑥ 附件。

a. 厂址的区域位置图（如图18-1）和地形图。

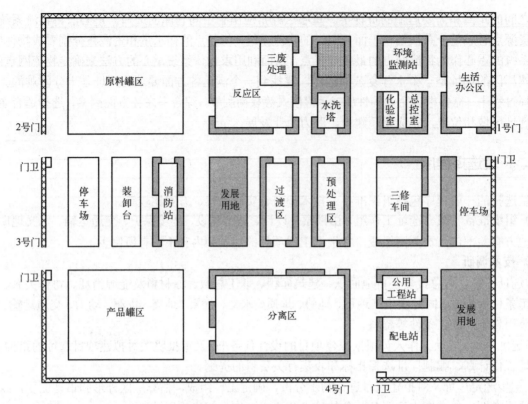

图 18-1　某公司厂址选择区域图

b. 厂址的地质、水文、气象、地震等调查资料。

c. 厂址的总平面布置示意图。

d. 厂址的环境资料及工程项目对环境的影响评价报告。

e. 厂址的有关协议文件、证明材料和有关的会议纪要。

四、厂址选择示例

下面将通过案例来分析说明厂址的选择（图 18-2）。

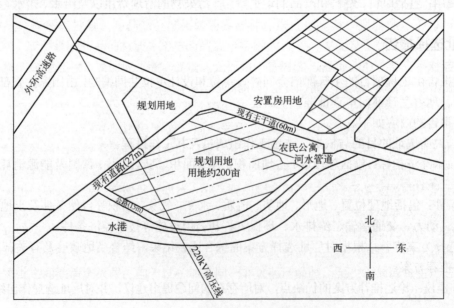

图 18-2　某企业规划厂址选址图

1. 项目概况

某制药企业规划建造大规模厂房（规划用地约 200 亩），用作药品生产。规划厂房地块位于郊区某主干道旁。地块所处环境信息如下所述。

规划用地东北一侧：地块东北一侧有一宽 4～5 m 生活污水管网，距离约 10 m；农民公寓若干，距离约 20 m；郊区某主干道，距离约 60 m。

规划用地西北一侧：已建成的高架公路一条，距离约 300 m。

规划用地西南一侧：有一条高压线穿过；有一条规划路，距离约 15 m。

2. 项目分析

本项目存在环境污染缺陷问题，选址不适宜作药品生产厂房。具体分析如下。

(1) 严重水污染　东北一侧横跨一条生活污水管网，存在严重的污染源（且处于上风向）。

(2) 严重空气污染　东北一侧、西北一侧距离马路太近，路面散发大量粉尘，存在严重空气污染，且厂房内易产生明显震感和噪声。

(3) 生活污染　东北一侧距离民房太近；西南一侧距离规划道路间距太小。

五、厂址选择报告的审批

大、中型工程项目，如编制设计任务书时已经选定了厂址，则有关厂址选择报告的内容可与设计任务书一起上报审批。在设计任务书批准后选址的，大型工程项目的厂址选择报告需经相关部门审批。中、小型工程项目，应按项目的隶属关系，由国家主管部门或省（自治区、直辖市）审批。

厂址选择是工程项目设计和建设的基本前提条件。厂址选择涉及许多部门，往往矛盾较多，是一项政策性和科学性很强的综合性工作。

厂址选择是工程项目投产后取得效益的必要条件，厂址选择是否合理，不仅关系到工程项目建设速度、建设投资和建设质量，也关系到项目建成后的经济效益、社会效益以及环境效益，而且对国家和地区的工业布局和城市规划，有着深远的影响。

第二节　厂区布局

一、厂区布局设计的意义

制药企业实施 GMP 是一项系统工程，涉及设计、施工、管理、监督等方方面面，其中的每一个环节，都有国家法令、法规的约束，必须依律而行。而工程设计作为实施 GMP 的第一步，其重要地位和作用更不容忽视。

设计是一门涉及科学、技术、经济和国家方针政策等多方面因素的综合性应用技术，制药企业厂区平面布局设计要综合工艺、通风、土建、水、电、动力、自动控制、设备等专业的要求，是各专业之间的有机结合，是整个工程的灵魂。设计是药品生产形成的前期工作，因此，需要进行论证确认。设计时应主要围绕药品生产工艺流程遵守《药品生产质量管理规范》中有关对硬件要求的规定。"药品质量是设计和生产出来的"，这一原则是科学原理，也是人们在进行药品生产的实践中总结出来并深刻认识的客观规律。制药企业应该像对主要物料供应商质量体系评估一样，对医药工程设计单位进行市场调研，选择好医药工程设计单位；并在设计过程中集思广益，把重点放在设计方案的优化、技术先进性的确定、主要设备的选择上。

厂区平面布局设计是工程设计的一个重要组成部分，其方案是否合理直接关系到工程设计的质量和建设投资的效果。总平面布置的科学性、规范性、经济合理性，对工程施工会有很大的影响。科学合理的总平面布置可以大大减少建筑工程量，节省建筑投资。加快建设速度，为企业创造良好的生产环境，提供良好的生产组织经营条件。总平面设计不协调、不完善，不仅会使工程项目的总体布局紊乱、不合理，建设投资增加，而且项目建成后还会带来生产、生活和管理上的问题，甚至影响产品质量和企业的经营效益。厂区平面布局设计不仅要与 GMP 认证结合起来，更主要的是要把"认证通过"与"生产优质高效的药品"的最终目标结合起来。在厂区平面布局设计方面，应该把握住"合理、先进、经济"三原则，也就是设计方案要科学合理，能有效地防止污染和交叉污染；采用的药品生产技术要先进；而投资费用要经济节约，降低生产成本。

二、厂区划分

药品生产厂区一般分为生产区、质量控制区、仓储区、辅助区与厂房设施、预留规划区等。各功能区及设计技术要点如下。

1. 生产区

应考虑产能的匹配及预留扩产的可能性，设置合理的人流和物流，应采用先进的工艺技术，保证前瞻性，尽可能采取自动化、智能化管理，功能区面积足够，能防止污染与交叉污染的发生。生产特殊性质的药品，如高致敏性药品（如青霉素类）或生物制品（如卡介苗或其他用活性微生物制备而成的药品），必须采用专用和独立的厂房、生产设施和设备。

2. 质量控制区

功能间应满足需要，与生产车间、仓储区较近，充分考虑通风，保证检测环境和有效节能，应设置书写区，持续稳定性考察依据稳定性样品数量，可考虑采用专用房间代替稳定性考察箱，也可用密集柜方式留样以节省空间。

3. 仓储区

通常设有原料库、中间体库、成品库、五金库、标签区、取样区等专区，原料库、中间体库、成品库包括阴凉库、常温库、冷库。应设有消防及通风、防鼠防虫等设施，确保仓储区安全、卫生和正常运行。

4. 办公及生产区

生活区应与生产区分开，办公区有行政办公室、会议区、培训室、接待区、资料室等；生活区包括厨房、配餐、宿舍、活动设施等，设计应考虑其活动不得对生产带来不利的影响与污染。

5. 公用设施

包括机修间、电力间、制水间、热力间、空调间、空压间、除尘间、弱电设施、特殊气体间等。公用设施的设计应满足生产工艺的需要，并不得对生产带来不利的影响与污染。

6. 危险品库

应考虑乙醇、油类、化学试剂等易燃易爆危险物料的安全存放，应按危险品库设计规范要求进行选址和设计，且在整个厂区空调新风口的下风处。控制人员进出，保持避光、通风、监控状态，并与周边设施保持一定的安全距离。

7. 锅炉房及污水站

应设置在厂区常年风向的下风向，与生产厂房保持一定距离，其烟尘或气味不能对生产车间产生不良影响。污水站布置时，还须考虑地势高度的影响，宜设置在相对低洼处。

8. 人流、物流

厂区须设置独立的人流和物流出入口，物流口宜与厂区仓储区相靠近；人流与物流不得交叉，若在生产区设置参观通道，应考虑员工通道与参观通道不相互干扰，合理布局。

9. 室外管网

室外管网包括雨水管、污水管、电线（缆）、通信线（弱电）、蒸汽管、水管等，其布置方式好坏直接影响厂区的美观。室外工艺管网布置可采用地埋管道沟方式和高架管道桥方式。在实际设计与施工时，尤其要注意雨水管和污水管应分设，不交叉混流。

三、厂区设计原则

厂区设计原则

每个城镇或区域一般都有一个总体发展规划，对该城镇或区域的工业、农业、交通运输、服务业等进行合理布局和安排。城镇或区域的总体发展规划，尤其是工业区规划和交通运输规划，是所建企业的重要外部条件。因此，在进行厂区总体平面设计时，设计人员一定要了解项目所在城镇或区域的总体发展规划，使厂区总体平面设计与该城镇或区域的总体规划相适应。

1. 满足生产要求、工艺流程合理

生产厂房包括一般厂房和有空气洁净度级别要求的洁净厂房。一般厂房按一般工业生产条件和工艺要求，洁净厂房按《药品生产质量管理规范》的要求。预防污染是厂房规划设计的重点。制药企业的洁净厂房必须以微粒和微生物两者为主要控制对象，这是由药品及其生产的特殊性所决定的，所以设计与生产都要坚持控制污染的主要原则。GMP 的核心就是预防生产中药品的污染、交叉污染、混批、混杂。

总平面设计原则就是依据 GMP 的规定创造合格的布局、合理的生产场所。具体地讲，交叉污染是指通过人流、工具传送、物料传输和空气流动等途径，将不同品种药品的成分互相干扰、污染，或是因人工、器具、物料、空气等不恰当的流向，让洁净级别低的生产区的污染物传入洁净级别高的生产区，造成交叉污染。混杂，是指因平面布局不当及管理不严，造成不合格的原料、中间体及半成品的继续加工，误当作合格品而包装出厂，或生产中遗漏任何生产程序或控制步骤。

工艺布局遵循"三协调"原则，即人流物流协调，工艺流程协调，洁净级别协调。洁净厂房宜布置在厂区内环境清洁、人流物流不穿越或少穿越的地段，与市政交通干道的间距宜大于 100 m。车间、仓库等建（构）筑物应尽可能按照生产工艺流程的顺序进行布置，将人流和物流通道分开，并尽量缩短物料的传送路线，避免与人流路线的交叉。

同时，应合理设计厂内的运输系统，努力创造优良的运输条件和效益。在进行厂区总体平面设计时，应面向城镇交通干道方向做企业的正面布置，正面的建（构）筑物应与城镇的建筑群保持协调。厂区内占地面积较大的主厂房一般应布置在中心地带，其他建（构）筑物可合理配置在其周围。工厂大门至少应设两个，如正门、侧门和后门等，工厂大门及生活区应与主厂房相适应，以方便职工上下班。

对有洁净厂房的药厂进行总平面设计时，设计人员应对全厂的人流和物流分布情况进行全面分析和预测，合理规划和布置人流和物流通道，并尽可能避免不同物流之间以及物流与人流之间的交叉往返。厂区与外部环境之间以及厂内不同区域之间，可以设置若干个大门。为人流设置的大门，主要用于生产和管理人员出入厂区或厂内的不同区域；为物流设置的大门，主要用于厂区与外部环境之间以及厂内不同区域之间的物流输送。无关人员或物料不得穿越洁净区，以免影响洁净区的洁净环境。

2. 充分利用厂址的自然条件

总平面设计应充分利用厂址的地形、地势、地质等自然条件，因地制宜，紧凑布置，提高土地的利用率。若厂址位置的地形坡度较大，可采用阶梯式布置，这样既能减少平整场地的土石方量，又能缩短车间之间的距离。当地形、地质受到限制时，应采取相应的施工措施，既不能降低总平面设计的质量，也不能留下隐患，否则长期会影响生产经营。

3. 考虑企业所在地的主导风向、减少环境污染

有洁净厂房的药厂址不宜选在多风沙地区，周围的环境应清洁，并远离灰尘、烟气、有毒和腐蚀性气体等污染源。如实在不能远离时，洁净厂房必须布置在全年主导风向的上风处。总平面设计应充分考虑地区的主导风向对药厂环境质量的影响，合理布置厂区及各建（构）筑物的位置。厂址地区的主导风向是指风吹向厂址最多的方向，可从当地气象部门提供的风玫瑰图查得。风玫瑰图表示一个地区的风向和风向

频率。风向频率是在一定的时间内，某风向出现的次数占总观测次数的百分比。风玫瑰图在直角坐标系中绘制，坐标原点表示厂址位置，风向可按 8 个、12 个或 16 个方位指向厂址，如图 18-3 所示。

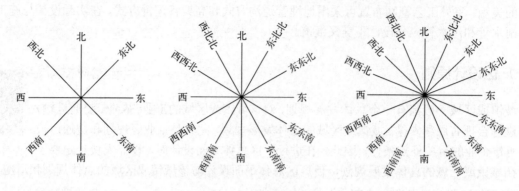

图 18-3　风向方位

　　当地气象部门根据多年的风向观测资料，将各个方向的风向频率按比例和方位标绘在直角坐标系中，并用直线将各相邻方向的端点连接起来，构成一个形似玫瑰花的闭合折线，这就是风玫瑰图。

　　图 18-4 为北京地区全年风向的风玫瑰图，图中虚线表示夏季的风玫瑰图。原料药生产区应布置在全年主导风向的下风侧，而洁净区则应布置在常年主导风向的上风侧，以减少有害气体和粉尘的影响。工厂烟囱是典型的灰尘污染源。按照污染程度的不同，烟囱烟尘的污染范围可分为"严重污染区""较重污染区"和"轻污染区"。

　　如图 18-5 所示，Ⅰ区所代表的六边形区域为严重污染区，Ⅱ区所代表的六边形区域（不含Ⅰ区）为较重污染区，其余区域为轻污染区。因此，对有洁净厂房的工厂进行总平面设计时，不仅要处理好洁净厂房与烟囱之间的风向位置关系，而且要与烟囱保持足够的距离。严重污染区（Ⅰ区）：以烟囱为顶点，以主导风向为轴，两边张角 90°，长轴为烟囱高度的 12 倍，短轴与长轴相垂直为烟囱高度的 6 倍，所构成的六边形为严重污染区。较重污染区（Ⅱ区）：与Ⅰ区有同样的原点和主轴，该区长轴相当于烟囱的 24 倍，短轴相当于烟囱的 12 倍，所构成的六边形中扣除Ⅰ区即为较重污染区。轻污染区（Ⅲ区）：烟囱顶点下风

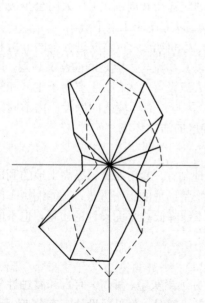

图 18-4　北京全年风向的风玫瑰图

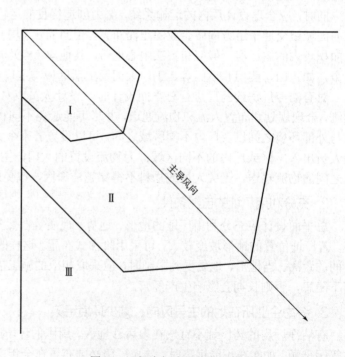

图 18-5　烟囱烟尘污染分区模式图

Ⅰ—严重污染区；Ⅱ—较重污染区；Ⅲ—轻污染区

向直角范围内除去Ⅰ区、Ⅱ区之外的区域。工业设施排放到大气中的污染物，一般多为粉尘、烟雾和有害气体，其中煤烟在大气中的扩散有时甚至可以影响自地表面起 300 m 高度和水平距离 1～10 km。有洁净室的工厂在总体设计时，除了处理好厂房与烟囱之间的风向位置关系外，其间距不宜小于烟囱高度的 12 倍。

必须指出，以上研究只是对烟囱污染状况做了相对区域划分，每个烟囱会依其源强、风力及周围情况等因素而影响不同。

道路既是震动源和噪声源，又是主要的污染源。道路尘埃的水平扩散，是总体设计中研究洁净厂房与道路相互位置关系时必须考虑的一个重要方面。道路不仅与风速、路面结构、路旁绿化和自然条件有关，而且与车型、车速和车流量有关。下面是一个课题组对道路尘源影响范围的研究：该道路为沥青路面，两侧无路肩和人行道，无组织排水，路边有少量柳树及少量房屋，两侧为农田，附近无足以影响测试的其他尘源，与路边不同距离 1.2 m 高处含尘浓度测定结果如表 18-1 所示，根据道路烟尘浓度的衰减趋势，道路两侧的污染区也可分为"严重污染区""较重污染区"和"轻污染区"。对一般道路而言，距离路边 50 m 以内的区域为严重污染区，50～100 m 的区域为较重污染区，100 m 以外的区域为轻污染区。因此，有洁净厂房的工厂应尽量远离铁路、公路和机场。在总平面设计时，洁净厂房不宜布置在主干道两侧，要合理设计洁净厂房周围道路的宽度和转弯半径，限制重型车辆驶入，路面要采用沥青、混凝土等不易起尘的材料构筑，露土地面要用耐寒草皮覆盖或种植不产生花絮的树木。

表 18-1 道路污染的影响

机动车平均流量/（辆/h）	平均风速/（m/s）	与路边不同距离 1.2 m 高处空气含尘浓度（10 次平均）/（mg/m³）					
871	1.8	0 m	10 m	25 m	50 m	100 m	150 m
滤膜计重测定结果		1.558	1.781	1.498	0.630	0.220	0.350
滤膜计重测定结果浓度比		1.0	1.13	0.96	0.40	0.14	0.22
粒子计重测定结果		81256	74468	74482	93541	47021	—
粒子计重测定结果浓度比		1.0	0.92	0.92	0.91	0.58	—

4. 全面考虑远期和近期建设，应留有发展余地

总平面设计要考虑企业的发展要求，留有一定的发展余地。分期建设的工程，总平面设计应一次完成，且要考虑前期工程与后续工程的衔接，然后分期建设。

5. 考虑防火防爆

注意防震防噪声、确保安全工厂建（构）筑物的相对位置初步确定以后，就要进一步确定建筑物的间距。决定建筑物的因素主要有防火、防爆、防毒、防尘等防护要求和通风、采光等卫生要求，还有地形、地质条件、交通运输、管线等综合要求。

（1）卫生要求 应将卫生要求相近的车间集中布置，将产生粉尘、有害气体的车间布置在厂区下风的边缘地带。注意建筑物的方位、形状，保证天然采光和自然通风。

（2）防火要求 建筑物的防火间距是根据所生产产品的火灾危险性、建筑物的耐火等级、建筑面积、建筑层数等因素确定的。依据建筑构件所用材料的燃烧性能，建筑物的耐火等级分为四级，见表 18-2。

表 18-2 厂房的防火间距

耐火等级	防火间距/m		
一、二级	10	12	14
三级	12	14	16
四级	14	16	18

总的来说，制药企业必须有整洁的生产环境，生产区的地面、路面及运输不应对药品生产造成污染；厂房设计要求合理，并达到生产所要求的质量标准；还应考虑到生产扩大的拓展可能性和变换产品的机动灵活性。总之要做到：环境无污染、厂区要整洁、区间不妨碍、发展有余地。

四、设计注意要点

厂区设计要针对具体品种的特殊性，在总体布局上严格划分区域，特别是一些特殊品种，在总平面设计时，除了遵循上述原则外，还应注意以下设计要点。

生产β-内酰胺类药品的厂房与其他厂房严格分开，生产青霉素类药品的厂房不得与生产其他药品的厂房安排在同一建筑物内。避孕药品、激素类、抗肿瘤类化学药品的生产也应使用专用设备，厂房应装有防尘及捕尘设施，空调系统的排气应经净化处理。生产用菌毒种与非生产用菌毒种、生产用细胞与非生产用细胞、强毒与弱毒、死毒与活毒、脱毒前与脱毒后的制品和活疫苗、人血液制品、预防制品等的加工或灌装不得同时在同一厂房内进行，其储存要严格分开。

药材的前处理，提取，浓缩（蒸发）以及动物脏器、组织的洗涤或处理等生产操作，不得与其制剂生产使用同一厂房。

实验动物房与其他区域严格分开。

生产区应有足够的平面和空间，并且要考虑与邻近操作的适合程度与通信联络。有足够的地方合理安放设备和材料，使工作人员能有条理地进行工作，从而防止不同药品的中间体之间发生混杂，防止由其他药品或其他物质带来的交叉污染，并防止遗漏任何生产或控制事故的发生。除了生产工艺所需房间外，还要合理考虑以下房间的面积，以免出现错误：存放待检原料、半成品室的面积；中间体化验室的面积；设备清洗室的面积；清洁工具间的面积；原辅料加工、处理室的面积；存放待处理的不合格原材料、半成品室的面积。

仓库的安排：根据工艺流程，在仓库与车间之间设置输送原辅料的进口及输送成品的出口，使之运输距离最短，要注意到洁净厂房使用的原辅料、包装材料及成品待验仓库宜与洁净厂房布置在一起，有一定的面积；若生产品种较多，可将仓库设于中央通道一侧，使之方便将原辅料分别送至各生产区及接收各生产区的成品，多层厂房一般将仓库设在底层或紧贴多层建筑的单层厂房内。

物料的储存：物料储存场所应设置能确保与其洁净级别相适应的温度、湿度和洁净度控制的设施；不仅洁净级别分区，而且物料也应分区；原辅料、半成品、成品以及包装材料的储存区也应分区；待验品、合格和不合格品应有足够的面积存放，并严格分开。储存区与生产区的距离要尽量缩短，以减少途中污染。

实际上，总体规划的厂区布置是个总纲，十分重要，必须要在一定程度上给生产管理、质量管理和检验等带来方便和保证。

五、厂区总体设计的内容

厂区总体设计的内容繁杂，涉及的知识面很广，影响因素很多，矛盾也错综复杂，因此在进行厂区总体设计时，设计人员要善于听取和集中各方面的意见，充分掌握厂址的自然条件、生产工艺特点、运输要求、安全和卫生指标、施工条件以及城镇规划等相关资料，按照厂区总体设计的基本原则和要求，对各种方案进行认真的分析和比较，力求获得最佳设计效果。

工程项目的厂区总体设计一般包括以下内容：

1. 平面布置设计

平面布置设计是总平面设计的核心内容，其任务是结合生产工艺流程特点和厂址的自然条件，合理确定厂址范围内的建（构）筑物、道路、管线、绿化等设施的平面位置。

2. 立面布置设计

立面布置设计是总平面设计的一个重要组成部分，其任务是结合生产工艺流程特点和厂址的自然条件，合理确定厂址范围内的建（构）筑物、道路、管线、绿化等设施的立面位置。

3. 运输设计

根据生产要求、运输特点和厂内的人流、物流分布情况，合理规划和布置厂址范围内的交通运输路线和设施。厂区内道路的人流、物流分开与保持厂区清洁卫生关系很大。药品生产所用的原辅料、包装材料、燃料等，成品，废渣还要运出厂外，运输相当频繁。假如人流物流分不清，灰尘可以通过人流带到车间；物流若不设计在离车间较远的地方，对车间污染就很大。洁净厂房周围道路要宽敞，能通过消防车辆；道路应选用整体性好、起尘少的覆面材料。

4. 管线布置设计

根据生产工艺流程及各类工程管线的特点，确定各类物流、电气仪表、采暖通风等管线的平面和立面位置。

5. 绿化设计

由于药品生产对环境的特殊要求，药厂的绿化设计就更为重要。随着制药工业的发展和GMP在制药工业中的普遍实施，绿化设计在药厂总平面设计中的重要性越来越显著。绿化有滞尘、吸收有害气体与抑菌、美化环境等作用，符合GMP要求的制药厂都有比较高的绿化率。绿化设计是总平面设计的一个重要组成部分，应在总平面设计时统一考虑。

绿化设计的主要内容包括绿化方式选择、绿化区平面布置设计等。要保持厂区清洁卫生，首要的一条要求就是生产区内及周围应无露土地面。这可通过草坪绿化及其他手段来实现。一般来说，洁净厂房周围均有大片的草坪和常绿树木。有的药厂一进厂门就是绿化区，几十米后才有建筑物。在绿化方面，应以种植草皮为主；选用的树种宜常绿，不产生花絮、绒毛及粉尘，也不要种植观赏花木、高大乔木，以免花粉对大气造成污染，个别过敏体质的人很可能过敏。

水面也有吸尘作用。水面的存在既能美化环境，还可以起到提供消防水源的作用。有些制药厂选址在湖边或河流边，或者建造人工喷水池，就是这个道理。

没有绿化，或者暂时不能绿化又无水面的地表，一定要采取适当措施来避免地面露土。例如，覆盖人工草皮或鹅卵石等。而道路应尽量采用不易起尘的柏油路面，或者混凝土路面。目的都是减少尘土的污染。

6. 土建设计

土建设计的通则：车间底层的室内标高，不论是多层或单层，应高出室外地坪0.5～1.5 m。如有地下室，可充分利用，将冷热管、动力设备、冷库等优先布置在地下室内。新建厂房的层高一般为2.8～3.5 m，技术夹层净高1.2～2.2 m，仓库层高4.5～6.0 m，一般办公室、值班室高度为2.6～3.2 m。厂房层数的考虑应根据投资较省、工期较快、能耗较少、工艺路线紧凑等要求，以建造单层大框架大面积的厂房为好。其优点是：①大跨度的厂房，柱子减少，分隔房间灵活、紧凑，节省面积；②外墙面积较少，能耗少，受外界污染也少；③车间布局可按工艺流程布置得合理紧凑，生产过程中交叉污染的机会也少；④投资省、上马快，尤其对地质条件较差的地方，可使基础投资减少；⑤设置安装方便，物料、半成品及成品的输送，有利于采用机械化运输。多层厂房虽然存在一些不足，例如有效面积少（因楼梯、电梯、人员净化设施占去不少面积）、技术夹层复杂、建筑载荷高、造价相对高，但是这种设计安排也不是绝对的，常常有片剂车间设计成二至三层的例子，这主要考虑利用位差解决物料的输送问题，从而可节省运输能耗，并减少粉尘。

土建设计应注意的问题：地面构造重点要解决一个基层防潮的性能问题。地面防潮，对在地下水位较高的地段建造厂房特别重要。地下水的渗透能破坏地面面层材料的黏结。解决隔潮的措施有两种：一是在地面混凝土基层下设置膜式隔气层；二是采用架空地面，这种地面形式对今后车间局部改造改动下水管道较方便。

7. 特殊房间的设计

特殊房间的设计主要包括实验动物房的设计、称量室的设计、取样间的设计。

8. 厂房防虫等设施的设计

我国《药品生产质量管理规范》第四十三条规定："厂房、设施的设计和安装应当能够有效防止昆虫和其它动物进入。"昆虫及其他动物的侵扰是造成药品生产中污染和交叉污染的一个重要因素。具体的防范措施是：纱门纱窗（与外界大气直接接触的门窗），门口设置灭虫灯，草坪周围设置灭虫灯，厂房建筑外设置隔离带，入门处外侧设置空气幕等。

(1) 灭虫灯 主要为黑光灯，诱虫入网，达到灭虫目的。

(2) 隔离带 在建筑物外墙之外约 3 m 宽内可铺成水泥路面，并设置几十厘米深与宽的水泥排水沟，内置沙层和卵石层，可适时喷洒药液。

(3) 空气幕 在车间入门处外侧安装空气幕，并投入运转。做到"先开空气幕、后开门"和"先关门、后关空气幕"。也可在空气幕下安挂轻柔的条状膜片，随风飘动，防虫效果较好。也可以建立一个规程，使用经过批准的药物，以达到防止昆虫和其他动物干扰的目的，达到防止污染和交叉污染的目的。

在制药企业所在地区的生态环境中，可以请教生物学专家及防疫专家有哪些可能干扰药厂环境的昆虫及其他动物；在实践中黑光灯诱杀昆虫的标本，应予记录，并可供研究。仓库等建筑物内可设置"电猫"及其他防鼠措施。

六、厂区总体设计的技术经济指标

根据厂区总体设计的依据和原则，有时可以得到几种不同的布置方案。为保证厂区总体设计的质量，必须对各种方案进行全面的分析和比较，其中的一项重要内容就是对各种方案的技术经济指标进行分析和比较。总设计的技术经济指标包括全厂占地面积、堆场及作业场占地面积、建（构）筑物占地面积、建筑系数、道路长度及占地面积、绿地面积及绿地率、围墙长度、厂区利用系数和土石方工程量等。其中比较重要的指标有建筑系数、厂区利用系数、土石方工程量等。

1. 建筑系数

建筑系数＝［建（构）筑物占地面积+堆场、作业场占地面积］÷厂占地面积×100%

建筑系数反映了厂址范围内的建筑密度。建筑系数过小，不仅占地多，而且会增加道路、管线等的费用；但建筑系数也不能过大，否则会影响安全、卫生及改造等。制药企业的建筑系数一般可取 25%～30%。

2. 厂区利用系数

建筑系数尚不能完全反映厂区土地的利用情况，而厂区利用系数则能全面反映厂区的场地利用是否合理。

厂区利用系数＝［建（构）筑物、堆场、作业场、道路、管线的总占地面积］÷全厂占地面积×100%

全厂占地面积厂区利用系数是反映厂区场地有效利用率高低的指标。制药企业的厂区利用系数一般为 60%～70%。

3. 土石方工程量

如果厂址的地形凹凸不平或自然坡度太大，则需要平整场地。平整场地所需的土石方工程量越大，则施工费用就越高。因此，要现场测量挖土填石所需的土石方工程量，尽量少挖少填，并保持挖填土石方量的平衡，以减少土石方的运出量和运入量，从而加快施工进度，减少施工费用。

4. 绿地率

由于药品生产对环境的特殊要求，保证一定的绿地率是药厂总平面设计中不可缺少的重要技术经济指标。

厂区绿地率＝［区集中绿地面积+建（构）筑物与道路网及围墙之间的绿地面积］÷全厂占地面积×100%

七、厂区总体平面布置图

在总体布局上应注意各部门的比例适当，如占地面积、建筑面积、生产用房面积、辅助用房面积、仓储用房面积、露土和不露土面积等。还应合理地确定建筑物之间的距离。建筑物之间的防火间距与生产类别及建筑物的耐火等级有关，不同的生产类别及建筑物的不同耐火等级，其防火间距不同。危险品仓库应置偏僻地带。实验动物房应与其他区域严格分开，其设计建造应符合国家有关规定。

1. 总图布置的要求

① 应与区域总体发展规划相适应。

② 应与生产工艺流程要求相适应。

③ 应与厂址自然条件特点相适宜。

④ 应与地区常年主导风向相适配。

⑤ 应与工厂长远发展规划相适应。

2. 总图布置的内容

(1) 总平面布置设计　结合生产工艺流程的特点和厂址的自然条件，合理确定厂址范围内的建（构）筑物、交通道路、管路、绿化及美化等设施的平面位置。

(2) 总立面布置设计　结合生产工艺流程的特点和厂址的自然条件，合理确定厂址范围内的建（构）筑物、交通道路、管线、绿化等设施的立面位置。

(3) 建筑群区域设计　根据生产、管理和生活的需要，以主体车间为中心，分别对生产、辅助生产、公用系统、行政管理及生活设施归类分区；并结合安全、卫生、管路、交通运输和绿化的特点，将建筑群区域划分为若干个联系紧密而性质相近的单元。生产区域单元包括生产车间、辅助车间、仓库、动力、公用工程、环保工程。

(4) 交通及运输设计　根据生产要求、交通运输特点和厂内人流、物流分布情况，合理规划和布置厂址范围内的交通运输的路线和设施，同时要设计消防和安全通道。

(5) 管路的布置设计　根据生产工艺流程及各类工程管线的特点，确定各类物流、电气仪表、采暖、通风等管路的平面和立面位置。

(6) 绿化及美化设计　主要内容包括绿化方式的选择、绿化区平面布置设计，并在总平面设计时统一协调考虑。

(7) 总图布置的成果　总平面布置示意图是根据生产工艺流程和厂区的自然条件绘制的建（构）筑物、交通道路、管路及绿化等的总平面布置方案图。

(8) 总平面设计施工图　在总平面布置示意图的基础上，明确规定各建（构）筑物、交通道路、管路及绿化等的相对关系及标高，能满足现场施工的需要。

3. 总图布置的依据

总图布置的内容繁杂，涉及的知识面很广，影响因素很多，矛盾也错综复杂。因此，在进行总图布置时，设计人员要善于听取和集中各方面的意见，充分掌握厂房厂址的自然条件、生产工艺特点、运输要求、安全和卫生要求、施工条件以及城镇规划等相关资料，按照总图布置、设计的基本原则和要求，对各种方案进行认真的分析和比较，力求获得最佳设计效果。其依据主要有以下几点：

① 上级部门下达的设计任务书。

② 建设单位提供的有关设计委托资料。

③ 有关的设计规范和标准。

④ 医药厂房厂址选择报告。

⑤ 有关的设计基础资料，如设计规模、产品方案、生产工艺流程、车间组成、运输要求、劳动定员等生产工艺资料以及厂址的地形、地势、地质、水文、气象、面积等自然条件资料。

总图布置是厂址选择与布局的一个重要组成部分，其方案是否合理直接关系到整个厂房设计的质量和建设投资的效果。总图布置不协调、不完善，不仅会使工程项目的总体布局紊乱、不合理，建设投资增加，而且项目建成后还会带来生产、生活和管理上的问题，甚至影响产品质量和企业的经营效益。

4. 总图布置示例

对制药厂厂区进行区域划分后，即可根据各区域的建筑物组成和性质特点进行总平面布置。

图 18-6 为某药厂的总平面布置图，制药厂厂址所在位置的全年主导风向为东南风，因此，办公区、生活区均布置在东南上风处，多种制剂车间布置在原料药生产区的上风处，而原料药生产区则布置在下

风处。库区布置在厂区西侧，且原料仓库靠近原料药生产车间，包装材料仓库和成品仓库靠近制剂车间，以缩短物料的运输路线。全厂分别设有物流出入口、人流出入口和自行车出入口，人流、物流路线互不交叉。在办公区和正门之间规划了 3 片集中绿地，出入厂区的人流可在此处集散，并使人有置身于园林之感。制药厂厂区主要道路的宽度为 10 m，次要道路的宽度为 4 m 或 7 m，采用发尘量较少的水泥路面。制药厂绿化设计按 GMP 的要求，以不产生花絮的树木为主，并布置大面积的耐寒草皮，起到减尘、减噪、防火和美化的作用。

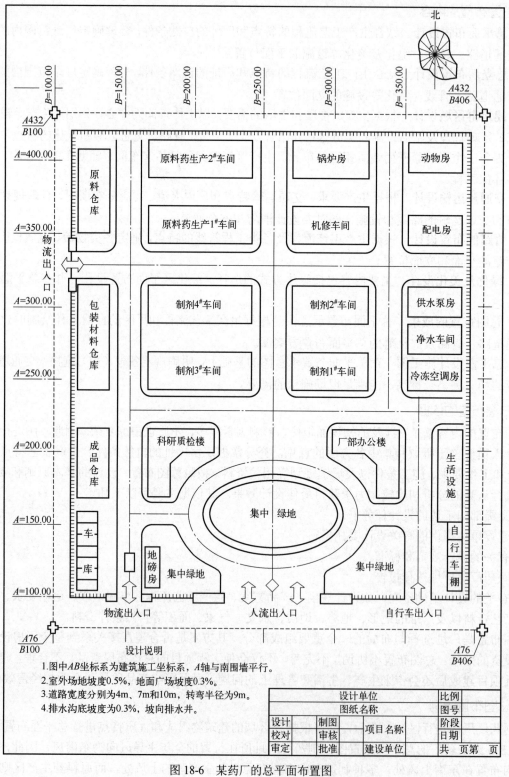

图 18-6　某药厂的总平面布置图

图 18-6 中的 AB 坐标系为建筑施工坐标系，A 轴与西围墙平行。在总平面布置中，为准确标定建（构）筑物的位置，常采用地理测量坐标系或建筑施工坐标系。

(1) 地理测量坐标系　又称为 XY 坐标系，该坐标系以南北向增减为 X 轴，东西向增减为 Y 轴。在 XY 坐标系中作间距为 50 m 或 100 m 的方格网，并标定出厂址和各建筑物的地理位置。

(2) 建筑施工坐标系　若制药厂厂区和建筑物的方位不是正南正北方向，即与地理测量坐标网不是平行的，而存在一定的方位角差时，用地理测量坐标网对厂区或建筑物进行定位，就必须经过烦琐的换算，很不方便，为减少厂区和建筑物定位时的麻烦，总平面设计常采用与厂区和建筑物方位一致的建筑施工坐标系。建筑施工坐标系的坐标轴分别用 A 和 B 表示，故又称为 AB 坐标系。在 AB 坐标系中作间距为 50 m 或 100 m 的方格网，并标定出厂址和各建筑物的地理位置。由于 AB 坐标系以厂区或建筑物的方位为坐标轴，故在确定厂区和建筑物的位置时可避免烦琐的换算，并给现场施工放线带来了方便。

第十九章
工艺设备选型和设计

第一节 概 述

一、工艺设备选型与设计

流程设计是核心，而设备选型及其工艺设计，则是工艺流程设计的主体，因为先进工艺流程能否实现，往往取决于提供的设备是否相适应。因此，选择适当型号的设备，设计符合要求的设备，是保证生产任务完成、获得良好效益的重要前提。其目的是确保生产过程的顺利进行，提高生产效率，同时确保生产过程的安全性、环保性和经济性。

工艺设备选型与设计的核心在于根据生产工艺要求，选择合适的生产设备，并对其进行设计。这一过程不仅涉及设备的选择，还包括设备的安装、布置和设计，以确保整个生产流程的顺畅进行。具体来说，工艺设备选型与设计的意义体现在以下几个方面：

（1）确保生产过程的顺利进行 通过合理的设备选型和设计，可以确保生产过程中的每个环节都得到有效的管理和控制，从而保证生产过程的顺利进行。

（2）提高生产效率 选型和设计时，会考虑到设备的性能、生产能力等因素，以最大限度地提高生产效率，满足市场需求。

（3）保障生产安全 通过合理的设备设计和选型，可以减少生产过程中的安全隐患，保障员工的安全。

（4）促进环保和节能 在设备选型和设计时，会考虑到设备的环保性能和节能效果，以减少对环境的影响。

（5）提高经济效益 合理的设备选型和设计可以降低生产成本，提高产品质量，从而提升企业的经济效益。

综上所述，工艺设备选型与设计是为了实现生产过程的优化，确保生产的顺利进行，同时考虑安全和环保因素，以实现经济效益的最大化。

二、工艺设备的分类和来源

按照标准化的情况，设备又可分为标准设备（即定型设备）和非标准设备（即非定型设备）。标准设备是一些设备厂家成批、成系列生产的设备，是现成可以买到的；而非标准设备则是需要专门设计的特殊设备，根据工艺要求，通过工艺及机械计算而设计，然后提供给有关工厂进行制造。选择设备时，应尽量选择标准设备。只有在特殊情况下，才按工艺提出的条件去设计制造设备，而且在设计非标准设备时，对于已有标准图纸的设备，设计人员只需根据工艺需要确定标准图图号和型号，不必自己设计，以节省非标准设备施工图的设计工作量。标准设备可从产品目录、样本手册、相关手册、期刊广告和网上查到其规格和牌号。

三、工艺设备选型与设计的任务

工艺设备设计与选型的任务主要有：

① 确定单元操作所用设备的类型这项工作要根据工艺要求来进行，如制药生产中遇到的固液分离是采用过滤机还是离心机。

② 根据工艺的要求决定所有工艺设备的材料。

③ 确定标准设备的型号或牌号及台数。

④ 对于已有标准图纸的设备，确定标准图的图号和型号。

⑤ 对于非定型设备，通过设计与计算，确定设备的主要结构及其主要工艺尺寸，提出设备设计条件单。

⑥ 编制工艺设备一览表。当设备选择与设计工作完成后，将该成果按定型设备和非定型设备编制设备一览表（格式如表 19-1 所示），作为设计说明书的组成部分，并为下一步施工图设计及其他非工艺设计提供必要的条件。

表 19-1　综合工艺设备一览表

（设计单位）	工程名称		综合设备一览表	编制　年　月　日		工程号	
	设计项目			校核　年　月　日		序号	
	设计阶段			审核　年　月　日		第　页	共　页

序号	设备分类	设备位号	备称	主要规格型号材料	面积/m²或容积/m³	附件	数量	重量/kg	价格/元	图纸图号或标准图号	设计或定购	保温		安装图号	制造厂家	备注
												材料	厚度			

施工图设计阶段的设备一览表是施工图设计阶段的主要设计成果之一，由于在施工图设计阶段非标准设备的施工图纸已经完成，设备一览表可以填写得十分准确和详尽。

设备选型与
设计的原则

四、设备选型与设计的原则

基本原料经过一系列的单元反应和单元操作制得原料药，原料药通过加工得到各种剂型，这一系列化学变化和物理操作是在设备中进行的。设备不同，提供的条件不一样，对工程项目的生产能力、作业的可靠性、产品的成本和质量等都有重大的影响。因此，在选择设备时，要选用运行可靠、高效、节能、操作维修方便、符合 GMP 要求的设备。

选用设备时要贯彻先进可靠、经济合理、系统最优等原则。

1. 充分考虑生产工艺的要求

设备的选择和设计必须充分考虑生产工艺的要求，包括以下内容：①选用的设备能与生产规模相适应，并应获得最大的单位产量；②能适应产品品种变化的要求，并确保产品质量；③操作可靠，能降低劳动强度，提高劳动生产率；④有合理的温度、压力、流量、液位的检测、控制系统；⑤符合环境保护要求。

2. 符合 GMP 要求

满足《药品生产质量管理规范》中有关设备选型、选材的要求。

3. 设备要成熟可靠

工业生产中，把不成熟或未经生产考验的设备用于设计是不允许的。同时，要选用的设备在材质方面也要求是可靠的。对于从国外引进的设备也不例外。对于生产中需使用的关键设备，一定要广泛调研，到设备生产和使用工厂去考察，在调查研究和对比的基础上，做出科学的选定。

4. 满足设备结构上的要求

(1) 具有合理的强度　设备的主体部分和其他零件，都要有足够的强度，以保证生产和人身安全，一般在设计时常将各零件做成等强度的，这样最节省材料，但有时也有意识地将某一零件的承载能力设计得低一些，当过载时，这个零件首先破坏而使整个设备不受损坏，这种零件称为保安零件，如反应釜上的防爆片。

（2）具有足够的刚度　设备及其构件在外压作用下能保持原状的能力称为刚度。例如，塔设备中的塔板、受外压的容器壳体、端盖等都要满足刚度要求。

（3）具有良好的耐腐蚀性　制药生产过程中所用的基本原料、中间体和产品等大多有腐蚀性，因而所选的设备应具有一定的耐腐蚀能力，使设备具有一定的使用寿命。

（4）满足工艺要求　由于药品生产过程中需处理的物料很多易燃、易爆、有毒，因此设备应有足够的密封性，以免泄漏造成事故。

（5）易于操作。

（6）易于运输　容器的尺寸、形状及质量等应考虑到水陆运输的可能性。对于大型、特重的容器可分段制造、分段运输、现场安装。

5. 要考虑技术经济指标

（1）生产强度　是指设备的单位体积或单位面积在单位时间内所能完成的任务。通常，生产强度越高，设备的体积就越小，但是，有时会影响效率、增加能耗，因而应综合起来合理选择。

（2）消耗系数　设备的消耗系数是指生产单位质量或单位体积的产品所消耗的原料和能量。显然，消耗系数越小越好。

（3）设备价格　尽可能选择结构简单、制造容易的设备；尽可能选用材料用量少、材料价格低廉的或贵重材料用量少的设备；尽可能选用国产设备。

（4）管理费用　设备结构简单，易于操作、维修，以便减少操作人员、维修费用。

（5）系统上要最优　选择设备时，不可因为某一个设备的合理而造成总体问题，要考虑它对前后设备及全局的影响。

五、工艺设备选型与设计的阶段

在药厂设计中，工艺设备的设计和选型非常重要，直接关系到产品的质量。制药设备可分为机械设备和化工设备两大类。一般说来，原料药生产以化工设备为主，以机械设备为辅；药物制剂生产以机械设备为主，以化工设备为辅。

目前制剂生产剂型有片剂、针剂、粉针剂、胶囊剂、冲剂、口服液、栓剂、膜剂、软膏剂、糖浆剂等多种剂型，每生产一种剂型都需要一套专用生产设备。

制剂专用设备有两种形式：一种是单机生产，由操作者衔接和运送物料，完成整个生产过程，如片剂、冲剂等基本上是这种生产形式，其生产规模可大可小，比较灵活，容易掌握，但受人的影响因素较大，效率较低；另一种是联动生产线，基本上是将原料和包装材料加入，通过机械加工、传送和控制，完成生产，如输液剂、粉针剂等，其生产规模较大，效率高，但操作、维修技术要求较高，对原材料、包装材料质量要求高，一处出毛病就会影响整个联动线的生产。

工艺设备设计与选型分两个阶段。第一阶段的设备设计可在生产工艺流程草图设计前进行，包括以下内容：①定型机械设备和制药机械设备的选型；②计量贮存容器的计算；③定型化工设备的选型；④确定非定型设备的形式、工艺要求、台数、主要规格；⑤编制工艺设备一览表。第二阶段的设备设计可在流程草图设计中交错进行。重视生产过程中的技术问题，如过滤面积、传热面积、干燥面积、蒸馏塔板数及各种设备的主要尺寸等。至此，所有工艺设备的类型、主要尺寸和数量均已确定。

在制剂设备与选型中应注意：①用于制剂生产的配料、混合、灭菌等主要设备和用于原料药精制、干燥、包装的设备，其容量应与生产批量相适应；②生产中发尘量大的设备如粉碎、过筛、混合、制粒、干燥、压片、包衣等设备应附带防尘围帘和捕尘、吸粉装置，经除尘后排入大气的尾气应符合国家有关规定；③干燥设备进风口应有过滤装置，出风口应有防止空气倒流装置；④洁净室内应尽量避免使用敞口设备，若无法避免时，应有避免污染措施；⑤设备的自动化或程控设备的性能及准确度应符合生产要求，并有安全报警装置；⑥应设计或选用轻便、灵巧的物料传送工具；⑦不同洁净级别区域传递工具不得混用，10000级洁净室使用的传输设备不得穿越其他较低级别区域；⑧不得选用可能释出纤维的药液过滤装置，否则须另加非纤维释出性过滤装置，禁止使用含石棉的过滤装置；⑨设备外表不得采用易脱落的涂层；⑩生产、加工、包装青霉素等强致敏性药物，某些甾体药物，高活性、有毒有害药物的生产设备必须专用等。

六、工艺设备的设计内容

1. 定型设备的设计内容

定型设备选择步骤工艺设备种类繁多、形状各异，不同设备的具体计算方法和技术在各种有关化工、制药设备的书籍、文献和手册中均有叙述。对于定型设备的选择，一般可分为如下四步进行：①通过工艺选择设备类型和设备材料；②通过物料计算数据确定设备大小、台数；③所选设备的检验计算，如过滤面积、传热面积、干燥面积等的校核；④考虑特殊事项。

2. 非定型设备的设计内容

非定型设备设计的内容工艺设备应尽量在已有的定型设备中选择，这些设备来源于各设备生产厂家，若选不到合适的设备，再进行设计。非定型设备的工艺设计是由工艺专业人员负责，提出具体的工艺设计要求及设备设计条件单，然后提交给机械设计人员进行施工图设计。设计图纸完成后，返回给工艺人员核实条件并会签。

工艺专业人员提出的设备设计条件单，包括以下内容：

(1) 设备示意图 设备示意图中标示出设备的主要结构类型、外形尺寸、重要零件的外形尺寸及相对位置、管口方位安装条件等。

(2) 技术特性指标 ①设备操作时的条件，如压力、温度、流量、酸碱度、真空度等；②流体的组成、黏度和相对密度等；③工作介质的性质（如是否有腐蚀、易燃、易爆、毒性等）；④设备的容积，包括全容积和有效容积；⑤设备所需传热面积，包括蛇管和夹套等；⑥搅拌器的类型、转速、功率等；⑦建议采用的材料。

(3) 管口表 管口表注明设备示意图中管口的符号、名称和公称直径。

(4) 设备的名称、作用和使用场所。

(5) 其他特殊要求 表 19-2 所示是某非定型设备的设计条件单示例。设备示意图如图 19-1。技术特性指标及管口表示例如表 19-3。

表 19-2 设备设计条件单示例

工程项目		设备名称	储槽	设备用途	高位槽
提出专业	工艺	设备型号		制单	

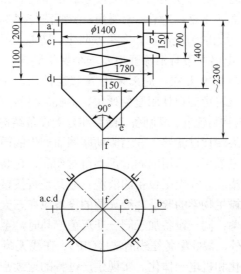

图 19-1 设备示意图示例

表 19-3 技术特性指标及管口表示例

技术特性指标			管口表		
操作压力		常压	编号	用途	管径
操作温度		22～25℃	a	进口	DN 50
介质	体内	溶剂油	b	回流口	DN 70
	蛇管内	冷却水	c	冷却水入口	DN 25
腐蚀情况		无	d	冷却水出口	DN 25
冷却面积		0.18 m²	e	出口	DN 50
操作容积		2.3 m³	f	放净口	DN 70
计算容积		2.5 m³			
建议采用材料		Q235-A			

制剂设备的
选型与设计

第二节 制剂设备选型、设计

一、制剂设备的选型与设计

制剂专用设备设计与选型的主要依据和设计通则，最终将体现在药厂具体生产中，因此，选型是否合理，是否符合企业工艺生产特点，便于操作、维修，特别是该设备是否符合 GMP 要求，将很大程度影响药厂今后的生产和进一步发展。

1. 工艺设备设计选型的主要依据

该设备符合国家有关政策法规，可满足药品生产的要求，保证药品生产的质量，安全可靠，易操作、维修及清洁，该设备的性能参数符合国家、行业或企业标准，与国际先进制药设备具有可比性，与国内同类产品相比具有明显的技术优势，具有完整的、符合标准的技术文件。

2. 制药设备 GMP 设计通则的具体内容

制药设备在 GMP 这一特定条件下的产品设计、制造、技术性能等方面，应以设备 GMP 设计通则为纲，以推进制药设备 GMP 规范的建立和完善，其具体内容如下：①设备的设计应符合药品生产及工艺的要求，安全、稳定、可靠，易于清洗、消毒或灭菌，便于生产操作和维修保养，并能防止差错和交叉污染。②设备的材质选择应严格控制。与药品直接接触的零部件均应选用无毒，耐腐蚀，不与药品发生化学变化，不释出微粒，或不吸附药品的材质。③与药品直接接触的设备内表面及工作零件表面，尽可能不设计有台、沟及外露的螺栓连接。表面应平整、光滑、无死角，易清洗与消毒。④设备应不对装置之外的环境构成污染，鉴于每类设备所产生污染的情况不同，应采取防尘、防漏、隔热、防噪声等措施。⑤在易燃、易爆环境中的设备，应采用防爆电器并设有消除静电及安全保险装置。⑥对注射制剂的灌装设备除应处于相应的洁净室内运行外，要按 GMP 要求，局部采用 A 级层流洁净空气和正压保护，完成各个工序。⑦药液、注射用水及净化压缩空气管道的设计应避免死角、盲管。材料应无毒，耐腐蚀。内表面应经电化学抛光，易清洗。管道应标明管内物料流向。其制备、储存和分配设备结构上应防止微生物的滋生和传染。管路的连接应采用快卸式连接，终端设过滤器。⑧当驱动摩擦而产生的微量异物及润滑剂无法避免时，应对其机件部位实施封闭并与工作室隔离，所用的润滑剂不得对药品、包装容器等造成污染。对于必须进入工作室的机件也应采取隔离保护措施。⑨无菌设备的清洗，尤其是直接接触药品的部位和部件必须灭菌，并标明灭菌日期，必要时要进行微生物学的验证。经灭菌的设备应在三天内使用，同一设备连续加工同一无菌产品时，每批之间要清洗灭菌；同一设备加工同一非灭菌产品时，至少每周或每生产三批后进行全面清洗。设备清洗除采用一般方法外，最好配备在线清洗（CIP）、在线灭菌（SIP）的洁净、灭菌系统。⑩设备设计应标准化、通用化、系列化和机电一体化。实现生产过程的连续密闭，自动检测，是全面实施设备

GMP 要求的保证。涉及压力容器，除符合上述要求外，还应符合 GB150—2011"压力容器"的有关规定。

二、制剂设备设计与选型的步骤及注意要点

1. 制剂设备选型的步骤

制剂设备选型的步骤首先了解所需设备的大致情况，是国产还是引进，使用厂家的使用情况，生产厂家的技术水平等。其次是搜集所需资料，目前国内外生产制剂设备的厂家很多，技术水平和先进程度也各不一样，一定要做全面比较。再次，要核实和生产要求是否一致。最后到设备生产厂家了解生产条件和技术水平及售后服务等。总之，首先要考虑设备的适用性，使用能达到药品生产质量的预期要求，能够保证所加工的药品具有最佳的纯度、一致性的设备。根据上述调查研究的情况和物料衡算结果，确定所需设备的名称、型号、规格、生产能力、生产厂家等，并造表登记。在选择设备时，必须充分考虑设计的要求及各种定型设备和标准设备的规格、性能、技术特征、技术参数、使用条件、设备特点、动力消耗、配套的辅助设施、防噪声和减震等有关数据及设备的价格，此外还要考虑工厂的经济能力和技术素质，必须考虑需要与可能。一般先确定设备的类型，然后确定其规格。每台新设备正式用于生产之前，必须要做适用性分析（论证）和设备的验证工作。

制剂设备设计与选型的步骤

2. 注意要点

在制剂设计与选型中应注意：①用于制剂生产的配料、混合、灭菌等主要设备和用于原料药精制、干燥、包装的设备，其容量应与生产批量相适应。②对生产中发尘量大的设备如粉碎、过筛、混合、制粒、干燥、压片、包衣等设备应附带防尘围帘和捕尘、吸粉装置，经除尘后排入大气的尾气应符合国家有关规定。③干燥设备进风口应有过滤装置，出风口有防止空气倒流装置；洁净室（区）内应尽量避免使用敞口设备，若无法避免时，应有避免污染措施。④设备的自动化或程控设备的性能及准确度应符合生产要求，并有安全报警装置。⑤应设计或选用轻便、灵巧的物料传送工具（如传送带、小车等）。⑥不同洁净级别区域传递工具不得混用，B 级洁净室（区）使用的传输设备不得穿越其他较低级别区域。⑦不得选用可能释出纤维的药液过滤装置，否则须另加非纤维释出性过滤装置，禁止使用含石棉的过滤装置；设备外表不得采用易脱落的涂层；生产、加工、包装青霉素等强致敏性药物，某些甾体药物，高活性药物，有毒药物的生产设备必须专用等。

3. 制剂设备设计应实现机械化、自动化、程控化和智能化

制药工业的发展取决于制剂工艺与制药工程的进步。制剂设备与制剂工艺、制剂工程有密切关系。制剂工程包含了制剂设备、制剂工艺，也体现在制剂设备上。由于制剂工业 GMP 达标是个复杂的系统工程，因此我国制剂设备的设计与制造应该沿着标准化、通用化、系列化和机电一体化方向发展，以实现生产过程的连续密闭、自动检测，这是全面实施设备 GMP 的要求和保证。同时，制剂工业 GMP 达标还是一个复杂的动态过程，随着科学技术发展所提供的技术可能性和人类对健康水平的新的追求，GMP 对制剂工业的要求将不断提高。因此，制剂设备的设计应开发新型制剂生产联动线装置、全封闭装置及全自动装置，制剂设备的设计应实现机械化、自动化、程控化和智能化的更高要求。

以无菌工艺条件最为苛刻的水针生产联动线中安瓿灌装封口机为例。首先安瓿灌装封口机的材质，要求与药液接触的零部件均应采用无毒、耐腐蚀、不与药品发生化学变化或吸附药液组分和释放异物的材质；封口方法采用燃气氧气助燃，淘汰落后的熔封式封口，采用直立或倾斜旋转拉丝式封口（钳口位置于软、硬处均可）；灌液泵选用机械泵（金属或非金属）、蠕动泵均可。在保证灌装精度的情况下，选用蠕动泵，其清洗优于机械泵；燃气系统，以适应多种燃气为佳。系统的气路分配要求均匀，控制调节有效可靠，系统中必须设置防回火装置；从结构看，灌装、封口必须在 A 级净化层流保护罩下完成，层流装置中，过滤元件上下要有足够静压分配区，出风要有分布板。缺瓶止灌机构的止灌动作要求准确可靠，基本无故障，若无此机构则不符合 GMP 要求。装量调节机构若用机械泵应设粗调和细调两功能，蠕动泵则由"电控"完成，二者装量误差必须符合有关标准。复合回转伺服机构及回转往复跟随机构是国际同类产品常用机构，其运行性能良好。设备部件应通用化和系列化，即更换少量零部件，适应多规格使用。排废

气装置的吸头位置应安排在操作者位置的对侧。控制功能应具有以下几种：联锁功能，即非层流不启动，不能进行灌装和封口操作；显示功能，即产量自动计数；层流箱风压显示调节功能，即主轴转速及层流风速能无级调速；监视功能，即发生燃气熄火自动切断气源，主机每次停机钳口自动停高位；联动匹配功能，即进瓶网带储瓶拥堵，控制停网带及洗瓶机，当疏松至一定程序后指令解除。少瓶时控制个别传送机构暂停，但已送出瓶子仍能继续进行灌装和封口，直至送入出瓶斗，状态正常后自动恢复正常操作。综上所述，只有在制剂设备的设计过程中，以系统功能优化的观念对待每个环节与部位，应用现代技术和计算机手段全面实施控制功能，才能全面符合 GMP 要求，实现制剂设备的全面 GMP 达标。因此，"智能化"时间-压力灌装系统应运而生，它由灌装软管与分流管相连接，通过软管挤压阀即可进行灌装操作，不摩擦磨损零部件。在分流管的末端装有压力传感器，操作过程由计算机控制。生产过程中控制软件是满足灌装工艺质量控制的关键，配有实际灌装参数显示装置。"智能化"时间-压力灌装系统具有更高的灌装精度，降低产品损失，保证无磨损异物存在，结构简单更适合 CIP/SIP 操作和智能化工艺控制等，它将更能满足制药工业生产 GMP 要求。

第三节　工艺设备常用材料

一、材料的常用性能

材料的性能可分为工艺性能和使用性能两类。

1. 工艺性能

工艺性能也称制造性能，反映材料在加工制造过程中所表现出来的特性。

2. 使用性能

使用性能反映材料在使用过程中所表现出来的特性，包括物理性能、化学性能和力学性能。

（1）**物理性能**　材料所固有的属性，包括密度、熔点、导电性、导热性、热膨胀性和磁性等。例如，熔点低的金属工艺性能好，便于加工；熔点高的金属可用于制造耐高温零件。

（2）**化学性能**　材料抵抗各种化学介质作用的能力，包括高温抗氧化性、耐腐蚀性等。对制药设备而言，材料的化学性能，特别是耐腐蚀性，不仅影响设备本身的寿命，而且会影响药品质量。

（3）**力学性能**　材料在外力作用下所表现出来的性能。包括强度、硬度、塑性、韧性、疲劳极限等。

① 强度：反映材料抵抗外力作用不失效、不被破坏的能力。这里的破坏对应两种情况：一种情况是发生较大的塑性变形，在外力去除后不能恢复到原来的形状和尺寸；另一种情况是发生断裂。若将断裂看成变形的极限，则强度简称为变形的抵抗能力。不论哪一种情况发生，都将导致零部件不能正常工作。

② 硬度：反映材料软硬程度的一种性能指标，是材料表面抵抗比它更硬的物体压入时所引起的塑性变形的能力。常用的硬度试验指标有布氏硬度、洛氏硬度和维氏硬度三种，分别以符号 HB、HR、HV 表示。一般情况下，硬度高的材料强度高，耐磨性好，但塑性、切削加工性较差。

③ 塑性：材料在外力作用下产生塑性变形而不破坏的能力。如果材料能发生较大的塑性变形而不断裂，则称材料的塑性好。材料塑性的好坏，对零件的加工和使用都具有十分重要的意义。

④ 韧性：材料在塑性变形和断裂的全过程中吸收能量的能力，是材料强度和塑性的综合表现。评定材料韧性的指标一般用冲击韧性，冲击韧性值越大，则材料的冲击韧性越好。

⑤ 疲劳极限：在制药机械常用零部件中，如各种轴、齿轮、弹簧、压片机的冲头等，都是在大小、方向随时发生周期性变化的交变载荷作用下工作的。这种交变载荷常常会使材料在应力小于其强度极限，甚至小于其弹性极限的情况下，经一定循环次数后，在无显著外观变形的情况下，突然发生断裂，这种现象叫作材料的疲劳。

⑥ 刚度：金属材料在受外力时抵抗弹性变形的能力。绝大多数机械零件在工作时基本上都处于弹性

变形阶段，均会发生一定量的弹性变形，但若弹性变形量过大，则工件不能正常工作。要说明的是，金属材料可通过热处理改变其组织，使材料的强度、硬度发生很大的变化，但其刚度却不会因热处理而发生明显的变化。

二、材料的选择步骤

制药机械、设备和材料是制药工业发展所必需的重要支撑。它们的质量、性能、稳定性以及安全性直接影响着制药的质量和生产效率。因此，在选用制药机械、设备和材料时应严格按照制药机械（设备）材料选用导则进行，以保证选用的材料、机械和设备质量符合要求。

1. 明确选用制药材料的先决条件

制药材料不仅要符合制剂质量和品质稳定性的要求，还要对人体安全无害，以及无影响污染的现象。因此，在选用制药材料时，应引起适当的重视。根据生产制剂的要求，选择合适的材料，要确保选用的材料符合生产工艺及工艺要求；且应考虑所选材料的成本符合生产工艺的可行性。

2. 明确选用制药机械器材的先决条件

选用制药机械、设备时应遵循选择性能稳定、工艺适用性好，以及符合"安全、易操作、经济"的要求。除了生产原料的选择之外，其实也应考虑到对生产设备或者工艺流程的适应性，同时对设备操作的人员安全和机械的耐久性也应该有所考虑。因此，在选购制药机械设备时，不能只考虑其价格因素，而应结合自身生产情况综合确定合适机械设备，提高生产效率，降低生产成本。

3. 明确选用制药用水的先决条件

制药用水是制药过程中必不可少的一个环节，根据生产工艺要求，应选择具有有机物含量低、无菌，甚至超纯水等特点的水进行生产。同时在生产过程中还应注意保证制药用水的质量性能，及时更替水质，避免因陈化引发物质变质而影响生产效率。此外，应对使用水设施及管道进行防腐和消毒，确保对生产和人体无害。

总的来说，在选购制药机械、设备和材料时，应建立完整的供应商管理体系，制定企业的科学、公正的质量标准和合理的选购、验收及评价程序，避免购买到伪劣产品，确保产品质量和生产安全。同时，应不断梳理、优化制药机械、设备和材料选购的导则，以适应不断发展的生产技术和新型制药材料的应用需求。

三、常用金属材料分类

在制药设备中，金属材料应用最为广泛：铁和以铁为基础的合金（黑色金属），如钢、铸铁和铁合金等；非铁合金（有色金属），如铜及其合金、铝及其合金、铅及其合金等。目前常用的金属材料就是不锈钢。

1. 碳钢

碳钢是含碳量小于2.11%的铁碳合金。碳钢分为碳素结构钢、优质碳素结构钢等。

2. 铸铁

铸铁含碳量（质量分数）一般在2.11%以上，并含有S、P、Si、Mn等杂质。铸铁是脆性材料，成本低廉。

3. 合金钢

合金钢是指在碳钢基础上有目的地加入某些元素所形成的钢种。合金钢按其含合金元素量的多少可分为低合金钢（含合金元素总量小于2.5%）、中合金钢（含合金元素总量5%～10%）和高合金钢（含合金元素总量大于10%）。按用途分为合金结构钢、合金工具钢和特殊性能钢。特殊性能钢分为不锈钢和耐热钢等。

4. 有色金属

① 铝及其合金：耐腐蚀性好，导热性能好，不污染物品和不改变物品颜色，并可代替不锈钢作有关设备。

② 铜及其合金：铜合金按主要合金元素的种类分为黄铜、青铜等。

四、不锈钢材料的选用

1. GMP 对制药设备材料的要求

GMP（2010 年修订）第 74 条规定："与药品直接接触的生产设备表面应当平整、光洁、易清洗或消毒、耐腐蚀，不得与药品发生化学反应、吸附药品或向药品中释放物质。"第 98 条规定："纯化水、注射用水储罐和输送管道所用材料应当无毒、耐腐蚀；储罐的通气口应当安装不脱落纤维的疏水性除菌滤器；"关于洁净区，第 312 条规定："需要对环境中尘粒及微生物数量进行控制的房间（区域），其建筑结构、装备及其使用应当能够减少该区域内污染物的引入、产生和滞留。"这些 GMP 相关文件均未见到对制药设备选材的强制性条文，GMP 对制药设备选材只作了定向的规定，而没有作具体的规定。虽然国内权威性的专著《药品生产验证指南》对一些生产过程中设备和管道的选材作了若干陈述，如类似注射用水管路材质为 316L，但这也不是具有法规性的验证规定。

2. 制药工艺对制药设备材料的要求

制药设备材料选取的一般原则是易清洗或消毒，耐腐蚀，不与药品发生化学变化或吸附药品。同时另一个选材原则是不溶性微粒的有效控制。在药品中微粒大致有尘粒、金属或其他微粒，微粒的存在直接影响药品质量，危及人们的生命安全。大量临床资料表明，如药品被 $0.7 \sim 2\ \mu m$ 的尘粒污染了，尤其是静脉注射用药，可以导致热原反应、肺动脉炎、微血栓或异物肉芽肿等，严重的会致人死亡。因此，我国药典 1985 年首次对输液不溶性微粒作出限定，规定每毫升中大于或等于 $10\ \mu m$ 的粒子不得超过 50 个，大于或等于 $25\ \mu m$ 的粒子不得超过 5 个。同时，相关文献中也明确指出：无菌性及不溶性微粒的污染是无菌原料药区别于非无菌原料药的两大主要特征，也是生产工艺的质量控制的最重要项目之一。

不溶性微粒的控制是无菌原料生产中最难控制的一项指标，每个无菌产品的不溶性微粒必须在一定的范围内，即要求每 $10\ mL$ 含 $10\ \mu m$ 及 $10\ \mu m$ 以上的不溶性微粒数应在 10 粒以下，含 $25\ \mu m$ 及 $25\ \mu m$ 以上的不溶性微粒数应在 2 粒以下（光阻法）。所列举的不溶性微粒的来源在生产过程中有四个方面，即公用设施系统、操作系统、工艺物料系统以及设备或工具系统。其中设备或用具系统不溶性微粒控制的关键与材质选用密切相关，有部分物料在材质表面作高速接触时，基于材质表面硬度低而产生一定量的金属微粒，如 316L 不锈钢表面硬度相对软，物料高速运动与相对软的材质表面接触必然产生金属微粒。为了确保不溶性微粒污染的数量就必须严格控制各个相关环节，特别是材料的选用尤为重要。

3. 制药设备中常用不锈钢材料选择

在金属材料中，奥氏体不锈钢是制药设备产品使用最为广泛的材质，常见的品种有 316L、316、304L、304 及 18-8 不锈钢，它们的共同特点便是具有耐蚀性和较好的耐热性。这些不锈钢的共性是耐蚀，而其耐蚀性是相对的，其是指在一定的外界条件和一定的腐蚀介质中具有高的化学稳定性的特性。但是，此类不锈钢在某些介质情况下使用时，就会产生晶间腐蚀、点蚀等类型的腐蚀，特别是在含 Cl 介质中极易产生腐蚀，通常采用超低碳或低碳的方法解决（即选 316L 或 304L）。然而，超低碳不是解决此类腐蚀的根本方法。

超低碳不锈钢在制药设备产品易产生的三个问题是：①当介质中 Cl⁻ 含量超过一定值时，即便是超低碳不锈钢也照样会腐蚀；②当介质中含少量 Cl⁻ 时，由于加工与处理不当，超低碳不锈钢也会腐蚀；③超低碳不锈钢由于含 C 量的减少，其综合机械性指标也相对较低，特别是表面硬度相应低，在高速与物料运行中易产生不溶性微粒。因而，要注意 316L 不是不腐蚀的不锈钢，也不是没有金属微粒产生的材质，更不要认为选了 316L 就一定符合 GMP。

（1）影响不锈钢腐蚀的因素

① 介质氯离子：Cl⁻ 含量应控制在一定值（详细可查相应材料腐蚀手册），Cl⁻ 含量超值时选用超低碳

不锈钢应慎重。在国家标准《压力容器 第 4 部分：制造、检验和验收》（GB/T 150.4—2011）中，对不锈钢容器水压试验的水的氯离子含量要求不能大于 25 mg/L（1 ppm 为百万分之一），由此可见，连水压试验对氯离子的要求都这么严格制药设备产品就更不必谈了。

② 晶间腐蚀影响因素：当温度在敏化区域外，碳原子不可能造成晶界的贫铬。只有当温度在敏化区内加热，才会造成贫铬区域。此外，还与其含碳量有关，含碳量越多其扩散量越多，碳化物形成量也越多，使得晶间腐蚀倾向渗入晶界的深度加大，从而引起晶间腐蚀。

③ 点蚀影响因素：实验证明，含铬量增加，就不会产生点蚀。但含铬量对晶间抗贫铬无益。而增加钼的量会大大提高耐点蚀能力，这与 Cl^- 结成 $MoOCl_2$ 保护膜有关，从而防止 Cl^- 穿透钝化膜。

（2）防止不锈钢腐蚀的措施

① 降低不锈钢中含碳量：可用低碳不锈钢或超低碳不锈钢，可避免或减少铬的碳化物在晶间析出，从而减少或避免晶间腐蚀。

② 固溶处理：在高温作用下使碳化物全部溶解在奥氏体中，从而消除晶间腐蚀的倾向。一般在奥氏体不锈钢采购时，可选用经过固溶处理的产品。

③ 像 316 类含 Mo 不锈钢能形成保护膜，有效地防止点蚀。

④ 材料焊接时，首选自动氩弧焊，无法时用手工氩弧焊，低电流并快速冷却，并可用水激冷却等，减少热影响区域。从而减少或避免晶间腐蚀和点蚀。

⑤ 酸洗钝化处理：材料焊后需抛光，内壁做酸洗钝化处理，使材料内表面有一层致密的钝化膜，能延缓或避免 Cl^- 穿入钝化膜而产生的点蚀现象。

⑥ 结构设计：减少焊缝或错开安排焊缝，对高温使用的材料要设法减少热膨胀结构，从而减少热影响或应力集中区域，从而减少这两类腐蚀倾向。

（3）不锈钢的不溶性微粒 在制药设备制造商与使用方中，一般比较防腐蚀方面的选材，却忽视了一项很重要的原则，那便是控制不溶性微粒方面的选材。制药设备产品使用时，有部分零件将以高速运行状态与药物直接接触从而产生磨损，磨损产生的少量金属微粒将掺入药物中。例如，万能粉碎机的粉碎主要以颗粒与碰撞靶的冲击粉碎及剪切挤压运动，对于小颗粒的粉碎，在万能粉碎机内的粉碎过程中起主要作用的是颗粒与碰撞靶的冲击粉碎（内齿圈、外齿圈、外圈碰撞环）及剪切挤压粉碎，而颗粒间的碰撞粉碎作用不明显。另一方面，物料颗粒在动齿圈、定齿圈所形成的间隙处受到强烈的剪切作用，这是物料粉碎的重要作用因素。正因为这种颗粒与靶板间存在着严重的摩擦剪切作用，使与物料直接接触零件磨损严重，从而产生其粉碎过程的不溶性杂质和金属颗粒污染的现象。特别是现有万能粉碎机与物料直接接触零件均为奥氏体不锈钢，其材质表面硬度相对其他金属较低，而万能粉碎机的动齿圈以 3000～4000 r/min 速度粉碎，极易产生金属微粒。而无菌原料药生产对不溶性杂质和金属颗粒的控制是有一定指标要求的，GMP 要求的是生产设备能确保产品可靠性。无菌原料药也不是不能选用万能粉碎机，而是视不同工况条件而定。

（4）不锈钢选择的基本原则

①与液体物料（也就是有 Cl^- 析出的场合）直接接触的零件，尤其是注射用水的管路，应选用 316L 之类的超低碳奥氏体不锈钢。②与固体物料（也就是没有 Cl^- 析出的场合）直接接触的零件，可选一般奥氏体不锈钢。③当防腐与不溶性微粒控制之间相冲突时，应以主要控制对象为先，再设法妥善处理其他方面，同时应综合考虑选用。当不锈钢达不到上述要求时，可在其他材质中优选。④选了奥氏体不锈钢则仅是防腐的开端，而不要以为就能万事大吉或符合 GMP，更重要的是确保加工工艺和钝化处理等手段能可靠应对。

制药设备产品中所选用的奥氏体不锈钢的材料常有板材、管材、棒料及铸锻件，其加工方法有冷作焊接、机加工等。在制药设备设计中，不同产品有不同的设计要求，如耐蚀、强度、刚度、硬度（耐磨性）或机加工性等。对奥氏体不锈钢来说，符合耐蚀性、强度、刚度及机加工性特点，而不能应对硬度（耐磨性）的特殊要求。因而，制药设备依据工艺与应用而综合性选定材料。

在耐蚀与不溶性微粒控制方面有其选择重点。主要考虑两点：一是被粉碎物料的硬度，一般中西药材的莫氏硬度在 1~2 之间。当被粉碎物料莫氏硬度接近 1 时，可选用 18-8 钢；当被粉碎物料莫氏硬度接近 1~2 时，可采用不锈钢表面硬度处理或采用 9Cr18Mo 等其他材料；当被粉碎物料莫氏硬度接近或大于 2 时，应考虑改用气流粉碎形式。二是在严格控制不溶性微粒要求下，制造商应积极地与使用方沟通，根据用户需求说明书对与物料直接接触零件选材方面做出设计确认（DQ）报告，DQ 的依据是磨损性试验，以确定粉碎物料运行中产生的微粒是否在这一工艺指标内。

五、制药设备非金属材料的选择

制药设备产品除金属材料外，还有一定的非金属材料，主要由非金属元素或以非金属元素为主的材料，主要有各类高分子材料（简称高聚物，如塑料、橡胶、合成纤维及部分胶黏剂等）、陶瓷材料（各种陶器、耐火材料、玻璃、水泥及新型无机非金属材料等）和各种复合材料（玻璃钢、不透性石墨等）。在选用时，大致需符合这一准则：无毒性与耐腐蚀，具体表现为使用无脱落物、与药物接触时起反应，无吸着、吸附作用，且不致改变药品的安全性、鉴别特征、含量（或效价）、质量或纯度而使之超出法定或其他既定要求。

1. 对塑料类材料的选用

在满足上述准则前提下，还要注意消毒（灭菌）时的不变形，进货材料质保书至少应有食品级的保证。制药设备产品常选用的塑料材料为以下两类。

（1）卫生级工程塑料 油尼龙（己内酰胺，加入油剂的铸造型尼龙）、尼龙（NY，常用尼龙 1010 等）、聚丙烯（PP，特别是增强性或复合性）、丙烯腈-丁二烯-苯乙烯共聚物（ABS）、聚甲醛（POM）等其他卫生级工程塑料，一般使用在不与药品直接接触的场合（有时也用在与固体制剂、粉体直接接触的场合），与药物包材外部接触作为输送零件。

（2）聚四氟乙烯材料 聚四氟乙烯（PTFE）等材料也可使用在与药品直接接触的场合。

2. 对橡胶材料的选用

在满足上述准则前提下，还要注意可消毒（灭菌）性（即不变形），进货材料质保书至少应有卫生级（或医用）的保证，常用硅橡胶，可使用在与药品直接接触的场合。

3. 对过滤材料的选用

在满足上述准则前提下，还要注意材料为不脱落纤维，不得吸附药液组分和释放异物，禁止使用含石棉的过滤器材。

制药设备材料选择选材要点总结：①制药设备选材是综合性的，既要从防止腐蚀角度出发，又要兼顾不溶性微粒控制等方面要求；②GMP 只提出制药设备选材的要求，在遵循 GMP 原则下又要综合考虑到相应工艺的具体要求与特殊点，更要针对不同使用条件合理选材；③在合理选材的同时，更要综合考虑制造加工等其他环节。

第四节 工艺设备的确认

一、概述

设备确认验证通常由预确认、安装确认、运行确认和性能确认组成。本节主要介绍的是非无菌生产用制药设备的安装确认和运行确认，即单个设备确认的一般做法，如压片机、混合机、装囊机、灌封机等；也包括由独立设备组成的包装流水线的确认，它也是通过单台设备的确认来完成的，如瓶子包装线是由数片机、旋盖机、进盒机、塑封机、照相检查系统、重量检查器等组成的。安装确认主要是对照设计安装图纸，检查设备的安装情况，如电气、控制、动力管道等。运行确认主要是证明设备能按照规定的技术指标和使用要求运行，有的设备运行确认需使用安慰剂、片子（或废片）等检测一些技术指标，如压片机、包衣锅等；有的则不需要，如混合机、制粒机等。

各种剂型的设备各有其特点，确认的内容和重点是不同的，本节只是介绍一般的做法，具体各种剂型制药设备确认的重点详见各章的内容。设备的性能确认则是证明新设备对生产的适用性，是在工艺技术指导下的试生产，往往是和生产工艺验证一起完成。生产工艺验证一定要用到设备，验证完成了，设备的性能确认也就同时完成了。无菌生产设备有许多特殊的要求，需要做许多生物挑战性试验（验证），如隧道烘箱、高压灭菌锅等，详见各章关于无菌生产验证的有关内容。

设备的安装确认和运行确认从某种角度上来说就是安装和调试。

过去通常是一个新设备到厂以后，根据说明书和样本对设备进行安装和调试，达到能够使用的目的就行了。如果是认真负责的，则还会完成一份调试报告加以说明。这种做法往往只是重视设备调试最后的结果，而缺少文件来支持结果，使得所做的工作无法得到充分的反映和证明。一旦设备经维修或移动，初始数据就会丢失，而无法很快地重新设置。

近年来，文件的标准化、格式化就显得越发的重要和必要。

二、设备的设计确认和工厂验收测试

1. 设备的设计确认

设备的设计确认即预确认，主要是对设备选型和订购设备的技术规格、技术参数和指标适用性的审查，参照机器说明书，考察它是否适合生产工艺、校准、维修保养、清洗等方面的要求，以及对供应商的优选。对设备的订购要从硬件、软件以及综合评价上进行考察。

（1）设备供应商的选择　尽管选择设备供应商的主要因素是技术和经济两项指标，但全面分析每一供应商的各方面能力亦是十分重要的，尤其是制药设备是药品生产企业的专用设备，GMP 对设备有专门的要求，应根据所选设备的生产能力及技术指标，从以下几个方面选择最合适的供应商：

① 供应商在此之前提供此类设备的经验；

② 供应商的财政稳定程度；

③ 供应商的安装保险、培训项目和试车保障；

④ 供应商的信誉；

⑤ 供应商提供技术培训的水平；

⑥ 供应商是否在所在地进行设备性能测试；

设备的设计
确认和工厂
验收测试

⑦ 供应商提供试车资料及测试保障；

⑧ 确认用户需求和设备生产环境；

⑨ 供应商的同类设备在其他厂家的使用经验；

⑩ 供应商能否保证执行交货期；

⑪ 对供应商成本进行分析；

⑫ 供应商对 GMP 的熟悉程度。

（2）设计确认的范围　包括设计选型、性能参数设定、技术文件制定等，要求其技术上有一定先进性，技术指标既要合理又要符合药典及制药工艺的要求，围绕着 GMP 基本要素开展以下各项工作。

① 检查设备选型：是否符合国家现行政策法规；是否执行了 GMP 要求，并能保证药品生产质量；功能设计上是否考虑到设备的净化功能和清洗功能；操作上是否安全、可靠、便于维修保养；是否运用了机、电、仪一体化和激光、微波、红外线等先进技术；是否具有在线检测、监控功能；对易燃、易爆设备是否考虑了有效的安全防爆装置；对设备在运行中可能发生的非正常情况是否有过载、超压报警、保护措施；设备是否满足上、下道生产工序的接口需求等。

② 检查设备性能参数：是否符合国际标准、国家标准、行业标准。性能参数是否先进、合理并具有明显的技术优势。结构设计是否合理，主要表现在：与药物接触的部位设计应平整、光滑、无棱角和凹槽，

不粘、不积，易于清洗；润滑密封装置设计合理、安全，不会对药物造成污染；对设备运行时的噪声、震动、散热、散湿等现象应有有效的解决措施；对与药物接触的材料和其他元器件的选择应符合不对药品性质、纯度和质量产生影响的要求；设备的原料包装材料和成品进出口及废次品的剔除口的设计应区分明显，不相互混淆；设备的外观设计应美观、简洁，易于操作、观察、检修。

③ 技术文件制定：是否具有完整、符合国家标准、能指导生产制造的技术文件。这里的文件所指的是技术图样、工艺资料、设计资格证明等。

2. 工厂验收测试

制药设备在投入使用前一般要经过工厂验收测试（factory acceptance testing，FAT）、安装确认、调试、运行确认、性能确认等几个步骤。FAT 一般在制造厂进行，在发货前制造厂先进行一系列试验，并得到购买方认可，为以后的安装确认（IQ）、运行确认（OQ）打下基础，若设备已安装，则 FAT 可在现场进行。FAT 包括下述所有的机械装置和电气控制系统：控制系统软件输入/输出（I/O）接口；控制系统的硬件；制造质量；物理特性，如外形、尺寸、重量、包装等；按图纸检查公用工程接口；设备的服务功能；仪器仪表质量；结构材料；润滑系统；操作程序；装配过程的测试结果和故障排除记录单；压力试验；功能测试；减压装置；清洗/钝化；仪表的校准；电路测试。

三、设备的安装确认

安装确认（IQ）是个连续的过程，是通过检验并用文件的形式证明设备的存在而且是根据设备的安装规范完成安装的，包括所有动力设施（公用工程）的长久连接。每台设备需证明所有的文件都是适用的，包括供应商所提供的图纸、备品备件清单、仪表校准方法、自己所编写的 SOP 等。

通过验证还要确定哪些是关键的制药设备（关键的制药设备是指那些与产品直接接触或者对产品质量会造成潜在影响的设备）。IQ 一经完成，所有关键设备必须纳入设备变更控制计划中。

1. 设备安装确认的范围

设备安装确认的范围包括安装设备的外观检查，测试的步骤、文件、参考资料和合格标准，以证实设备的安装确实是按照制造商的安装规范进行的。所有关键的设备必须成功地完成设备安装确认。

新设备的 IQ 必须在生产工艺验证前完成。原有设备须根据现有的文件，如图纸、操作手册、SOP 等得到演示，并决定所有的操作参数。

2. 设备安装确认的方案

设备安装确认之前，先要拟定一个方案或计划，协调各部门完成这一工作，方案中至少要包含以下内容。

（1）**安装确认的目的** 以文件形式记录所确认的设备在安装方面的要求、合格标准。证实并描述该设备的安装位置正确，使用目的明确，成功地完成确认可以证明此设备是按制造商的规范及生产工艺的要求安装的。

（2）**安装确认的合格标准**

① 完成 IQ 必测的项目，收集整理所有的数据。

② 在设备正式用于生产前，发现的修正和偏差必须加以解决并得到批准。

（3）**各有关部门的职责** 设备安装确认需有关部门合作才能完成，所以在方案中须明确各部门的责任。

① 工程部、设备部或指定的有关部门（也可以是设备供应商）的责任：

a. 准备 IQ 方案和总结报告；

b. 执行 IQ 方案，根据需要提供测试数据，供有关部门审查；

c. 将数据收集到报告中，并上报批准；

d. 准备工程文件（图纸）；

e. 核对将来工艺所需设备的关键参数，提供测试数据供有关部门审查；

f. 协调各有关部门；

g. 核实所有的测试已完成；

h. 建立预防性维修制度；

i. 建立仪表校准程序和时间表，校准记录可以追溯到供应商提供的标准和/或国家标准，校准报告要能够查阅。

② 设备使用部门（如制造部）的责任：

a. 配合工程部门完成确认，检查验证项目是否已完成；

b. 核对报告所需的测试项目是否全部完成可上报批准；

c. 审阅并批准验证方案、数据和最后的报告。

③ 验证小组的责任：审阅并批准确认方案、数据和最后的报告。

④ 质量保证部的责任：审查并批准验证方案、数据和最后的报告。

(4) 设备的描述 描述设备的功能和运行条件，即提供适当的信息，例如设备名称、零部件名称和供应商，描述设备运行的条件，说明机器是如何操作的。以下是一个包装线上质量自动监测剔除装置之一的照相检查机的设备描述例子。

照相检查系统作为一种光电装置，可以实现的功能为：①区别水泡眼（铝塑）包装中产品是否正确（如是否有错误的药片混入）；②探测水泡眼包装中是否有空泡；③探测水泡眼包装中是否有损坏的片子（如断片、有缺口的药片和胶囊等）；④探测水泡眼包装中药片颜色是否正确。

照相检查系统必须与包装线上的自动剔除机构相连，确保系统探测到的所有有缺陷的药片都能被剔除。

型号为××××的照相检查系统通过对每一粒药片、每一颗胶囊进行如下内容的定量测试，确保水泡眼包装线的质量。

① 核实在每一位置上的药片都具有正确的颜色；

② 核实每一药片的体积；

③ 核实每一药片的位置；

④ 探测断片或有缺陷的药片；

⑤ 探测是否有其他种类药片的混入。

3. 设备安装确认的实施

(1) 检查 检查设备，将设备的技术参数记录在相应的表格中，核对设备安装是否符合设计、安装规范；检查设备安装的有关工程图纸是否齐全。

(2) 记录

① 记录所有安装确认的审核、检查和证实的项目和内容。

② 如果检查或核对试验结果不能满足要求，需完成一份偏差报告说明偏差情况，指出所采取的任何修正活动或其他适当的措施，并提交批准。

③ 准备被评定设备的 IQ 总结报告，概要说明设备安装确认的结果，包括解释偏离技术参数的原因，修正程序及最终合格标准。

④ IQ 总结报告的组成：

a. 设备基本资料。完成设备相关内容的一览表，包括技术参数、购买订单、固定资产批准书和设备操作手册。

b. 工程图纸索引。表示出设备安装相关图纸的索引，如管道安装图、建筑结构图、电气图等。这些图纸应当采用项目完成后的竣工图。

c. 设备清单。根据购买订单和设备技术规格完成设备清单，证实所有项目已根据规范安装，指出设备安装位置、设备编号、生产厂家等，指出备品备件存放的地方和一览表。

d. 电气检查表。证实所有推荐的电路保护装置在位，电路保护装置的型号根据生产厂商的推荐选择，并准备一张所有电路保护装置的清单。

e. 其他公用工程检查表。列出一份需要的公用工程清单（电气除外），证明它们是有效的和遵守规范的。检查从管道分配系统出来的所有连接件，包括任何支持这些结果的文件（如验收合格证等）。

f. 过滤器清单（如果有的话）。根据购买订单和设备技术要求完成过滤器清单，证实所有项目已得到安装，指出设备位置、设备编号、生产厂家等。

g. 与药物直接接触面材料的检查。检查与药物直接接触面的材料，证实它们是遵守技术要求，并不会对产品造成不良影响的。

h. 润滑油表。列出设备所用的润滑油清单，证实它们遵守设备生产厂家的技术规范。

i. 仪器（仪表）一览表。列出设备所有仪器清单，分出关键或非关键仪器。关键仪器用于过程控制，将影响设备运行或产品原料的质量特性；非关键仪器只是用于提供信息或便利，并用"仅供参考"标识。列出铭牌编号、生产厂商、安装地点和各项说明。确保所有关键仪表/传感器按照计量规范进行了校准。确认再次校准的周期，完成的校准报告需归档备查。

j. 标准操作程序/说明书/程序审阅，要求其完整、有效、正确、符合 GMP（例如预修、校准等规定）。

k. 还有设备控制系统。鉴定设备控制板，确认控制板的安装遵守设计和/或供应商规范。

4. 设备安装确认报告完成

证明确认方案提供的记录表中所有的试验项目都已完成，并附在总结报告上。证明所有修改和偏差已得到记录和批准，并附在报告上。请有关部门批准。

（1）设备安装确认表格 表 19-4～表 19-13 是设备安装确认表格，供参考。

表 19-4 设备基本资料

设备名称		设备型号	
制造商		系列号	
固定资产资产申请		订单号	
安装时间		安装地点	
铭牌数据：			
设备主要技术参数：			
操作手册名称		存放地点	
检查人：		日期：	

表 19-5 与设备安装有关的工程图纸索引

序号	设计单位	竣工图名称	图 号	图纸存放部门
检查人：			日期：	

表 19-6 设备清单（包括附属设备、替换件和备品备件）

序 号	附属设备/备品备件	编号	生产厂家	存放地点
检查人：			日期：	

表 19-7 电源检查表

电器元件名称	供电电压	供电相数	总负载（电源）	电源面板	开关规格	保险丝尺寸
检查人：			日期：			

表 19-8 互锁及安全装置检查表

装置名称	安装位置	功　能
	检查人：	日期：

表 19-9 电动机连接情况检查表

序号	电动机名称	型号	系列	电压	相位	电流	功率	转速	功能	类别
检查人：						日期：				

表 19-10 管道与介质检查表

序号	管道名称	介质	服务日期	连接管路尺寸	材料	管道安装技术规范	保温材料名称
检查人：				日期：			

表 19-11 通风、除尘系统检查表

序号	系统	流量	温度要求	风管道尺寸	材料	风管安装技术规范	保温材料
检查人：				日期：			

表 19-12 仪器仪表一览表

序号	仪表代号	生产商/型号	材料	校准日期	安装位置	重要性
检查人：				日期：		

表 19-13 确认设备控制板安装符合设计和/或制造规范

序号	名称及功能根据所列文件安装	是否根据所列文件安装	检查人/日期
1	开关电源/启动控制		
2	指示灯		
3	报警装置		
4	微处理器/回路控制器		
5	转盘/变速/速率控制		
6	紧急停车		

注：其他安装确认的记录表格如润滑油清单、过滤器清单等未列出。

　　(2) 偏离和差异报告　在安装确认中发现有任何测试项目与制造商提供的说明书上的技术参数发生偏离或差异的，必须进行调查，作出评价，然后完成报告。

（3）设备上主要仪表的校准报告（附在最后）。

四、设备的运行确认

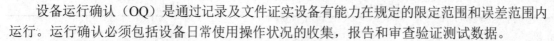

设备运行确认（OQ）是通过记录及文件证实设备有能力在规定的限定范围和误差范围内运行。运行确认必须包括设备日常使用操作状况的收集，报告和审查验证测试数据。

1. 设备运行确认的范围

所有关键的制药设备必须成功地完成设备运行确认。

新设备的 OQ 必须在生产工艺验证前完成。

运行确认也必须在计算机验证前，接着安装确认（IQ）完成。

通过验证还要确定哪些是关键的制药设备，关键制造设备是指那些与产品直接或者对产品质量造成潜在影响的设备。OQ 一完成，所有重要设备必须纳入设备变更控制计划中。

2. 设备运行确认方案

设备运行确认前，先要拟定一个方案或计划，协调各部门来完成这一工作，至少包含以下内容。

（1）运行确认的目的 以文件形式记录所确认设备在运行方面的所有技术参数、合格标准、符合批准的设计文件、制造商建议的规范和生产要求。也就是工艺设备有能力在设定的限定和误差范围内运行。

（2）安装确认的合格标准

① 设备必须符合在设备运行时所有操作挑战性试验要求，并覆盖技术参数设定的全部操作范围。必须审查这些数据，说明这些数据是可靠的。

② 如果任何操作挑战性试验的结果不符合合格标准，必须进行调查，采取修正行动（如果适当的话），重复挑战性试验，并对这些行动进行总结。

（3）各相关部门的职责 设备安装确认需有关部门合作才能完成，所以在方案中须明确各部门的责任。

① 工程部、设备部或指定的有关部门（也可以是设备供应商）的责任：准备 OQ 方案和总结报告；执行 OQ 方案，根据需要提供测试数据，供有关部门审查；将数据收集到报告中，并上报批准；准备工程文件（图纸）；核对将来工艺所需设备的关键参数，提供测试数据供有关部门审查；协调各有关部门；核实所有的测试已完成；建立预防性维修制度；建立仪表校准程度和时间表，校准记录可以追溯到供应商提供的标准和/或国家标准，校准报告要能够查阅。

② 设备使用部门（如制造部）的责任：配合工程部门完成确认，检查验证项目是否已完成；核对报告所需的测试项目是否全部完成可上报批准；审阅并批准验证方案、数据和最后的报告。

③ 验证小组的责任：审阅并批准确认方案、数据和最后的报告。

④ 质量保证部的责任：审查并批准验证方案、数据和最后的报告。

（4）设备描述 描述设备的名称、安装地点和使用目的，并描述所需的工艺过程。包括以下内容。

① 简单描述设备每个重要部件的功能，包括设备如何正常操作。

② 阐明设备的限制条件（例如对某种瓶子包装线来说，可能的话可列出瓶子最小、最大和最普遍的尺寸，包括直径、高度）。

例如对某种型号的混合机可描述为：FG-3 型 V 形混合机是制药生产中的一个关键设备，其进料是通过罗茨风机的真空吸料系统，卸料是通过重力自然落到容器内。根据工艺要求，本混合机的混合速度和时间可以设定。

3. 设备运行确认的实施步骤

（1）检查仪器仪表的情况

① 指出需监控的参数，包括可接受的范围或限制界限。

② 所有重要的测量和监控装置，用文件记录其运行状况，例如计时器、压力指示器、温度传感器和任何仪表记录仪。

③ 以文件记录所有校准测试。

(2) 机器初步检查 查阅供应商的操作手册，完成机器启动的检查，检查项目根据设备而定，可以是安全装置的检查，也可以是循环监测点、垫圈完整性等的检查。

例如：对 V 形混合机的初步检查过程如下所述。

① 安装确认是否已完成并批准。

② 探测器、控制器是否已连接到位。

③ 开机、停机、安全和联锁检查，包括以下内容：a.开安全锁定开关，按机器启动按钮，设备运行；按机器停止按钮，设备停止。b. 关安全锁定开关，机器不能运转。

设计一个表格，将所有检查内容记录在表格中。

(3) 运行操作检查

① 列出机器运行的操作标准或参数：a.运行确认开始前列出所有的关键操作参数及其相应的机器功能。例如压片机上的压力显示器数值反映的是压轮的压力，此压力参数对药片的硬度至关重要。b.关键的操作参数对设备的能力以及是否能满足工艺条件等有极大的影响。可以通过挑战性试验来证明此功能的适合性。例如对混合机来说，转速、时间就是关键的操作参数。

② 机器运转检查：a.机器启动和停止的检查。机器运转后检查停车的动作，检查后再开机，将检查结果记录在表格中。b.电气/转速检查。用电压表、安培表、转速计确认电动机的电压、电流是否符合规定。开动机器后记录电压、电流。c.公用工程及介质（如压缩空气、氮气等）的检查，检查压力、流量等是否符合生产规定。

③ 功能测试：功能测试又叫挑战性试验，但这同无菌生产设备的挑战性试验不同。其目的是证明该设备能按照本身固有的特征正常运行。如证明：a.控制开关功能的可靠性；b.设备传感器功能的可靠性；c.试验安全和报警装置；d.设备的运行结果是否与期望值一致，是否达到了应有的功能。表 19-14 为功能测试示例。

表 19-14 照相检查剔除装置功能测试结果报告

序号	挑战项目	采取的行动	期望结果	实际结果
1	混入错误的药片	投入 9 粒错片	对应的铝塑板能被剔除	全部剔除
2	有断片	投入 9 粒大小不一的断片	对应的铝塑板能被剔除	全部剔除
3	药片颜色不对（例：应为白色）	投入 9 粒黄色的片子	对应的铝塑板能被剔除	全部剔除
4	空泡	无药片落下	对应的铝塑板能被剔除	全部剔除

检查人：　　　　　　　　　　　　　　　　　　　　日期：

注：这种挑战性试验即使在设备正常运行后的日常操作中也应隔一段时间（比如 1 h）进行一次，并记录在案。

(4) 偏离和不符合的纠正行为 在确定中发现任何不符合技术参数的关键项目存在，必须进行调查，作出合理的解释并对采取的纠正行动加以记录，对纠偏行动的结果作出评价，归入最后的报告。

4. 运行确认报告完成

证明确认方案提供的记录表中所有的试验项目都已完成，并附在总结报告上。证明所有修改和偏差已得到记录和批准，并附在报告上。请有关部门批准。

五、设备的性能确认

设备的性能确认（PQ）是负载运行机器，以符合相应的药典和 GMP 要求所展开的，它是从设计、制造到使用最重要的一个环节。具体过程如下。

① 在设备模拟生产运行或安慰剂、实物生产运行中，观察设备运行的质量，设备功能的适应性、连续性和可靠性。

② 检查设备实物生产运行时的产品质量，确认各项性能参数的符合性。如离心机的生产能力和分离效果；筛分机的过筛率；包衣机的包衣外观、包衣层的质量；粉碎机的粉碎粒度及一次出粉合格率；颗粒机的颗粒粒度和细粉含量；硬胶囊充填机的胶囊装量差异；软胶囊机的胶囊接缝质量和液体装量；压片机

的片重差异限度；混合机的颗粒成分含量；灌装机的灌装计量；清洗机的清洗效果等。

③ 检查设备质量保证和安全保护功能的可靠性，如自动剔废、异物剔除、超压、超载报警、卡阻停机、无瓶止灌、缺损示警等。

④ 观察设备操作维护情况，检查设备的操作是否方便灵活；是否符合人机工程学；机构装拆（换品种和清洗时）是否方便；操作安全性能是否良好；急停按钮、安全阀是否作用。

⑤ 观察设备清洗功能使用情况，检查设备清洗是否彻底，是否影响其他环节，是否渗漏等。

六、制剂设备 GMP 达标中的隔离与清洗灭菌问题

GMP 是药品生产质量管理规范和行为准则，其实质在于对影响药物生产质量的各种因素实施全面控制，核心是保证药品生产全过程在质量控制之下，把药品生产质量事故概率降到最低。随着科学技术飞速发展所提供的技术可能性和人类对生命质量的不断追求，在和世界制药工业接轨与融合中，GMP 标准必定会提出越来越高的要求。因此，必须以新的视角注视世界 GMP 的发展趋势，从硬件（如厂房、设备和配套设备）和软件（如岗位 SOP、全过程质量控制、各种技术管理制度、各种质量保证体系等）达到和超过 GMP 标准，特别要重视制剂设备的达标，因为它是直接生产药品的装置，是 GMP 实施中的决定因素。

为此，对制剂设备 GMP 达标中的隔离与清洗灭菌要求如下：

1. 无菌产品生产的隔离技术

按照 GMP 要求，制剂生产过程应避免微生物、微粒和热原污染。由于无菌产品生产应在高质量环境下进行配料、灌装和密封，而其工艺过程存在许多可变影响因素（如操作人员的无菌操作习惯等），因此，对无菌药品生产提出了特殊要求，其中质量保证体系占有特别重要的地位。它在制剂设备设计中的一个重要体现是其生产过程的密闭化，实行隔离技术。隔离技术是国际先进制剂工业设备的发展方向，也是我国制剂工业设备中的一个薄弱环节，它是我国制剂设备与国际接轨的差距之一，必须予以高度重视与改进。医药工业的隔离技术涉及无菌药品如水针、粉针、输液及医疗注射器的生产诸方面。

在无菌产品生产中，为避免污染，重要措施是在灌装线的制剂设备周围设计并建立隔离区，将操作人员隔离在灌装区以外，采用彻底的隔离技术和自动控制系统，以保证无菌产品生产无污染。因此，隔离技术成为无菌产品生产车间设计和制剂设备设计、生产及改造的重要内容。

传统的制剂设备不能满足隔离技术的要求，开发适合隔离技术的现代制剂设备（如灌装设备）的原则是：保证设备设计合理、制造优良，保持设备的可靠性，满足隔离系统符合人机工程学的要求和理念，具备精确的操作控制；设备与隔离装置之间严密密封，装备适合洁净室；选用耐消毒灭菌和清洗的材料，便于在线清洗和在线灭菌；设备的自动化功能等符合人机工程学的要求，体现人机工程学设计的合理性。充分考虑隔离系统工艺的衔接，即设备隔离后应使人工操作设备具有方便性。

生产过程的全部自动化虽然减少了人工的介入，但在生产运行的起始和终止，以及为了校正设备动作和纠正机械故障等，仍需要手动操作。因此，用于保护设备安全的开关和必须通过手动的操作应方便并绝对安全，符合人机工程学要求的隔离系统设计，除在无菌区中接口的连接操作必须适合手动外，还应考虑各种接口的快速操作，当需要进行某项操作（如高压蒸汽灭菌）时，最好不用工具或用简单工具即能迅速完成操作程序。

自动化制剂生产作业线上设备的隔离区内，操作人员应能使用隔离手套进行方便的手动操作，这就要求制剂设备结构设计具有充分的合理性。如用于灌装注射药品的制剂设备结构设计，无论从人机工程学角度，还是从灌装过程 A 级平行流保护角度考虑，都应避免回转或宽深型结构。因为回转型结构在无菌操作过程中，无法保证处于 A 级平行流保护的临界点之内。最新一代具有隔离技术的灌装机就是设计成直线细长型入墙式，背面常在隔离墙上，检修可在隔壁非无菌区进行，使之不影响无菌环境，制剂设备设计若广泛使用隔离技术，可获得非常满意的无菌生产质量，并使其被环境污染的危险几乎降低为零。同时，质量的保证还可获得可观的经济效益。

2. 在线清洗与在线灭菌

在药品生产中，设备的清洗与灭菌占有特殊的地位。在线清洗是一种包括设备、管道、操作规程、清洗剂配方、自动控制和监控要求的一整套技术系统。能在不拆卸、不挪动设备和管道的情况下，根据流体力学的分析，利用受控的清洗液的循环流动，清洗污垢。GMP 明确规定制剂设备要易于清洗，尤其是更换产品时，对所有设备、管道及容器等按规定必须彻底清洗和灭菌，以消除活性成分及其衍生物、辅料、清洁剂、润滑剂、环境污染物质的交叉污染，消除冲洗水残留异物及设备运行过程中释放出的异物和不溶性微粒，降低或消除微生物及热原对药品的污染。应该说在线清洗和在线灭菌的洁净和灭菌系统建立不起来，则设备 GMP 达标将十分困难。

目前制剂车间的清洗和灭菌现状是在车间辅助区设立清洗间，清洗对象主要是容器和工具，设备清洗是一个现实问题。因此，制剂设备的选用和布置应建立在线清洗和在线灭菌的洁净、灭菌系统上，以解决不便搬动设备的在线清洗和在线灭菌。同时，在制剂设备设计和安装时，要考虑在线清洗和在线灭菌因素，以及由此而引起的相关问题，如清洗后的干燥等。

以无菌注射剂生产过程为例，工艺设备的清洗手段通常分为手工、半自动和全自动。手工清洗又称拆洗，如灌装机灌装头、软管等，只有拆洗才能确保清洁效果（应注意人工清洗在克服了物料间交叉污染的同时，常常容易带来新的污染，加上设备结构因素使之不易清洗）。清洗不锈钢过滤器用超声波清洗器，属半自动清洗设备。大型固定设备需采用特殊的清洗方式，即在线清洗。在一个预定的时间里，将一定温度的清洗液和淋洗液以控制的流速通过待清洗的系统循环而达到清洗的目的。这种方式适用于注射用水系统、灌装系统、配制系统及过滤系统等。

在线清洗中，有两点不变，一是待清洗系统的位置不变，二是其安装基本不变。局部因清洗的需要做临时性变动，清洗程序结束后，安装即恢复原样。一个稳定的在线清洗系统在于优良的设计，而设计的首要任务是根据待清洗系统的实际情况来确定合适的清洗程序。首先要确定清洗的范围，凡是直接接触药品的设备都要清洗。其次确定药品品种，因为不同的品种，其理化性质不同，清洗程序也要做相应的变化才能使其符合规定。还有清洗条件的确定、清洗剂的选择、清洗工具的选型或设计。并根据在线清洗过程中的待监测的关键参数和条件（如时间、温度、电导、pH 和流量）来确定采用什么样的控制、监控及记录仪表等，特别应重视对制剂系统的中间设备、中间环节的在线清洗及监测。

清洗设备的设计与制造应当遵循便于维护及保养，设备所用的材料和产品与清洁剂不发生反应等项原则。清洗工具便于接装入待清洗系统或从系统中拆除。还应特别注意微生物污染问题，尤其是清洁后不再做进一步消毒或灭菌系统应特别注意微生物污染的风险。措施如系统管路应有适当的倾斜度，避免积水；清洗设备及所用的清洗剂应保持好的卫生状态等。

清洗剂在清洗中作用重大，按照作用机理可分为溶剂、表面活性剂、化学清洗剂、吸附剂、酶制剂等几类。水是最重要的溶剂，它具有价廉易得、溶解分散力强、无毒无味、不可燃等突出优点。清洗剂的选择取决于待清洗设备表面及表面污染物质的性质。按照具体问题具体对待的原则，如大容量注射剂生产中，常用的在线清洗的清洗剂是碳酸氢钠和氢氧化钠，因为它们具有去污力强和易被淋洗除去的特点，同时，碳酸氢钠可作为注射剂的原料，氢氧化钠常用来调节注射剂的 pH。在生化制药中，对细胞无毒性是选择清洗剂的一条重要原则。

在线灭菌是制剂设备 GMP 达标的另一个重要方面。可采用在线灭菌的系统是无菌药品生产过程的管道输送线、配制釜、过滤系统、灌装系统、冻干机和水处理系统等。在线灭菌所需的拆装操作很少，容易实现自动化，从而减少人员的疏忽所致的污染及其他不利影响。在大容量注射器生产系统设计时应当充分考虑系统在线灭菌的要求。如在氨基酸药液配制过程中所用的回滤泵、乳剂生产系统的乳化机和注射用水系统中保持注射用水循环的循环泵不宜进行在线灭菌，在线灭菌时应当使它们暂时"短路"，排除在在线灭菌系统外。又如灌装系统中灌装机的灌装头部分的部件结构比较复杂，同品种生产每天或同一天不同品种生产后均需拆洗，它们在清洗后应进行在线灭菌。另一方面，整个系统中应有合适的空气和冷凝水排放口，应有完善的控制与监测措施来匹配，以免造成在线灭菌系统不能正常运转。至于具体产品采用何种灭菌方法，重要的在于使用灭菌方法的可靠性。值得提出的是臭氧灭菌法，它具有强大而广谱的杀菌消毒作用，适用于多种致病性微生物，原料易得，有较高的扩散性，杀菌无死角，浓度分布均匀，特别是臭氧能快速分解成氧气和单原子氧，单原子氧又可以自身结合成氧分子，不存在任何有毒残留物，没有二次污染问题，具有良好的环保性，是公认的绿色消毒剂。臭氧消毒灭菌具有高效彻底、高洁净性、操作方便、使用经济的特点，它在药品生产设备系统在线灭菌中，能克服溶剂法（如酒精）、高压蒸汽法具有的溶剂用量大，消毒时间长，操作过程复杂及易残留等问题，只要将高浓度的臭氧直接打入系统中，保持臭氧尾气有一定的浓度，就可以达到消毒灭菌的目的。臭氧灭菌技术给制药工业进行 GMP 验证等提供了有力的武器。清洁和灭菌是驱除微生物污染的主要手段，但必须保证清洁及灭菌的彻底性。

以往清洁与灭菌往往是联系在一起的，总是在清洁之后再进行消毒，消毒结束后再次清洁，相当麻烦。应用紫外线照射法，采用的紫外线灯管会随使用时间的增加而减退，因而杀菌能力也不断减退；紫外线穿透能力极弱，因而有死角，杀菌作用随菌种不同而产生很大的差异。如杀霉菌的照射量要比杀杆菌增加 40~50 倍。同时湿度对灭菌效果影响很大。采用化学药剂熏蒸和消毒剂喷洒有残余污染，需定期进行验证和定期进行环境污染情况监测。同时，过去常见的消毒灭菌方法有紫外线灯照射，过氧乙酸、甲醛、环氧乙烷等化学气体熏蒸，消毒剂喷洒，高温杀灭等。

在线灭菌的具体方案必须在实际应用之前通过一定的方法予以确认。这种确认是通过恰当的灭菌验证试验，证明灭菌的方法是完整的、可靠的。如湿热灭菌，主要应通过灭菌设备在灭菌时的空载热分布试验，各种灭菌物装载方法下的负载热穿透试验和嗜热脂肪芽孢杆菌的细菌挑战试验进行确认。又如干热灭菌的空载热分布试验、负载热穿透试验和细菌与内毒素挑战试验。这些试验都应基于具体的灭菌设备或装置形式特点，分别设计灭菌验证的方案并实施。

同理，制剂设备的材料选择也必须满足设备表面处于无菌状态，它要能够耐受高温蒸汽或化学气体的消毒处理，若灭菌使用的是纯蒸汽，则纯蒸汽对不锈钢材料的晶间会产生腐蚀，设备就需要用抗高温水对晶间腐蚀能力较强的含 Mo 和 Cr 等元素的材料（如 316L）来制造。所有灭菌方法的效果与产品的内在质量、污染的形式、污染程度和产品生产设备及客观条件有关。总的原则是被灭菌的制剂设备必须尽可能没有微生物污染。

第五节　工艺设备的管理与维护

制药设备是保证药品质量必不可少的物质基础。近年来，随着制药设备不断趋于复杂化、大型化、连续化及自动化，设备的状态对药品质量的影响也愈来愈大。药品质量与人民生命安全关系密切，药品安全问题层出不穷，严重影响用药安全，威胁人们生命健康。究其原因，无不暴露出制药设备的管理及维护问题。通过分析制药设备管理与维护的方法，提高药品安全性。

一、制药设备管理与维护的意义

药品生产质量管理规范（GMP）最早源自美国食品药品管理局，它是一种以控制药品生产过程为手段，以提高药品安全性、有效性为目的的管理机制。目前，GMP 已成为美国、中国、日本等多个国家药品行业的规范标准，对药品生产具有非常重要的约束和指导作用。制药设备的管理及维护与药品质量是否达到 GMP 要求密切相关，它也是推行 GMP 过程中的薄弱环节。制药设备是生产工艺的重要体现，它与半成品、原材料、成品直接接触，一旦出现问题，将严重影响药品质量。因此，加强制药设备的管理及维护意义重大。

二、制药设备管理发展历程及发展趋势

制药设备管理的发展历程可以追溯到 20 世纪 60 年代，随着世界药品市场的扩大和制药工业的发展，

欧美等发达国家的制药装备行业开始快速发展。20 世纪 80 年代，国际制药装备市场逐步形成了以知名企业为主导的竞争格局。中国制药设备管理的发展起步于 20 世纪 70 年代，初期多为小型药机厂，主要生产简易的制药设备及相关零配件。至 90 年代中期，中国已有 400 余家制药装备生产企业，产品种类达到 1100多种，但总体上企业规模较小，产品附加值不高。1999 年，中国开始对药品生产企业强制实施 GMP 认证，推动了制药装备行业的发展，企业开始围绕 GMP 要求研制、开发新产品，行业规模和技术水平随之提升。

制药设备管理的发展趋势包括以下几个方面。

(1) 智能化与自动化 随着制药企业对生产效率和质量要求的提高，智能化和自动化已成为制药设备行业的重要发展方向。通过引入人工智能、物联网、大数据等先进技术，制药设备可以实现良好的智能控制和远程监测控制，提高生产效率和产品质量。

(2) 节能环保 随着全球对环保和可持续发展的关注度提高，制药设备行业也在积极寻求更加节能环保的生产方式。通过优化设备设计、提高能源利用效率等方式减少能源消耗和污染排放。

(3) 模块化与定制化 为了满足不同制药企业的个性化需求，制药设备行业正在向模块化和定制化方向发展。通过模块化设计，可以快速组装出符合客户需求的制药设备；而定制化服务则能更好地满足客户的特殊需求。

(4) 精益管理 制药设备企业的发展模式将从粗放型向精益管理方向转变，以减少资源浪费和降低成本。

三、制药设备管理与维护现存问题分析

1. 设备选型方面

制药设备选型存在凭经验选型（未经过实际计算，或者数据计算不足）、盲目追求先进性、物性数据考察不充分等问题，严重影响设备的实用性和经济性。

2. 设备安装及培训方面

在制药设备安装过程中，往往重视施工进度，忽略施工质量，从而导致后期设备维护费用增加；此外，设备维修及操作人员培训不足也给制药设备管理及维护带来隐患。

3. 管理及维护信息化投入不足

现今，虽然很多企业都很重视设备的管理及维护，也针对设备的维修记录及基本参数做了一定的管理和记录，但仍旧存在一些问题，如难以提供既往维修数据、缺少制药设备的有效说明资料（如说明书、图纸）等，这无形增加了设备管理、维护及改造的难度。

4. 管理制度方面

缺乏有效的管理制度及方法，致使对制药设备检修人员管理不足，检修人员工作缺乏规范性，给制药设备管理及维护过程留下安全隐患。

四、制药设备管理与维护问题的解决方案

1. 应用"价值工程法"进行设备选购

具体程序如下：明确需求、确定选购设备→收集目标企业情报（情报资料包括经营方针、经营目标、生产规模及经营状况等）→针对目标产品进行分析（对目标产品进行精细化分析，即进行功能分类、功能具体化、功能明确化，然后分析设备功能与实际需求的匹配度，综合对设备功能性、实用性进行重点排序）→评价方案（通过小组讨论、咨询专家等方法对设备进行成本分析及优缺点分析，然后重新整合重点对象，并进行排序）→确定选购目标。

2. 制药设备的安装及验收

严格按照 GMP 要求及相关操作规程进行制药设备的安装与验收。参与人员包括生产部、工程部、动

力部、质量保证员（QA）及外来专家。具体流程为安装确认、运行确认。QA 负责检查及确认 GMP 项目，审核验证工作等。

3. 信息化建设

应根据设备技术说明书及 GMP，咨询相关专家，编纂设备维护保养表及保养技术说明书，详细记录既往维修数据、维修方法、维修效果，以促进制药设备管理及维护的信息化、规范化。

4. 实施两会制度

由于制药设备管理具有专业性强、问题杂、领域广等特点，加之设备故障具有突发性及隐蔽性，这就要求我们必须建立快速、高效的运作、反应机制，以及时处理故障。班组班前会（是指利用每天上班前的 10 min，总结、讨论前 1 天的工作情况和本日的工作计划）及部门周例会（检查、总结本周工作情况，讨论本周主要问题，商讨解决方案，并制定下周工作计划）可有效增强工作规范性，对减少安全隐患具有重要意义。

药品安全事故屡见不鲜，制药设备管理及维护的现存问题主要包括企业员工对制药设备管理的认识不足、制药设备管理及维护的信息化投入不足、制药设备的管理及维护过分依赖于专业检修队伍、缺乏有效的管理制度及方法等，可通过加强工作人员质量意识，加强制药设备管理及维护的信息化建设，实行岗位责任制，强化人员职能，建立有效的管理工作模式等方法，提高制药设备管理及维护水平，降低药品安全事故发生率，提高临床用药安全性。

第二十章
车间布置与设计

第一节　车间布置概述

一、车间组成及布置设计的意义

车间组成及布置设计包括厂房设计和设备布置，是车间工艺设计的重要环节，目的是对制药生产车间的组成配置及设备的摆放排列做出合理安排。合理的车间组成及布置可对生产车间内的设备、人员及待投放物料在空间上实现有效分配，以提高空间利用度，保证生产安全，降低劳动成本，改善生产工作条件，从而促进生产工作的良好运行。

二、制药车间的分类

根据分类标准的不同，可将制药车间分成洁净车间及非洁净车间、原料药车间及制剂车间、防爆车间及非防爆车间。

洁净车间也称为洁净室，是指以 GMP 要求为标准，对生产环境中温度、湿度、空气洁净度、压力等参数进行控制，对生产环境有洁净度要求的生产车间；非洁净车间通常是指在同个空调系统下非限制洁净级别的区域；原料药车间是生产大包装形式制剂原料的车间，包括提取车间、合成车间、发酵车间等；制剂车间是将大包装原料药经过分装、配液、罐装等生产步骤后得到的最终药品，包括注射剂车间、口服剂车间。防爆车间是针对易燃、易爆的原料、中间体或产品进行生产和加工的专用工作场所，易燃易爆物品生产区称为防爆生产区。

原料药车间中的部分生产区（如合成车间的精干包）为洁净生产区，而制剂车间一般均为洁净车间。化学制药的合成车间一般均为防爆车间，一部分在生产过程中需加入易燃易爆品（如甲醇）的发酵车间同样属于防爆车间。

三、制药车间布置设计特点

原料药生产属于化学工业的范畴，其车间布置设计与化工车间具有共性。但制药产品作为特殊商品，必须保证其生产质量，因此制药车间的布置设计首先符合《药品生产质量管理规范》。对于不同类型制药车间，其布置设计的侧重点也各不相同。例如，提取、合成车间中小型设备居多，在布置设计中为方便生产操作，可对生产设备进行合理的竖向布置。此外，由于合成车间生产过程通常会使用一些有毒、有害的物料，车间布置设计应考虑使操作区的有毒、有害气体浓度满足安全卫生标准。发酵车间的设计中需考虑到大型发酵罐等设备的尺寸，设计合理的车间结构。而对于制剂车间，设计工作的重点是生产区域的洁净度，合理配置人流物流。

第二节 车间布置基本要求及设计规范

一、车间布置设计内容及要求

车间布置设计是在确定生产设备、生产工艺之后，对车间内的设备及建筑配置的布局排列进行合理分配。目的是方便生产操作，保证生产安全，降低建筑成本，避免布置不恰当导致的人流及物流的紊乱，设计不合理增加输送物料所消耗的能量等问题。车间布置的设计应从厂房建筑要求、生产工艺及设备布置要求、安全技术要求等方面考虑，在实际设计工作中根据生产需求灵活运用。

1. 厂房建筑要求

(1) 厂房形状设计 为便于建筑定型化和施工机械化，厂房的平面设计应力求简洁，从而使工艺设备的布置具有可变性和灵活性。厂房的平面通常为长方形、L形、T形等数种，其中长方形最为常用。

(2) 厂房宽、高度设计 设计厂房的柱网布置，要同时满足设备布置与建筑模数制的要求，这样可利用建筑上的标准预制构件，方便建筑设计，节约施工力量，可加快设计和施工的进度。多层厂房通常采用6 m×6 m的柱网，若柱网的跨度因生产及设备要求必须加大时，一般不应超过12 m。一般有机化工车间，其宽度常为2～3个柱网跨度，其长度根据生产规模及工艺要求来决定。由于受到自然采光和通风的限制，多层厂房的总宽度一般应不超过24 m，单层厂房的总宽度一般不超过30 m。常用的厂房跨度有6 m、9 m、12 m、15 m、18 m、24 m等数种。厂房的高度由设备的高低、安装的位置及安全等条件决定。对于多层厂房，一般生产厂房每层高度采用4～6 m，最低层高不宜低于3.2 m。由地面到梁底的高度（净空高度），不得低于2.6 m。厂房的高度也要尽可能符合建筑模数的要求。

(3) 节约建筑面积、体积 在不影响工艺流程的原则下，将较高的设备集中布置，有利于简化厂房的立体布置，避免由于设备高低悬殊造成建筑体积的浪费。对于那些在使用上、操作上可以露天化的设备，可考虑尽量布置在厂房外面，这样可以大大节约建筑物的面积和体积，并减少设计和施工的工作量，这对节约基建投资具有重要意义，但设备的露天化必须考虑该地区自然条件对设备本身和生产操作的影响。操作台必须统一考虑，避免零乱重复，以节约厂房内构筑物所占用的面积。

(4) 设备布置设计 对于压缩机、大型通风机等重量较大或在生产操作中会产生很大震动的设备，在布置设计时应避免将其设置于操作台上，需将此类设备尽可能布置在厂房的地面层，设备基础的重量等于机组毛重的三倍，以减少厂房的荷载和震动。在个别场合必须布置在二、三楼时，应将设备安置在梁的上侧。此外，考虑到安全性，设备穿孔必须避开主梁。

(5) 厂房出、入口设计 厂房出、入口交通道路、楼梯需根据生产要求设计合理的位置及宽度，一般厂房大门宽度要比所通过的设备宽度大0.2 m左右，比满载的运输设备宽度大0.6 m～1.0 m。

2. 生产工艺及设备布置要求

(1) 生产工艺要求 这是设备布置设计的基本原则，生产车间中的设备布置要尽可能与生产工艺流程保持一致，方便生产操作的进行，并尽可能利用工艺过程使物料自动流送，避免中间体和产品有交叉往返的现象。因此，一般将储槽及重型设备布置在最低层，主要设备如反应器等布置在中层，计量设备布置在最高层。

(2) 设备的布置 设备的布置应尽可能对称，对于在生产操作中相互之间有关联的设备，在保持安全间距的基础上应集中布置，并且要考虑到安全、方便、合理的操作位置，行人的方便，物料的输送等问题。为了方便生产操作，在设计布置时还应在设备周围留出堆存一定数量物料及产品的空地。

(3) 对于需要经常维护、检修的设备 在设备布置设计时需要为一般检修留有合适的场地，并需考虑设备搬运需要的通道。对于运入厂房后，很少需要再整体搬出的设备，则可在外墙预留孔道，待设备运入后再砌封。此外还必须考虑设备的检修、拆卸以及运送物料的起重运输装置，若无永久性起重运输装置，也应该考虑安装临时起重运输装置的位置。

3. 安全技术要求

(1) 对于防爆车间 在设计上应尽可能采用单层厂房，同时要避免车间内有死角，防止爆炸性气体及粉尘的积累。若使用多层厂房，楼板上必须留出泄压孔；防爆厂房与其他厂房连接时，必须用防爆墙（防火墙）隔开；加强车间通风，保证易燃、易爆物质在空气中的浓度不大于允许的极限浓度；采取防止引起静电现象及着火的措施。

(2) 对于高温及有毒气体的厂房 要适当加高建筑物的层高，以利通风散热。对于在生产过程中有有毒物质、易燃易爆气体产生的工艺，需根据其逸出量及其在空气中允许浓度和爆炸极限确定厂房每小时通风次数，并采取加强自然对流及机械通风的措施。产生大量热量的车间也需作同样考虑。对于有一定量有毒气体逸出的设备，即使设有排风装置，也应将此设备布置在下风的位置；对于特别有毒的岗位，应设置隔离的小间。

(3) 对于接触腐蚀性介质的设备 除设备本身的基础须加防护外，对于设备附近的墙、柱等建筑物，也必须采取防护措施，必要时可加大设备与墙、柱间的距离。

(4) 对于处理大量可燃性物料的岗位 应设置消防设备及紧急疏散等安全设施。

二、车间布置设计步骤及方法

车间布置一般先从平面布置着手，车间布置图可分两个阶段进行。

1. 车间布置草图阶段

将车间内的机器设备以 1∶100（特殊情况下取 1∶200 或 1∶50）的比例尺寸，按其水平投影的外形用坐标纸逐一制作，并在其上面注上设备名称，然后按选定的某一个布置方案将这些设备图形在坐标纸上精心排列。在各图形之间按前述的原则留出必要的操作间距，然后将图形的位置固定在纸上，确定各个图形与车间墙壁之间的距离，在纸上画出墙壁线，这些线条便决定了设计车间的形状及其平面上的内部建筑尺寸。如果建筑物的形状已经确定，或在现有的建筑物内布置，可按建筑平面的轮廓线直接进行排列。在布置图形时，必须同时确定柱、楼梯、构架的支座和其他占有一定面积的构筑物等的位置及其所占面积。即使是在平面布置时，设计人员也要有立体的概念，如果有较大的通风道时，应该让出必要的空间位置，防止与设置的设备重叠，以免整个布置的返工。

车间尺寸可以按坐标纸比例尺寸推算出来。车间的长宽比例通常以 1.5～2.0 为宜，否则车间楼房便呈不常见的长条形式，既不美观，又不便于布置。

由于车间布置较复杂，涉及的面很广，需采用几种方案，从各方面进行分析研究，比较它们的优缺点，提出一个较为理想的方案作为布置草图，提交建筑设计部门设计建筑图。

2. 车间布置图阶段

当技术设计建筑图完成后，即可绘制正式的车间布置图，包括车间平面布置和剖面图。

(1) 车间平面布置图 车间平面布置图在标明厂房边墙轮廓线、门窗位置、楼梯位置、柱、各层标高后，还得在图上准确绘制和表示出设备外形的俯视图和流程号，设备定位尺寸，操作平台等辅助设施示意图和主要尺寸，地坑的位置和尺寸，辅助用室和生活用室内的设备、器具等的示意和尺寸。

(2) 车间剖面图 车间剖面图在标明厂房边墙线、门窗位置、楼梯位置、柱、各层标高、地坑位置的图上，要准确绘制和表示设备外形的侧视图和流程号，操作平台等辅助设施示意图和主要尺寸。

第三节 多功能车间布置设计

多功能车间布置设计

多功能车间又称综合车间或小产品车间，是一种可进行多品种生产的特定车间，它是适应医药工业产品品种多、产量差别特别悬殊、品种的发展和淘汰较快等特点而发展起来的。从医药工业的特点来看，有的医药产品一年需求量几百千克，个别的甚至只有几千克，这样的产品，如果建立专用生产车间是不合适的。多功能车间是常规的单品种生产车间的重要补充，新产品的试生产和中试放大也可在多功能车间进行。

一、多功能车间的特点

多功能车间不同于传统的原料药车间，它可以同时或分期生产不同品种的多种原料药，这些原料药之间需要有一定的相似性，如具有相近的生产工艺、所用的设备多数可以通用等。多功能车间的建设可以满足小批量、多品种的生产要求，应对市场的迅速变化。新药的试生产和中试放大可借助多功能车间，进一步完善工艺条件，为扩大生产提供技术数据。

二、多功能车间的设计原则

多功能原料药合成车间设计可分为软件及硬件部分。软件部分为车间工艺流程设计，主要包括密闭化操作工艺、设备及管道清洗工艺、自控多功能分配及切换方案等方面；硬件部分为车间工程设计，主要包括建筑外形选择、工艺设备布局、空间管理、通风设计及管道材质等方面。

多功能车间目前主要有两种设计方法。第一种设计方法的指导思想，是根据既定的产品方案和规模，选择一套或几套工艺设备，实行多品种生产。每更换一个品种，都要根据产品工艺和其他要求，重新调整和组合设备及管道。第二种方法认为药品品种固然很多，工艺路线也不相同，但却有着共同的化学反应（如硝化、磺化等）和单元操作（如蒸馏、干燥等），因此在设计多功能车间时不必拘泥于具体生产的品种和规模，主要按照制药工业中常用的化学反应和单元操作，选择一些不同规格和材料的反应罐、塔器和通用定型设备（如离心机），以及与反应罐、塔器的处理能力相适应的换热器、计量槽和储槽，并加以合理布置和安装。对安全上有特殊要求的高压反应、具有剧毒介质的反应等给予专门考虑。这样设计出来的多功能车间，设备是相对固定的，而以不同产品的流程去适应它。

第一种设计方法的特点是设备利用率高，生产操作方便，其不足是灵活性和适应性较差，更换产品时，调整设备很费事。第二种设计方法的特点是多功能车间灵活性高，适应性强，缺点是设备数量多，利用率低。以工业生产为主的多功能车间，一般采用第二种方法设计较适宜。以试制研究，包括产销量极小的产品生产为主的多功能车间，采用第一种设计较适宜。

1. 工艺流程设计

（1）密闭化操作   化学合成原料药的生产经常以具有爆炸危险性的有机溶剂或腐蚀性较强的液体为溶剂，因此车间工艺设计时尤其需要注意减少暴露环节，全程生产密闭化操作，这符合 GMP 首要目标。例如，应设置独立的房间或区域进行集中加料，并设置局部强排风进行保护。对于固体加料，考虑加料流程时需根据物料的职业接触限值设计加料方案。通常设计时采用吨袋密闭投料，此法目前已十分成熟。但对于职业接触限值较低，存在较大职业健康危害的固体物料（如致敏性、含激素、高活性物料等），应尽量采用小袋包装，使用真空固体加料机或手套箱进行操作，并佩戴好个人防护服及用具。在生产反应过程中，均应在采用氮封的环境下进行操作。为减少开盖取样等环节，可采用真空取样机或循环取样机对反应釜内物料进行中间取样分析。从取样分析的效果及准确度来看，推荐采用循环取样的方式（图 20-1），能够得到较为准确的分析结果以保证反应的安全和产品的质量。

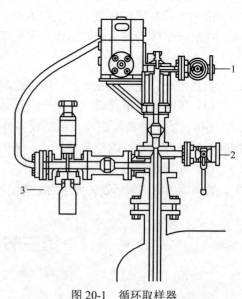

图 20-1   循环取样器
1—反吹口；2—反吹口；3—取样阀

（2）自控方案　多功能原料药生产需满足各种工艺的生产要求，必须具备较高的自动化控制水平。如氧化工艺、氯化工艺等均为化学合成药常用的工艺，其中加氢工艺涉及氢气，其布局设置及厂房建筑要求与其他工艺相差较大，设计时应专门考虑独立设置区域或车间，不适合与多功能原料药生产放在一起。

对于危险工艺的自控方案，主要体现在控制反应釜反应过程及紧急安全联锁方面。重点监控的控制参数有反应釜内温度和压力、反应釜内搅拌速率、催化剂流量、反应物料的配比、气相氧含量等。反应釜内温度和压力的控制目前比较多的是采用温度控制单元（TCU），以满足间歇反应釜温度控制或持续不断的工艺过程的加热冷却、恒温、蒸馏、结晶等过程控制，经过特殊定制的装置适用温度范围可以达到（-120～300℃）。TCU可以与反应釜上的温度计及压力表形成联锁控制，当反应异常升温或升压时，及时切换夹套热媒反应釜的进料口及滴加催化剂的进口需设置紧急切断阀，并与温度压力联锁；反应釜进料采用流量计计量；催化剂滴加应采用流量计加调节阀的形式自动化控制，以免反应釜升温过快。反应釜作为重点保护设备，其搅拌器需两路供电；反应釜在反应前需经过氮气置换，可采用人工取样检测放空管线上的氧含量或设置自动氧含量监测仪；反应釜需设置泄压设施，通常在放空管上设置爆破片，爆破片前后管道应尽量减少弯头，爆破片可选用带压力传感器的型号，以便检测是否有动作，如图 20-2 所示。

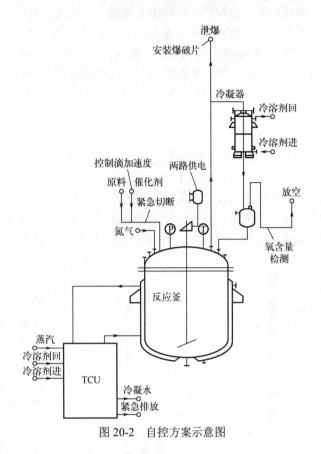

图 20-2　自控方案示意图

2. 工艺设备的设计和选择

（1）设备设计和选择的一般原则　产品方案确定后，从中选择一个工艺流程最长、化学反应和单元操作的种类最多的产品，作为设计和选择工艺设备的基础，并注意提高设备通用性和互换性，根据生产量和生产周期来设计和选出工艺设备。这样确定的设备尚需要再逐一与其他既定的产品工艺进行比较，凡是可以互用的，不再选择新设备；不能通用的，则酌量增加一些设备，或增加一些附件（如不同类型的搅拌器）。根据上述顺序，最后可以确定出一套工艺设备。

为使选定的这套工艺设备能以最少数量满足几个产品的生产需要，一定要提高设备的通用性和互换性，为此应注意以下几点：

① 主要工艺设备（如反应器）的材料通常以玻璃和不锈钢为主。

② 设备大小规格的配备尽可能采用排列组合的方式，减少规格品种。

③ 主要工艺设备的接口尽量标准化。

④ 主要工艺设备的内部结构力求简单，避免复杂构件，以便于清洗，如内部结构很难清洗（波纹填料塔），更换产品时就会造成困难。

⑤ 配置必要的中间储槽和计量槽，调节和缓冲工艺过程，提高主体反应设备的适应性。

（2）具体设备选择注意事项

① 物料计量装置：采用滴加的液体物料宜选用计量罐计量，计量罐要带有液位计或电子称重模块，便于物料计量。材质以不锈钢为主，兼有玻璃、塑料等，满足不同腐蚀性物料的需要。大量投入的液体物料的计量宜选用计量泵或计量仪表，带有显示、累计等功能。少量的桶装液体物料或固体物料的计量可选用防爆型的电子台秤，称量精确，安全可靠。

② 反应釜：是多功能原料药车间的关键设备，一般要有转速可调的搅拌器；有可靠的在线清洗装置；有能适应不同工况的加热、冷却装置，最好能设计为多回路的盘管加热、冷却；有较好的温度、压力检测系统；有紧急泄压装置；有安全的取样装置等。合成反应釜的材质以搪玻璃为主，不锈钢为辅。反应釜选搪玻璃材质，适用性广，能耐无机酸、有机酸、有机溶剂及 pH < 12 的碱溶液腐蚀。成品结晶釜多采用不锈钢制作，具有不对产品造成污染、内壁光滑、外观漂亮、易于清洗等优点。

③ 离心设备：在化学合成原料药生产中经常采用离心分离的方式得到最终产品。从密闭操作的安全角度出发，卧式刮刀离心机是一种理想的选择，操作时的密闭性优于其他类型的离心机（如平板式或吊袋式离心机），操作的连续性能保证减少人工切换或开盖的频率，当反应釜的规格较小时也可选择其他类型离心机。离心机母液出口宜靠重力流至下方母液接收罐，接收罐及离心母液出口的平衡管应接至车间尾气处理系统。

④ 干燥设备：干燥设备最好能与离心机组合成由管道连接的生产线，以保证从离心分离到成品干燥包装能形成一个密闭的生产过程，从而保证成品的质量。原料药的干燥首选双锥真空干燥器。药品在干燥器中边干燥边转动，对整批药物的均一性有良好保证。此设备操作简单，间歇生产，易于调节，可以在线清洗和在线灭菌。还有一种工艺将过滤、洗涤、干燥工序在同一设备中进行。此设备是全密闭的，完全可以做到在线清洗（CIP）和在线灭菌（SIP），所以非常适用于无菌原料药的生产。

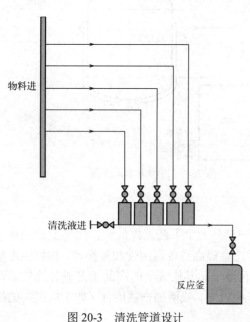

图 20-3　清洗管道设计

⑤ 设备及管道：清洗设备及管路产品更新快、设备可以互相切换轮流使用以便调整产能，是多功能原料药生产的特点，因此批间清洗或大清洗的频率非常高，如何保证设备及管道清洁变得尤其重要，合理设置清洗系统是设计的重点。清洗一般分为淋洗和循环清洗，但淋洗往往由于清洗液流速或与被清洗物质的相容性不够，很难达到理想的清洗效果，而循环清洗则是设备及管道通过循环泵进行的，因此无论是溶剂耗损量还是清洗效果都优于直接淋洗。在进行管路设计时，考虑到清洗的效果，应尽量避免管道清洗死角，将清洗液进口设置在待清洗管道或设备的端部，必要时可设置喷淋球。清洗管道设计见图 20-3。

⑥ 多功能分配设备及切换方案：在多功能原料药合成车间的设计中，如何实现设备与设备间的重新组合分配，能方便地搭建起不同体系的组合，实现反应、结晶、蒸馏、分层、脱色等不同功能是车间设计的重点。这里介绍溶剂分配站及工艺分配站两项技术。溶剂分配站主要目的是保证车间内每台需要加入液体原料或清洗溶剂的设备能够方便接收来自罐区或桶料输送区的溶剂。溶剂分配站一般考虑设置在车间的较高处，物料的进料管（带压）放置在上层，来自车间各处的设备进料管排放在下方，以便物料能够流淌干净。管道之间通过金属软管连接，并增加自控切断阀与压力表，软管连接完毕后充氮试压，检测连接的正确性及是否有泄漏。

工艺分配站主要目的是在生产准备期间，将各设备的进料或出料口通过分配站互相重新连接，以形成不同排列组合的生产方式和生产规模。工艺分配站使车间拥有多种的可能性以应对不同产品的需求，工艺分配站进料管道均需通过车间内的输送泵送入分配站，出料管道和溶剂分配站管道一般来自车间各设备进料管。由于涉及批间的清洗，因此不与溶剂分配站管道合用。同样，连接的正确性亦由最后氮气试压来确保。管道站接管模式是将各种用途的管道集中起来，通过软管连接，可以组成任意的组合，实现任意设备间的物料转移。

3. 车间布置

车间布置的一般原则要求和设计方法，也适用于多功能车间，设计时还得考虑下列几点。

① 原料药合成车间多为甲、乙类车间，原辅料多为易燃、易爆、易挥发的甲类溶剂，因此对建筑物

的耐火等级、建筑面积、泄爆面积、安全疏散、防火分区的分割等均有严格的要求。根据《建筑设计防火规范》(GB 50016—2014)中的相关规定来确定多功能原料药合成车间的布局，在建筑外形的选择上较为常用的是长条形的车间布局，考虑到泄爆面积的计算，车间的进深不宜过大，每层的层高宜适当增加。长条形车间的另一个优点是防火分区切割较为方便，生产车间内有部分操作间、辅助用房等非甲类防火区，需要用防火防爆墙使其与甲类生产区分隔。在多功能甲类生产车间建筑外形上，"匚"字形车间也时常被采用，此形状车间的设计难点在于如何合理切割防火分区及留出泄爆面。多功能车间的建筑形式，多数是单层或者主体是单层、局部是二层的混合结构。建筑面积 500～2000 m²，少数可超过 2000 m²。

② 生产操作面不宜过大，布置力求紧凑，以便更换产品时重新组成生产操作线。

③ 容量较小(2000 L 以下)的反应设备可不设操作台，直接支撑在地面上，这样既利操作又易移位。

④ 容量较大的反应设备可设单个或整体操作台。操作台上应按可能使用的最大反应罐外径作出预留孔，如果使用小反应罐，可随时加梁缩小孔径。

⑤ 原料药生产设备布置一般有两种：垂直及水平布局。垂直布局的优点是有效利用高差来实现物料的转移，从防火分区分隔的角度来说比较方便，不同分区之间可通过门斗互通，适用于较大反应釜的布置方法。水平布局则适用于较小规模的反应釜，防火分区水平切割，同层设备间物料转运可通过真空或输送泵作为动力输送。从生产流程角度来说，按高位槽(釜)、反应釜(结晶)、离心机、干燥机的顺序整体布置，布置时需根据不同产品生产，防止交叉污染，特别是对于后端离心及干燥工段，设计时可将反应区、离心区及干燥区设在不同的隔间内，尽量单独设置。另外物流通道、人流通道、工具运送存放、器具清洗位置等均应列入考量范围内，合理规划车间内的人物流及功能房间。原料药生产车间配置精烘包工段时，按 GMP 要求采用 D 级区的居多，其上游反应及结晶设备若设置在密闭容器中时，可设置在非净化区，反应后的物料与结晶设备之间可增设精密过滤器，结晶后的物料通过管道直接进入精烘包内的离心干燥设备，如此布置可压缩净化区的空间，送风及排风量相应减少，相对节能。在精烘包工段内，离心干燥区域按爆炸危险区设置防护措施，需注意设置适当的压差，以免爆炸危险区的气体逸散至非爆炸危险区内。

设备布置基本按物流由上向下垂直方向的原则进行设计，例如：第四层设尾气洗涤区、导热油换热区和中间罐存放区；第三层设有反应工序、取工序，按甲类防爆区设置消防安全设施，考虑将来可能出现加氢反应的操作，可在三层的角落处设置特殊反应间，其设备和管道系统均按满足氢腐蚀要求选材，并按《建筑设计防火规范》(GB 50016—2014)有气介质存在的泄爆要求加大特殊反应间的泄爆面积；第二层设有结晶工序、离心工序、干燥工序、粉碎工序、混合工序和包装工序，第二层的各工序的操作环境按 D 级洁净度要求设计；第一层为公用工程区，设有冷冻站、空压站、真空站、纯化水站、高浓度污水收集站等功能。

⑥ 多功能车间的设备一般都比较小，所用动力不大，故凡能借自重保持稳定的设备，尽量不浇灌基础，或者浇灌比较浅的基础。离心机布置在反应罐的下方，由反应罐的位置决定。

⑦ 化学反应从安全角度看可以归纳为两大类，一类只有一般防毒、防火和防爆要求；另一类则有特殊的防毒(如氯化、溴化等)、防火、防爆要求。对于前一类反应可以布置在一个或几个大房间里；对于后一类反应，必须从建筑和通风上作针对性的处理，对剧毒的化学反应岗位，应单独隔开并设置良好的排风。如把整个反应罐置于通风柜中，工作人员在通风柜外面操作。高压反应须设防爆墙和泄压屋顶，这类反应器可以与多功能车间放在一栋建筑中，也可以另建专用建筑。

⑧ 蒸馏、回收处理的塔器应适当集中，布置于高层建筑中，以利于操作和节省建筑物的空间。

⑨ 多功能车间的工艺设备、物料管道等拆装比较频繁，而且工艺设备的布置不可能像单产品专业车间一样完全按工艺流程顺序，这样造成原料、中间体的运输频繁。因此，车间内部应有足够宽度的水平运输通道，垂直运输应设载货电梯或简易货吊，载货电梯的货箱大小要能容纳手推车。

⑩ 多功能车间辅助用室及生活用室的组成和布置要求与单产品专业车间相同。但多功能车间可设置设备仓库和安排面积较大的试验分析室，以储存暂时不用的工艺设备和满足产品的工艺研究之需。一般按 3 个或 5 个反应釜为一组作为一个模块组进行布置，考虑到多功能车间适用于多品种，车间布置时一般考虑布置一些特殊模块组，如高温块、深冷模块等。

⑪ 适当预留扩建余地，一般每隔 3 ～ 4 个操作单元预留一个空位，以便以后更换产品时增加相应的设备。

⑫ 必须考虑设备检修、拆卸所需的起重运输设备，如果不设永久性的起重运输设备，则应有安装起重运输设备的场地及预埋吊钩，这样便于设备的更换和检修移位。

⑬ 车间或厂区内应设置备品备件库和工具间，以便更换产品时调整设备、管道、阀门之用，备用的设备、管材和五金工具等存于其中。

⑭ 多功能原料药生产过程中为了满足多种工艺要求，必须在自动化控制方面达到较高水平，在常见制药工艺中由于加氢工艺中存在氢气，在厂房建设和设备构造方面与其他工艺存在较大差异，需要配置独立的区域或车间，尽量避免与其他工艺共用车间。

4. 净化空调系统设计

根据使用功能及室内要求不同，洁净空调区域相应地分为防爆与非防爆 2 个区域。

① 为节约投资费用及运行成本，2 个区域合用 1 台空调机组。为确保安全，防爆区与非防爆区分别设置送风主管，并在防爆区送风。主管穿出防爆墙处设置止回阀，防止含有溶剂的气体倒流。

② 防爆洁净区域采用全新风运行，排风风机采用防爆型，集中设置在屋顶指定区域，风机配置中效过滤器，防止气体倒灌。

③ 送风设备采用组合式空调机组，布置在独立的空调机房内，风管穿入洁净防爆空调区域处设防火阀及止回阀，空调机组采用非防爆设备。

④ 非防爆区域采用循环风，区域回风接入空调机组的二次回风段，可大大减少空气恒温恒湿处理过程中的冷热抵消引起的能量消耗。洁净 D 级区域空调系统的新风经初效过滤、冷却后在二次回风段与室内回风混合，再经过蒸汽加热、蒸汽加湿、加压、中效过滤后送入各房间，末端采用高效过滤器，安装于各洁净室洁净空气入口处。为方便系统调节各房间送回风支管，均设置定风量调节阀。

第四节 合成车间布置设计

合成车间
布置设计

一、合成车间生产工艺简介

化学合成原料药是使用化学原料、医药中间体等在一定条件下进行化学反应，制备具有一定药效的产品，再经过精制工序使其达到药品的各种指标的原料药生产方法。它有非无菌化学合成原料药和无菌化学合成原料药之分。

合成车间的生产工艺流程随产品不同而各不相同，不同品种的工艺流程为各种反应或单元操作的组合。基本流程为：化学反应过程（包括加成、取代、缩合、氧化、氯化、氢化等）—分离纯化过程（萃取、过滤、浓缩、精馏、脱色、离子交换等）—结晶—离心—干燥（双锥、烘箱、沸腾床）—粉碎—混合—内包—外包，一般还有溶剂回收（精馏）工序。

二、合成车间生产岗位组成及特点

1. 车间生产岗位组成及功能

合成车间生产岗位组成及功能见表 20-1。

表 20-1 合成车间生产岗位组成及功能

序号	岗位	功能
1	反应区	化学原料或中间体等经化学反应合成含最终产品或中间体的生产区域，主要设备包括反应罐、计量罐、回流冷凝器等
2	分离纯化区	对反应产物进一步分离、纯化。主要工序有萃取、离子交换、精馏、脱色等

续表

序号	岗位	功能
3	精干包区	对反应物料进一步精制、结晶、干燥的过程，一般该区域布置在洁净区
4	包装区	合格的原料药经内包、外包得到最终产品。内包一般在洁净区
5	溶剂回收区	合成过程使用多种有机溶剂，大多通过精馏过程对废溶剂回收利用
6	中转罐区	对间歇生产的合成车间，一般设原料、中间体等的中转罐区，最大储量小于一天的使用量
7	其他辅助设施	空调机房、纯化水制备间、更衣、厕所、消防值班室等辅助房间

需要指出的是，按照《建筑设计防火规范》和《石油化工企业设计防火规范》的要求，生产火灾危险性类别为甲、乙类的合成车间内不得设置配电室、控制室、办公室、会议室、休息室等房间。

2. 合成车间的特点

① 大多数的合成车间为防爆车间，火灾危险性大。

② 反应过程复杂，操作工序多，设备台数较多，管道量大。

③ 一般使用大量酸、碱和有机溶剂，存在腐蚀、中毒等危害。

④ 反应过程中常有高温、低温、高压等特殊工艺条件。

⑤ 涉及重点监管的危险化工工艺的，要严格按照相关规范设计控制系统及防护设施。

⑥ 生产过程中产生废液、废气、废固且不易处理。

⑦ 大多数为间歇生产，控制方案复杂。

3. 重点监管的危险化工工艺简介

首批重点监管的危险化工工艺：光气及光气化工艺；电解工艺（氯碱）；氯化工艺；硝化工艺；合成氨工艺；裂解（裂化）工艺；氟化工艺；加氢工艺；重氮化工艺；氧化工艺；过氧化工艺；胺基化工艺；磺化工艺；聚合工艺；烷基化工艺。

第二批重点监管的危险化工工艺：新型煤化工工艺；电石生产工艺；偶氮化工艺。

针对重点监管的危险化工工艺，国家安全监管总局在安监总管三〔2009〕116 号和安监总管三〔2013〕3 号文件中，给出了危险化工工艺安全控制要求、重点监控参数及推荐的控制方案，具体内容可参照相关文件，文件中的要求为基本要求，设计工作中必须严格遵守。

三、合成车间的布置及设计原则

1. 车间布置应满足生产工艺的要求

① 顺工艺流程布置，尽量缩短物料运输路线，确保水平方向和垂直方向的连贯性，尽量缩短物料运输路线，节约能源，人物分流，成品与原料分流。

② 根据工艺流程合理划分生产区域，相同设备或同类设备、性质相似及联系密切的设备相对集中布置，以便于集中管理、统一操作、节约定员，同时利于在设计上采取相应的防护措施。

③ 对于车间内精烘包岗位，按 GMP 要求根据不同剂型对原料药的不同洁净等级要求设控制区、洁净区。

④ 适当考虑厂房的扩建和工艺改进，预留一定的空间。

2. 车间布置应满足安全、环保及职业卫生的要求

① 有毒的生产岗位在车间布置时必须考虑严格的隔离、防护措施，应避开人流较集中的区域，应加强排风，对排出的废气应进行无害化处理。

② 易燃、易爆的生产岗位，尽量相对集中布置，控制面积并按规范进行泄爆设计。

③ 有爆炸危险的岗位宜布置在厂房的顶层或一端，同时按规范要求设置安全出口；泄压面的设置应避开人员集中的场所和主要交通道路。

④ 使用腐蚀性介质的岗位，设备基础、周围地面、墙面、柱子应采用相应的防腐材料或涂料做防腐处理。

3. 合成车间的布置

防火、防爆设计是合成车间设计的重点和难点。根据《建筑设计防火规范》的要求，甲、乙类车间的耐火等级应为一级或二级，因此车间应设计为钢筋混凝土框架结构或者钢结构车间。《建筑设计防火规范》建议防爆车间宜布置为单层，发生火灾、爆炸危险时便于扑救和人员疏散。但是由于合成车间各生产工序联系紧密，为方便操作及物料的转运，前后工序垂直布置时，可以充分利用高差实现物料的自流转运，既节省了动力又方便操作，同时减少了车间的占地面积，因此实践中合成车间布置为多层车间的较多。合成车间一般均由多步化学反应组成，其反应步骤有特定的顺序，反应过程繁简也不同。另外合成车间设备多、管道多，并且生产过程以间歇操作为主，因此在车间布置时应充分考虑上述因素，虽然合成车间生产工艺千差万别，但是各单元操作的布置方式大体相同，下面以反应工序、萃取工序、结晶离心干燥工序、脱色工序和溶剂回收工序为例说明设备布置要点。

(1) 反应工序的布置 反应工序一般包括反应釜、计量罐、反应液承接罐和回流冷凝器等。反应过程通过计量罐定量加入反应物，反应过程一般有升温、降温等步骤。对于反应温度较高的反应釜一般配有回流冷凝器以减少溶剂损失。

反应釜支撑在钢平台上，计量罐支撑在钢平台上的钢架上，物料自计量罐自流加入反应釜，回流冷凝器架于钢平台上，冷凝下来的有机溶剂经 U 形液封自流回反应釜。反应釜下出料口距离下面楼板高度一般在 1.8~2 m，方便出料阀的操作，反应液承接罐支撑于楼板，反应后的物料自流进入承接罐。这种布置方式操作面相对紧凑，充分利用高差实现物料自流，同时管道里没有存液，从而提高了反应收率。

(2) 萃取工序的布置 萃取工序的主要设备包括萃取釜、萃取相储罐和萃余相储罐。布置方式与反应工序相似，萃取釜支撑在钢平台上，萃取完成并静置分层后，经萃取釜底部的视镜将萃取液和萃余液及乳化层分开，分别进入萃取液储罐和萃余液储罐。萃取罐底部距离楼板 2 m 左右，视镜高度为 1.6 m 左右，便于观察。萃取液和萃余液分离得是否干净是萃取操作的关键，除了影响收率外，有些合成反应如果萃取液分离不干净（带水），会在后续工序（如 7-ACA 裂解工序）中引起副反应，降低转化率和产品质量。为了保证分离效果，一般萃取釜要高于萃取液和萃余液储罐。

(3) 结晶离心干燥工序的布置 结晶是制药行业最常用的纯化操作，该工序包括结晶釜、离心机、母液储罐和真空干燥机。对于最终成品的结晶、离心和干燥工序，一般布置在洁净区。由于结晶罐出料为固液两相，极易堵塞管路，同时离心机分离出来的湿物料进入干燥机需要人工转运，因此该工序常采用垂直、紧凑的布局，利用料位差实现物料的自流转运，既降低了能耗，又方便了操作，并且降低了物料受污染的风险。

结晶釜通常布置在二层的钢平台上，结晶釜出料口的高度由离心机进料高度确定，一般为 2 m 左右。离心机由于震动较大，布置在二层楼板。结晶完成的晶浆自流进入离心机进行固液分离，分离后的母液自流至一层的母液储罐，湿晶体通过投料口加入一层的干燥机。干燥后的物料输送至一层的包装工序。

(4) 脱色工序的布置 脱色工序主要由脱色罐、过滤器和脱色液储罐组成。布置该工序时的关注点有两个：第一是过滤器的物料应尽量排净以提高收率；第二要降低废炭运输对环境的影响。脱色罐和过滤器布置在二层楼板上的钢平台，脱色液经压缩空气或泵送入过滤器除去废炭，合格的滤液自流进入一层的脱色液储罐。过滤完毕废炭卸到一层的出炭间，出炭间直接对室外开门，装车运出车间。过滤机所在区域应用墙体和相邻区域分割，以减少对车间生产环境的影响。

(5) 溶剂回收工序的布置 合成车间使用多种有机溶剂，产生的废溶剂需要经过回收工序精馏至纯度合格循环套用。精馏工艺分为连续精馏和间歇精馏两种。连续精馏能耗低，易于实现自动控制，安全性高。适用于废溶剂中待回收组分浓度稳定，处理量大的工况；间歇精馏在整个操作周期中，塔釜温度、塔顶待回收组分的浓度等参数一直处于变化之中，不利于自控，同时由于每批操作都存在进料、出料环节，系统容易进入空气而使安全性降低。间歇精馏适用于每批废溶剂中待回收组分浓度波动大，处理量小的工况。

精馏操作的回流方式分为自然回流和强制回流两种。自然回流利用塔顶冷凝器出口和精馏塔回流口之间的高差（冷凝器出料口至少高于精馏塔回流口 1 m）来实现自流回流和采出；强制回流是塔顶冷凝器冷凝液先进入回流罐，再经泵加压后实现物料的回流和采出强制回流，除了增加了回流罐和回流泵外，还需要增加回流罐的液位控制以防止回流罐充满或打空，与自然回流相比控制系统复杂、能耗高，在塔高低于 20 m 的情况下，应优先选择自然回流。塔釜、精馏塔和成品储罐布置在一层，塔顶冷凝器布置在屋面，采用自然回流的方式实现回流和采出，采出物料经冷却器进一步降温后自流进入二层的待检罐，合格物料进入一层成品罐，不合格物料回到塔釜再次处理。

第五节 制剂车间布置设计

制剂车间的总体布置设计应充分考虑与原料药生产区、公用工程区的衔接和隔离。同时也应充分考虑综合制剂车间不同剂型之间的衔接和隔离。尽最大可能简化衔接，降低相互干扰。具体考虑要素包括地形、风向、运输、安全、空调负荷、土建难度等。

一、制剂车间组成

从功能上分，车间可由下述几个部分所组成。

1. 仓储区制剂车间

仓储区制剂车间的仓库位置的安排大致有两种：一种是集中式，即原辅材料、包装材料、成品均在同一仓库区，这种形式是较常见的，在管理上较方便，但要求分隔明确、收存货方便；另一种是原辅料与成品库（附包装材料）分开设置，各设在车间的两侧，这种形式在生产过程进行路线上较流畅，减少往返路线，但在车间扩建上要特殊安排。仓储的布置现一般采用多层装配式货架，物料均采用托板分别储存在规定的货架位置上，装载方式有全自动电脑控制堆垛机、手动堆机及电瓶叉车。高架仓库是目前仓库发展的热点，受药品的性质及采购特点的限制，故多采用背靠背的托盘货架存放方式。设计时应注意：

① 仓储区应有足够的空间，确保有序存放待验、合格、不合格、退货或召回的原辅料包装材料、中间产品、待包装产品和成品等各类物料和产品。

② 仓储区的设计和建造应当确保能够满足物料或产品的储存条件（如温湿度、避光）和安全储存的要求，设有通风和照明设施，定期进行检查和监控。

③ 高活性的物料或产品以及印刷包装材料应储存于安全区域。

④ 接收、发放和发运区域应能够保护物料、产品免受外界天气（如雨、雪）的影响，接收区的布局和设施应能够确保到货物料在进入仓储区前可对外包装进行必要的清洁。

⑤ 如采用单独的隔离区域储存待验物料，待验区应有醒目的标识，且只限于经批准的人员出入。不合格、退货或召回的物料或产品应隔离存放。如采用其他方法替代物理隔离，则该方法应具有同等的安全性。

⑥ 通常应当有单独的物料取样区。取样区的空气洁净度级别应与生产级别一致。如在其他区域或采用其他方式取样，应能够防止污染或交叉污染。

⑦ 仓储内容应分别采用严格的隔离措施，互不干扰，存取方便。仓库只能设一个管理出入口，若将进货与出货分设两个缓冲间但由一个管理室管理是允许的。

⑧ 仓库的设计要求室内环境清洁、干燥，并维持在认可的温度限度之内。仓库的地面要求耐磨、不起灰、有较高的地面承载力、防潮。

2. 称量与备料室

生产过程要求备料室要靠近生产区。根据生产工艺要求，备料室内应设有原辅料存放间、称量配料间、称量后原辅料分批存放间、生产过程中剩余物料的存放间、粉碎间、过筛间、筛后原辅料存放间。称量室（或称量单元）是制药用于取样、称量分析的专用局部净化设备，称量区域内维持负压状态，洁净空气形成垂直单向气流,部分洁净空气在工作区循环,部分排出洁净区域,以控制工作区的粉尘及尘埃不扩散到操作区外,保障操作人员不吸入所操作的药品粉尘,从而形成高洁净的工作环境。称量室宜靠近原辅料室,其空气洁净度等级宜同配料室;当原辅料需要粉碎处理后才能使用时,还需要设置粉碎间、过筛间以及筛后原辅料存放间。对于可能产生污染的物料,要设置专用称量间及存放间,并且还要根据物料的性质正确地选用粉碎机,必要时可以设置多个粉碎间。

3. 辅助区

辅助区包括清洗间、清洁工具间、维修间、休息室、更衣室和盥洗室等。

(1) 清洗间 洁净厂房内,应有洁净服的洗涤、干燥室,设备及容器具洗涤区。清洗洗涤区洁净级别应与该生产所在房间的级别相同,并符合相应的空气洁净度要求。

清洗对象有设备、容器、工具。清洗后设备需在洁净干燥的环境下存放。无菌 A/B 级区的设备及容器应在本区域外清洗,该区域内禁止设置水池和地漏。工具的清洗室的空气洁净度不应低于 D 级,有的是在清洗间中设一层流罩,高洁净度区域用的容器在层流罩下清洗、消毒并加盖密闭后运出。设备及容器的清洗尽量不单间操作,设置洗涤与存放两间。工具清洗后可通过消毒柜消毒后供使用。与容器清洗相配套的是要设置清洁容器储存室,工器件也需有专用储存柜存放。洁净工作服洗涤、干燥需在洁净区内进行。无菌洁净工作服必须在层流下进行整理封装,然后经灭菌柜灭菌后存放在洁净工作服存衣柜中,以备使用(其洁净级别与穿着工作服后的生产操作环境洁净级别相同)。此外,洁净工作服的衣柜不应采用木质材料,以免生霉或变形,应采用不起尘、不腐蚀、易清洗、耐消毒的材料。

(2) 清洁工具间 专门负责车间的清洁消毒工作,故房间内要设有清洗、消毒用的设备。凡用于清洗的拖把及抹布都要进行消毒工作。此房间还要储存清洁用的工具、器件,包括清洁车。清洁工具间可一个车间设置一间,一般设在洁净区附近,也可设在洁净区内。

(3) 维修间 维修间应尽可能与生产区分开,存放在生产区的工具,应放置在专门的房间的工具柜中。

4. 生产区

生产区包括生产工艺实施所需房间。生产工艺区合理布局,应有合理平面布置;严格划分洁净区域;防止污染与交叉污染;方便生产操作。生产区应有足够的平面和空间,有足够的场所合理安放设备和材料,以便操作人员能有条理地进行工作,从而防止不同药品之间发生混杂,防止其他药品或其他物质带来的交叉污染,并防止任何生产或控制步骤事故的发生。此外,对于一些特殊的生产区,如发尘量大的粉碎、过筛、压片、充填、原料药干燥等岗位,若不能做到全封闭操作,则除了设计必要的捕尘、除尘装置外,还应考虑设计缓冲室,以避免对邻室或共用走道产生污染。另外,如固体制剂配浆、注射剂的浓配等散热、散湿量大的岗位,除设计排湿装置外,也可设计缓冲室,以避免散湿和散热量大而影响相邻洁净室的操作和环境空调参数。

5. 中贮区制药车间

内部应设置降低人为差错,防止生产中混药的物料中贮区(又称中间站),其面积应足以存放物料、中间产品、待验品和成品,且便于明确分区,以最大限度地减少差错和交叉污染。

不管是上下工序之间的暂存还是中间体的待验,都需有场地有序地暂存,中贮区面积的设置有几种排法:可将贮存、待验场地在生产过程中分散设置;也可将中贮区相对集中。

分散式是指在生产过程中各自设立颗粒中贮区、素片中贮区、包衣片中贮区等。优点是各个独立的中贮区邻近生产操作室,二者联系方便,不易引起混药,中小企业采用较多;缺点是不便管理,且由于片面追求人流、物流分开,有的在操作室和中贮区之间开设了物料传递的专用门,不利于保证操作室和中间站的气密性和洁净度。

集中式是指生产过程中只设一个大中贮区,专人负责,划区管理,负责对各工序半成品入站、验收、移交,并按品种、规格、批号区别存放,标志明显。优点是便于管理,能有效地防止混淆和交叉污染;缺点是对管理者的要求很高。集中式目前已在各类企业中普遍采用。设计人员应考虑使工艺过程衔接合理,重要的是进出中贮区或中贮间生产区域的路线与布局要顺应工艺流程,不迂回、不往返、不交叉,更不要贮放在操作室内，并使物料传输的距离变短。

6. 药品的质检区（分析、检验、留样观察等实验室）

应与药品生产区分开设置。阳性对照、无菌检查、微生物限度检查、抗生素微生物检定等实验室以及放射性同位素检定室等应分开设置；无菌检查室、微生物限度检查实验室应为无菌洁净室，其空气洁净度等级不应低于 B 级，并应设置相应的人员净化和物料净化设施；当采用隔离器进行无菌检查试验时，隔离器房间可按 D 级设置；抗生素微生物检定实验室和放射性同位素检定室的空气洁净度等级不宜低于 D 级；有特殊要求的仪器应设置专门的仪器室；原料药中间产品质量检验对环境有影响时，其检验室不应设置在该生产区内。

7. 包装区

包装区平面布局设计的一般原则是：包装车间与邻近生产车间和中心贮存库相毗连；包装车间要设置与生产规模相适应的物料暂存空间；生产线与生产线要有隔离措施（隔墙或软隔断）；内、外包装工序要隔离。

8. 公用工程及空调区

为避免外来因素对药品产生污染，在进行工艺设备平面布置设计时，洁净生产区内只设置与生产有关的设备、设施。其他公用工程辅助设施如空气压缩机、真空泵、除尘设备、除湿设备、排风机等应与生产区分区布置。

9. 人物流净化通道

洁净区的通道，应保证通道直达每一个生产岗位。不能把其他岗位操作间或存放间作为物料和操作人员进入本岗位的通道，更不能把一些双开门的设备作为人员的通道，如双门烘箱。这样可有效地防止因物料运输和操作人员流动而引起的不同品种药品交叉污染。

多层厂房内运送物料和人员的电梯应分开。由于电梯和井道是很大的污染源，且电梯及井道中的空气难以进行净化处理，故洁净区内不宜设置电梯。因工艺流程的特殊要求、厂房结构的限制、工艺设备需立体布置、物料要在洁净区内从下而上用电梯运送时，电梯与洁净生产区之间应设气闸或缓冲间等来保证生产区空气洁净度。若某种生产物料易与其他物料产生化学反应及交叉污染，则该物料生产区域及物流通道应与其他物料分开设置。进入洁净区的操作人员和物料应分别设置入口通道。生产过程中使用或产生的如活性炭、残渣等容易污染环境的物料和废弃物，应设置专门的出入口，以免污染原辅料或内包材料。如废品（碎玻璃，分装、压塞、轧盖废品，空包装桶，不合格品）的运出要采取通道传递柜加气锁的方式进行，如图 20-4。进入洁净区的物料和运出洁净区的成品的进出口最好分开设置。

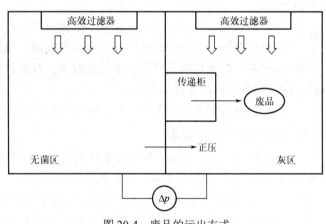

图 20-4　废品的运出方式

二、制剂车间布置设计的原则及要求

1. 一般原则

① 车间应按工艺流程合理布局，有利于设施安装、生产操作及设备维修，并能保证对生产过程进行有效的管理，生产出合格产品。

② 车间布置要防止人流、物流之间的混杂和交叉污染，要防止原材料、中间体、半成品的交叉污染

和混杂。做到人流、物流协调；工艺流程协调；洁净级别协调。

可将仓储区靠近生产区，设于中央通道一侧，仓储区与生产区的距离要尽量缩短，以方便将原辅料分别送至各生产区及接收各生产区的成品，减少途中污染；进入生产区的物料和运出生产区的成品的进出口分开设置，在仓储区和生产区之间设有独立输送原辅料的进口及输送成品的出口，物料入口单独设置，并设缓冲区，物料在缓冲区内清除外包装，传递路线为单向流，并尽量短；物料进入洁净区之前必须进行清洁处理；设置与生产和洁净级别要求相适应的中间产品、待包装产品的储存间；保证物料分区存放；整个生产流程为单向物流，既有效减少了交叉污染的概率，又提高了生产效率。

③ 要有合适的洁净分区，其洁净要求应与所实施的操作相一致。洁净度高的工序应布置在室内的上风侧，易造成污染的设备应靠近回风口。洁净级别相同的房间尽可能地结合在一起。相互联系的洁净级别不同的房间之间要有防污染措施，如设置必要的气闸、风淋室、缓冲间及传递窗等。在布置上要有与洁净级别相适应的净化设施与房间，如换鞋、更衣、缓冲等人身净化设施。生产和储存场所应设置能确保与其洁净级别相适应的温度、湿度和洁净度控制的设施。

④ 在不同洁净等级区域设置缓冲间、更衣间。物净间与洁净室之间应设置气闸室或传递窗（柜），用于传递原辅料、包装材料和其他物品。

⑤ 人员净化用室应根据产品生产工艺和空气洁净等级要求设置，不同空气洁净等级的医药洁净室（区）的人员净化用室宜分别设置。

⑥ 厂房应有与生产量相适应的面积和空间，建设结构和装饰要有利于清洗和维护。

⑦ 车间内应有良好的采光、通风，按工艺要求可增设局部通风。

2. 总体要求

① 车间按生产区、洁净区的二区要求设计。

② 为保证空气洁净度要求，平面布置时应考虑人流、物流严格分开，无关人员和物料不得通过生产区。

③ 车间的厂房、设备、管线布置和设备安放，要从防止产品污染方面考虑，设备间应留有适当的便于清扫的间距。

④ 车间厂房必须具有防尘、防昆虫、防鼠类等的有效措施。

⑤ 不允许在同一房间内同时进行不同品种或同一品种、不同规格的操作。

⑥ 车间内应配置更换品种及日常清洗设备、管道、容器等的在线清洗、在线消毒设施，这些设施的设置不能影响车间内洁净度的要求。

⑦ 对一些设计要求高的车间，将一般区走廊设置为受控但非洁净区。

3. 特殊制剂车间的要求

① 生产特殊性质的药品，如高致敏性药品（如青霉素类）或生物制品（如卡介苗等），必须采用专用和独立的厂房、生产设施和设备。青霉素类药品产尘量大的操作区域应保持相对负压，排至室外的废气应经过净化处理并符合要求，排风口应当远离其他空气净化系统的进风口。

② 生产β-内酰胺结构类药品、性激素类避孕药品必须使用专用设施（如独立的空气净化系统）和设备，并与其他药品生产区严格分开。

③ 生产某些激素类、细胞毒性类、高活性化学药品应使用专用设施（如独立的空气净化系统）和设备；特殊情况下，采取特别防护措施并经过必要的验证。

④ 用于上述第①、②、③项的空气净化系统，其排风应经过净化处理。

⑤ 中药材的前处理、提取、浓缩必须与其制剂生产严格分开。中药材的蒸、炒、炙、煅等炮制操作应有良好的通风、除烟、除尘、降温设施。

⑥ 动物脏器、组织的洗涤等处理必须与其制剂生产严格分开。

⑦ 含不同核素的放射性药品，生产区必须严格分开。

⑧ 生产用菌毒种与非生产用菌毒种、生产用细胞与非生产用细胞、强毒与弱毒、死毒与活毒、脱毒前与脱毒后的制品、活疫苗与灭活疫苗、人血液制品、预防制品等的加工或灌装不得同时在同一生产厂房

内进行，其储存要严格分开。不同种类的活疫苗的处理及灌装应彼此分开。强毒微生物及芽孢菌制品的区域与相邻区域保持相对负压，并有独立的空气净化系统。

三、液体制剂车间布置

液体制剂车间包括注射剂、合剂、滴眼剂、搽剂等，注射剂则是药品分类中最重要的一类液体制剂，也是对质量要求最严格的剂型，包括最终灭菌小容量注射剂、最终灭菌大容量注射剂、非最终灭菌无菌分装注射剂、非最终灭菌无菌冻干粉注射剂。在设计中可以根据生产规模和企业的需要，将一类或几类注射剂布置在一个厂房内，也可以和其他剂型布置在同厂房内，但各车间要独立，生产线完全分开，空调系统完全分开。

1. 最终灭菌小容量注射剂

最终灭菌小容量注射剂是指装量小于 50 mL，采用湿热灭菌法制备的灭菌注射剂。除一般理化性质外，无菌、热原或细菌内毒素、澄明度、pH 等项目的检查均应符合规定。

最终灭菌小容量注射剂不是无菌制剂，药品生产的暴露环境最高级别只是 1 万级，注意没有必要做成局部百级，灌封设备也不要选择加层流罩的设备。

（1）称量 称量室的设备为电子秤，根据物料的量的多少选秤的量程，小容量注射剂固体物料量较少，所以称量室面积不宜大，秤数量少，安装电插座即可。如果有加炭的生产工艺，需单设称量间并做排风。

（2）配制 是注射剂的关键岗位，按产量和生产班次选择适宜容积的配制罐和配套辅助设备；小容量注射剂的配制量一般不大，罐体积也不大，不必设计操作平台；配制间面积和吊顶高度根据设备大小确定，配制一般高于其他房间。配制间工艺管线较多，需注意管线位置及阀门高度等，设计要本着有利于操作的原则。

（3）安瓿洗涤及干燥灭菌 目前多采用洗、灌、封联动机组进行安瓿洗涤灭菌，只有小产量高附加值产品采用单机灌装，单选安瓿洗涤和灭菌设备。洗瓶干燥灭菌间通常面积大、房间湿热，需注意排风，隧道烘箱的取风量很大，注意送风量设计。

（4）灌封 可灭菌小容量注射剂常用火焰熔封，注意气体间的设计，防止爆炸，惰性气体保护要充分，保证药品质量。灌装机产量必须与配制罐体积匹配，每批药品要在 4 小时内灌装完去灭菌。

（5）灭菌 灭菌前、灭菌后面积要宽敞，方便灭菌小车推拉；灭菌柜容积与批生产量匹配。

（6）检查 可用自动翻检机和人工灯检，要有不合格品存放区。

（7）贴签 包装最好选用不干胶贴标机进行贴签，印字需要油墨，涉及消防安全并且要设局部排风来排异味。

2. 最终灭菌大容量注射剂

最终灭菌大容量注射剂简称大输液或输液，是指 50 mL 以上的最终灭菌注射剂。输液容器有瓶型和袋型两种，材质有玻璃、聚乙烯、聚丙烯、聚氯乙烯或复合膜等。

大输液车间是比较复杂的针剂车间，生产设备多，体积大，设计过程中要严格计算，使各环节相匹配。药品装量大，染菌机会多，生产的暴露环境必须是 1 万级背景下的百级。

（1）注射用水系统 注射用水是大输液中最主要的成分，水的质量是产品质量的关键，蒸馏水机是关键，设备，产水量要和输液产量相匹配，并且考虑清洗设备的大量用水。注射用水系统要考虑用纯蒸汽消毒或灭菌，设计产气量适宜的纯蒸汽发生器。注射用水生产岗位温度高并且潮湿，需设计排风。

（2）称量 输液原辅料称量间和称炭间分开，并设计捕尘和排风设备；天平、磅秤配备齐全；称量室的洁净级别与浓配一致。

（3）配制及过滤 因输液的配制量大，为了配制均匀，分为浓配和稀配两步，浓配在 10 万级，稀配在 1 万级，浓配后药液经除炭滤器过滤至稀配罐，再经 0.45 μm 和 0.22 μm 微孔滤膜至灌装；输液配制为生产关键工序，房间面积大，要高吊顶，浓配间在 3.5 m 以上，稀配间在 4 m 以上，要留出配制罐检修拆卸的空隙。

(4) 洗瓶 因玻璃输液瓶重量大、体积大，所以脱外包至暂存至粗洗距离要近。玻璃输液瓶清洗应该选用联动设备，粗洗设备在一般生产区，精洗设备在 10 万级区且为密闭设备，出口在 1 万级灌装区。根据质量要求，洗瓶设备接饮用水、纯化水和注射用水。洗瓶的房间必须设排潮排热系统。

(5) 塑料容器的清洗 塑料瓶输液需要设置制瓶和吹洗的房间，用注塑机将塑料瓶制好成型，然后用压缩空气进行吹洗。塑料袋通常不需要清洗，制袋与灌装通常为一体设备。有制瓶制袋的房间需要做排异味处理。

(6) 胶塞的处理 现在的设计中已全部采用丁基胶塞，处理一般用注射用水漂洗和硅化然后灭菌，全部过程在胶塞处理机内完成。在过去的设计中使用天然胶塞，必须使用涤纶膜，增加洗膜工序和加膜工序。胶塞处理应设计在 10 万级，设备出口在 1 万级，加 100 级层流保护。

(7) 灌装 大输液灌装为生产关键岗位，设备选择以先进、可靠为原则，生产能力与稀配罐匹配，必须在 4 h 内完成一罐液体的灌装。大输液灌装加塞必须在 100 级层流下进行使用，丁基胶塞没用加涤纶膜和翻塞工序。

(8) 灭菌 大输液灭菌柜要采用双扉式灭菌柜，灭菌前、灭菌后的面积尽量大，可以存放灭菌小车。灭菌柜的批次与配液批次相对应，为 GMP 软件管理方便，尽量设计大装量的灭菌柜。

(9) 灯检 大输液要有足够面积的灯检区，合格品与不合格品分区存放。

(10) 包装 大输液的贴签包装通常为联动生产线，房间设计要宽敞通风。

3. 非最终灭菌无菌分装注射剂

非最终灭菌无菌分装注射剂是指用无菌工艺操作制备的无菌注射剂。需要无菌分装的注射剂为不耐热、不能采用成品灭菌工艺的产品。

非最终灭菌无菌分装注射剂通常为无菌分装的粉针剂，洁净级别要求高，装量要求精确，通常有低湿度要求。

(1) 洗瓶 非最终灭菌注射剂通常用西林瓶分装，西林瓶采用超声波洗瓶机洗涤，隧道灭菌烘箱灭菌干燥。洗瓶用注射用水需经换热设备降温，以加强超声波效果，减少碎瓶数量。洗瓶灭菌间必须加大送风量，以保证隧道灭菌烘箱取风量。隧道灭菌烘箱带有层流，保证出瓶环境达 100 级。洗瓶灭菌间要大量排热排潮。

(2) 胶塞处理 西林瓶胶塞为丁基胶塞，用胶塞处理机进行清洗、硅化、灭菌。胶塞处理机设计在 10 万级，出口在无菌万级的 100 级层流下。

(3) 称量 非最终灭菌无菌分装注射剂的称量需在 100 级层流保护下进行。并设计捕尘和排风装置。

(4) 批混 非最终灭菌无菌分装注射剂如为单一成分，则不需设计批混间；如为混合成分则需设计批混间，批混设备的进出料口要在 100 级层流保护下。目前批混机最好采用料斗式混合机，以减少污染机会。

(5) 分装 无菌分装要在 100 级层流保护下。分装设备可用气流式分装机和螺杆式分装机。气流式分装机需接除油、除湿、除菌的压缩空气，螺杆式分装机应设有故障报警和自停装置。分装过程应用特制天平进行装量检查，螺杆式分装机装量通常比气流式分装机准确一些，但易产生污染。

另外，称量、批混、分装是药品直接暴露的岗位，房间必须做排潮处理，符合房间干燥要求。

(6) 压盖 西林瓶压盖应在 10 万级环境下进行，选用能力与分装设备相匹配的压盖机。

(7) 目检 无菌分装注射剂采用人工目检方式进行外观检查。

(8) 贴签包装 西林瓶用不干胶贴标机进行贴签，然后装盒装箱。

4. 非最终灭菌无菌注射剂

非最终灭菌无菌注射剂是指用无菌工艺制备的注射剂，包括无菌液体注射剂和无菌冻干粉针注射剂，无菌冻干粉针注射剂较无菌液体注射剂，增加冷冻干燥岗位。

以无菌冻干粉针注射剂为例来说明非最终灭菌无菌注射剂生产岗位设计要点具有代表性，并且无菌冻干粉针是无菌制剂的最常见剂型。

（1）洗瓶 无菌冻干粉针用西林瓶灌装，西林瓶采用超声波洗瓶机洗涤，隧道灭菌烘箱灭菌干燥。洗瓶用注射用水需经换热设备降温，以加强超声波效果，减少碎瓶数量。洗瓶灭菌间必须加大送风量，以保证隧道灭菌烘箱取风量。隧道灭菌烘箱带有层流，保证出瓶环境100级。洗瓶灭菌间要大量排热排潮。

（2）胶塞处理 西林瓶胶塞为丁基胶塞，用胶塞处理机进行清洗、硅化、灭菌。胶塞处理机设计在10万级，出口在无菌1万级间并有100级层流保护。

（3）称量 无菌冻干粉针的称量设在非无菌1万级洁净区，设捕尘和排风。

（4）配液 无菌冻干粉针药液的配制岗位设在非无菌1万级洁净区，配制罐大小根据生产能力进行选择，通常无菌冻干粉针为高附加值产品，生产量并不大，所以罐体积不大，房间可不必采取高吊顶，根据罐高度确定适当高度。配制间工艺管线较多，需注意管线位置及阀门高度等，设计要人性化，利于操作。

（5）过滤 无菌冻干粉针注射剂在灌装前必须经0.22 mm的滤器进行除菌过滤，过滤设备可设计在配制间内，但接收装置必须在无菌1万级洁净区内，可单独设置，也可在灌装间内接收。

（6）灌装 无菌冻干粉针注射剂灌装岗位设在无菌1万级洁净区，药液暴露区加100级层流保护，包括灌装机和冻干前室的区域。冻干粉针灌装设备为灌装半加塞机，西林瓶在冻干过程完成后才全加塞，所以灌装间的100级区域较大，设计必须全面。

（7）冻干 冻干岗位为无菌冻干粉针生产的关键岗位，冻干时间根据生产工艺不同而不同，通常为24～72小时，选择冻干机时要了解工艺和设备，根据每批冻干产品量和冻干时间计算出所需冻干机的型号和台数。冻干机台数要与配制和灌装匹配，因为冻干产品批次是以冻干箱次划分的。选择冻干机必须有在线清洗（CIP）和在线灭菌（SIP）系统，否则无法保证产品质量。

（8）压盖 西林瓶压盖应在10万级环境下进行，选用能力与分装设备相匹配的压盖机。

（9）目检 无菌冻干粉针和无菌分装注射剂一样，采用人工目检方式进行外观检查。

（10）贴签包装 西林瓶用不干胶贴标机进行贴签，然后装盒装箱。

注意：无菌冻干粉针有许多产品是低温储存的，如一些生化产品、生物制品等，要根据工艺需要设计低温库。

5. 合剂车间设计

合剂系指药材用水或其他溶剂，采用适宜方法提取、纯化、浓缩制成的内服液体制剂。单剂量灌装的合剂称为口服液。

合剂生产在洁净区进行，通常采用洗、灌、封联动生产设备；根据合剂生产工艺不同，有可灭菌合剂和不可灭菌合剂，生产过程中如使用乙醇溶剂，应注意防爆。

（1）称量、配料 合剂称量配料在洁净区进行，合剂原料多为流浸膏，称量配料间宜面积稍大，电子秤量程大小应齐全。

（2）配制 合剂的配制间要设计合适的面积和高度，根据批产量选择相匹配的配制罐溶剂，如果是大容积配制罐要设计操作平台。配制罐要选优质不锈钢，配制间的接管和钢平台应选不锈钢材质。

（3）过滤 过滤应根据工艺要求选用相适应的滤材和过滤方法，药液泵和过滤器流量要按配制量计算，药液泵和过滤器需设在配制罐附近易于操作的地方。

（4）洗瓶、干燥 根据合剂的包装形式选择适宜的洗瓶和干燥设备。合剂品种不同，包装形式多样，设备区别很大。口服液通常采用洗、灌、封联动生产线；大容积合剂，如酒剂、糖浆剂等通常用异形瓶包装线。洗瓶干燥间要有排潮排热装置。

（5）灌装、压盖 灌装、压盖在洁净区，通常用联动设备，合剂多用复合盖。合剂的生产能力由灌装设备决定，设备选择为关键步骤。

（6）灭菌 灭菌前后应有足够的面积，保证灭菌小车的摆放。应选择双扉灭菌柜，不锈钢材质，型号与配制罐的批产量匹配，灭菌前后要排风排潮。尽量将灭菌柜单独隔开，减少排热面积，节约能源。

（7）灯检 灯检室需为暗室，不可设窗，根据品种和包装形式，灯检可用人工灯检或灯检机，灯检后设置不合格品存放处。

(8) 包装 包装间面积宜稍大，产量高的合剂可选用贴签、包装联动线，包装能力与灌装机一致。如果多条包装线同时生产，必须设计分隔隔断，防止混淆。

四、固体制剂车间布置

固体制剂通常是指片剂、胶囊剂、颗粒剂、散剂；软胶囊剂则是近年来越来越得到发展和应用的极有前途的半固体口服制剂；而蜜丸和浓缩水丸则是中药最常见的固体制剂。

1. 片剂、胶囊剂和颗粒剂车间

片剂、胶囊剂和颗粒剂虽然是不同的剂型，但均为口服固体制剂，在生产工艺和设备方面有许多相同之处，通常归为一类阐述。

固体制剂生产车间洁净级别要求不高，全部为 30 万级，如果是出口药品，则要求做成 10 万级。固体制剂生产的关键是注意粉尘处理，应该选择产尘少和不产尘的设备。

(1) 原辅料预处理 物料的粉碎过筛岗位应有与生产能力适应的面积，选择的粉碎机和振荡筛等设备要有吸尘装置，含尘空气经过滤处理后排放。

(2) 称量和配料 称量岗位面积应稍大，有称量和称量后暂存的地方。因固体制剂称量的物料量大，粉尘量大，必须设排尘和捕尘装置。配料岗位通常不与称量分开，将物料按处方称量后进行混合，装在清洁的容器内，留待下一道工序使用。

(3) 制粒和干燥 制粒有干法制粒和湿法制粒两种。干法制粒采用干法制粒设备直接将配好的物料压制成颗粒，不需制浆和干燥的过程；湿法制粒是最常用的制粒方法，根据物料性质不同而采用不同方式，如摇摆颗粒机加干燥箱的方式，湿法制粒机加沸腾床方式，一步制粒机直接制粒方式。湿法制粒都有制浆、制粒和干燥的过程。制浆间需排潮排热；制粒如用到沸腾干燥床或一步制粒机，则房间吊顶至少在 4 m，根据设备型号确定。

(4) 整粒和混合 整粒不必单独设计房间，直接在制粒干燥间内加整粒机进行整粒即可，但整粒机需有除尘装置。混合岗位也称批混岗位，必须设计单独的批混间，根据混合量的大小选择混合设备的型号，确定房间高度。目前固体制剂混合多采用三维运动混合机或料斗式混合机。固体制剂每混合 1 次为 1 个批号，所以混合机型号要与批生产能力匹配。

(5) 中间站 固体制剂车间必须设计足够大面积的中间站，保证各工序半成品分区储存和周转。

(6) 压片 压片岗位是片剂生产的关键岗位，压片间通常设有前室，压片室与室外保持相对负压，并设排尘装置。规模大的压片岗位设模具间，小规模设模具柜。根据物料的性质选用适当压力的压片机，根据产量确定压片机的生产能力，大规模的片剂生产厂家可选用高速压片机，以减少生产岗位面积，节省运行成本。压片机应有吸尘装置，加料采用密闭加料装置。

(7) 胶囊剂灌装 胶囊剂灌装岗位是胶囊剂生产的关键岗位，胶囊剂灌装间通常设有前室，灌装室与室外保持相对负压，并设排尘装置。胶囊灌装间也应有适宜的模具存放地点。胶囊灌装机型号和数量的选择要适应生产规模。胶囊灌装机应有吸尘装置，加料采用密闭加料装置。

(8) 颗粒分装 颗粒分装岗位是颗粒剂生产的关键岗位，颗粒分装机的型号与颗粒剂装量相适应，并有吸尘装置，加料采用密闭加料装置。

(9) 包衣 包衣岗位是有糖衣或薄膜衣片剂的重要岗位，如果是包糖衣应设熬糖浆的岗位，如果使用水性薄膜衣可直接进行配制，如果使用有机薄膜衣则必须注意防爆设计；包衣间宜设计前室，包衣操作间与室外保持相对负压，设除尘装置；根据产量选择包衣机的型号和台数，目前主要包衣设备为高效包衣机，旧式的包衣锅已不再使用。包衣间面积以方便操作为宜，包衣机的辅机布置在包衣后室的辅机间内，辅机间在非洁净区开门。

(10) 内包装 颗粒剂在颗粒分装后直接送入非洁净区进行外包装，片剂和胶囊剂在压片包衣和灌装后先进行内包装；片剂内包装可采用铝塑包装、铝铝包装和瓶装等形式，胶囊剂常用铝塑包装、铝铝包装和瓶包装等形式；采用铝塑、铝铝等包装时，房间必须有排除异味的设施，采用瓶装生产线时应注意生产线长度，生产线在洁净区的设备和非洁净区设备的分界。

(11) 外包装　口服固体制剂内包装后直接送入外包间进行装盒装箱打包，根据实际情况，可采用联动生产线形式，也可用人工包装形式。外包间为非洁净区，宜宽敞、明亮并通风，并有存包材间、标签管理间和成品暂存间，标签管理需排异味。

2. 软胶囊车间

软胶囊剂以明胶、甘油为主要成囊材料，油性的液体或混悬液药物作内容物，定量地用连续制丸机压制成不同形状的软胶囊或用滴丸机滴制而成。

软胶囊车间洁净级别要求不高，可以是 30 万级，如果是保健食品或出口药品则要求做成 10 万级。软胶囊生产设备通常为联动生产线，应选择高质量的设备，保证生产连续性。

(1) 溶胶　溶胶工序包括辅料准备、称量、溶胶。溶胶间要根据生产规模设计足够的面积、相应体积的溶胶罐，根据罐大小设计适当高度的操作平台。因溶胶岗位必须在洁净区操作平台和工艺管线等辅助设施，要用不锈钢材质，选用洁净地漏，不宜设排水沟。溶胶间的高度至少在 4 m，并设计排潮排热装置。溶胶岗位附近宜设计工（器）具清洗室并有滤布洗涤间。

(2) 配料　配料工序包括称量、配制，如果配制混悬液则需设粉碎过筛间。根据生产规模选择配料罐的型号和数量，需加热的药液可选择带夹套加热的配料罐。

(3) 压丸和滴丸　压丸和滴丸是软胶囊生产的关键岗位，要有与生产规模相适应的面积。目前压丸和滴丸设备自动化程度已有很大提高，压制与滴制完成后直接进入联动干燥转笼定型，所以不需专门的定型岗位。压丸和滴丸间要有大量的送风和回风，并控制相应的温度和湿度。压丸和滴丸设备有大量模具，要设计相应的模具间。

(4) 洗丸　洗丸岗位为甲类防爆，最常用洗涤剂为乙醇。洗丸设备是超声波软胶囊清洗机，产量与生产线匹配。洗丸岗位设晾丸间，洗丸完成后，挥发少量乙醇后再进入干燥工序，洗丸岗位要设网胶处理间，设粉碎机将压丸的网胶粉碎，以备按适当比例投入化胶罐。

(5) 低温干燥　软胶干燥间可用自动化程度较高的软胶囊专用干燥机，不必设计太大的干燥室面积。软胶囊干燥室设计排风排潮。

(6) 选丸打光　软胶囊车间要设计选丸打光岗位，采用选丸机和打光机，不必再人工拣丸。

(7) 内包装　软胶囊的内包装可采用铝塑、铝铝和瓶装生产线形式，并注意房间排异味和低湿度环境。

(8) 包装　软胶囊剂内包装后直接送入外包间进行装盒装箱打包，根据实际情况，可采用联动生产线形式，也可用人工包装形式。

3. 丸剂（蜜丸）车间

蜜丸系指药材细粉以蜂蜜为黏合剂制成的丸剂。其中每丸重量在 0.5 g 以上（含 0.5 g）的称大蜜丸，每丸重量在 0.5 g 以下的称小蜜丸。

蜜丸是典型的中药固体制剂，生产工艺相对简单，洁净级别要求不高，但生产岗位设置要根据具体品种的工艺要求，例如小蜜丸包衣岗位。

(1) 研配　研配包括粗、细、贵药粉的兑研与混合，根据药粉的品种选择研磨的设备；药粉混合是按比例顺序将细粉、粗粉装入混合机内混合，混合机不能有死角，材质常用不锈钢；研配间可以设在前处理车间，也可以设在制剂车间，但要在洁净区，按工艺要求和厂家习惯确定，研配间要设计排风捕尘装置。

(2) 炼蜜　炼蜜岗位一般设计在前处理提取车间，常用的设备为刮板炼蜜罐，根据合坨岗位用蜜量选择设备型号；炼蜜岗位设备宜用密闭设备，减少损失，保证环境卫生。

(3) 合坨　合坨必须在洁净区进行，应设计在丸剂车间，合坨设备大小应按药粉加蜜量选择，合坨机常为不锈钢材质，要求容易洗刷，不能有死角。

(4) 制丸　制丸岗位在丸剂车间洁净区，根据丸重大小选择大蜜丸机或小蜜丸机，制出的湿丸晾干后进行包装。

(5) 内包装　丸剂的内包装必须在洁净区，小蜜丸常用瓶包装线或铝塑包装，大蜜丸常用泡罩包装机或蜡丸包装。包装间要设排风和排异味装置。

（6）蜡封 蜡丸包装是大蜜丸的包装形式，蜡封间要设排异味、排热装置。

（7）外包装 外包装间为非洁净区，宜宽敞、明亮并通风，并有存包材间、标签管理间和成品暂存间，标签管理需排异味。

4. 丸剂（浓缩水丸）车间

浓缩水丸一般指部分药材提取、浓缩的浸膏与药材细粉，以水为黏合剂制成的丸剂。浓缩水丸大部分为中药制剂，但也有一些西药水泛丸的丸剂。

丸剂生产与一般固体制剂级别相同，岗位设置根据不同品种的不同生产工艺而定。

（1）称量、配料 如果有流浸膏配料，称量配料间的面积要适当大一些，电子秤的量程也要大；称量要设捕尘装置。

（2）粉碎、过筛、混合 根据工艺要求的目数将药粉进行粉碎、过筛，选择适合中药粉的粉碎机并密闭，加捕尘装置，混合设备应密闭，内壁光滑，无死角，易清洗，型号要与批量相匹配。

（3）制丸 浓缩水丸有水泛丸和机制丸，根据工艺不同选择不同设备；水泛丸的主要设备是簸箕式的泛丸机，现在不允许使用铜制锅，应选不锈钢锅体，内外表面光滑，易清洗；机制丸设备是制丸机，其体积较大，房间面积要适当，并留出足够的操作面积。机制丸产量高，可以上规模，是发展趋势，但不是每个品种都适用。

（4）干燥 水泛丸的干燥可以采用厢式干燥或微波干燥，干燥室要排热风；厢式干燥设备占地面积小，但上下盘的劳动强度大，费时费力；微波水丸干燥设备体积大，占地面积也大，自动链条传动，自动化程度高，适合大规模生产。

（5）包衣 根据品种要求，中药水泛丸有时需要包衣。如果包糖衣则应设计化糖间，并选择蒸汽化糖锅以保证糖融化充分；如果包薄膜衣则用电热保温配浆罐配料即可。包衣主机应选择高效包衣机，设计在洁净区，设计捕尘装置，辅机送风柜和排风柜设计在非洁净区，送风管路接过滤器，送入包衣机洁净风。包衣间和辅机间都要留出适当操作面。包好的湿衣丸要及时送晾丸间干燥。

（6）选丸 选丸要单独设置房间，并选水泛丸专用选丸机，材质为不锈钢，易清洁。

（7）包装 水泛丸内包装在洁净区，可选瓶包装线或铝塑包装线，房间内需设排异味装置。外包装在非洁净区，宜宽敞明亮。

第六节 车间布置图

一、初步设计车间布置图及绘制

1. 初步设计车间布置图

（1）初步设计车间平面 布置图一般每层厂房绘制一张。它表示厂房建筑占地大小，内部分隔情况，以及与设备定位有关的建筑物、构筑物的结构形状和相对位置。具体内容有：

① 厂房建筑平面图，注有厂房边墙及隔墙轮线，门及开向，窗和梯的位置，柱网间距、编号和尺寸，以及各层相对高度。

② 安装孔洞、地坑、地沟、管沟的位置和尺寸，地坑、地沟的相对标高。

③ 操作台平面示意图，操作台主要尺寸与台面相对标高。

④ 设备外形平面图，设备编号、设备定位尺寸和管口方位。

⑤ 辅助室和生活行政用室的位置、尺寸及室内设备器具等的示意图和尺寸。

（2）初步设计车间剖面图 是在厂房建筑的适当位置上，垂直剖切后绘出的立面剖视图，表达在高度方向设备布置情况。剖视图内容有：

① 厂房建筑立面图，包括厂房边墙轮廓线，门及楼梯位置（设备后面的门及楼梯不画），柱间距离和编号，以及各层相对标高，主梁高度等。

② 设备外形尺寸及设备编号。

③ 设备高度定位尺寸。

④ 设备支撑形式。

⑤ 操作台立面示意图和标高。

⑥ 地坑、地沟的位置及深度。

2. 布置图绘制

初步设计车间布置图的绘制步骤一般如下：

① 考虑视图配制所需表达车间布置的各种图样。

② 选定绘图比例：常用 1∶100 或 1∶200，个别情况也可考虑采用 1∶50 或其他适合的比例。大的主项分散绘制时，必须采用同一比例。

③ 确定图纸幅面：一般采用 A1 幅面，如需绘制在几张图纸上，则规格力求统一，小的主项可用 A2 幅面，但不宜加宽或加长。为便于读图，在图下方和右方需画出一个参考坐标，即在图纸内框的下边和右边外侧以 3 mm 长的粗线划分若干等份：A1 下边为 8 等份，右边为 6 等份；A2 下边为 6 等份，右边为 4 等份。若图幅以短边为横向时，A1 下边为 6 等份，右边为 8 等份。右边自上向下写 1，2，3，4，…，n；下边自右向左写 A，B，C 等。

④ 绘制平面图：画建筑定位轴线；画与设备安装布置有关的厂房建筑基本结构；画设备中心线；画设备、支架、基础、操作平台等的轮廓形状；标注尺寸；标注定位轴线编号及设备位号、名称；图上如分区，还需画分区界线并作标注。

⑤ 绘制剖视图：绘制前要在对应的平面图上标示出剖切线的位置，绘制步骤与平面图绘制大致相同，逐个画出。在剖视图中要根据剖切位置和剖视方向，表达出厂房建筑的墙柱、地面、平台、栏杆、楼梯以及设备基础、操作平台支架等高度方向的结构与相对位置。

⑥ 绘制方向标：在平面图的右上方绘制一个表示设备安装方位基准的符号。

⑦ 编制设备一览表。

⑧ 注写有关说明、图例，填写标题栏。

⑨ 检查，校核，最后完成图样。

二、施工阶段车间布置图

初步设计阶段布置设计经审批后即可进入施工图阶段设备布置设计。本阶段的设计内容和强度较初步设计阶段更加明确、完整和具体，它必须满足设备安装定位所需的全部条件。

1. 施工图阶段车间布置图的内容

本阶段车间布置图的内容同初步设计阶段车间布置图的内容。

(1) 图纸部分

① 同初步设计阶段一样，要在平、剖面图上表示出厂房的墙、窗、门、柱、楼梯、通道、坑、沟及操作台等位置。

② 表示出厂房建筑物的长、宽总尺寸及柱、墙定位轴线间的尺寸。

③ 表示出所有固定位置的全部设备（加上编号和名称）及其轴线和定位尺寸。

④ 表示出全部设备的基础或支撑结构的高度。

⑤ 表示出全部吊轨及安装孔。

(2) 设备一览表 同初步设计阶段。

(3) 方位标 同初步设计阶段。

2. 施工图阶段车间布置图的绘制

① 以细实线按 1∶100、1∶200（有时也采用 1∶300、1∶400）比例画出厂房的墙梁、柱、门、窗、楼板、平台、栏杆、屋面、地面、孔、洞、沟、坑等全部建筑线，并标注厂房建筑物的长、宽总尺寸。

② 标注柱网编号及柱、墙定位轴线的间距尺寸。

③ 标注每层平面高度。

④ 采取同样比例，以粗实线绘制设备的外形及主要特征（如搅拌、夹套、蛇管等），并绘出主要物料管口方位及其代号，标注设备编号及名称。对多台相同的设备，可只对其中的一台设备详细绘制，其他可简明表示。

⑤ 尺寸的标注：

a.以设备中心线或设备外轮廓为基准线，建筑物、构筑物以轴线为基准线，标高以室内地坪为基准线。

b.标准设备平面位置（纵横坐标）定位尺寸以建筑定位轴线为基准，注出其与设备中心线或设备支座中心线的距离。悬挂于墙上或柱上的设备，应以墙的内壁或外壁、柱的边为基准，标注定位尺寸。

c.标注设备立面标高定位尺寸一般可以用设备中心线、机泵的轴线、设备的基础面支架、挂耳、法兰面等相对于室内地坪（±0.00）的标高来表示。

d.穿过多层楼面设备的基准，当设备穿过多层楼面时，各层都应以同一建筑轴线为基准线。

⑥ 方向标志：在平面图上，应用指北针表示出方位，指北针统一画在左上角。绘制时，尽量选取指北针向上180°内的方位。

第二十一章
管道设计

第一节　管道设计概述

一、管道设计的作用和目的

管道在制药车间起着输送物料及公用工程介质的重要作用，是制药生产中联系全局的重要部分。药厂管道犹如人体内的血管，规格多，数量大，在整个工程投资中占有重要比例。因此，正确的管道设计和安装，对减少工厂基本建设投资以及维持日后的正常操作及维护有着十分重要的意义。

二、管道设计的条件

在进行管道设计时，除建（构）筑物平、立面图外，应具有如下基础资料：①工艺管道及仪表流程图；②设备布置图；③设备施工图（或工程图）；④设备表及设备规格书；⑤管道界区接点条件表；⑥管道材料等级规定、配管材料数据库；⑦有关专业设计条件。

三、管道设计的内容

在初步设计阶段，设计带控制点工艺流程图时，首先要选择和确定管道、管件及阀件的规格和材料，并估算管道设计的投资；在施工图设计阶段，还需确定管沟的断面尺寸和位置，管道的支撑方式和间距，管道和管件的连接方式，管道的热补偿与保温，管道的平、立面位置，以及施工、安装、验收的基本要求。施工图阶段管道设计的成果是管道平、立面布置图，管道轴测图及其索引，管架图，管道施工说明，管段表，管道综合材料表及管道设计预算。

管道设计的具体内容如下：

1. 管径的计算和选择

根据物料性质和使用工况，选择各种介质管道的材料；根据物料流量和使用条件，计算管径和管壁厚度，然后根据管道现有的生产情况和供应情况作出决定。

2. 地沟断面的决定

地沟断面的大小及坡度应按管道的数量、规格和排列方法确定。

3. 管道的设计

根据工艺流程图，结合设备布置图及设备施工图进行管道的设计，应包含如下内容：

① 各种管道、管件、阀件的材料和规格，管道内介质的名称、介质流动方向用代号或符号表示；标高以地平面为基准面或以所在楼层的楼面为基准面。

② 同一水平面或同一垂直面上有数种管道，不易表达清楚时，应该画出其剖面图。

③ 如有管沟时应画出管沟的截面图。

4. 管道设计资料的提出

对于管道设计应提出以下资料。

① 将各种断面的地沟尺寸数据提给土建。

② 将车间上水、下水、冷冻盐水、压缩空气、蒸汽等用量、管道管径及要求（如温度、压力等条件）提给公用系统。

③ 管道管架条件（管道布置、载荷、水平推力、管架形式及尺寸等）提给土建。

④ 设备管口修改条件返给设备布置。

⑤ 如甲方要求，还需提供管道投资预算。

5. 编写施工说明

施工说明是对图纸内容的补充，图纸内容只能表达一些表面的尺寸要求，对其他的要求无法表达，所以需要以说明的形式对图纸进行补充，以满足工程设计要求。施工说明应包含设计范围，施工、检验、验收的要求及注意事项，例如焊接要求、热处理要求、探伤检验要求、试压要求、静电接地要求、各种介质的管道及附件的材料、各种管道的安装坡度、保温刷漆要求等问题。

第二节　管道、阀门及管件

一、管道

1. 管道的标准化

管道材料的材质、制造标准、检验验收要求、规格等种类都很多，同种规格管道由于使用温度、压力不同，壁厚也都不一样。为方便采购和施工，应尽量减少种类，尽量使用市场上已有品种和规格以降低采购成本，降低安装及检验成本，减少备品备件的数量，方便使用过程的维护和改造。

(1) 公称压力　制药化工产品种类繁多，即使是同一种产品，由于工艺方法的差异，对管道温度、压力和材料的要求都不相同。在不同温度下，同一种材料的管道所能承受的压力不一样。为了实现管道材料的标准化，需要统一压力的数值，减少压力等级的数量，以利于管件、阀门等管道组成件的选型。公称压力（PN）是管道、管件和阀门在规定温度下的最大许用工作压力（表压，温度范围 0~120℃），由 PN 和无量纲数组成，代表管道组成件的压力等级。管道系统中每个管道组成件的设计压力，应不小于在操作中可能遇到的最苛刻的压力温度组合工况的压力。

(2) 公称直径　公称直径（DN）又称公称通径，它代表管道组成件的规格，一般由 DN 和无量纲数组成。这个数值与端部连接件的孔径或外径（用 mm 表示）等特征尺寸直接相关。不同规范的表达方式可能不同，所以也可使用其他标识尺寸方法，例如螺纹、压配、承插焊或对接焊的管道元件，可用 NPS（公称管道尺寸）、OD（外径）、ID（内径）或 G（管螺纹尺寸标记）等标识的管道元件。同一公称直径的管道或管件，采用的标准确定后，其外径或内径即可确定，但管壁厚可根据压力计算确定选取。管件和阀件的标准则规定了各种管件和阀件的外廓尺寸和装配尺寸。

2. 管径的计算及确定

管径的选择是管道设计中的一项重要内容，除了安全因素外，管径的大小决定管道系统的建设投资和运行费用，管道投资费用与动力系统的消耗费用有着直接的联系。管径越大，建设投资费用越大，但动力消耗费用可降低，运行费用就小。

(1) 管道流速的确定　流量确定的情况下，管道流速就成了确定管径的决定因素，一般应考虑的因素为：

① 工艺要求：对于需要精确控制流量的管道，还必须满足流量精确控制的要求。
② 压力降要求：管道的压力降必须小于该管道的允许压力降。
③ 经济因素：流速应满足经济性要求。
④ 管壁磨损：限制流速，过高会引起管道冲蚀和磨损的现象，部分腐蚀介质的最大流速，见表 21-1。

表 21-1　部分腐蚀介质的最大流速

介质名称		最大流速/(m/s)	介质名称	最大流速/(m/s)
氯气		25.0	碱液	1.2
二氧化硫气体		20.0	盐水和弱碱液	1.8
氨气	$p\leqslant0.7$ MPa	20.2	酚水	0.9
	0.7 MPa$<p\leqslant$2.1 MPa	8.0	液氨	1.5
浓硫酸		1.2	液氯	1.5

流速的选取应综合考虑各种因素。一般说来，对于密度大的流体，流速值应取得小些，如液体的流速就比气体小得多；对于黏度较小的液体，可选用较大的流速，而对于黏度大的液体，如油类、浓酸、浓碱液等，则所取流速就应比水及稀溶液低；对含有固体杂质的流体，流速不宜太低，否则固体杂质在输送时，容易沉积在管内。在保证安全和工艺要求的前提下，尽量考虑经济性。常用介质的流速可参考表 21-2 的推荐值。

表 21-2　常用介质流速的推荐值

介质名称		流速/(m/s)
饱和蒸汽	主管	30～40
	支管	20～30
低压蒸汽	<1.0 MPa	15～20
中压蒸汽	1.0～4.0 MPa	20～40
高压蒸汽	4.0～12.0 MPa	40～60
过热蒸汽	主管	40～60
	支管	35～40
一般气体	常压	10～20
	高压乏气	80～100
蒸汽	加热蛇管入口管	30～40
氧气	0～0.05 MPa	5.0～8.0
	0.05～0.6 MPa	6.0～8.0
	0.6～1.0 MPa	4.0～6.0
	1.0～2.0 MPa	4.0～5.0
	2.0～3.0 MPa	3.0～4.0
车间换气通风	主管	4.0～15
	支管	2.0～8.0
风管距风机	最远处	1.0～4.0
	最近处	8.0～12
压缩空气	0.1～0.2 MPa	10～15
	真空	5.0～10
	0.1～0.2 MPa	8.0～12
	0.2～0.6 MPa	10～20
压缩气体	0.6～1.0 MPa	10～15
	1.0～2.0 MPa	8.0～10
	2.0～3.0 MPa	3.0～6.0
	3.01～25.0 MPa	0.5～3.0

续表

介质名称		流速/(m/s)
煤气	初压 200 mmH₂O①	0.75～3.0
	初压 6000 mmH₂O	3.0～12
半水煤气	0.01～0.15 MPa	10～15
烟道气	烟道内	3.0～6.0
	管道内	3.0～4.0
氯化甲烷	气体	20
	液体	2
二氯乙烯		2
乙二醇		2
苯乙烯		2
二溴乙烯	玻璃管	1
自来水	主管 0.3 MPa	1.5～3.5
	支管 0.3 MPa	1.0～1.5
工业供水	<0.8 MPa	1.5～3.5
压力回水		0.5～2.0
水和碱液	<0.6 MPa	1.5～2.5
自留回水	有黏性	0.2～0.5
离心泵	吸入口	1～2
	排出口	1.5～2.5
往复式真空泵	吸入口	13～16 最大 25～30
油封式真空泵	吸入口	10～13
空气压缩机	吸入口	<10～15
	排出口	15～20
通风机	吸入口	10～15
	排出口	15～20
旋风分离器	入气	15～25
	出气	4.0～15
结晶母液	泵前速度	2.5～3.5
	泵后速度	3～4
齿轮泵	吸入口	<1.0
	排出口	1.0～2.0
自流回水和碱液		0.7～1.2
锅炉给水	>0.8 MPa	>3.0
蒸汽冷凝水		0.5～1.5
凝结水（自流）		0.2～0.5
气压冷凝器排水		1.0～1.5
油及黏度大的液体		0.5～2
黏度较大的盐类液体		0.5～1
液氨	真空	0.05～0.3
	<0.6 MPa	0.3～0.5
	<1.0 MPa，2.0 MPa	0.5～1.0
盐水		1.0～2.0
制冷设备中盐水		0.6～0.8
过热水		2
海水，微碱水	<0.6 MPa	1.5～2.5

续表

介质名称		流速/（m/s）
氢氧化钠	0～30%	2
	30%～50%	1.5
	50%～73%	1.2
四氯化碳		2
工业烟囱（自然通风）		2.0～3.0（实际3～4）
石灰窑窑气管		10～12
乙炔	PN＜0.01 MPa	＜15
	PN＝0.01～0.15 MPa	＜8
	PN＞0.15 MPa	≤4
氢气	真空	15～25
	0.1～0.2 MPa	8～15
	0.35 MPa	10～20
	＜0.06 MPa	10～20
	＜1.0～2.0 MPa	3.0～8.0
	5.0～10.0 MPa	2～5
变换气	0.1～1.5 MPa	10～15
真空管		＜10
真空度650～700 mmHg②管道		80～130
废气	低压	20～30
	高压	80～100
化工设备排气管		20～25
氢气		≤8.0
氮	气体	10～25
	液体	1.5
氯仿	气体	10
	液体	2
氯化氢	气体（钢衬胶管）	20
	液体（橡胶管）	1.5
溴	气体（玻璃管）	10
	液体（玻璃管）	1.2
硫酸	88%～93%（铅管）	1.2
	93%～100%（铸铁管、钢管）	1.2
盐酸（衬胶管）		1.5
往复泵（水类液体）	吸入口	0.7～1.0
	排出口	1.0～2.0
易燃易爆液体		＜1

① 1 mmH₂O=9.80 Pa；

② 1 mmHg=133.32 Pa。

(2) 管径的计算　流体的管径是根据流量和流速确定的。根据流体在管内的速度，可用下式求取管径：

$$d = 1.128\sqrt{\frac{V_s}{u}} \tag{21-1}$$

式中，d 为管道直径，m（或管道内径，mm）；V_s 为管内介质的体积流量，m³/s；u 为流体的流速，m/s。

管道的管径还应该符合相应管道标准的规格数据，常用公称直径的管道外径见表21-3。

表 21-3 常用公称直径的管道外径

公称直径（DN）		无缝管		焊接管
DN/mm	DN/in	英制管外径/mm	公制管外径/mm	英制管外径/mm
15	1/2	22	18	21.3
20	3/4	27	25	26.9
25	1	34	32	33.7
32	1¼	42	38	42.4
40	1½	48	45	48.3
50	2	60	57	60.3
65	2½	76	76	76.1
80	3	89	89	88.9
100	4	114	108	114.3
125	5	140	133	139.7
150	6	168	159	168.3
200	8	219	219	219.1
250	10	273	273	273
300	12	324	325	323.9
350	14	356	377	355.6
400	16	406	426	406.4
450	18	457	480	457
500	20	508	530	508

3. 管壁厚度

管道的壁厚有多种表示方法，管道材料所用的标准不同，其所用的壁表示方法也不同。一般情况下管道壁厚有以下两种表示方法。

(1) 以钢管壁厚尺寸表示 中国、国际标准化组织（ISO）和日本部分钢管标准采用壁尺寸表示钢管壁厚系列。大部分国标管材都用厚度表示。

(2) 以管表号表示 这是美国国家标准协会 ASME 36.10（焊接和无缝钢管）标准所规定的，属国际通用壁厚系列，它在一定程度上反映了钢管的承压能力。中国石化总公司标准 SHJ405 规定无缝钢管的壁厚系列也采用此种方法。

管表号（Sch）是管道设计压力与设计温度下材料许用应力的比值乘 1000，并经圆整后的数值。即

$$\text{Sch} = \frac{p}{[\sigma]^t} \times 1000 \tag{21-2}$$

式中，p 为设计压力，MPa；$[\sigma]^t$ 为设计温度下材料许用应力，MPa。管径确定后，应该根据流体特性、压力、温度、材质等因素计算所需要的壁厚，然后根据计算壁厚确定管道的壁厚。工程上为了简化计算，一般根据管径和各种公称压力范围，查阅有关手册得到管壁厚度。

4. 管道的选材

制药工业生产用管道、阀门和管件材料的选择原则主要依据输送介质的浓度、温度压力、腐蚀情况、压力事故、供应来源和价格等因素综合考虑决定，因此必须高度重视。管道材料的选用原则如下。

(1) 满足工艺物料要求 管道材料要满足工艺物料对材质的要求，管道材料不能对工艺物料造成污染。

(2) 材料的使用性能 每种材料都有其温度和压力的适用范围，超过了其适用范围的使用条件都会影响材料的使用性能，导致管道的失效或者造成安全事故。

(3) 材料的加工工艺性能 管道系统是由管道和管件、阀门等元件组成的，所以材料的工艺性能应该适应加工工艺要求，工艺性能一般为焊接、切削加工、锻轧和铸造性能。管道材料中焊接和切削性能尤

其重要，应满足其要求。

(4) 材料的经济性能　经济性是选材的重要因素，包括材料价格和制造、安装价格。

(5) 材料的耐腐蚀性能　管道的材料应该满足耐腐蚀性能，介质对管道的腐蚀速度直接关系到管道的使用寿命，影响管道的安全和经济性。各种材料的耐腐蚀数据可以查阅相关的腐蚀数据手册。管道壁厚计算中的腐蚀裕量的选取与腐蚀速率有关，如下式：

$$腐蚀裕量=腐蚀速率 \times 使用寿命 \tag{21-3}$$

(6) 材料的使用限制　主要从材料的使用要求和安全性方面考虑。不同的材料有不同的使用要求，应按照材料的适用范围和特性来选用。常用材料的使用限制如下：

① 球墨铸铁用于受压管道组成件时，使用温度为-20～350℃，不能用于 GC1 级管道。

② 灰铸铁管道组成件的使用温度为-10～230℃，设计压力不大于 2.0 MPa。

③ 可锻铸铁管道组成件的使用温度为-20～300℃，设计压力不大于 2.0 MPa。

④ 灰铸铁和可锻铸铁管道组成件用于可燃介质时，其设计温度不大于150℃，设计压力不大于 1.0 MPa。

⑤ 灰铸铁和可锻铸铁管道组成件不能用于 GC1 级管道或剧烈循环工况。

⑥ 碳素结构钢设计压力不大于 1.6 MPa，不能用于剧烈循环工况。

⑦ 用于焊接的碳钢、铬钼合金钢，含碳量不大于 0.30%。

⑧ 对于 L290 和更高强度等级的高屈强比材料，不宜用于设计温度大于 200℃的高温管道。

⑨ 低碳（含碳量<0.08%）非稳定化不锈钢（如 304、316）在非固溶状态下（包括固溶后热加工或焊接）不得用于可能发生晶间腐蚀的环境。

⑩ 超低碳不锈钢不宜在 425℃以上长期使用。

⑪ 铅、锡等低熔点金属及其合金不能用于输送可燃介质管道。

⑫ 对于衬里材料，由于衬里和基材的黏结力问题，一般不宜使用在负压状态。

⑬ 对可燃、易燃的非金属材料管道，应该有适当的防火措施。

5. 常用管材

制药工业常用管道有金属管和非金属管。常用的金属管有铸铁管、硅铁管、焊接钢管无缝钢管（包括热轧和冷拉无缝钢管）、有色金属管（如铜、黄铜管、铝管、铅管）、衬里钢管。常用的非金属管有耐酸陶瓷管、玻璃管、硬聚氯乙烯管、软聚氯乙烯管、聚乙烯管玻璃钢管、有机玻璃管、酚醛塑料管、石棉-酚醛塑料管、橡胶管和衬里管道（如衬橡胶搪玻璃管等）。

二、阀门

阀门是管道系统的重要组成部件，在制药生产中起着重要的作用。阀门可以控制流体在管内的流动，其主要功能有启闭、调节、节流、自控和保证安全等作用。通过接通和截断介质，防止介质倒流，调节介质压力、流量，分离、混合或分配介质，防止介质压力超过规定数值，以保证设备和管道安全运行等。因此，正确合理地选用阀门是管道设计中的重要问题。

阀门

如何根据工艺过程的需要，合理地选择不同类型、结构、性能和材质的阀门，是管道设计的重点。各种阀门因结构形式与材质的不同，有不同的使用特性、适合场合和安装要求，选用阀门的原则是：①流体特性，如是否有腐蚀性、是否含有固体、黏度大小和流动时是否会产生相态的变化；②功能要求，按工艺要求，明确是切断还是调节流量等；③阀门尺寸，由流体流量和允许压力降决定；④阻力损失，按工艺允许的压力损失和功能要求选择；⑤由介质的温度和压力决定阀门的温度和压力等级；⑥材质，决定于阀门使用的温度和压力等级与流体特性。

通过对上述各项指标进行判断，列出阀门的技术规格，即阀门的型号和公称直径等参数，用于采购。

通用阀门规格书应包含下列内容：采用的标准代号；阀门的名称、公称压力、公称直径；阀体材料、阀体连接形式；阀座密封面材料；阀杆与阀座结构；阀杆等内件材料，填料种类；阀体中法兰垫片种类、紧固件结构及材料；设计者提出的阀门代号或标签号；其他特殊要求。

1. 阀门的分类

按照阀门的用途和作用分类，可分为：切断阀类（其作用是接通和截断管路内的介质，如球阀、闸阀、截止阀、蝶阀和隔膜阀）；调节阀类（其作用是调节介质的流量、压力，如调节阀、节流阀和减压阀等）；止回阀类（其作用是防止管路中介质倒流，如止回阀和底阀）；分流阀类（其作用是分配、分离或混合管路中的介质，如分配阀、疏水阀等）；安全阀类。

按照驱动形式来分类，可分为：手动阀；动力驱动阀（如电动阀、气动阀）；自动类阀（此类须外力驱动，利用介质本身能量使阀门动作，如止回阀、安全阀、自力式减压阀和疏水阀等）。

按照公称压力来分类，可分为：真空阀门（工作压力低于标准大气压）；低压阀门（PN<1.6 MPa）；中压阀门（PN 为 2.5 MPa、4.0 MPa、6.4 MPa）；高压阀门（PN10~80 MPa）；超高压阀门（PN 大于100 MPa）。

按照温度等级分类，可分为：超低温阀门（工作温度低于-80℃）；低温阀门（工作温度-80~-40℃）；常温阀门（工作温度-40~120℃）；中温阀门（工作温度 120~450℃）；高温阀门（工作温度高于450℃）。

国内采用的分类法通常既考虑工作原理和作用，又考虑阀门结构，可分为：闸阀；蝶阀；截止阀；止回阀；旋塞阀；球阀；夹管阀；隔膜阀；柱塞阀等。

2. 阀门的选择

常见介质的阀门选择见表 21-4。

表 21-4　常见介质的阀门选择

流体名称	管道材料	操作压力/MPa	连接方式	阀门类型	
				主管	支管
上水	焊接钢管	0.1~0.4	小于 2 英寸螺纹连接；大于 2½ 英寸法兰连接	蝶阀	小于 2 英寸选择球阀；大于 2½ 英寸选择蝶阀
清下水	焊接钢管	0.1~0.3		闸阀	
生产污水	焊接钢管、铸铁管	常压	承插、法兰、焊接	—	—
热水	焊接钢管	0.1~0.3	法兰、焊接、螺纹	球阀	球阀
热回水	焊接钢管	0.1~0.3			
自来水	镀锌焊接钢管	0.1~0.3	螺纹		
冷凝水	焊接钢管	0.1~0.8	法兰、焊接	—	截止阀、柱塞阀
蒸馏水	无毒 PVC、PE、ABS 管、玻璃管、不锈钢管	0.1~0.8	法兰、卡箍	—	球阀
纯化水、注射用水、药液等	卫生级不锈钢薄壁管	0.1~0.8	卡箍		隔膜阀
蒸汽	3 英寸以下焊接钢管；3 英寸以上无缝钢管	0.1~0.6	法兰、焊接	柱塞阀	柱塞阀
压缩空气	1.0 MPa 以下焊接钢管；1.0 MPa 以上无缝钢管	0.1~0.5		球阀	球阀
惰性气体	焊接钢管	0.1~1.0			
真空	无缝管或硬聚氯乙烯管	真空			
排气	—	常压			
盐水	无缝钢管	0.3~0.5			
回盐水		0.3~0.5			
酸性下水	陶瓷管、衬胶管、硬聚氯乙烯管	常压	承接、法兰		
碱性下水	无缝钢管	常压	法兰、焊接		

3. 常用的阀门介绍

常见阀门及其应用范围见表 21-5。

表 21-5　常用阀门类型及其应用范围

阀门名称	基本结构及原理	优点	缺点	应用范围	图示
旋塞阀	中间开孔柱锥体作阀芯，靠旋转锥体来控制阀的启闭	结构简单，启闭迅速，流体阻力小，可用于输送含晶体和悬浮物的液体管路	不适用于调节流量，磨光旋塞费工时，旋转旋塞较费力，高温时会由于膨胀而旋转不动	120℃以下输送压缩空气、废蒸汽-空气混合物；在120℃、$10×10^5$ Pa［或 $(3～5)×10^5$ Pa 更好］下输送液体，包括含有结晶及悬浮物的液体，不得用于蒸汽或高热流体	
球阀	利用中心开孔的球体作阀芯，靠旋转球体控制阀的启闭	价格比旋塞贵，比闸阀便宜，操作可靠，易密封，易调节流量，体积小，零部件少，重量轻。公称压力大于 $16×10^5$ Pa，公称直径大于 76 mm。现已取代旋塞	流体阻力大，不得用于输送含结晶和悬浮物的液体	在自来水、蒸汽、压缩空气、真空及各种物料管道中普遍使用。最高工作温度300℃，公称压力为 $325×10^5$ Pa	
闸阀	阀体内有一平板，与介质流动方向垂直，平板升起阀即开启	阻力小，易调节流量，可用作大直径管道的切断阀	价格贵，制造和修理较困难，不宜用非金属抗腐蚀材料制造	用于低于120℃低压气体管道，压缩空气、自来水和不含沉淀物介质的管道干线，大直径真空阀等。不宜用于带纤维状或固体沉淀物的流体。最高工作温度低于120℃，公称压力低于 $100×10^5$ Pa	
截止阀	装在阀杆下面的阀盘和阀体内的阀座相配合，以控制阀的启闭	价格比旋塞贵，比闸阀便宜，操作可靠，易密封，能较精确调节装置，制造和维修方便	流体阻力大，不宜用于高黏度流体和悬浮液以及结晶性液体，因结晶固体沉积在阀座，影响紧密性，且磨损阀盘与阀座接触面，造成泄漏	在自来水、蒸汽、压缩空气、真空及各种物料管道中普遍使用。最高工作温度300℃，公称压力为 $325×10^5$ Pa	
止回阀	用来使介质只做单一方向的流动，但不能防止渗漏	升降式比旋启式密闭性能好，旋启式阻力小，只要保证摇板旋转轴线的水平可以任意形式安装即可	升降式阻力较大，卧式宜装在水平管上，立式应装在垂直管线上。本阀不宜用于含固体颗粒和黏度较大的介质	适用于清净介质	
疏水阀	当蒸汽从阀片下方通过时，因流速高、静压低，阀门关闭；反之，当冷凝水通过时，因流速低、静压降甚微，阀片重力不足以关闭阀片，冷凝水便连续排出	自动排除设备或管路中的冷凝水、空气及其他不凝性气体，同时又能阻止蒸汽的大量逸出	—	凡需蒸汽加热的设备以及蒸汽管路等都应安装疏水阀	
安全阀	压力超过指定值即自动开启，使流体外泄，压力恢复后即自动关闭以保护设备与管道	杠杆式使用可靠，在高温时只能用杠杆式。旁弹簧式结构精巧，可装于任何位置	杠杆式体积大，占地大，弹簧式在长期缓热作用下弹性会逐渐减少。安全阀须定时鉴定检查	直接排放到大气的可选用开启式，易燃易爆和有毒介质选用封闭式，将介质排放到排放总管中去。主要地方要安装双阀	

续表

阀门名称	基本结构及原理	优点	缺点	应用范围	图示
隔膜阀	利用弹性薄膜（橡皮、聚四氟乙烯）作阀的启闭机构	阀杆不与流体接触，不用填料箱，结构简单，便于维修，密封性能好，流体阻力小	不适用于有机溶剂和强氧化剂的介质	用于输送悬浮液或腐蚀性液体	
蝶阀	阀的关阀件是一圆盘形结构	结构简单，尺寸小，重量轻，开闭迅速，有一定调节能力	—	用于气体、液体及低压蒸汽管道，尤其适用于较大管径的管路上	
减压阀	用以降低蒸汽或压缩空气的压力，使之形成生产所需的稳定的较低压力	—	常用的活塞式减压阀不能用于液体的减压，而且流体中不能含有固体颗粒，故减压阀前要装管道过滤器	—	

4. 常用阀门的结构

常用阀门及其结构如图 21-1～图 21-11。

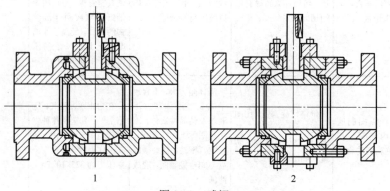

图 21-1　球阀

1—焊接阀体结构球阀；2—三片式结构球阀

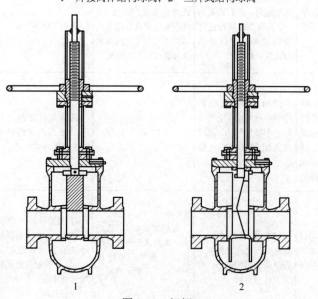

图 21-2　闸阀

1—单闸板闸阀；2—双闸板闸阀

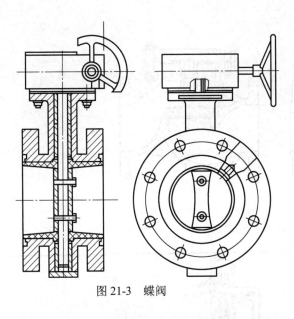

图 21-3　蝶阀

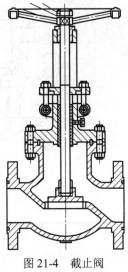

图 21-4　截止阀

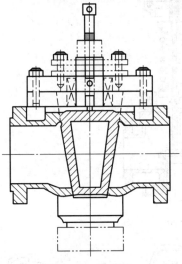

图 21-5　旋塞阀

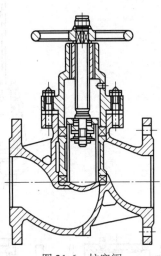

图 21-6　柱塞阀

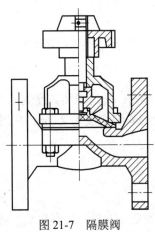

图 21-7　隔膜阀

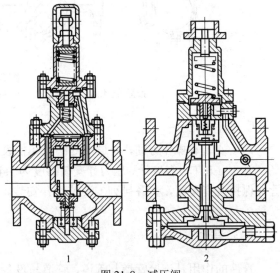

1　　　　　　　　2

图 21-8　减压阀

1—活塞式蒸汽减压阀；2—薄膜式减压阀

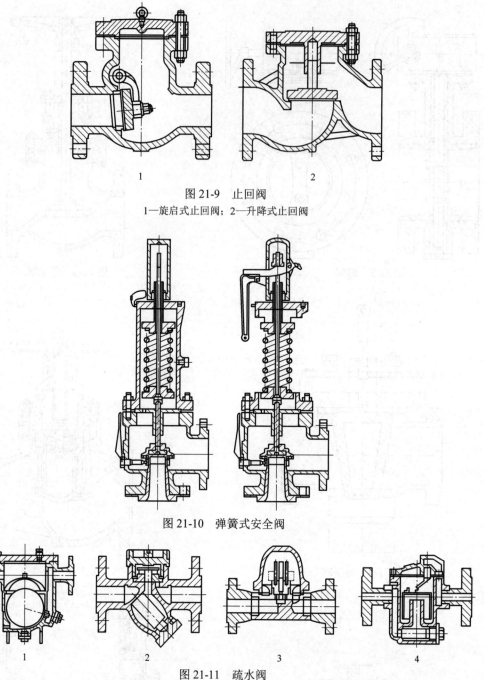

图 21-9 止回阀

1—旋启式止回阀；2—升降式止回阀

图 21-10 弹簧式安全阀

图 21-11 疏水阀

1—浮球式疏水阀；2—圆盘式疏水阀；3—双金属片式疏水阀；4—钟形浮子式疏水阀

5. 阀门的安装

为了安装和操作方便，管道上的阀门和仪表的布置高度一般为：阀门安装高度为 0.8～1.5 m；取样阀高度为 1 m 左右；温度计、压力计安装高度为 1.4～1.6 m；安全阀安装高度为 2.2 m；并列管路上的阀门、管件保持应有距离，整齐排列安装或错开安装。

三、管件

管件的作用是连接管道与管道、管道与设备，安装阀门，改变流向等，如有弯头、活接头、三通、四通、异径管、内外接头、螺纹短节、视镜、阻火器、漏斗、过滤器、防雨帽等。可参考《化工工艺设计手册》选用。表 21-6 为常用管件示意图。

表 21-6 常用管件示意图

名称	示意图	名称	示意图
45° 弯头		管帽	
90° 弯头		管塞	
回弯头		内外牙	
三通		内牙管	
四通		法兰	
异径管		活接头	

　　管道连接方法有螺纹连接、法兰连接、承插连接和焊接连接，见图 21-12。管道连接在一般情况下首选焊接结构，不能焊接时可选用其他结构，如镀锌管采用螺纹连接。在需要更换管件或者阀门等情况下应选用可拆式结构，如法兰连接、螺纹连接及其他一些可拆卸连接结构。输送洁净物料的管路所采用的连接方式和结构应不能对所输送的物料产生污染。

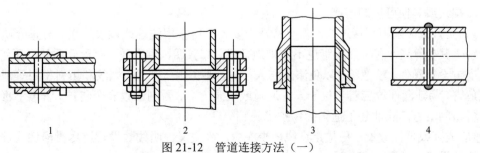

图 21-12　管道连接方法（一）
1—螺纹连接；2—法兰连接；3—承插式连接；4—焊接连接

此外还有卡箍连接和卡套连接等，见图 21-13。

卡箍连接是一种新型钢管连接方式，也叫沟槽连接件。它包括两大类产品。

（1）起连接密封作用的管件　有刚性接头、挠性接头、机械三通和沟槽式法兰，其由密封橡胶圈、卡箍和锁紧螺栓三部分组成。位于内层的橡胶密封圈置于被连接管道的外侧，并与预先滚制的沟槽相吻合，再在橡胶圈的外部扣上卡箍，然后用两颗螺栓紧固即可。由于其橡胶密封圈和卡箍采用特有的可密封的结

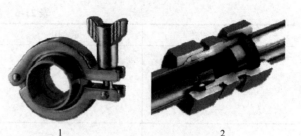

图 21-13　管件连接方法（二）
1—卡箍连接；2—卡套链接

构设计，因此沟槽连接件具有良好的密封性，并且随管内流体压力的增高，其密封性相应增强。

（2）起连接过渡作用的管件　有弯头、三通、四通、异径管、盲板等。卡箍用两根钢丝环绕成环状，具有造型美观、使用方便、紧箍力强、密封性能好等特点。

卡套连接是用锁紧螺帽和丝扣管件将管材压紧于管件上的连接方式。卡套式管接头由接头体、卡套、螺母三部分组成。当卡套和螺母套在钢管上插入接头体后，旋紧螺母时，卡套前端外侧与接头体锥面贴合，内刃均匀地咬入无缝钢管，形成有效密封。

第三节　管道设计方法

管道设计

一、管道布置

在管道布置设计时，首先要统一协调工艺和非工艺管的布置，然后按工艺管道及仪表流程图并结合设备布置、土建情况等布置管道。管道布置要统筹规划，做到安全可靠、经济合理，满足施工、操作、维修等方面的要求，并力求整齐美观。管道布置的一般原则为：

① 管道布置不应妨碍设备、机泵及其内部构件的安装、检修和消防车辆的通行。

② 厂区内的全厂性管道的敷设，应与厂区内的装置、道路、建筑物、构筑物等协调，避免管道包围装置，减少管道与铁路、道路的交叉。对于跨越、穿越厂区内铁路和道路的管道，在其跨越段或穿越段上不得装设阀门、金属波纹管补偿器和法兰、螺纹接头等管道组成件。

③ 输送介质对距离、角度、高差等有特殊要求的管道以及大直径管道的布置，应符合设备布置设计的要求。

④ 管道布置应使管道系统具有必要的柔性，同时考虑其支承点设置，利用管道的自然形状达到自行补偿；在保证管道柔性及管道对设备、机泵管口作用力和力矩不超过允许值的情况下，应使管道最短，组成件最少；管道布置应做到"步步高"或"步步低"，减少气袋或液袋。不可避免时应根据操作、检修要求设置放空、放净。管道布置应减少"盲肠"，气液两相流的管道由一路分为两路或多路时，管道布置应考虑对称性或满足管道及仪表流程图的要求。

⑤ 管道除与阀门、仪表、设备等需要用法兰或螺纹连接者外，应采用焊接连接。当可能需要拆卸时，应考虑法兰、螺纹或其他可拆卸连接。

⑥ 有毒介质管道应采用焊接连接，除有特殊需要外不得采用法兰或螺纹连接。有毒介质管道应有明显标志以区别于其他管道，有毒介质管道不应埋地敷设。布置腐蚀性介质、有毒介质和高压管道时，不得在人行通道上方设置阀件、法兰等，以免渗漏伤人，并应避免由于法兰、螺纹和填料密封等泄漏而对人身和设备造成危害。易泄漏部位应避免位于人行通道或机泵上方，否则应设安全防护。管道不直接位于敞开的人孔或出料口的上方，除非建了适当的保护措施。

⑦ 管道应成列或平行敷设，尽量走直线，少拐弯，少交叉。明线敷设管道尽量沿墙或柱安装，应避开门、窗、梁和设备，并且应避免通过电动机、仪表盘、配电盘上方。

⑧ 布置固体物料或含固体物料的管道时，应使管道尽可能短，少拐弯和不出现死角；固体物料支管与主管的连接应顺介质流向斜接，夹角不宜大于 45°；固体物料管道上弯管的弯曲半径不应小于管道公称直径的 6 倍；含有大量固体物料的浆液管道和高黏度液体管道应有坡度。

⑨ 为便于安装、检修及操作，一般管道多用明线架空或地上敷设，且价格较暗线便宜；确有需要，可埋地或敷设在管沟内。

⑩ 管道上应适当配置一些活接头或法兰，以便于安装、检修。管道成直角拐弯时可用一端堵塞的三通代替，以便清理或添设支管。管道宜集中布置。地上的管道应敷设在管架或管墩上。

⑪ 按所输送物料性质安排管道。管道应集中成排敷设，冷热管要隔开布置。在垂直排列时，热介质管在上，冷介质管在下；无腐蚀性介质管在上，有腐蚀性介质管在下；气体管在上，液体管在下；不经常检修管在上，检修频繁管在下；高温管在上，低温管在下；保温管在上，不保温管在下；金属管在上，非金属管在下。水平排列时，粗管靠墙，细管在外；低温管靠墙，热管在外，不耐热管应与热管避开；无支管的管在内，支管多的管在外；不经常检修的管在内，经常检修的管在外；高压管在内，低压管在外。输送易燃、易爆和剧毒介质的管道，不得敷设在生活间、楼梯间和走廊等处。管道通过防爆区时，墙壁应采取措施封固。蒸汽或气体管道应从主管上部引出支管。

⑫ 根据物料性质的不同，管道应有一定坡度。其坡度方向一般为顺介质流动方向（蒸汽管相反），坡度大小为：蒸汽管道 0.005，水管道 0.003，冷冻盐水管道 0.003，生产废水管道 0.001，蒸汽冷凝水管道 0.003，压缩空气管道 0.004，清净下水管道 0.005，一般气体与易流动液体管道 0.005，含固体结晶或黏度较大的物料管道 0.01。

⑬ 管道通过人行道时，离地面高度不小于 2 m；通过公路时不小于 4.5 m；通过工厂主要交通干道时一般应为 5 m。需要热补偿的管道，应从管道的起点至终点就整个管系进行分析，以确定合理的热补偿方案。长距离输送蒸汽的管道，在一定距离处应安装冷凝水排除装置。长距离输送液化气体的管道，在一定距离处应安装垂直向上的膨胀器。输送易燃液体或气体时，应可靠接地，防止产生静电。

⑭ 管道尽可能沿厂房墙壁安装，管与管间及管与墙间的距离以能容纳活接头或法兰便于检修为度。一般管路的最突出部分距墙不少于 100 mm；两管道的最突出部分间距离对中压管道约 40～60 mm，对高压管道约 70～90 mm。由于法兰易泄漏，故除与设备或阀门采用法兰连接外，其他应采用对焊连接。但镀锌钢管不允许用焊接，DN＜50 mm 可用螺纹连接。

⑮ 管道穿过建筑物的楼板、屋顶或墙面时，应加套管，套管与管道门的空隙应密封，套管的直径应大于管道隔热层的外径，并不得影响管道的热位移。管道上的焊缝不应在套管内，并距离套管端部不应小于 150 mm。套管应高出楼板、屋顶面 50 mm。管道穿过屋顶时应设防雨罩。管道不应穿过防火墙或防爆墙。

⑯ 多功能原料药种类多，故其设备管道材质必须具备较高的兼容性，在设备管道材质的选择中要注重这点，保证车间运作的高效性。例如可根据设备与管道的不同作用进行材质的选择，输送原料的管道中可选钢衬四氟管，其具有较高的耐腐蚀性，且适应绝大多数物料的性质，但其导静电能力不足，因此在工程设计中必须在管路上安装相应的管件，并且安装保持相等的距离，以保证应有的导电性能。对于多功能原料药合成车间，由于工艺的复杂性，车间内管道及自控仪表数量种类不少，电气桥架、仪表桥架、风管占用空间远多于一般其他类型生产车间。因此管道设计不能单单仅指定各类管道、风管、桥架的标高，应该在设备布置的同时规划主管、风管、桥架、检修通道的走向及空间位置，提前与相关专业设计人员进行沟通，并将其作为基础条件提交给其他专业，以免发生碰撞。工艺管道及公用工程管道布置时，需要综合考量车间内各层及房间使用点情况，合理设置设备使用同步率，减少不必要的管材浪费；主管布置时应注意冷媒放下层，热媒放上层，易燃、可燃介质靠外侧以便维护及观察是否有渗漏；房间内或设备周边的配管需考虑人员操作面，合理设置操作阀的高度，保持主操作面管道阀门布置整齐、美观，上下层穿管或架空支管尽量成排成组布置以利于支吊架制作安装。不同生产模块之间设置带快速接头的管道连接，便于不同生产模块的组合。管道连接多采用卡箍，便于更换和拆卸重组。

二、洁净厂房内的管道设计

在洁净厂房内，工艺管道主要包括净化水系统和物料系统等。公用工程主管线包括洁净空调、煤气管道、上水、下水、动力、空气、照明、通信、自控、气体等。一般情况下除煤气管道明装外，洁净室内管道尽量走到技术夹层、技术夹道、技术走廊或技术竖井中，从而减少污染洁净环境的机会。洁净环境中的管道布置需满足下列要求。

1. 对管道布置的要求

① 技术夹层系统的空气净化系统管线，包括送、回风管道，排气系统管道，除尘系统管道。这种系统管线的特点是管径大，管道多且广，是洁净厂房技术夹层中起主导作用的管道。管道的走向直接受空调机房位置、逆回风方式、系统的划分等三个因素的影响，而管道的布置是否理想又直接影响技术夹层。

② 暗敷管道技术夹层的几种形式为：a.仅顶部有技术夹层，此形式在单层厂房中较普遍；b.二层为洁净车间时，底层为空调机房、动力等辅助用房，则空调机房上部空间可作为上层洁净车间的下夹层，亦可将空调机房直接设于洁净车间上部；c.管道竖井，生产岗位所需的管线管径较大，管线多时可集中设于管道竖井内引下，但多层及高层洁净厂房的管道竖井，至少每隔一层要用钢筋混凝土板封闭，以免发生火警时波及各层。技术走廊使用与管道竖井相同。

③ 在满足工艺要求的前提下，工艺管道应尽量缩短。管道中不应出现使输送介质滞流和不易清洁的部位。工艺管道的主管系统应设置必要的吹扫口、放净口和取样口，氮气、压缩空气等气体的水平管道敷设管径发生变化时，应采用顶平的偏心异径管防止产生气袋。纯水、冷冻水等液体管道设计安装时应注意保持一定的坡度，管径变化时采用底平的偏心异径管，避免产生液袋，使清洁消毒和灭菌困难。液体管道如纯水等的输送管道系统应采取循环方式，不应留有液体滞留的"死区"。气体公用工程管道的主管在洁净厂房的进口处，可设置过滤器、减压阀、入口的总阀、压力表、真空表、计量仪、安全阀、放散管等。液体公用工程管道可设置过滤器、入口总阀、压力表、温度计、计量仪等。

④ 洁净区内应少敷设管道。工艺管道的主管宜敷设在技术夹层或技术夹道或技术竖井中。需要经常拆洗、消毒的管道采用可拆式活接头，宜明敷。易燃、易爆、有毒物料管道也宜明敷，当需要穿越技术夹层时，应采取安全密封措施。

⑤ 与本洁净室无关的管道不宜穿越本洁净室。

⑥ 医药工业洁净厂房内的管道外表面，应采取防结露措施。

⑦ 空气洁净度 A 级的医药洁净室（区）不应设置地漏。空气洁净度 B 级、C 级的医药洁净室（区）应避免设置地漏。必须设置时，要求地漏材质不易腐蚀，内表面光洁，易于清洗，有密封盖，并应耐消毒灭菌。

⑧ 医药工业洁净厂房内应采用不易积存污物、易于清扫的卫生器具、管材、管架及其附件。

⑨ 对于高致敏性、易感染、高药理活性或高毒性原料药，其所使用的污水管道、废弃物容器应有适当的防泄漏措施（例如双层管道、双层容器）。

⑩ 无菌原料药设备所连接的管道不能积存料液，能保证灭菌蒸汽的通过。

⑪ 输送气体或液体废弃物的管路应合理设计和安装，以避免污染（如真空泵、旋风分离器、气体洗涤塔、反应罐/容器的公用通风管道）。应考虑使用单向阀，排空阀要安装在最低点，在设计时还要考虑到管路的清洗方法。

⑫ 洁净室及其技术夹层、技术夹道内应设置灭火设施和消防给水系统。

⑬ 管道布置除应考虑设备操作与检修外，更应充分考虑易于设备的清洗与灭菌。凹槽、缝隙、不光滑平整都是微生物滋生、侵入的潜在危险。因此，在管线设计时，尽量减少管道的连接点，因为每个连接点都存在因泄漏而导致微生物侵入的潜在风险。同样，不光滑平整的焊接也要杜绝。因此，设计时应尽量减少焊接点，最大限度地减少不光滑平整的机会。对于小口径管线，可通过采用弯管的方式来替代弯头的焊接，弯管的弯曲半径至少应为 3 倍 DN，弯管处不得出现弯扁或褶皱现象。

2. 对管道材料、阀门和附件的要求

管道、管件的材料和阀门应根据所输送物料的理化性质和使用工况选用。采用的材料和阀门应保证满足工艺要求，使用可靠，不应吸附和不污染介质，施工和维护方便。

① 引入洁净室的明管材料一般采用不锈钢（如 316 和 316 L 钢）。工艺物料的主管不宜采用软性管道。不应采用铸铁、陶瓷、玻璃等脆性材料。如采用塑性较差的材料时，应有加固和保护措施。气体管道的管材需考虑管材的透气性要小，管材内表面吸附、解吸气体的作用要小，内表面光滑，耐磨损，抗腐蚀，性能稳定，焊接处理时管材组织不发生变化等要求。液态的公用工程管道的管材一般选用 316 L 不锈钢材质，另外聚丙烯（PP）、聚氯乙烯（PVC）、高密度聚乙烯（HDPE）等也是通常可选的材料。纯水的输送管道材料应无毒、耐腐蚀、易于消毒，一般采用内壁表面粗糙度 0.5 μm 的优质不锈钢或其他不污染纯化水的材料。

② 工艺管道上阀门、管件和材料应与所在管道的材料相适应。

③ 洁净室内采用的阀门、管件除满足工艺要求外，应采用拆卸、清洗、检修均方便的结构形式，如卡箍连接等。阀门选用也应考虑不积液的原则，不宜使用普通截止阀、闸阀，宜使用清洗消毒方便的旋塞、球阀、隔膜阀、卫生蝶阀、卫生截止阀等。阀门的选型上，高纯气体管道一般选用密封性能良好的针形阀、球阀、真空角阀等，材质尽量考虑不锈钢。在法兰的选型上，因为高颈焊接法兰安装焊接后能与管道内径保持一致，可以很好地避免产生的凹槽导致细菌滋生，所以一般选用高颈焊接法兰。密封垫片可选用有色金属、不锈钢或聚四氟乙烯。

3. 对管道的安装、保温要求

① 工艺管道的连接一般采用焊接，不锈钢管采用内壁无痕的对接弧焊。管道连接时应最大限度减少焊接点，且注意不能错位焊接。公用工程的支管一般口径较小，可以采用弯管的方式替代弯头的焊接，但需注意弯管的弯曲半径不能过小，且弯管处不能出现褶皱现象。管道与阀门的连接一般采用法兰、卡箍、螺纹或其他密封性能优良的连接件。凡接触物料的法兰和螺纹的密封应采用聚四氟乙烯等不易污染介质的材料。

② 洁净室内的管道应排列整齐，尽量减少阀门、管件和管道支架的设置。管外壁均应有防锈措施。管架材料应采用不易锈蚀、表面不易脱落颗粒性物质的材料。

③ 洁净室内的管道应根据其表面温度、发热或吸热量、环境的温度和湿度确定绝热保温形式。冷保温管道的外壁温度不得低于环境的露点温度。管道保温层表面必须平整、光洁，不得有颗粒性物质脱落，并宜用不锈钢或其他金属外壳保护。

④ 各类管道不应穿越与其无关的控制区域，穿越控制区墙、楼板、顶棚的各类管道应敷设套管，套管内的管道不应有焊缝、螺丝和法兰。管道与套管之间，套管在穿越墙壁、天花板时，应有可靠的密封措施。

4. 管道的标识及涂色

主要固定管道应标明内容物名称和流向。应该让现场操作和管理人员能够看到主要设备和固定管道的标识，便于操作和避免由设备管道标识不清而导致的差错。

三、管道支撑

管道支吊架用于承受管道的重量荷载（包括自重、充水重、保温重等），阻止管道发生非预期方向的位移，控制摆动、震动或冲击。

正确设置管道支吊架是一项重要的设计，支吊架选型得当，位置布置合理，不仅可使管道整齐美观，改善管系中的应力分布和端点受力（力矩）状况，而且也可达到经济合理和运行安全的目的。

1. 管道支吊架的类型

支吊架按照用途可分为承重支架、限制性支架和减震支架。从力学性能又可分为刚性支架和弹性支架。管道支吊架分类见表 21-7。

表 21-7 管道支吊架分类

大类	小类	用途
承重支架	刚性支吊架	无垂直位移或者垂直位移很小
	可调刚性支吊架	无垂直位移，但要求安装误差严格的场合
	弹簧支吊架	有少量垂直位移的场合
	恒力支吊架	载荷变化不大的场合
限制性支架	固定支架	固定点处不允许有线位移和角位移的场合
	限位支架	限制管道任一方向线位移的场合
	导向支架	限制点处需要限制管道轴向线位移的场合
减震支架	减震器	通过提高管系的结构固有频率达到减震的效果
	阻尼器	通过油压式阻尼器达到减震效果

2. 管道支吊架选用原则

设计选用管道支吊架时，应按照支承点所承受的荷载大小和方向、管道位移情况、工作温度、是否保温或保冷以及管道的材质条件，尽可能选用标准支吊架、管卡、管托和管吊。当标准管托满足不了使用要求的特殊情况下，就会用到一些特殊形式的管托和管吊。如高温管道、输送冷冻介质的管道、生产中需要经常拆卸检修的管道、合金钢材质的管道、架空敷设且不易施工焊接的管道等。

导向管托可以防止管道过大的横向位移和可能承受的冲击荷载，以保证管道只沿着轴向位移，一般用于安全阀出口的高速放空管道、可能产生震动的两相流管道、横向位移过大可能影响邻近的管道、固定支架的距离过长而可能产生横向不稳定的管道、为防止法兰和活接头泄漏而要求不发生过大横向位移的管道、为防止震动而出现过大的横向位移的管道。

限位架用于需要限制管道位移量的情况，弹簧支吊架用于垂直方向有位移的情况。

四、管道柔性设计

当管道工作温度超过 150℃时，管道材料的热胀冷缩会在管道中以及管道与管端设备的连接处产生力与力矩，即管道的热载荷。热载荷过大会引起管道热应力增加，轻则造成法兰密封泄漏，重则造成管道焊缝或管端设备破裂。管道柔性设计就是保证管道有适当的柔性，将热载荷限制在允许范围内，当热载荷超过允许限度时，采取有效的补偿措施来提高管道柔性，降低热载荷。管道的柔性是反映管道变形难易程度的概念，表示管道通过自身变形吸收热胀冷缩和其他位移的能力。可以通过改变管道的走向、选用补偿器和选用弹簧支吊架方式来改变管道的柔性。

1. 管道的补偿

管道的热补偿有自然补偿和补偿器补偿两种方法。自然补偿是管道的走向按照具体情况呈各种弯曲形状，管道利用自然的弯曲形状所具有的柔性，补偿其自身的热膨胀和端点位移。自然补偿特点是构造简单，运行可靠，投资少。补偿器补偿是用补偿器的变形来吸收管系的线位移和角位移，常见的补偿器有方形补偿器、波形补偿器和套管式补偿器。当自然补偿不能满足要求时，需采用这种补偿方法。

2. 柔性设计的方法

热载荷计算是管道柔性设计的主要内容，工业生产装置中的管道系统多为具有多余约束的超静定结构。对于复杂管道，可用固定架将其划分成几个较为简单的管段，如工形管段、U 形管段、Z 形管段等，再进行分析计算。管道应首先利用改变走向获得必要的柔性，若存在布置空间的限制或其他原因，也可采用波形补偿器或其他类型补偿器获得柔性。

管道柔性计算方法包括简化分析方法和计算机分析方法。一般下列管道可不需进行详细柔性设计（计算机应力分析）：①与运行良好的管道柔性相同或基本相当的管道；②和已分析管道相比较，确认有足够柔性的管道；③对具有同一直径、同一壁厚、无支管、两端固定、无中间约束并能满足下列要求的非极度危害或非高度危害介质管道。

五、管道的隔热

设备和管道的隔热可以减少过程中的热量或冷量损失，节约能源；能避免、限制或延迟设备或管道内介质的凝固、冻结，以维持正常生产；隔热可以减少生产过程中介质的温升或者温降，以提高设备的生产能力；保冷可以防止设备和管道及其组成件表面结露；保温可以维持工作环境，防止因表面过热导致火灾和防止操作人员烫伤。

除工艺过程要求必须裸露、散热的设备和管道外，介质操作温度大于 50℃设备和管道需要隔热。如果工艺要求限制热损失，即使介质操作温度小于或等于 50℃时，也应全部采用保温。当表面温度超过 60℃时，应设置防烫伤保温。

保冷适用于操作温度在常温以下的设备和管道，需阻止或减少冷介质和载冷介质在生产和输送过程中的冷损失，即温度升高。需要阻止低温设备和管道外壁表面凝露时也需要保冷。

1. 隔热结构

隔热结构是保温和保冷结构的统称。保温结构一般由隔热层和保护层组成。对于室外及埋地的设备与管道，可根据需要增加防锈层与防潮层。保冷结构由防锈层、隔热层、防潮层和保护层组成。

隔热结构设计应符合隔热效果好、劳动条件好、经济合理、施工和维护方便、防水、美观等基本要求。应保证使用寿命长，在使用过程中不得有冻坏、烧坏、腐烂、粉化、脱落等现象。

隔热结构应有足够的机械强度，不会因受自重或偶然外力作用而破坏。对有震动的管道与设备的隔热结构应加固。隔热结构一般不考虑可拆卸性，但需要经常维修的部位一般采用可拆卸隔热结构。防锈层、隔热层、防潮层和保护层的设计应符合 GB 50264—2013《工业设备及管道绝热工程设计规范》的规定。

保温结构顺序：防锈层、保温层、保护层、防腐蚀及识别层。

保冷结构顺序：防锈层、保冷层、防潮层、保护层、防腐蚀及识别层。

2. 隔热材料

工程中使用的隔热材料应为国内常用的隔热材料，各项技术指标要符合要求，隔热材料受潮后严禁使用。

设备和管系的隔热层厚度可根据管径、设备尺寸和设备、管道的表面温度，确定隔热层厚度。当保温层厚度超过 100 mm，保冷层厚度超过 80 mm 时，应采用双层结构，各层厚度宜相近，且内外层缝隙彼此错开。

保温材料制品应具有最高安全使用温度、耐火性能、吸水率、吸湿率、热膨胀系数、收缩率、抗折强度、pH 值及氯离子含量等测试数据；保冷材料制品应具有最低和最高安全使用温度、线膨胀率或收缩率、抗折强度、阻燃性、防潮性、抗蚀性、抗冻性等指标。

保温材料制品的最高安全使用温度应高于正常操作时的介质最高温度；保冷材料制品的最低安全使用温度应低于正常操作时的介质最低温度。

相同温度范围内有多种可供选择的隔热材料时，应选用热导率小，密度小，强度相对高，无腐蚀性，吸水、吸湿率低，易施工，造价低，综合经济效益较高的材料。

在高温条件下或低温条件下，经综合经济比较后，可选用复合材料。

3. 隔热计算

保温计算应根据工艺要求和技术经济分析选择保温计算公式。当无特殊工艺要求时，保温层的厚度应采用经济厚度法计算，但若经济厚度偏小，以致散热损失量超过最大允许散热损失量标准时，应采用最大允许热损失量下的厚度；防止人身遭受烫伤的部位，其保温层厚度应按表面温度法计算，且保温层外表面的温度不得大于 60℃；当需要延迟冻结凝固和结晶的时间及控制物料温降时，其保温度应按热平衡方法计算。

保冷计算应根据工艺要求确定保冷计算参数，当无特殊工艺要求进行保冷厚度计算，应用经济厚度调整。保冷的经济厚度必须用防结露厚度校核。

隔热层厚度的计算比较复杂。通常，一般管路的保温层厚度由表21-8确定。

表 21-8 一般管路保温层厚度的选择

保温材料的热导率/[kcal[1]/(h·m·℃)]	流体温度/℃	不同管路直径（mm）的保温层厚度/mm				
		<50	60～100	125～200	225～300	325～400
0.075	100	40	50	60	70	70
0.08	200	50	60	70	80	80
0.09	300	60	70	80	90	90
0.10	400	70	80	90	100	100

① 1 kcal=4.1868 kJ。

第四节 管道布置设计

管道布置设计是在施工图设计阶段中进行的。在管道布置设计中，一般需绘制下列图样：

① 管道布置图，用于表达车间内管道空间位置的平、立面图样。

② 管道轴测图，用于表达一个设备至另一个设备间的一段管道及其所附管件、阀门等具体布置情况的立体图样。

③ 管架图，表达非标管架的零部件图样。

④ 管件图，表达非标管件的零部件图样。

一、管道布置图及轴测图

管道布置图又称配管图，是表达车间（或装置）内管道及其所附管件、阀门、仪表控制点等空间位置的图样。管道布置图是车间（或装置）管道安装施工中的重要依据。

1. 管道平面布置图的版次

国际上管道平面布置图不同版次的工作程序确定步骤见图21-14。在实际应用中，可根据装置的不同设计条件分别确定管道平面布置图的版次。

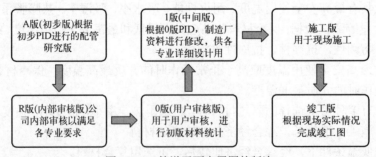

图 21-14 管道平面布置图的版次

2. 管道布置图的内容

管道布置图含管道布置图和分区索引图。

（1）管道布置图 管道布置图一般包括以下内容：

① 一组视图画出一组平、立面剖视图，表达整个车间（装置）的设备、建筑物以及管道、管件、阀门、仪表控制点等的布置安装情况。

② 标注出管道以及有关管件、阀门、仪表控制点等的平面位置尺寸和标高，并标注建筑定位轴线编号、设备位号、管段序号、仪表控制点代号等。

③ 方位标表示管道安装的方位基准。

④ 管口表注写设备上各管口的有关数据。

⑤ 标题栏注写图名、图号、设计阶段等。

(2) 分区索引图　当整个车间（装置）范围较大，管道布置比较复杂，装置或主项不能在一张管道布置图纸上完成时，则管道布置图需分区绘制。这时，还应同时绘制分区索引图，以提供车间（装置）分区概况（图 21-15）。也可以工段为单位分区绘制管道布置图，此时在图纸的右上方应画出分区简图，分区简图中用细斜线（或两交叉细线）表示该区所在位置，并注明各分区图号。若车间（装置）内管道比较简单，则分区简图可省略。

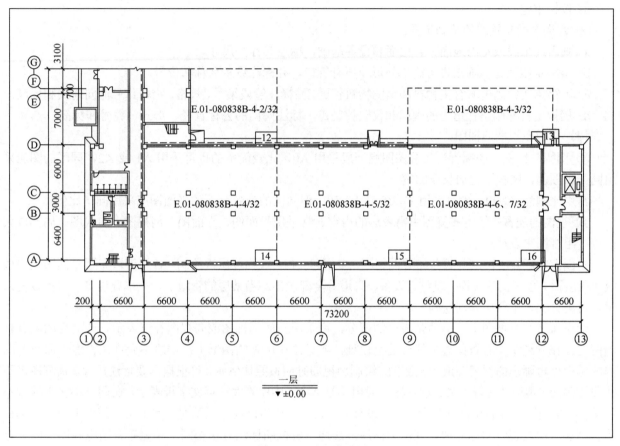

图 21-15　分区索引图

以小区为基本单位，将装置划分为若干小区。每个小区的范围，以使该小区的管道平面布置图能在一张图纸上绘制完成为原则。

小区数不得超过 9 个。若超过 9 个，应采用大区和小区结合的分区方法。应将装置先分成总数不超过 9 个的大区，每个大区再分为不超过 9 个的小区。只有小区的分区按 1 区、2 区、…、9 区进行编号。大区与小区结合的分区，大区用一位数，如 1、2、…、9 编号；小区用两位数编号，其中大区号为十位数，小区号为个位数，如 11、12、…、19 或 21、22、…、29。

只有小区的分区索引图，分区界线用粗双点划线表示。大区与小区结合的，大区分界线用粗双点划线，小区分界线以中粗双点划线表示。分区号应写在分区界线的右下角矩形框内。管道布置图应以小区为基本单位绘制。区域分界线用粗双点划线表示，在线的外侧标注分界线的代号、坐标和与其相邻部分的图号。分界线的代号采用 B.L（装置边界）、M.L（接续线）、COD（接续图）。

(3) 管道布置图的绘制步骤

① 管道平面布置图的绘制步骤：

a. 确定表达方案，视图的数量、比例和图幅，用细实线画出厂房平面图。画法同设备布置图，标注柱网轴线编号和柱距尺寸。

b. 用细实线画出所有设备的简单外形和所有管口，加注设备位号和名称。

c. 用粗单实线画出所有工艺物料管道和辅助物料管道平面图，在管道上方或左方标注管段编号、规格、物料代号及其流向箭头。

d. 用规定的符号或代号在要求的部位画出管件、管架、阀门和仪表控制点。

e. 标注厂房定位轴线的分尺寸和总尺寸、设备的定位尺寸、管道定位尺寸和标高。

f. 绘制管口方位图。

g. 在平面图上标注说明和管口表。

h. 校核审定。

② 管道立面布置图的绘制步骤：

a. 画出地平线或室内地面、各楼面和设备基础，标注其标高尺寸。

b. 用细实线按比例画出设备简单外形及所有管口，并标注设备名称和位号。

c. 用粗单实线画出所有主物料和辅助物料管道，并标注管段编号、规格、物料代号流向箭头和标高。

d. 用规定符号画出管道上的阀门和仪表控制点，标注阀门的公称直径、形式、编号和标高。

(4) 管道布置图的视图

① 图幅与比例：图幅管道布置图图幅一般采用 A0，比较简单的也可采用 A1 或 A2，同区的图应采用同一种图幅，图幅不宜加长或加宽。

常用比例为 1∶30，也可采用 1∶25 或 1∶50。但同区的或各分层的平面图应采用同一比例。

② 视图的配置：管道布置图中需表达的内容通常采用平面图、立面图、剖视图、向视图、局部放大图等一组视图来表达。

平面图的配置一般应与设备布置图相同，多层建（构）筑物按层次绘制。各层管道布置平面图是将楼板（或层顶）以下的建（构）筑物、设备、管道等全部画出。当某层的管道上、下重叠过多，布置较复杂时，可再分上、下两层分别绘制。

管道布置在平面图上不能清楚表达的部分，可采用立面剖视图或向视图补充表示。该剖视图或者轴测图可画在管道平面布置图边界线外的空白处，或者绘在单独的图纸上。一般不允许在管道平面布置图内的空白处再画小的剖视图或者轴测图。绘制剖视图时应按照比例画，可根据需要标注尺寸。轴测图可不按照比例画，但应该标注尺寸。剖视图一般用符号 A-A、B-B 等大写英文字母表示，在同一小区内符号不能重复。平面图上要表示剖切位置、方向及标号。为了表达得既简单又清楚，常采用局部剖视图和局部视图。剖切平面位置线的标注和向视图的标注方法均与机械图标注方法相同。管道布置图中各图形的下方均需注写"±0.000 平面""A-A 剖视"等字样。

③ 视图的表示方法：管道布置图应完整表达装置内管道状态，一般包含以下几部分内容：建（构）筑物的基本结构、设备图形、管道、管件、阀门、仪表控制点等的安装布置情况；尺寸与标注，注出与管道布置有关的定位尺寸、建筑物定位轴线编号、设备位号、管道组合号等；标注地面楼面、平台面、吊车的标高；管廊应标注柱距尺寸（或坐标）及各层的顶面标高；标题栏注出图名、图号、比例、设计阶段及签名。

④ 管道布置图上建（构）物应表示的内容：建筑物和构筑物应按比例根据设备布置图画出柱梁、楼板、门、窗、楼梯、吊顶、平台、安装孔、管沟、箅子板、散水坡、管廊架、围堰、通道、栏杆、爬梯和安全护栏等。生活间、辅助间、控制室、配电室等应标出名称。标出建筑物、构筑物的轴线及尺寸。标出地面、楼面、操作平台面、吊顶、吊车梁顶面的标高。

按比例用细实线标出电缆托架、电缆沟、仪表电缆盒等，并标出底面标高。

⑤ 管道布置图上设备应标示的内容：用细实线按比例以设备布置图所确定的位置画出所有设备的外形和基础，标出设备中心线和设备位号。设备位号标注在设备图形内，也可以用指引线指引标注在图形附近。画出设备上有接管的管口和备用口，与接管无关的附件如手（人）孔、液位计、耳架和支脚等可以略

去不画。但对配管有影响的手（人）孔、液位计、支脚、耳架等要画出。

吊车梁、吊杆、吊钩和起重机操作室要标示出来。

卧式设备的支撑底座需要按比例画出，并标注固定支座的位置，支座下如为混凝土基础时，应按比例画出基础的大小。

重型或超限设备的"吊装区"或"检修区"和换热器抽芯的预留空地用双点划线按比例标示。但不需标注尺寸。

⑥ 管道布置图上管道应标示的内容：

a. 管道。管道布置图的管道应严格按工艺要求及配管间距要求，依比例绘制，所示标高准确，走向来去清楚，不能遗漏。

管道在图中采用粗实线绘制，大管径管道（DN＞400 mm 或 16 in）一般用双线表示，绘成双线时，用中实线绘制。地下管道可画在地上管道布置图中，并用虚线表示，在管道的适当位置画箭头表示物料流向。

当几套设备的管道布置完全相同时，可以只绘一套设备的管道，其余可简化并以方框表示，但在总管上绘出每套支管的接头位置。

管道的连接形式，如表 21-9 所示，通常无特殊必要，图中不必表示管道连接形式，只需在有关资料中加以说明，若管道只画其中一段时，则应在管道中断处画上断裂符号。

表 21-9　管道连接及中断的画法

项目		单线绘制	双线绘制
管道的连接形式	法兰连接	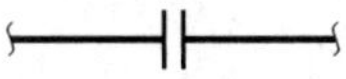	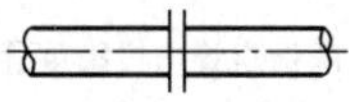
	承插连接	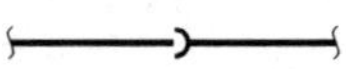	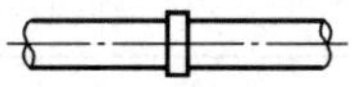
	螺纹连接	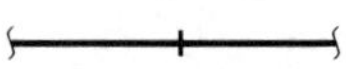	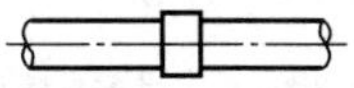
	焊接连接		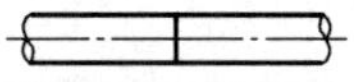
管道中断处的断裂符号			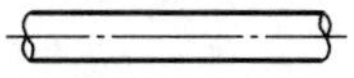

管道转折的表示方法如表 21-10 所示。管道向下转折 90°角的画法，单线绘制的管道，在投影有重影处画一细线圆，在另一视图上画出转折的小圆角，如公称通径 DN＜50 mm 或 2 in 管道，则一律画成直角。双线绘制的管道，在重影处可画一"新月形"剖面符号（也可只画"新月形"，不画剖面符号）。

表 21-10　管道转折的画法

管道向下转折的画法	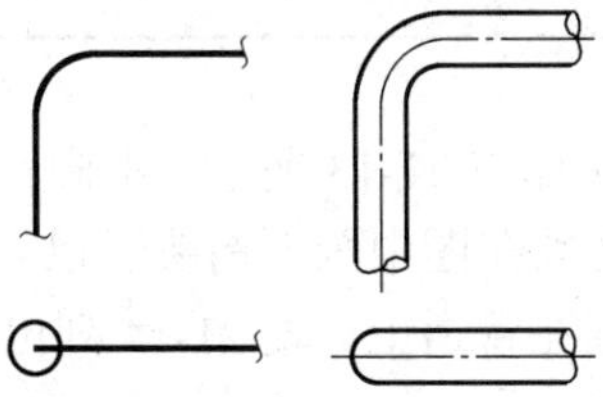	管道向上转折的画法二	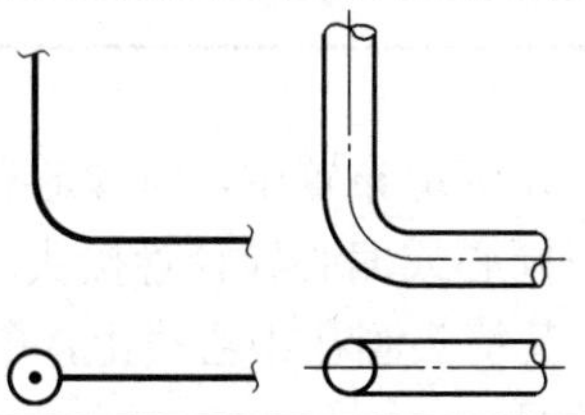
管道向上转折的画法一	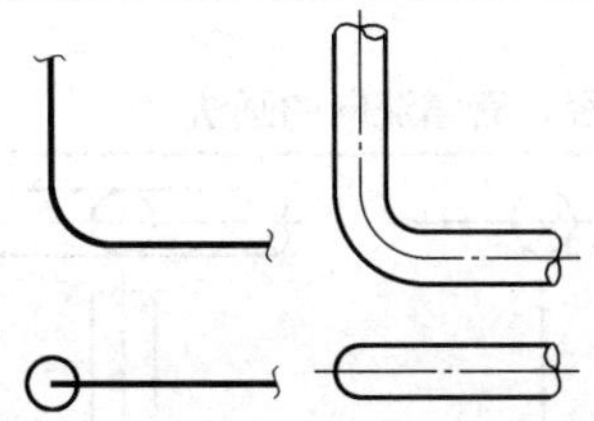	管道的非 90°转折的画法	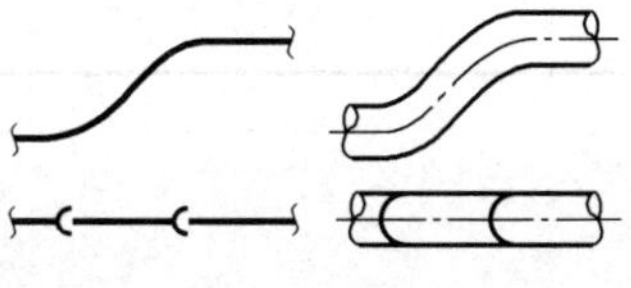

管道交叉画法见表 21-11，当管道交叉投影重合时，其画法可以把下面被遮盖部分的投影断开，也可以将上面管道的投影断裂表示。

表 21-11　管道交叉画法

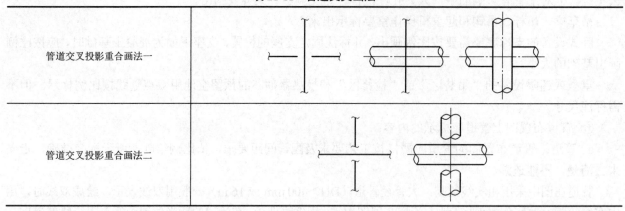

| 管道交叉投影重合画法一 | |
| 管道交叉投影重合画法二 | |

当管道投影发生重叠时，画法见表 21-12，将可见管道的投影断裂表示，不可见管道的投影画至重影处稍留间隙并断开）；当多根管道的投影重看时，图中单线绘制的最上面一条管道画以"双重断裂"符号；也可在管道投影断开处分别注上 a、a 和 b、b 等小写字母，以便辨认；当管道转折后投影发生重叠时，则下面的管道画至重影处稍留间隙断开表示。

表 21-12　管道投影重叠的画法

两根直管道投影重叠时画法	
三根直管道投影重叠时画法一	
三根直管道投影重叠时画法二	
管道转折后投影重叠时的画法	

在管道布置中，当管道有三通等引出分支管时，画法如表 21-13 所示。不同管径的管道连接时，一般采用同心或偏心异径管接头。此外，管道内物料的流向必须在图中画上箭头予以表示，对用双线表示的管道，其箭头画在中心线上，单线表示的管道，箭头直接画在管道上。表 21-14 列出了管道及附件的规定图形符号。

表 21-13　管道分支、管道变径、管道流向的画法

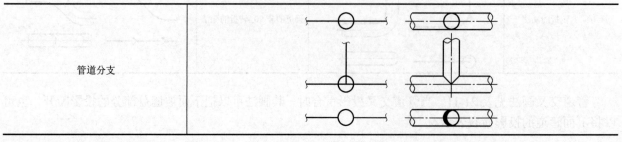

| 管道分支 | |

续表

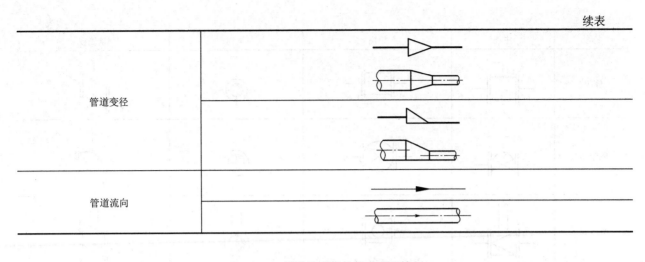

表 21-14 管道及附件的规定图形符号

名称	主视	俯视	侧视	轴侧视
截止阀	XRO			
闸阀				
旋塞阀				
三通旋塞阀				
四通旋塞阀				
直流截止阀				
节流阀				
球阀				
角式截止阀				

续表

名称	主视	俯视	侧视	轴侧视
蝶阀				
隔膜阀				
减压阀				
止回阀				
弹簧式安全阀				
底阀			同主视	
管形过滤器		同主视		
Y 形过滤器				
T 形过滤器				
流水器				
阻火器				
墨斗				
视镜				

b. 管件、阀门、仪表控制点。管道上的管件（如弯头、三通异径管、法兰、盲板等）和阀门通常在管道布置图中用简单的图形和符号以细实线画出，其规定符号见相应图例，阀门与管件须另绘结构图。特殊管件如消声器、爆破片、洗眼器、分析设备等在管道布置图中允许作适当简化，即用矩形（或圆形）细线表示该件所占位置，注明标准号或特殊件编号。管道上的仪表控制点用细实线按规定符号画出。

c. 管道支架。管道支架是用来支撑和固定管道的，其位置一般在管道布置图的平面图中用符号表示，如表 21-15 所示。

表 21-15　管道布置中管道支架的图示方法

表示有托管	GS-1011
表示无托管或其他形式	AF-1212
表示弯头支架或侧向支架	RF-1901
表示一个管架编号	RS-1804

⑦ 管道布置图的标注：管道布置图上应标注尺寸、位号、代号、编号等内容。

a. 建（构）筑物。在图中应注出建筑物定位轴线的编号和各定位轴线的间距尺寸及地楼面、平台面、梁顶面、吊车等的标高，标注方式均与设备布置图相同。

b. 设备和管口表。

设备：是管道布置的主要定位基准，设备在图中要标注位号，其位号应与工艺管道仪表流程图和设备布置图上的一致，注在设备图形近侧或设备图形内，也可注在设备中心线上方，而在设备中心线下方标注主轴中心线的标高或支承点的标高。

在图中还应注出设备的定位尺寸，并用 5 mm × 5 mm 方块标注与设备图一致的管口符号，以及由设备中心至管口端面距离的管口定位尺寸，如图 21-16 所示（如若填写在管口表上，则图中可不标注）。

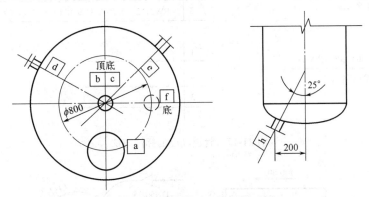

图 21-16　设备管口方位标注示例

管口表：在管道布置图的右上角，表中填写该管道布置图中的设备管口。

管道和管段编号：在管道布置图中应注出所有管道的定位尺寸、标高及管段编号。同一段管道的管段编号要和带控制点的工艺流程图中的管段编号一致。一般管道编号全部标注在管道的上方，也可分两部分分别标注在管道的上下方，如表 21-16 所示。

表 21-16　管道编号表示方法

管道管段编号的标注方法	$\dfrac{\text{PG1310--300}}{\text{A1A--H}}$
物料在两条投影相重合的平线管道中流动的表示方法	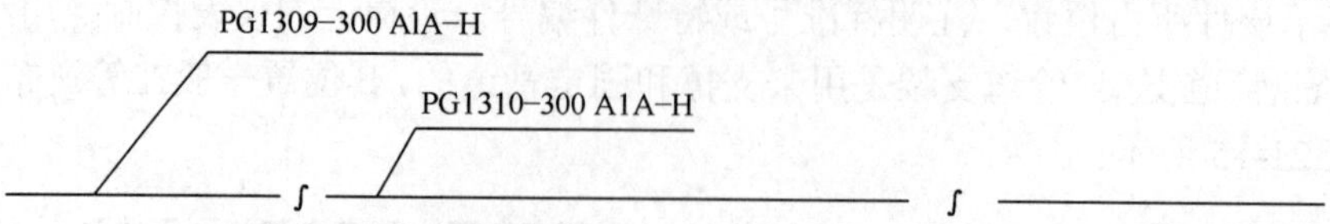 PG1309--300 A1A--H PG1310--300 A1A--H
管道平面图上两根以上管道相重时的表示方法	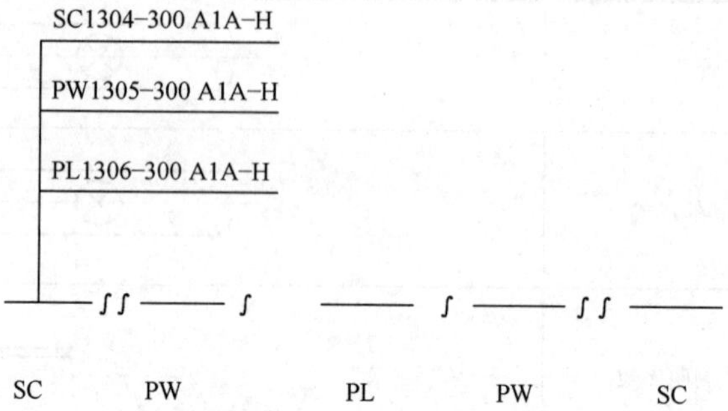 SC1304--300 A1A--H PW1305--300 A1A--H PL1306--300 A1A--H SC　PW　PL　PW　SC

定位尺寸和标高：管道布置图以平面图为主，标注所有管道的定位尺寸及安装标高。如绘制立面剖视图，则管道所有的安装标高应在立面剖视图上表示。与设备布置图相同，图中标高的坐标以 m 为单位，小数点后取三位数；其余尺寸如定位尺寸以 mm 为单位，只注数字，不注单位。

在标注管道定位尺寸时，通常以设备中心线、设备管口中心线、建筑定位轴线、墙面等为基准进行标注。与设备管口相连直接管段，因可用设备管口确定该段管道的位置，故不需要再标注定位尺寸。

管道安装标高以室内地面标高 0.000 m 或 EL100.000 m 为基准。管道按管底外表面标注安装高度，其标注形式为"BOP ELXX.XXX"；如按管中心线标注安装高度，则为"EIXX.XXX"。标高通常注在平面图管线的下方或右方，管线的上方或左方则标注与工艺管道仪表流程图一致的管段编号，写不下时可用指引线引至图纸空白处标注，也可将几条管线一起引出标注，此时管道与相应标注都要用数字分别进行编号，如图 21-17 所示。

对于有坡度的管道，应标注坡度（代号）和坡向，如图 21-18 所示。

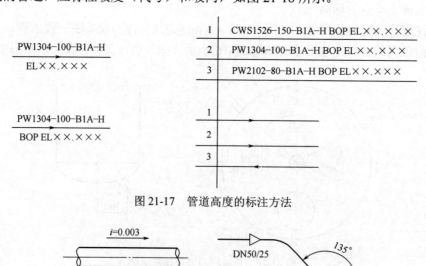

图 21-17　管道高度的标注方法

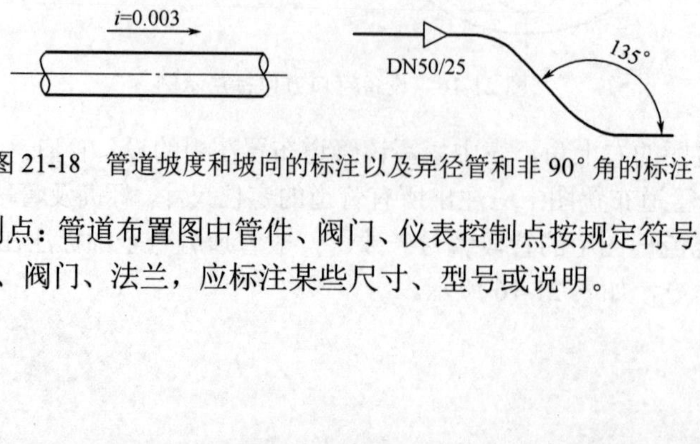

图 21-18　管道坡度和坡向的标注以及异径管和非 90° 角的标注

管件、阀门、仪表控制点：管道布置图中管件、阀门、仪表控制点按规定符号画出后，一般不再标注，对某些有特殊要求的管件、阀门、法兰，应标注某些尺寸、型号或说明。

管架：所有管架在管道平面布置图中应标注管架编号。管架编号由五个部分组成：

$$\underset{\text{I}}{X}\quad\underset{\text{II\ III}}{X\text{-}X}\quad\underset{\text{IV}}{X}\quad\underset{\text{V}}{XX}$$

Ⅰ：管架类别。

Ⅱ：管架生根部位的结构。

Ⅲ：区号。

Ⅳ：管道布置图的尾号。

Ⅴ：管架序号。

管架类别（字母分别表示如下内容）：A—固定架；G—导向架；R—滑动架；H—吊架；S—弹吊；P—弹簧支座；E—特殊架；T—轴向限位架。

管架生根部位的结构（字母分别表示如下内容）：C—混凝土结构；F—地面基础；S—钢结构；V—设备；W—墙。

区号：以一位数字表示。

管道布置图的尾号：以一位数字表示。

管架序号。以两位数字表示：从 01 开始（应按管架类别及生根部位结构分别编写）。

水平向管道的支架标注定位尺寸，垂直向管道的支架标注支架顶面或者支撑面的标高。

3. 管道轴测图

管道轴测图是表示一个设备（或管道）至另一个设备（或管道）的整根管线及其所附管件、阀件、仪表控制点等具体配置情况的立体图样。图中表达管道制造和安装所需的全部资料。图面上往往只画整个管线系统中的一路管线上的某一段，并用轴测图的形式来表示，使施工人员在密集的管线中能清晰完整地看到每一路管线的具体走向和安装尺寸。管道轴测图的绘制，一般设计院都有统一的专业设计规定（包括常用缩写符号及代号；管道、管件阀门及管道附件图形画法规定；常用工程名词术语；图幅、比例、线条、尺寸标注及通用图例符号规定等）。一般将对管道轴测图的图面表示、尺寸标注、图形接续分界线、延续管道和管道等级分界、隔热分界、方位和偏差、装配用的特殊标记、管道轴测图上的材料表填写要求等方面进行详细阐述。

二、计算机在管道布置设计中的应用

目前利用计算机进行配管设计已经广泛应用于国内的设计院。计算机辅助配管软件应用越来越广的主要有原属美国 Rebis 公司的 Autoplant（包括二维管道绘制软件 Drawpipe、三维模型软件 Designer）、美国 Intergraph（鹰图）公司的 PDS（Plant design system）及其升级版 Smartplant 3D 等软件。其中 Designer、PDS 和 Smartplant 3D 是三维设计软件，能直接制作管道三维模型，自动生成平面图，自动抽取管段图，自动生成各种材料表等，成为今后管道设计的发展趋势。当然，国内多数仍使用 AutoCAD 和 Drawpipe 等软件进行工程配管设计。

第二十二章
辅助设施设计

制药企业除生产车间外,尚需要一些辅助设施,例如以满足全企业生产正常开工的机修车间;以满足各监控部门、岗位对企业产品质量定性定量监控的仪器/仪表车间;锅炉房、变电室、给排水站、动力站等动力设施;厂部办公室、食堂、卫生所、托儿所、体育馆等行政生活建筑设施;厂区人流、物流通道运输设施;绿化空地,兴建花坛、围墙等美化厂区环境的绿化设施及建筑小区;控制生产场所中空气的微粒浓度、细菌污染以及适当的温湿度,防止对产品质量有影响的空气净化系统以及仓库等。辅助设施的设计原则是以满足主导产品生产能力为基础,既要综合考虑全厂建筑群落布局,又要注重实际与发展相结合。下面主要介绍制药企业辅助设计中的仓库设计、仪表车间以及空气净化工程的设计。

第一节　仓库设计

仓库设计是一项非常重要的工作,因为仓储运作中产生的物流成本绝大部分在仓库设计阶段就已经决定了。仓库设计要考虑的因素较多,要设计出比较合理的仓库,必须将这些因素归类划分,并在此基础上优化决策。

一、仓库设计层次划分

仓库设计是一个决策过程,需要考虑很多问题,这些问题之间有的相关性很高,有的相关性较小,有的问题出错可能会影响整个仓储运作的效率,严重时可能会使仓库不能投入使用。所以,可以借鉴管理学上广泛运用的层次结构,对仓库设计中所遇到的问题进行分层考察后再进行决策。

1. 战略层设计

在战略层次上,仓库设计主要考虑的是对仓库具有长远影响的决策。战略层次上的决策决定着仓库设计的整体方向,并且这种决策目标应与公司整体竞争战略一致。比如企业期望将快速的顾客反应和高水平的服务作为其竞争优势,那么在仓库战略层的设计中,就要将提高顾客订单反应速度作为仓库设计的主要目标,调动公司的所有资源去实现这个目标。仓库设计时的战略层面主要有 3 个决策,如图 22-1。这 3 个决策互相影响,互为条件,形成了一个紧密的环状结构。

(1) 仓库选址决策　仓库地址的选择影响深远。首先,仓库地址决定仓库运作成本,比如仓库建立在郊区,其土地和建设成

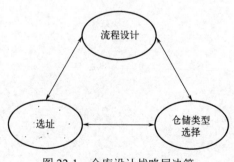

图 22-1　仓库设计战略层决策

本可能会降低，但其顾客服务成本将大幅上升。其次仓库地址会影响企业的发展，如果仓库地址没有可供扩充的土地，将会因不能满足企业扩张而使其失去使用价值。再次，仓库地址会决定仓库设施的选择，如果仓库选择建在铁路旁，那么在仓库设计中就要有接收火车货物的站台。仓库选址决策不仅会影响仓库设计的各方面，而且会对企业整体发展战略产生影响。所以，仓库选址决策必须得到企业高层和仓库设计者的高度重视，其主要考虑因素包括服务可得性、服务成本和选址对作业成本的影响，同时还要考虑所选地址是否提供了可扩张空间和一些必要的公共设施。

(2) 流程设计相关决策　流程设计对企业来说至关重要。一方面，仓库作业流程决定了仓库运作的各项成本和效率。对于新建立的仓库，优化的流程可以在达到既定仓库运作效率的基础上，减少仓库各项人力和设备投资。对于旧的仓库，优化其作业流程可以在不断增加投资的基础上，提高仓库的运作效率。不同企业的产品种类、仓库设计目标和订单特点等方面的差异，致使各仓库运作流程不尽一致。另一方面，仓库作业流程设计会严重影响到仓储方式和设备的选择。例如企业要增加仓库加工活动，首先就是增加加工设备的投资以及改变仓库作业区域的布置，诸如仓库各个活动衔接的顺序和规则、人员的配置和培训、仓储系统等都要作出相应的改变。因此，必须将仓库作业流程的设计放在战略层面，只有实现作业流程的合理高效，其他的设计工作才能顺利展开。

(3) 仓储类型决策　仓储系统是指产品分拣、储存或接收中使用的设备和运作策略的组合。根据自动化程度的不同，仓储系统可以分为手工仓储系统（分拣员到产品系统）、自动化仓储系统（产品到分拣员系统）和自动仓储系统（使用分拣机器人）3类。在手工订单拣选中存在两个基本策略：单一订单拣选和批量拣选。批量拣选中，订单既可在分拣中进行分类，也可以集中一起，事后再分类。旋转式仓储系统是一种定型的自动化仓储系统，人站在固定的位置，产品围绕着分拣人员转动。自动仓储系统是由分拣机器人代替人的劳动，实现仓储作业的全面自动化。

仓库类型的选择可以分解为两个决策问题：一是以技术能力考虑仓储类型；二是从经济角度考虑仓储类型。技术能力考虑的是储存单位、储存系统以及设备必须适应产品的特点达到订单和仓储期望的目标，并且相互之间不能出现冲突。比如，一定大小的仓库要达到既定的容量和吞吐量，在仓储系统的选择上就有一定限制，储存产品的类型和尺寸也会对仓储系统有一定的要求。通过对技术能力的考察，可以选择出一组适合的仓储系统，然后通过对其经济性的考虑选择最合适的仓储类型。从经济角度衡量仓储类型时，需要注意在仓库投资成本和仓库运作成本之间达到均衡。

2. 战术层设计

战术层面上的决策一般考虑的是仓库布局、仓库资源规模和一系列组织问题。

(1) 仓库布局　仓库布局主要由仓储物品的类型、搬运系统、存储量、库存周转期、可用空间和仓库周边设施等因素决定。其中，搬运系统对仓库布局有很大的影响，因为搬运系统决定了仓库作业的流程通道。仓库布局应最有效地利用仓库的容量，实现接收、储存、挑选装运的高效率，同时应考虑到改进的可能性。

仓库设计：
战术层设计

(2) 仓库资源规模　仓库规模大小主要由存储物品数量、存储空间和货架的规格决定；仓库各作业区域大小主要由仓库作业流程、储存货物种类和仓库种类决定；物料搬运设备和工人的数量由仓库的自动化程度和处理进出货物的数量决定。仓库资源规模必须在仓库整体投资的限制下进行考虑。

(3) 组织问题　组织问题是考虑仓库在接收、存储、分拣和发运各个过程中的规则，补货策略是考虑在什么情况下由货物存储区向分拣存货区进行补货，一个好的补货策略可以更好地发挥分拣存货区的作用。批量拣取是把多张订单集合成一批，依商品类别将数量加总后再进行拣取，然后根据客户订单作分类处理。拣货批量是在采取批量拣取的方式下每次拣货数量的大小，它是在衡量分拣经济性和订单满足时效性的基础上进行的。储存方式是对货物入库分配货位规则的规定，一般有5种，包括随机存储原则、分类存储原则、COI（cube-per-order index）原则、分级存储原则和混合存储原则。存储原则的选择会影响商品出库、入库的效率和仓库的利用率。需要指出的是，COI原则是商品接收发出的数量总和与其储存空间的比值，比值大的商品应在靠近出、入库的地方。

3. 运作层设计

运作层面上的设计，主要考虑人和设备的配置与控制问题。接货阶段的运作层设计期望在一定设备和人员投资下高效率接收物品。通过对仓库的试运行或对仓库接收系统的模拟，可以确定最佳的送货车辆卸货站台分配原则以及搬运设备和人员的分配原则。发运阶段考虑的内容与接货阶段相似，但又增加对货物组合发运的考虑。通过合理组合，可以最大限度地利用每一辆车的运载能力。储存阶段的运作层设计是确定仓库补货人员的分配，即由专门人员完成补货任务还是由拣货人员完成补货任务，同时储存阶段还要有实现仓库储存的具体原则，即按战术层选择的储存方式完成货架和商品的对应关系。

订单选择阶段运作层的设计内容比较多。首先要确定订单集合的原则或订单拣选的顺序，前一层次确定的只是最佳的拣货批量，怎样将订单进行集合以形成最佳批量是运作层需要考虑的问题。订单集合或订单拣选顺序决策主要是考虑对不同顾客订单应有不同的重视程度。其次是拣货方式和拣货途径的确定，是采取一个人负责一个拣货批量还是将一个拣货批量分解，由不同的人员进行拣选。在拣货方式确定的情况下才可以决定最佳的拣货行走路径。研究表明，分解订单的方式可以减少分拣所需移动的平均距离和时间。最后是对整个分拣系统的优化。实际的仓库运作中，可以从很多方面提高分拣效率，例如对空闲设备停靠点的优化就可以在不增加投资的基础上提高整个拣取速度。

4. 各个层次间的关系

前面介绍了仓库设计所需考虑的各项决策内容。通过把仓库设计的各项决策用三层结构进行划分，可以看出每个层次自身的特点和各个层次之间的关系，见图 22-2。

各个层次之间是一种约束关系：战术层决策在战略层所做决策的限制下进行；运作层决策在战略层和战术层所做决策的限制下进行。从各层的关系上可以看出，仓库设计中应该将主要精力放在仓库设计的战略层决策。没有好的战略层设计，就没有在低成本下高效运作的仓库。

战略层上各个决策相关性特别大，一种决策会严重影响到其他决策，因此在进行战略层决策时不能将各方面割裂开来进行优化。战术层决策相关性变弱，但仍然存在，所以战术层决策时应按照决策的相关性进行分组，每个决策组的优化要特别注意组内相关性。运作层决策的相关性降到最低，基本上可以忽略，每种决策都可以使用最优的方法进行单独优化。

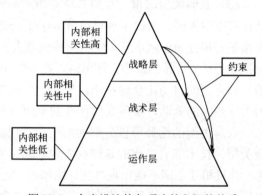

图 22-2 仓库设计的各项决策之间的关系

二、仓库设计的原则

仓储运作中产生的物流成本绝大部分在仓库设计阶段就已经确定，这说明仓库设计是一项非常重要的工作。因此，仓库设计时应尽可能地考虑各方面的因素，以使设计的仓库在节省资本的同时，尽可能充分发挥其在实际工作中的作用。对于仓库的设计，应遵循以下一些原则。

① 合理安排，符合产品结构需要，仓库区的面积应与生产规模相匹配。仓库面积的基本需求必须保证两个基本条件：一是物流的顺畅，二是各功能区的基本需求。在布局上，为减少仓库和车间之间的运输距离，方便与生产部门的联系，一般仓库设置将沿物流主通道，紧邻生产车间来布置相应的功能区。同时要考虑管理调度。在流量上，要尽量做到一致，以免"瓶颈"现象发生。具体的布置可以根据企业具体情况决定，标签库等小库房及原料库等大库房布置在管理室的周围。若为多层楼房，常将小库置于楼上。

② 中药材的库房与其他库房应严格分开，并分别设置原料库与净料库，毒性药材库与贵细药材库应分别设置专库或专柜。

③ 仓库要保持清洁和干燥。照明、通风等设施以及温度、湿度的控制应符合储存要求。

④ 仓库内应设取样室，取样环境的空气洁净度等级应与生产车间要求一致。根据 GMP 要求，仓库

内一般需设立取样间，在室内局部设置一个与生产等级相适应的净化区域或设置一台可移动式带层流的设备。

⑤ 仓库应包括标签库，使用说明书库（或专柜保管）。

⑥ 对于库区内产品的摆放，应使总搬运量最小。总体需求和布局上一定要结合企业的长远规划，避免因考虑不周造成重复投资，事后修补以及多点操作等浪费。

⑦ 注意交通运输、地理环境条件以及管线等因素。

⑧ 整个平面布局还应符合建设设计防火规范，尤其是高架库在设计中应留出消防通道、安全门，设置预警系统、消防设施如自动喷淋装置等。

三、自动化立体仓库

自动化立体仓库（automated storage and retrieval system，AS/RS，自动立体存储系统），诞生不到半个世纪，但已发展到相当高的水平，特别是现代化的物流管理思想与电子信息技术的结合，促使立体仓库逐渐成为企业成功的标志之一。许多企业纷纷兴建大规模的立体仓库，有的企业还建造了多座立体仓库。随着 GMP 要求的深入，制药厂传统、老式的仓库逐步被正规化、现代化仓库所取代。

自动化立体仓库是当代货架储存系统发展的最高阶段。所谓自动化高层货架仓库是指用高层货架储存货物，以巷道堆垛起重机配合周围其他装卸搬运系统进行存取出入库作业，并由计算机全面管理和控制的一种自动化仓库。广义而言，自动化仓库是在不直接进行人工处理的情况下，能自动地存储和取出物料的系统，是物流系统的重要组成部分。

自动化高层货架仓库主要由货架、巷道堆垛起重机、周围出入库配套机械设施和管理控制系统等部分组成。历史和实践已经充分证明，使用自动化立体仓库能够产生巨大的社会效益和经济效益。效益主要来自以下几方面：①采用高层货架存储，提高了空间利用率及货物管理质量。由于使用高层货架存储货物，仓储区可以大幅度地向高空发展，充分利用仓库地面和空间，因此可大幅度提高单位面积的利用率。采用高层货架存储，并结合计算机管理，可以容易地实现先入先出，防止货物的自然老化、变质或发霉。同时，立体仓库也便于防止货物的丢失及损坏。②自动存取，提高了劳动生产率，降低了劳动强度。使用机械和自动化设备，运行和处理速度快，提高了劳动生产率，降低操作人员的劳动强度。同时，能方便地进入企业的物流系统，使企业物流更趋合理化。③科学储备，提高物料调节水平，加快储备资金周转。由于自动化仓库采用计算机控制，对各种信息进行存储和管理，能减少处理过程中的差错，而利用人工管理不能做到这一点。同时，借助计算机管理还能有效地利用仓库储存能力，便于清点和盘库，合理减少库存量，从而减少库存费用，降低占用资金，从整体上保障了资金流、物流、信息流与业务流的一致、畅通。

1. 立体仓库设计时需要考虑的因素

立体仓库设计时需要考虑的因素很多，也很重要，如果选择不当，往往会走入误区。一般包含以下几方面。

(1) 企业近期的发展　立体仓库设计一般要考虑企业 3～5 年的发展情况，但也不必考虑太久远的发展。如果投资巨大的立体仓库不能使用一段时间，甚至刚建成就满足不了需求，那么这座立体仓库是不成功的。同时，盲目上马是许多物流项目的最大失误。有的公司并不具备建造立体仓库的必要性，但为了提高自身形象或其他原因，连立体仓库的功能定位都没有考虑清楚，就仓促决定建造一座立体仓库，而且还要自动化程度较高的，设备要全进口的，结果导致投入与产出相距甚远，使公司大伤筋骨，一蹶不振。

(2) 选址　立体仓库设计要考虑城市规划、企业布局以及物流整体运作。立体仓库地址最好靠近港口、码头、货运站等交通枢纽，或者靠近生产线或原料产地，或者靠近主要消费市场，这样会大大降低物流费用。同时，要考虑环境保护、城市规划等。立体仓库选址不合理也是很容易犯的错误。假如在商业区建造一座立体仓库，一方面会大煞风景，与繁华的商业区不协调，而且要花高价来购买地皮；另一方面就是受交通的限制，只能每天半夜来进行货物的出入，这样的选址肯定是失败的。

（3）库房面积与其他面积的分配　平面面积太小，立体仓库的高度就需要尽可能地高。立体仓库设计时往往会受到面积的限制，造成本身的物流路线迂回。许多企业建造立体仓库时，往往只重视办公、实验、生产的面积，没有充分考虑库房面积，但总面积是一定的，"蛋糕"切到最后，只剩下一丁点给立体仓库。为了满足库容量的需求，最后只好通过向纵向空间发展来达到要求。而货架越高，设备采购成本与运行成本就越高。此外，立体仓库内最优的物流路线是直线形，但因受面积的限制，结果往往是 S 形的，甚至是网状的，迂回和交叉太多，增加了许多不必要的投入与麻烦。

（4）机械设备的吞吐能力　立体仓库内的机械设备就像人的心脏，机械设备吞吐能力不满足需要，就像人患了先天性心脏病。在兴建立体仓库时，通常的情况是吞吐能力过小或各环节的设备能力不匹配。理论的吞吐能力与实际存在差距，所以设计时无法全面考虑到。一般立体仓库的机械设备有巷道堆垛起重机、连续输送机、高层货架。自动化程度高一点的还有自动导引车（AGV）、无人搬运车或激光导航车。这几种设备要匹配，而且要满足出入库的需要。一座立体仓库到底需要多少台堆垛机、输送机和 AGV 等，可以通过物流仿真系统来确定。

（5）人员与设备的匹配　人员素质跟不上，仓库的吞吐能力同样会降低。一些由传统仓储或运输企业向现代物流企业过渡的公司，立体仓库建成后往往人力资源跟不上。立体仓库的运作需要一定的人工劳动力和专业人才。一方面，人员的数量要合适。自动化程度再高的立体仓库也需要一部分人工劳动，人员不足会导致立体仓库效率的降低，但人员太多又会造成浪费。因此，立体仓库的人员数量一定要适宜。另一方面，人员的素质要跟上，专业人才的招聘与培训是必不可少的。大多数企业新建了立体仓库之后，把原来普通仓库或运输的原班人马不经技术培训就搬到立体仓库，其结果可想而知。

（6）库容量（包括缓存区）　库容量是立体仓库最重要的一个参数，由于库存周期受许多预料之外因素的影响，库存量的波峰值有时会大大超出立体仓库的实际容量。此外，有的立体仓库单纯地考虑了货架区的容量，但忽视了缓存区的面积，结果造成缓存区严重不足，货架区的货物出不来，库房外的货物进不去。

（7）系统数据的传输　立体仓库的设计要考虑立体仓库内部以及与上下级管理系统之间的信息传递。由于数据的传输路径或数据的冗余等，会造成系统数据传输速度慢，有的甚至会出现数据无法传输的现象。所以大多数企业都根据实际情况采用对应的立体仓库管理系统，以克服传输速度慢的不足。

（8）整体运作能力　立体仓库的上游、下游以及其内部各子系统的协调，有一个木桶效应，最短的那一块木板决定了木桶的容量。虽然有的立体仓库采用了许多高科技产品，各种设施设备也十分齐全，但各种系统间协调性、兼容性不好，整体的运作会比预期差很远。

2. 立体仓库设计的设计技巧

高架仓库的需求越来越普及，其设计也逐步走上正轨，同时也要求不断提高设计水平和总结设计技巧，以设计出更合理的立体仓库。

（1）多采用背靠背的托盘货架存放方式　高架库内的设计是仓库设计的重点，受药品性质及采购特点的限制，各种物料的储存量和储存周期有大有小，有长有短，故一般很少采用集中堆垛的方式，多采用背靠背的托盘货架存放方式。

（2）大型立体仓库采用有轨仓库，小型高架仓库采用无轨仓库　对于一个已知大小的库房，有多种布置方式，如何最大限度地利用空间，如何合理运用投资，则有一定技巧。大型立体仓库一般采用有轨巷道式的布置方式，自动化集中管理。其主要设备为有轨叉车，即巷道堆垛机。巷道可以很窄，为 1.5 m 左右，堆垛高度也可以很高，可达 20 m 左右，故库内利用率比较高，适用于大型立体库，但其设备投资高，除了自动化运输设备外，还需一套专门的库内装卸货物的水平运输设备。小型高架仓库一般采用无轨方式布置，其主要设备就是高架叉车，它既起高处堆垛作用，又起水平运输作用。所以这种方式的设备投资较低，而且由于没有轨道，操作比较灵活。但受叉车本身转弯半径的限制，其通道不能太窄，国产叉车一般在 3.2 m 以上，堆垛高度也不能太高，一般以不超过 10 m 为宜，故仓库的空间利用率不及有轨方式。

总之，两种方式各有优点，不能简单地说哪种更好。但若在投资允许，空间又高的条件下，采用有轨立体库比无轨高架库更为经济，但目前大部分制药行业的库房都不太大，空间高度也在 10 m 左右，所以采用无轨方式的更为多见。

(3) 合理的货架布置和仓库利用　在一些仓库里常有许多立柱，占用了一定空间，摆放货架时，最简单的方法就是采用立柱占一格货位的方式，这种方法安装比较方便但碰到比较大的立柱就不是很经济。若把两排货架背靠背地置于立柱的两侧，紧凑布置，效果要好得多，不仅空间利用率增大，而且库房越大，效果越好。图 22-3 为立柱占一格货位的方式，图 22-4 为货架置于立柱两侧的紧凑布置方式，这里立柱规格为 600 mm × 600 mm。可以看出，同样大小的库房，前者比后者多两排货架，空间利用率净增约 $2/28 × 100\% = 7\%$。换句话说，若两库房具有相同库位，则前者比后者可省 5.6 m × 46 m 面积，投资净减 $5.6/80 × 100\% = 7\%$，而且这种方式整齐美观。若取消第 27、28 两排，还可以作为理货区。库房越大，立柱越大，效果越好。

(4) 综合考虑，确定实际使用的适宜高度　采用高架叉车装卸货物是由人来操作的，从用户实际使用的反馈意见来看，不能太高。因为太高，驾驶员操作非常吃力，他需仰首操作并寻找货位，若时间一长，许多人受不了。所以，选用叉车时不能单纯地只考虑叉车能达到的高度，还要考虑工人的劳动强度，以使其操作较轻松自如。

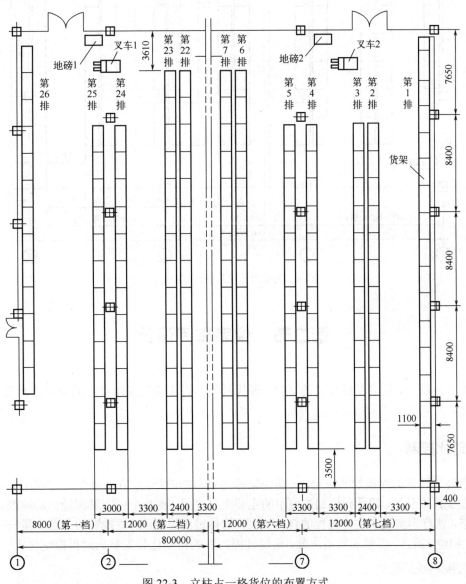

图 22-3　立柱占一格货位的布置方式

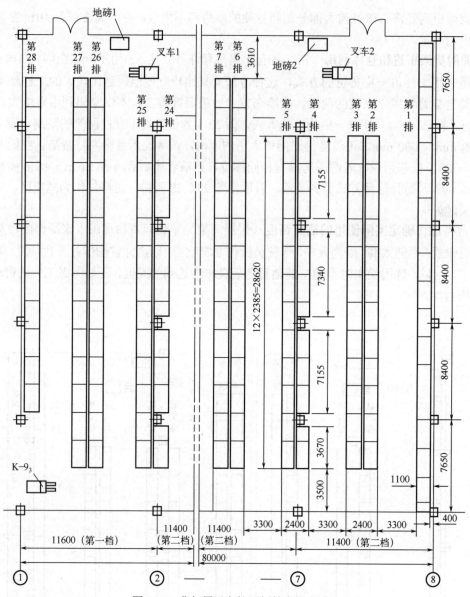

图 22-4　货架置于立柱两侧的布置方式

第二节　仪表车间设计

在制药生产过程中，仪表是操作者的耳目，现代科技的进步使仪表由单一的检测功能进化为检测、自动控制一体化。

一、自动化控制

控制是指为实现目的而施加的作用，一切控制都是有目的的行为。在工业生产过程中如果采用自动化装置来显示、记录和控制过程中的主要工艺变量，使整个生产过程能自动地维持在正常状态，就称为实现了生产过程的自动控制，简称过程控制。过程控制的工艺变量一般是指压力、物位、流量、温度和物质成分。实现过程控制的自动化装置称为过程控制仪表。

自动化控制

1. 过程控制系统的组成

今天，在人们的日常生活中几乎处处都可见到自动控制系统的存在。如各种温度调节、湿度调节、自动洗衣机、自动售货机、自动电梯等。它们都在一定程度上代替或增强了人类身体器官的功能，提高了生活质量。

早期的工业生产中，控制系统较少。随着生产装置的大型化、集中化和过程的连续化，自动控制系统越来越多，越来越重要。自动化装置一般至少包括3部分，分别用来模拟人工控制中人的眼、脑和手的功能，自动化装置的3部分如下。

（1）测量元件与变送器　它的功能是测量液位并将液位的高低转化为一种特定的、系统的输出信号（如气压信号或电压、电流信号等）。

（2）控制器　它接收变送器送来的信号，与工艺需要保持的液位高度相比较得出偏差，并按某种运算规律算出结果，然后将此结果用特定信号（气压或电流）发送出去。

（3）执行器　通常指控制阀，它与普通阀门的功能一样，只不过它能自动根据控制器送来的信号值改变阀门的开启度。

显然，测量元件与变送器、控制器、执行器分别具有人工控制中操作人员的眼、脑、手的部分功能。

在自动控制系统的组成中，除了自动化装置的3个组成部分外，还必须具有控制装置所控制的生产设备。在自动控制系统中，将需要控制其工艺参数的生产设备或机器叫作被控对象，简称对象。制药生产中的各种反应釜、换热器、泵、容器等都是常见的被控对象，甚至一段输气管道也可以是一个被控对象。在复杂的生产设备中，一个设备上可能有好几个控制系统，因此在确定被控对象时，不一定是生产设备的整个装置。只有与某一控制相关的相应部分才是某一个控制系统的被控对象。

2. 过程控制系统的主要内容

过程控制系统一般包括生产过程的自动检测系统、自动控制系统、自动报警与联锁保护系统、自动操纵系统等方面的内容。

（1）自动检测系统　利用各种检测仪表对工艺变量进行自动检测、指示或记录的系统称为自动检测系统。它包括被测对象、检测变送、信号转换处理以及显示等环节。

（2）自动控制系统　用过程控制仪表对生产过程中的某些重要变量进行自动控制，能将因受到外界干扰影响而偏离正常状态的工艺变量，自动地调回到规定数值范围内的系统称为自动控制系统。它至少要包括被控对象、测量变送器、控制器、执行器等基本环节。

（3）自动报警与联锁保护系统　在工业生产过程中，有时由于一些偶然因素的影响，工艺变量越出允许的变化范围，就有引发事故的可能。所以，对一些关键的工艺变量要设有自动信号报警与联锁保护系统。当变量接近临界数值时，系统会发出声、光报警，提醒操作人员注意。如果变量进一步接近临界值、工况接近危险状态时，联锁系统立即采取紧急措施，自动打开安全阀或切断某些通路，必要时紧急停车，以防止事故的发生和扩大。

（4）自动操纵系统　按预先规定的步骤自动地对生产设备进行某种周期性操作的系统。

3. 自动控制系统分类

自动控制系统从不同角度有不同的分类方法。

（1）按被控变量划分　可划分为温度、压力、液位、流量和成分等控制系统。这是一种常见的分类。

（2）按被控制系统中控制仪表及装置所用的动力和传递信号的介质划分　可划分为气动、电动、液动、机械式等控制系统。

（3）按被控制对象划分　划分为流体输送、设备传热设备、精馏塔和化学反应器控制系统等。

（4）按控制调节器的控制规律划分　划分为比例控制、积分控制、微分控制、比例积分控制、比例微分控制等。

（5）按系统功能与结构划分　可划分为单回路简单控制系统；串级、比值、选择性、分程、前馈和均匀等常规复杂控制系统；解耦、预测、推断和自适应等先进控制系统和程序控制系统等。

（6）按控制方式划分　可划分为开环控制系统和闭环控制系统。开环控制是指没有反馈的简单控制，如通常照明中的调光控制，电风扇的多级速度调节等。闭环控制是指具有负反馈的控制。因为负反馈可以使控制系统稳定，多数控制系统都是闭环负反馈控制系统。

(7) 按给定值的变化情况划分 可划分为定值控制系统、随动控制系统和程序控制系统。

二、仪表分类

过程控制仪表是实现过程控制的工具，其种类繁多，功能不同，结构各异。从不同的角度有不同的分类方法。通常是按下述方法进行分类的。

1. 按功能不同

可分为检测仪表、显示仪表、控制仪表和执行器。①检测仪表：各种变量的检测元件、传感器等。②显示仪表：刻度、曲线和数字等显示形式。③控制仪表：气动、电动等控制仪表及计算机控制装置。④执行器：气动、电动、液动等类型。

2. 按使用的能源不同

可分为气动仪表和电动仪表。①气动仪表：以压缩空气为能源，性能稳定、可靠性高、防爆性能好且结构简单。但气信号传输速度慢、传送距离短且仪表精度低，不能满足现代化生产的要求，所以很少使用。但由于其天然的防爆性能，气动控制阀得到了广泛的应用。②电动仪表：以电为能源，信息传递快，传送距离远，是实现远距离集中显示和控制的理想仪表。

3. 按结构形式

可分为基地式仪表、单元组合仪表、组件组装式仪表等。①基地式仪表：这类仪表集检测、显示、记录和控制等功能于一体。功能集中，价格低廉，比较适合单变量的就地控制系统。②单元组合仪表：是根据自动检测系统和控制系统中各组成环节的不同功能和使用要求，将整套仪表划分成能独立实现一定功能的若干单元（有变送、调节、显示、执行、给定、计算、辅助、转换等八大单元），各单元之间采用统一信号进行联系。使用时可根据需要，对各单元进行选择和组合，从而构成多种多样的、复杂程度各异的自动检测系统和自动控制系统。所以单元组合仪表被形象地称作积木式仪表。③组件组装式仪表：是一种功能分离、结构组件化的成套仪表（或装置）。

4. 按信号形式

可分为模拟仪表和数字仪表。①模拟仪表：模拟仪表的外部传输信号和内部处理信号均为连续变化的模拟量。②数字仪表：数字仪表的外部传输信号有模拟信号和数字信号两种，但内部处理信号都是数字量，如可编程调节器等。

三、仪表的选型

生产过程自动化的实现，不仅要有正确的测量和控制方案，而且还需要正确、合理地选择和使用自动化仪表及自动控制装置。现代工业规模化生产控制应该首选计算机控制系统，借助计算机的资源可以实时显示测量参数的瞬时值、累积值、实时曲线、历史参数、历史曲线及打印等；实现联锁报警保护；不仅能实现比例积分微分（PID）控制，亦可实现优化和复杂控制及管理功能等。通常的选型原则有如下几种。

1. 根据工艺对变量的要求进行选择

对工艺影响不大，但需要经常监视的变量宜选显示仪表；对要求计量或经济核算的变量宜选具有计算功能的仪表；对需要经常了解其变化趋势的变量宜选记录仪表；对变化范围大且必须操作的变量宜选手动遥控仪表；对工艺过程影响较大，需随时进行监控的变量宜选控制型仪表；对可能影响生产或安全的变量宜选报警型仪表。

2. 仪表的精确度应按工艺过程的要求和变量的重要程度合理选择

一般指示仪表的精确度不应低于1.5级，记录仪表的精确度不应低于1.0级，就地安装的仪表精确度可略低些。构成控制回路的各种仪表的精确度要相配。仪表的量程应按正常生产条件选取，有时还要考虑到开停车、发生生产事故时变量变动的范围。

3. 仪表系列的选择

通常分为单元仪表的选择、可编程控制器和微型计算机控制。单元仪表的选择包括：①电动单元组合仪表的选用原则为变送器至显示控制单元间的距离超过 150 m 时；大型企业要求高度集中管理控制时；要求响应速度快，信息处理及运算复杂的场合；设置由计算机进行控制及管理的对象。②气动单元组合仪表的选用原则为变送器、控制器、显示器及执行器之间，信号传递距离在 150 m 以内时；工艺物料易燃、易爆及相对湿度很大的场合；一般中小型企业要求投资少，维修技术工人水平不高时；大型企业中，有些现场就地控制回路。

可编程控制器是以微处理器为核心，具有多功能、自诊断功能的特色。它能实现相当于模拟仪表的各种运算器的功能及 PID 功能，同时配备与计算机通信联系的标准接口。它还能适应复杂控制系统，尤其是同一系统要求功能较多的场合。

微型计算机控制是指在计算机上配有 D/A（数字/模拟）、A/D（模拟/数字）转换器及操作台，构成了计算机控制系统。它可以实现实时数据采集、实时决策和实时控制，具有计算精度高、存储信息容量大、逻辑判断能力强及通用、灵活等特点，广泛应用于各种过程控制领域。

4. 根据自动化水平选用仪表

自动化水平和投资规模决定着仪表的选型，而自动化水平是根据工程规模、生产过程特点、操作要求等因素来确定的。根据自动化水平，可分为就地检测与控制、机组集中控制、中央控制室集中控制等类型。针对不同类型的控制方式，应选用不同系列的仪表。

对于就地显示仪表，一般选用模拟仪表，如双金属片温度计、弹簧管压力计等。对于集中显示和控制仪表，宜选单元组合仪表，二次仪表首先考虑以计算机取代，当不采用计算机时再考虑数字式仪表（如数显表、无笔无纸显示记录仪表和数字控制器等）。尽量不选或者少选二次模拟仪表。

5. 仪表选型中应注意的事项

①根据被测对象的特点及周围环境对仪表的影响，决定仪表是否需要考虑防冻、防凝、防震、防火、防爆和防腐蚀等因素。②对有腐蚀的工艺介质应尽量选用专用的防腐蚀仪表，避免用隔离液。③在同一个工程中，应力求仪表品种和规格统一。④在选用各种仪表时，还应考虑经济合理性，本单位仪表维修工人的技术水平、使用和维修仪表的经验以及仪表供货情况等因素。

四、过程控制系统工程设计

过程控制系统工程设计是指把实现生产过程自动化的方案用设计文件表达出来的全部工作过程。设计文件包括图纸和文字资料，它除了提供给上级主管部门使其对工程建设项目进行审批外，也是施工、建设单位进行施工安装和生产的依据。

过程控制系统工程设计的基本任务是依据工艺生产的要求，对生产过程中各种参数（如温度、压力、流量、物位、成分等）的检测、自动控制、遥控、顺序控制和安全保护等进行设计。同时，也对全厂或车间的水、电、气、蒸汽、原料及成品的计量进行设计。

根据我国现行基本建设程序规定，一般工程项目设计可分两个阶段进行，即初步设计和施工图设计。

1. 控制方案的制定

控制方案的制定是过程控制系统工程设计中的首要和关键问题，控制方案是否正确、合理，将直接关系到设计水平和成败，因此在工程设计中必须十分重视控制方案的制定。

控制方案制定的主要内容包括以下几方面：①正确选择所需的测量点及其安装位置；②合理设计各控制系统，选择必要的被控变量和恰当的操纵变量；③建立生产安全保护系统，包括设计声、光信号报警与联锁及其他保护性系统。

为了使控制方案制定得合理，应做到以下内容：重视生产过程内在机制的分析研究；熟悉工艺流程、操作条件、工艺数据、设备性能和产品质量指标；研究工艺对象的静态特性和动态特性。控制系统的设计涉及整个流程、众多的被控变量和操纵变量，因此制定控制方案必须综合各个工序、设备、环节之间的联系和相互影响，合理确定各个控制系统。

自动化系统工程设计是整个工程设计的一个组成部分，因此设计人员应重视与设备、电气、建筑结构、采暖通风、水道等专业技术人员的配合，尤其应与工艺人员共同研究确定设计内容。工艺人员必须提供自控条件表，提供详细的参数。

2. 初步设计的内容与深度要求

初步设计的主要任务和目的是根据批准的设计任务书（或可行性研究报告），确定设计原则、标准、方案和重大技术问题，并编制出初步设计文件与概算。

初步设计的内容和深度要求，因行业性质、建设项目规模及设计任务类型不同会有差异。一般大、中型建设项目过程自动化系统初步设计的内容和深度要求如下。

(1) 初步设计说明书　初步设计说明书应包括：①设计依据，即该设计采用的标准、规模。②设计范围，概述该项目生产过程检测、控制系统和辅助生产装置自动控制设计的内容，与制造厂成套供应自动控制装置的设计分工，与外单位协作的设计项目的内容和分工等。③全厂自动化水平，概述总体控制方案的范围和内容，全厂各车间或工段的自动化水平和集中程度。说明全厂各车间或工段需设置的控制室，控制的对象和要求，控制设计的主要规定，全厂控制室布局的合理性等。④信号及联锁，概述生产过程及重要设备的事故联锁与报警内容，信号及联锁系统的方案选择的原则，论述系统方案的可靠性。对于复杂的联锁系统应绘制原理图。⑤环境特性及仪表选型，说明工段（或装置）的环境特征、自然条件等对仪表选型的要求，选择防火、防爆、防高温、防冻等防护措施。⑥复杂控制系统，用原理或文字说明其具体内容以及在生产中的作用及重要性。⑦动力供应，说明仪表用压缩空气、电等动力的来源和质量要求。⑧存在问题及解决意见，说明特殊仪表订货中的问题和解决意见，新技术、新仪表的采用和注意事项，以及其他需要说明的重大问题和解决意见。

(2) 初步设计表格　包括自控设备表、按仪表盘成套仪表和非仪表盘成套仪表两部分绘制自控设备汇总表、材料表。

(3) 初步设计图纸　包括仪表盘正面布置框图、控制室平面布置图、复杂控制系统图和管道及仪表流程图。

(4) 自控设计概算　自控设计人员与概算人员配合编制自控设计概算。自控设计人员应提供仪表设备汇总表、材料表及相应的单价。有关设备费用的汇总、设备的运杂费、安装费、工资、间接费、定额依据、技术经济指标等均由概算人员编制。

3. 施工图设计

施工图设计的依据是已批准的初步设计。它是在初步设计文件审批之后进一步编制的技术文件，是现场施工、制造和仪表设备、材料订货的主要依据。

(1) 施工图设计步骤　在做施工图设计时，可按照下述的方法和步骤完成所要求的内容：①确定控制方案，绘制管道及仪表流程图；②仪表选型，编制自控设备表；③控制室设计绘制仪表盘正面布置图等；④仪表盘背面配线设计，绘制仪表回路接线图等；⑤调节阀等设计计算，编制相应的数据表；⑥仪表供电系统及供气系统设计；⑦控制室与现场间的配管、配线设计，绘制和编制有关的图纸与表格；⑧编制其他表格；⑨编制说明书和自控图纸目录。

(2) 施工图设计内容　施工图设计内容分为采用常规仪表、数字仪表和采用计算机控制系统施工图设计内容两部分。

(3) 施工图设计深度要求　包括自控图纸目录、说明书、自控设备表、节流装置、调节阀、差压式液位计、数据表、综合材料表、电气设备材料表、电缆表及管缆表、测量管路表、绝热伴热表、铭牌注字表、信号及联锁原理图。

第三节　空调设计

制药企业的采暖、通风、空调与净化工程几乎都离不开向厂房输送空气流。所输送的空气流若具有不同的特性，就能达到不同的目的。例如冬天将空气加热用于厂房采暖；以一定的流量及形式送风则可将厂房内发生的粉尘、有害气体带走，以保持符合安全、卫生标准的空气清新程度；用加热、制冷等手段调节厂房内的空气温度、湿度，以满足生产工艺、设备、产品、操作人员的要求等。洁净厂房对微尘、微生物浓度的要求也是通过对所输送空气进行净化来得到满足的。因此，上述各项工程设计可归结为空调工程设计。

一、空调设计依据

空调工程不是凭空设计的，而是有依据可循的。主要根据以下几方面来进行考虑设计。

① 生产工艺对空调工程提出的要求，包括车间各等级洁净区的送暖温度、湿度等参数，各区域的室内压力值，各厂房对空调的特殊要求，如《药品生产质量管理规范》中对空调的要求。

② 有关安全、卫生等对空调提出的要求。比如厂房的换风次数，其值的大小取决于易燃易爆气体、粉尘的爆炸极限范围或有害气体在厂房内的许可浓度。

③ 采暖、通风、空调与净化的有关设计、施工及验收范围。

二、空调设计内容

根据上述空调工程设计的依据，对空调的设计通常包括以下几方面的内容：①空调设计时除需考虑工艺、设备、GMP 对温度与湿度的要求外，还要考虑操作者的舒适程度。室内温度与湿度值除与送风的温度、湿度值有关外，还取决于送风量，这是因为在生产厂房中物料、设备、操作者都可能释放热、湿、尘，根据物料、热量衡算方程、送风状态、产热产湿量、排风状态及送风量达到一定的平衡状态才确定了厂房的实际温度、湿度。②空调厂房的送风量由于涉及热、湿、释放量的物料及热量衡算，安全、卫生所要求的换风次数等多个因素，应从不同角度求得各自的送风量，然后再调整满足不同的要求。③厂房内不同洁净等级区域对空调的不同要求，主要表现在对空气中微尘、微生物浓度的不同要求。④特殊要求，如GMP（2010 年修订）第四十六条要求高致敏性药品（如青霉素类）或生物制品（如卡介苗或其他用活性微生物制备而成的药品），必须采用专用和独立的厂房、生产设施和设备。

1. 空调系统的设计

按照系统的集中程度，空调系统一般有集中式、局部式与混合式之分。集中式空调系统又称中央空调系统，是将空调集中在一台空调机组中进行处理，通过风机及风管系统将调节好的空气送到建筑物的各个房间，此时可以使用不同等级的过滤器使送风达到不同的洁净等级，也可以借开关调节各室的送风量。集中空调系统的空气处理量大，冷源与热源相对集中，机组占厂房面积大，须由专人操作，但运行可靠，调节参数稳定，较适合工厂大面积厂房尤其是洁净厂房的调节要求，是一般药厂首先考虑的方案。局部空调系统则是将空调设备直接或就近安装在需要空调的房间内，一般空调机的功率、风量都比较小，安装方便，无须专人操作，使用灵活，局部、小面积厂房或实验室使用比较合适，不适用于大面积厂房。有时候为保持集中空调的长处，又满足一些厂房对空调的特殊需要，可采用混合式空调。

空调系统按是否利用房间排出的空气，又可分为直流式和回风式。直流式是指全部使用室外新鲜空气（新风），在房间中使用过的废气经处理后全部排至室外大气。它操作简单，能较好保证室内空气中的微生物、微尘等指标，但从能源利用的角度来讲，较为浪费。回风是指厂房内置换出来的空气被送回空调机组，再经喷雾室（一次回风）与新风混合进行空气处理或在喷雾室后面进入（二次回风）与喷雾室出来的空气（大部分为新风）混合的空调流程。它的优点在于节省热（冷）量，但在空调设计计算及操作方面显得复杂些，在 GMP 许可的情况下，应尽量考虑使用回风，往往是厂房的排出空气被抽回作一次、二次回风利用。但某些房间排出的空气经单独的除尘处理后不再利用。因此，空调机组的新风吸入口与厂房废气排出口之间的距离以及上下风关系是空调设计师需要考虑的问题之一。

2. 空调机组的负荷设计

空调机组的进口端为室外新鲜空气，出口端为一定温度、湿度的经空调处理的空气。对于某些特定产品的生产厂房，后者是不变的。但吸入的新风温度、湿度等参数受季节、气候、昼夜的影响，几乎时刻在变化，加上厂房对空调负荷的要求也时时变化，因此空调机组的负荷也总是在变化。理论上讲机组的运行参数要经常调整，但是最基本的情况还是分为冬、夏两类。在空调机组中，空气进行湿热处理时，空调机组的负荷随时都在变化，在选购空调机组时取什么样的负荷就十分重要，应当考虑空调机组运行时所处的最恶劣外界环境的最大负荷，这就是空调的设计负荷或选购某型号空调机组的依据。空调机组的负荷要用以下多项指标来表示：①送风量（m³/h）；②喷水室的冷负荷（kW）；③空气加热器的热负荷（kW）；④各级过滤器的负荷。

3. 空气输导与分布装置的设计

空气输导与分布装置的设计是空调设计的内容之一，主要应从以下三方面加以考虑。

(1) 送风机 仍以流量（m³/h）、风管阻力计算而得的风机风压为主要选择依据。

(2) 通风管系统 风管一般布置在吊顶的上面，对于洁净车间，又称为技术夹层。风管有金属、硬聚氯乙烯、玻璃钢、砖或混凝土之分；按管道形状则有圆形、矩形之分。矩形管与风机、过滤器的连接比较方便，使用于较多的场合，具体规格可查阅有关工具书。通风主管与各支管截面积的确定，从原理上讲与复杂管路系统的计算一样，也应考虑最佳气流速度。风阀是启闭或调节风量的控制装置，常见有插板式、蝶式、三通调节风阀、多叶风阀等。

(3) 送风口 药厂各处所设置的送风口尺寸、数量、位置等要根据需要来确定。洁净室的气流组织形式一般分为乱流（即涡流）与平行流两种。经过多年的实践，现行的气流均采用顶送侧下回的形式，基本已经抛弃了顶送顶回的形式，现在关键的问题是采取单侧回还是双侧回及送风口的位置个数。

空气自送风口进入房间后先形成射入气流，流向房间回风口的是平行流气流，而在房间内局部空间内回旋的是涡流气流。一般的空调房间都是为了达到均匀的温、湿度而采用紊流度大的气流方式，使射流同室内原有空气充分混合并把工作区置于空气得以充分混合的混流区内。而洁净空调为了使工作区获得低而均匀的含尘浓度，则要最大限度地减少涡流使射入气流经过最短流程尽快覆盖工作区。希望气流方向能与尘埃的重力沉降方向一致，使平行流气流能有效地将室内灰尘排至室外。实验证明，上送下单侧回会增加乱流洁净室涡流区，增加交叉污染机会。无回风口一侧由于处于有回风口一侧生产区的上风向，将成为后者的污染源。在室宽超过 3 m 的空间内宜采用双侧回风。而在 <3 m 的空间内生产线只能布置1 条，采用单侧回风也是可行的。这时只要将回风口布置在操作人员一侧，就能有效地将操作人员发出的尘粒及时地从回风口排出室外。

送风口的设置是同样的道理，送风口的数目过少，也会导致涡流区加大。因此，适当增加送风口的数目，就相当于同样风量条件下增加了送风面积，可以获得最小的气流区污染度。对于一个人员相对停留少的某些房间诸如存放间、缓冲间、内走廊等，没有必要增加送风口个数，只需按常规布置即可。而对于那些人员流动较大，比较重要的洁净房间诸如干燥间、内包间等，则可以适当增加风口个数，这对保证洁净度是大有好处的。

三、洁净空调系统节能措施

节能是我国可持续发展战略中的重要政策，长期以来，药厂洁净室设计中的节能问题尚未引起高度重视。随着我国医药工业全面实施 GMP，GMP 达标的药厂洁净室建设规模正在迅速发展与扩大。而洁净空调是一种初期投资大、运行费用高、能耗多的工程项目，其与能源、环保等方面的关系尤为突出。尤其在当前，一部分业主只注重眼前利益，相关从业人员缺少节能意识，在工程的设计施工、运行诸阶段对节能问题缺乏应有的重视，更加重了洁净空调的高运行费用和高能耗的问题。因此，从药厂洁净室设计上采取有力措施降低能耗，节约能源，已经到了刻不容缓的地步。

1. 减少冷热源能耗的措施

采取适宜的措施减少冷热源能耗，可达到节能和降低生产成本的双重目的。具体措施包括确定适宜的室内温湿度，选用必要的最小的新风量和采用热回收装置，利用二次回风节省热能以及加强对工艺热设备、风管、蒸汽管、冷热水管及送风口静压箱的绝热等。

(1) 设计合理的车间类型及工艺设备 现代药厂的洁净厂房以建造单层大框架、正方形大面积厂房为最佳。其显著优点之一是外墙面积最小，能耗少，可节约建筑、冷热负荷的投资和设备运转费用。其次是控制和减少窗墙比，加强门窗构造的气密性要求。此外，在有高温差的洁净室设置隔热层，围护结构应采取隔热性能和气密性好的材料及构造。建筑外墙用内侧保温或夹芯保温复合墙板，在湿度控制房间要有良好防潮的密封室。这些均能达到节能的目的。

药厂洁净室工艺装备的设计和选型，在满足机械化、自动化、程控化和智能化的同时，必须实现工艺设备的节能化。如在水针剂方面，设计入墙层流式新型针剂灌装设备，机器与无菌室墙壁连接在一起，维修在隔壁非无菌区进行，不影响无菌环境，机器占地面积小，减少了洁净车间中 100 级平行流所需的空间，减少了工程投资费用，减少了人员对环境洁净度的影响，大大节约了能源。同时，采取必要技术措施，减少生产设备的排热量，降低排风量，如可采用水冷方式的生产设备尽可能地选用水冷设备。加强洁净室内生产设备和管道的隔热保温措施，尽量减少排热量，降低能耗。

(2) 确定适宜的室内温湿度 洁净室的温湿度的确定，既要满足工艺要求，又要考虑最大程度地节省空调能耗。室内温湿度主要根据工艺要求和人体舒适要求而定。《药品生产质量管理规范》（2010 年修订）中要求应当根据药品品种、生产操作要求及外部环境状况等配置空调净化系统，使生产区有效通风，并有温度、湿度控制和空气净化过滤，保证药品的生产环境符合要求。夏季室内相对湿度要求愈低，所需求的冷量能耗愈大，所以设计时，在满足工艺要求的情况下，室内湿度尽量取上限，以便能更多地节省冷量。

由于气象条件的多变，室外空气的参数也是多变的，而洁净空调设计时是以"室外计算参数"作为标准及系统处于最不利状况下考虑的，因此，在某些时期必然存在能源上的浪费。空调系统进行自动控制，其节能效果是显而易见的。洁净空调的自动控制系统主要由温度传感器（新风、回风、送风、冷上水）、湿度传感器（新风、回风、送风、室内）、压力传感器（送风、回风、室内、冷回水、蒸汽）、压差开关报警器（过滤器、风机）、阀门驱动器（新风、回风）、水量调节阀、蒸汽调节阀（加热、加湿）、流量计（冷水、蒸汽）、风机电机变频器等自控元器件组成，以实现温湿度的显示与自控，风量风压的稳定，过滤器及风机前后压差报警，换热器水量控制，新回风量自控等功能。

(3) 选用必要的最小新风量和采用热回收装置 减少新风热湿处理能耗，在洁净室热负荷中，新风负荷为最大要素。合理确定必要的最小新风量，能大大降低处理新风能耗。

新风负荷是净化空调系统能耗中的主要组成部分，因此，在满足生产工艺和操作人员需要的情况下以及在《药品生产质量管理规范》允许的范围内，应尽可能采用低的新风比。洁净空间内的回风温度、湿度接近送风温湿度要求，而且较新风要洁净。因此，能回风的净化系统，应尽可能多地采用回风以提高系统的回风利用量。不能回风或采取少量回风的系统，在组合式空调机组加装热交换器来回收排风中的有效热能，提高热能利用率，节省新风负荷，这也是一项极为重要的节能措施。特别是对采用直排式空调系统（即全部不回风）或排风量较大的剂型如固体制剂，如在空调机组内设置能量回收段是一种较好的、切实可行的节能措施。当然，只有工艺设备处于良好运行状态、粉尘的散发得到控制的情况下，利用回风才有节能效果。如果工艺设备很差，室内大量散发粉尘，还是应该把这些房间的空气经过滤后直接排出。如果区内大部分房间都难以控制粉尘的大量散发，采用回风处理的方式是否经济就成为问题了。因此，还应对工艺及设备的操作和运行情况进行综合考虑，以确定采用回风方案是否经济合理。当采用回风的节能方案后，虽然要增加对回风进行处理的空气过滤器和风机等设备费用，但可以减少冷冻机、水泵、冷却塔、热水制备和水管路系统的配置费用，可以减少设备的投资费。由此看来，在利用回风后，在初投资和运行费上都有不同程度的降低，其经济效益是显而易见的。

能量回收段的实质就是一个热交换器，即在排风的同时，利用热交换的原理，把排气的能量回收并进入到新风中，相当于使新风得到了预处理。根据热交换方式的不同，能量回收段分为转轮式、管式两种。

转轮式热交换器，主要构件是由经特殊处理的铝箔、特种纸、非金属膜做成的蜂窝状转轮和驱动转轮的传动装置。转轮下半部通过新风，上半部通过室内排风。冬季，排风温湿度高于新风，排风经过转轮时，转芯材质的温度升高，水分含量增多；当转芯经过清洗扇转至与新风接触时，转芯便向新风释放热量与水分，使新风升温、增湿。夏季的过程与此相反。转轮式热交换器又分为吸湿的全热交换方式和不吸湿的显热交换方式两种。热交换效率（即能量回收率）可达 80% 以上。但由于存在"交叉污染"的可能性，转轮式热交换器排风侧的空气压力必须低于进风侧。目前转轮式余热交换器用在净化空调上非常合适，为防止排风中的异味及细菌在换热过程中向新风中转移，在排风侧与送风侧之间设有角度为 100° 的扇形净化器，以防空气污染。

管式热交换器也有两种。一种是热管式，即单根热管（一般为传热好的铜、铝材料）两端密封并抽真空，热管内充填相变工质（如氨）。热管一般竖直安装，中间分隔，一段起蒸发器、一段起冷凝器的作用。以充填氨的铝热管为例（夏季），上部通过冷的排气，下部通过进气。底部的氨液蒸发，使进风预冷，蒸发的氨气在热管上部被排风冷却成氨液，这样自然循环。另一种是盘管式，两组盘管分离式安装，即空调机组内除了原有的表冷、加热段外，分别在送、排风机组内设置盘管式换热器，之间用管道连接，内部用泵循环乙二醇等载冷剂，以回收排风的部分能量。显热回收率可达 40%～60%。与转轮式相比，盘管式热交换器的优点在于不会产生交叉污染，新风、排风机组可以不在一处，布置时较方便。

（4）利用二次回风节省热能 药厂净化空调的特点是净化面积较大，净化级别要求相对较高。在设计中，大多数采用一次回风系统，使之满足用户对室内洁净度、温湿度、风量、风压的要求，而且一次回风系统设计及计算简单，风道布置简单，系统调试也简单。与之相比二次回风系统要复杂得多。但使用一次回风系统，由于全部送风量经过空调机组处理，空调机组型号大，设备和施工费用及运行费用相应提高。而二次回风系统只有部分风量经空调机组处理，空调机组承担的风量、冷量都少，型号小，初投资及运行费用都相应减少，有较为明显的节能效果。因此，如果在可用二次回风系统的场合使用一次回风，就会造成药厂资金（包括初投资和运行费用）的浪费。在送风量大的净化空调工程中，二次回风系统比一次回风系统节能显著，应优先采用。

（5）加强对工艺热设备、风管、蒸汽管、冷热水管及送风口静压箱的绝热措施 在绝热施工中，要注重施工质量，确保绝热保温达到设计要求，起到节能和提高经济效益的目的。对于风管，常常出现绝热板材表面不平，相互接触间隙过大和不严密，保温钉分布不均匀，外面压板未压紧绝热板，保护层破坏等造成绝热不好等情况。对于水管，主要是管壳绝热层与管未压紧密，接缝处未闭合，缝隙过大等影响绝热效果。

可用于洁净空调风管及换热段配管的保温材料很多，通常有用于保热的岩棉、硅酸铝泡沫石棉、超细玻璃棉等。用于保冷的超细玻璃棉、橡塑海绵（NBR/PVC）、聚苯乙烯和聚乙烯等。目前，在风管保温中常用的新型保温材料有超细玻璃棉、橡塑海绵。这两种保温材料除保温效果较好外，还具有良好的不燃或阻燃性能，安装也比较简单。

静压箱风口保温有两种：一种是在现场静压箱安装完成后，再在静压箱外进行保温，此种保温效果和质量依现场施工质量而定。另一种为保温消声静压箱风口，一般由外层钢板箱体、保温吸声材料、防尘膜、穿孔钢板内壳组成，整体性强，保温效果好，比较好地解决了箱体的绝热保温。从文献中可知，最小规格的高效过滤器送风口静压箱在无保温的情况下，能耗大体占该风口冷热能量的 10.3%，可见静压箱保温很重要。

2. 减少输送动力能耗方面的措施

为减少药厂洁净空调的运行费用、能耗问题，不仅可以采取减少适宜的冷热源能耗的措施，还可以采取减少输送动力能耗方面的措施来达到节能和降低生产成本的双重目的。

（1）减少净化空调系统的送风量 采取适当的措施减少净化空气的送风量，可以减少输送方面的动能损耗，从而达到节能的目的。

① 合理确定洁净区面积和空气洁净度等级：药厂洁净室设计中对空气洁净度等级标准的确定，应在生产合格产品的前提下，综合考虑工艺生产能力情况，设备的大小，操作方式和前后生产工序的连接方式，操作人员的多少，设备自动化程度，设备检修空间以及设备清洗方式等因素，以保证投资最省、运行费用最少、最为节能的总要求。减少洁净空间体积特别是减少高级别洁净室体积是实现节能的快捷有效的重要途径。洁净空间的减少，意味着降低风量比，可降低换气次数以减少送风动力消耗。因此，应按不同的空气洁净度等级要求分别集中布置，尽最大努力减少洁净室的面积；同时，洁净度要求高的洁净室尽量靠近空调机房布置，以减少管线长度，减少能量损耗。此外，采取就低不就高的原则，决定最小生产空间。一是按生产要求确定净化等级。如对注射剂的稀配为 1 万级，而浓配对环境要求不高，可定为 10 万级。二是对洁净要求高、操作岗位相对固定的场所允许使用局部净化措施。如大输液的灌封等均可在 1 万级背景下局部 100 级的生产环境下操作。三是生产条件变化下允许对生产环境洁净要求的调整。如注射剂的稀配为 1 万级，当采用密闭系统时生产环境可为 10 万级。四是降低某些药品生产环境的洁净级别。如原按 10 万级执行的口服固体制剂等生产均可在 30 万级环境下生产。实际上有不少情况不必无限制地提高标准，因为提高标准将增加送风量，提高运行成本。据估算，洁净区 1 万级电耗是 10 万级的 2.5 倍，年运转费是基建设备投资的 6%～18%，改造后产品动力成本比改造前要高 2～4 倍。因此，合理确定净化级别，对于企业降低生产成本是十分重要的。

② 灵活采用局部净化设施代替全室高净化级别：减少洁净空间体积的实用技术是建立洁净隧道或隧道式洁净室来达到满足生产对高洁净度环境要求和节能的双重目的，洁净工艺区空间缩小到最低限度，风量大大减少。还可采用洁净隧道层流罩装置抵抗洁净度低的操作区，而不是通过提高截面风速或罩子面积提高洁净度。在同样总风量下，可以扩大罩前洁净截面积 5～6 倍。与此同时，在工艺生产局部要求洁净级别高的操作部位，可充分利用洁净工作台、自净器、层流罩、洁净隧道以及净化小室等，实行局部气流保护来维持该区域的高净化级别要求。此外，还可控制人员发尘对洁净区域的影响，如采用带水平气流的胶囊灌装室或粉碎室，带层流的称量工作台以及带层流装置的灌封机等，都可以减轻洁净空调系统负荷，减少该房间维持高净化级别要求的送风量。

③ 减少室内粉尘及合理控制室内空气的排放：药品生产中常常会产生大量粉尘，或散发出热湿气体，或释放有机溶剂等有害物质，若不及时排除，可能会污染其他药物，对操作人员也会造成危害。

对于固体制剂，发尘量大的设备如粉碎、过筛、称量、混合、制粒、干燥、压片、包衣等设备应采取局部防排尘措施，将其发尘量减少到最低程度。而没有必要将这些房间回风全部排掉，从而大大损失能量；或单纯依靠净化空调来维持该室内所需洁净要求，其能耗费用要比维持 100 级费用还要大。为了减少局部除尘排风浪费掉的大量能源，可选择高效、性能良好的除尘装置，如美国 DONALDSON 公司生产的除尘器：一种为集中除尘的 DOWNFLO 系列沉流式除尘器，另一种为单机或小型集中除尘的 VS 系列振动式除尘器，其过滤效率可达 99.99%（根据 ASHRAE/RP-831 测度标准），经该除尘器净化后的空气可作为回风使用。

④ 加强密封处理，减少空调系统的漏风量：由于药厂净化空调系统比一般空调系统压头大 1 倍，故对其严密性有较高要求，否则系统漏风造成电能、冷热能的大大损失。风机的轴功率与风机风量 3 次方成正比，如下式：

$$N_2/N_1=[(1+\varepsilon_2)/(1+\varepsilon_1)]^3 \tag{22-1}$$

式中，N_1、N_2 为风机工况 1 和工况 2 的功率；ε_1、ε_2 分别为风机工况 1 和工况 2 的漏风率。

如果把工况 2 的漏风率从 10%、15%、20% 降到工况 1 的 5% 时，设工况 1 的功率为 1，则上式可计算出节省风机轴功率分别为 15%、31.4%、49.3%，还未计空气处理时的冷热能耗。由此可见，有效地控制空调系统的漏风量，就能减小轴功率和随漏风量带走的冷热能量。

国家标准规定了关于空调机组的漏风量，用于净化空调系统的机组，内静压应保持 1000 Pa，洁净度 <1000 级时，机组漏风率≤2%；洁净度≥1000 级时，机组漏风率≤1%。但从施工现场空调机组的安装情况看，有的仍难以满足此要求。因此，需要加强现场安装监督管理，按相关规范标准要求的方法进行现

场漏风检测，采取必要措施控制机组的漏风率。

目前，国内通风与空调工程风管漏风率比较保守的和公认的数值为 10%～20%。对于风管系统控制漏风的重要环节是施工现场，应从风管的制作、安装及检验上层层把关。主要关键工序是风管的咬合、法兰翻边及法兰之间的密封程度，静压箱与房间吊顶连接处的密封处理，各类阀件与测量孔如蝶阀、多叶阀、防火阀的转轴处的密封，风量测量孔，入孔等周边与风管连接处等。这些部位有的可通过检验，找出缺陷之处，有的无法测出，只能靠严格监督检查和严格要求才能保证。

国内有关规范对于风管系统的漏风检查方法有两种，即漏光法和漏风试验法。漏光法在要求不高的风管系统使用，无法检查出漏风量多少。漏风试验法在要求较高的风管系统使用，可检查出风管系统的漏风量大小。关于洁净房间的漏风问题，装配式洁净室组装完毕后，应做漏风量测试。现场洁净室装修时，吊顶或隔墙上开孔，如送风口、回风口、灯具、感烟探头的安装，各类管道的穿孔处等以及门窗的缝隙等都存在一定的漏风量，施工安装时，所有缝隙均要采取密封处理，确保洁净室的严密性。

⑤ 在保证洁净效果的前提下采用较低的换气次数：在医药行业，新版 GMP 中，对各洁净级别的换气次数没有作相应的规定，设计人员不应照搬以前的 GMP 或所谓的设计经验，一味地扩大换气次数，而应紧密结合当地的大气含尘情况以及工程的装修效果，合理确定换气次数。在南方等城市，室外大气含尘浓度低或者工程项目的装修标准较高。室内尘粒少、工艺本身又较先进，这类项目的洁净空调可以适当降低换气次数。GB 50073—2013《洁净厂房设计规范》中关于换气次数的推荐只能作为设计时的参考，而不是必须遵守的规定。

换气次数与生产工艺、设备先进程度及布置情况、洁净室尺寸和形状以及人员密度等密切相关。如对于布置普通安瓿灌封机的房间就需要较高的换气次数，而对于布置带有空气净化装置的洗、灌、封联动机的水针生产房间，只需较低换气次数即可保持相同的洁净度。可见，在保证洁净效果的前提下，减少换气次数，减少送风量是节能的重要手段之一。

⑥ 设计适宜的照明强度：药厂洁净室照明应以能满足工人生理、心理上的要求为依据。对于高照度操作点可以采用局部照明，而不宜提高整个车间的最低照度标准。同时，非生产房间照明应低于生产房间，但以不低于 100 lx 为宜。根据日本工业标准照度级别，中精密度操作定为 200 lx，而药厂操作不会超过中精密度操作。因此，把最低照度从＞300 lx 降到 50 lx 是合适的，可节约一半能量。

(2) 减少空调系统的阻力　减少输送方面的动能损耗，不仅可以通过减少净化空气的送风量，还可以通过采取适宜措施减小空调系统的阻力来实现。

① 缩短风管半径，使净化风管系统路线最短：在工艺平面布置时，尽量将有净化要求的房间集中布置在一起，避免太分散。另外，应使空调机房紧靠洁净区，尤其使高净化级别区域尽量靠近空调机房。这样，使得送回风管路径最短捷，管路阻力最小，相应漏风量也最低。

② 采用低阻力的送风口过滤器：对于药厂 30 万级、10 万级的固体制剂及液体制剂车间，送风口末端的过滤器能用低阻力亚高效过滤器满足要求的，就不用阻力较高的高效过滤器，可节省大量的动力损耗。殷平介绍过一种驻极体静电空气过滤器，该过滤材料主要通过熔喷聚丙烯纤维生产时，电荷被埋入纤维中形成驻极体。滤材型号为 ECF-1，重量为 220 g/m²，厚度为 4 mm，滤速范围为 0.2～8 m/s，初阻力范围为 18.5～91.2 Pa，计数过滤效率 97.01%～87.10%（≥1 mm），100%（＞5 μm）。其滤速、阻力和价格（≥15 元/m²）相当于初效过滤器，但其效率已经达到了中高效空气过滤器的要求。该种滤材可大大降低系统中的阻力，从而节省大量的动力能耗，降低了运行费用，因此取得很好的经济效益。

③ 采用变频控制装置，节省风机功率消耗：目前，电机变频调速广泛使用于净化空调系统中，以保持风量恒定。但系统中各级过滤器随着运行时间的延长，在过滤器上的尘埃量逐渐集聚增多，使其阻力上升，整个送风系统阻力发生变化，从而导致风量的变化。而风机压力往往是按照各级过滤器最终阻力之和，即最大阻力设计的，其运行时间仅仅在有限的一段时间内。空调系统运行初始状态时，由于各级阻力较小，当风机转速不变时，风量将会过大，此时，只能调节送风阀，增加系统阻力，保持风量恒定。对于调节风量，采用变频器比手动调节风阀更显示其优越性。资料表明，当工作位于最大流量的 80% 时，使用风阀将消耗电机能量的 95%，而变频器消耗 51%，差不多是风阀的一半；当气流量降到 50% 时，变频

器只消耗 15%，风阀消耗 73%，风阀消耗的能量几乎是变频器的 4 倍。在风量调节中，采用变频调速器虽然增加了投资，但节约了运行费用，减少了风机的运行动力消耗，综合考虑是经济和合理的，而且有利于室内空气参数的调节与控制。

④ 选择方便拆卸、易清洗的回风口过滤器：影响室内空气品质的因素很多，系统的优化设计、新风量、设备性能等都能对空气品质产生重要影响，要改善室内空气品质，就要从空气循环经过的每一个环节上进行控制。回风口的过滤作用往往是被忽视的一个重要环节，回风口是空调、净化工程中必备的部件之一，在工程中由于其造价占比较小，结构简单，很难引起设计人员及使用者的注意，通常把它作为小产品，只注意它的外观装饰作用而忽略了它的使用功能。其实，回风口的过滤器性能对于保持空调、净化环境符合要求是十分重要的。它的材质优劣影响其叶片的变形程度，从而影响回风阻力及美观，表面处理不当易积灰尘而不易清洁，表面氧化不彻底还能造成不均匀泛黑等。

在洁净工程中，提高回风口过滤器的效率有助于防止不同车间污染物交叉污染的程度并延长中、高效过滤器的使用寿命。回风口过滤器应能方便拆卸更换，不影响整个空调系统的运行，便于分散管理和控制。回风口过滤器过滤效率的提高将使其阻力增大。国外部分设计通常采用增大回风口面积的方式来减少回风速度，从而抵消对风机压头的要求，在经济上是合理的。目前市场上的过滤材料较多，足以满足过滤效率的要求，但有些风口的结构很难拆卸更换过滤网，使过滤材料的选用受到限制。部分可开式回风口在结构上不合理，密封不严，达不到要求或没有好的连接件，易松弛、锈蚀、阻塞。碰珠式可开风口在开启时用力太大，易损坏装饰面，并使风口变形。

目前，部分厂商生产的组合式风口针对上述问题做了改进，能方便地拆卸过滤器，并增大了回风过滤效率。这种风口由外框、内置风口、连锁件构成，安装时将外框固定在天花板或墙体上，然后将内置风口装在外框中，连锁件自动将内置风口锁紧。它的连锁件是一种迂回止动件，轻推内置风口锁紧，再次轻推内置风口解锁，解锁后可将整个内置风口取下，过滤器则安装于外框，用连锁件与外框锁紧，用同样方式可取下清洗、更换滤材。此过程不需任何工具，也不需专业人员，普通的工作人员即可操作。工程交付使用后，为使用方的维护管理提供了极大的方便。过滤器滤材可根据不同要求选用，洁净空调可根据不同净化要求选用不同的滤材。选用时可将生产工艺及要求提供给生产企业，也可根据生产企业的产品说明书选用。通常配以双层尼龙网或锦纶网，也可采用无纺布。部分要求较低的场所，可选锦纶网，也可采用无纺布。部分要求较高的场所，可选用活性炭纤维网、纳米纤维滤材，起到杀菌消毒、去除异味等作用。

总之，药厂洁净室设计中的节能技术涉及面广，知识综合性强，必须引起高度重视。21 世纪医药产品的竞争最终是医药产品质量、技术和成本的竞争。药厂洁净室的合理设计，将会为我国医药产品竞争能力的提升作出很大的贡献。

第二十三章
洁净车间布置设计

洁净室的设计应遵循国家规范的要求，积极采用先进的技术，既要满足当前产品生产工艺的要求，又要适应今后发展的需要。

第一节 概　　述

一、洁净室的常用术语及含义

洁净室概述

GMP 实施指南附录中，关于洁净室的术语有：

(1) **洁净区**　空气悬浮粒子浓度受控的限定空间。它的建造和使用应能减少空间内诱入、产生及滞留粒子。空间内其他有关参数如温度、湿度、压力等按要求进行控制。洁净区可以是开放式或封闭式。

(2) **洁净室**　空气悬浮粒子浓度受控的房间。它的建造和使用应减少空间内诱入、产生及滞留粒子。室内其他有关参数如温度、湿度、压力等按要求进行控制。

(3) **洁净度**　按单位容积空气中某种粒子的数量来区分的洁净程度。

(4) **净化**　指为了得到必要的洁净度而去除污染物质的过程。

(5) **空气净化**　去除空气中的污染物质，使空气洁净的行为。

(6) **人员净化用室**　洁净室工作人员在进入洁净区之前按一定程序进行净化的房间。

(7) **物料净化用室**　物料在进入洁净区之前按一定程序进行净化的房间。

(8) **气闸室**　设置在洁净室出入口，阻隔室外或邻室污染气流和压差控制而设置的缓冲间。

(9) **空气吹淋室**　利用高速洁净气流吹落并清除进入洁净室人员表面附着粒子的小室。

(10) **传递箱**　在洁净室隔墙上设置的传递零部件或小设备的开口。两侧装有不能同时开启的门扇并可设气闸。

(11) **技术夹层**　以水平构件分隔构成的供安装管线等设施使用的夹层。

(12) **洁净工作服**　为把工作人员的皮肤和衣服产生的粒子限制在最低限度所使用的发尘少的洁净服装。

(13) **洁净工作区**　指洁净室内（除工艺特殊要求外）离地面 0.8～1.5 m 高度的区域。

(14) **洁净工作台**　能够保持操作空间所需洁净度的工作台。

(15) **气流流型**　对室内空气的流动形态和分布进行合理设计，满足对空气洁净度流速、温度、湿度等方面的要求。

(16) **气流组织**　指对气流流向和均匀度按一定要求进行组织。

(17) **单向流**　沿单一方向呈平行流线并且横断面上风速一致的气流。

(18) 非单向流　凡不符合单向流定义的气流。

二、洁净室的划分

1. 按空气洁净度划分

GMP 附录将药品生产洁净室（区）的空气洁净度划分为四个级别（表 23-1）。

表 23-1　洁净室（区）的空气洁净度级别表

洁净度级别	尘粒最大允许数/m³		微生物最大允许数	
	≥0.5 μm	≥5 μm	浮游菌/m³	沉降菌/皿
100 级	3500	0	5	1
10000 级	350000	2000	100	3
100000 级	3500000	20000	500	10
300000 级	10500000	60000	1000	15

GMP 附录对药品生产环境的空气洁净度级别也作了要求（表 23-2）。

表 23-2　药品生产环境的空气洁净度级别要求

洁净度级别	药品生产工序
100 级或 10000 级监督下局部 100 级	大容量注射剂的灌封
	非最终灭菌的无菌药品：灌装前不需除菌滤过的药液配制；注射剂的灌封、分装和压塞；直接接触药品的包装材料最终处理后的暴露环境
10000 级	注射剂稀配、滤过；小容量注射剂的灌封；直接接触药品的包装材料最终处理。 非最终灭菌的无菌药品灌装前需除菌，滤过的药液配制供角膜创伤或手术用滴眼剂的配制和灌装
100000 级	注射剂浓配或采用密闭系统的稀配。 非最终灭菌的无菌药品轧盖，直接接触药品的包装材料最后一次精洗的最低要求。 非最终灭菌口服液体药品的暴露工序；除直肠用药外的腔道用药的暴露工序
300000 级	最终灭菌口服液体药品的暴露工序；口服固体药品的暴露工序；表皮外用药品暴露工序；直肠用药的暴露工序

2. 按气流组织形式划分

洁净室按气流组织形式见表 23-3，分为单向流洁净室和非单向流洁净室。

表 23-3　气流组织形式示意图

单向气流组织形式	布满垂直单向流	顶棚布满高效过滤器
	侧布垂直单向流	高效过滤器

续表

单向气流组织形式	水平单向流	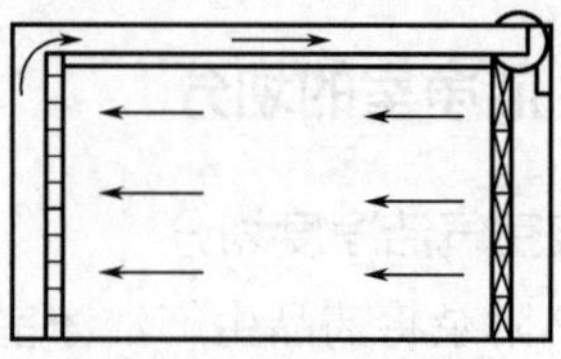
非单向气流组织形式	顶送下侧回风	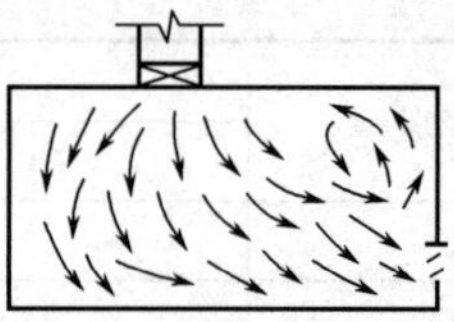
	顶送双侧下回风	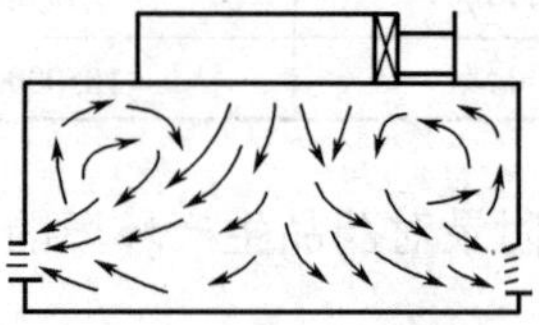
	上侧送同侧下回风	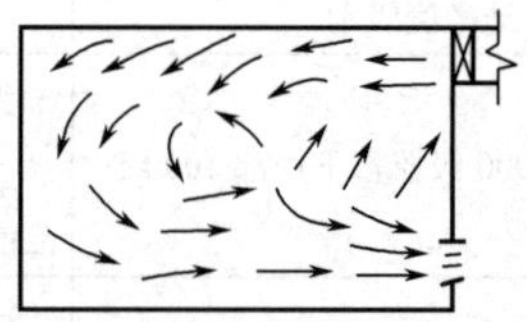

(1) 单向流洁净室

① 垂直单向流洁净室：其气流方向是由房间顶棚垂直向下流向地板。垂直单向流的形成是空气流经室顶棚布满的高效过滤器（占顶棚的面积>60%），在过滤器的阻力下形成送风口处均匀分布的气流，回风可通过整个格栅地板或通过四周侧墙下部均匀布置的回风口。由于气流是单一方向垂直平行流，经过操作人员和工作台时，可将操作时产生的污染物带走，避免其落到工作台上，使全部工作位置上保持无菌无尘，达到 100 级的洁净度。

② 水平单向流洁净室：其气流方向平行于地面。水平单向流的形成是在室内一侧墙面上布满或均布（>40%）高效过滤器水平送风，对面墙上布满或均布回风格栅成回风口。在高效过滤器越近的工作位置，越能接收到最洁净的空气，洁净度可达到 100 级，随着与送风墙的距离增加，洁净度下降，可能是 1000级、10000 级，室内不同的地方洁净度等级不同。水平单向流洁净室比垂直单向流洁净室的造价低，但空气流动过程中含尘量浓度逐渐增加，较适用于有多种洁净度要求的工艺过程。

③ 局部单向流：即在局部区域提供单向流空气。局部单向流装置仅供一些需在局部洁净环境下操作的工序使用，如洁净工作台、层流罩及带有层流装置的设备（注射剂灌封机）等。局部单向流装置可放在10000 级、100000 级环境内使用，既可达到稳定的洁净效果，又能延长高效过滤器的使用期限。

(2) 非单向流洁净室 非单向流洁净室内的气流方向是在顶棚或侧墙上间布高效过滤器，而回风在两侧墙下、单侧墙下或同侧墙下，形成非单向流，即气流方向是变动的，存在涡流区，工作台面上气流分布很不均匀，故洁净度较单向流洁净室低。非单向流洁净室主要是进入的净化空气与室内气流混合后，将室内含尘气体进行了稀释，最后使室内达到稳定的含尘量。因此，室内洁净度与空气稀释程度有关，即与换气次数有关。一般 10000 级洁净度的换气次数≥25 次/h，100000 级换气次数≥15 次/h。

选择洁净室的气流组织方式时，应从工艺要求出发，尽量采用局部净化。当局部净化不能满足要求时，可采用局部净化与全面净化相结合的方式或采用全面净化。

第二节　洁净车间工艺布局

一、洁净车间布置原则

洁净室的布置应在符合工艺条件的要求下，更好地提高净化效果，一般应遵循以下原则：

① 洁净度高的房间或区域不宜过大、过高，并宜布置在人员最少到达的地方，且宜靠近空调机房。

② 洁净室宜布置在厂房内侧或中心部位，也可以采用中间封闭、外走廊缓冲形式。

③ 洁净度级别不同的房间或区域宜按空气洁净度的高低由里至外布置。

④ 空气洁净度相同的房间或区域应相对集中布置。

⑤ 空气洁净度不同房间之间的相互联系要有防止污染的设施，如气闸室、空气吹淋室或传递箱等。

二、洁净车间工艺布局要求

1. 洁净室环境要求

（1）温度和湿度　洁净室（区）的温度和相对湿度应与药品生产工艺要求相适应。无特殊要求时 A 级、B 级的洁净室（区）温度为 20～24℃，相对湿度为 45%～60%；D 级洁净室（区）温度应控制在 18～26℃，相对度控制在 45%～65%。

（2）压力差　洁净室（区）的窗户、天棚及进入室内的管道、风口、灯具与墙壁或天棚的连接部位均应密封。空气洁净级别不同的相邻房间之间的静压差应大于 5 Pa，洁净室（区）与室外大气的静压差应大于 10 Pa，并应有指示压差的装置。

在工艺过程中产生大量粉尘、有害物质、易燃和易爆物质的工序，生产强过敏性药物和有毒药物等，其操作室应与相邻房间或区域保持相对负压。

（3）照度　洁净室（区）应根据生产要求提供足够的照明。主要工作室的照度宜为 300 lx；对照度有特殊要求的生产部位可设置局部照明。厂房应有应急照明设施。

（4）新鲜空气量　洁净室内应保持每人每小时的新鲜空气量不少于 40 m³。新鲜空气量应为单向流洁净室总送风量的 2%～4%；非单向流洁净室应为总送风量的 10%～30%。

2. 人流与物流线路

为防止人、物流的交叉污染，一般采取下列措施：

① 人流、物流分门出入。入口尽量少，宜将人流、物流各设一个出入口。

② 人流、物流分别进入各自的净化室和设施。人员按规定的净化程序进出；物料可通过包装清洁处理室、气闸室或传递箱进入。

③ 工艺布置应避免人流、物流交叉往返。

④ 洁净厂房在设计时应尽可能防止检查人员或控制人员不必要的进入，其 100 级洁净室环境应能从外面看见所有的操作。

⑤ 在关键的灌装区域，如 100 级洁净工作台灌装区，应考虑安装物理屏障以限制外人进入。

⑥ 人员更衣室应设计成气闸室，不同的更衣阶段能分开，使服装造成的微生物污染和微粒污染减少到最低限度。

⑦ 药品生产所用的传递设备不得穿越不同洁净级别的厂房，除非对传送带连续灭菌。

净化设施与设备

3. 净化设施与设备

（1）空气过滤器　又称空气净化滤器。主要有三级：

① 粗效空气过滤器：用于滤除 5 μm 以上的尘粒和异物。一般采用粗、中孔泡沫塑料，涤纶无纺布，化纤组合滤料等滤材，滤材可以水洗再生，重复使用，有平板形、抽屉形和自动卷绕人字形等。粗效过滤器主要靠尘粒的惯性沉积，故风速可稍大，滤速可在 0.4～1.2 m/s，过滤效率在 20%～30%。

② 中效空气过滤器：用于滤除 1～5 μm 的悬浮尘粒。一般采用中、细孔泡沫塑料，无纺布及玻璃纤维等滤材，有抽屉式及袋式等形状。滤速可在 0.2～0.4 m/s，过滤效率在 30%～50%。

③ 高效空气过滤器：用于滤除 ≥0.3 μm 粒子，用于控制送风系统的含尘量，并能滤除细菌，可将通过高效过滤器的空气视为无菌，一般放在通风系统的末端，即室内送风口上。高效过滤器主要以超细玻璃纤维滤纸或超细石棉纤维滤纸为滤材，过滤效率 >99.97%，气流阻力在 245 Pa。为提高对微小尘粒的捕集效果，需采用低滤速（以 cm/s 计），并将滤材多次折叠，使其过滤面积为过滤器截面积的 50～60 倍。

中高效空气过滤器对 1 μm 以上粒子具有较高捕集效率。亚高效空气过滤器过滤性能略低于高效空气过滤器。

空气过滤器常串联使用，粗效和中效过滤器的主要作用是保护高效过滤器，延长其使用期限。

(2) 气闸室 即缓冲室，是控制人、物进出洁净室时，避免污染空气进入的隔离室。一般可采用无空气幕的气闸室；当洁净度要求高时，亦可采用有洁净空气幕的气闸室。空气幕是在洁净室入口处的顶板设置有中、高效过滤器，并通过条缝向下喷射气流，形成遮挡污染的气幕。

(3) 空气吹淋室 属于人身净化设备，并能防止污染空气进入洁净室。吹淋室可分三部分，如图 23-1：左部为风机、电加热器及过滤器等；右部为静压箱、喷嘴和配电盘间；中间为吹淋间；底部为站人转盘，旋转周期为 14 s，可使人在吹淋过程中受到均匀的射流作用，且工作服产生抖动，除掉灰尘。吹淋室的门有联锁和自动控制装置。

(4) 洁净工作台 又称超净工作台，属于局部净化设备，是在特定的局部空间营造洁净空气环境的装置。洁净工作台由静压箱体、粗效过滤器、风机、高效过滤器和洁净操作台等组成。其工作过程见图 23-2，室内空气在风机的作用下，经粗效过滤器后被吸入箱底下部，并由风机压至上部，经高效过滤器后产生的洁净空气，呈单向流送至操作台。洁净度可达 100 级。

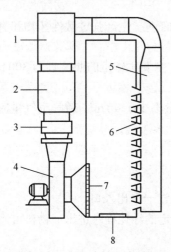

图 23-1　单人空气吹淋室示意图
1—高效过滤器；2—中效过滤器；3—加热器；4—风机；
5—静压箱；6—喷嘴；7—回风；8—站人转盘

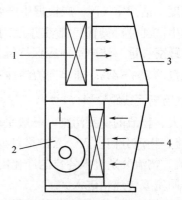

图 23-2　洁净工作台示意图
1—高效过滤器；2—风机；
3—洁净操作台；4—粗效过滤器

(5) 净化空调系统 能对空气滤尘净化，并进行加热或冷却，加湿或去湿等各种处理的系统。

① 净化空调系统的流程：其空气处理流程是多种多样的，可根据具体条件综合分析后，选择经济适用的方案。净化空调系统的基本流程见图 23-3：室外空气通过粗效过滤器、热湿处理室，再经送风机加压后，进入中效过滤器、高效过滤器被净化。

② 净化空调系统的管理：净化空调系统的运行应实行科学管理，保证洁净室的使用要求，并达到最大限度的节

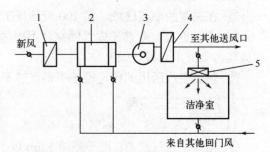

图 23-3　净化空调系统的基本流程示意图
1—粗效过滤器；2—热湿处理室；3—送风机；
4—中效过滤器；5—高效过滤器

能。因此，要做到以下内容：

在生产前根据自净时间及温度和湿度的要求确定净化空调系统提前开机时间；净化空调系统的操作，必须先开空调送风系统，后开回风系统和排风系统，停机时则相反；在净化空调系统停止运行期间，应注意洁净室的温度、湿度及洁净度等，尤其是温度参数，以防止结露和产生静电；净化空调系统的空气过滤器阻力应经常检测，定期清洗、更换。一般可根据室外含尘浓度，粗效过滤器、中效过滤器阻力达到初阻力 2 倍时，进行更换。正常情况下，粗效过滤器的滤材每 7～15 天清洗一次；中效过滤器的滤材每月清洗或更换一次；高效过滤器的终阻力达到初阻力 2 倍时，需进行更换；做好机房室内外卫生工作，净化空调设备应定期清洁净化，做好维修和保养，发现问题及时处理，并做好运行值班记录。为做好净化空调系统的运行管理，其操作人员要具备一定的洁净技术知识和熟练的操作技能；熟悉生产工艺对洁净度等各种参数的要求；熟悉洁净室的构造和性能；熟悉净化空调系统组成、原理及运行方法；熟悉净化空调设备及控制仪表等的维修与保养；掌握洁净度等各种参数的测定方法及测试仪器的使用。

第三节　洁净车间的管理

为了保证洁净车间的生产环境，其管理需符合下列要求：

① 洁净室（区）内人员数量应严格控制。其工作人员（包括维修、辅助人员）应定期进行卫生和微生物学基础知识、洁净作业等方面的培训及考核；对进入洁净室（区）的临时外来人员应进行指导和监督。

② 洁净室（区）与非洁净室（区）之间必须设置缓冲设施，人、物流走向合理。

③ 100 级洁净室（区）内不得设置地漏，操作人员不应裸手操作，当不可避免时，手部应及时消毒。

④ 10000 级洁净室（区）使用的传输设备不得穿越较低级别区域。

⑤ 100000 级以上区域的洁净工作服应在洁净室（区）内洗涤、干燥、整理，必要时应按要求灭菌。

⑥ 洁净室（区）内设备保温层表面应平整、光洁，不得有颗粒性物质脱落。

⑦ 洁净室（区）内应使用无脱落物、易清洗、易消毒的卫生工具，卫生工具要存放于对产品不造成污染的指定地点，并应限定使用区域。

⑧ 洁净室（区）在静态条件下检测的尘埃粒子数、浮游菌数或沉降菌数必须符合规定，应定期监控动态条件下的洁净状况。

⑨ 洁净室（区）的净化空气如可循环使用，应采取有效措施避免污染和交叉污染。

⑩ 空气净化系统应按规定清洁、维修、保养并作记录。

第二十四章

非工艺设计

第一节　制药建筑设计概论

一、工业厂房结构分类与基本组件

制药建筑
设计概论

工业建筑是指用以从事工业生产的各种房屋，一般称为厂房。

1. 厂房的结构组成

在厂房建筑中，支承各种荷载的构件所组成的骨架，通常称为结构，它关系到整个厂房的坚固、耐久和安全。各种结构形式的建筑物都是由地基、基础、墙、柱、梁、楼板、屋盖、隔墙、楼梯、门窗等组成的。

(1) 地基　建筑物的地下土壤部分，它支承建筑物（包括一切设备和材料等重量）的全部重量。

① 地基的承载力：地基必须具有足够的强度（承载力）和稳定性，才能保证建筑物正常使用和耐久性。建筑地基的土分为岩石、碎石土、黏性土和人工填土。若土壤具有足够的强度和稳定性，可直接砌置建筑物，这种地基称为天然地基；反之，须经人工加固后的土壤称为人工地基。

② 土壤的冻胀：气温在 0℃ 以下，土壤中的水分在一定深度范围内就会冻结，这个深度叫作土壤的冻结深度。由于水的冻胀和浓缩作用，会使建筑物的各个部分产生不均匀的拱起和沉降，使建筑物遭受破坏。所以在大多数情况下，应将基础埋置在最大冻结深度以下。在砂土、碎石土及岩石土中，基础砌置深度可以不考虑土壤冻结深度。

③ 地下水位：从地面到地下水水面的深度称为地下水的深度。地下水对地基强度和土的冻胀都有影响，若水中含有酸、碱等侵蚀性物质，建筑物位于地下水中的部分要采取相应的防腐蚀措施。

(2) 基础　在建筑工程上，建筑物与土壤直接接触的部分称为基础，基础承担着厂房结构的全部重量，并将其传到地基中去，起着承上传下的作用。为了防止土壤冻结膨胀对建筑的影响，基础底面应位于冻结深度以下 10～20 cm。

① 条形基础：当建筑物上部结构为砖墙承重时，其基础沿墙身设置，做成长条形，称为条形基础。

② 杯形基础：杯形基础是在天然地基上浅埋（＜2 m）的预制钢筋混凝土柱下的单独基础，它是一般单层和多层工业厂房常用的基础形式。基础的上部做成杯口，以便预制钢筋混凝土柱子插入杯口固定。

③ 基础梁：当厂房用钢筋混凝土柱作承重骨架时，其外墙或内墙的基础一般用基础梁代替，墙的重量直接由基础梁来承担。基础梁两端搁置在杯口基础顶上，墙的重量则通过基础梁传到基础上。

(3) 墙

① 承重墙：是承受屋顶、楼板和设备等上部的载荷并传递给基础的墙。一般承重墙的厚度是 240 mm（一砖厚）、370 mm（一砖半厚）、490 mm（二砖厚）等几种。墙的厚度主要满足强度要求和保温条件。

② 填充墙：工业建筑的外墙多为此种墙体，它一般不起承重作用，只起围护、保温和隔声作用，仅

承受自重和风力的影响。为减轻重量，常用空心砖或轻质混凝土等轻质材料作填充墙。为保证墙体稳定，防止由于受风力影响使墙体倾倒，墙与柱应该相连接。

③ 防爆墙和防火墙：易燃易爆生产部分应用防火墙或防爆墙与其他生产部分隔开。防爆墙或防火墙应有自己的独立基础，常用 370 mm 厚砖墙或 200 mm 厚的钢筋混凝土墙。在防爆墙上不允许任意开设门、窗等孔洞。

（4）柱　柱是厂房的主要承重构件，目前应用最广的是预制钢筋混凝土柱。柱的截面形式有矩形、圆形、工字形等。矩形柱的截面尺寸为 400 mm × 600 mm，工字形柱的截面尺寸为 400 mm × 600 mm、400 mm × 800 mm 等。

（5）梁　梁是建筑物中水平放置的受力构件，它除承担楼板和设备等载荷外，还起着联系各构件的作用，与柱、承重墙等组成建筑物的空间体系，以增加建筑物的刚度和整体性。梁有屋面梁、楼板梁、平台梁、过梁、连系梁、墙梁、基础梁和吊车梁等。梁的材料一般为钢筋混凝土，可现场浇制，亦可工厂或现场预制，预制的钢筋混凝土梁强度大，材料省。梁的常用截面为高大于宽的矩形或 T 形。

（6）屋顶　厂房屋顶起着围护和承重的双重作用。其承重构件是屋面大梁或屋架，它直接承接屋面荷载并承受安装在屋架上的顶棚、各种管道和工艺设备的重量。此外，它对保证厂房的空间刚度起着重要的作用。工业建筑常用预制的钢筋混凝土平顶，上铺防水层和隔热层，以防雨和隔热。

（7）楼板　楼板就是沿高度将建筑物分成层次的水平间隔。楼板的承重结构由纵向和横向的梁和楼板组成。整体式楼板由现浇钢筋混凝土制，装配式楼板则由预制件装配。楼板应有强度、刚度、最小结构高度、耐火性、耐久性、隔声、隔热、防水及耐腐蚀等功能。

（8）建筑物的变形缝

① 沉降缝：当建筑物上部荷载不均匀或地基强度不够时，建筑物会发生不均匀的沉降以致在某些薄弱部位发生错动开裂。因此，将建筑物划分成几个不同的段落，以允许各段落间存在沉降差。

② 伸缩缝：建筑物因气温变化会产生变形，为使建筑物有伸缩余地而设置的缝叫伸缩缝。

③ 抗震缝：抗震缝是避免建筑物的各部分在发生地震时互相碰撞而设置的缝，设计时可考虑与其他变形缝合并。

（9）门、窗和楼梯

① 门：为了正确地组织人流、车间运输和设备的进出，保证车间的安全疏散，在设计中要预先合理地布置好门。门的数目和大小取决于建筑物的用途、使用上的要求、人的通过数量和出入货物的性质和尺寸、运输工具的类型以及安全疏散的要求等。

② 窗：厂房的窗不仅要满足采光和通风的要求，还要根据生产工艺的特点，满足一些其他特殊要求。例如有爆炸危险的车间，窗应有利于泄压；要求恒温恒湿的车间，窗应有足够的保温隔热性能；洁净车间要求窗防尘和密闭等。

③ 楼梯：楼梯是多层房屋中垂直方向的通道。按使用性质可分为主要楼梯、辅助梯和消防楼梯。多层厂房应根据厂房的火灾危险性以及厂房的防火分区设置楼梯。楼梯坡度一般采用 30° 左右，辅助楼梯可用 45°。疏散楼梯最小净宽度不宜小于 1.1 m，高层厂房和甲、乙、丙类多层厂房的疏散楼梯应采用封闭楼梯间或室外楼梯。建筑高度大于 32 m 且任一层人数超过 10 人的厂房，应采用防烟楼梯间或室外楼梯。

2. 建筑物的结构

建筑物的结构有钢筋混凝土结构、钢结构、混合结构等。

（1）钢筋混凝土结构　由于使用上的要求，需要有较大的跨度和高度时，最常用的就是钢筋混凝土结构形式，钢筋混凝土结构的优点为：强度高，耐火性好，不必经常进行维护和修理，与钢结构比较，可以节约钢材，医药化工厂经常采用钢筋混凝土结构。缺点为：自重大，施工比较复杂。

（2）钢结构　钢结构房屋的主要承重结构件如屋架、梁柱等都是用钢材制成的。优点为：制作简单，施工快。缺点为：金属用量多，造价高，必须经常进行维修保养。

（3）混合结构　一般是指用砖砌的承重墙，而屋架和楼盖则是用钢筋混凝土制成的建筑物。这种结构造价比较经济，能节约钢材、水泥和木材，适用于一般没有很大荷载的车间，它是医药化工厂经常采用的一种结构形式。

3. 厂房的定位轴线

厂房定位轴线是划分厂房主要承重构件标志尺寸和确定其相互位置的基准线，也是厂房施工放线和设备定位的依据。

当厂房跨度在 18 m 或 18 m 以下时，跨度应采用 3 m 的倍数；在 18 m 以上时，尽量采用 6 m 的倍数。所以厂房常用跨度为 6 m、12 m、15 m、18 m、24 m、30 m、36 m。当工艺布置有明显优越性时，才可采用 9 m、21 m、27 m 和 33 m 的跨度。以经济指标、材料消耗与施工条件等方面来衡量，厂房柱距应采用 6 m，必要时也可采用 9 m。单层厂房的特点为适应性强，适合工艺过程为水平布置的安排，安装体积较大、较高的设备。它适用于大跨度柱网及大空间的主体结构，具有较大的灵活性，适合洁净厂房的平面、空间布局，其结构较多层厂房简单，施工工期较短，便于扩建。常用结构形式有钢筋混凝土柱厂房和钢结构厂房，前者居多，一般柱距 6～12 m，跨度 12～30 m，但占地面积大，在土地有限的城市及开发区受到限制。

4. 洁净厂房的室内装修

（1）基本要求

① 洁净厂房的主体应在温度变化和震动情况下，不易产生裂纹和缝隙。主体应使用发尘量少、不易黏附尘粒、隔热性能好、吸湿性小的材料。洁净厂房建筑的围护结构和室内装修也都应选气密性良好，且在温湿度变化下变形小的材料。

② 墙壁和顶棚表面应光洁、平整、不起尘、不落灰、耐腐蚀、耐冲击、易清洗。避免眩光，便于除尘，并应减小凹凸面，踢脚不应突出墙面。在洁净厂房装修的选材上最好选用彩钢板吊顶，墙壁选用仿瓷釉油漆。墙与墙、地面、顶棚相接处应有一定弧度，宜做成半径适宜的弧形。壁面色彩要和谐雅致，有美学意义，并便于识别污染物。

③ 地面应光滑、平整，无缝隙，耐磨，耐腐蚀，耐冲击，不积聚静电，易除尘清洗。

④ 技术夹层的墙面、顶棚应抹灰。需要在技术夹层内更换高效过滤器的，技术夹层的墙面及顶棚也应刷涂料饰面，以减少灰尘。

⑤ 送风道、回风道、回风地沟的表面装修应与整个送风、回风系统相适应，并易于除尘。

⑥ 洁净度 B 级以上洁净室最好采用天窗形式，如需设窗时应设计成固定密封窗，并尽量少留窗扇，不留窗台，把窗台面积限制到最小。门窗要密封，与墙面保持平整。充分考虑对空气和水的密封，防止污染粒子从外部渗入。避免由于室内外温差而结露。门窗造型要简单，不易积尘，清扫方便。门框不得设门槛。

（2）洁净室内的装修材料和建筑构件　洁净室内的装修材料应能满足耐清洗、无孔隙裂缝、表面平整光滑、不得有颗粒物质脱落的要求。对选用的材料要考虑到该材料的使用寿命、施工简便与否、价格来源等因素。洁净室内装修材料基本要求见表 24-1。

表 24-1　洁净室内装修材料基本要求一览表

项目	使用部位			要求	材料举例
	吊顶	墙面	地面		
发尘性	√	√	√	材料本身发尘量少	金属板材、聚酯类表面装修材料、涂料
耐磨性		√	√	磨损量少	水磨石地面
耐水性	√	√		受水浸不变形，不变质，可用水清洗	铝合金板材
耐腐蚀性	√	√	√	按不同介质选用对应材料	树脂类耐腐蚀材料
防霉性	√	√		不受温度、湿度变化而霉变	防霉涂料
防静电		√	√	电阻值低，不易带电，带电后可迅速衰减	防静电塑料贴面板
耐湿性	√	√		不易吸水变质，材料不易老化	涂料
光滑性	√	√	√	表面光滑，不易附着灰尘	涂料、金属、塑料贴面板
施工		√	√	加工，施工方便	
经济性	√	√	√	价格便宜	

① 地面与地坪：地面必须采用整体性好、平整、不裂、不脆和易于清洗、耐磨、耐撞击、耐腐蚀的无孔材料。地面还应是气密的，以防潮湿和尽量减少尘埃的积累。

a. 水泥砂浆地面。这类地面强度高，耐磨，但易起尘，可用于无洁净度要求的房间如原料车间、动力车间、仓库等。

b. 水磨石地面。这类地面整体性好，不易起尘，易擦洗清洁，有一定的强度，耐冲击。这种地面要防止开裂和返潮，以免尘土、细菌积聚、滋生。常用于分装车间、针片剂车间、实验室、卫生间、更衣室、结晶工段等，它是洁净车间常用的地面材料。

c. 塑料地面。这类地面光滑，略有弹性，不易起尘，易擦洗清洁，耐腐蚀。常用厚的硬质乙烯基塑料地面和 PVC 塑料地面，它适用于设备荷重轻的岗位。缺点是易产生静电，因易老化，不能长期用紫外灯灭菌，可用于会客室、更衣室、包装间、化验室等。

d. 耐酸瓷板地面。这类地面用耐酸胶泥贴砌，能耐腐蚀，但质较脆，经不起冲击，破碎后降低耐腐蚀性能。这类地面可用于原料车间中有腐蚀介质的区段，也可在可能有腐蚀介质滴漏的范围局部使用。例如，将有腐蚀介质的设备集中布置，然后将这一部分地面用挡水线围起来，挡水线内部用这类铺贴地面。

e. 玻璃钢地面。具有耐酸瓷板地面的优点，且整体性较好。但由于材料的膨胀系数与混凝土基层不同，故也不宜大面积使用。

f. 环氧树脂磨石子地面。它是在地面磨平后用环氧树脂（也可用丙烯酸酯、聚氨酯等）罩面，不仅具有水磨石地面的优点，而且比水磨石地面耐磨，强度高，磨损后还可及时修补，但耐磨性不高，宜用于空调机房、配电室、更衣室等。另一种是自流平面层工艺，一般为环氧树脂自流平，涂层厚约 2.5～3 mm，它由环氧树脂+填料+固化剂+颜料构成。

墙面和地面、天花板一样，应表面光滑、光洁，不起尘，避免眩光，耐腐蚀，易于清洗。

② 墙面：

a. 抹灰刷白浆墙面。只能用于无洁净度要求的房间，因表面不平整，不能清洗，易有颗粒性物质脱落。

b. 油漆涂料墙面。常用于有洁净要求的房间，它表面光滑，能清洗，且无颗粒性物质脱落。缺点是施工时若墙基层不干燥，涂上油漆后易起皮。普通房间可用调和漆；洁净度高的房间可用环氧漆，这种漆膜牢固性好，强度高。乳胶不能用水洗，这种可涂于未干透的基层上，不仅透气，而且无颗粒性物质脱落，可用于包装间等无洁净度要求但又要求清洁的区域。有关各种涂料层的应用可见表 24-2。

表 24-2　各种涂料层应采用的涂料

涂层名称	应采用的涂料种类
耐酸涂层	聚氨酯、环氧树脂、过氯乙烯树脂、乙烯树脂、酚醛树脂、氯丁橡胶、氯化橡胶等涂料
耐碱涂层	过氯乙烯树脂、乙烯树脂、氯化橡胶、氯丁橡胶、环氧树脂、聚氨酯等涂料
耐油涂层	醇酸树脂、氨基树脂、硝基树脂、缩丁醛树脂、过氯乙烯树脂、醇溶酚醛树脂、环氧树脂等涂料
耐热涂层	醇酸树脂、氨基树脂、有机硅树脂、丙烯酸树脂等涂料
耐水涂层	氯化橡胶、氯丁橡胶、聚氨酯、过氯乙烯树脂、乙烯树脂、环氧树脂、酚醛树脂、沥青、氨基树脂、有机硅等涂料
防潮涂层	乙烯树脂、过氯乙烯树脂、氯化橡胶、氯丁橡胶、聚氨酯、沥青、酚醛树脂、有机硅树脂、环氧树脂等涂料
耐溶剂涂层	聚氨酯、乙烯树脂、环氧树脂等涂料
耐大气涂层	丙烯酸树脂、有机硅树脂、乙烯树脂、天然树脂漆、油性漆、氨基树脂、硝基树脂、过氯乙烯树脂等涂料
保色涂层	丙烯酸树脂、有机硅树脂、氨基树脂、硝基树脂、乙烯树脂、醇酸树脂等涂料
保光涂层	醇酸树脂、丙烯酸树脂、有机硅树脂、乙烯树脂、硝基树脂、醋酸丁酸纤维等涂料
绝缘涂层	油性绝缘漆、酚醛绝缘漆、醇酸绝缘漆、环氧绝缘漆、氨基漆、聚氨酯漆、有机硅漆、沥青绝缘漆等涂料

c. 白瓷砖墙面。光滑，易清洗，耐腐蚀，不必等基层干燥即可施工，但接缝较多，不易贴砌平整，不宜大面积用，用于洁净级别不高的场所。

d. 不锈钢板或铝合金材料墙面。耐腐蚀、耐火、无静电、光滑、易清洗，但价格高，用于垂直层流室。

e. 其他。水磨石台面可防止墙面被撞坏。由于垂直面上无法用机器磨，只能靠手工磨，施工麻烦，不易磨光，故光滑度不够理想，优点是耐撞击。使用方便的乙烯基树脂材料薄板，板厚 1 mm 或 2 mm，常用在最高质量的无菌车间内。在墙与墙、墙与天花板的连接处，将乙烯基树脂涂在拱形的模板上，以便于清洁。高质量的填充橡胶，即使是在负压环境中也能保证材料牢固地固定在墙壁上。所有连接处都被缝合住，以保证墙的表面光滑、密封。

③ 墙体：

a. 砖墙。它是常用且较为理想的墙体。缺点是自重大，在隔间较多的车间中使用造成自重增加。

b. 加气砖块墙体。加气砖材料自重仅为硅的 35%。缺点是面层施工要求严格，否则墙面粉刷层极易开裂，开裂后易吸潮长菌，故这种材料应避免用于潮湿的房间和要用水冲洗墙面的房间。

c. 轻质隔断。在薄壁钢骨架上用自攻螺丝固定石膏板或石棉板，外表再涂油或贴墙纸，这种隔断自重轻，对结构布置影响较小。常用的有轻钢龙骨泥面石膏板墙、轻钢龙骨埃特板墙、泰柏板墙及彩钢板墙体等，而彩钢板墙又有不同的夹芯材料及不同的构造体系。应该说，在药厂的洁净车间里，以彩钢板作为墙体已经成为目前的一种流行与时尚。

d. 玻璃隔断。用钢门窗的型材加工成大型门扇连续拼装，离地面 90 cm 以上镶以大块玻璃，下部用薄钢板以防侧击。这种隔断也是自重较轻的一种。配以铝合金的型材也很美观实用。

e. 抗爆板。它是一种型钢外覆抗爆板结构，内添岩棉纤维。抗爆板具有抗爆隔火隔热、隔声降噪、抗运动物体冲击的复合防护功能。与钢筋混凝土抗爆墙相比具有重量轻和易装易卸等优点。

如果是全封闭厂房，其墙体可用空心砖及其他轻质砖，这既保温、隔声，又可减轻建筑物的结构荷载。也有为了美观和采光选用空心玻璃（绿、蓝色）做大面积玻璃幕墙的。若靠外墙为车间的辅助功能室或生活设施，可采用大面积固定窗，为了其空间的换气，可设置换气扇或安装空调，或在固定窗两边配可开启的小型外开窗（应与固定窗外形尺寸相协调）。

④ 天棚及饰面：由于洁净环境要求，各种管道暗设，故设技术隔离（或称技术吊顶）天棚要选用硬质、无孔隙、不脱落、无裂缝的材料。天棚与墙面接缝处应用凹圆脚线板盖住。所用材料必须能耐热水、消毒剂，能经常冲洗。

天棚分硬吊顶及软吊顶两大类。

a. 硬吊顶。即用钢筋混凝土吊顶。这种形式的最大优点是在技术夹层内安装、维修等方便；吊顶无变形开裂之变；天棚刷面材料施工后牢度也较高。缺点是结构自重大；吊顶上开孔不宜过密，施工后工艺变动则原吊顶上开孔无法改变；夹层中结构高度大，因有上翻梁，为了满足大断面风管布置的要求，夹层高度一般大于软吊顶。

b. 软吊顶。又称为悬挂式吊顶。它按一定距离设置拉杆吊顶，结构自重大大减轻，拉杆最大距离可达 2 m，载荷完全满足安装要求，费用大幅度下降。为提高保温效果，可在中间夹保温材料。这种吊顶的主要形式有：钢骨架-钢丝网抹灰吊顶；轻钢龙骨纸面石膏板吊顶；轻钢龙骨埃特板吊顶；彩钢板吊顶；高强度塑料吊顶等。

天棚饰面材料：无洁净要求的房间可用石灰刷白；洁净度要求高的一般使用油漆，要求同墙面；对于轻钢龙骨吊顶，要解决板缝伸缩问题，可采用贴墙纸法，因墙纸有一定弹性，不易开裂。

⑤ 门：门在洁净车间设备中有两个主要功能。一是作为人行通道，二是作为材料运输通道。不管是用手或手推车运输少量材料，还是用码车运输大量材料，这两种操作功能对门都有不同要求。随着洁净级别的增加，为了减少污染负荷，限制移动是非常重要的。

员工进出的大门在低级别的车间中，用涂在木门和铁门上的标准漆来区分。这些门是表面上有塑料薄膜，棱上有硬木、金属或塑料薄膜的实心木门。在 GRP 更高级别的药品申报中，对门有很高的要求，一般为不锈钢门和玻璃门。选择门和其他装饰材料的要点是要保持门的耐磨和表面无裂缝。将门装进建筑开口时一定要注意细节设计。金属器具的选择也很重要，闭合器必须工作顺畅，以抵抗相当大的车间正压。

洁净室用的门要求平整，光滑，易清洁，不变形。门要与墙面齐平，与自动启闭器紧密配合在一起。门两端的气塞采用电子联锁控制。门的主要形式有：

a. 铝合金门。一般的铝合金门都不理想，使用时间长，易变形，接缝多，门肚板处接灰点多，要用特制的铝合金门才合适。

b. 钢板门。国外药厂使用较多，此种门强度高，这是一种较好的门，只是观察玻璃圆圈的积灰死角要做成斜面。

c. 不锈钢板门。同钢板门，但价格较高。

d. 中密度板光面贴塑门。此门较重，宜用不锈钢门框或钢板门框。

e. 彩钢板门。强度高，门轻，只是进出物料频繁的门表面极易刮坏漆膜。

无论何种门，在离门底 100 mm 高处应装 1.5 mm 不锈钢护板，以防推车刮伤。

⑥ 窗：玻璃是一种非常适合洁净车间的材料。它坚硬、平滑、密实、易清洗的特性很符合洁净车间的设计标准。它能很好地镶嵌在原有的建筑框架中或是使用较厚的叠片板来完成整个高度的区分。洁净室窗户必须是固定窗，形式有单层固定窗和双层固定窗。洁净室内的窗要求严密性好，并与室内墙齐平。尽量采用大玻璃窗，不仅为操作人员提供敞亮愉快的环境，也便于管理人员通过窗户观察操作情况，同时这样还可减少积灰点，又有利于清洁工作。洁净室内窗若为单层的，窗台应陡峭向下倾斜，内高外低，且外窗台应有不低于 30° 的角度向下倾斜，以便清洗和减少积尘，并避免水向内渗水。双层窗（内抽真空）更适用于洁净度高的房间，因二层玻璃各与墙面齐平，无积灰点。目前常用材料有铝合金窗和不锈钢窗。

门窗设计的注意点如下：

a. 洁净级别不同的联系门要密闭，平整，造型简单。门向级别高的方向开启。钢板门强度高，光滑，易清洁，但要求漆膜牢固，能耐消毒水擦洗。蜂窝贴塑门的表面平整光滑，易清洁，造型简单，且面材耐腐蚀。洁净区要做到窗户密闭。空调区外墙上、空调区与非空调之间隔墙上的窗要设双层窗，其中一层为固定窗。对老厂房改造的项目若无法做到一层固定，则一定将其中一层用密封材料将窗缝封闭。

b. 无菌洁净区的门窗不宜用木制，因木材遇潮湿易生霉长菌。

c. 凡车间内经常有手推车通过的钢门，应不设门槛。

d. 传递窗的材料以不锈钢的材质较好，也有以砖、混凝土及底板为材料的，表面贴白瓷板，也有用预制水磨石板拼装的。

传递窗有两种开启形式：一为平开钢（铝合金）窗；二为玻璃推拉窗。前者密闭性好，易于清洁，但开启时要占一定的空间。后者密闭性较差，上下槛滑条易积污，尤其滑道内的滑轮组更不便清洁；但开启时不占空间，当双手拿东西时可用手指拨动。

e. 应注意的是，充分利用洁净厂房的外壳和主体结构作为洁净室围护结构的支承物，把洁净室围护结构——顶棚、隔墙、门窗等配件和构造纳入整个洁净厂房的内装修而实现装配化，简称内装修装配化。

f. 为防止积尘，造成不易清洗、消毒的死角，洁净室门、窗、墙壁、顶棚、地（楼）面的构造和施工缝隙，均应采取可靠的密闭措施。凡板面交界处，宜做圆势过渡，尤其是与地面的交角，必须做密封处理，以免地面水渗入壁板的保温层，造成壁板内的腐蚀，对于大输液、水针、口服液等触水岗位，其壁板宜安装于与壁板为同一宽度的 100～120 mm 的高台上，以防止水渗入保温层，影响保温效果和造成壁板腐蚀。

g. 顶棚也称技术隔层，它承担风口布局（开孔）、照明灯具安装（一般为吸顶洁净灯）、电线（大部分是照明线，也有少数敷设动力线管线）技术隔层，此外，还用于布设给排水、工艺管线，如物料、工艺用水、蒸汽、工艺用气（压缩净化气体、氯气、氧气、二氧化碳气、煤气等），免不了进行检修，故顶板的强度应比壁板高，其壁厚（即镀锌钢板）应较墙板厚。若壁板为 0.42～0.45 mm 厚，则顶棚以 0.78～1 mm 为宜。由于顶板的开孔率高，面积又较大，开孔后，其强度降低。此外，技术隔层内设检修通道，以降低集中荷载，或者顶板隔一定距离（一般 2 m×2 m）作吊杆，以免有移动荷载时变形，连接处裂缝，导致洁净室空气泄漏。

二、土建设计条件

土建设计在设计院中一般分为建筑专业与结构专业。建筑设计主要根据建筑标准对化工和制药厂的各类建筑物进行设计。建筑设计应将新建的建筑物的立面处理和内外装修的标准，与建设单位原有的环境进行协调。对墙体、门、窗、地坪、楼面和屋面等主要工程做法加以说明。对有防腐、防爆、防尘、高温、恒温、恒湿、有毒物和粉尘污染等特殊要求的，在车间建筑结构上要有相应的处理措施。

结构设计主要包括地基处理方案，厂房的结构形式确定及主要结构构件（如地基、楼层、梁等）的设计，对地区性特殊问题（如地震等）的说明及在设计中采取的措施，以及对施工的特殊要求等。

1. 设计依据

(1) 气象、地质、地震等自然条件资料

① 气象资料：对建于新区的工程项目，需列出完整的气象资料；对建于熟悉地区的一般工程项目，可只选列设计直接需用的气象资料。

② 地质资料：厂区地质土层分布的规律性和均匀性，地基土的工程性质及物理力学指标，软弱土的特性，具有湿陷性、液化可能性、盐渍性、胀缩性的土地的判定和评价。地下水的性质、埋深及变幅，在设计时只应以地质勘探报告为依据。

③ 地震资料：建厂地区历史上地震情况及特点，场地地震基本烈度及其划定依据，以及专门机关的指令性文件。

(2) 地方材料 简要说明可供选用的当地大众建材以及特殊建材（如隔热、防水、耐腐蚀材料）的来源、生产能力、规格质量、供应情况、运输条件及单价等。

(3) 施工安装条件 当地建筑施工、运输、吊装的能力，以及生产预制构件的类型、规格和质量情况。

(4) 当地建筑结构标准图和技术规定。

2. 设计条件

(1) 工艺流程简图 应将车间生产工艺过程进行简要说明。这里生产工艺过程是指从原料到成品的每一步操作要点、物料用量、反应特点和注意事项等。

(2) 厂房布置及说明 利用工艺设备布置图，并加简要说明，如房屋的火灾危险性、高度、层数、地面（或楼面）的材料、坡度及负荷、门窗位置及要求等。

(3) 设备一览表 应包括设备位号、设备名称、规格、重量（设备重量、操作物料荷重、保温、填料、震动等）、装卸方法、支承形式等项。

(4) 安全生产

① 按照职业病危害预评价、安全生产预评价以及环境预评价的要求进行设计。

② 根据生产工艺特性，按照防火标准确定防火等级。

③ 根据生产工艺特性，按照卫生标准确定卫生等级。

④ 根据生产工艺所产生的毒害程度和生产性质，考虑人员操作防护措施以及排除有害烟尘的净化措施。

⑤ 提供有毒气体的最高允许浓度。

⑥ 提供爆炸介质的爆炸范围。

⑦ 特殊要求，如汞蒸气存在时，女工对汞蒸气毒害的敏感性。

(5) 楼面的承重情况。

(6) 楼面、堵面的预留孔和预埋件的条件，地面的地沟，落地设备的基础条件。

(7) 安装运输情况

① 工艺设备的安装采取何种方法：人工还是机械，大型设备进入房屋需要预先留下安装门，多层房屋需要安装孔以便起吊设备至高层安装，每层楼面还应考虑安装负荷等。

② 运输机械采取何种形式：是起重机、电动吊车、货梯、还是吊钩等；起重量多少；高度多少；应用面积多大等；同时考虑设备维修或更换时对土建的要求。

(8) 人员一览表包括人员总数、最大班人数、男女工人比例等。

(9) 其他

① 在土建专业设计基础上，工艺专业进一步进行管道布置设计，并将管道在厂房建筑上穿孔的预埋

件及预留孔条件提交土建专业；暖通专业的排风、排烟管井，电气电信专业的管井。

② 根据《药品生产质量管理规范》的要求：包括总体布局、环境要求、厂房、工艺布局、室内装修、净化设施等。

第二节 公用系统

公用系统

一、供水与排水

在医药化工企业中，用水量是很大的。它包括生产用水（工艺用水和冷却用水）、辅助生产用水（清洗设备及清洗工作环境用水）、生活用水和消防用水等，所以供排水设计是医药化工厂设计中一个不可缺少的组成部分。

1. 水源

一般是天然水源和市政供水。天然水源有地下水（深井水）和地表水（河水、湖水等），规模比较大的工厂企业，可在河道或湖泊等水源地建立给水基地。当附近无河道、湖泊或水库时，可凿深井取水，对于规模小且又靠近城市的工厂，亦可直接使用城市自来水作为水源。

2. 供水系统

根据用水的要求不同，各种用水都有其单独的系统，如生产用水系统、生活用水系统和消防用水系统。目前大多数生活用水和消防用水合并为一个供水系统。厂内一般为环形供水，它的优点是当任何一段供水管道发生故障时，仍能不断供应各部分用水。

3. 冷却水循环系统

在医药化工厂中使用，冷却用水占了工业用水的主要部分。由于冷却用水对水质有一定的要求，因此，从水源取来的原水一般都要经过必要的处理（如沉淀、混凝和过滤）以除去悬浮物，必要时还需经过软化处理以降低硬度才能使用。为了节约水源以及减少水处理的费用，大量使用冷却水的医药化工厂应该循环使用冷却水，即把经过换热设备的热水送入冷却塔或喷水池降温（冷却塔使用较多见），在冷却塔中，热水自上向下喷淋，空气自下而上与热水逆流接触，一部分水蒸发，使其余的水冷却。水在冷却塔中降温约 5～10℃，经水质稳定处理后再用作冷却水，如此不断循环。

4. 排水

工业企业污水的水源大体上有三个方面：生活污水（来自厕所、浴室及厨房等排出的污水）；生产污水（生产过程中排出的废水和污水，包括设备及容器洗涤用水、冷却用水等）和大气降水（雨水、雪水等）。污水的排除方法有两类：合流系统和分流系统。合流系统是将所有的污水通过一个共同的水管到污水处理池，处理达标后，排放至市政污水管道。分流系统是将生活污水和大气污水与生产污水分开排出，或生产污水和生活污水合流而大气污水分流。

5. 洁净区域排水系统的要求

洁净区域的排水体制一般采用分流制，将生产污水（热）、生产污水（冷）、生产污水（活性）、生产废水及蒸汽冷凝水分别设置管道排出去。具有活性物质的排水还需要进行灭活处理。排水系统除须遵守我国的给水、排水设计规范外，还须遵守 GMP 的有关规定。

6. 给排水设计条件

制药工艺设计人员应向给排水专业设计人员提供下述条件：

（1）供水条件

① 生产用水：其供水条件包括工艺设备布置图，并标明用水设备的名称；最大和平均用水量；需要的水温；水质；水压；用水情况（连续或间断）；进口标高及位置（标示在布置图上）；水类别及等级。

② 生活消防用水：其供水条件包括工艺设备布置图，标明厕所、淋浴室、洗涤间的位置；工作室温；总人数和最大班人数；生产特性；根据生产特性提供消防要求，如采用何种灭火剂等。

③ 化验室用水。

(2) 排水条件

① 生产下水：其排水条件包括工艺设备布置图，并标明排水设备名称；水量；水管直径；水温；成分；余压；排水情况（连续或间断）；出口标高及位置（标示在布图上）。

生产下水分为两部分：一部分是生产过程中所产生的污水，达排放标准的直接排入下水道，未达到排放标准的经处理后达标再排入下水道；另一部分是洁净下水，如冷却用水，一般回收循环使用。

② 生活、粪便下水：工艺设备布置图，并标明厕所、淋浴室、洗涤间位置；人数、使用淋浴总人数、最大班人数、最大班使用淋浴人数；排水情况。

二、供电

1. 车间供电系统

车间用电通常由工厂变电所或由供电网直接供电。输电网输送的都是高压电，一般为 10 kV、35 kV、60 kV、110 kV、154 kV、220 kV、330 kV，而车间用电一般最高为 6000 V，中小型电机只有 380 V，所以必须变压后才能使用。通常在车间附近或在车间内部设置变电室，将电压降低后再分配给各用电设备。

(1) 车间供电　电压由供电系统与车间需要决定，一般高压为 6000 V 或 3000 V，低压为 380 V。高压为 6000 V 时，150 kW 以上电机选用 6000 V，150 kW 以下电机用 380 V；高压为 3000 kV 时，100 kW 以上电机选用 3000 V，100 kW 以下电机使用 380 V。

医药工业洁净厂房内的配电线路应按照不同空气洁净度等级划分的区域设置配电回路，分设在不同空气洁净度等级区域内的设备一般不宜由同一配电回路供电。进入洁净区的每一配电线路均应设置切断装置，并应设在洁净区内便于操作管理的地方。若切断装置设在非洁净区，则其操作应采用遥控方式，遥控装置应设在洁净区内。洁净区内的电气管线宜暗敷，管材应采用非燃烧材料。

(2) 用电负荷等级　根据用电设备对供电可靠性的要求，将电力负荷分成三级。

① 一级负荷：设备要求连续运转，突然停电将造成着火、爆炸或重大设备损毁、人身伤亡或巨大的经济损失时，称一级负荷。一级负荷应有两个独立电源供电，按工艺允许的断电时间间隔，考虑自动或手动投入备用电源。

② 二级负荷：突然停电将产生大量废品、大量原料报废、大减产或将发生重大设备损坏事故，但采用适当措施能够避免时，称为二级负荷。二级负荷供电允许使用一条架空线供电，用电缆供电时，也可用一条线路供电，但至少要分成两根电缆并接上单独的隔离开关。

③ 三级负荷：一、二级负荷以外的分为三级负荷，三级负荷允许供电部门为检修更换供电系统的故障元件而停电。

(3) 人工照明　照明所用光源一般为白炽灯和荧光灯。照明方式分为以下三种：

① 一般照明：在整个场所或场所的某部分照明度基本均匀。对光照方面无特殊要求，或工艺上不适宜配备局部照明的场所，宜单独使用一般照明。

② 局部照明：局限于工作部位的固定或移动的照明。对局部点需要高照明度并对照射方向有要求时，宜使用单独照明。

③ 混合照明：一般照明和局部照明共同组成的照明，照明的照度按以下系列分级：2500 lx、1500 lx、1000 lx、750 lx、500 lx、300 lx、200 lx、150 lx、100 lx、75 lx、50 lx、30 lx、20 lx、10 lx、5 lx、3 lx、2 lx、1 lx、0.5 lx、0.2 lx。

2. 洁净厂房的人工照明

(1) 洁净厂房照明特点　洁净厂房通常是大面积密闭无窗厂房，由于厂房面积较大，操作岗位只能依靠人工照明。

(2) 照度标准 为了稳定室内气流以及节约冷量，故选用光源上都采用气体放电的光源而不采用热光源。国外洁净车间的照度标准较高，约 800～1000 lx。我国洁净厂房照度标准为 300 lx，一般车间、辅助工作室、走廊、气闸室、人员净化和物料净化室可低于 300 lx，如采用 150 lx。

(3) 灯具及布置 洁净厂房使用的灯具为照明灯、蓄电池自动转换灯、电击杀虫灯、紫外光灯等。

① 照明灯：洁净区内的照明灯具宜明装，但不宜悬吊。照明应无影，均匀。灯具常用形式有嵌入式、吸顶式两种。嵌入式灯具的优点是室内吊顶平整美观，无积灰点，但平顶构造复杂，当风口与灯具配合不好时，极易形成缝隙，故应确保缝隙可靠密封，其灯具结构应便于清扫，更换方便。吸顶灯安装简单，当车间布置变动时灯具改动方便，平顶整体性好。若组成光带式就更好些，可提高光效，并可处理好吊顶内外的隔离，如有缝隙可用硅胶密封。

② 蓄电池自动转换灯：洁净厂房内有很多区域无自然采光，如停电，人员疏散采用蓄电池自动转换灯，就能自动转换应急，作善后处理，或做成标志灯，供疏散用，且应有自动充电、自动接通措施。

③ 电击杀虫灯：洁净厂房入口处及分入口处，须装电击杀虫灯，以保证厂房内无昆虫飞入。

④ 紫外光灯：紫外线杀菌灯用在洁净厂房的无菌室、准备室或其他需要消毒的地方，安装后作消毒杀菌用。紫外线波长为 136～390 nm，按相对湿度 60% 的基准设计。紫外光灯在设计中可采用三种安装形式：吊装式；侧装式；移动式。洁净室灯具开关应设在洁净室外，室内宜配备比第一次使用数多的插座，以免临时增添造成施工困难。不论插座还是开关，应有密封的、抗大气影响的不锈钢（或经阳极氧化表面的铝材）盖子，并装于隐蔽处，线路均应穿管暗设。对易燃易爆的洁净区，电气设计系统除满足洁净规范要求外，还应符合 GB 19517—2023 规定。

3. 电气设计条件

电气工程包括电动、照明、避雷、弱电、变电、配电等，它们与每个制药生产车间都有密切关系。制药工艺设计人员应向电气工程设计人员提供如下设计条件：

(1) 电动条件 工艺设备布置图标明：电动设备位置；生产特性；负荷等级；安装环境；电动设备型号、功率、转数；电动设备台数、备品数；运转情况；开关位置，并标示在布置图上；特殊要求，如防爆、联锁、切断；其他用电，如化验室、车间机修、自控用电等。

(2) 照明、避雷条件 工艺设备布置图标明：灯具位置；防爆等级；避雷等级；照明地区的面积和体积；照度；特殊要求，如事故照明、检修照明、接地等。

(3) 弱电条件 工艺设备布置图标明：弱电设备位置；火警信号；警卫信号；行政电话；调度电话；扬声器及电视监视器等。

三、冷冻

常见的供冷方式一般为两种，一是采用集中的冷冻机房，用冷冻机房提供 5～10℃ 的冷冻水作为空调系统的冷源；二是不设冷冻机房而选用冷风机，它的工作原理是采用直接蒸发式的表冷器，直接用制冷剂来冷却空气。这两种方式各有优缺点，前者系统稍复杂，配套设备多，占地面积也大，但冷量调节灵活，适用范围广。后者系统简单，运行也方便，但适用范围较窄，一般只适用于新风比较小的系统。

四、采暖通风

1. 采暖

采暖是指在冬季调节生产车间及生活场所的室内温度，从而达到生产工艺及人体生理的要求，实现医药生产的正常进行。一般原则如下：

① 设计集中采暖时，生产厂房工作地点的温度和辅助用室的室温应按现行的《工业企业设计卫生标准》执行。在非工作时间内，如生产厂房的室温必须保持在 0℃ 上时，一般按 5℃ 考虑值班采暖。当生产

对室温有特殊要求时，应按生产要求确定。

② 设置集中采暖的车间，如生产对室温没有要求，且每名工人占用的建筑面积超过 100 m² 时，不宜设置全面采暖系统，但应在固定工作地点和休息地点设局部采暖装置。

③ 设置全面采暖的建筑物时，围护结构的热阻应根据技术经济比较结果确定，并应保证室内空气中水分在围护结构内表面不发生结露现象。

④ 采暖热媒的选择应根据厂区供热情况和生产要求等，经技术经济比较后确定，并应最大限度地利用废热。如厂区只有采暖用热时，一般采用高温热水为热媒；当厂区供热以工艺用蒸汽为主，在不违反卫生、技术和节能要求的条件下，也可采用蒸汽作热媒。

⑤ 采暖系统可以分为集中采暖和局部采暖两类。全年日平均温度稳定低于或等于 5℃ 的日数大于或等于 90 天的地区，宜采用集中采暖。局部采暖在制药厂中很少使用，这里仅介绍医药化工厂中常用的集中采暖形式（包括热水式、蒸汽式、热风式及混合式几种）。

热水采暖系统包括低温热水采暖系统（水温＜100℃）和高温热水采暖系统（水温＞100℃）。热水采暖系统按循环动力的不同，又分为重力循环系统和机械循环系统；按供回水方式不同分为单管和双管两种系统。

蒸汽采暖系统包括低压蒸汽采暖系统（蒸气压＜70 kPa），高压蒸汽采暖系统（蒸气压＞70 kPa）。

热风式采暖系统是把空气经加热器加热到不高于 70℃，然后用热风道传送到需要的场所。这种采暖系统用于室内要求通风换气次数多或生产过程不允许采用热水式或蒸汽式采暖的情况。例如有些气体（如乙醚、二硫化碳等低燃点物质的蒸气）和粉尘与热管道或散热器表面接触会自燃，就不能采用这种方式。热风式采暖的优点是易于局部供热以及易于调节温度，在制药化工厂中较为常用，一般都与室内通风系统相结合。

混合式采暖系统是在生产过程中要求在恒温恒湿情况下使用，如制剂车间，为达到恒温恒湿的要求，车间里一面送热风（往往也可能是冷风），同时在自动控制下喷出水汽控制空气湿度。

2. 通风

车间通风的目的在于排除车间或房间内余热、余湿、有害气体或蒸气、粉尘等，使车间内作业地带的空气保持适宜的温度、湿度和卫生要求，以保证劳动者的正常环境卫生条件。

(1) 自然通风 设计中自然通风指有组织的自然通风，即可以调节和管理的自然通风。自然通风的主要成因，就是由室内外温差所形成的热压和室外四周风速差所造成的风压。通过房屋的窗、天窗和通风孔，根据不同的风向、风力，调节窗的启闭方向来达到通风要求。

(2) 机械通风 包括局部通风、全面通风和事故通风。

① 局部通风：通风，即在局部区域把不符合卫生标准的污浊空气排至室外，把新鲜空气或经过处理的空气送入室内。前者称为局部排风，后者称为局部送风。局部排风所需的风量小，排风效果好，故应优先考虑。

如车间内局部区域产生有害气体或粉尘时，为防止气体及粉尘的散发，可用局部通风办法（比如局部吸风罩），在不妨碍操作与检修的情况下，最好采用密封式吸（排）风罩。对需局部采暖（或降温）或必须考虑事故排风的场所，均应采用局部通风方式。在有可能突然产生大量有毒气体、易燃易爆气体的场所，应考虑必要的事故排风。

② 全面通风和事故排风：全面通风用于不能采用局部排风或采用局部排风后室内有害物浓度仍超过卫生标准的场合。采用全面通风时，要不断向室内供给新鲜空气，同时从室内排出污染空气，使空气中有害物浓度降低到允许浓度以下。对在生产中发生事故时有可能突然散发大量有毒有害或易燃易爆气体的车间，应设置事故排风。事故排风所必需的换气量应由事故排风系统和经常使用的排风系统共同保证。发生事故时，排风所排出的有毒有害物质通常来不及进行净化或其他处理，应将它们排到 10 m 以上的大气中，排气口也须设在相应的高度上。事故排风需设在可能发散有害物质的地点，排风的开关应同时设在室内和室外便于开启的地点。

五、消防

医药企业，特别是原料药的生产企业，大量使用易燃易爆、有腐蚀性的反应原辅料和溶剂，因此给消防工作带来十分严峻的考验。

1. 消防工作的基本方针

① 各单位消防工作应指定专门领导负责，制订结合本单位实际的防火工作计划。组建基本消防队伍，绘制消防器材平面布置图。

② 消防器材管理要由保卫部门或指定专人负责，并进行登记造册，建立台账。

③ 明确防火责任区，将防火工作切实落实到车间、班组，做到防火安全人人有责，处处有人管。

④ 建立定期检查制度，杜绝火灾、爆炸事故的发生，若发现隐患，应及时整改，并在安全台账上作记录。

2. 危险化学品分类

(1) 危险化学品的概念　化学品中具有易燃、易爆、毒害、腐蚀、放射性等危险特性，在生产、储存、运输、使用和废弃物处置等过程中容易造成人身伤亡、财产毁损、污染环境的，均属危险化学品。

(2) 危险化学品的分类原则　危险化学品目前常见且用途较广的约有数千种，其性质各不相同，在对危险化学品分类时，掌握"择重归类"的原则，即根据该化学品的主要危险性来进行分类。根据运输的危险性将危险货物分为九类：第 1 类，爆炸品；第 2 类，压缩气体和液化气体；第 3 类，易燃液体；第 4 类，易燃固体、自燃物品和遇湿易燃物品；第 5 类，氧化剂和有机过氧化物；第 6 类，毒害品和感染性物品；第 7 类，放射性物品；第 8 类，腐蚀品；第 9 类，杂项。

(3) 消防安全标志设置　通常引用标准 GB13495《消防安全标志》、GB 55037—2022《建筑防火通用规范》。

① 设置原则：

a. 制剂车间由于其洁净度的要求，通常都是封闭的环境，因此在楼层之间、楼道之间必须相应地设置"紧急出口"标志。在远离紧急出口的地方，应将"紧急出口"标志与"疏散通道方向"标志联合设置，箭头必须指向通往紧急出口的方向。

b. 紧急出口或疏散通道中的单向门必须在门上设置"推开"标志，在其反面应设置"拉开"标志。

c. 紧急出口或疏散通道中的门上应设置"禁止锁闭"标志。

d. 疏散通道或消防车道的醒目处应设置"禁止阻塞"标志。

e. 需要击碎玻璃板才能疏散的出口地方必须设置"击碎板面"标志，并配备消防斧或锤，如洁净区的玻璃安全门。目前消防上对玻璃安全门的安全性存在质疑，洁净区的安全门均采用可开启的密闭洁净门。

f. 建筑中的隐蔽式消防设备存放地点应相应地设置"灭火设备""灭火器"和"消防水带"等标志。室外消防梯和自行保管的消防梯存放点应设置"消防梯"标志。远离消防设备存放地点的地方应将灭火设备标志与方向辅助标志联合设置。

g. 在下列区域应相应地设置"禁止烟火""禁止吸烟""禁止放易燃物""禁止带火种""禁止燃放鞭炮""当心火灾-易燃物质""当心火灾-氧化物"和"当心爆炸-爆炸性物质"等标志：

具有甲、乙、丙类火灾危险的生产厂区、厂房等的入口处或防火区内；

具有甲、乙、丙类火灾危险的仓库的入口处或防火区内；

具有甲、乙、丙类液体储罐、堆场等的防火区内；

可燃、助燃气体储罐或罐区于建筑物、堆场的防火区内；

民用建筑中燃油、燃气锅炉房，油浸变压器室，存放、使用化学易燃、易爆物品的商店、作坊、储藏间内及其附近；

甲、乙、丙类液体及其他化学危险物品的运输工具上。

h. 存放遇水爆炸的物质或用水灭火会对周围环境产生危险的地方应设置"禁止用水灭火"标志。

② 设置要求：

a. 消防安全标志应设在与消防安全有关的醒目的位置。标志的正面或其邻近不得有妨碍公共视读的障碍物。

b. 除必需外，标志一般不应设置在门、窗、架等可移动的物体上，也不应设置在经常被其他物体遮挡的地方。

c. 设置消防安全标志时，应避免出现标志内容相互矛盾、重复的现象。尽量用最少的标志把必需的信息表达清楚。

d. 方向辅助标志应设置在公众选择方向的通道处，并接通向目标的最短路线设置。

e. 设置的消防安全标志，应使大多数观察者的观察角接近 90°。

f. 消防安全标志的尺寸由最大观察距离 D 确定。测出所需的最大观察距离以后，根据 GB13495 附录 A 确定所需标志的大小。

g. 标志的偏移距离 X 应尽量缩小。对于最大观察距离为 D 的观察者，偏移角一般不宜大于 5°，最大不应大于 15°。如果受条件限制，无法满足该要求，应适当加大标志的尺寸，以满足醒目度的要求。

h. 在所有有关照明下，标志的颜色应保持不变。

i. 消防安全标志牌的制作材料。

疏散标志牌应用不燃材料制作，否则应在其外面加设玻璃或其他不燃透明材料制成的保护罩。

对于其他用途的标志牌，其制作材料的燃烧性能应符合使用场所的防火要求；对室内所用的非疏散标志牌，其制作材料的氧指数不得低于 32。

j. 疏散标志的设置要求。

疏散通道中，"紧急出口"标志宜设置在通道两侧部及拐弯处的墙面上，标志牌的上边缘距地面不应大于 1m，如图 24-1（a）所示。也可以把标志直接设置在地面上，上面加盖不燃透明牢固的保护板，如图 24-1（b）所示。标志的间距不应大于 20 m，袋形走道的尽头离标志的距离不应大于 10 m。

疏散通道出口处，"紧急出口"标志应设置在门框边缘或门的上部，如图 24-2 所示 A 或 B 的位置。标志牌的上边缘距天花板高度不应小于 0.5 m。位置 A 处的标志牌下边缘距地面的高度不应小于 2.0 m。

如果天花板的高度较小，也可以在图 24-2 中 C、D 的位置设置标志，标志的中心点距地面高度应为 1.3～1.5 m。

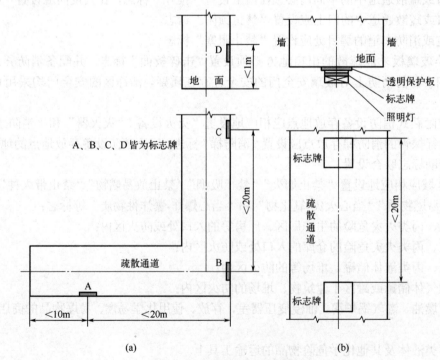

图 24-1　疏散标志的设置要求

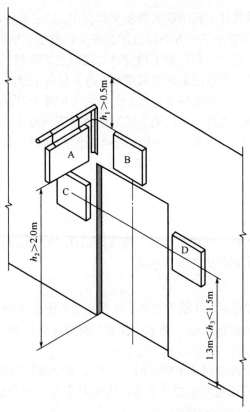

图 24-2　"紧急出口"标志的设置

附着在室内墙面等地方的其他标志牌，其中心点距地面高度应为 1.3~1.5 m。

在室内及其出入口处，消防安全标志应设置在明亮的地方。消防安全标志中的禁止标志（圆环加斜线）和警告标志（三角形）在日常情况下其表面的最低平均照度不应小于 5 lx，最低照度和平均照度之比（照度均匀度）应小于 0.7。

k. 消防安全标志牌应设置在室外明亮的环境中。日常情况下使用的各种标志牌的表面最低平均照度不应小于 5 lx，照度均匀度不应小于 0.7。夜间或较暗环境下使用的消防安全标志牌应采用灯光照明，以满足其最低平均照度要求，也可采取自发光材料制作。设置在道路边缘供车辆使用的消防安全标志牌也可采用逆向反射材料制作。

第三节　劳动安全

一、安全工程概述

围绕人、机、环境三个子系统，安全工程又分为安全人机工程、机械安全工程（如锅炉安全技术、压力容器安全技术、电气安全技术、起重输送安全技术等）、环境安全工程（工业防毒技术、噪声与震动控制、辐射防护技术等）、安全管理工程和系统安全工程等分支。人、机、环境组成一个有机的整体，三者是相互作用、相互依赖的，所以必须运用系统科学的方法研究和解决问题，由此产生了系统安全工程。

本领域涉及生产安全、公共安全应急、火灾与爆炸、交通安全、核与辐射安全、国境检验与检疫安全等方面的基础理论、技术和方法。

近几十年来，医药工业行业持续高速发展，必须充分认识安全对于医药工业生产的重要性，牢固树立"安全第一、预防为主、综合治理"和"同时设计、同时施工、同时投入"的"三同时"EHS 指导思想。在设计过程中认真分析可能遇到的各种职业危险、危害因素，并根据国家和行业的标准规范采取各种有效的劳动安全卫生防范措施，从设计上保障职工的安全和健康，防止和控制各类事故的发生，确保装置能安全生产，确保工程项目在劳动安全卫生方面符合国家有关标准规范的要求。同时要用系统安全工程的科学方法，在初步设计、基础工程设计和详细工程设计阶段对工艺流程、总图、布置、设备选型、材料选择进行系统安全分析，对发现的不安全因素要采取措施，力争在施工投产之前消灭。从医药工业生产的角度看，安全设计是工程设计中的一个重要环节，工业安全主要有两个方面：一是设计人员具体考虑落实所需的以防火防爆为主的安全措施；二是防止污染扩散形成的暴露源对人身造成的健康危害。因此，安全工程人员除了要通晓化工专业知识外，还要了解燃烧和爆炸方面的知识，具备生物化学和毒理方面的知识，更要掌握系统安全分析的技能，熟悉各种安全标准规范。

二、防火与安全

防火与安全

制药工业有洁净度要求的厂房，在建筑设计上均考虑密闭（包括无窗厂房或有窗密闭操作的厂房）空间，所以更应重视防火和安全问题。

1. 洁净厂房的特点

(1) 空间密闭　一旦火灾发生后，烟量特别大，对于疏散和扑救极为不利，同时由于热量无处泄散，火源的热辐射经四壁反射，室内迅速升温，使室内各部门材料缩短达到燃点的时间。当厂房为无窗厂房时，一旦发生火灾不易被外界发现，故消防问题更显突出。

(2) 平面布置曲折　增加了疏散路线上的障碍，延长了安全疏散的距离和时间。

(3) 风管相通　若干洁净室通过风管彼此相通，火灾发生时，特别是火灾刚起尚未发现而仍继续送回风时，风管将成为火及烟的主要扩散通道。

2. 洁净厂房的防火与安全措施

根据生产中所使用原料及生产性质，严格按防火规范中的生产的火灾危险性分类定位，一般洁净厂房（无论是单层或多层）均采用钢筋混凝土框架结构，耐火等级为一二级，内装饰围护结构的材料选用既符合表面平整、不吸湿、不透湿，又符合隔热、保温阻燃、无毒的要求。顶棚、壁板（含夹芯材料）应为不燃体，不得采用有机复合材料。

为便于生产管理和人流的安全疏散，应根据火灾危险性分类，建筑物的耐火等级决定厂房的防火间距。按厂房结构特点（分层或单层大面积厂房）和性质（如火灾危险性、洁净等级、工序要求等）进行防火分区，配置相应的消防设施。

根据洁净厂房的特点，结合有关防火规范，洁净厂房的安全与防火措施的重点是以下几点：

① 洁净厂房的耐火等级不应低于二级，一般钢筋混凝土框架结构均满足二级耐火等级的构造要求。

② 甲乙类生产的洁净厂房，宜采用单层厂房，按二级耐火等级考虑，其防火墙间最大允许占地面积，单层厂房应为 3000 m²，多层厂房应为 2000 m²。丙类生产的洁净厂房，按二级耐火等级考虑，其防火墙间最大允许占地面积，单层厂房应为 8000 m²，多层厂房应为 4000 m²。甲乙类生产区域应采用防爆墙和防爆门斗与其他区域分隔，并应设置足够的泄压面积。

③ 为了防止火灾的蔓延，在一个防火区内的综合性厂房，其洁净生产与一般生产区域之间应设置非燃烧体防火墙封闭到顶。穿过隔墙的管线周围空隙应采用非燃烧材料紧密填塞。防火墙耐火极限要达 4 小时。

④ 电气井、管道井、技术竖井的井壁应为非燃烧体，其耐火极限不应低于 1 小时，12 cm 厚砖墙可满足要求。井壁口检查门的耐火极限不应低于 0.6 小时。竖井中各层或间隔应采用耐火极限不低于 1 小时的不燃烧体。穿过井壁的管线周围应采用非燃烧材料紧密填塞。

⑤ 由于火灾时燃烧物分解的大量灼热气体在室内形成向上的高温气床，紧贴屋内上层结构流动，火焰随气体方向流动、扩散、引燃，因此提高顶棚抗燃烧性能有利于延缓顶棚燃烧倒塌或向外蔓延。甲、乙类生产厂房的顶棚应为非燃烧体，其耐火极限不宜小于 0.25 小时，丙类生产厂房的顶棚应为非燃烧体或难燃烧体。

⑥ 洁净厂房每一生产层，每一防火分区或每一洁净区段的安全出口均不应少于两个。安全出口应分散均匀布置，从生产地点至安全出口（外部出口或楼梯）不得经过曲折的人员净化路线。安全疏散门应向疏散方向开启，且不得采用吊门、转门、推拉门及电动自控门。

⑦ 无窗厂房应在适当部位设门或窗，以备消防人员进入。当门窗口间距大于 80 m 时，应在该段外墙的适当部位设置专用消防口，其宽度不应小于 750 mm，高度不应小于 1800 mm，并有明显标志。

根据火灾实验的温度-时间曲线，通常火灾初起时半小时温升极快，不燃结构的持续时间在 5~20 分钟，起火点尚在局部燃烧，火势不稳定，因而这段时间对于人员疏散、抢救物资、消防灭火是极为重要的时间，故疏散时间与距离以此进行计算，一般制剂厂房为丙类生产，个别岗位有使用易燃介质，因此，在车间布置时均将其安排在车间外围，有利于疏散。

防火规范规定，对于一或二级耐火建筑物中乙类生产用室的疏散距离是：单层厂房 75 m，多层厂房 50 m。故确定 50 m 为疏散距离是合适的。

在设计中，对安全疏散有两种误区，一种是强调生产使用面积，因而安全出口只借用人员净化路线或穿越生产岗位设出口，缺少疏散路线指示标志；另一种是不顾防火分区面积，不考虑同一时间生产人员的人数和火灾危险性的类别，强调安全疏散的重要性。如丙类生产厂房套用甲类的设防标准，如丙类厂房生产人数（同时间）不超过 5 人，面积仅不超过 150 m² 的防火分区内，设两个直通安全出口，又设外环走廊（用于生产的物流运输仅 5 m），非生产面积占去 40%（通道）。应指出的是两个内廊的安全门均可直通楼梯口，防火分区周围的环形通道是多余的，作为设计者，在符合防火规范的条件下，应设法提高生产使用面积，以有效地节约工程投资费用。

制剂过程按生产类别，绝大部分属丙类，甚至有些可属丁、戊类（如常规输液、口服液），极个别属甲、乙类（如不溶于水而溶于有机溶剂的冻干类产品），故在防火分区中应严格按《建筑设计防火规范》规定设置安全出口。以丙类厂房为例，面积超过 500 m²，同一时间生产人员在 30 人左右，宜设 2~3 个安全出口，其位置应与室外出口或楼梯靠近，避免疏散路线迂回曲折，其路线从最远点至外部出口（或楼梯）的疏散距离，单层厂房为 80 m，多层厂房为 60 m。洁净区的安全出口安装封闭式安全玻璃，并在疏散路线安装疏散指示灯，楼梯间设防火门。此外，洁净厂房疏散走廊，应设置机械防排烟设施，其系统宜与通风净化空调系统合用，但必须有可靠的防火安全措施。为及时灭火，还宜设置建立烟岗报警和自动喷淋灭火系统。

有时常把人流入口当作安全出入口来安排，但由于人流路线复杂、曲折，常会有逆向行走的可能。故人流入口不要作为疏散口或不要作为唯一疏散口，要增设短捷的安全出口通向室外或楼梯间。

三、静电的消除

静电现象是指物体中正或负电荷过剩，当两个物体接触和分离引起摩擦、剥离、按压、拉伸、弯曲、破碎、滚转等情况，都会产生静电现象。在静电产生过程中，若材料导电率大且接地，不会积累电荷。但若材料导电率小，物体就呈带电状态，且导电率越小就越容易带电。目前洁净室所用的装饰材料（如醇酸树脂、环树脂、尼龙聚氯乙烯、聚苯乙烯等）大都为静电的非导体。物体带静电后，产生力学、放电和感应 3 个方面物理现象。静电的主要危害表现为：在生产上影响效率和成品率，在卫生上涉及个人劳动保护，安全上可能引起火灾、爆炸等事故。

洁净室消除静电应从消除起电的原因、降低起电的程度和防止积累的静电对器件放电等方面入手综合解决。

1. 消除起电原因

最有效方法之一是采用高导电率的材料来制作洁净室的地坪、各种面层和操作人员的衣鞋。为了使人体服装的静电尽快地通过鞋及工作地面导向大地，工作地面的导电性能起着很重要的作用。因此，对地面抗静电性能提出一定要求，即抗静电地板对静电来说是良导体。而对 220 V、380 V 交流工频电压则是绝缘体。这样既可以让静电泄漏，又可在人体不慎误触 220 V、380 V 电源时，保证人身安全。

2. 降低起电程度

加速电荷的泄漏以降低起电程度可通过各种物理和化学方法来实现。

（1）物理方法 接地是消除静电的一种有效方法。接地既可将物体直接与地相接，也可以通过一定的电阻与地相接。直接接地法用于设备、插座板、夹具等导电部分的接地，对此需用金属导体以保证与地可靠接触。

（2）调节湿度法 控制生产车间的相对湿度在 40%～60%，可以有效地降低起电程度，减少静电发生，提高相对湿度可以使纤维材料的衣服起电性能降低，当相对湿度超过 65% 时，材料中所含水分足以保证积聚的电荷全部泄漏掉。

（3）化学方法 化学处理是减少电气材料产生静电的有效方法之一。它是在材料的表面镀覆特殊的表面膜层和采用抗静电物质。为了保证电荷可靠地从介质膜上泄漏掉，必须保证导电膜与接地金属导线之间具有可靠的电接触。

第四节 环境保护

一、清洁工艺与清洁生产

清洁工艺和清洁生产是指将综合预防的环境保护策略持续应用于生产过程和产品中，以期减少对人类和环境的威胁。具体措施包括不断改进设计；使用清洁的能源和原料；采用先进的工艺技术与设备；改善管理；综合利用；从源头削减污染，提高资源利用效率；减少或者避免生产、服务和产品使用过程中污染物的产生和排放。清洁生产是实施可持续发展的重要手段。

清洁生产的观念主要强调三个重点：

① 清洁能源包括开发节能技术，尽可能开发利用再生能源以及合理利用常规能源。

② 清洁生产过程包括尽可能不用或少用有毒有害原料和中间产品。对原材料和中间产品进行回收，改善管理，提高效率。

③ 清洁产品包括以不危害人体健康和生态环境为主导因素来考虑产品的制造过程甚至使用之后的回收利用，减少原材料和能源使用。

1. 实施产品绿色设计

在产品设计之初就注意未来的可修改性，容易升级以及可生产几种产品的基础设计，提供减少固体废物污染的实质性机会。产品设计要达到只需要重新设计一些零件就可更新产品的目的，从而减少固体废物。在产品设计时还应考虑在生产中使用更少的材料或更多的节能成分，优先选择无毒、低毒、少污染的原辅料替代原有毒性较大的原辅料，防止原料及产品对人类和环境的危害。

2. 实施生产全过程控制

清洁的生产过程要求企业采用少废、无废的生产工艺技术和高效生产设备；尽量少用、不用有毒有害的原料；减少生产过程中的各种危险因素和有毒有害的中间产品；使用简便、可靠的操作和控制；建立良好操作规范（GMP）、卫生标准操作程序（SSOP）、危害分析与关键控制点（HACCP）；组织物料的再循环；建立全面质量管理系统（TQMS）；优化生产组织；进行必要的污染治理，实现清洁、高效利用和生产。

3. 实施在线清洗

在车间工艺设计中，尤其是多品种共线生产，为预防污染及混料，在线清洗是非常重要的设计环节，是药品安全生产的重要保证。在线清洗技术旨在提高产品质量和延长产品寿命的同时，极大地减少人工干预和清洗生产设备及管路的时间。

4. 实施材料优化管理

材料优化管理是企业实施清洁生产的重要环节。选择材料、评估化学使用、估计生命周期是能提高材料管理的重要方面。企业实施清洁生产，在选择材料时要关心其再使用与可循环性，具有再使用与再循环性的材料可以通过提高环境质量和减少成本获得经济与环境收益。实行合理的材料闭环流动，主要包括原材料和产品的回收处理过程的材料流动、产品使用过程的材料流动和产品制造过程的材料流动。

二、环境保护

在医药生产中环境保护和污染治理，主要从以下几方面着手：

① 控制污染源。采用少污染或不污染的工艺和原料路线，代替污染程度严重的路线。

② 改革有污染的产品或反应物品种。

③ 排料封闭循环。医药生产中可以采用循环流程来减少污染和充分利用物料。

④ 改进设备结构和操作。

⑤ 减少或消除生产系统的泄漏。为达此目的，应提高设备和管道的严密性，减少机械连接，采用适宜的结构材料，并加强管理等。

⑥ 控制排水，清污分流，有显著污染的废水与间接冷却水分开。根据工业废水的具体情况，经处理后稀释排放或循环使用。间接冷却用水经降温后循环利用。

⑦ 回收和综合利用是控制污染的积极措施。如氯霉素的生产中，采用异丙醇铝-异丙醇还原后水解母液中含有大量盐酸、三氯化铝。有些药厂把水解液蒸除异丙醇后，供毛纺厂洗羊毛脂用或造纸厂中和碱用，还可以利用它来制备氢氧化铝。

三、三废处理

1. 废水

主要由车间生产废水等高浓度废水，车间设备冲洗、地面冲洗等低浓度废水及蒸汽冷凝排水等组成。车间废水的预处理是在车间外设高、低浓度废水池收集车间的生产废水，再经由管架送至厂区废水处理站。

2. 废气

主要有车间的水蒸气、粉尘废气、有机溶剂废气。水蒸气无毒、无害，通过屋顶排气筒高空排放；粉尘经车间的排风系统过滤除尘处理后，通过屋顶排气口排放，除尘效率可以达到99%。有机溶剂废气为生产过程中挥发的溶剂在可能产生有机溶剂废气的工段设废气支管，汇入车间废气总管，经过梯度冷凝和喷淋塔吸收后，接入厂区废气总管，去厂区废气处理站处理。

3. 固废

车间固废包括生产过程产生的蒸馏高沸物残液、脱水脱色过滤残渣等。车间固废装袋运输到厂区固废堆场进行处理。

第五节 工程经济

一、制药工程项目技术经济评价的评价原则

对工程项目进行技术经济评价，必须遵循以下几个主要原则。

1. 要正确处理政治、经济、技术、社会等各方面的关系

对一个技术方案进行评价不只是单纯的技术问题，往往同时涉及社会、环境、资源等方面的问题，甚

至有时还涉及政治、国防、生态等问题。所以考察和评价一个技术方案，在政治上，必须符合国家经济建设的方针、政策和有关法规等；在经济上，应用较少的投入获得较多较好的产出；在技术上，应尽可能采用先进、安全、可靠的技术；在社会上，应当符合社会发展规划，有利于社会、文化发展和就业的要求；在环境保护方面，应当符合环境保护法和维持生态平衡的要求。对一个技术方案的取舍，决定于上述几个方面综合评价的结果。

2. 要正确处理好宏观经济效果与微观经济效果之间的关系

对技术方案进行经济评价，由于出发点不同，可以分为国民经济评价和财务评价。国民经济评价就是从国民经济综合平衡的角度分析、计算，得出该方案对于国民经济所产生的宏观经济效果。财务评价，指在国家现行的财务税收制度和价格条件下，分析技术方案经济上的可行性，即微观经济效果。显然，技术方案的经济评价应以国民经济评价为主，特别是当两者发生矛盾时，应局部利益服从整体利益，这是技术经济评价中的一项重要原则。

3. 在技术方案比较中必须坚持可比原则

为了完成某项任务，实现某一项目标，常需要拟定几个不同的技术方案进行分析、比较，从中筛选出最优方案。但在比较时，必须使方案与方案之间具有共同的比较基础和可比性，可比原则主要有以下几点。

（1）满足需要方面的可比性　任何技术方案的主要目标是满足一定的需要。如筹建某一新厂，制定两个方案，对甲方案和乙方案进行比较。从技术经济观点来看，两个方案都必须满足相同的社会需要，如在产品数量、品种、质量等方面均能达到目标规定的标准，两个方案相互具有替代性，否则对两个方案进行比较就失去了可比性意义。

（2）消耗费用方面的可比性　每个技术方案都有各自的技术特点，为了达到目标的要求，所消耗的各项费用和费用的结构也有所不同，当分析、计算投资等消耗费用时，不能只考虑技术方案涉及部门的消耗，还应考虑为了实现本技术方案所引起的其他相关部门（如原材料、燃料、动力、生产及运输等部门）的投资和费用。

（3）价格方面的可比性　在评价经济效益时，各项支出的消耗和产出的收入都应按其价值来计算，由于社会产品的价值（社会必要劳动时间）很难计算，因此实际上都是按照它们的货币形态即价格来计算的。一般来说，在财务评价中采用现行价格，在国民经济评价中采用影子价格。

（4）时间方面的可比性　应该采用相等的计算期作为比较的基础，国家一般都有规定。另外，不同技术方案在进行经济比较时，还要考虑资金投入的时间和资金发挥效益的时间，为使方案在时间上可比，应当以共同的基准时间点为基础，然后把不同时间上的资金投入或所得的效益都折算到基准点进行比较。显然，早占用、早消耗意味着对国家的资金耗费比迟占用、迟消耗来得大，而早生产比晚生产能早发挥效益，为社会早创造、多创造财富。

二、工程项目设计概算

概算是指大概计算车间的投资，其作为上级机关对基本建设单位拨款的依据，同时也作为基本建设单位与施工单位签订合同付款及基本建设单位编制年度基本建设计划的依据。由于扩大初步设计，没有详细的施工图纸，因此，对于每个车间的费用，尤其是一些零星的费用，不可能很详细地编制出来。概算主要提供有关车间建筑、设备及安装工程费用的基本情况。预算是在施工阶段编制的，预算是预备计算车间的投资，作为国家对基本建设单位正式拨款的依据，同时也为基本建设单位与施工单位进行工程竣工后结算的依据。由于有了施工图，因此有条件编制得详细和完整，预算应包括车间内部的全部费用。概（预）算是国家对基本建设工作进行财政监督的一项重要措施。为了体现技术上的先进性和经济上的合理性，概、预算应由设计单位编制。设计人员应对设计工程所编制的概、预算负责。一个生产车间的概、预算包括土建工程，给排水，采暖通风，特殊构筑物，电气照明工艺设备及安装，工艺管道，电气设备及安装，器械、工具及生产用家具购置等工程的概预算。

1. 工程概算费用的分类

（1）设备购置费　应包括设备原价及运杂费用。包括需要安装及不需要安装的所有设备、工具及生产家具（用于生产的柜、台、架等）购置费；备品备件（设备、机械中较易损坏的重要零部件材料）购置费；作为生产工具设备使用的化工原料和化学药品以及一次性填充物的购置费；贵重材料（如铂、金、银等）及其制品等购置费。

（2）安装工程费　包括主要生产、辅助生产、公用工程项目中需要安装的工艺、电气自控、机运、机修、电修、仪修、通风空调、供热等定型设备，非标准设备及现场制设备的安装工程费；工艺、供热、供排水、通风空调、净化及除尘等各种管道的安装工程费；电气、自控及其他管线、电线等材料的安装工程费；现场进行的设备内部充填、内衬、设备及管道防腐、保温（冷）等工程费；为生产服务的室内供排水、煤气管道、照明及避雷采暖通风等的安装工程费等。

（3）建筑工程费　主要指土建工程费用，即主要生产、辅助生产、公用工程等的厂房、库房、行政及生活福利设施等建筑工程费；构筑物工程，即各种设备基础、操作平台、栈桥、管架管廊、烟囱、地沟、冷却塔、水池、码头、铁路专用线、公路、道路、围墙、厂门及防洪设施等工程费；大型土石方、场地平整以及厂区绿化等工程费；与生活用建筑配套的室内供排水、煤气管道、照明及避雷、采暖通风等安装工程费。

（4）其他费用　工程费用以外的建设项目必须支出的费用。

① 建设单位管理费：建设项目从立项、筹建、建设、联合试运转及后评估等全过程管理所需费用。其项目如下：

a. 建设单位开办费。指新建项目为保证筹建和建设期间工作正常进行所需办公设备、生活家具、用具、交通工具等购置费用。

b. 建设单位经费。指建设单位管理人员的基本工资、工资性补贴、劳动保险费、职工福利费、劳动保护费、待出保险费、办公费、差旅交通费、工会经费、职工教育经费、固定资产使用费、工具用具使用费、标准定额使用费、技术图书资料费、生产工人招募费、工程招标费、工程质量监督检测费、合同契约公证费、咨询费、审计费、法律顾问费、业务招待费、排污费、绿化费、竣工交付使用清理及竣工验收费、后评估等费用。

② 临时设施费：建设单位在建设期间所用临时设施的搭设、维修、摊销费用或租赁费用。

③ 研究试验费：为本建设项目提供或验证设计参数、数据资料等进行必要的研究试验及按设计规定在施工中必须进行试验、验证所需费用，以及支付科技成果、先进技术等的一次性技术转让费。

④ 生产准备费：新建企业或新增生产能力的企业，为保证竣工交付使用进行必要生产准备所发生的费用。其费用内容如下。

a. 生产人员培训费。指自行培训、委托其他单位培训的人员工资、工资性补贴、职工福利费、差旅交通费、学习培训费、劳动保护费。

b. 生产单位提前进厂费。指生产单位人员提前进厂参加施工、设备安装、调试等以及熟悉工艺流程和设备性能等相应费用。

⑤ 土地使用费：建设项目取得土地使用权所需支付的土地征用及迁移补偿或土地使用权出让金。其费用内容包括以下内容：

a. 土地征用及迁移补偿费。包括土地补偿费，即征用耕地补偿费、被征用土地地上地下附着物及青苗补偿费；征用城市郊区菜地缴纳的菜地开发建设基金、耕地占用税金或城镇土地使用税、土地登记费及征地管理费；征用土地安置补助费，即征用耕地需安置农业人口的补助费；征地动迁费，即征用土地上房屋及附属构筑物、城市公用设施等拆除、迁建补偿费，搬迁运输费，企业单位因搬迁造成的减产停产损失补偿费、拆迁管理费等。

b. 土地使用权出让金。建筑项目通过土地使用权出让方式，取得有限期的土地使用权，依照国家有关城镇国有土地使用权出让和转让规定支付的土地使用权出让金。

⑥ 勘察设计费：为本建设项目提供项目建议书、可行性研究报告及设计文件所需费用（含工程咨询、

评价等）。

⑦ 生产用办公与生活家具购置费：新建项目为保证初期正常生产、生活和管理所必需的或改扩建项目新补充的办公、生活家具、用具等费用。

⑧ 化工装置联合试运转费：新建企业或新增生产能力的扩建企业，按设计规定标准对整个生产线或车间进行预试车和制药投料试车所发生的费用支出大于试运转收入的差额部分费用。

⑨ 供电补贴费：建设项目申请用电或增加用电容量时，应交纳的由供电部门规划建设的 110 kV 及以下各级电压的外部供电工程费用。

⑩ 工程保险费：为建设项目对在建设期间付出施工工程实施保险部分的费用。

⑪ 工程建设监理费：建设单位委托工程监理单位，按规范要求，对设计及施工单位实施监理与管理所发生的费用。

⑫ 施工机构迁移费：为施工企业因建设任务的需要，由原基地（或施工点）调往另一施工地承担任务而发生的迁移费用。

⑬ 总承包管理费：总承包单位从项目立项开始直到工程试车竣工等全过程中的管理费用。

⑭ 引进技术和进口设备所需的其他费用。

⑮ 固定资产投资方向调节税：国家为贯彻产业政策调整投资结构、加强重点建设而收缴的税金。

⑯ 财务费用：为筹集建设项目资金所发生的贷款利息、企业债券发行费、国外借款手续费与承诺费、汇兑净损失及调整外汇手续费、金融机构手续费，以及筹措建设资金发生的其他财务费用。

⑰ 预备费：包括基本预备费（指在初步设计及概算内难以预料的工程和费用）与工程造价调整预备费两部分。

⑱ 经营项目铺底流动资金：经营性建设项目为保证生产经营正常进行，按规定列入建设项目总资金的铺底流动资金。

2. 工程概算的划分

在工程设计中，对概算项目的划分是按工程性质的类别进行的，我国设计概算项目划分为 4 个部分。

(1) 工程费用 直接构成固定资产项目的费用。它由主要生产项目、辅助生产项目、公用工程（供排水；供电及电讯；供气；总图运输；厂区之内的外管）、服务性工程项目、生活福利工程项目及厂外工程项目 6 个项目组成。

(2) 其他费用 工程费用以外的建设项目必须支付的费用。具体为上述工程概算费用分类中第 4 部分其他费用中的①～⑪ 款、第⑬ 款以及城市基础设施配套费等项目。

(3) 总预备费 包括基本预备费和涨价预备费两项。前者系指在初步设计及其设计概算中未可预见的工程费用；后者系指在工程建设过程中由于价格上涨、汇率变动和税费调整而引起的投资增加需预留的费用。

(4) 专项费用

① 投资方向调节税。有时国家在特定期间可停征收此项税费。

② 建设期贷款利息。指银行利用信用手段筹措资金，对建设项目发放的贷款，在建设期间根据贷款年利率计算的贷款利息金额。

③ 铺底流动资金。按规定以流动资金（年）的 30%作为铺底流动资金，列入总概算表。注意该项目不构成建设项目总造价（即总概算价值），只是将该资金在工程竣工投产后，计入生产流动资产。

三、项目投资

1. 总投资构成

建设项目总投资是指为保证项目建设和生产经营活动正常进行而发生的资金总投入量，它包括项目固定资产投资及伴随着固定资产投资而发生的流动资产方面的投资，见图 24-3。

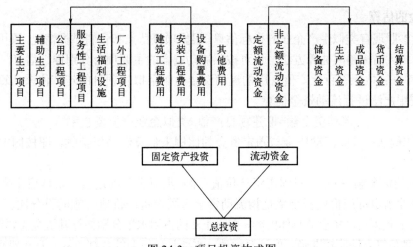

图 24-3 项目投资构成图

固定资产投资一般包括建筑工程费、设备购置费（含工具及生产用具购置费）、安装工程费及其他费用四大类。

流动资产投资包括定额流动资金和非定额流动资金两部分。定额流动资金包括储备资金、生产资金和成品资金。这三部分资金是企业流动资金的主要组成部分，其占用量最多。应实行严格酌情定额管理，故称为定额流动资金；非定额流动资金包括货币资金和结算资金，这两部分资金由于影响变化的因素较多，需用量变化无常，很难事先确定一个确切的数额。虽然项目总投资中固定资产投资所占比重较大，但流动资金也是维持项目生产和经营所必不可少的。

投资包括固定资产投资和流动资金，其计算公式如下：

$$不包括建设期投资贷款利息的总投资 = 固定资产投资 + 流动资金 \qquad (24-1)$$

$$包括建设期投资贷款利息的总投资 = 固定资产投资 + 固定资产投资贷款建设期利息 + $$
$$流动资金。 \qquad (24-2)$$

这两种计算各有其用途，前者主要用于经济评价中的静态分析，后者用于动态分析。

可见，建设项目总投资由基本建设投资和生产经营所需要的流动资金以及建设期贷款利息部分构成。

2. 投资估算方法

（1）基本建设投资估算 其精确度视具体情况要求而定，有的项目刚开始设想，只需要有一个粗略的数据，这时可采用简捷方法或用经验公式粗略地估算投资额。但当项目进入最后决策阶段要求投资估算和初步设计概算时，其出入不得大于10%，这就要求精确地估算数据。

基本建设投资是指拟建项目从筹建起到建筑、安装工程完成及试车投产的全部建设费，它由单项工程综合估算、工程项目其他费用和预备费三部分组成。

① 单项工程综合估算：按某个工程分解成若干个单项工程进行估算，如把一个车间分解为若干个装置，然后对若干个装置逐个进行估算。汇总所有的单项工程估算即为单项工程综合估算。它包括主要生产项目、辅助生产项目、公用工程项目、服务性工程项目、生活福利设施和厂外等工程项目的费用，是直接构成固定资产的项目费用。计算通常由建筑工程费用、设备购置费和安装工程费用组成。

② 工程项目其他费用：一切未包括在单项工程投资估算内而与整个建设有关，按国家规定可在建设投资中开支的费用。它包括土地购置及租赁费、赔偿费、建设单位管理费、交通工具购置费、临时工程设施费等。按照工程综合费用的一定比例计算。

③ 预备费：一切不能预见的与工程相关的费用。在进行估算时，要把每一项工程按照设备购置费、安装工程费、建筑工程费和其他基建费等分门别类进行估算。由于要求精确、严格，估算都是以有关政策、规范、各种计算定额标准及现行价格等为依据。在各项费用估算进行完毕后，最后将工程费用、其他费用、预备费各个项目分别汇总列入总估算表。采用这种方法所得出的投资估算结果是比较精确的。

（2）流动资金的估算

流动资金一般参照现有类似生产企业的指标估算。根据项目特点和资料掌握情况，采用产值资金率法、固定资金比例法等扩大指标粗略估算方法，也可按照流动资金的主要项目分别详细估算，如定额估算法。

① 产值资金率法：按照每百元产值占用的流动资金数额乘拟建项目的年产值来估算流动资金。一般加工工业项目多采用此法进行流动资金估算。

$$\text{流动资金额}=\text{拟建项目产值}\times\text{类似企业产值资金率} \tag{24-3}$$

② 固定资金比例法：按照流动资金与固定资金的比例来估算流动资金额，即按固定资金投资的一定百分比来估算。

$$\text{流动资金额}=\text{拟建项目固定资产价值总额}\times\text{类似企业固定资产价值资金率} \tag{24-4}$$

式中，类似企业固定资产价值资金率是指流动资金占固定资产价值总额的百分比。

③ 定额估算法：根据流动资金的具体内容，按照正常的占用水平分别估算其资金需要量，汇总后即为项目的流动资金。这种估算方法比较准确，但计算烦琐，需要具备较多的数据资料，且一般需估算产品成本。在经济评价和可行性研究中，常把流动资金分为储备资金、生产资金和成品资金。各部分的估算方法如下。

a. 储备资金估算：包括必要的原料库存和备品备件两部分所需要的资金。原料库存资金用下式估算：

$$\text{原料库存资金}=\text{原材料费（每吨产品费用）}\times\text{生产能力（吨）}\times60/(365\times0.9) \tag{24-5}$$

备品备件资金一般可取基本建设投资的 5%。

b. 生产资金估算包括工艺过程所需催化剂、在制品及半成品的所需资金。一般估算如下：

$$\text{生产资金}=\text{在制品的车间成本（每吨半成品成本）}\times\text{生产能力（吨）}\times\text{存储天数}/(365\times0.9) \tag{24-6}$$

c. 成品资金估算：成品的库存日期一般取 10 天，运输及销售条件差可适当增加资金。可按下式估算：

$$\text{成本资金}=\text{产品的工厂成本（每吨产品成本）}\times\text{生产能力（吨）}\times\text{存储天数}/(365\times0.9) \tag{24-7}$$

在缺乏足够数据时，流动资金也可按固定资金的 12%～20%估计。汇总基本建设投资和流动资金及建设期贷款利息之和即为工程项目建设的总投资。

四、成本估算

1. 产品构成及其分类

（1）产品成本的构成 工业企业用于生产和经营销售产品所消耗的全部费用，包括耗用的原料及主要材料、辅助材料费、动力费、工资及福利费、固定资产折旧费、低值易耗品摊销及销售费用等。通常把生产总成本划分为制造成本、行政管理费、销售与分销费用、财务费用和折旧费五大类，前三类成本的总和称为经营成本，其关系见图 24-4。

由图 24-4 可见，经营成本的概念在编制项目计算期内的现金流量表和方案比较中是十分重要的。

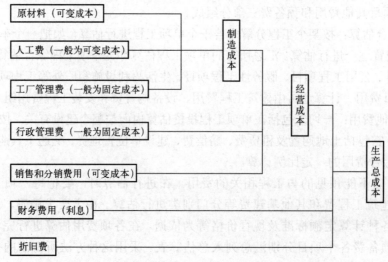

图 24-4 生产总成本构成

（2）产品成本的分类 产品成本根据不同的需要，通常将全部生产费用按费用要素和成本计算项目两种方法分类。前者为要素成本，后者为项目成本。为便于分析和控制各个生产环节上的生产耗资，产品成本常以项目成本计算。它是按生产费用的经济用途和发生地点来汇集的，见图24-5。

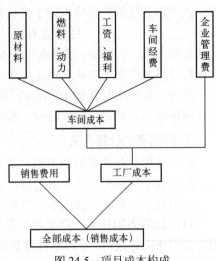

图24-5 项目成本构成

在投资项目的经济评价中，还要求将产品成本划分为可变成本与固定成本。可变成本指在产品总成本中随着产量增减而增减的费用，如生产中的原材料费用、人工工资（计件）等。固定成本是指在产品的总成本中，在一定的生产能力范围内，不随产量的增减而变动的费用，如固定资产折旧费、行政管理费及人工工资（计时工资）等。技术经济分析和项目经济评价中的成本概念如下。

① 设计成本：根据设计规定和标准计算所得的成本。它反映企业的经济合理性，对企业的生产经营活动起一定的指导和检验作用。

② 机会成本：由于资源的稀缺和有限，人们在生产某种产品的时候，往往不得不放弃另一种产品的生产。即人们生产某一种产品的真正成本就是不能生产另一种产品的代价可见，机会成本不是一项实际支出，而是在经营决策以未被选择方案所丧失的利益为尺度来评价被选择方案的一种假定性成本。机会成本是从国民经济角度分析资源合理分配和利用的更为广泛的概念，它有助于寻求最有效的资源配置，把有限的资源用到最有利的投资机会上。

③ 边际成本：凡增加一个单位产品时使可变成本或总成本增加的数值，称为边际成本。从大规模生产的经济效果来看，边际成本开始随产量的增大而递减，但是，产品增加到一定限度时，会使之逐渐递增。计算边际成本是用边际分析的方法来判断增减产量在经济上是否合算。

④ 沉没成本：设备会计账面值与残值之间的差额，是过去发生的成本费用。与当前考虑的可比方案（投资决策）无关。

2. 产品成本估算

年产品成本估算是在掌握有关定额、费率及同类企业成本水平等资料的基础上，按产品成本的基本构成，分别估算产品总成本及单位成本。为此先要估算以下费用。

（1）原材料费 构成产品主要实体的原料及主要材料和有助于产品形成的辅助材料所需的费用。

$$单位产品原材料成本=单位产品原材料消耗定额×原材料价格 \qquad (24-8)$$

（2）工资及福利费 直接参加生产的工人工资和按规定提取的福利基金。工资部分按设计的直接生产工人定员人数和同行业实际平均工资水平计算；福利基金按工资总额的一定百分比计算。

（3）燃料和动力费 直接用于工艺过程的燃料和直接供给生产产品所用的水、电、蒸汽、压缩空气等费用（亦称公用工程费），分别根据单位产品消耗定额乘单价计算。

（4）车间经费 为管理和组织车间生产而发生的各种费用。一种方法是根据车间经费的主要构成内容分别计算折旧费、维修费和管理费；另一种方法则是按照车间成本的前3项（图24-5）之和的一定百分比计算。

原材料费、工资及福利费、燃料和动力费、车间经费之和构成车间成本。

（5）企业管理费 为组织和管理全厂生产而发生的各项费用。企业管理费的估算，一种方法是分别计算厂部的折旧费、维修费和管理费；另一种方法是按车间成本或直接费用的一定百分比计算。

（6）销售费用 在产品销售过程中发生的运输、包装、广告、展览等费用。销售费用与工厂成本两者之和构成销售成本，即总成本或全部成本。

（7）经营成本 经营成本的估算计算公式为：

$$经营成本=总成本-折旧费-流动资金利息 \qquad (24-9)$$

投产期各年的经营成本按下式估算：

$$经营成本=单位可变经营成本×当年产量+固定总经营成本 \quad (24\text{-}10)$$

在制药生产过程中，往往在生产某一产品的同时，还生产一定数量的副产品。这部分副产品应按规定的价格计算其产值，并从上述工厂成本中扣除。

此外，有时还有营业外的损益，即非生产性的费用支出和收入。如停工损失、三废污染、超期赔偿、科技服务收入、产品价格补贴等，都应计入成本或从成本中扣除。

3. 折旧费的计算方法

折旧是固定资产折旧的简称。折旧是将固定资产的机械磨损和精神磨损的价值转移到产品的成本中去。折旧费是这部分转移价值的货币表现，折旧基金就是对上述两种磨损的补偿。

折旧费的计算是产品成本、经营成本估算的一个重要内容。常用的折旧费计算方法有以下几种。

(1) 直线折旧法 亦称平均年限法，指按一定的标准将固定资产的价值平均转移为各期费用，即在固定资产折旧年限内，平均地分摊其磨损的价值。其特点是在固定资产服务年限内的各年折旧费相等。年折旧率为折旧年限的倒数。折旧费分摊的标准有使用年限工作时间、生产产量等，计算公式为：

$$固定资产年折旧费=（固定资产原始价值-预计残值+预计清理费）/预计使用年限 \quad (24\text{-}11)$$

(2) 曲线折旧法 在固定资产使用前后期不等额分摊折旧费的方法。它特别考虑了固定资产的无形损耗和时间价值因素。

(3) 余额递减折旧法 以某期固定资产价值减去该期折旧额后的余额，依次作为下期计算折旧的基数，然后乘以某个固定的折旧率。此为定率递减法。计算公式为：

$$年折旧费=年初折余价值×折旧率 \quad (24\text{-}12)$$

$$年初折余价值=固定资产原始价值-累计折旧费 \quad (24\text{-}13)$$

$$折旧率=1-（固定资产净残值/固定资产原始价值）^{\frac{1}{n}} \quad (24\text{-}14)$$

式中，n 为使用年限。

(4) 双倍余额递减法 先按直线法折旧率的双倍，不考虑残值，按固定资产原始价值计算第一年折旧费，然后以第一年的折余价值为基数，以同样的折旧率依次计算下一年的折旧费。由于双倍余额递减法折旧，不可能把折旧费总额分摊完（即固定资产的账面价值永远不会等于零），因此到一定年限后，要改用直线法折旧。双倍余额递减法的计算公式如下：

$$年折旧费=年折余价值×折旧率 \quad (24\text{-}15)$$

式中，年折余价值=固定资产原始价值-累计折旧费。

年折旧率为直线法折旧率的 2 倍，用使用年限法时，折旧率=2/预计使用年限。

(5) 年数合计折旧法 又称变率递减法，即通过折旧率变动而折旧基数不变的办法来确定各年的折旧费。折旧率的计算方法是：以固定资产的使用年限总和为分母，分子是固定资产尚可使用的年限，两者的比率即依次为每年的折旧率。如果使用年限为 5 年，则第 1 年至第 5 年的折旧率依次为 5/5、4/5、3/5、2/5、1/5。年数合计折旧法的计算公式为：

$$年折旧费=（固定资产原始价值-净残值）×年折旧率 \quad (24\text{-}16)$$

(6) 偿债基金折旧法 把各年应计提的折旧费按复利计算本利之和。其特点是考虑了利息因素，后期分摊的折旧费大于前期。计算公式为：

$$年折旧费=（固定资产原始价值-净残值）×i/[(1+i)^n-1] \quad (24\text{-}17)$$

式中，i 为年利率；n 为使用年限。

运用不同的折旧费计算方法，5 年的折旧费总额都相同。但加速折旧法前几年分摊折旧费多，后几年分摊折旧费少，因而前几年抵消应税收益多，少交税金；后几年抵消应税收益少，多交税金。实质上是将前几年少交的税金推迟到后几年补足。而偿还基金法的情况正好与加速折旧法相反。直线折旧法则对税款计算没有影响。

因此，尽管不同的折旧费计算方法所得 5 年的折旧费总额都是一样的，但考虑到利息因素，加速折旧法对项目财务有利。在项目经济要素的估算过程中，折旧费的具体计算应根据拟建项目的实际情况，我国绝大部分固定资产是按直线法计提折旧，折旧率采用国家根据行业实际情况统一规定的综合折旧率。项目综合折旧费的计算公式如下：

$$年折旧费=（固定资产投资\times固定资产形成率+建设期利息-净残值）/折旧年限 \qquad (24\text{-}18)$$

五、工程项目的财务评价

项目财务评价是指在现行财税制度和价格条件下，从企业财务角度分析计算项目的直接效益和直接费用，以及项目的盈利状况、借款偿还能力、外汇利用效果等，以考察项目的财务可行性。根据是否考虑资金的时间价值，可把评价指标分成静态评价指标和动态评价指标两大类。因项目的财务评价以进行动态分析为主，辅以必要的静态分析，所以财务评价所用的主要评价指标是财务净现值、财务净现值比率、财务内部收益期、动态投资回收期等动态评价指标，必要时才加用某些静态评价指标，如静态投资回收期、投资利润率、投资利税率和静态借款偿还期等。下面介绍几种常用的评价指标。

1. 静态投资回收期

投资回收期又称还本期，即还本年限，是指项目通过项目净收益（利润和折旧）回收总投资（包括固定资产投资和流动资金）所需的时间，以年表示。当各年利润接近，可取平均值时，有如下关系：

$$P_t=I/R \qquad (24\text{-}19)$$

式中，P_t 为静态投资回收期；I 为总投资额；R 为年净收益。

求得的静态投资回收期（P_t）与部门或行业的基准投资回收期（P_c）比较，当 $P_t \leqslant P_c$ 时，可认为项目在投资回收上是令人满意的。静态投资回收期只能作为评价项目的一个辅助指标。

2. 投资利润率

投资利润率是指项目达到设计生产能力后的一个正常生产年份的年利润总额与项目总投资的比率。对生产期内各年的利润总额变化幅度较大的项目应计算生产期年平均利润总额与总投资的比率。它反映单位投资每年获得利润的能力，其计算公式为：

$$投资利润率=R\div I\times100\% \qquad (24\text{-}20)$$

式中，R 为年利润总额；I 为总投资额。

年利润总额（R）的计算公式为：

$$年利润总额=年产品销售收入-年总成本-年销售税金-年资源税-年营业外净支出 \qquad (24\text{-}21)$$

总投资额（I）的计算公式为：

$$总投资额=固定资产总投资（不含生产期更新改造投资）+建设期利息+流动资金 \qquad (24\text{-}22)$$

评价判据：当投资利润率＞基准投资利润率时，项目可取。

基准投资利润率是衡量投资项目可取性的定量标准或界限。在西方国家，由各公司自行规定，称为最低允许收益率。后来在工业项目评估中成为基准。

参考资料

[1] 郭永学，张珩. 制药设备与车间设计 [M]. 3版. 北京：中国医药科技出版社，2019.

[2] 张珩，张秀兰，李忠德. 制药工程工艺设计 [M]. 3版. 北京：化学工业出版社，2018.

[3] 王沛，刘永忠，王立. 制药设备与车间设计 [M]. 北京：人民卫生出版社，2014.

[4] 杨俊杰，姜家书. 制药工程原理与设备 [M]. 郑州：郑州大学出版社，2019.

[5] 聂国兴，王俊丽. 生物制品学 [M]. 北京：科学出版社，2012.

[6] 王骏. 生物制药设备和分离纯化技术研究 [J]. 中国设备工程，2024，（14）：242-244.

[7] 杨俊杰. 制药工程原理与设备 [M]. 重庆：重庆大学出版社，2017.

[8] 颜若曦. 生物制品生产设备检查要点探析 [J]. 现代药物与临床，2024，39（02）：497-502.

[9] 韩继红. 中药提取分离技术. [M]. 北京：化学工业出版社，2020.

[10] 闫凤美. 制药设备与车间设计. [M]. 北京：化学工业出版社，2022.

[11] 李明福，赵鹏，李平，等. 对药品包装生产设备清洁的探讨 [J]. 中国包装，2024，44（01）：11-15.

[12] 齐鸣斋. 化工原理 [M]. 北京：化学工业出版社，2018.

[13] 孙怀远. 药品包装技术与设备 [M]. 北京：印刷工业出版社，2008.

[14] 杨成德. 制药设备使用与维护 [M]. 北京：化学工业出版社，2017.

[15] 周丽莉. 制药设备与车间设计 [M]. 北京：中国医药科技出版社，2011.

[16] 刘应杰，韦丽佳，江尚飞. 制药设备使用与维护实训 [M]. 北京：中国医药科技出版社，2018.

[17] 袁其朋，梁浩. 制药工程原理与设备 [M]. 北京：化学工业出版社，2018.

[18] 张洪斌. 药物制剂工程技术与设备 [M]. 2版. 北京：化学工业出版社，2019.

[19] 张珩，王存文，汪铁林. 制药设备与工艺设计 [M]. 2版. 北京：化学工业出版社，2018.

[20] 张绪峤. 药物制剂设备与车间工艺设计 [M]. 2版. 北京：中国医药科技出版社，2000.

[21] 韩永萍. 药物制剂生产设备及车间工艺设计 [M]. 北京：化学工业出版社，2011.

[22] 周毅钧，栾振辉. 无啮合力齿轮泵原理及其齿轮参数化设计 [J]. 安徽大学学报（自然科学版），2009，33（05）：48-52.

[23] 齐立娟. 几种真空泵工作原理及选型方案探讨 [J]. 石油化工设备，2020，49（04）：71-75.

[24] 王瑞华. 螺杆罗茨真空泵在减压精馏中的防腐设计 [J]. 广州化工，2020，48（08）：106-108.

[25] 周宏. 真空泵在工程设计中的应用 [J]. 化工设计通讯，2020，46（02）：113+127.

[26] 申兰平. 低温离心泵在制药行业冷媒装置中的应用 [J]. 化工设备与管道，2012，49（04）：47-50.

[27] 张璟. 不同叶片结构的离心通风机性能对比研究 [J]. 机械管理开发，2022，37（02）：99-100.

[28] 李海强，黄建华，李晓配. 离心通风机常见故障原因分析及解决措施 [J]. 现代制造技术与装备，2022，58（07）：132-135.

[29] 王军，吕林君，王良初，等. 管壳换热器换热管失效分析 [J]. 设备管理与维修，2023，（17）：177-180.

[30] 宋立法，董林峰. 管壳式换热器改进的思路措施及发展方向 [J]. 设备管理与维修，2023，（18）：112-113.

[31] 石丁丁. 振动流化床对褐煤的干燥特性研究 [D]. 徐州：中国矿业大学，2014.